Wolfgang Matschinsky

Radführungen der Straßenfahrzeuge

Springer

Berlin
Heidelberg
New York
Barcelona
Budapest
Hongkong
London
Mailand
Paris
Santa Clara
Singapur
Tokio

Wolfgang Matschinsky

Radführungen der Straßenfahrzeuge

Kinematik, Elasto-Kinematik und Konstruktion

Zweite Auflage

Mit 305 Abbildungen

Springer

Dr.-Ing. Wolfgang Matschinsky
Georgenschwaigstraße 18
80807 München

Die erste Auflage erschien 1987 im Verlag TÜV Rheinland unter dem Titel
Die Radführungen der Straßenfahrzeuge

Die Deutsche Bibliothek - CIP-Einheitsaufnahme
Matschinsky, Wolfgang: Radführungen der Straßenfahrzeuge:
Kinematik, Elasto-Kinematik und Konstruktion
Wolfgang Matschinsky. - 2. Aufl.
Berlin; Heidelberg; New York; Barcelona; Budapest; Hongkong;
London; Mailand; Paris; Santa Clara; Singapur; Tokio: Springer 1998
ISBN 3-540-64155-6

ISBN 3-540-64155-6 2. Aufl. Springer-Verlag Berlin Heidelberg New York

Einbandentwurf: Struve & Partner, Heidelberg
Satz: Reproduktionsfertige Vorlage durch Autor
SPIN: 10662456 68/3020 - 5 4 3 2 1 0 - Gedruckt auf säurefreiem Papier

Vorwort

Die Radführungen haben im Laufe der über hundertjährigen Geschichte des Kraftfahrzeugs eine beachtliche Entwicklung durchgemacht. Die einfachen Abfederungen der Kutschwagen genügten bald den Anforderungen wachsender Fahrgeschwindigkeiten nicht mehr; exakte und reproduzierbare Radbewegungen wurden durch die Einführung kinematischer Mechanismen erzielt. Mit zunehmender Kenntnis des Schwingungsverhaltens des Fahrzeugs und der fahrdynamischen Vorgänge rückten Feinheiten der Bewegungsgeometrie in den Vordergrund, so daß heute eine Vielfalt von Radführungsvarianten mit den unterschiedlichsten Zielsetzungen und Eigenschaften bekannt ist. Mit der Verfügbarkeit der Großrechner wurde eine wunschgemäße elastokinematische Auslegung des Fahrwerks möglich, um bei sicherem Fahrverhalten zugleich höchsten Fahrkomfort zu erreichen.

In diesem Buche habe ich versucht, Aufgabenstellungen und Lösungswege zusammenzufassen und zu ordnen, die mir auf Grund meiner eigenen Konstruktionserfahrungen als wesentlich und zweckmäßig erschienen sind. Der Inhalt des Buches soll den Leser nicht nur über grundsätzliche Zusammenhänge informieren, sondern ihm bei Bedarf auch Detailkenntnisse und Methoden vermitteln, welche er benötigt, um selbst eine Radaufhängung zu entwerfen und zu konstruieren.

Seit dem Erscheinen der Erstfassung des Buches (Köln 1987) hat sich die Arbeitsweise in der Fahrzeugentwicklung grundlegend verändert. Die Konstruktion erfolgt, simultan mit der Fertigungsplanung und der Festigkeits- und Fahrdynamikanalyse, am Bildschirm bzw. Rechner, und zur Untersuchung der räumlichen Bewegungsgeometrie komplizierter Systeme steht professionelle Software zur Verfügung. Da niemand mehr am Reißbrett arbeitet, habe ich für die vorliegende Fassung des Buches auf die Erläuterung zeichnerischer Verfahren zur Untersuchung der Radführungen verzichtet. Diese in der Vergangenheit notgedrungen angewandten und laufend verfeinerten Hilfsmittel haben andererseits den Konstrukteur sehr wirksam dazu angeregt, sich ausgiebig in die räumlichen Bewegungsvorgänge an einer Radführung hineinzudenken.

Wegen der heute verfügbaren Software zur Lösung räumlicher Geometrieprobleme habe ich auch den Aufwand an Formeln auf den Anteil beschränkt, der zum Verständnis der radführungs-spezifischen Zusammenhänge und zur Bearbeitung der damit verbundenen Aufgaben erforderlich ist.

Ich danke allen Herstellerfirmen, die mir technische Unterlagen und Abbildungen zur Verfügung gestellt haben, ebenso den Mitarbeitern des Springer-Verlags für die freundliche Beratung und Betreuung.

Dem Vorstand der Bayerische Motoren Werke A.-G. danke ich für die Genehmigung zur Veröffentlichung.

München, im Frühjahr 1998 Wolfgang Matschinsky

Inhaltsverzeichnis

Formelzeichen XI

1 Einleitung 1

1.1 Aufgaben der Radführung 1
1.2 Zum Aufbau des Buches 3
1.3 Das Koordinatensystem 4

2 Bauarten und Freiheitsgrade der Radaufhängungen 5

2.1 Freiheitsgrade der Radaufhängungen 5
2.2 Bauteile der Radaufhängungen 6
2.2.1 Der Radträger 6
2.2.2 Die Gelenke 6
2.2.3 Die Lenker 8
2.2.4 Die kinematische Kette 9
2.3 Grundmodelle der Radaufhängungen 11
2.3.1 Deduktion aus der starren Aufhängung eines Raumkörpers 11
2.3.2 Einzelradaufhängungen 12
2.3.3 Starrachsaufhängungen 15
2.3.4 Tandem-Radträger 18
2.3.5 Verbundaufhängungen 18

3 Verfahren zur kinematischen Analyse der Radaufhängungen 21

3.1 Grundlagen aus der ebenen Getriebelehre 21
3.2 Grundlagen der Vektorrechnung 28
3.3 Gedanken zur Systematik der Radaufhängungen 31
3.4 Bewegungszustand des Radträgers 36
3.5 Äußere und innere Kräfte an der Radaufhängung 42
3.6 Einfluß von Gelenkwellen und Vorgelegegetrieben 47
3.7 Radbewegung bei Federungs- und Lenkvorgängen 57

4 Der Reifen 61

5 Federung und Dämpfung 67

5.1 Aufgaben der Federung 67
5.2 Fahrzeugschwingungen 68
5.2.1 Einmassenschwinger 68
5.2.2 Zweimassenschwinger 74
5.2.3 Nickschwingung und Wankschwingung 76
5.3 Federsysteme 82
5.4 Federung und Radaufhängung 87
5.5 Fahrzeugfedern 94
5.5.1 Allgemeines 94
5.5.2 Blattfedern 94
5.5.3 Drehstabfedern 100
5.5.4 Schraubenfedern 103
5.5.5 Gummielastische Federn 106
5.5.6 Gasfedern 110
5.6 Schwingungsdämpfer 113
5.7 Geregelte Federungssysteme 116
5.8 Der Schrägfederungswinkel 118

6 Antrieb und Bremsung 121

6.1 Stationärer Beschleunigungs- und Bremsvorgang 121
6.2 Antriebs- und Brems-Stützwinkel 124
6.2.1 Allgemeines 124
6.2.2 Radträgerfeste Momentenstütze 128
6.2.3 Fahrgestellfeste Momentenstütze 132
6.2.4 Sonderfälle 136
6.2.5 Effektiver Stützwinkel 140
6.3 Anfahr- und Bremsnicken 142
6.3.1 Statisches und dynamisches Anfahr- und Bremsnicken 142
6.3.2 Einachsantrieb und Einachsbremsung 144
6.3.3 Kraftübertragung durch Gelenkwellen 146
6.3.4 Vorgelege-Untersetzungsgetriebe am Radträger 149
6.3.5 Rückwirkung der Längskräfte auf die Federungskennlinie 151

6.3.6 Unsymmetrische Fahrzeuglage 154
6.3.7 Einfluß der „ungefederten" und der „rotierenden" Massen 155
6.3.8 Einfluß der elastischen Lager der Radaufhängung 156
6.4 Doppelachsaggregate 158

7 Kurvenfahrt 161

7.1 Die Sturz- und Vorspuränderung bei der Bewegung der Radaufhängung 161
7.2 Kräfte und Momente am Fahrzeug unter Querbeschleunigung 163
7.3 Das Rollzentrum 171
7.3.1 Das Fahrzeug bei sehr geringer Querbeschleunigung 171
7.3.2 Das Fahrzeug bei hoher Querbeschleunigung 177
7.3.3 Einfaches Rechenmodell zur Nachbildung der Radführungsgeometrie bei Kurvenfahrt 184
7.4 Die Fahrzeuglage bei stationärer Kurvenfahrt 188
7.5 Das kinematische Eigenlenkverhalten 198
7.6 Fahrstabilität bei Zweispurfahrzeugen 209
7.7 Kurvenfahrt von Einspurfahrzeugen 216
7.8 Kurvenleger 219

8 Die Lenkung 221

8.1 Grund-Bauarten 221
8.2 Lenkgetriebe 222
8.3 Kenngrößen der Lenkgeometrie 225
8.3.1 Herkömmliche Definitionen und physikalische Bedeutung der Kenngrößen 225
8.3.2 Allgemeingültige Definitionen der Kenngrößen unter Berücksichtigung räumlicher Geometrie 232
8.4 Das Lenkgestänge 250
8.4.1 Bauarten 250
8.4.2 Die Lenkfunktion 254
8.4.3 Das Rückstellmoment der Lenkung 262
8.4.4 Lenkungsschwingungen 269
8.5 Selbsteinstellende Lenkvorrichtungen 270

9 Die Elasto-Kinematik der Radaufhängungen 275

9.1 Allgemeines 275
9.2 Elasto-Kinematik bei Einzelradaufhängungen 282
9.2.1 Elastisches Verhalten des Radführungsmechanismus 282
9.2.2 Elastisch gelagerte Hilfsrahmen 294
9.3 Statisch überbestimmte Systeme 301

10 Zur Synthese von Radaufhängungen 303

10.1 Allgemeines 303
10.2 Ebene Radaufhängungen 304
10.3 Kinematische Synthese des räumlichen Systems 308
10.4 Anmerkungen zur Konstruktion 314

11 Aufhängungen für Motorräder 331

12 Einzelradaufhängungen 341

12.1 Allgemeines 341
12.2 Aufhängungen für Vorderräder 341
12.3 Aufhängungen für Hinterräder 356

13 Starrachsführungen 373

13.1 Allgemeines 373
13.2 Statisch bestimmte Systeme 375
13.3 Statisch überbestimmte Systeme 381

14 Verbundaufhängungen 383

Schlußbemerkung 391

Schrifttum 393

Stichwortverzeichnis 397

Formelzeichen

Vektoren werden im Text durch **Fettschrift** gekennzeichnet:
v = Geschwindigkeitsvektor; v = skalare Größe der Geschwindigkeit
a·**b** = c „inneres" oder „Skalarprodukt" der Vektoren **a** und **b**; das Ergebnis ist der Skalar c.
a×**b** = **c** „äußeres", „Vektor-" oder „Kreuzprodukt" der Vektoren **a** und **b**; das Ergebnis ist ein Vektor **c**, der senkrecht auf **a** und **b** steht.

A	mm^2	Fläche
A		Radaufstandspunkt
a	mm/s^2	Beschleunigung
a_q	mm/s^2	Querbeschleunigung
b	mm	Spurweite
c	N/mm	Federrate
c_F	N/mm	Tragfederrate
c_{FA}	N/mm	effektive Federrate am Radaufstandspunkt
c_S	N/mm	Stabilisatorrate je Rad
c_A	N/mm	Ausgleichsfederrate je Rad
c_φ	Nmm/rad	Drehfederrate zum Winkel φ
D		Lehr'sches Dämpfungsmaß
D		Schnittpunkt Spreizachse/Fahrbahn
D		Drehpunkt
d		Spreizachse; Drehachse
E	N/mm^2	Elastizitätsmodul
e		Einheitsvektor
e	mm	Randfaserabstand eines Profilquerschnitts
F		Freiheitsgrad eines Mechanismus
F	N	Kraft
F_F	N	Federkraft
f		Freiheitsgrad eines Gelenks
f	mm	Federweg an einem Federelement
f_R		Rollwiderstandsbeiwert
G	N	Fahrzeuggewicht
G	N/mm^2	Schubmodul
g	mm/s^2	Erdbeschleunigung
g		Zahl der Gelenke eines Mechanismus
H		Hilfspunkt auf der Radachse
h	mm	Schwerpunktshöhe

h	mm	Steigung der Momentanschraube
h_{RZ}	mm	Höhe des Rollzentrums über der Fahrbahn
I	mm^4	Flächenträgheitsmoment
i		Übersetzungsverhältnis
i_D		Dämpferübersetzung
i_F		Federübersetzung
i_H		Lenkgetriebeübersetzung
i_L		Lenkgestängeübersetzung
i_S		Lenkungs-Gesamtübersetzung
i	mm	Trägheitsradius
K		Radträger
k		Zahl der Radträger einer Radaufhängung
k_D	Ns/mm	Dämpferkonstante
L		Längspol (Pol in der Fahrzeug-Seitenansicht)
L		Lenkgetriebe
L	mm^2kg/s	Drall
l		Zahl der Lenker einer Radaufhängung
l	mm	Radstand
l	mm	Länge
M		Radmittelpunkt
M	Nmm	Moment
M_B	Nmm	Biegemoment
M_D	Nmm	Drehmoment
M_H	Nmm	Lenkradmoment
M_{RB}	Nmm	Reifen-Bohrmoment
M_{RS}	Nmm	Reifen-Rückstellmoment (aus dem Schräglauf)
m		Momentanachse
m_p		Momentanachse bei Parallelfederung
m_w		Momentanachse bei Wankbewegung
m	kg	Masse
n		Normalvektor
n		Polytropenexponent
n	mm	geometrische Nachlaufstrecke
n_R	mm	Reifennachlauf
n_τ	mm	Nachlaufversatz
P		Pol, Momentanpol
p	Pa	Gasdruck
p	mm	Polabstand
p	mm	Radlasthebelarm
Q		Querpol (Pol in der Fahrzeug-Querschnittsebene)
q	mm	Querpolabstand

R	mm	Reifenradius
R_F	mm	Reifen-Fertigungsradius
R_{St}	mm	statischer Reifenradius
R_w	mm	wirksamer oder „Abroll"radius
RZ		Rollzentrum
r		Rollachse des Fahrzeugs
r		Zahl der freien Eigenrotationen von Lenkern in einem Mechanismus
r	mm	Hebelarm, Radius
r_S	mm	Lenkrollradius
r_σ	mm	Spreizungsversatz („Störkrafthebelarm")
r_T	mm	Triebkrafthebelarm; wirksamer Hebelarm bei Transmission durch Gelenkwellen
S		Schwerpunkt
SP		Schwerpunkt
S_F		Federschwerpunkt
s		Momentanschraubenachse
s	mm	Radhub
T		Trägheitspol
T		Schubmittelpunkt
T		Stoßmittelpunkt
T_S		Stoßmittelpunkt
T	s	Schwingungsdauer
t	mm/s	Vorschubgeschwindigkeit (Momentanschraubung)
t	s	Zeit
U	J	Energie
u	mm/s	Umfangsgeschwindigkeit
V	mm^3	Volumen
v	mm/s	Geschwindigkeit
v_M	mm/s	Geschwindigkeit des Radmittelpunkts
v^*	mm/s	(fiktive) Geschwindigkeit bei als „blockiert" betrachteter radträgerfester Momentenstütze
v_A^*	mm/s	(fiktive) Geschwindigkeit des Radaufstandspunktes bei als „blockiert" betrachteter radträgerfester Momentenstütze
v^{**}	mm/s	(fiktive) Geschwindigkeit bei als „blockiert" betrachteter fahrzeugfester Momentenstütze und Drehmomentübertragung durch Gelenkwellen
v_A^{**}	mm/s	(fiktive) Geschwindigkeit des Radaufstandspunktes bei als „blockiert" betrachteter fahrzeugfester Momentenstütze

W		Mittelstück einer Gelenkwelle
x, y, z		Hauptachsen des Koordinatensystems
α	rad, Grad	Anstellwinkel eines Gummilagers
α	rad, Grad	Beugewinkel eines Wellengelenks
α	rad, Grad	Schräglaufwinkel
β	rad, Grad	Schwimmwinkel
γ	rad, Grad	Radsturzwinkel
δ	rad, Grad	Lenkwinkel
δ_V	rad, Grad	Vorspurwinkel
ε	rad, Grad	Schrägfederungswinkel
ε_A	rad, Grad	Antriebs-Stützwinkel
ε_B	rad, Grad	Brems-Stützwinkel
ε_{MB}	rad, Grad	Stützwinkel bei Motorbremsung
ε^*	rad, Grad	Stützwinkel bei radträgerfester Momentenstütze
ε^{**}	rad, Grad	Stützwinkel bei fahrzeugfester Momentenstütze und Drehmomentübertragung durch Gelenkwellen
η		Abstimmung (Schwingungssystem)
η		Wirkungsgrad
Θ	mm^2kg	Massenträgheitsmoment
ϑ	rad, Grad	Nickwinkel
κ		Adiabatenexponent
κ	rad, Grad	Anstellwinkel zwischen der Fahrzeug-Rollachse und der Wank-Momentanachse einer Radaufhängung
λ		Schlupf
λ	rad, Grad	räumlicher Neigungswinkel der Spreizachse
μ		Reibwert
μ	rad, Grad	Übertragungswinkel in einem Gestänge
Π		Ebene
Π'		Seitenriß
Π''		Querriß
Π'''		Grundriß
π		Kreiszahl
ρ	mm	Krümmungsradius
σ	N/mm^2	Normalspannung
σ	rad, Grad	Spreizungswinkel
τ	rad, Grad	Nachlaufwinkel
τ	N/mm^2	Schubspannung
φ	rad, Grad	Wankwinkel
φ_d	rad, Grad	Drehwinkel
φ_K	rad, Grad	kardanischer Winkel

χ		Antriebs- bzw. Bremskraftanteil der Vorderachse
ω	rad/s	Winkelgeschwindigkeit
ω_o	rad/s	Eigenkreisfrequenz
ω_K	rad/s	Winkelgeschwindigkeit des Radträgers
ω_R	rad/s	Winkelgeschwindigkeit des Radkörpers
ω_γ	rad/s	Sturzwinkelgeschwindigkeit
ω_δ	rad/s	Lenkwinkelgeschwindigkeit

Indizes:

a	kurvenaußen
a	ausgefedertes Rad
e	eingefedertes Rad
h	hinten
i	kurveninnen
n	Normallage
v	vorn

1 Einleitung

1.1 Aufgaben der Radführung

Die Radführung oder „Radaufhängung" ist die Verbindung zwischen dem Fahrzeugkörper und dem Rade mit seinem Reifen. Sie gibt dem Rade eine im wesentlichen vertikal ausgerichtete Beweglichkeit, um Fahrbahnunebenheiten auszuweichen, wobei ein Federelement kurzfristig Energie speichert und wieder abgibt und so weitgehend Beschleunigungsspitzen vom Fahrzeugkörper fernhält. Ein Dämpfer sorgt dafür, daß von instationären Fahrbahn- oder Windkräften oder auch von Beschleunigungs-, Brems- und Seitenkräften angeregte Schwingungen, die den Komfort und die Fahrsicherheit beeinträchtigen, rasch abklingen.

Üblicherweise werden bei schnellen Straßenfahrzeugen die Vorderräder gelenkt. Zu diesem Zweck kann ein „Lenker" des Mechanismus der Radaufhängung, die „Spurstange", über das vom Fahrer betätigte Lenkgetriebe verstellt werden.

Die Übertragung der Radlasten und der Antriebs-, Brems- und Seitenkräfte durch die Radaufhängung bietet die Möglichkeit, die unerwünschten Nebenerscheinungen dieser Kräfte wie „Nick"- und „Wankbewegungen" des Fahrzeugkörpers durch geeignete Ausbildung der Radführungsgeometrie und der Federung, z. B. „Brems-" und „Anfahrnickausgleich", Stabilisierung usw. zu mildern. Da alle Maßnahmen an Geometrie, Federung und Dämpfung Auswirkungen auf die Stellung des Rades bzw. des Reifens auf der Fahrbahn haben, sind die Erkenntnisse aus der „Fahrdynamik" bei der Konstruktion und Abstimmung zu beachten, was zu Kompromissen zwischen den Forderungen nach bestmöglichem Fahrverhalten und größtmöglichem Fahrkomfort zwingen kann.

Der Reifen ist als Verbindungsglied zwischen Fahrzeug und Fahrbahn von überragender Bedeutung für das Fahrverhalten und zugleich das am schwersten zu beherrschende Bauteil, nicht nur weil er aus stark verformbarem, vorwiegend organischem Material hergestellt, sondern auch weil er ein „Verschleißteil" mit über der Abnutzung veränderlichen Eigenschaften ist, dessen Betriebssicherheit zudem von der Wartung durch den Fahrzeugbesitzer wesentlich abhängt und damit dem Einfluß des Fahrzeugherstellers praktisch entzogen ist. Er ist u. a. ein Federelement, erzeugt aber selbst auch hochfrequente Schwingungen und überträgt Erregerkräfte von der Fahrbahn auf das Fahrzeug. Deshalb ist es zumindest bei Personenwagen üblich, die Radaufhängung durch gummielastische Lagerungen gegenüber dem Fahrzeugkörper zu isolieren. Damit wird der Mechanismus der Radaufhängung in Grenzen verformbar, und der richtigen Auslegung dieser „Elasto-Kinematik" ist bei schnellen Fahrzeugen große Aufmerksamkeit zu widmen.

Nicht jeder Mechanismus, der kinematisch den Anforderungen der Bewegungsgeometrie des Rades genügt, ist auch für eine gute elasto-kinematische Abstimmung geeignet, wodurch die Zahl der möglichen Radaufhängungs-Bauarten für schnelle und komfortable Straßenfahrzeuge im Gegensatz z. B. zu Rennwagen eingeschränkt wird und oft völlig andere Lösungen gesucht werden müssen.

In **Bild 1.1** ist schematisch eine Einzelradaufhängung dargestellt. 1 ist das Rad mit dem Reifen, 2 der sogenannte „Radträger", welcher die Radlagerung aufnimmt und die Stellung des Rades gegenüber dem Fahrzeug festlegt. Im allgemeinen trägt er auch die Bremsvorrichtung (Bremsbacken mit Lagerung, Bremssattel) und gelegentlich ein Untersetzungs-Vorgelegegetriebe für den Antrieb (aber nur in Ausnahmefällen auch den Antriebsmotor).

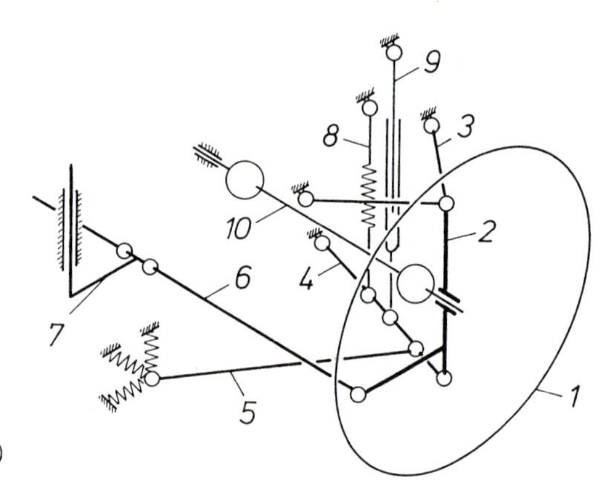

Bild 1.1:
Einzelradaufhängung (schematisch)

Der Radträger in Bild 1.1 ist die „Koppel" einer räumlichen Getriebekette. 3 ist ein „Dreiecklenker", 4 ein Querlenker, beide durch Gelenke mit dem Fahrzeug und dem Radträger verbunden. Die Zugstrebe 5 stützt den Querlenker gegenüber dem Fahrzeug an einem zwecks Geräusch- und Schwingungsisolation bewußt elastisch ausgebildeten Lager ab. Die „Spurstange" 6 bildet einen weiteren Lenker der Radaufhängung, dessen fahrzeugseitiges Gelenk durch ein Lenkgetriebe 7 verstellt werden kann. Eine Feder 8 und ein Dämpfer 9 vervollständigen das System. Die Antriebs-Momentenstütze (das Achsgetriebe, nicht dargestellt) ist am Fahrzeug gelagert, und eine Gelenkwelle 10 überträgt das Antriebsmoment auf das Rad.

Dieses Buch behandelt vorwiegend den Mechanismus der Radaufhängung, die Systematik und die kinematischen Gesetze und Konstruktionsmethoden zum Entwurf solcher Mechanismen, die Lenkgeometrie, die Federung (besonders im Zusammenwirken mit der Radaufhängung) und die Elasto-Kinematik.

Radlager, Gelenke und andere Maschinenelemente werden in diesem Rahmen nur falls erforderlich angesprochen. Über den Reifen gibt es ausführliche Literatur, vor allem in Fachzeitschriften, so daß hier nur kurz an einige wesentliche Eigenschaften erinnert werden soll. Eingehende Untersuchungen zur Schwingungstheorie und zur Dynamik des Fahrzeugs, u. a. mit Informationen über wichtige Reifeneigenschaften, finden sich in den grundlegenden Werken der fahrzeugtechnischen Fachliteratur [12][13][43][44].

1.2 Zum Aufbau des Buches

Im folgenden werden zunächst die kinematischen Gesetzmäßigkeiten der Bauarten von Rad- und Achsaufhängungen zusammengestellt und daran anschließend Verfahren zur kinematischen Analyse ihrer Bewegungsgeometrie vorgeführt.

Mit diesen Grundlagen werden das Zusammenwirken von Radaufhängung und Federung, das Verhalten beim Beschleunigen und beim Bremsen, die Vorgänge an der Radaufhängung unter Querbeschleunigung (Kurvenfahrt), die Lenkgeometrie und der Einfluß der Kräfte und Bauteilelastizitäten auf die Funktion der Radaufhängung untersucht. Dabei wird sich zeigen, daß für die theoretische Behandlung dieser Probleme Grundkenntnisse der technischen Mechanik, der darstellenden Geometrie und der Vektorrechnung ausreichen, denn bei Radaufhängungen handelt es sich fast ausschließlich um „statisch bestimmte" Systeme.

Nach Anmerkungen zur Synthese der Radführungsgeometrie und zur Konstruktion der Bauteile folgen Betrachtungen der Radaufhängungen für Motorräder sowie von Einzelradaufhängungen, Starrachsführungen und Verbundaufhängungen für Zweispurfahrzeuge. Bei der Auswahl der Beispiele ging es vorwiegend um die Vielfalt der Lösungen und weniger um eine Übersicht der am Markt aktuellen Konstruktionen, weshalb auch „historische" Aufhängungen ihre Würdigung erfahren.

Im „theoretischen" Teil wird der Bewegungszustand einer Radaufhängung bei der kinematischen Analyse (Kap.3) und der Berechnung der kinematischen „Kenngrößen" (Kap. 5 bis 8) durch „Geschwindigkeitsvektoren" $\mathbf{v}$ von Punkten des Radträgers und seinen „Winkelgeschwindigkeitsvektor" $\boldsymbol{\omega}$ beschrieben. Dies ist anschaulich und entspricht den herkömmlichen und gewohnten Analyseverfahren der Getriebelehre. Im vorliegenden Falle handelt es sich allerdings nicht um die Verfolgung heftiger Bewegungen, sondern eher um differentielle Verschiebungen bzw. Differentialquotienten. Eine „Geschwindigkeit" v_z ist – mit der Zeit t – auch als Differentialquotient dz/dt und eine „Winkelgeschwindigkeit" ω_γ als $d\gamma/dt$ aufzufassen; im Quotienten ω_γ/v_z

bzw. $(d\gamma/dt)/(dz/dt)$ kann das Zeitdifferential dt herausgekürzt werden, und dieser erweist sich dann als Differentialquotient $d\gamma/dz$ (als solcher ist er auch gemeint!).

1.3 Das Koordinatensystem

Im vorliegenden Buche geht es um die Entwicklung und Konstruktion von Radaufhängungen. Dabei sind selbstverständlich die Erkenntnisse und Anforderungen seitens der Fahrdynamik von wesentlicher Bedeutung und werden zur Auslegung der Kinematik und der Elasto-Kinematik herangezogen.

Der Konstruktionsalltag sieht aber vorwiegend andere Probleme, wie das Feilschen um jeden Millimeter Einbauraum und Freigängigkeit im Fahrzeug oder Festigkeits- und Montagefragen. Daher wird in der Praxis jede Radaufhängung mit Bezug auf das Fahrzeug als „feste Umgebung" entworfen und dokumentiert, was besonders bei der heute bei PKW vorherrschenden Einzelradaufhängung den Vorteil der eindeutigen Bewegungsform hat.

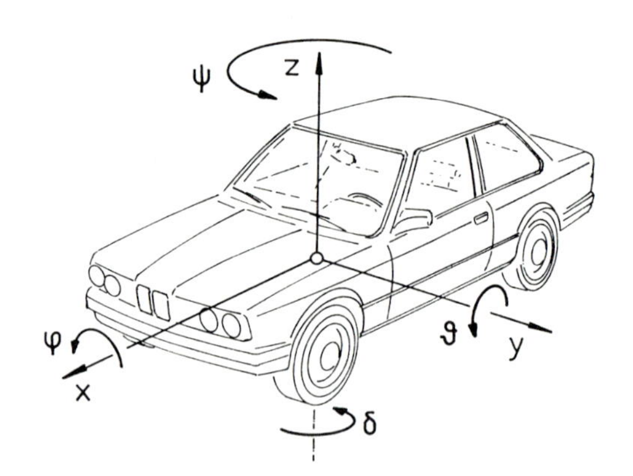

Bild 1.2: Das Koordinatensystem

Als Koordinatensystem für die im folgenden angestellten Betrachtungen wird deshalb ein rechtshändiges fahrzeugfestes System gewählt, dessen x-Achse in der Fahrzeugmittelebene nach vorn, dessen y-Achse nach links und dessen z-Achse nach oben weist, **Bild 1.2**. In Bild 1.2 sind ferner die Definitionsrichtungen des Nickwinkels ϑ, des Wankwinkels φ und des Gierwinkels ψ eingetragen. Der Lenkwinkel δ ist als „rechtsdrehender" Winkel um die z-Achse positiv, wenn das linke Vorderrad im Sinne einer Linkskurve eingeschlagen wird.

2 Bauarten und Freiheitsgrade der Radaufhängungen

2.1 Freiheitsgrade der Radaufhängungen

Ein schnelles Straßenfahrzeug benötigt an jedem Rade zum Ausgleich der Fahrbahnunebenheiten und zur Vermeidung hoher Beschleunigungen am Fahrzeugkörper eine im wesentlichen vertikal gerichtete Bewegungsmöglichkeit, einen „Freiheitsgrad". Ein Freiheitsgrad ist eine Lageänderung eines Raumkörpers, z. B. des Radträgers mit seinem Rade, nach einer eindeutigen und reproduzierbaren Funktion. **Bild 2.1** zeigt, daß dieser eine Freiheitsgrad nicht unbedingt aus einer vertikalen Parallelverschiebung allein bestehen muß, wie im Beispiel a, sondern auch als kombinierte Hub-, Quer- und Kippbewegung (Spur- und Sturzänderung, Beispiel b) oder als allgemeine „Koppelbewegung" (Beispiel c) verwirklicht werden kann, wobei alle Bewegungsparameter stets in fester Abhängigkeit voneinander stehen (man spricht dann von „Zwanglauf").

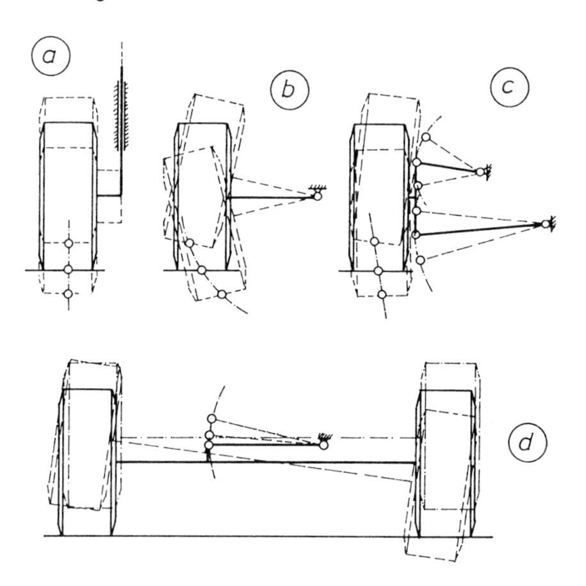

Bild 2.1: Radführungen mit einem (a, b, c) und zwei Freiheitsgraden

Werden zwei Räder gemeinsam an einem Radträger angebracht (z.B. bei einer Starrachse, Beispiel d), so muß dieser Radträger zwei Freiheitsgrade erhalten, um jedem Rade einen Freiheitsgrad gegenüber dem Fahrzeug zu sichern (parallele Einfederung und „Wanken" bei Kurvenfahrt). Die Starrachsaufhängung ist also ein Mechanismus mit zwei Freiheitsgraden.

Sollen alle Räder stets die Möglichkeit des Fahrbahnkontakts haben, so können an einem Radträger höchstens drei Räder gelagert werden, wobei nicht mehr als zwei der Radmittelebenen und nicht mehr als zwei der Radachsen „fluchten" dürfen.

2.2 Bauteile der Radaufhängungen

2.2.1 Der Radträger

Jedes Fahrzeugrad ist an der Radaufhängung über ein Radlager (heute im allgemeinen ein Wälzlager in Spezialbauweise) drehbar befestigt. Das Glied der Radaufhängung, welches das Radlager aufnimmt, ist der „Radträger". Bei der Einzelradaufhängung von Bild 2.1 b, einer „Pendelachse", ist das Pendel zugleich der Radträger, welcher hier über ein einziges Gelenk unmittelbar mit dem Fahrzeugkörper verbunden ist. Die Einzelradaufhängung nach Bild 2.1c dagegen ist ein kinematisches Getriebe, eine Viergelenkkette bestehend aus dem Radträger als „Koppel" des Getriebes und zwei Lenkern, die die Koppel und damit das Rad auf einer allgemeinen Bahnkurve führen. Der Starrachskörper (die „Achsbrücke") von Bild 2.1d ist ein Radträger mit zwei Rädern.

Wie schon in Bild 2.1 c angedeutet, werden Rad- oder Achsaufhängungen im allgemeinen durch Mechanismen aus Koppeln (z. B. Radträgern), Lenkern und Gelenken gebildet, durch deren zweckmäßige Kombination die erforderlichen Freiheitsgrade und die gewünschten Radführungseigenschaften sichergestellt werden.

2.2.2 Die Gelenke

Das kleinste Bauelement eines Mechanismus ist ein Gelenk. Gelenke dienen entweder zur unmittelbaren Verbindung des Radträgers (bzw. der Koppel des Radführungsmechanismus) mit dem „festen" Bauteil bzw. dem Fahrzeugkörper, oder zur mittelbaren Verbindung beider über Lenker.

Im Raum gibt es sechs voneinander unabhängige Bewegungsmöglichkeiten (Freiheitsgrade), nämlich drei Translationen in Richtung dreier Raumkurven (die nicht unbedingt geradlinig und orthogonal verlaufen müssen wie z. B. die Hauptachsen eines Koordinatensystems) und drei Rotationen um drei beliebige Achsen. Ein Gelenk kann maximal fünf Freiheitsgrade erlauben (ein Gelenk mit sechs Freiheitsgraden wäre sinnlos, weil beide Gelenkhälften ungebunden frei beweglich wären).

Eine Auswahl an Gelenkbauarten, wie sie für Radaufhängungen in Betracht kommen, zeigt **Bild 2.2**.

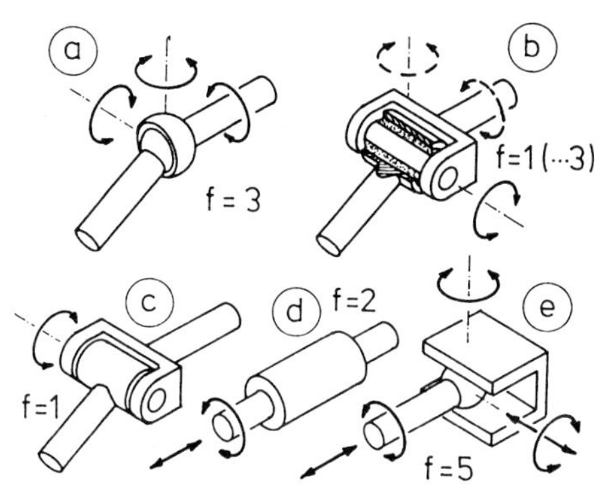

Bild 2.2:
Gelenkbauarten

Das **Kugelgelenk**, Bild 2.2a, ermöglicht die freie Relativdrehung beider Gelenkhälften (Kugel und Kugelschale) um drei voneinander unabhängige Drehachsen, es bietet also drei (rotatorische) Freiheitsgrade. Gelenk-Freiheitsgrade mögen im folgenden durch den Kleinbuchstaben „f" bezeichnet werden. Damit gilt für das Kugelgelenk f = 3.

Wird an einem Kugelgelenk im wesentlichen nur eine Rotationsachse ausgenützt und ist die Drehbewegung um die beiden anderen Achsen klein, so kann auch ein **Gummigelenk** wie das zylindrische Gummilager nach Bild 2.2b verwendet werden mit den Vorteilen der weitgehenden Unempfindlichkeit gegen kurzzeitige Überlastung, der besseren Geräuschisolation, der Wartungsfreiheit und der geringen Kosten. Im Gegensatz zum Kugelgelenk rufen aber beim Gummigelenk sowohl die Drehung um die Lagerhauptachse als auch die Verschränkung gegenüber derselben (die sogenannte „kardanische" Bewegung) Reaktions- bzw. Rückstellmomente hervor, die bei der Dimensionierung der Anschlußbauteile beachtet werden müssen.

Das echte **Drehgelenk**, Bild 2.2c, erlaubt nur eine reine Drehbewegung (f = 1), während das **Drehschubgelenk**, Bild 2.2d, eine Drehung um eine Achse und zugleich eine davon unabhängige Axial-Vorschubbewegung längs derselben zuläßt (f = 2). Drehgelenke werden oft durch die Kombination zweier Gummi-Drehlager dargestellt, **Bild 2.3** links, während als Drehschubgelenk an Radaufhängungen vor allem die Kolbenstangenführung eines Stoßdämpfers auftritt (bei Feder- oder Dämpferbeinachsen), Bild 2.3 rechts.

Selten, zumindest in der Originalform, wird an Radaufhängungen das **Kugelflächengelenk** verwendet, Bild 2.2e. Die Kugel wird formschlüssig auf einer Fläche geführt, die durchaus räumlich gekrümmt sein kann. Von den sechs Freiheitsgraden im Raum wird hier nur die Bewegung in der Flächennormalen unterbunden, so daß als Gelenk-Freiheitsgrad f = 5 zu setzen ist.

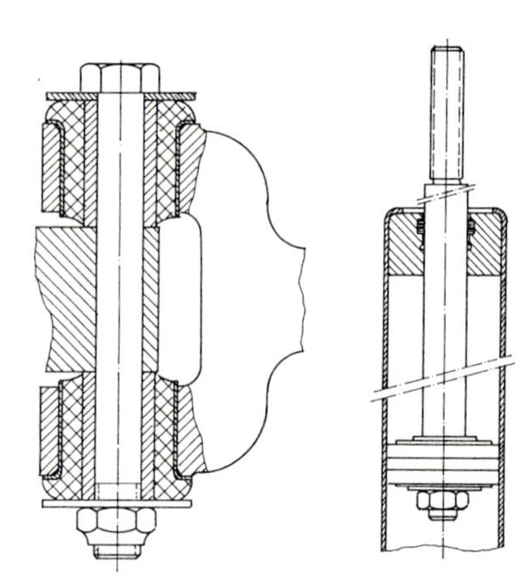

Bild 2.3:
Drehgelenk und Drehschubgelenk

2.2.3 Die Lenker

Zur mittelbaren Verbindung zwischen dem Radträger und dem Fahrzeugkörper dienen die „Lenker" als Zwischenglieder in der kinematischen Kette der Radaufhängung. Die wichtigsten Lenkerbauarten sind in **Bild 2.4** zusammengestellt.

Deren einfachster Vertreter ist der **Stablenker** mit zwei Kugelgelenken (oder diesen gleichwertigen Gummilagern), Bild 2.4a. Die Summe der Gelenk-Freiheitsgrade an diesem Lenker ist, da jedes Kugelgelenk drei Freiheitsgrade einbringt, $f = 6$, womit dieser Lenker sinnlos wäre, wenn nicht einer der sechs Freiheitsgrade in einer Eigenrotation (r) der Stange um ihre Längsachse bestünde, welche sich bei „gekröpften" Stangen fallweise sehr störend bemerkbar machen kann, die Bewegungsabläufe des Gesamtmechanismus aber nicht beeinflußt. Der Stablenker geht also mit fünf statt sechs Freiheitsgraden in die Berechnung des Gesamt-Freiheitsgrades eines Mechanismus ein bzw. vermindert denselben um 1.

Bei der Betrachtung des Gesamt-Freiheitsgrades eines Mechanismus ist demnach für jede derartige Eigen-Rotationsmöglichkeit ein Freiheitsgrad abzuziehen.

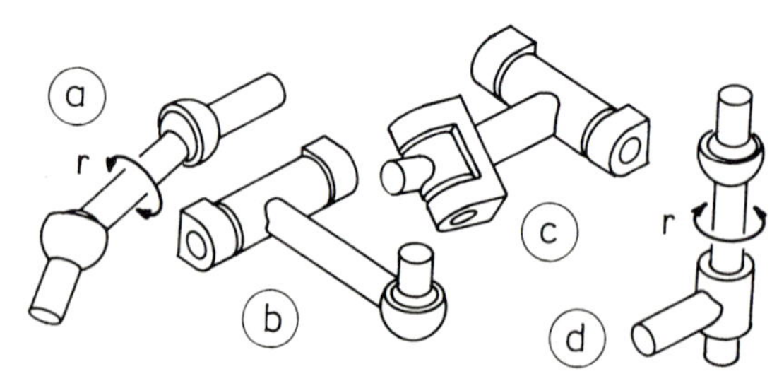

Bild 2.4:
Lenkerbauarten

Die Kombination eines Drehgelenks mit einem Kugelgelenk ergibt einen **Dreiecklenker**, Bild 2.4 b. Ein Dreiecklenker bietet mit dem Kugelgelenk ($f = 3$) und dem Drehgelenk ($f = 1$) vier Freiheitsgrade, vermindert also den Gesamt-Freiheitsgrad des Mechanismus um zwei. Der Dreiecklenker kann kinematisch auch als Kombination zweier Stablenker aufgefaßt werden, wobei zwei Kugelgelenke räumlich zusammenfallen. Auch diese Vorstellung ergibt eine Verminderung des Gesamt-Freiheitsgrades eines Mechanismus um zwei, nämlich um einen je Stablenker.

Mit zwei Drehgelenken, deren Drehachsen durchaus räumlich gegeneinander verschränkt angeordnet werden können, erhält man einen **Trapezlenker**, Bild 2.4 c. Die beiden Drehgelenke ergeben zusammen den Freiheitsgrad $f = 2$, d. h. der Trapezlenker hebt vier der sechs räumlichen Freiheitsgrade eines Mechanismus auf.

Ein Lenker mit einem Kugelgelenk und einem Drehschubgelenk wird in der Fahrzeugtechnik häufig in Form eines Teleskopdämpfers mit kugelig bzw. gummielastisch gelagertem Ende der Kolbenstange angewandt. Dabei handelt es sich zugleich stets um den kinematischen Sonderfall, wo die Kugelmitte auf der Achse des Drehschubgelenks (der Kolbenstange) liegt, Bild 2.4 d, so daß eine Eigenrotation (r) des Drehschublenkers bzw. der Kolbenstange möglich ist, die keine Auswirkung auf den Gesamt-Freiheitsgrad des Mechanismus hat. Mit dem Kugelgelenk und dem Drehschubgelenk errechnet sich also für den Drehschublenker unter Abzug der Eigenrotation der resultierende Freiheitsgrad $f = 3 + 2 - 1 = 4$, d. h. er verringert den Gesamt-Freiheitsgrad um 2.

2.2.4 Die kinematische Kette

Abgesehen von den einfachen Fällen, wo die Rad- oder Achsaufhängung durch unmittelbare Verbindung zwischen Radträger und Fahrzeugkörper dargestellt ist, bildet sie im allgemeinen eine kinematische Getriebekette, bestehend aus einem oder mehreren Radträgern, den Lenkern und dem raumfesten „Gestellglied" oder „Steg". Als Steg soll hier, wie bereits in Kap. 1 begründet, der Fahrzeugkörper betrachtet werden. Eine derartige Getriebekette zeigt **Bild 2.5** schematisch, wobei die wichtigsten Gelenk- und Lenkertypen verwendet wurden.

Der (einzige) Radträger K ist die „Koppel" des räumlichen Mechanismus und der Fahrzeugkörper bildet den „Steg" s.

Die Radaufhängung besteht ferner aus drei Lenkern mit insgesamt sechs Gelenken, nämlich einem Stablenker a mit zwei Kugelgelenken 1 und 2, einem Dreiecklenker b mit einem Kugelgelenk 3 und einem Drehgelenk 5 sowie einem Drehschublenker c mit einem Kugelgelenk 4 (dem „Stützlager" bei einer „Federbeinachse") und einem Drehschubgelenk 6 (dem Teleskopdämpfer einer Federbeinachse).

Jeder Radträger und jeder Lenker besitzt als Raumkörper sechs Freiheitsgrade; mit k als Zahl der Radträger und l als Zahl der Lenker ergibt sich als Summe der Freiheitsgrade dieser Teile, solange sie ungebunden sind, demnach $F = 6(k + l)$. Ein Gelenk i mit dem Gelenk-Freiheitsgrad f_i schränkt den Gesamt-Freiheitsgrad um $(6 - f_i)$ Freiheitsgrade ein. Ebenso geht jeder Lenker-Freiheitsgrad für den Gesamt-Freiheitsgrad verloren, der sich als Eigenrotation des Lenkers herausstellt. Mit g Gelenken und r Eigenrotationsmöglichkeiten von Lenkern ergibt sich demnach die Bilanz der Freiheitsgrade eines Mechanismus [6] zu

$$F = 6(k + l) - \sum_1^g (6 - f_i) - r$$

oder

$$F = 6(k + l - g) - r + \sum_1^g f_i \qquad (2.1)$$

wobei k = Zahl der Radträger, l = Zahl der Lenker, g = Zahl der Gelenke, f_i = Freiheitsgrad des Gelenks i, r = Zahl der Eigenrotationen von Lenkern.

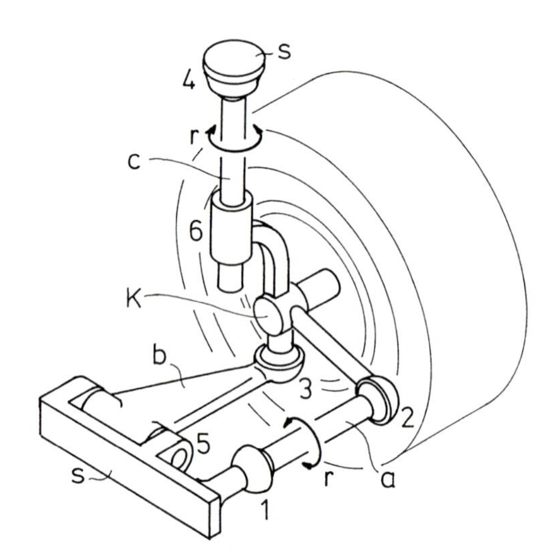

Bild 2.5:
Kinematische Getriebekette mit einem Freiheitsgrad (Einzelradaufhängung)

Die Radaufhängung von Bild 2.5 besteht aus einem Radträger (k = 1), drei Lenkern (l = 3) und sechs Gelenken (g = 6). Vier Kugelgelenke, ein Drehgelenk und ein Drehschubgelenk bringen 4 × 3 + 1 + 2 = 15 Gelenk-Freiheitsgrade ein. Der Stablenker und der Drehschublenker können um ihre Achsen frei rotieren (r = 2). Damit ergibt sich als Freiheitsgrad $F = 6(1 + 3 - 6) - 2 + (4 \times 3 + 1 + 2) = 1$, wie für eine Einzelradaufhängung erforderlich.

2.3 Grundmodelle der Radaufhängungen

2.3.1 Deduktion aus der starren Aufhängung eines Raumkörpers

Wie in Anbetracht der vorstehenden Erläuterungen - und auch der Grundregeln der Statik - bekannt, kann ein Raumkörper mit seinen insgesamt sechs Freiheitsgraden „statisch bestimmt" starr aufgehängt werden, indem alle sechs Freiheitsgrade durch entsprechende Lagerelemente aufgehoben werden. Dies geschieht z. B. durch eine Abstützung des Körpers an sechs Stablenkern, von denen jeder einen Freiheitsgrad blockiert, nämlich jeweils die Bewegung aller Körperpunkte in seiner Längsachse. Die sechs Lenker dürfen allerdings keine gemeinsame Raumgerade schneiden, weil dies eine unbestimmte, instabile Lage ergäbe.

Ein solcher „statisch bestimmt" gelagerter Raumkörper ist in **Bild 2.6** a dargestellt. Sein Freiheitsgrad ist F = 0, und dies entspricht einer starren Befestigung eines Radträgers am Fahrzeugkörper, Bild 2.6 e.

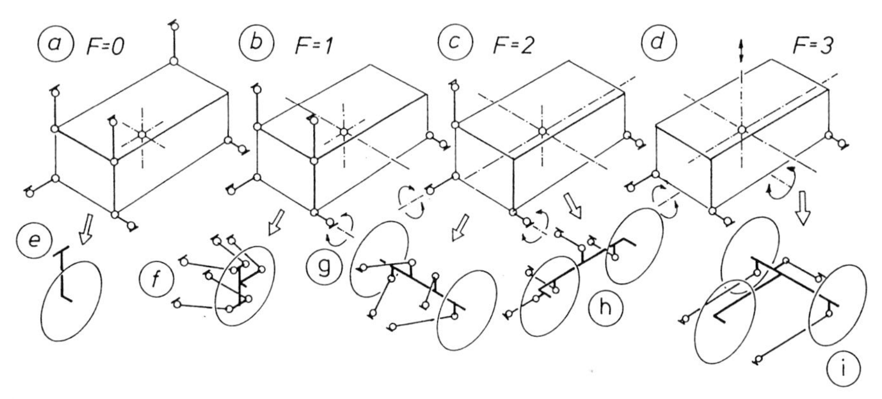

Bild 2.6: Ableitung der Radführungsmechanismen aus der starren Lagerung

Entfernt man einen der sechs Stablenker, Bild 2.6 b, so erhält der Raumkörper einen Freiheitsgrad F = 1. Die räumliche Führung an fünf Stablenkern ist also der Grundtyp der Einzelradaufhängung, Bild 2.6 f.

Mit vier Stablenkern besitzt der Raumkörper zwei Freiheitsgrade, Bild 2.6 c, und bildet so den Grundtyp der Starrachsaufhängung (Bild 2.6 g) oder eines Tandem-Radträgers (Bild 2.6 h).

Nach Entfernen eines weiteren Stablenkers, Bild 2.6 d, ist der mit nunmehr drei Freiheitsgraden ausgestattete Raumkörper zur einwandfreien Führung dreier Räder als „Dreiradsatz" befähigt, Bild 2.6 i.

Aus der Fünf-Lenker-Einzelradaufhängung (Bild 2.6 f) und der Vier-Lenker-Starrachsführung (Bild 2.6 g) lassen sich durch Zusammenfassung von

Stablenkern zu Dreiecklenkern viele der bekannten Prinzipien der Einzelrad- oder Starrachsaufhängungen deduktiv ableiten.

Damit ist aber die Zahl der möglichen Varianten von Radaufhängungen nicht erschöpft. Ersatz von Stablenkern durch gleichwertige andere Gelenk- oder Lenkerverbindungen, Einführung von Trapezlenkern (die aus Bild 2.6 nicht ableitbar sind!), Hinzufügung neuer Lenker und Gelenke und Korrektur der evtl. dadurch neu eingebrachten Freiheitsgrade durch Einbau neuer Zwangsbedingungen, Anbringung von „Zwischenkoppeln" als Verbindungen von Achslenkern untereinander erweitert die Variantenzahl beliebig. Die Teilung des Radträgers einer Starrachse und gelenkige Verbindung beider Hälften oder auch die Aufspannung von Lenkern zwischen den Radträgern zweier Einzelradaufhängungen, jeweils unter Beachtung und ggf. Korrektur des Gesamt-Freiheitsgrades F = 2 der gemeinsamen Anordnung zweier Räder, führt zu den „Verbundaufhängungen", die weder den Einzelradaufhängungen noch den Starrachsen zugeordnet werden können, weil ihre beiden Radträger weder voneinander unabhängig noch starr miteinander verbunden sind.

Daher wird im folgenden ein anderer Weg beschritten, indem die Radaufhängungen von der einfachsten Lösung, nämlich der unmittelbaren Verbindung Radträger/Fahrzeug, bis zu den aufwendigen Radführungen an kinematischen Ketten erweitert werden, wie dies auch in etwa der historischen Entwicklung entspricht.

2.3.2 Einzelradaufhängungen

Die einfachste Art, einen Radträger gegenüber dem Fahrzeugkörper beweglich anzuordnen, ist die unmittelbare Verbindung beider durch ein Gelenk.

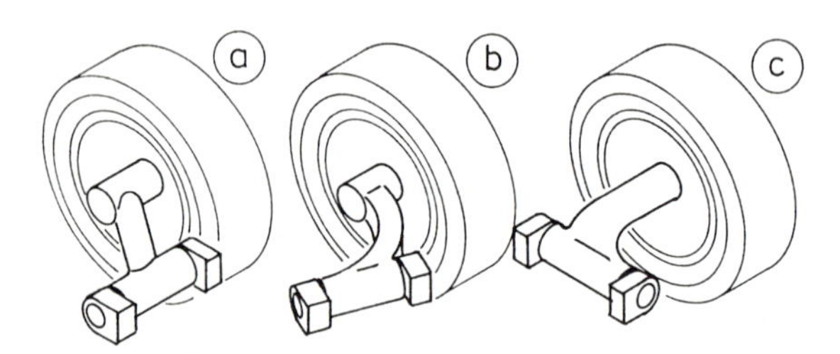

Bild 2.7: Einzelradaufhängungen mit Drehlagerung

Die Einzelradaufhängung muß den Freiheitsgrad F = 1 aufweisen, wofür nur das Drehgelenk in Frage kommt, **Bild 2.7**. Je nach räumlicher Lage der Drehachse erhält man die Längslenkerachse (a), die Schräglenkerachse (b) und die Pendelachse (c). Die Raddrehachse und die Lenkerdrehachse brauchen nicht in einer gemeinsamen Ebene zu liegen (b, c) oder parallel zu verlaufen (a); man spricht dann von „geschränkten" Achsen. Derartige Maßnahmen haben, richtig angewandt, vorteilhafte Auswirkungen auf die Radführungsgeometrie, wie später gezeigt wird.

Ein Drehschubgelenk hat den Freiheitsgrad 2 und reicht daher allein nicht aus, um eine Einzelradaufhängung zu bilden. Den überflüssigen Freiheitsgrad hebt ein Stablenker auf, **Bild 2.8**, und es entstehen z. B. eine zwar selten, aber bis heute (an Vorderrädern) angewandte Vertikal-Schubführung (a) oder eine durch Überlagerung einer „schraubenden" Drehbewegung kinematisch aufgewertete Schräglenker-Hinterachse (b).

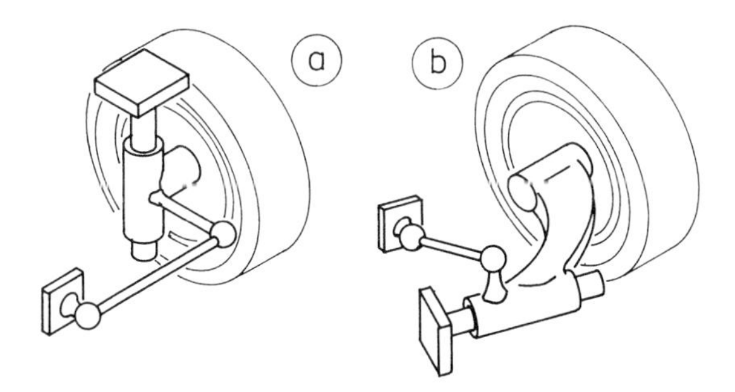

Bild 2.8: Einzelradaufhängungen mit Drehschubgelenk

Werden Radträger und Fahrzeug durch ein Kugelgelenk mit dem Freiheitsgrad 3 unmittelbar verbunden, so sind z. B. zwei Stablenker nötig, um den Gesamt-Freiheitsgrad auf F = 1 zu reduzieren, **Bild 2.9**.

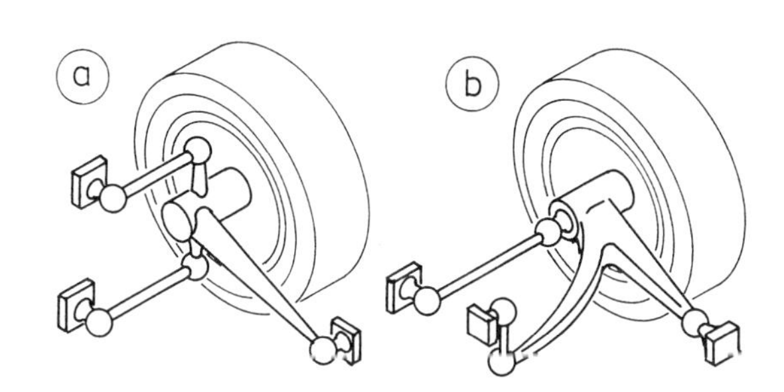

Bild 2.9: Sphärische Einzelradaufhängungen

Die „Doppel-Querlenker"-Variante, Bild 2.9 a, ist mehrfach als Hinterachse ausgeführt worden, während die „Schräglenker"-Variante einen Sonderfall darstellte mit einem typisch angelsächsischen Konstruktionsdetail, nämlich der (längenkonstanten) Kardan-Abtriebswelle als „Querlenker".

Die Radaufhängungen von Bild 2.9 bilden offensichtlich Grenzfälle zwischen der unmittelbaren und der mittelbaren Verbindung von Radträger und Fahrzeug. Da alle Punkte des Radträgers sich auf Kugelflächen um das Radträger und Fahrzeug unmittelbar koppelnde Kugelgelenk bewegen, handelt es sich um „sphärische" Mechanismen.

Wenn der Radträger nicht mehr unmittelbar gelenkig mit dem Fahrzeugkörper verbunden ist, bildet er die Koppel einer kinematischen Getriebekette.

Der einfachste Mechanismus ergibt sich bei Verwendung eines Trapezlenkers und eines zusätzlichen Stablenkers, **Bild 2.10**. Die Achsen der beiden Drehgelenke brauchen nicht in einer gemeinsamen Ebene zu liegen.

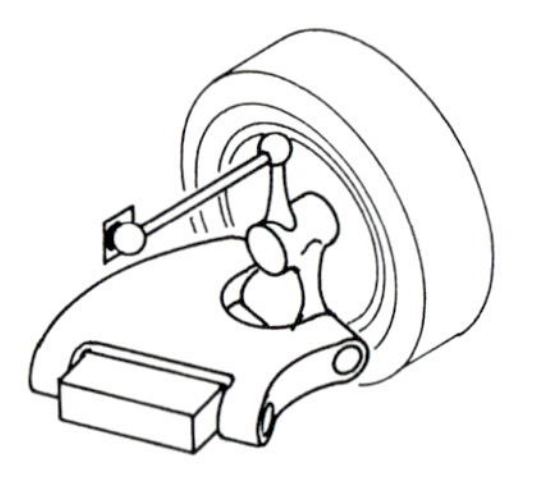

Bild 2.10: Trapezlenkerachse

Wenn an der allgemeinen Fünf-Lenker-Aufhängung nach Bild 2.6 f zweimal je zwei Stablenker zu Dreiecklenkern zusammengelegt werden, so bleibt ein Stablenker übrig, und das Ergebnis ist die „Doppel-Querlenker-Achse" mit ihren vielfältigen Abwandlungsmöglichkeiten, **Bild 2.11**.

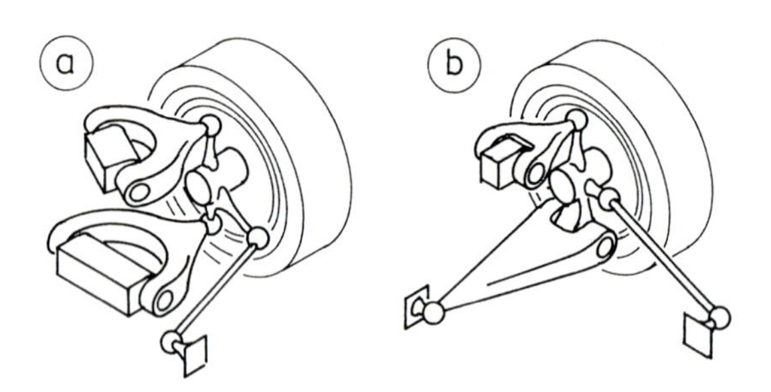

Bild 2.11: Doppel-Querlenker-Aufhängungen

Bei der Version a ist, wenn es sich um eine Vorderradaufhängung handelt, der Stablenker die Spurstange. Die Version b wurde als Hinterachse bei Rennwagen angewandt.

Drei Stablenker, **Bild 2.12**, können entweder durch einen Dreiecklenker ergänzt werden (a) und stellen so die Grundform einer „Mehrlenkerachse" dar, wie sie in Rennwagen und neuerdings auch in Serienfahrzeugen eingebaut wird, oder sie bilden zusammen mit einem Drehschublenker den Grundtyp der Feder- oder Dämpferbeinachse (b), die als Vorderachse mit hier „aufgelöstem" unterem Dreiecklenker eine „ideelle" Spreizachse aufweist.

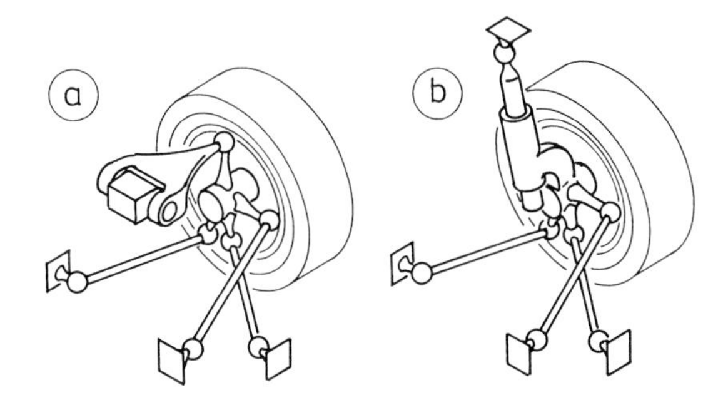

Bild 2.12:
Mehrlenker-Aufhängungen

Fünf Stablenker stellen die aufwendigste Form der Einzelradaufhängung und den Grundtyp eines räumlichen Mechanismus mit einem Freiheitsgrad dar, **Bild 2.13**.

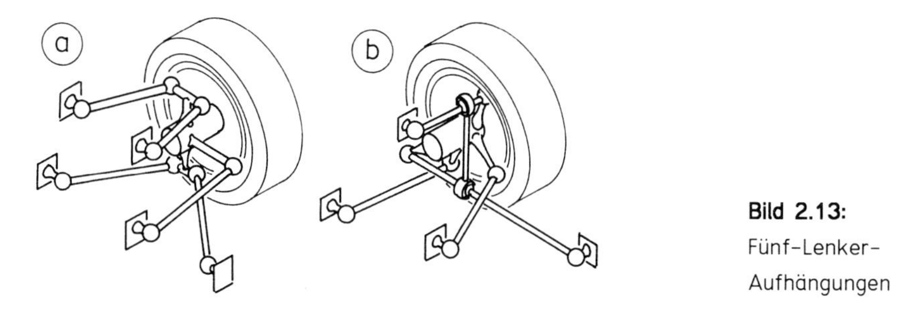

Bild 2.13:
Fünf-Lenker-Aufhängungen

Die Bauart a bildet den Grundmechanismus der Einzelradaufhängungen in Bild 2.6 und erlaubt, durch Zusammenfassung von Stablenkern zu Dreiecklenkern einen Teil der Einzelradaufhängungen deduktiv zu entwickeln. Die Bauart b weist dagegen eine „Zwischenkoppel" auf, nämlich einen hier etwa vertikal angeordneten Stablenker, der den Längslenker mit dem oberen Querlenker verbindet, und kann daher ebensowenig aus Bild 2.6 abgeleitet werden wie die Trapezlenkerachse.

2.3.3 Starrachsaufhängungen

Die Führung einer Starrachse muß den Gesamt-Freiheitsgrad $F = 2$ aufweisen, wobei sich dieser im wesentlichen aus einer vertikalen Translationsbeweglichkeit und aus einer Rotationsfähigkeit um die Fahrzeuglängsachse zusammensetzt. Das einzige Gelenk, welches den Freiheitsgrad $f = 2$ und die Kombination einer Translations- mit einer Rotationsbeweglichkeit anbietet, nämlich das Drehschubgelenk (vgl. Bild 2.2), ist allerdings als alleiniges Führungselement für die Starrachse ungeeignet, weil bei diesem die Translationsrichtung mit der Richtung der Rotationsachse zusammenfällt (notwendig wäre eine orthogonale Anordnung beider Komponenten).

Als unmittelbare Verbindung von Achskörper und Fahrzeugkörper kommen also nur das Kugelgelenk und das Kugelflächengelenk in Frage, **Bild 2.14**.

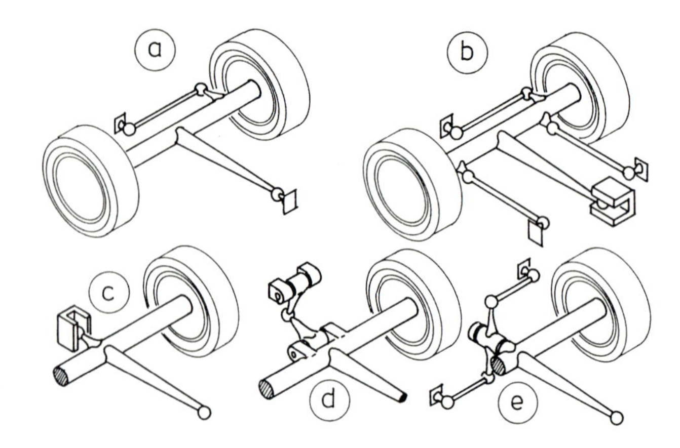

Bild 2.14: Starrachsführungen mit Schubkugel

Bild 2.14a zeigt die einfachste und sehr häufig verwendete Bauart: der vom Kugelgelenk gebotene überflüssige dritte Freiheitsgrad wird durch einen Stablenker aufgehoben, der die Achse seitlich führt. Dies ist die „Deichsel"- oder „Schubkugelachse" mit „Panhardstab", welche in Personenwagen und Nutzfahrzeugen als Hinterachse eingesetzt wurde und wird.

Wenn statt des Kugelgelenks ein Kugelflächengelenk vorgesehen wird, Bild 2.14b, so sind drei Stablenker erforderlich, hier zwei Längslenker und ein Panhardstab. Die „Schubkugel" dient nun nur noch zur Aufnahme der Drehmomentreaktion bei Antrieb und Bremsung und nicht mehr zur Übertragung der Schubkraft (dies übernehmen die beiden Längslenker).

Die Abbildungen 2.14 c bis e zeigen Alternativen zum Panhardstab, welche die beim Ein- und Ausfedern auftretenden, durch die Kreisbogenführung des Stabes verursachten Seitenbewegungen des Achskörpers am Fahrzeug (und damit Lenkbewegungen) vermeiden, und zwar eine Kugelflächenführung („Gleitstein", nur bei Rennfahrzeugen angewandt), eine „Scherenführung" aus zwei Dreiecklenkern (selten, aber im Flugzeugbau als Verdrehsicherung von Stand- und Gleitrohr an Federbeinen bekannt) und ein „Wattgestänge". In den beiden letztgenannten Fällen wird also der Stablenker durch einen aufwendigen Mechanismus ersetzt.

Für die mittelbare Verbindung des Achs- und des Fahrzeugkörpers über Lenker stehen im wesentlichen die Kombination eines Dreiecklenkers mit zwei Stablenkern oder die Aufhängung an vier Stablenkern zur Verfügung, **Bild 2.15** a und b. Beides sind sehr gebräuchliche Starrachsführungen.

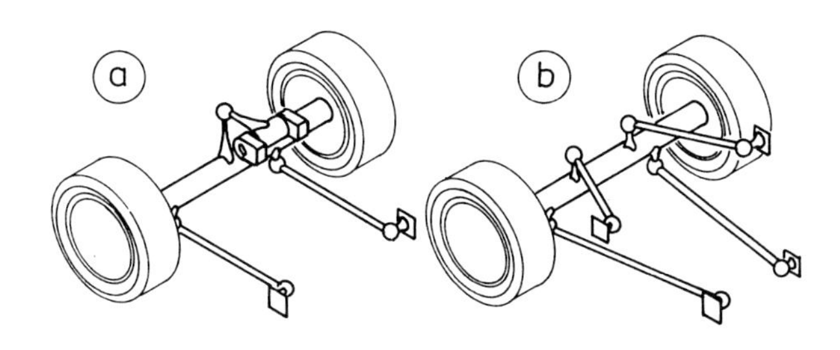

Bild 2.15: Lenkergeführte Starrachsen

Im Gegensatz zu den Einzelradaufhängungen kommt es bei Starrachsen gelegentlich vor, daß der Aufhängungsmechanismus nicht den theoretisch erforderlichen Freiheitsgrad F = 2 aufweist. **Bild 2.16** zeigt zwei Beispiele hierfür.

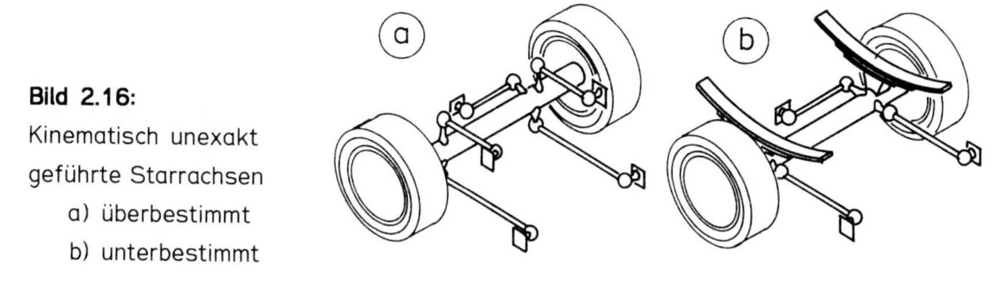

Bild 2.16: Kinematisch unexakt geführte Starrachsen
a) überbestimmt
b) unterbestimmt

Die Aufhängung an fünf Stablenkern, nämlich vier Längslenkern und einem Panhardstab, Bild 2.16 a, hat nur einen Freiheitsgrad und ist damit „überbestimmt". Für den symmetrischen Ein- oder Ausfederungsvorgang ergeben sich daraus noch keine Probleme, da die normalerweise symmetrisch zur Fahrzeugmittelebene angeordneten Längslenker in der Seitenansicht deckungsgleiche Bewegungen ausführen. Bei antimetrischer Radbewegung, nämlich gegensinnigem Ein- und Ausfedern der beiden Räder (Kurvenfahrt) müßten aber, wenn die Längslenker nicht alle vier gleich lang und parallel zueinander angeordnet sind, mehr oder weniger starke Schwenkbewegungen des Achskörpers auf beiden Fahrzeugseiten entstehen, die u. U. gegensinnig gerichtet sind, was wegen der – zumindest bei Antriebsachsen anzunehmenden – Verdrehsteifigkeit der Achsbrücke nicht möglich ist. Der Achskörper wird daher auf Torsion belastet und die (unbedingt erforderlichen) Gummilager der Lenker werden verzwängt. Durch eine geschickte räumliche Anordnung der Lenker können die Zwangskräfte gering gehalten werden (vgl. Kap. 9). Die freie Wahl der kinematischen Auslegung derartiger Achsaufhängungen ist allerdings eingeschränkt. Gründe für ihre Anwendung können Platzprobleme sein oder der Wunsch, den Mittelbereich der Achsbrücke einer Antriebsachse mit dem Gehäuse des Winkelgetriebes möglichst momentenfrei zu halten, um Undichtigkeiten bei Verformung zu vermeiden.

Die Achsführung nach Bild 2.16b besteht aus zwei Längslenkern und einem Querlenker und besitzt damit gemäß Gleichung (2.1) drei Freiheitsgrade, ist also „unterbestimmt". An der Darstellung ist sofort erkennbar, daß die Längslenkeraufhängung gegenüber einem Moment um die Fahrzeugquerachse, z. B. einem Bremsmoment, wehrlos ist. Brems- und ggf. Antriebsmomente werden hier durch die Federn aufgenommen unter Hinnahme einer elastischen Verdrehung des Achskörpers („Aufziehen") um die Querachse. Ähnliche Starrachsführungen werden bei schweren Nutzfahrzeugen gelegentlich angewandt, um die Gelenkbelastungen zu vermindern: Bei Aufnahme z. B. des Bremsmoments an übereinander angeordneten Längslenkern, wie in Bild 2.16a, würde jeder untere etwa mit der doppelten Bremskraft belastet, jeder obere mit der einfachen, während an den Längslenkern der Aufhängung nach Bild 2.16b jeweils nur die einfache Bremskraft zieht.

2.3.4 Tandem-Radträger

Neben der üblichen Koppelung zweier Räder gegenüberliegender Fahrzeugseiten in Form der Starrachse ist auch die Koppelung zweier hintereinanderlaufender Räder einer Fahrzeugseite über einen gemeinsamen Radträger möglich, wenn auch sehr selten zu finden, **Bild 2.17**. Diese Radaufhängung benötigt ebenfalls den Gesamt-Freiheitsgrad $F = 2$ und wird z. B. durch vier Stablenker verwirklicht, wobei als Hauptbewegungsformen die vertikale Hubbewegung und eine Pendelbewegung um die Querachse auftreten.

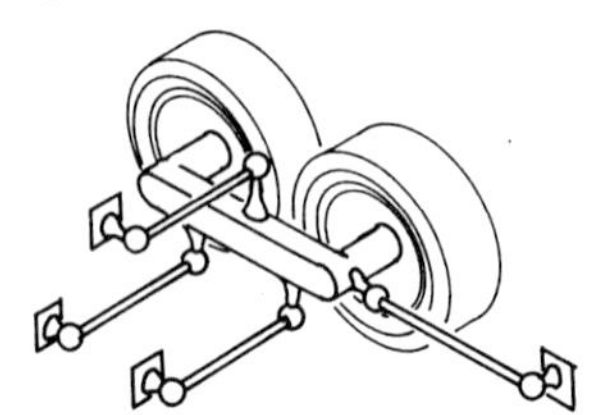

Bild 2.17: Tandem-Radträger

2.3.5 Verbundaufhängungen

Bei den Einzelradaufhängungen kann sich jedes Rad einer „Achse" unabhängig und unbeeinflußt von den übrigen Rädern mit einem Freiheitsgrad bewegen, während bei den Starrachsaufhängungen beide Räder gemeinsam zwei Freiheitsgrade besitzen, aber keine Relativbewegungen ausführen können. Beide Bauweisen sind „Sonderfälle" einer allgemeineren Form von Radaufhängungen, bei welchen zwei Räder einer „Achse" insgesamt zwei Freiheitsgrade aufweisen und bei welchen, im Gegensatz zur Starrachse,

Relativbewegungen der Räder möglich sind, wobei aber, im Gegensatz zur Einzelradaufhängung, die Bewegungsform eines Rades durch die momentane Stellung des jeweils anderen beeinflußt wird; es handelt sich um die allgemeine, übergeordnete Bauform der „Verbundaufhängungen".

Mit derartigen Aufhängungen wird angestrebt, die Vorzüge von Einzelrad- und Starrachsaufhängungen anzunähern und besonders für die Fahrtzustände „Geradeausfahrt" bzw. „Kurvenfahrt" jeweils optimale geometrische Bedingungen bereitzustellen.

Die Einzelradaufhängung mit „0% Verbund" bildet einen Grenzfall und gewissermaßen den Nullpunkt der Skala (was keine Wertung darstellen soll!), die Starrachse hat „100% Verbund", begrenzt die Skala aber nicht nach oben, sondern die Verbundeigenschaften lassen sich beliebig variieren. Dabei sind verschiedene Merkmale denkbar, um diesen „Verbund" zu quantifizieren (z. B. die Massenkoppelung der beiden Räder bei antimetrischer Bewegung), was aber hier nicht diskutiert werden soll.

Verbundaufhängungen können den Einzelradaufhängungen nahestehen bzw. von diesen abgeleitet erscheinen oder auch offensichtlich von Starrachsführungen abstammen. Im Gegensatz zu den letzteren besitzt aber bei den Verbundaufhängungen jedes Rad einen eigenen Radträger. Zwei sehr unterschiedliche Beispiele zeigt **Bild 2.18**.

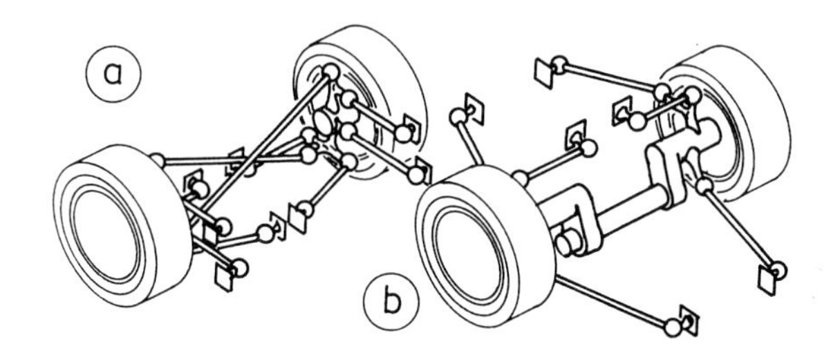

Bild 2.18: Beispiele für Verbundachsen

Die Verbundaufhängung nach Bild 2.18 a ähnelt der Fünf-Lenker-Einzelradaufhängung von Bild 2.13 a, wobei jedoch hier die oberen Querlenker nicht am Fahrzeugkörper, sondern an den Radträgern der jeweils gegenüberliegenden Räder angelenkt sind. Der Mechanismus hat mit $k = 2$ Radträgern, $l = 10$ Stablenkern mit freien Eigenrotationen (d. h. $r = 10$) und $q = 20$ Kugelgelenken mit der Summe aller Gelenkfreiheitsgrade $\Sigma f_i = 3 \times 20 = 60$ den Gesamt-Freiheitsgrad $F = 2$ nach Gleichung (2.1), wie zur einwandfreien Führung zweier Räder erforderlich.

Die Verbundaufhängung nach Bild 2.18 b zeigt im Gegensatz zu Beispiel a eine deutliche Verwandtschaft zur Starrachse. Der Achskörper ist allerdings in zwei Radträger aufgeteilt, die durch ein Drehschubgelenk ecksteif verbunden sind. Da dieses Gelenk zwei zusätzliche Freiheitsgrade einbringt, sind

z. B. zwei zusätzliche Stablenker notwendig, um diese Freiheitsgrade zu kompensieren, so daß diese Aufhängung anstelle der für eine Starrachsführung ausreichenden vier Stablenker (vgl. Bild 2.15) deren sechs aufweist. – Wenn das Drehschubgelenk durch ein Drehgelenk ersetzt würde, könnte einer der beiden zusätzlichen Stablenker eingespart werden. Ein solches Drehgelenk kann andererseits bei geschickter Ausbildung der Bauteile auch durch einen biegesteifen, aber verwindungsweichen Querträger (d. h. einen Träger mit „offenem" Querschnittsprofil) vertreten werden. Auf diesem Bauprinzip basierende Varianten der Verbundaufhängung von Bild 2.18 b haben als Hinterachsen von Frontantriebsfahrzeugen weltweite Verbreitung erfahren.

Die Eigenschaften der Verbundaufhängungen ähneln je nach Auslegung fallweise mehr denen der Einzelradaufhängungen oder denen der Starrachsen; eines aber haben sie alle mit den letzteren gemeinsam, nämlich ihre räumliche Ausdehnung über die gesamte Fahrzeugbreite.

3 Verfahren zur kinematischen Analyse der Radaufhängungen

3.1 Grundlagen aus der ebenen Getriebelehre

Die meisten Radaufhängungen führen dreidimensionale Bewegungen aus, deren Untersuchung zeichnerisch in mindestens zwei Rissen und rechnerisch in einem räumlichen Koordinatensystem erfolgen muß. Da die „ebene", d. h. in einer einzigen Ansicht (Projektionsebene) stattfindende bzw. abzubildende Bewegung aber leichter zu überschauen ist und Erkenntnisse aus der ebenen Getriebelehre sich im allgemeinen sinngemäß auf die räumliche Getriebelehre übertragen lassen, soll zunächst an einige wesentliche Gesetze der ebenen Getriebelehre erinnert werden.

In **Bild 3.1** a ist ein „ebener" Körper gezeichnet, dessen Punkt A sich momentan mit der Geschwindigkeit v_A bewegt. Der Körper soll „starr" sein, d.h. der Abstand eines Punktes B von A ist konstant, folglich muß B in Richtung AB die gleiche Geschwindigkeitskomponente v_{AB} haben wie Punkt A. Für Punkt B kann also nur noch seine Bewegungsrichtung (t), nicht aber seine Geschwindigkeit frei gewählt werden; v_B ergibt sich in Richtung t mit v_{AB} bzw. v_A.

Aus dieser Bedingung folgt ein bekanntes zeichnerisches Verfahren zur Ermittlung des Geschwindigkeitszustandes eines Körpers:

v_A wird um 90° gedreht (Vektor v_A'), ebenso die Richtung der gesuchten Geschwindigkeit v_B. Da v_{AB} jetzt als v_{AB}' senkrecht zu AB erscheint und sowohl für Punkt A als auch für Punkt B gilt, erhält man den gesuchten, um 90° gegenüber t gedrehten Vektor v_B' auf der Parallelen zu AB durch die Vektorspitze von v_A' (Verfahren der „lotrechten Geschwindigkeiten"). Der Vektor v_B ergibt sich durch Rückwärtsdrehung von v_B' um 90°.

Alle Punkte auf der Senkrechten zu v_A können keine Geschwindigkeitskomponente in Richtung A haben; das gleiche gilt für v_B und B. Der Punkt P des (erweitert gedachten) Körpers, der momentan mit dem Schnittpunkt der beiden Senkrechten zu v_A in A und zu v_B in B zusammenfällt, hat weder eine Geschwindigkeitskomponente in Richtung PA noch in Richtung PB. Er kann also überhaupt nicht in Bewegung sein. P ist der „Momentanpol", um den sich der Körper im Augenblick dreht. Die Geschwindigkeitsvektoren aller Punkte des Körpers stehen daher senkrecht auf ihren Verbindungslinien zum Pol P, den „Polstrahlen", und ihre Geschwindigkeiten sind ihren Polabständen proportional.

So ergibt sich die Geschwindigkeit v_C eines Punktes C nach dem Verfahren der lotrechten Geschwindigkeiten aus dem Polstrahl PC und v_A oder v_B, oder auch ohne Kenntnis des Polstrahls unmittelbar aus v_A und v_B durch

Schnitt der beiden Parallelen zu AC und BC durch die Vektorspitzen der lotrechten Vektoren dieser beiden Geschwindigkeiten.

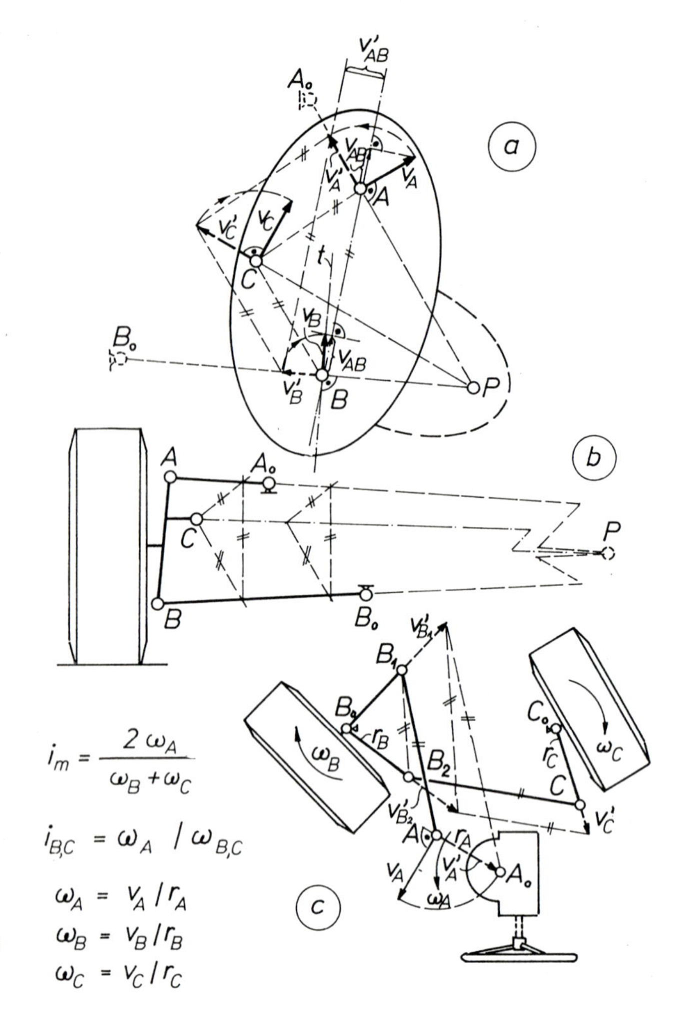

Bild 3.1:
Ebene Kinematik:
Geschwindigkeiten
und Momentanpol

A und B können Lagerstellen zweier Lenker sein, die zu v_A und v_B senkrecht angeordnet und in A_0 und B_0 drehbar an der festen Umgebung gelagert sind. Weitere Lenker sind nicht zulässig, denn ein Körper hat in der Ebene drei Freiheitsgrade, nämlich zwei Translationen und eine Rotation, und jeder der beiden Lenker hebt einen Freiheitsgrad auf. $A_0 A B B_0$ bilden eine ebene Viergelenkkette mit dem Freiheitsgrad F = 1, und der Körper ist die „Koppel" der Kette.

Bei der zeichnerischen Konstruktion ist es oft notwendig, den Polstrahl eines Punktes der Koppel (z. B. des Radträgers einer Radaufhängung) zu bestimmen, obwohl der Pol außerhalb der Zeichenfläche liegt. Der Konstruktionsgang für v_C aus v_A und v_B oder auch der „Strahlensatz" weisen den Weg zur Konstruktion des Polstrahls PC der „ebenen" Doppelquerlenkeraufhängung in Bild 3.1b mit Hilfe geometrisch ähnlicher Dreiecke.

Bild 3.1c schließlich zeigt die Anwendung des Verfahrens der lotrechten Geschwindigkeiten auf ein vereinfacht als „eben" angenommenes Lenkgestänge einer Starrachse aus einer Spurstange B_2C und einer Lenkschubstange AB_1 bei der Bestimmung der Lenkübersetzung i_B bzw. i_C zwischen dem Lenkgetriebe und jedem der Räder, ebenso der Gesamtübersetzung i_m.

Die „Geschwindigkeiten" v_A usw. können auch als differentielle „Verschiebungsvektoren" mit der Dimension einer Länge aufgefaßt werden, wenn man sie in Gedanken mit dem Zeitdifferential dt multipliziert. Da die Verfahren der Getriebelehre meistens mit dem Begriff der „Geschwindigkeit" arbeiten, wird diese Praxis hier und auch später bei der Vektorrechnung der Anschaulichkeit halber beibehalten, obwohl „Geschwindigkeiten" im folgenden fast ausschließlich als differentielle Verschiebungsvektoren verwendet werden.

Der Momentanpol P bewegt sich mit den Polstrahlen und hat senkrecht zu AP die Geschwindigkeitskomponente v_{PA}, **Bild 3.2** a, die sich nach dem Strahlensatz aus v_A ergibt, und entsprechend senkrecht zu BP die Komponente v_{PB}. Die resultierende „Polwechselgeschwindigkeit" v_P erhält man durch Schnitt der Lote in den Vektorspitzen von v_{PA} und v_{PB}.

A_0 und B_0 sind die – in diesem Falle ständigen – Krümmungsmittelpunkte der Bahnen von A und B; die Polstrahlen PA und PB haben hier die Geschwindigkeit Null. Der Krümmungsmittelpunkt C_0 der Bahnkurve eines beliebigen Punktes C der Koppel liegt an der Stelle des Polstrahls PC, die momentan keine Geschwindigkeit hat, und wird in Bild 3.2a mit v_C und der Komponente v_{PC} der Polwechselgeschwindigkeit v_P bestimmt (Verfahren von HARTMANN). C_0C ist der Krümmungsradius ρ_C des Punktes C.

Momentanpol und Krümmungsmittelpunkt dürfen nicht verwechselt werden! Der Momentanpol legt den Geschwindigkeitszustand eines Körpers und die Tangenten der Bahnkurven seiner Punkte fest und vertritt damit die erste Ableitung der Bahnkurven, der Krümmungsradius beschreibt dagegen die Änderung der Tangenten der Bahnkurven, d. h. er vertritt deren zweite Ableitung bzw. den Beschleunigungszustand (so ist z. B. die Radialbeschleunigung des Punktes C in Bild 3.2a $b_C = v_C^2/\rho_C$). Um dies zu verdeutlichen, wurden die Drehpunkte A_0 und B_0, also die Krümmungsmittelpunkte der Bahnen von A und B, bewußt auf der dem Pol P gegenüberliegenden Seite der Koppel gewählt.

Bewegliche Momentanpole (und im Raum: Momentanachsen) dürfen daher stets als Bezugspunkte bzw. -achsen für statische Kräfteanalysen, normalerweise aber nicht zur Untersuchung dynamischer Zusammenhänge herangezogen werden.

Bild 3.2b zeigt das Verfahren von BOBILLIER zur Bestimmung von Krümmungsradien, auf dessen Beweis hier verzichtet wird. Der Schnittpunkt D_{AB} der Linien A_0B_0 und AB ist der Momentanpol der Relativbewegung der Lenker A_0A und B_0B. Der Winkel δ zwischen der Linie $D_{AB}P$ und dem Polstrahl AP ist gleich dem Winkel zwischen dem Polstrahl BP und der Polbahntangente t (Richtung von v_P, vgl. Bild 3.2a). Dieser Zusammenhang gilt für

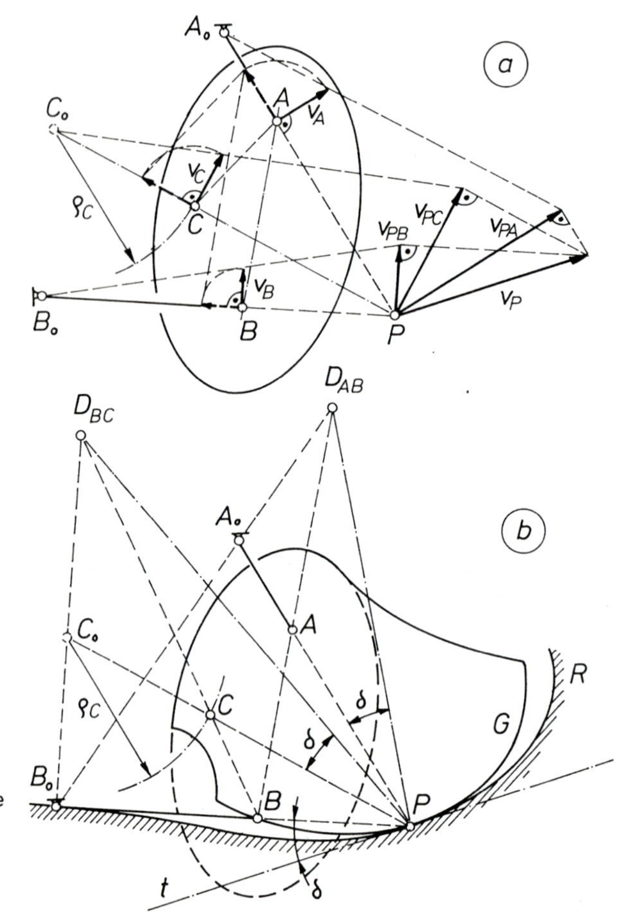

Bild 3.2:
Krümmungsmittelpunkte
a) nach HARTMANN
b) nach BOBILLIER

beliebige Punkte und Polstrahlen. Man erhält also den Krümmungsmittelpunkt C_0 zu einem Punkt C durch Antragen des Winkels δ an den Polstrahl CP, Konstruktion von D_{BC} aus B und C und schließlich von C_0 aus D_{BC} und B_0. Die Kenntnis der Polbahntangente ist also nicht erforderlich!

Der Momentanpol P bewegt sich in der festen Umgebung auf der „Rastpolbahn" R und relativ zur Koppel auf der „Gangpolbahn" G. Beide lassen sich leicht durch das Aufzeichnen verschiedener Stellungen von A und B bzw. (A und B in Ausgangslage festgehalten) von A_0 und B_0 konstruieren. Die Gangpolbahn wälzt ohne Schlupf auf der Rastpolbahn ab und erzeugt die gleiche Bewegung der Koppel wie das tatsächlich vorhandene Lenkerpaar. Alle Mechanismen, die die gleiche Gang- und Rastpolbahn besitzen, sind kinematisch gleichwertig.

Rad- und Achsaufhängungen bilden, wie in Kap. 2 ausgeführt, von seltenen Ausnahmefällen abgesehen statisch bestimmte Systeme, welche jeweils aus einem kinematischen Mechanismus bestehen, der so viele Freiheitsgrade aufweist, wie die Zahl der zu führenden Räder beträgt, und aus Federelementen, deren Zahl im allgemeinen ebenfalls der Zahl der Räder entspricht.

Veränderungen der räumlichen Lage eines Rades werden durch äußere Kräfte verursacht. Dabei verschiebt sich der Mechanismus der Radaufhängung gegen die Rückstellkräfte der Federelemente.

An einer Radaufhängung treten typische Belastungsfälle auf, die zu charakteristischen Fahrmanövern gehören und im allgemeinen getrennt betrachtet werden, bei Bedarf aber auch überlagert werden können. Es handelt sich dabei um die Belastungsfälle der vertikal wirkenden Radlast bzw. Radlaständerung, die in Fahrtrichtung wirkenden Antriebs- und Bremskräfte sowie Stoßkräfte, ferner die in Fahrzeugquerrichtung angreifenden Seitenkräfte.

Im Laufe der Entwicklung der Fahrzeugtechnik haben sich eine Anzahl von Fachbegriffen bzw. „Kenngrößen" eingebürgert, die im Zusammenhang mit den erwähnten typischen Belastungsfällen wesentliche Auskünfte über die Eigenschaften der Radaufhängungen geben und damit prinzipielle Vergleiche erlauben. Dabei handelt es sich vorwiegend um wirksame Hebelarme von Kräften oder um Größenverhältnisse (Übersetzungen) von Kräften untereinander. Als Beispiele seien genannt: das Rollzentrum, der Lenkrollradius, der Brems-Stützwinkel oder die Federübersetzung. Einige dieser Kenngrößen sind genormt und bei einfachen Radaufhängungen oder bei konventioneller Lenkgeometrie mit „fester" Lenkdrehachse des Rades anschaulich und zum Teil sogar zeichnerisch exakt bestimmbar. An allgemeinen, räumlich aufgebauten Radaufhängungen bereitet ihre Ermittlung aber z. T. Schwierigkeiten, ferner sind, wie später gezeigt wird, verbesserte Definitionen erforderlich, um die Kompatibilität mit den genormten Begriffen und die sinngemäße Vergleichbarkeit der physikalischen Wirkungsweise zu gewährleisten.

An kinematischen Mechanismen mit einem Freiheitsgrad (also z. B. Einzelradaufhängungen) besteht ein eindeutiger Zusammenhang zwischen dem Kräfteplan und dem Geschwindigkeitsplan, wie anschließend erläutert wird. Als Mechanismen mit zwei Freiheitsgraden kommen in der Fahrzeugtechnik die Starrachsen und die Verbundaufhängungen in Frage; hier ergeben sich wiederum eindeutige Zusammenhänge, wenn die beiden Freiheitsgrade „Ein- und Ausfedern" (symmetrische Bewegung beider Räder) und „Wanken" (antimetrische Bewegung) jeweils getrennt betrachtet werden.

Die Bewegungsgeometrie bzw. der Geschwindigkeitsplan eines Mechanismus lassen sich durch relativ einfache Berechnungsverfahren analysieren. In den nachfolgenden Kapiteln wird gezeigt, daß sämtliche in der Fahrzeugtechnik gebräuchlichen Achs- und Lenkungskenngrößen exakt und kompatibel über die Bewegungsgeometrie allein bestimmt werden können.

Um die Grundgedanken dieses Verfahrens deutlich zu machen, mögen an einem einfachen, „ebenen" Mechanismus mit einem Freiheitsgrad die verschiedenen bekannten Ansätze zur Überprüfung des Kräfte- und Momentengleichgewichts und des Bewegungszustandes verglichen werden, **Bild 3.3**.

Ein Körper K wird in der Ebene durch zwei Stablenker A und B geführt. Im Punkt 1 des Körpers greift eine Kraft F_1 an. Da der Mechanismus aus K, A und B einen Freiheitsgrad hat, muß eine Gegenkraft F_2 erzeugt werden, um das Kräftegleichgewicht zu erhalten. F_2 möge am Punkt 2 des Körpers angreifen und der Richtung nach bekannt oder vorgegeben sein.

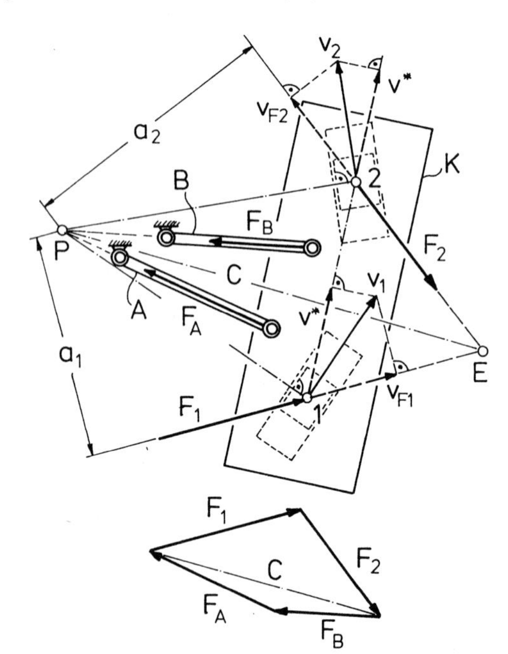

Bild 3.3:
Zusammenhang zwischen Kräfteplan und Geschwindigkeitsplan

Die Stablenker A und B können nur Kräfte F_A und F_B in Richtung ihrer Längsachsen übertragen. Es sind also vier Kräfte F_1, F_A, F_B und F_2 ins Gleichgewicht zu setzen, wobei die Kraft F_1 gegeben und die Richtungen der anderen drei Kräfte bekannt sind. In Bild 3.3 wird dieses statische Problem zeichnerisch durch einen „Kräfteplan" (unten) gelöst unter Zuhilfenahme einer „CULMANNschen Zwischenresultierenden" C, deren Wirkungslinie durch den Schnittpunkt E der Wirkungslinien von F_1 und F_2 und den Schnittpunkt P der Wirkungslinien von F_A und F_B verläuft. C ist daher die (noch unbekannte) Resultierende von F_A und F_B bzw., mit umgekehrtem Vorzeichen, auch von F_1 und F_2. Aus F_1 sind im Kräftedreieck sofort C und F_2 bestimmbar und, falls erwünscht, anschließend unter Zuhilfenahme von C auch die Lenkerkräfte F_A und F_B.

Für den Mechanismus von Bild 3.3 stellt der Punkt P den Momentanpol des Körpers K gegenüber der festen Umgebung dar. Die Lenkerkräfte F_A und F_B können kein Moment um diesen Pol ausüben. Daher müssen alle anderen an K angreifenden Kräfte bezüglich des Pols P im Momentengleichgewicht stehen. Ein Momentanpol kann also als Momentenbezugspunkt für statische Berechnungen herangezogen werden. Im vorliegenden Falle haben die Kräfte F_1 und F_2 die wirksamen Hebelarme a_1 und a_2 um P, und die Gleichgewichtsbedingung lautet $F_1 \cdot a_1 = F_2 \cdot a_2$, woraus F_2 sofort bestimmt werden kann.

Der Momentanpol P ist aber auch der Mittelpunkt des augenblicklichen Geschwindigkeitsplans am Mechanismus. Die Geschwindigkeitsvektoren v_1 und v_2 der beiden Kraftangriffspunkte 1 und 2 stehen senkrecht auf den zugehörigen Polstrahlen 1–P bzw. 2–P und müssen, da K ein starrer Körper sein soll, gleich große Komponenten v^* in Richtung 1–2 aufweisen, womit das Größenverhältnis zwischen v_1 und v_2 festgelegt ist. Bewegt sich der Körper K um den Pol P, so verschiebt sich der Kraftangriffspunkt 1 absolut mit der Geschwindigkeit v_1 und in Richtung der Kraft F_1 mit der Geschwindigkeitskomponente v_{F1}. Die an dieser Komponente von der Kraft F_1 aufgebrachte „Leistung" beträgt dann $F_1 \cdot v_{F1}$. Unter Vernachlässigung von Gelenkreibung usw. muß Leistungsgleichgewicht herrschen, d.h. diese Leistung am Punkt 2 wieder abgegeben werden. Punkt 2 bewegt sich mit der Geschwindigkeit v_2, und mit deren Komponente v_{F2} in Richtung von F_2 kann die Leistungsbilanz aufgestellt werden: $F_1 \cdot v_{F1} = F_2 \cdot v_{F2}$. Damit ist F_2 bekannt.

Da die Geschwindigkeiten von Punkten am Körper K unmittelbar den Hebelarmen um den Pol proportional sind, läßt sich aus Bild 3.3 ablesen: $v_{F1}/a_1 = v_{F2}/a_2$, womit der Zusammenhang zwischen der Kräfteanalyse über die statischen Gleichgewichtsbedingungen und derjenigen über den Geschwindigkeitsplan anschaulich demonstriert wird.

Die Kräfteanalyse über den Geschwindigkeitsplan erfordert nicht einmal die Kenntnis des Momentanpols: Wenn die Bewegungsrichtungen der beiden Punkte 1 und 2 bekannt sind (in Bild 3.3 durch gestrichelte Gleitsteinführungen angedeutet), so folgt zu einer gegebenen Geschwindigkeit v_1 aus der

Starrkörperbedingung, also Gleichheit der Komponenten v^*, unmittelbar v_2. Diese Erkenntnis ist wichtig für die Analyse komplexer räumlicher Mechanismen, wo Momentanpole oder Momentanachsen nicht mehr so einfach zu bestimmen sind.

3.2 Grundlagen der Vektorrechnung

Für die rechnerische Untersuchung der Bewegungen von Radaufhängungen kommen hauptsächlich zwei Methoden in Frage, nämlich die „analytische Geometrie" und die Vektorrechnung. Erstere führt schon in einfachen Fällen zu aufwendigen und schwer überschaubaren Gleichungssystemen, letztere erweist sich als sehr anschaulich und als besonders „computergerecht"; sie ermöglicht ferner leicht verständliche Definitionen der fahrzeugtechnischen „Kenngrößen" auch an räumlichen Systemen.

Die wenigen Grundlagen aus der Vektorrechnung, welche im folgenden für die Analyse der Radaufhängungen nötig sind, sollen hier kurz in Erinnerung gerufen werden.

Alle Gesetze und Gleichungen der Vektorrechnung sind in rechtwinkligen und „rechtshändigen" oder „rechtsdrehenden" Koordinatensystemen definiert, welche aus drei Hauptachsen bestehen, die wechselseitig rechte Winkel bilden, z. B. die Achsen x, y und z in **Bild 3.4**, und wo der x-Achse die y-Achse bei Blick in positive z-Richtung um 90° im Uhrzeigersinn vorauseilt. Das gleiche gilt für die Reihenfolgen y, z, x und z, x, y (Gesetz der „zyklischen Vertauschung").

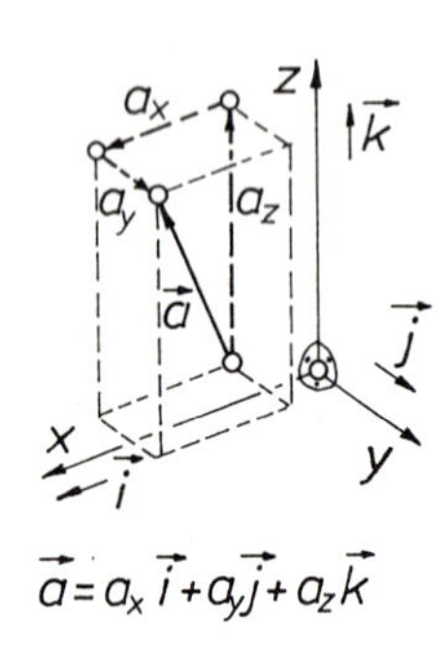

Bild 3.4:
Vektor mit Komponenten

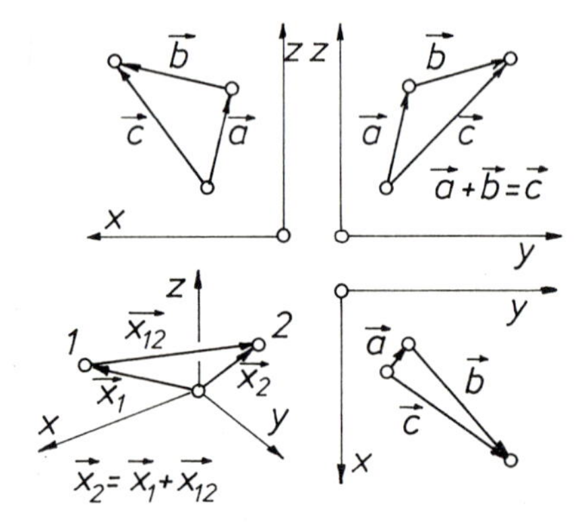

Bild 3.5: Addition von Vektoren

Ein Vektor ist eine räumlich ausgerichtete physikalische Größe, z. B. eine Länge, Geschwindigkeit, Kraft, eine Winkelgeschwindigkeit oder ein Drehmoment. Der Vektor **a** hat in dem dargestellten x-y-z-Koordinatensystem die Komponenten a_x, a_y und a_z.

Ein Vektor der Länge „1" heißt „Einheitsvektor". Der Einheitsvektor **i** der x-Richtung hat die Komponenten $i_x = 1$, $i_y = 0$, $i_z = 0$, entsprechend haben die Einheitsvektoren **j** und **k** der y- und der z-Achse die Komponenten 0,1,0 und 0,0,1.

Der Absolutbetrag oder „Skalarwert" eines Vektors **a** berechnet sich nach dem Satz des Pythagoras aus der quadratischen Summe seiner Komponenten zu

$$a = |\mathbf{a}| = \sqrt{a_x^2 + a_y^2 + a_z^2} \tag{3.1}$$

Aus jedem Vektor **a** kann ein Einheitsvektor $\mathbf{e}_a$ der Länge 1 hergestellt werden, indem der Vektor durch seinen Betrag dividiert wird:

$$\mathbf{e}_a = \mathbf{a}/|\mathbf{a}| \tag{3.2}$$

Die Addition oder Subtraktion von Vektoren geschieht durch Addition oder Subtraktion ihrer Komponenten, wie anschaulich in drei Rissen in **Bild 3.5** dargestellt. Es gilt $\mathbf{a} + \mathbf{b} = \mathbf{c}$ oder in Komponentenschreibweise:

$$c_x = a_x + b_x \qquad c_y = a_y + b_y \qquad c_z = a_z + b_z \tag{3.3a, b, c}$$

Im unteren linken Teil des Bildes ist ferner erläutert, daß ein Vektor $\mathbf{x}_2$ vom Koordinatenursprung zu einem Punkt 2, der „Ortsvektor" des Punktes 2, durch vektorielle Addition des Ortsvektors $\mathbf{x}_1$ eines Punktes 1 und des Differenzvektors $\mathbf{x}_{12}$ von Punkt 1 zu Punkt 2 berechnet werden kann.

Bei der Multiplikation von Vektoren gibt es mehrere Varianten mit unterschiedlicher geometrischer bzw. physikalischer Bedeutung, **Bild 3.6**.

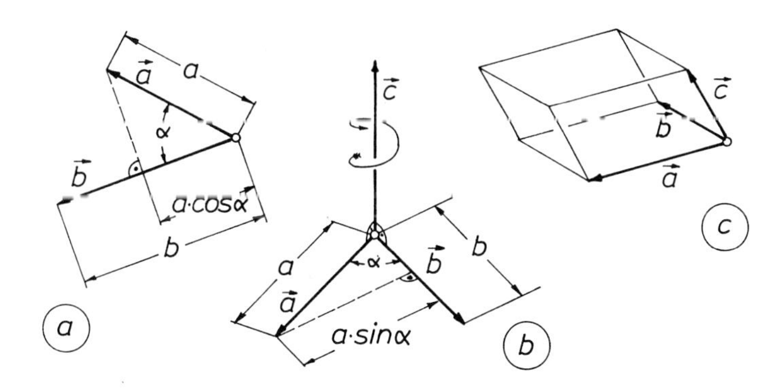

Bild 3.6: Multiplikation von Vektoren a) Skalarprodukt b) Vektorprodukt c) Spatprodukt

Das „innere" Produkt zweier Vektoren $\mathbf{a}$ und $\mathbf{b}$ ist das Produkt der Komponente des ersten Vektors in Richtung des zweiten mit dessen Betrag und berechnet sich aus den Komponenten beider zu

$$\mathbf{a} \cdot \mathbf{b} = a_x b_x + a_y b_y + a_z b_z = c \tag{3.4}$$

wobei c kein Vektor mehr ist, sondern eine Zahl (evtl. mit physikalischer Dimension, wie einer Längendimension usw.), ein „Skalar", daher auch der Name „Skalarprodukt". Aus Bild 3.6 a folgt anschaulich eine weitere mögliche Schreibweise:

$$\mathbf{a} \cdot \mathbf{b} = |\mathbf{a}|\,|\mathbf{b}| \cos\alpha \tag{3.5}$$

und eine physikalische Anwendung des Skalarprodukts ist z. B. die Berechnung einer Leistung aus den Vektoren einer Kraft und einer Geschwindigkeit, wenn diese nicht gleichgerichtet sind.

Aus den Gleichungen (3.4) und (3.5) geht hervor, das $\mathbf{a} \cdot \mathbf{b} = \mathbf{b} \cdot \mathbf{a}$ ist; ferner gilt, wie man leicht nachrechnet, $\mathbf{a} \cdot \mathbf{b} + \mathbf{a} \cdot \mathbf{c} = \mathbf{a} \cdot (\mathbf{b} + \mathbf{c})$.

Im Gegensatz zum Skalarprodukt ist das Ergebnis des „äußeren" oder „Vektorprodukts"

$$\mathbf{a} \times \mathbf{b} = \mathbf{c} \tag{3.6}$$

ein Vektor. Wegen der üblichen Schreibweise (×) wird es auch als „Kreuzprodukt" bezeichnet. Der Vektor $\mathbf{c}$ steht senkrecht auf der aus den Vektoren $\mathbf{a}$ und $\mathbf{b}$ aufgespannten Ebene; bei Drehung des Vektors $\mathbf{a}$ auf „kürzestem" Wege, also um $\leqq 180°$, in den Vektor $\mathbf{b}$ im Uhrzeigersinn blickt man in positive Richtung von $\mathbf{c}$ (entsprechend ist auch in Bild 3.4 $\mathbf{i} \times \mathbf{j} = \mathbf{k}$ und der Drehwinkel in der x-y-Ebene 90°). Die skalare Größe des Ergebnisvektors ist

$$c = |\mathbf{a}|\,|\mathbf{b}| \sin\alpha \tag{3.7}$$

vgl. Bild 3.6. Aus der Definition des Richtungssinnes folgt, daß

$$\mathbf{a} \times \mathbf{b} = -\,\mathbf{b} \times \mathbf{a}$$

ist. Das Vektorprodukt dient im folgenden u. a. zur Bildung von Normalvektoren (z. B. Geschwindigkeitsvektoren, die auf einer Drehachse und einem Radiusvektor senkrecht stehen).

Mit den Komponenten der Vektoren $\mathbf{a}$ und $\mathbf{b}$ läßt sich das Vektorprodukt formell durch die Determinante

$$\mathbf{c} = \begin{vmatrix} \mathbf{i} & \mathbf{j} & \mathbf{k} \\ a_x & a_y & a_z \\ b_x & b_y & b_z \end{vmatrix} \tag{3.8}$$

darstellen (formell deshalb, weil in der ersten Zeile Vektoren stehen!), und es ergeben sich die Komponenten

$$\begin{aligned} c_x &= a_y b_z - a_z b_y \\ c_y &= a_z b_x - a_x b_z \\ c_z &= a_x b_y - a_y b_x \end{aligned} \qquad (3.9\,a,b,c)$$

wobei wieder das Gesetz der zyklischen Vertauschung sichtbar wird.

Geringe Bedeutung hat für die in diesem Buche anzustellenden Betrachtungen das „Spatprodukt"

$$V = \mathbf{a} \cdot (\mathbf{b} \times \mathbf{c}) \qquad (3.10)$$

ein Skalarprodukt aus einem Vektor **a** und dem Ergebnisvektor des Kreuzprodukts $\mathbf{b} \times \mathbf{c}$. Wenn die Vektoren Längen darstellen, so ist das Ergebnis des Spatprodukts, ein Skalar, gleich dem Volumen des aus den drei Vektoren aufgespannten „Spates", eines schiefen Quaders, Bild 3.6c. Praktisch kann es von Nutzen sein als geometrische Bedingung, wenn drei Vektoren, z.B. drei Achslenker, in drei zueinander parallelen Ebenen oder bei Aneinanderreihung in einer gemeinsamen Ebene liegen sollen (beidemal muß dann $V = 0$ sein).

3.3 Gedanken zur Systematik der Radaufhängungen

Es sind unterschiedliche Ansätze versucht worden, um eine Systematik der Radaufhängungen zu erstellen.

Eine grundsätzliche Einteilung der in der Praxis gebräuchlichsten Bauarten in **Einzelradaufhängungen** und **Starrachsführungen** ist wohl unumstritten. Die Einzelradaufhängung ist ein kinematischer Mechanismus, der einen Radträger mit einem Rade führt; bei der Starrachse gehören zu einem Radträger zwei Räder. Größere Verwirrung herrschte ursprünglich bei der Einordnung der Radaufhängungen, welche zwei gegenüberliegende Radträger einer „Achse" weder voneinander unabhängig führen noch starr miteinander koppeln, und für welche der handliche Name „**Verbundaufhängungen**" oder „Verbundachsen" zweckmäßig erscheint; eine Verwechselungsgefahr mit hintereinander angeordneten, gekoppelten und meistens starren Achsen schwerer Nutzfahrzeuge dürfte nicht gegeben sein, da solche üblicherweise als „Doppelachsen" oder „Doppelachsaggregate" gekennzeichnet werden.

Eine **Starrachsführung** ist im allgemeinen symmetrisch zur Fahrzeugmittellängsebene aufgebaut. Die Einteilung der Starrachsführungen nach Lenker- oder Gelenktypen ist wenig ergiebig angesichts der geringen Variationsmöglichkeiten. Hinzu kommt, daß – im Gegensatz zu den Einzelradaufhängungen – Starrachsführungen nicht nur kinematisch „exakt" (nämlich mit dem Freiheitsgrad 2), sondern auch „unexakt", nämlich kinematisch über- oder unterbestimmt ausgeführt werden, vgl. Kap. 2, Abschnitt 2.3.3.

Bei den **Verbundaufhängungen** erscheint eine Systematik ziemlich aussichtslos, da diese, wie schon erwähnt, von Fall zu Fall einmal den Einzelradaufhängungen, ein anderes Mal den Starrachsführungen näherstehen können und der Phantasie des Konstrukteurs bei der Erfindung von Verbundmechanismen kaum Grenzen gesetzt sind.

Allenfalls bei den **Einzelradaufhängungen** mag es naheliegen, auf ihrer Ähnlichkeit mit geläufigen Mechanismen wie Doppelkurbeln, Kurbelschleifen usw. ein Ordnungsprinzip aufzubauen. Dennoch ist bei der Einordnung der in der Praxis meistens „räumlich" ausgebildeten Radaufhängungen in ein aus der „ebenen" Getriebelehre stammendes Schema Vorsicht geboten. Die Einteilung der Radaufhängungen nach ihrem äußeren Erscheinungsbild bzw. nach konstruktiven Merkmalen, z. B. in Doppel-Querlenker-Achsen, Federbeinachsen usw., hat wenig Aussagekraft in Bezug auf das kinematische Auslegungspotential des gewählten Mechanismus. In der Praxis kann die Federbeinachse wegen des langen Teleskopdämpfers und der meistens im Vergleich dazu kurzen Lenker nicht die gleiche Sturzcharakteristik über dem Federweg aufweisen wie die Doppel-Querlenker-Achse; die „Kurbelschleife" als kinematischer Grundmechanismus der Federbeinachse an sich aber braucht bei gekonnter Auslegung, was die Wahl der Koppel-Bahnkurve betrifft, einer „Doppelkurbel" (oder Doppel-Querlenker-Achse) nicht nachzustehen. Daß die Feder- oder Dämpferbeinachse den in den Radführungsmechanismus einbezogenen Stoßdämpfer als Radführungsglied verwendet und damit einerseits störende Reibungskräfte provozieren kann – und daß sie wegen des entfallenden oberen Querlenkers andererseits einen erheblichen Raumgewinn im Fahrzeug bietet – ist für die Praxis von wesentlich größerer Bedeutung als ihre Zugehörigkeit zu einer bestimmten Mechanismenfamilie. Der Sinn einer Systematik besteht allerdings auch darin, für äußerlich unterschiedliche, aber vom Grundtyp her gleichartige Mechanismen entsprechende einheitliche Analyse- und Syntheseverfahren bereitzustellen, und dazu kann die angesprochene Methode in Grenzen Beiträge leisten.

Ein weiteres mögliches, aber sehr allgemein gehaltenes Ordnungsprinzip für Einzelradaufhängungen ist, wie anschließend erläutert wird, die Unterscheidung nach dem **kinematischen Potential**.

Von der unmittelbaren Verbindung zwischen Radträger und Fahrzeugkörper durch ein Gelenk abgesehen, vgl. Kap. 2, Bilder 2.7 und 2.8, bildet der Radträger einer Einzelradaufhängung im allgemeinen die Koppel einer kinematischen Kette.

Denkt man sich z. B. die in Bild 3.3 dargestellte Viergelenkkette dreidimensional ausgeführt, so ist völlig klar, daß einige der angedeuteten Gelenkpunkte der Lenker durch ecksteife Drehachsen senkrecht zur Zeichenebene ersetzt werden müssen, wenn verhindert werden soll, daß die Koppel K aus der Zeichenebene herauszutaumeln beginnt. Ist dies sichergestellt, so bewegt sich der dreidimensionale Körper K in der gewählten Ansicht weiterhin so wie der zweidimensionale von Bild 3.3 in seiner Zeichenebene; aus dem Pol P in der Ebene wird eine „Momentanachse" senkrecht zur Ebene.

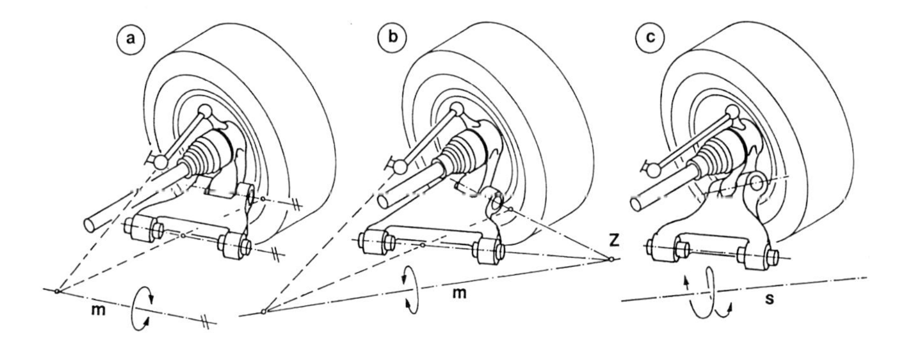

Bild 3.7: Ebene, sphärische und räumliche Einzelradaufhängungen mit Trapezlenker

Gleiches gilt für die in **Bild 3.7** links dargestellte Einzelradaufhängung aus einem Trapez- und einem Stablenker, Version a. Da die Achsen der beiden Drehgelenke am Trapezlenker parallel zueinander verlaufen, muß auch die Momentanachse m des Radträgers im Raum durch den Schnittpunkt der verlängerten Mittellinie des Stablenkers mit der durch die Drehachsen am Trapezlenker aufgespannten Ebene und parallel zu den Drehachsen verlaufen; sie verlagert sich beim Ein- oder Ausfedern im Raume parallel. In einer Zeichenebene senkrecht zu den Drehachsen des Trapezlenkers könnte die Bewegung des Radträgers exakt zeichnerisch mit Zirkel und Lineal untersucht werden. Der Radträger führt eine **ebene Bewegung** aus!

Werden die Achsen der Drehgelenke am Trapezlenker in der Lenkerebene gegeneinander „angestellt", d. h. im Endlichen zum Schnitt gebracht, Bild 3.7b, so liegt ihr Schnittpunkt Z am Trapezlenker fest – und damit sowohl am Radträger als auch am Fahrzeugkörper! Der Punkt des (vergrößert gedachten) Radträgers, der mit Z zusammenfällt, ist ständig bewegungslos und muß daher auf der Momentanachse m liegen, die ansonsten wieder durch den Schnittpunkt des Stablenkers mit der gemeinsamen Ebene der Trapezlenker-Drehachsen verläuft. Alle Punkte des Radträgers bewegen sich nun auf konzentrischen Kugelflächen um seinen Festpunkt Z. Der Radträger führt also eine **sphärische Bewegung** um den Zentralpunkt Z aus.

Im Gegensatz zur ebenen Bewegung verschiebt sich hier beim Ein- oder Ausfedern der Radaufhängung die Momentanachse nicht parallel, sondern pendelt um den Punkt Z.

Anhand der Bilder 3.7a und b ist sofort einzusehen, daß die „ebene" Radaufhängung nur ein Sonderfall der „sphärischen" ist, indem der Zentralpunkt Z ins Unendliche gerückt wird. Andererseits wird bei der Betrachtung der Radaufhängungen von Bild 2.9 (Kap. 2) deutlich, daß es sich dort um sphärische Mechanismen mit real ausgeführtem Zentralpunkt Z handelt.

Eine sphärische Viergelenkkette ist dadurch gekennzeichnet, daß es einen festen Zentralpunkt Z gibt, durch den die vier Gelenk-Drehachsen verlaufen, **Bild 3.8**. Die realen Gelenkpunkte können auf den Drehachsen beliebig verschoben werden, ohne daß sich die kinematische Funktion des Mechanismus dadurch ändert (was sich anschaulich leicht an einer vierkantigen Papierpyramide nachprüfen läßt, deren Kanten flexibel gefaltet sind); die beiden mit Vollinien bzw. mit unterbrochenen Linien eingezeichneten Mechanismen sind also kinematisch gleichwertig. Dies gilt natürlich nicht mehr für einen Kräfteplan unter äußerer Belastung - und damit für das elastische Verhalten (Elasto-Kinematik)! Alle vier Drehachsen in Bild 3.8 könnten durch echte Drehgelenke dargestellt werden, ohne daß es zu Verzwängungen kommt (so ist es beim Kardan„gelenk" der Fall, dem meistverbreiteten sphärischen Getriebe). Dies erfordert allerdings eine sehr genaue Fertigung und sehr steife Bauteile. Deshalb wird man in der Praxis nicht mehr echte Drehgelenke vorsehen als notwendig und zur Erfüllung von Gl. (2.1), Kap. 2, ausreichend, vgl. Bild 3.7b, um bei einem „statisch bestimmten" System und gegenüber Fertigungstoleranzen und Elastizitäten unempfindlich zu bleiben.

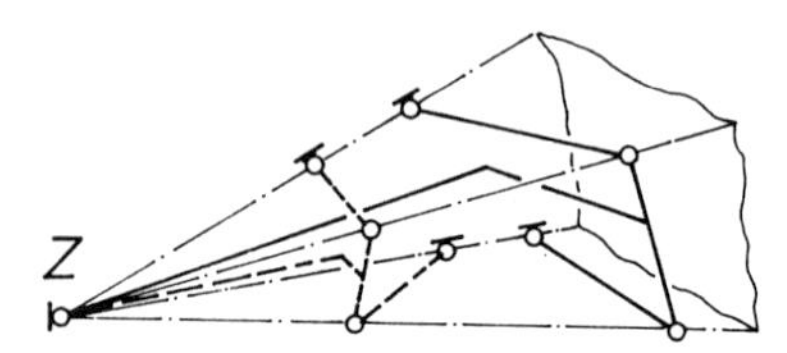

Bild 3.8: Sphärische Viergelenkkette

Die Grundform der sphärischen und damit auch der ebenen Bewegung ist also die Drehung der Koppel einer Getriebekette um eine Momentanachse.

Da alle Punkte der Koppel, die im Augenblick in die Momentanachse fallen, die Geschwindigkeit Null haben, kann dies nicht der „allgemeine" Fall eines dreidimensionalen Bewegungszustandes sein! Sollen auch die in die Momentanachse fallenden Koppelpunkte grundsätzlich eine Bewegungsmöglichkeit erhalten, so ist dies nur noch durch eine der Momentandrehung überlagerte axiale Vorschubbewegung längs der Momentanachse zu erreichen. Damit wird aus der Momentandrehung, bei welcher die Geschwindigkeitsvektoren aller Koppelpunkte senkrecht zur Momentanachse gerichtet sind, eine „Momentanschraubung" [6], und die Momentanachse wird zur Momentanschraubenachse. Alle Punkte der Koppel, oder bei einer Radaufhängung: des Radträgers, erhalten zusätzlich zu ihrer jeweiligen Umfangsgeschwindigkeit um die Schraubenachse, die zum Abstandsradius von derselben proportional ist, noch eine überall gleich große Vorschubgeschwindigkeit in Richtung der Schraubenachse überlagert.

Die Trapezlenkerachse von Bild 3.7 c hat im Raum „verschränkte" Drehachsen, die keinen reellen Schnittpunkt aufweisen im Gegensatz zur sphärischen Radaufhängung nach Bild 3.7 b. Der Radträger führt im Raum eine Bewegung aus, die durch überlagerte Momentandrehungen um beide Drehachsen bei gleichzeitiger Kugelbewegung um den fahrzeugseitigen Anlenkpunkt des Stablenkers gekennzeichnet ist, und diese Bewegung läßt sich auf eine Momentanschraubung um eine Schraubenachse s zurückführen. Der Radträger in Bild 3.7 c vollzieht eine **räumliche Bewegung**.

Eine Momentanachse m ist im Raum durch vier Parameter eindeutig festgelegt, z. B. durch ihre Neigungswinkel in zwei Ansichten, ihren Abstand von einem Bezugspunkt und die Neigung des Abstandsvektors gegen eine Ebene. Eine Momentanschraubung ist dagegen erst durch die Angabe der momentanen „Schraubensteigung" definiert, also durch einen fünften Parameter. Dabei ist zu jeder Stellung des Mechanismus, d. h. zu jeder Lage der Schraubenachse, auch die momentane Schraubensteigung festgelegt. Beide Größen sind im allgemeinen über dem Bewegungsverlauf variabel.

Die Grundeigenschaften einer Radaufhängung werden durch die Angabe ihrer wichtigsten fahrzeugtechnischen „Kenngrößen" beschrieben. Diese Kenngrößen geben Aufschluß über die Wirkungsweise der Radaufhängung im Zusammenhang mit bestimmten Fahrmanövern. So informieren das **Rollzentrum** über die Art der Seitenkraftabstützung zwischen Radaufhängung und Fahrzeugkörper, der **Stützwinkel** und der **Schrägfederungswinkel** über die Aufnahme von Längskräften. Von erheblicher Bedeutung für die Fahrstabilität ist das kinematische **Eigenlenkverhalten**, ausgedrückt durch die Vorspuränderung über dem Federweg, und die **Sturzänderung** über dem Federweg beeinflußt das Seitenführungsvermögen der Radaufhängung besonders im fahrdynamischen Grenzbereich. Bei angetriebenen Einzelradaufhängungen mit Antrieb der Räder über querliegende Gelenkwellen ist der Schrägfederungswinkel im allgemeinen zugleich der Antriebs-Stützwinkel.

Sollen alle diese fünf Kenngrößen bei der Synthese einer Radaufhängung unabhängig voneinander frei wählbar sein, so muß dem Entwurf ein Mechanismus zugrundegelegt werden, der durch fünf unabhängige Parameter beschrieben ist, und dies ist der „räumliche" Mechanismus [34].

Eine „sphärische" oder „ebene" Radaufhängung gestattet die freie Wahl von nur vier fahrzeugtechnischen Wunsch-Kenngrößen. Da an einer nicht angetriebenen Achse ein Antriebs-Stützwinkel nicht interessiert und der Schrägfederungswinkel heute keine größere Bedeutung mehr hat, genügen für nicht angetriebene oder „Laufräder" ebene oder sphärische Radaufhängungen, es sei denn, elasto-kinematische Überlegungen rechtfertigen aufwendigere Systeme.

3.4 Bewegungszustand des Radträgers

Für die Analyse einer ebenen oder sphärischen Radaufhängung wäre es ausreichend, die momentane Winkelgeschwindigkeit des Radträgers und die Lage der Momentanachse zu bestimmen; bei einer räumlichen Aufhängung käme noch die Ermittlung der Vorschubgeschwindigkeit bzw. der momentanen Steigung der Momentanschraube hinzu.

Die Berechnung der erwähnten Momentanachsen wäre aber relativ umständlich. Einfacher und ebenso zielführend ist es, den momentanen Winkelgeschwindigkeitsvektor $\boldsymbol{\omega}_K$ des Radträgers K und den Geschwindigkeitsvektor $\mathbf{v}$ eines beliebigen Radträgerpunktes zu ermitteln [34]. Im folgenden wird als Bezugspunkt am Radträger vorwiegend der Radmittelpunkt M gewählt und damit dessen Geschwindigkeitsvektor $\mathbf{v}_M$ als Bezugsgeschwindigkeit.

Wenn also an der Einzelradaufhängung in **Bild 3.9** die Vektoren $\boldsymbol{\omega}_K$ und $\mathbf{v}_M$ bekannt sind, ist ihr momentaner Geschwindigkeitszustand festgelegt.

Die Geschwindigkeit $\mathbf{v}_i$ eines beliebigen Radträgerpunktes i berechnet sich dann mit dem Verbindungsvektor $\mathbf{r}_i$ vom Bezugspunkt M zum Punkt i nach der Gleichung

$$\mathbf{v}_i = \mathbf{v}_M + \boldsymbol{\omega}_K \times \mathbf{r}_i \tag{3.11}$$

Sind i das radträgerseitige und i' das fahrgestellseitige Gelenk eines Stablenkers, und wird dieser als starr angenommen, so muß der Gelenkabstand i-i' konstant bleiben. Wenn auch der Punkt i' eine Geschwindigkeit besitzt, z.B. weil er über ein Lenkgetriebe verstellt wird, so müssen, da der Stablenker seine Länge nicht ändern soll, die Geschwindigkeiten $\mathbf{v}_i$ und $\mathbf{v}_{i'}$ der Punkte i und i' gleiche Komponenten in Richtung des Lenkervektors $\mathbf{a}_i$ haben, d. h. es gilt

$$\mathbf{v}_i \cdot \mathbf{a}_i = \mathbf{v}_{i'} \cdot \mathbf{a}_i \tag{3.12}$$

Aus (3.11) und (3.12) erhält man

$$(\mathbf{v}_M + \boldsymbol{\omega}_K \times \mathbf{r}_i) \cdot \mathbf{a}_i = \mathbf{v}_{i'} \cdot \mathbf{a}_i \tag{3.13 a}$$

oder, ausgedrückt durch die Komponenten v_x, v_y, v_z usw. sowie die Komponenten des Radius $\mathbf{r}_i$, geschrieben als Koordinatendifferenzen $r_x = x_i - x_M$ usw.

$$\begin{aligned} &\{v_{Mx} + \omega_{Ky}(z_i - z_M) - \omega_{Kz}(y_i - y_M)\}(x_i - x_{i'}) \\ + &\{v_{My} + \omega_{Kz}(x_i - x_M) - \omega_{Kx}(z_i - z_M)\}(y_i - y_{i'}) \\ + &\{v_{Mz} + \omega_{Kx}(y_i - y_M) - \omega_{Ky}(x_i - x_M)\}(z_i - z_{i'}) = \\ &= v_{i'x}(x_i - x_{i'}) + v_{i'y}(y_i - y_{i'}) + v_{i'z}(z_i - z_{i'}) \end{aligned} \quad (3.13\,b)$$

Da die Radaufhängung in Bild 3.9 fünf Stablenker aufweist (von denen zwei zu einem oberen Dreiecklenker mit „doppelt" zu zählendem radträgerseitigem Kugelgelenk zusammengelegt sind), kann für jeden von ihnen eine Gleichung der Form (3.13) aufgestellt werden.

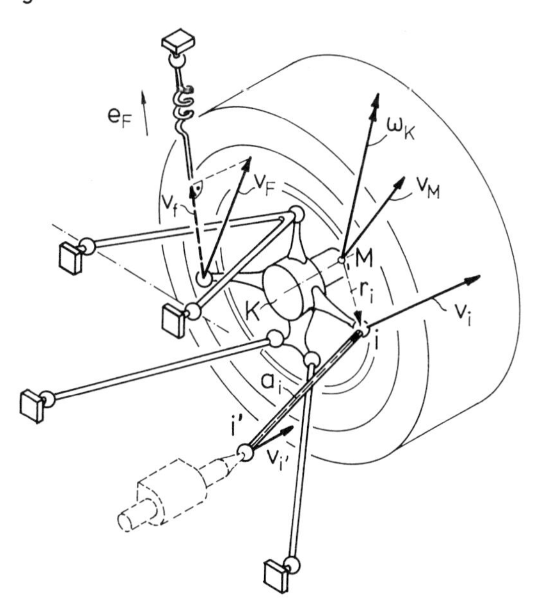

Bild 3.9:
Bewegungszustand einer Einzelradaufhängung

Das Federelement ergänzt als „hochelastischer" sechster Lenker die Radaufhängung zu einem statisch bestimmten System. Beim Einfedern erfährt es eine Längenänderung mit der Einfederungsgeschwindigkeit v_f des Federanlenkpunkts in Richtung des Einheitsvektors $\mathbf{e}_F$ der Feder. Mit einem (nicht dargestellten) Abstandsvektor $\mathbf{r}_F$ zwischen dem Radmittelpunkt M und dem Federanlenkpunkt ergibt sich

$$(\mathbf{v}_M + \boldsymbol{\omega}_K \times \mathbf{r}_F) \cdot \mathbf{e}_F = v_f \quad (3.14)$$

oder

$$\begin{aligned} &(v_{Mx} + \omega_{Ky} r_{Fz} - \omega_{Kz} r_{Fy}) e_{Fx} \\ + &(v_{My} + \omega_{Kz} r_{Fx} - \omega_{Kx} r_{Fz}) e_{Fy} \\ + &(v_{Mz} + \omega_{Kx} r_{Fy} - \omega_{Ky} r_{Fx}) e_{Fz} = v_f \end{aligned} \quad (3.15)$$

Fünf Gleichungen der Form (3.13) für fünf Stablenker und die Federbedingung (3.15) bilden ein lineares Gleichungssystem zur Berechnung der je drei Komponenten der Vektoren $\mathbf{v}_M$ und $\boldsymbol{\omega}_K$ des Radträgers. Die kinematische Analyse erfolgt am besten getrennt für den Federungsvorgang (wobei $v_f \neq 0$ und alle $v_{i'} = 0$) und den Lenkvorgang ($v_f = 0$; $v_{i'}$ an der „Spurstange" $\neq 0$ und an den übrigen Lenkern = 0). Bei Berücksichtigung der Lagerelastizitäten können Verschiebungen an allen Lenkerlagern auftreten [38].

Die Bewegungsanalyse läßt sich auch durchführen, indem eine der sechs Unbekannten, z. B. die Winkelgeschwindigkeitskomponente ω_{Kx}, vorgegeben und als Bezugspunkt anstelle von M eines der radträgerseitigen Lenkerlager gewählt wird [34]. Dann sind nur noch fünf Gleichungen für fünf Unbekannte aufzulösen. Enthält die Radaufhängung einen Dreiecklenker, wie z.B. in Bild 3.9, und wird das Gelenk an der Spitze desselben als Bezugspunkt verwendet, so zerfällt das Gleichungssystem in zwei voneinander unabhängige Systeme von drei und zwei Gleichungen. Damit **muß** eine exakte zeichnerische Analyse der räumlichen Bewegung des Radträgers möglich sein, denn drei lineare Gleichungen entsprechen geometrisch dem Schnittpunkt dreier Ebenen, während zwei lineare Gleichungen die Schnittgerade zweier Ebenen definieren. Beide Aufgaben sind bekanntlich in einfacher Weise zeichnerisch erfüllbar. Am Beispiel der Radaufhängung von Bild 3.9 ist dies auch anschaulich sofort plausibel: Die Bahn des Kugelgelenks des Dreiecklenkers läßt sich mit den geläufigen Methoden der darstellenden Geometrie als Kreis im Raum bzw. als Ellipse in einem Riß exakt aufzeichnen. Wird ein beliebiger Punkt auf dieser Bahnkurve als momentaner Ausgangspunkt gewählt, so bildet dieser einen radträgerfesten Fixpunkt im Raum wie der Zentralpunkt einer sphärischen Radaufhängung, vgl. Bild 3.8. Verwendet man nun zwei der drei Stablenker in Bild 3.9 als „Lenker" einer solchen sphärischen Aufhängung, so läßt sich die sphärische Taumelbewegung des Radträgers um das Gelenk des Dreiecklenkers zeichnerisch exakt nachvollziehen, und diese braucht nur noch mit der Abstandsbedingung des übriggebliebenen dritten Stablenkers abgeglichen zu werden, um die neue Radstellung zu erhalten. Zugegeben, dies ist aufwendig - war aber bis in den Anfang der 70er Jahre die einzige Möglichkeit, um Radaufhängungen zu konstruieren.

Die rein zeichnerische exakte Analyse einer echten Fünf-Lenker-Aufhängung wie z.B. in Bild 2.13, Kap. 2, würde, da die o. g. fünf Gleichungen nicht „auseinanderfallen", demnach eine Konstruktion im fünfdimensionalen Raum erfordern, was nicht möglich ist. Nicht zuletzt aus diesem Grunde konnten echte räumliche Fünf-Lenker-Radaufhängungen erst sinnvoll entwikkelt werden, seitdem leistungsfähige Rechner für den Einsatz in der Industriepraxis zur Verfügung stehen.

Im Abschnitt 3.1 wurde bereits dargestellt, daß an einem statisch bestimmten System, wie einer normalen Radaufhängung unter Berücksichtigung des Federelements, ein enger Zusammenhang zwischen dem Gleichgewicht der Kräfte und dem Geschwindigkeitsfeld besteht.

In der Ebene kann der Momentanpol eines Körpers als momentaner Drehpunkt desselben angesehen werden, d. h. er ist sowohl der Mittelpunkt des Geschwindigkeitsplans als auch der Momentenbezugspunkt für die am Körper angreifenden Kräfte.

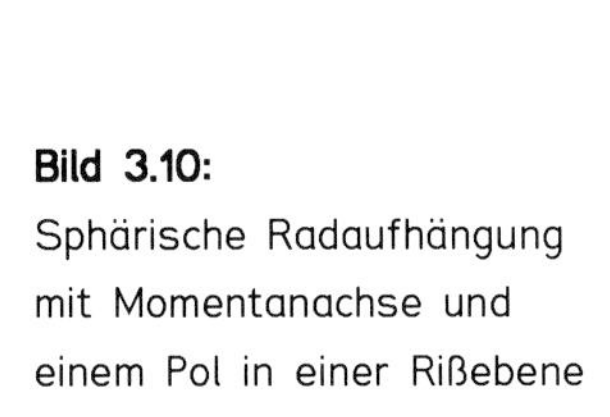

Bild 3.10: Sphärische Radaufhängung mit Momentanachse und einem Pol in einer Rißebene

Entsprechendes gilt im Raum für Mechanismen, die eine sphärische oder ebene Bewegung durchführen. Alle mit der Momentanachse zusammenfallenden Punkte des Radträgers sind momentan bewegungslos, **Bild 3.10**.

Die Momentanachse m kann als Bezugsachse für das Momentengleichgewicht der am Radträger wirkenden Kräfte verwendet werden. Der Durchstoßpunkt P_1 der Momentanachse m in einer beliebigen Ebene Π_1 (hier der Radmittelebene) hat keine Geschwindigkeit und bildet den Mittelpunkt oder „Pol" des Geschwindigkeitsplanes aller in Π_1 liegenden Radträgerpunkte. Daher steht die Projektion v_{M1} des Geschwindigkeitsvektors $\mathbf{v}_M$ der Radmitte M in der Ebene Π_1 senkrecht auf dem Polstrahl M-P_1. Kräfte in Π_1 befinden sich im Gleichgewicht, wenn ihre Momentensumme um den Pol P_1 verschwindet. Eine Kraft in Π_1, deren Wirkungslinie durch P_1 verläuft, erzeugt kein Drehmoment am Radträger (weder in Π_1 um P_1 noch im Raum um m).

Im Gegensatz zu den Momentanachsen der sphärischen oder ebenen Mechanismen ist die Momentanschraubenachse eines räumlichen Mechanismus nicht als Momenten-Bezugsachse oder als geometrischer Ort von „Momentanpolen" verwendbar. Da die Schraubung eine mit der Drehbewegung gekoppelte Vorschubbewegung aufweist, erzeugen Kräfte an der Schraubenachse, die nicht zu ihr senkrecht stehen, mit ihren Axialkomponenten Drehmomente an dem Mechanismus. Da ferner im allgemeinen die mit der Schraubenachse zusammenfallenden Punkte der Koppel des Mechanismus nicht bewegungslos sind, sondern axial verschoben werden, können auch Schnittpunkte der Schraubenachse mit Ebenen, die nicht auf ihr senkrecht stehen, nicht als „Pole" angesehen werden.

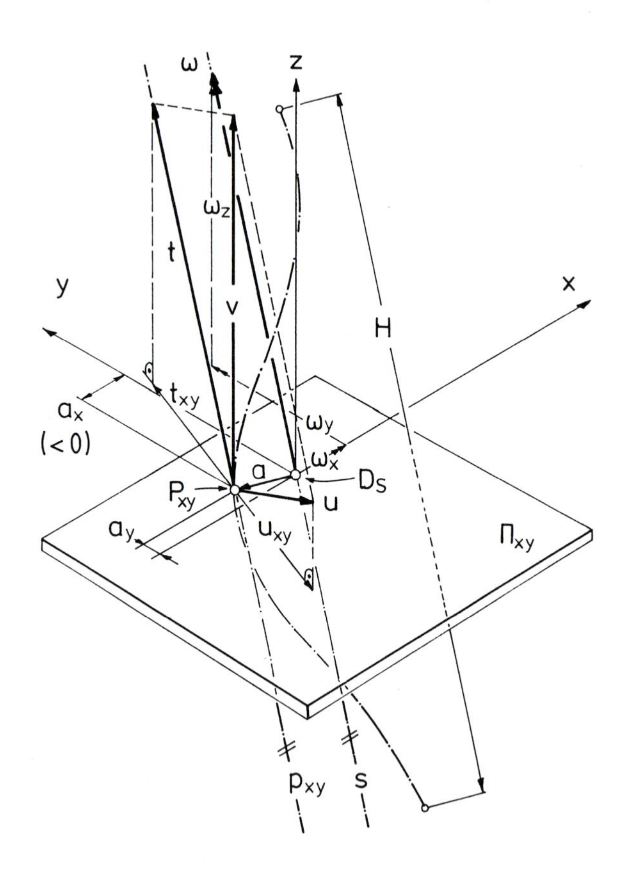

Bild 3.11: Momentanschraubung und „Momentanpol" in einer Rißebene

Bild 3.11 zeigt eine Schraubenachse s, welche eine xy-Ebene Π_{xy} im Punkt D_S durchstößt. Ein mit D_S zusammenfallender Punkt des Raumkörpers hat längs s die Vorschubgeschwindigkeit **t** und, da die Schraubenachse s nicht auf Π_{xy} senkrecht steht, eine Geschwindigkeitskomponente in Π_{xy}, nämlich die Projektion des Vektors der Vorschubgeschwindigkeit, und kann somit nicht als „Pol" in Π_{xy} in Frage kommen. Dennoch gibt es stets einen Punkt des schraubend bewegten Raumkörpers, der in einer Ebene momentan keine Geschwindigkeit hat, nämlich denjenigen Punkt P_{xy}, an welchem in der Ebene Π_{xy} entgegengerichtet gleich große Komponenten der Schrauben-Umfangsgeschwindigkeit **u** und der Vorschubgeschwindigkeit **t** auftreten. Da **t**

zur Schraubenachse parallel verläuft (und damit die Projektion von $\mathbf{t}$ in Π_{xy} parallel zur Projektion der Schraubenachse), muß die Verbindungslinie vom Durchstoßpunkt D_S zum (gesuchten) Punkt P_{xy} in Π_{xy} senkrecht zur Projektion der Schraubenachse s erscheinen. In Bild 3.11 ist dieser zu einer Schraubung um die Achse s mit der momentanen, nur der Anschaulichkeit halber zur Vollschraube ergänzten rechtsgängigen Schraubenlinie der Steigung H maßstäblich konstruierte Punkt P_{xy} eingezeichnet. Die Komponenten u_{xy} der Schrauben-Umfangsgeschwindigkeit $\mathbf{u}$ und t_{xy} der Vorschubgeschwindigkeit $\mathbf{t}$ in Π_{xy} löschen sich aus. Übrig bleibt eine vertikale Geschwindigkeit $\mathbf{v}$, die keinen Einfluß auf die Bewegungen in Π_{xy} hat. (Anders ausgedrückt: Der Pol in einer Rißebene ist bei der Schraubung der singuläre Punkt, an welchem die Bahn eines schraubend bewegten Raumkörperpunktes die Rißebene senkrecht durchstößt.)

Ein um die Schraubenachse s mit der Steigung H bewegter Raumkörper hat also in der Ebene Π_{xy} einen Momentanpol P_{xy}. Entsprechende Pole lassen sich für alle zu Π_{xy} parallelen Ebenen konstruieren; ihr geometrischer Ort ist die durch P_{xy} parallel zu s verlaufende Gerade p_{xy}.

Die Koordinaten von P_{xy} bezüglich des Durchstoßpunktes D_S der Schraubenachse s in Π_{xy} sind leicht zu berechnen: mit einem (gesuchten) Verbindungsvektor $\mathbf{a}$ in der Ebene Π_{xy} wird die Geschwindigkeit von P_{xy} $\mathbf{v}_P = \boldsymbol{\omega} \times \mathbf{a} + \mathbf{t}$. Mit der Voraussetzung $a_z = 0$, und aus den Bedingungen $v_{Px} = 0$ und $v_{Py} = 0$ folgt

$$a_x = -t_y/\omega_z \qquad a_y = t_x/\omega_z \tag{3.16 a, b}$$

Die Gleichungen für die Koordinaten der „Pole" für yz- oder zx-parallele Ebenen folgen aus den Gleichungen (3.16) durch zyklische Vertauschung. Es sei nochmals darauf hingewiesen, daß die solcherart definierten „Pole" nur zur Analyse der Bewegungen und Kräfte in den zugehörigen Ebenen herangezogen werden dürfen!

Eine Kraft in Π_{xy}, deren Wirkungslinie durch den Pol P_{xy} verläuft, übt kein Moment auf den bewegten Raumkörper aus. Dies wird auch bei dreidimensionaler Betrachtung deutlich, wenn berücksichtigt wird, daß P_{xy} der Punkt in Π_{xy} ist, wo die Schraubenlinie die Ebene senkrecht durchstößt, also wo der resultierende Geschwindigkeitsvektor $\mathbf{v}$ einen Normalvektor der Ebene bildet. Eine Kraft in einer Ebene kann aber an einem Normalvektor derselben keine Arbeit leisten.

Am Schluß der Bewegungsanalyse einer Einzelradaufhängung mag noch die Frage aufkommen, ob der untersuchte Mechanismus „räumlichen" Charakter hat, d. h. ob er eine Schraubung durchführt oder nicht. Sind die Vektoren der Winkelgeschwindigkeit $\boldsymbol{\omega}_K$ und der Geschwindigkeit $\mathbf{v}_i$ eines beliebigen Radträgerpunktes i (z. B. der Radmitte M) bekannt, so liegt eine Schraubung stets dann vor, wenn $\mathbf{v}_i$ eine Komponente in Richtung des der Schraubenachse gleichgerichteten Vektors $\boldsymbol{\omega}_K$ aufweist. Mit dem Einheitsvektor der momentanen Dreh- oder Schraubenachse $\mathbf{e}_\omega = \boldsymbol{\omega}_K / |\boldsymbol{\omega}_K|$ wird die Komponente von $\mathbf{v}_i$ in Richtung der Schraubenachse, nämlich die axiale Vorschubgeschwindigkeit längs derselben, $t = \mathbf{v}_i \cdot \mathbf{e}_\omega$. Die Umfangskomponente $\mathbf{u}$ ergibt sich durch Subtraktion der Vorschubgeschwindigkeit von $\mathbf{v}_i$, also $\mathbf{u} = \mathbf{v}_i - t\mathbf{e}_\omega$ und hat den Betrag $u = |\mathbf{u}|$. Damit kann der Steigungswinkel α der Momentanschraube am Punkt i bestimmt werden aus $\tan\alpha = t/u$. Der Abstandsradius des Punktes i von der Schraubenachse ist mit den Beträgen der Umfangsgeschwindigkeit und der Winkelgeschwindigkeit $r_i = u/\omega_K$ und folglich die Schraubensteigung (die für **alle** Punkte des Raumkörpers gleich ist):

$$H = 2\pi r_i \tan\alpha$$

Eine Steigung $H < 0$ bedeutet „Linksgewinde" (am linken Rade im allgemeinen für räumliche Hinterradaufhängungen zutreffend). Auch an räumlichen Radaufhängungen kann in singulären Lagen die Schraubensteigung momentan Null werden; an sphärischen gibt es grundsätzlich keine Steigung.

3.5 Äußere und innere Kräfte an der Radaufhängung

Die Arbeit mit Polen und Momentanachsen ist bei räumlichen Mechanismen umständlich und nicht sehr sinnvoll. Es empfiehlt sich daher, sowohl für die Bewegungs- als auch für die Kräfteanalyse „zu den Anfängen" zurückzukehren, nämlich zur Momentanschraubung und zum Arbeitssatz.

Wenn für einen Punkt P der Geschwindigkeitsvektor $\mathbf{v}$ bekannt ist, so bedeutet dies:

a) Alle an P angreifenden äußeren Kräfte, die senkrecht zu $\mathbf{v}$ wirken, leisten momentan keine Arbeit und werden über den Mechanismus starr auf den „Steg", z. B. den Fahrzeugkörper, übertragen.

b) Alle an P angreifenden äußeren Kräfte, die Komponenten in Richtung von $\mathbf{v}$ aufweisen, leisten Arbeit und müssen durch die Arbeit von Gegenkräften im Gleichgewicht gehalten werden.

Beide Kriterien werden im folgenden häufig bei der Bestimmung von Kenngrößen der Achs- oder der Lenkgeometrie Anwendung finden.

Der Arbeitssatz (b) gibt ferner eine Anleitung für ein einfaches Verfahren, um auch bei kompliziert aufgebauten räumlichen Mechanismen die unter dem Einfluß äußerer Kräfte entstehenden Reaktionskräfte im Mechanismus zu berechnen.

Bild 3.12 zeigt eine Einzelradaufhängung, die aus zwei Dreiecklenkern, einem Stablenker und einem Federelement besteht und die an beliebigen Radträgerpunkten j durch äußere Kräfte F_j belastet ist.

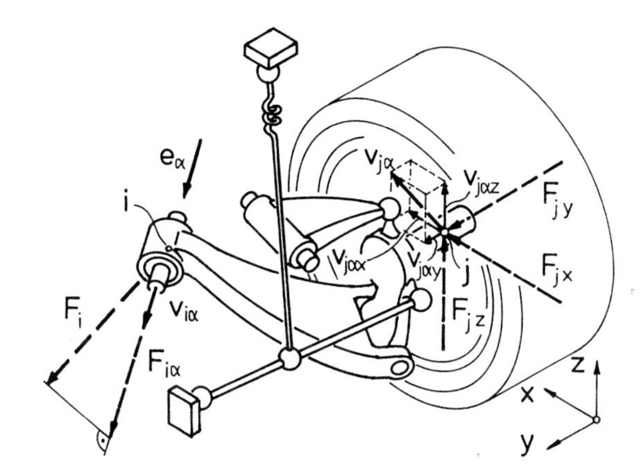

Bild 3.12: Bestimmung einer Reaktionskraft mit Hilfe des Arbeitssatzes

Gesucht sei die daraus resultierende Axialkomponente der Reaktionskraft am fahrgestellseitigen zylindrischen Gummilager i des unteren Dreiecklenkers, also die Kraft in Richtung des Einheitsvektors $\mathbf{e}_\alpha$.

Denkt man sich sämtliche Lagerstellen außer dem Lager i im Raum unverschiebbar und auch das Federelement längenkonstant, das Lager i aber in Richtung α mit der „Geschwindigkeit" $\mathbf{v}_{i\alpha}$ verschoben, so entsteht ein spezieller, eindeutig der Verschiebung $\mathbf{v}_{i\alpha}$ zugeordneter Bewegungszustand der Radaufhängung mit „Geschwindigkeiten" $\mathbf{v}_{j\alpha}$ der Angriffspunkte der äußeren Kräfte F_j. Da momentan nur an den Punkten j und am Lagerpunkt i (und hier nur in α-Richtung) Arbeit geleistet wird, läßt sich auf die äußeren Kräfte $\mathbf{F}_j$ und die gesuchte Lagerkraftkomponente $F_{i\alpha}$ der Arbeitssatz anwenden: die Summe der Skalarprodukte aus den Kräften und den zugeordneten Geschwindigkeitsvektoren muß verschwinden, d. h. es gilt

$$F_{i\alpha} v_{i\alpha} + \sum_j (\mathbf{F}_j \cdot \mathbf{v}_{j\alpha}) = 0 \qquad (3.17\,a)$$

Mit den Komponenten der Kräfte $\mathbf{F}_j$ und der Geschwindigkeiten $\mathbf{v}_{j\alpha}$ erhält man die Bestimmungsgleichung für die Axialkraft $F_{i\alpha}$ des Lagers i:

$$F_{i\alpha} = - \sum_j (F_{jx}\, v_{j\alpha x} + F_{jy}\, v_{j\alpha y} + F_{jz}\, v_{j\alpha z})/v_{i\alpha} \qquad (3.17\,b)$$

Durch entsprechende Wahl von Geschwindigkeitsvorgaben und -richtungen an Lagerstellen lassen sich auf gleiche Weise alle inneren Kräfte der Radaufhängung bestimmen.

Das Verfahren hat den Vorteil, daß die für die kinematische Analyse verwendeten Berechnungsgleichungen auch für die Kräfteanalyse herangezogen werden und eine zusätzliche Aufstellung und Auswertung der statischen Gleichgewichtsbedingungen nicht mehr erforderlich ist. Die Arbeit mit „Geschwindigkeiten" erleichtert auch die Definition der fahrzeugtechnischen Radführungs-Kenngrößen, bei denen es sich oft um Kräfte- oder, über den Arbeitssatz, um Geschwindigkeitsverhältnisse handelt. Diese Vorgehensweise möge an einem einfachen Beispiel erläutert werden:

Bild 3.13 zeigt eine „ebene", d. h. kinematisch in der Zeichenebene vollständig beschriebene Vorderradaufhängung, bestehend aus zwei Längslenkern, bei einem stationären Bremsvorgang.

Aus der Schwerpunktshöhe und dem Radstand des Fahrzeugs ergibt sich mit der Verzögerungs-Massenkraft ein Kippmoment um die Querachse, das die Vorderräder um eine Radlaständerung ΔF_Z zusätzlich belastet und die Hinterräder entsprechend entlastet.

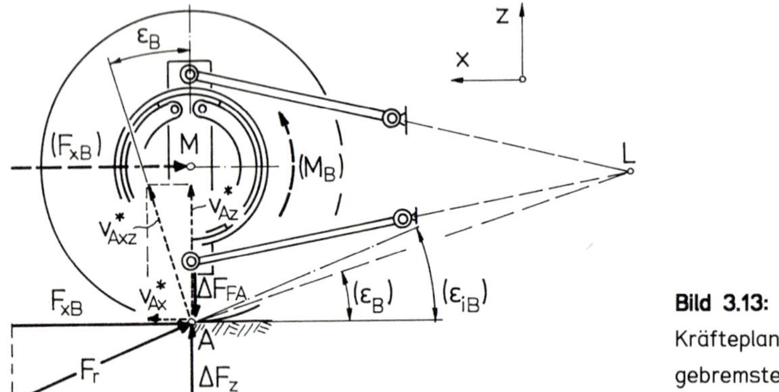

Bild 3.13: Kräfteplan an einem gebremsten Vorderrad

Die Reibungsbremse, hier als Trommelbremse mit Bremsbacken symbolisiert, wirkt, wie heute allgemein üblich, zwischen dem Radträger und dem Fahrzeugrade.

Bei der Abbremsung des Fahrzeugs treten am Radaufstandspunkt A als Zusatzkräfte gegenüber der Fahrzeug-Ruhelage die „dynamische" Radlaständerung ΔF_Z und die Bremskraft F_{xB} auf, deren Resultierende die schräggerichtete Kraft F_r ist. Diese Zusatzkraft ist mit der Federkraft und den Kräften der Achslenker ins Gleichgewicht zu setzen.

Die Federkraft möge bereits auf den Radaufstandspunkt umgerechnet oder „auf den Radaufstandspunkt reduziert" worden sein, d. h. mit der „Federübersetzung" multipliziert, weshalb sie hier mit ΔF_{FA} (A für Radaufstandspunkt) bezeichnet wird.

Die einfache Radaufhängung weist im Schnittpunkt der Längslenker einen „Längspol" L auf; um diesen Pol wird der Radträger momentan beim Ein- oder Ausfedern schwenken.

Die Reibungsbremse ist die „Momentenstütze", welche das als Produkt aus Bremskraft und Reifenradius auftretende Radbremsmoment M_B reibschlüssig auf den Radträger und damit die Radaufhängung überträgt. Da das Bremsmoment weitgehend unabhängig von der Relativdrehzahl Rad/Radträger ist, kann man sich zur Vereinfachung der Denkweise den gleichen Kräfteplan auch bei stehendem Fahrzeug bzw. bei „blockierter" Bremse vorstellen, also im vorliegenden Falle den Radaufstandspunkt A als fest mit dem Radträger verbunden - und bei Federungsbewegungen zusammen mit dem Radträger um den Pol L schwenkend - ansehen. Die fiktive „Geschwindigkeit" des Radaufstandspunktes, welche sich unter Annahme einer blockierten Momentenstütze (hier der Bremse) bei einer Federungsbewegung oder evtl. auch einer Lenkbewegung einstellt, möge im folgenden stets durch einen Stern (*) gekennzeichnet werden. Im allgemeinen Fall wird diese Geschwindigkeit an einem räumlichen Mechanismus gemäß Gleichung (3.11) mit dem Abstandsradius $\mathbf{r}_A$ von der Radmitte M zum Radaufstandspunkt A als

$$\mathbf{v}_A{}^* = \mathbf{v}_M + \boldsymbol{\omega}_K \times \mathbf{r}_A \tag{3.18}$$

berechnet werden. Im vorliegenden Beispiel ist die fiktive Geschwindigkeit des als radträgerfest betrachteten Radaufstandspunktes einfach als Vektor senkrecht zum Polstrahl AL zu bestimmen; über ihre Komponenten läßt sich mit Hilfe des Arbeitssatzes die von der Bremskraft F_{xB} und der Radlaständerung ΔF_z verursachte Federkraftänderung ΔF_{FA} berechnen, und gemäß Bild 3.13 wird die „Leistungsbilanz" $(\Delta F_z - \Delta F_{FA}) v^*_{Az} - F_{xB} v^*_{Ax} = 0$ oder mit $\tan \varepsilon_B = v^*_{Ax}/v^*_{Az}$ auch

$$\Delta F_{FA} = \Delta F_z - F_{xB} \tan \varepsilon_B$$

Der Neigungswinkel ε_B des Polstrahls AL über der Fahrbahnlinie ist der sogenannte „Brems-Stützwinkel" [5], eine längsdynamische „Kenngröße" der Radaufhängung, und erlaubt die Beurteilung des vorhandenen „Bremsnickausgleichs". Offensichtlich ist die Federkraftänderung ΔF_{FA} um so kleiner, je größer der Stützwinkel ist.

In Bild 3.13 wirkte die Bremse zwischen Rad und Radträger. Die soeben angestellten Betrachtungen gelten natürlich nicht mehr, wenn die Bremse (oder allgemein: die Momentenstütze) fahrgestellfest gelagert ist und die Übertragung des Momente zum Rade hin über eine Gelenkwelle erfolgt. Als brauchbares „Rezept" zur korrekten Ermittlung einer kinematischen Kenngröße im Zusammenhang mit fiktiven Federungs- oder Lenkvorgängen kann aber hier festgehalten werden:

Bestimmung der Geschwindigkeit des Radaufstandspunktes während eines fiktiven Federungs- oder Lenkvorgangs bei angenommener Blockierung einer an der Kraftübertragung beteiligten Momentenstütze und Anwendung des Arbeitssatzes am Radaufstandspunkt.

Die Rechtfertigung für die Annahme einer „blockierten" Momentenstütze über die erwähnte Konstanz des Reibmoments der Bremse ist sicher, vor allem im Hinblick auf den Fall einer Antriebs-Momentenstütze, unbefriedigend und sollte hier nur den Einstieg in die Methode erleichtern.

Verständlicher dürfte das Argument sein, daß bei Betrachtung quasistationärer Fahrzustände die allen Vorgängen überlagerte quasi-konstante Fahrgeschwindigkeit von allen Bewegungsgrößen im Mechanismus subtrahiert werden kann, so daß nur noch die relativen Bewegungsgrößen der Bauteile übrigbleiben. Diese Vorstellung befreit von dem anschaulichen Problem, einen übersichtlichen Kräfte- und Momentenplan an einem Mechanismus aufstellen zu müssen, in welchem einzelne Bereiche mit hoher Drehzahl rotieren. Die Annahme einer blockierten Momentenstütze bietet besondere Vereinfachungen bei der Anwendung des Arbeitssatzes, was am Beispiel des über eine radträgerfeste Momentenstütze gebremsten Rades noch nicht ins Auge springt, sich aber im folgenden bei aufwendigeren Übertragungsmechanismen erweisen wird.

Bei praktisch allen Einzelradaufhängungen befindet sich nämlich die Momentenstütze für den Belastungsfall „Antrieb" **nicht** am Radträger, sondern am Fahrzeugkörper, und das Antriebsmoment wird über Gelenkwellen zum Rade hin übertragen; gelegentlich sorgt ein zusätzliches Untersetzungsgetriebe im Radträger für eine Drehmomentänderung.

Es leuchtet sicher ein, daß die Verfolgung des vom Motor über die oft räumlich abgewinkelten Gelenkwellen und ein evtl. vorhandenes Vorgelegegetriebe auf die Radachsen übertragenen Drehmoments und der durch Beugewinkel der Wellen entstehenden Reaktionskräfte an der Radaufhängung (und Lenkung!) sowie die Bestimmung des daraus resultierenden Kräfteplans am Mechanismus der Radaufhängung und der Federung eine anspruchsvolle Anwendung der Gesetze der räumlichen Statik darstellt. Die soeben aufgestellte Regel unter Annahme der „blockierten" Momentenstütze dagegen weist auch für den Fall der Drehmomentübertragung durch Gelenkwellen einen übersichtlichen und relativ einfachen Weg zur Lösung des Problems.

Um zu einem fiktiven Geschwindigkeitsvektor am Radaufstandspunkt bei als blockiert betrachteter Momentenstütze am Fahrzeugkörper (Antriebsmotor oder Bremse) zu gelangen, ist es allerdings erforderlich, die vorhandenen Gelenkwellen und evtl. Vorgelegegetriebe in die kinematische Betrachtung einzubeziehen.

3.6 Einfluß von Gelenkwellen und Vorgelegegetrieben

Um die Wirkung einer Gelenkwelle im Mechanismus einer Radaufhängung zu beurteilen, mögen zunächst die kinematischen Gesetzmäßigkeiten an einem Wellengelenk erörtert werden.

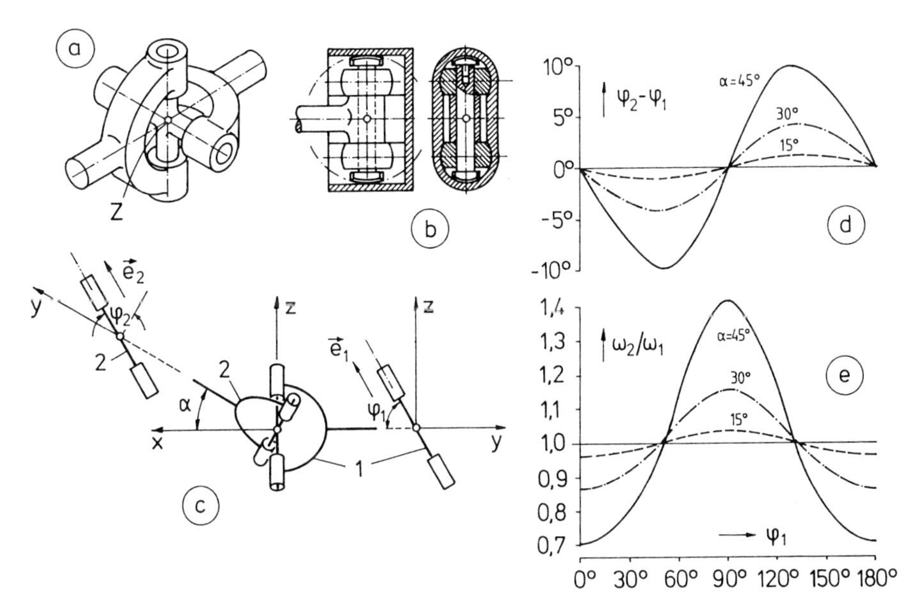

Bild 3.14: Das Kardangelenk

Das bekannteste Wellengelenk ist das „Kardangelenk", **Bild 3.14**, ein sphärisches Getriebe mit vier Drehachsen, welche sich in einem Punkt schneiden, wobei die koppelseitigen Achsen einen rechten Winkel bilden. Es wurde bereits im 16. Jahrhundert an Kunstuhren verwendet. Bild 3.14 a zeigt die normale Ausführung als „Festgelenk", Bild 3.14 b die längenverschiebliche Version als „Topfgelenk". Die Übertragung der Winkelgeschwindigkeit bzw. des Drehmoments erfolgt bei vorhandenem Beugewinkel α ungleichförmig. In einem auf die Welle 1 bezogenen Koordinatensystem hat der Einheitsvektor $\mathbf{e}_1$ der Gabel 1 die Komponenten $e_{1x} = 0$, $e_{1y} = -\cos\varphi_1$ und $e_{1z} = \sin\varphi_1$, wenn φ_1 der Drehwinkel der Gabel 1 ist, Bild 3.14 c, und der Einheitsvektor $\mathbf{e}_2$ der Gabel 2 mit dem Gabel-Drehwinkel φ_2 die Komponenten $e_{2x} = -\cos\varphi_2 \sin\alpha$, $e_{2y} = \sin\varphi_2$ und $e_{2z} = \cos\varphi_2 \cos\alpha$. Da die beiden Drehachsen des Gelenkkreuzes stets einen rechten Winkel bilden, gilt $\mathbf{e}_1 \cdot \mathbf{e}_2 = 0$, woraus sich sofort die Beziehung der Drehwinkel ergibt:

$$\tan\varphi_2 = \tan\varphi_1 \cos\alpha \tag{3.19}$$

Durch Differentiation der Gl. (3.19) kommt man zum Verhältnis der Winkelgeschwindigkeiten

$$\omega_2/\omega_1 = \cos\alpha\,/(1 - \sin^2\varphi_1 \sin^2\alpha) \qquad (3.20)$$

Die Diagramme in Bild 3.14 d und e zeigen die Winkelabweichung $\varphi_2 - \varphi_1$, den sogenannten „Kardanfehler", und das Verhältnis ω_2/ω_1 über dem Drehwinkel φ_1 für verschiedene Beugewinkel α. Da in jedem Augenblick Leistungsgleichgewicht vorhanden ist, gilt für die Drehmomente beider Wellenseiten $M_{D1}/M_{D2} = \omega_2/\omega_1$.

Wegen der beträchtlichen Fehler bei großen Beugewinkeln ist das Kardangelenk als radseitiges Antriebsgelenk für gelenkte Räder wenig geeignet. Angesichts der hohen Wellendrehzahlen bei schnellen Fahrzeugen machen sich die Drehzahl- und Drehmomentschwankungen aber auch an nichtgelenkten angetriebenen Rädern bemerkbar, weshalb sich zumindest für die Radantriebswellen heute, von Ausnahmefällen abgesehen, sogenannte „homokinetische" oder „Gleichlaufgelenke" durchgesetzt haben.

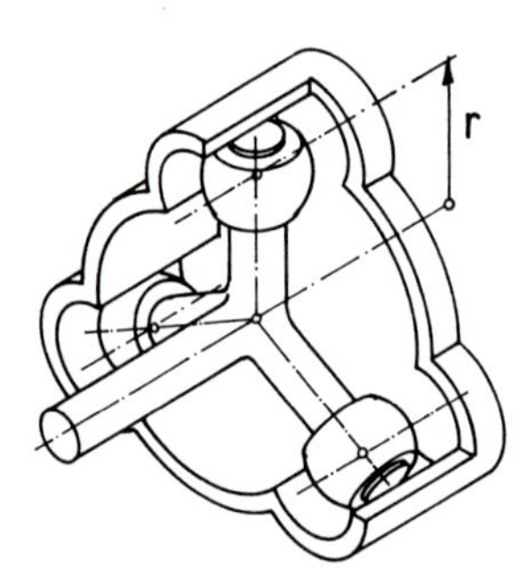

Bild 3.15: Das Tripode-Gelenk

Eine der wenigen Bauarten, die sich bewährt haben, ist das „Tripode-Gelenk", **Bild 3.15**. Dieses ähnelt dem „Topfgelenk" von Bild 3.14 b, weist aber drei um 120° versetzte Zapfen auf. Unter einem Beugewinkel α kann sich die mit den Zapfen verbundene Welle im Gehäuse bzw. der „Glocke" der anderen Welle zwangsfrei einstellen, wobei ihr Mittelpunkt aber gegenüber der Gehäusemitte mit der Exzentrizität

$$e = \frac{r}{2}\left(\frac{1}{\cos\alpha} - 1\right) \qquad (3.21)$$

im Gegensinn zur Wellendrehung mit der dreifachen Wellendrehzahl umläuft. Bei einem Beugewinkel von $\alpha = 20°$ z. B. erreicht die Exzentrizität e etwa 3% des Teilkreisradius r.

Als radseitiges Antriebsgelenk für gelenkte Räder ist das Tripodegelenk wegen seines in Normalausführung beschränkten Beugewinkels weniger verbreitet. Es wird aber gern als fahrzeugseitiges Gelenk verwendet, weil es mit seinen nadelgelagerten Kugelrollen auch unter Drehmoment leicht axialverschiebbar bleibt und deshalb die Übertragung von Schwingungen des Antriebsaggregates auf die Radaufhängung (und damit die Lenkung) mildert, z. B. wenn ein Fahrzeug mit Getriebeautomat bei eingelegter Fahrstufe über die Bremse, also gegen das Schlupfmoment des Wandlers, im Stand gehalten wird.

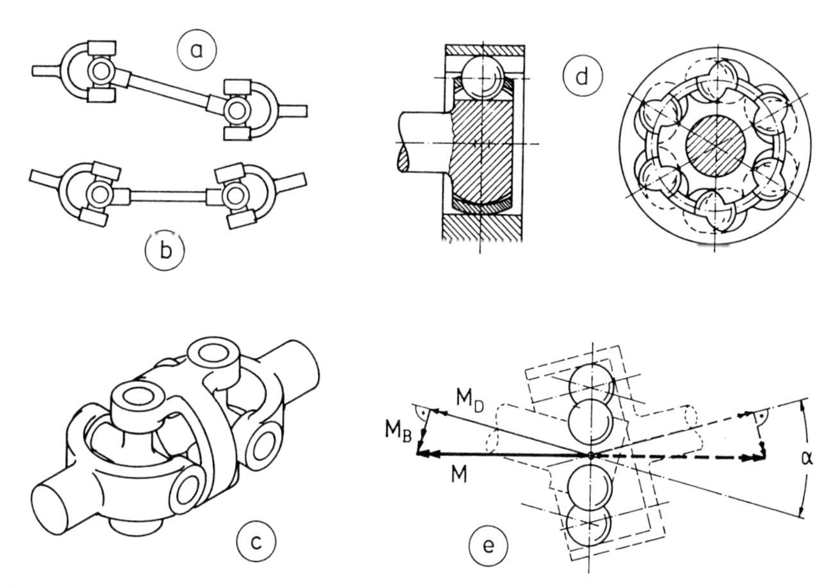

Bild 3.16: Gleichlauf-Anordnungen

Gleichlauf setzt symmetrische Funktion der Anordnung voraus. Bei Kardanwellen wird ein Ausgleich der Winkelfehler auf der Antriebs- und der Abtriebsseite durch die „Z-Anordnung", **Bild 3.16** a, oder die „W-Anordnung" (b) erreicht; das Wellenmittelstück läuft dabei aber weiterhin ungleichförmig um. Aus der W-Anordnung leitet sich das Doppel-Kardangelenk nach Bild 3.16 c als radseitiges Wellengelenk für lenkbare Räder ab; der Ausgleich der Winkelfehler tritt aber nur bei exakt symmetrischer Führung der Wellen ein (wie in starren Vorderachsen für LKW). Ist eine der Wellen nicht zwangsgeführt, wie bei Einzelradaufhängungen, so muß eine Zentriervorrichtung innerhalb des Doppelgelenks vorgesehen werden.

Echte Gleichlaufgelenke arbeiten heute vorwiegend mit Kugeln zur Drehmomentübertragung, welche durch die geometrische Ausbildung der Führungsbahnen stets in die Symmetrieebene der Wellenhälften gezwungen werden. Eine solche Anordnung zeigt Bild 3.16 d. Die sechs Kugeln greifen in Führungsrillen des Gehäuses und des Wellen-Mitnehmers ein. Bei einem gegebenen Beugewinkel α schneiden sich die Zylinderflächen am Gehäuse und am Mitnehmer, in welchen die Kugel-Mittelpunkte sich bewegen, in der winkelhalbierenden Ebene, und die Kugelmitten stellen sich in dieser Ebene auf der Schnittkurve der Zylinder, bekanntlich einer Ellipse, ein. Dabei werden sie noch durch eine gegenläufig schraubenförmige Ausbildung zusammengehöriger Führungsrillen an Gehäuse und Mitnehmer unterstützt.

Die Drehmoment-Umlenkung an einer abgewinkelten Gelenkwelle ruft ähnlich wie am Gehäuse eines Winkelgetriebes Reaktionsmomente hervor. Das resultierende Moment M der Kugeln bildet einen Normalvektor auf der Symmetrieebene, Bild 3.16 e. Das Wellen-Drehmoment M_D ist eine Komponente von M, und als zweite tritt ein Biegemoment M_B auf. Dabei sind

$$M = M_D/\cos(\alpha/2) \tag{3.22}$$

und

$$M_B = M_D \tan(\alpha/2) \tag{3.23}$$

Bei konstantem Beugewinkel α ist an einem Gleichlaufgelenk der Vektor des Biegemoments nach Größe und Richtung konstant, die Welle wird also durch Umlaufbiegung belastet. An einem Kardangelenk dagegen steht der resultierende Momentenvektor jeweils senkrecht zum Gelenkkreuz, ändert also zweimal je Umdrehung Größe und Richtung und regt damit die Welle zu Biegeschwingungen mit doppelter Frequenz der Wellendrehzahl an. Diese Biegeschwingungen verursachen Brummgeräusche im Fahrzeug und sind, viel eher als die Drehmomentschwankungen, der Grund dafür, daß Kardangelenke allmählich aus komfortablen Personenwagen verschwinden.

Eine sehr einfache und anschaulich verständliche Gleichlauf-Gelenkverbindung ist in **Bild 3.17** a dargestellt. Die beiden Wellenhälften sind durch ein zentrales Kugelgelenk gekoppelt. In jeweils gleichem Abstand von der zentralen Kugel tragen die Wellen Drehgelenke, an denen gleichlange Dreiecklenker aufgehängt sind. Die Spitzen der Dreiecklenker sind durch ein zweites Kugelgelenk verbunden. Die beiden Kugelgelenke befinden sich bei einer beliebigen Beugung und Verdrehung der Wellenhälften stets in der winkelhalbierenden Ebene der Wellen. Da ein Drehmoment von einer Wellenhälfte auf die andere nur in Form eines Kräftepaars über die beiden Kugelgelenke übertragen werden kann, steht der resultierende Drehvektor des Kräftepaars senkrecht auf der winkelhalbierenden Ebene und hat damit gleich große Komponenten bezüglich der beiden Wellen.

Das Gleichlaufgelenk nach Bild 3.17 a ist zwar wegen seiner Unwucht für schnellaufende Wellen ungeeignet, sein Bauprinzip liegt aber auch dem bekannten Gleichlauf-Festgelenk nach Bild 3.17 b zugrunde. Hier werden sechs Kugeln, von denen zwei im Gelenkquerschnitt zu sehen sind, durch einen nicht dargestellten Käfig in den Kugelrillenbahnen des Gelenkgehäuses und des Wellenmitnehmers so geführt, daß sie sich stets in der winkelhalbierenden Ebene beider Wellen einstellen. Die Krümmungsmittelpunkte der Kugelbahnen im Längsschnitt sind gegeneinander versetzt und entsprechen den Drehachsen der beiden Dreiecklenker von Bild 3.17a.

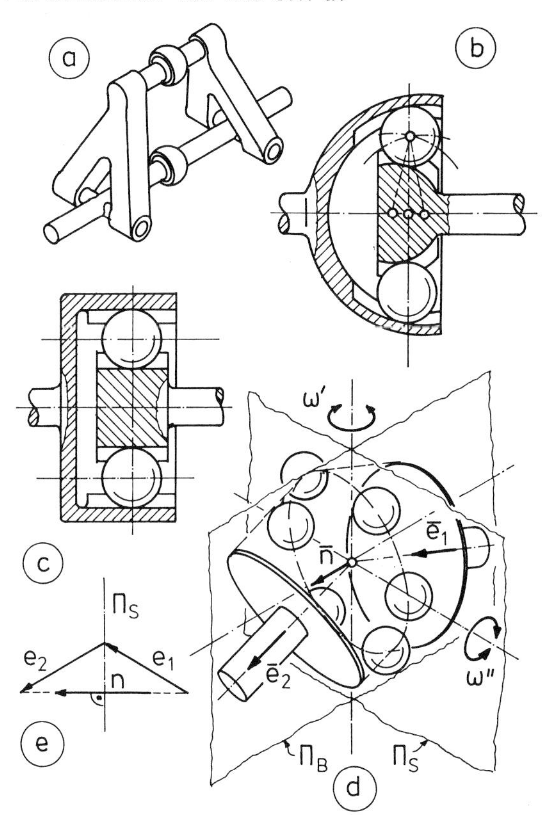

Bild 3.17: Gleichlaufgelenk; schematischer Aufbau und Freiheitsgrade

Mit parallelen Führungsbahnen der Kugeln, Bild 3.17c, ergibt sich ein Gleichlaufgelenk mit axialer Verstellbarkeit. Bei einem Beugewinkel der Wellenhälften stellen sich die Kugeln in der winkelhalbierenden Ebene Π_S ein, Bild 3.17d. Wird eine der Wellen festgehalten, so kann sich die andere relativ zur ersten einmal unter Beibehaltung des Beugewinkels mit einer Winkelgeschwindigkeit ω' um die Winkelhalbierende der Wellen verdrehen, zum anderen kann sich der Beugewinkel selbst mit der Winkelgeschwindigkeit ω'' verändern. Da ω' und ω'' in Π_S liegen, kann also eine Relativbewegung beider Hälften eines Gleichlaufgelenks nur um eine in der Symmetrieebene liegende Drehachse stattfinden.

Der Normalvektor $\mathbf{n}$ der Symmetrieebene Π_S liegt in der durch die Einheitsvektoren $\mathbf{e}_1$ und $\mathbf{e}_2$ der Wellen aufgespannten Beugeebene Π_B. Einen

Einheits-Normalvektor der Symmetrieebene erhält man, indem der Summenvektor des Einheitsvektors $\mathbf{e}_1$ und des - sicherheitshalber auf den gleichen Haupt-Richtungssinn „umgeschalteten" - Einheitsvektors $\mathbf{e}_2 \operatorname{sgn}(\mathbf{e}_1 \cdot \mathbf{e}_2)$ durch seinen Betrag dividiert wird:

$$\mathbf{n} = \frac{\mathbf{e}_1 + \mathbf{e}_2 \operatorname{sgn}(\mathbf{e}_1 \cdot \mathbf{e}_2)}{|\mathbf{e}_1 + \mathbf{e}_2 \operatorname{sgn}(\mathbf{e}_1 \cdot \mathbf{e}_2)|} \tag{3.24}$$

vgl. Bild 3.17 e.

Die Drehmomente von Gelenkwellen im Antriebsstrang können, wie besonders von gelenkten Vorderrädern bekannt ist, Rückwirkungen auf die Radaufhängung und die Lenkung haben. An einem gebeugten Wellengelenk zeigt der resultierende Momentenvektor, vgl. Bild 3.16 e, in Richtung des Normalvektors **n** und teilt sich an jeder Welle in einen Dreh- und einen Biegemomentenvektor auf.

Mit den anhand von Bild 3.17 gewonnenen Erkenntnissen über die kinematischen Eigenschaften eines Gleichlaufgelenks kann, wie schon bei der Kräfteanalyse gemäß Abschnitt 3.5, auch dessen Einfluß auf die Radaufhängung über das Studium der Bewegungsgeometrie, nun aber unter Einbindung der Gelenkwelle in den Radführungsmechanismus, untersucht werden. Dabei entsteht zunächst das Problem, daß die Gelenkwelle je nach Fahrgeschwindigkeit mit einer bestimmten konstanten Drehzahl umläuft. Bei unveränderter Stellung der Radaufhängung (kein Lenken oder Federn) tritt diese Drehzahl sowohl am fahrzeug- bzw. motorseitigen Wellenzapfen als auch am radseitigen (im allgemeinen also an der Radwelle oder -achse) auf. Bewegt sich die Radaufhängung beim Ein- oder Ausfedern bzw. beim Lenken der Räder, so wird dem radseitigen Wellenstummel die Winkelgeschwindigkeit des Radträgers überlagert. Dies kann zu einer Änderung der Winkelgeschwindigkeit des Wellenstummels in seiner Lagerung (z. B. den Radlagern) im Radträger führen. Wird von dieser Winkelgeschwindigkeit die als konstant angenommene des fahrzeugseitigen Wellenstummels abgezogen oder, einfacher ausgedrückt, wird das fahrzeugseitige Wellenende fiktiv als stillstehend betrachtet, so ergibt sich zwischen dem Radträger und dem radseitigen Wellenstummel als Relativwinkelgeschwindigkeit die Differenz der absoluten Winkelgeschwindigkeiten der beiden Bauteile - mit anderen Worten: die unter dem Einfluß des Wellenstranges in die Radaufhängung eingebrachte zusätzliche Bewegung.

Bild 3.18 zeigt schematisch ein am Fahrzeug gelagertes Achsgetriebe G, eine längenverschiebliche Gelenkwelle W mit Gleichlaufgelenken 1 und 2 und den Radträger K einer beliebigen, nicht weiter dargestellten Radaufhängung. Am Radträger K kann noch ein Vorgelegegetriebe angebracht sein, das die Drehzahl der Radwelle bzw. Radachse gegenüber der des radseitigen

Gelenkwellenstummels (hier und im folgenden als Zwischenwelle Z bezeichnet) um den Untersetzungsfaktor i verringert. Die Zwischenwelle Z und die Radachse brauchen nicht koaxial und nicht parallel zu verlaufen. Ist kein Vorgelegegetriebe eingesetzt, so ist die Zwischenwelle, zumindest für die kinematische Untersuchung, natürlich mit der Radachse identisch.

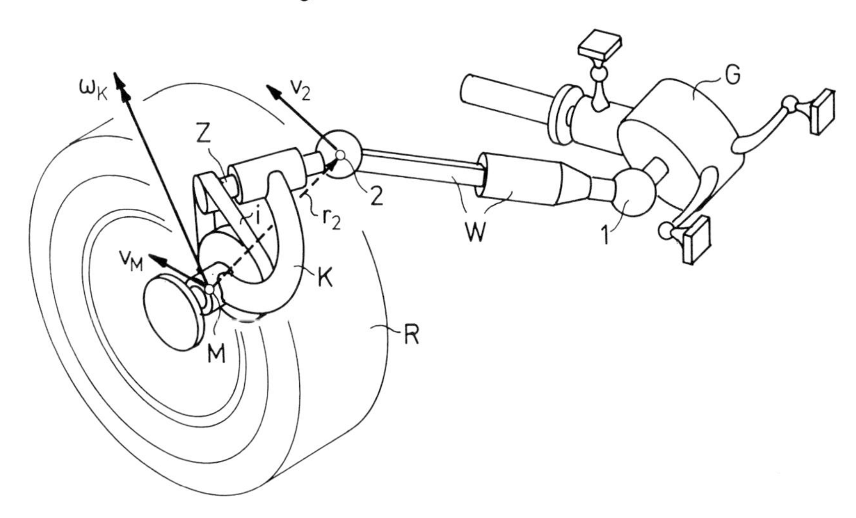

Bild 3.18: Gelenkwellenantrieb mit Vorgelege-Untersetzungsgetriebe (schematisch)

Für die Untersuchung des Einflusses der Gelenkwelle und evtl. des Vorgelegegetriebes auf die Radaufhängung wird, wie vorhin begründet, die konstante Winkelgeschwindigkeit des fahrzeugseitigen Wellenendes eliminiert, d.h. dieses Wellenende wird als stillstehend oder die Momentenstütze, also der Antriebsmotor oder eine fahrzeugfeste Bremse, wieder als „blockiert" angenommen.

Unter der Annahme, daß der momentane Bewegungszustand des Radträgers bekannt und gemäß Abschnitt 3.4 durch seine Parameter $\boldsymbol{\omega}_K$ und $\mathbf{v}_M$ beschrieben sei, berechnet sich die Geschwindigkeit des radseitigen Wellengelenks 2 entsprechend Gleichung (3.11) zu

$$\mathbf{v}_2 = \mathbf{v}_M + \boldsymbol{\omega}_K \times \mathbf{r}_2 \qquad (3.25)$$

$\mathbf{v}_2$ wird im allgemeinen nicht senkrecht zur Längsachse des Wellenmittelstücks W wirken, sondern bezogen auf dieses eine Axialkomponente haben, die als Schubgeschwindigkeit $\mathbf{v}_S$ eine Verlängerung oder Verkürzung der Gelenkwelle hervorruft, **Bild 3.19**. Mit $\mathbf{e}_W$ als Einheitsvektor des Wellenmittelstücks W gilt

$$\mathbf{v}_S = (\mathbf{v}_2 \cdot \mathbf{e}_W)\,\mathbf{e}_W \qquad (3.26)$$

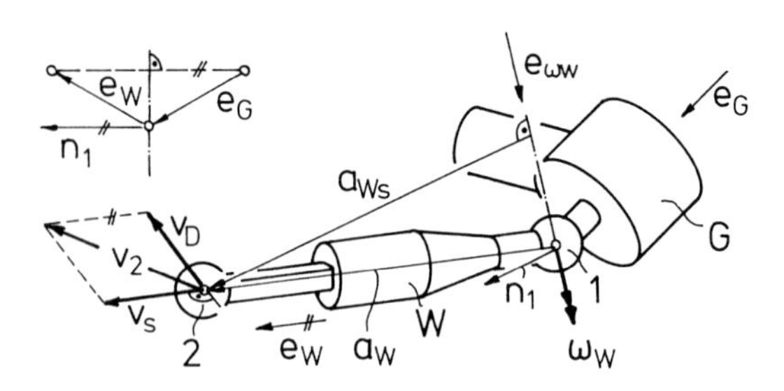

Bild 3.19:
Relativbewegungen am fahrzeugseitigen Gleichlaufgelenk

Durch Subtraktion der Schubgeschwindigkeit $\mathbf{v}_s$ von der Gelenkgeschwindigkeit $\mathbf{v}_2$ ergibt sich die Komponente $\mathbf{v}_D$, welche das Wellenmittelstück um das fahrzeugseitige Wellengelenk 1 schwenkt:

$$\mathbf{v}_D = \mathbf{v}_2 - \mathbf{v}_s \tag{3.27}$$

$\mathbf{v}_D$ steht senkrecht auf $\mathbf{e}_W$.

Eine Relativverdrehung der Gelenkhälften im Gelenk 1 zwischen dem Wellenmittelstück W und dem fahrzeugseitigen, hier fiktiv als stillstehend betrachteten Wellenstummel kann nur in der Beuge-Symmetrieebene am Gelenk 1 erfolgen. Der Vektor $\boldsymbol{\omega}_W$ der Winkelgeschwindigkeit des Wellenmittelstücks W um das Gelenk 1 muß also auf dem Normalvektor $\mathbf{n}_1$ der Symmetrieebene des Gelenks senkrecht stehen; da an Gelenk 1 ferner nur eine Winkelgeschwindigkeit, aber keine translatorische Geschwindigkeit auftreten kann, muß $\boldsymbol{\omega}_W$ auch senkrecht zu $\mathbf{v}_D$ gerichtet sein.

Wenn die Einheitsvektoren $\mathbf{e}_G$ des getriebeseitigen Wellenendes und $\mathbf{e}_W$ des Wellenmittelstücks so definiert werden, daß sie im wesentlichen zur Fahrzeugaußenseite hin weisen und damit $\mathrm{sgn}(\mathbf{e}_G \cdot \mathbf{e}_W) = +1$ ist, so errechnet sich der Einheits-Normalvektor der Symmetrieebene am Gelenk 1 analog Gleichung (3.24) zu

$$\mathbf{n}_1 = (\mathbf{e}_G + \mathbf{e}_W)/(|\mathbf{e}_G + \mathbf{e}_W|) \tag{3.28}$$

und der Einheitsvektor der Richtung der Winkelgeschwindigkeit $\boldsymbol{\omega}_W$ des Wellenmittelstücks um das Gelenk 1, der auf $\mathbf{n}_1$ und $\mathbf{v}_D$ senkrecht stehen muß, kann aus dem Vektorprodukt beider berechnet werden:

$$\mathbf{e}_{\omega W} = (\mathbf{n}_1 \times \mathbf{v}_D)/(|\mathbf{n}_1 \times \mathbf{v}_D|) \tag{3.29}$$

Ist $\mathbf{a}_W$ der Verbindungsvektor der Wellengelenke 1 und 2, so bildet seine Komponente $\mathbf{a}_{Ws}$ senkrecht zu $\mathbf{e}_{\omega W}$ den wahren Radius des Gelenks 2 um $\mathbf{e}_{\omega W}$:

$$\mathbf{a}_{Ws} = \mathbf{a}_W - (\mathbf{a}_W \cdot \mathbf{e}_{\omega W})\,\mathbf{e}_{\omega W} \tag{3.30}$$

und aus den Beträgen von $\mathbf{a}_{Ws}$ und $\mathbf{v}_D$ folgt der Betrag von $\boldsymbol{\omega}_W$:

$$\omega_W = v_D / a_{Ws} \tag{3.31a}$$

Damit ist der Vektor der Winkelgeschwindigkeit des Wellenmittelstücks

$$\boldsymbol{\omega}_W = \omega_W \, \mathbf{e}_{\omega W} \tag{3.31b}$$

Wenn auch der Einheitsvektor $\mathbf{e}_Z$ der Zwischenwelle Z zur Fahrzeugaußenseite hin gerichtet ist, berechnet sich am radseitigen Gleichlaufgelenk 2 der Einheits-Normalvektor $\mathbf{n}_2$ der Symmetrieebene zwischen dem Gelenkwellenmittelstück W und der Zwischenwelle Z, **Bild 3.20**, aus den Einheitsvektoren beider analog Gleichung (3.28) zu

$$\mathbf{n}_2 = (\mathbf{e}_W + \mathbf{e}_Z) / (| \mathbf{e}_W + \mathbf{e}_Z |) \tag{3.32}$$

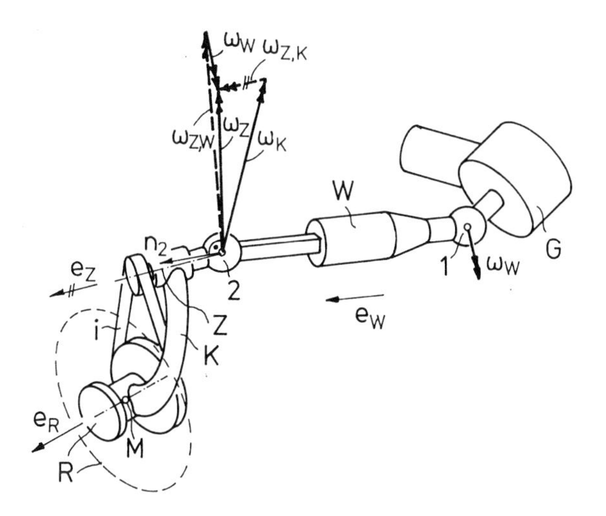

Bild 3.20: Winkelgeschwindigkeiten am Radträger bei Gelenkwellenantrieb

In der Symmetrieebene am Gelenk 2 wird der Vektor $\boldsymbol{\omega}_{Z,W}$ der Relativ-Winkelgeschwindigkeit der Zwischenwelle Z gegenüber dem Wellenmittelstück W liegen. Die Absolut-Winkelgeschwindigkeit $\boldsymbol{\omega}_Z$ der Zwischenwelle ist die Vektorsumme aus den Winkelgeschwindigkeiten $\boldsymbol{\omega}_W$ des Wellenmittelstücks W und der Relativ-Winkelgeschwindigkeit $\boldsymbol{\omega}_{Z,W}$; andererseits muß $\boldsymbol{\omega}_Z$ auch, da die Zwischenwelle im Radträger K drehbar gelagert ist, gleich der Vektorsumme der Winkelgeschwindigkeit $\boldsymbol{\omega}_K$ des Radträgers und der Relativ-Winkelgeschwindigkeit $\boldsymbol{\omega}_{Z,K}$ der Zwischenwelle gegenüber dem Radträger sein, wobei letztere zumindest ihrer Richtung nach aus der Konstruktion des

Radträgers, also durch ihren Einheitsvektor $\mathbf{e}_Z$, bekannt ist und nur deren Betrag $\omega_{Z,K}$ zu suchen ist. Es gilt also $\boldsymbol{\omega}_W + \boldsymbol{\omega}_{Z,W} = \boldsymbol{\omega}_K + \boldsymbol{\omega}_{Z,K}$ oder $\boldsymbol{\omega}_{Z,W} = \boldsymbol{\omega}_K + \omega_{Z,K}\mathbf{e}_Z - \boldsymbol{\omega}_W$ und ferner, da $\boldsymbol{\omega}_{Z,W}$ auf $\mathbf{n}_2$ senkrecht stehen muß, $\boldsymbol{\omega}_{Z,W} \cdot \mathbf{n}_2 = 0$. Daraus folgt die Bestimmungsgleichung für $\omega_{Z,K}$:

$$\omega_{Z,K} = \frac{(\boldsymbol{\omega}_W - \boldsymbol{\omega}_K) \cdot \mathbf{n}_2}{\mathbf{e}_Z \cdot \mathbf{n}_2} \tag{3.33}$$

Wenn im Radträger kein Vorgelegegetriebe eingebaut ist, fällt die Zwischenwelle mit der Radachse zusammen; $\boldsymbol{\omega}_R = \boldsymbol{\omega}_Z = \boldsymbol{\omega}_K + \boldsymbol{\omega}_{Z,K} = \boldsymbol{\omega}_K + \omega_{Z,K}\mathbf{e}_Z$ ist dann der Vektor der absoluten Winkelgeschwindigkeit des Rades R im Raum.

Ist dagegen ein Vorgelegegetriebe mit der Untersetzung i vorhanden (wobei $i > 0$ für gleichsinnige Drehrichtung von Eingangs- und Ausgangswelle, wie in Bild 3.20 durch einen Riementrieb angedeutet), so wird der Betrag der Relativ-Winkelgeschwindigkeit des Rades R gegenüber dem Radträger K im Verhältnis zu $\omega_{Z,K}$ um den Faktor i verringert. Es gilt also $\omega_{R,K} = \omega_{Z,K}/i$. Mit dem Einheitsvektor $\mathbf{e}_R$ der Radachse wird daher die Absolut-Winkelgeschwindigkeit des Radkörpers im Raum, berechnet unter Berücksichtigung einer Gelenkwelle mit Vorgelegegetriebe im Kraftübertragungsstrang und unter Annahme einer „blockierten" fahrgestellfesten Momentenstütze:

$$\boldsymbol{\omega}_R = \boldsymbol{\omega}_K + (\omega_{Z,K}/i)\,\mathbf{e}_R \tag{3.34}$$

Mit $\boldsymbol{\omega}_R$ und der Geschwindigkeit eines beliebigen Punktes des Radkörpers R, zweckmäßigerweise aber der Geschwindigkeit $\mathbf{v}_M$ der Radmitte M (die mit der Geschwindigkeit des mit M zusammenfallenden Radträgerpunktes identisch und von dessen Geschwindigkeitszustand her bereits bekannt ist), kann analog Gleichung (3.11) die Geschwindigkeit jedes anderen Punktes am Rade für den Fall der blockierten Momentenstütze und Gelenkwellenübertragung berechnet werden.

Die fiktive Geschwindigkeit des Radaufstandspunktes A bei „blockierter" fahrzeugfester Momentenstütze und Kraftübertragung durch Gelenkwellen möge im folgenden, um sie gegenüber dem Fall der radträgerfesten Momentenstütze zu kennzeichnen, durch einen Doppelstern (**) hervorgehoben werden. Dann gilt analog Gl. (3.18)

$$\mathbf{v}_A^{**} = \mathbf{v}_M + \boldsymbol{\omega}_R \times \mathbf{r}_A \tag{3.35}$$

Damit ist die Grundlage gegeben, um Kräfteanalysen an der Radaufhängung unter Berücksichtigung des Einflusses von Gelenkwellen und ggf. Vorgelegegetrieben durchzuführen und so z. B. einen dazugehörigen Stützwinkel ε^{**} zu bestimmen.

Abschließend sei noch ein Hinweis zur praktischen Konstruktionsarbeit gestattet: Wenn zur rechnerischen Modellierung der Radaufhängung ein z. B. käufliches Rechenprogramm für die Analyse von Mehrkörpersystemen verwendet wird, oder wenn das benützte CAD-Programm Wellengelenke als fertige Elemente anbietet, so kann auf den anhand der Bilder 3.18 bis 3.20 beschriebenen Berechnungsgang verzichtet werden, indem der Kraftübertragungsstrang einschließlich der Gelenkwellen und des evtl. vorhandenen Vorgelegegetriebes simuliert und das fahrzeugseitige Wellenende „blockiert" wird, um den räumlichen Verschiebungsvektor des Radaufstandspunktes zu erhalten. Man vergewissere sich dann aber, ob das von der Software bereitgestellte „Wellengelenk" auch wirklich ein echtes **Gleichlaufgelenk** ist und nicht etwa ein Kardangelenk - denn dies würde in gebeugtem Zustand zu merklichen Fehlern entsprechend der Größe des bei der jeweiligen Gelenkstellung auftretenden Kardanfehlers führen. Ein Gleichlaufgelenk kann aber auch, zumindest für rechnerische Zwecke, sehr leicht gemäß Bild 3.17a modelliert werden; wenn die Länge der Dreiecklenker etwa das 1,5-fache des Abstandes ihrer Drehachsen von der Zentralkugel beträgt, sind rechnerische Beugewinkel über 90° möglich.

3.7 Radbewegung bei Federungs- und Lenkvorgängen

Alle Kräfte zwischen der Fahrbahn und dem Fahrzeug werden an den Radaufstandspunkten auf die Räder übertragen. Die Kenntnis der momentanen Positionen der Radaufstandspunkte ist daher für alle Untersuchungen über die Wirkung der Radaufhängung im Fahrzeug, z. B. für die Bestimmung ihrer kinematischen Kenngrößen, erforderlich. Die meisten der Kenngrößen der Radaufhängung beziehen sich auf spezielle Lastfälle wie z. B. Seitenkräfte oder Radumfangskräfte. Dann ist es zusätzlich nötig, die räumliche Lage der Radebene bzw. ihrer Normalen, der Radachse, somit den Lenkwinkel δ und den Sturzwinkel γ zu bestimmen.

Für die Anwendung der in den Abschnitten 3.4 bis 3.6 beschriebenen Verfahren wird die Radachse a_R zweckmäßigerweise durch den Radmittelpunkt M und einen Hilfspunkt H festgelegt, **Bild 3.21**. Für letzteren kann evtl. der Mittelpunkt eines radseitigen Wellengelenks verwendet werden. Wird die Koordinate y_H des Hilfspunkts vorgegeben, so erhält man mit den in Bild 3.21 eingezeichneten Strecken bzw. Projektionen:

$$x_H = x_M + (y_M - y_H) \tan\delta \qquad (3.36a)$$

$$z_H = z_M + (y_M - y_H) \tan\gamma / \cos\delta \qquad (3.36b)$$

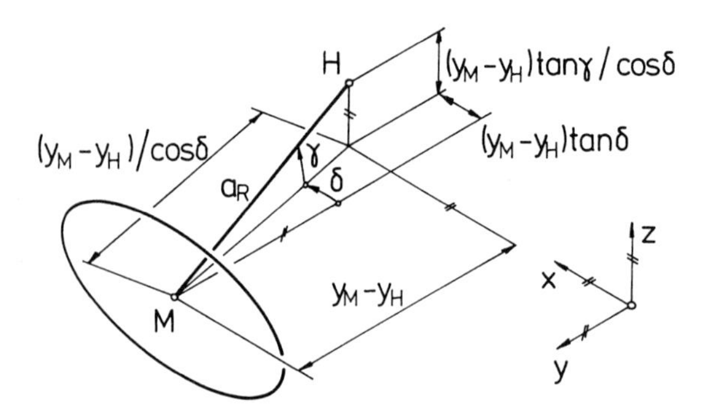

Bild 3.21:
Definition der Radachse durch einen Hilfspunkt H

Diese Gleichungen dienen u. a. dazu, für eine gegebene Ausgangslage oder „Konstruktionslage", „Normallage" der Radaufhängung den Hilfspunkt H zu definieren, der im Verlauf aller weiteren Berechnungen ebenso wie die Radmitte M als radträgerfester Punkt behandelt und dessen jeweiliger Bewegungszustand nach Gleichung (3.11) ermittelt wird.

Angesichts der Vorzeichendefinition des Lenkwinkels δ nach Bild 3.21 ist zu beachten, daß ein in der Ausgangslage vorhandener **Vorspurwinkel** rechnerisch einem **negativen Lenkwinkel** entspricht.

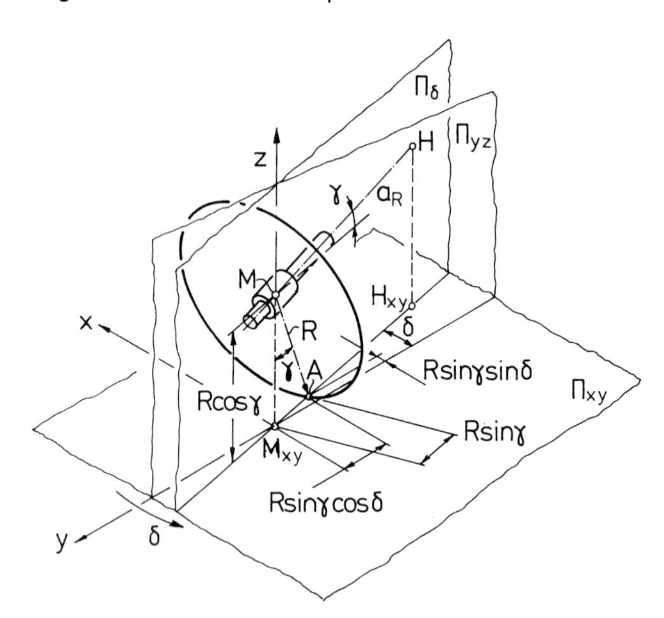

Bild 3.22: Bestimmung des Lenkwinkels, des Radsturzes und der Koordinaten des Radaufstandspunktes

Der Radaufstandspunkt A ist kein radträgerfester Punkt, **Bild 3.22**, sondern befindet sich, von oben gesehen, stets auf der Projektion der Radachse a_R in die Fahrbahnebene Π_{xy}. Die Projektion der Radachse bzw. die Verbindungslinie der Projektionen M_{xy} und H_{xy} der Punkte M und H ist in Π_{xy} gegen die y-Achse unter dem Lenkwinkel δ angestellt, bzw. die Vertikalebene Π_δ durch die Radachse a_R ist gegen die Fahrzeug-Querschnittsebene Π_{yz} um δ verdreht. Der Lenkwinkel kann aus dem Abstand der Punkte H und M in Fahrtrichtung und der Länge der Projektion der Radachse im Grundriß Π berechnet werden:

$$\sin\delta = (x_H - x_M) / \sqrt{(x_H - x_M)^2 + (y_H - y_M)^2} \tag{3.37}$$

Der Radsturz γ bezeichnet die Neigung der Radebene gegen die Vertikale bzw. die Neigung der Radachse a_R gegen die Fahrbahnebene Π_{xy} und erscheint in wahrer Größe in der Ebene Π_δ, wo er mit der Höhendifferenz zwischen dem Hilfspunkt H und der Radmitte M und dem Abstand beider bestimmt werden kann:

$$\sin\gamma = (z_H - z_M) / \sqrt{(x_H - x_M)^2 + (y_H - y_M)^2 + (z_H - z_M)^2} \tag{3.38}$$

Sind der Lenkwinkel δ, der Radsturz γ, der Reifenradius R und die Koordinaten der Radmitte M bekannt, so erhält man mit den in Bild 3.22 eingezeichneten Strecken bzw. Projektionen die Koordinaten des Radaufstandspunktes für die momentane Stellung der Radaufhängung aus

$$x_A = x_M + R\sin\gamma\sin\delta \tag{3.39a}$$

$$y_A = y_M - R\sin\gamma\cos\delta \tag{3.39b}$$

$$z_A = z_M - R\cos\gamma \tag{3.39c}$$

Wenn im Verlaufe nachfolgender Untersuchungen der Radaufstandspunkt A manchmal als momentan fest mit dem Radträger verbunden betrachtet wird, so muß er für jede Stellung bzw. endliche Verschiebung der Radaufhängung stets nach den Gleichungen (3.39) wieder neu definiert werden. Dies betrifft vor allem die Berechnung der Kenngrößen der Radaufhängungen.

Die Bestimmung der räumlichen Stellungen einer Radaufhängung bei Federungs- oder Lenkvorgängen ist bei der Konstruktion der Radaufhängung über ein dreidimensionales Simulationsprogramm (z. B. CAD-Verfahren) stets im Rahmen der verfügbaren Programmfunktionen möglich. Im Interesse der physikalisch einwandfreien Berechnung der fahrzeugtechnischen Kenngrößen der Radaufhängung sollte auch auf den Geschwindigkeitszustand des Radträgers bzw. des Radkörpers (die Vektoren der Winkelgeschwindigkeit und der Geschwindigkeit eines Punktes) ein Zugriff möglich sein. Andernfalls könnten allgemein die Stellungen einer Radaufhängung bei endlich großen Federungs- oder Lenkbewegungen exakt nur durch die Auflösung eines nichtlinearen Gleichungssystems berechnet werden.

Für die Praxis genügt ein einfacheres Verfahren, bei welchem die räumliche Verschiebung des Radträgers in vielen kleinen Schritten erfolgt und zur Berechnung der Verschiebungsvektoren für jeden Rechenschritt die Auflösung eines linearen Gleichungssystems ausreicht [36][38], nämlich z. B. bei einer Radaufhängung mit Stablenkern zwischen Radträger und Fahrzeugkörper eines Systems aus sechs Gleichungen vom Typ der Gl. (3.13).

Der Gesamtfederweg am Federelement wird in kleine Schritte in der Größenordnung Δf = 0,1...0,01 mm aufgeteilt, ebenso der Weg des inneren Spurstangengelenks bei einer Lenkachse (das Bewegungsgesetz dieses Gelenks wird durch ein Unterprogramm definiert). Federungs- und Lenkvorgang werden zweckmäßigerweise mit Rücksicht auf die Bestimmung der Kenngrößen getrennt durchgeführt. Bei jedem Rechenschritt werden mit den jeweiligen Positionen aller Radführungsteile die sechs Gleichungen nach den je drei Komponenten der Winkelgeschwindigkeit $\boldsymbol{\omega}_K$ des Radträgers und der Geschwindigkeit $\mathbf{v}_M$ aufgelöst, mit diesen nach Gleichung (3.11) die „Geschwindigkeiten" oder Verschiebungsvektoren aller Punkte der Radaufhängung bestimmt und durch deren Addition zu den bisherigen Positionen die neuen Positionen ermittelt.

Diese leicht programmierbare und in der Praxis bewährte Rechenmethode hat neben ihrer Übersichtlichkeit den weiteren Vorteil, daß bei jedem der vielen Rechenschritte auch die (exakten) Verschiebungsvektoren aller Gelenkpunkte, also die ersten Ableitungen ihrer Bewegungsbahnen, anfallen, die entsprechend Abschnitt 3.5 für die Kräfteanalyse verwendbar sind und schließlich die Grundlagen für die Bestimmung der in den Kapiteln 5 bis 8 behandelten kinematischen Kenngrößen der Achs- und der Lenkgeometrie bilden.

4 Der Reifen

Die Übertragung der Kräfte und Momente zwischen Fahrzeug und Fahrbahn übernimmt der Reifen, ein gasgefüllter elastischer Torus aus Natur- und Kunstgummi, verstärkt durch ein Textil- oder Stahldrahtgewebe, **Bild 4.1**. Der Reifen sitzt mit seinem „Fuß" 2 am Außenumfang der Felge 1 auf der „Felgenschulter", wo ihm der aus Stahldraht gefertigte Wulstkern 3 Halt gibt. Um den Wulstkern sind Gewebelagen 4, die „Karkassenfäden", geschlungen, welche dem Reifen seine Festigkeit gegen den inneren Gasüberdruck verleihen. Im „Diagonalreifen" (a) kreuzen sich die Fäden 4 unter einem Winkel, der in weitem Bereich um 45° liegen kann, im „Radial"- oder „Gürtelreifen" (b) verlaufen die Karkassenfäden im wesentlichen quer zur Fahrtrichtung und ein umfangssteifer Gürtel 6 verstärkt den Reifen unterhalb der Lauffläche 5.

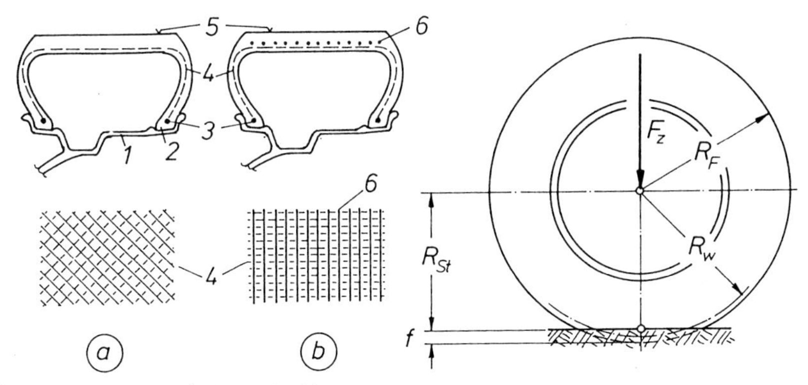

Bild 4.1: Reifenbauarten (schematisch)

Nachfolgend sollen die wichtigsten Reifeneigenschaften kurz angesprochen werden:

Unter einer Radlast F_z drückt sich der Reifen um einen Federweg f ein und vergrößert seine Kontaktfläche auf der Fahrbahn, den „Latsch", Bild 4.1 rechts, wobei das Kräftegleichgewicht im wesentlichen durch das Produkt Fläche × Innendruck, kaum durch Druckerhöhung und, bei genügend biegsam gestalteter Seitenwand, möglichst wenig durch Verformungsarbeit („Walkarbeit") des Materials hergestellt wird, denn Walkarbeit bedeutet thermische Beanspruchung und Energieverlust (Rollwiderstand!). Der „statische Halbmesser" R_{St}, der Abstand der Radmitte von der Fahrbahn, ist die Differenz zwischen dem „Fertigungshalbmesser" R_F und der Einfederung f.

Durch die Art der Lastaufnahme, nämlich Vergrößerung der Latschfläche bei etwa konstantem Innendruck, ergibt sich eine zunächst leicht progressive, dann weitgehend lineare Federkennlinie, deren Rate bei Personenwagen etwa das zehn- bis zwanzigfache der Federrate der Radaufhängung beträgt.

Beim Abrollen staucht sich der Reifen im Bereich der Aufstandsfläche bzw. des Latsches ein wenig in Umfangsrichtung, so daß die Fahrgeschwindigkeit v kleiner ausfällt als die Umfangsgeschwindigkeit der Lauffläche. Der rechnerische „wirksame" Abrollhalbmesser R_w liegt zwischen dem Fertigungshalbmesser R_F und dem statischen Halbmesser R_{St} und besonders beim Radialreifen, der weicher einfedert als der Diagonalreifen, dessen umfangssteifer Gürtel sich aber gegen die Stauchung wehrt, näher am Fertigungshalbmesser. Der wirksame Halbmesser hat nichts mit einer dynamischen Verhärtung des Reifenumfangs unter Fliehkraft bei hoher Fahrgeschwindigkeit zu tun, welche für eine nur geringfügige Anhebung der Radmitte sorgt. Deshalb wird heute meistens statt des wirksamen Halbmessers (manchmal auch als „dynamischer Halbmesser" bezeichnet) der „Abrollumfang" angegeben.

Am Gürtelreifen treten wegen der Umfangssteifigkeit seines Gürtels geringere Verformungen und Schlupfbewegungen innerhalb des Latsches auf mit dem Vorteil des geringeren Rollwiderstandes, längerer Lebensdauer der Lauffläche und besserer Fahrbahnhaftung besonders bei niedrigen Reibwerten, z.B. bei Nässe oder auf Schnee und Eis.

Die Tragfähigkeit des Reifens hängt im wesentlichen vom umschlossenen Gasvolumen ab; deshalb benötigen „Niederquerschnittsreifen", deren Verhältnis der Seitenwandhöhe zur Reifenbreite kleiner als das „Normalverhältnis" von 80% ist, eine entsprechend größere Breite.

Unter einer Seitenkraft F_y verschiebt sich der Latsch infolge der Seitenweichheit des Reifens quer zur Fahrtrichtung; rollt das Rad gleichzeitig vorwärts, so stellt sich ein „Schräglaufwinkel" α ein, **Bild 4.2** a, weil die vorn in der Latschfläche ankommenden Laufflächenelemente von der Seitenverformung noch nicht beeinflußt sind und versuchen, in der Reifenmittelebene einzulaufen, so daß sich eine gegen das Latschende wachsende Querverformung ergibt. Die Fortbewegungsrichtung ist um den Schräglaufwinkel α gegenüber der Radmittelebene verdreht. Der Schwerpunkt des über der Latschlänge etwa dreieck- oder trapezförmig wachsenden Querspannungsdiagramms (τ), dessen Resultierende gleich der Seitenkraft F_y ist, liegt um den „Reifennachlauf" n_R hinter der Radmitte versetzt, so daß die Seitenkraft ein „Rückstellmoment" $M = F_y \times n_R$ erzeugt, welches die Reifenmittelebene in die tatsächliche Fortbewegungsrichtung unter dem Winkel α zu drehen versucht.

Mit wachsender Querverformung beginnen die am stärksten ausgelenkten Laufflächenbereiche am Latschende durch Überschreitung der Haftgrenze zurückzuschnellen, was einmal Energieverlust und Verschleiß, zum anderen eine Begrenzung der übertragbaren Seitenkraft und eine Verringerung des Reifennachlaufs bzw. des Rückstellmoments zur Folge hat. Das Kennfeld der Seitenkräfte F_y über dem Schräglaufwinkel α, Bild 4.2 b, erhält daher einen degressiven Verlauf. Eine Erhöhung der Radlast F_z führt nicht zu einer proportionalen Vergrößerung der übertragbaren Seitenkraft, weil der Reifen zunehmend anfängt, über die Reifenschulter bzw. Seitenwand seitlich „abzurollen". Das Diagramm gilt nur für einen bestimmten relativ hohen Reibwert (13"-Niederquerschnittsreifen).

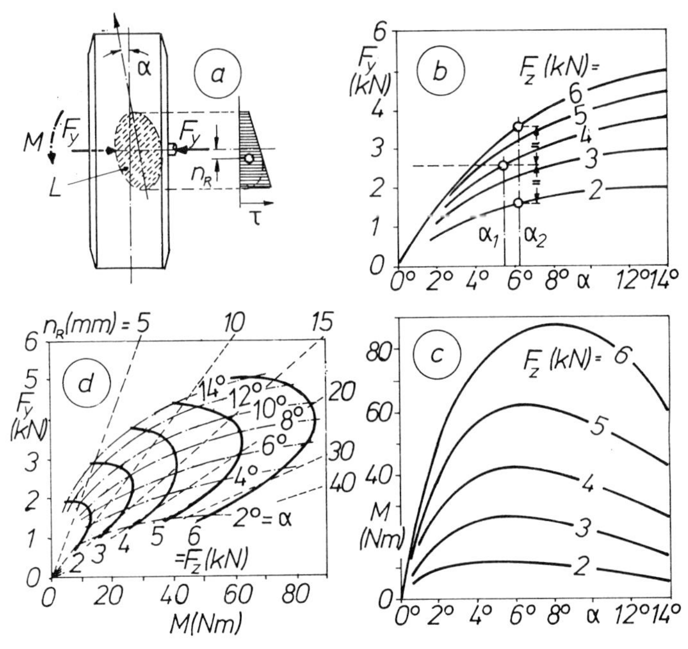

Bild 4.2: Der Reifen bei Seitenkraft
a) Schräglaufwinkel b) Seitenkraft und Schräglaufwinkel
c) Rückstellmoment und Schräglaufwinkel d) Gough-Kennfeld

Eine für das Fahrverhalten und die Auslegung der Radaufhängungs- und Federungsparameter sehr wichtige Folgerung aus dem degressiven Wachstum der Seitenkraft sowohl über dem Schräglaufwinkel als auch der Radlast soll durch das in Bild 4.2b eingezeichnete Zahlenbeispiel verdeutlicht werden: Der Reifen überträgt bei einer Radlast von 4 kN bzw. Achslast von 8 kN und einem Schräglaufwinkel von α_1 = 5,3° eine Seitenkraft von 2,6 kN, die gesamte Achse kann also 5,2 kN bzw. einer Querbeschleunigung von 5,2/8 = 0,65 g das Gleichgewicht halten. Die Querbeschleunigung erzeugt aber ein seitliches Kippmoment am Fahrzeug, welches zu ungleich großen Radlasten führt. Bei einer Schwerpunktshöhe von 550 mm und einer Spurweite von

1400 mm wird die Radlastverlagerung, wenn nicht andere Fahrzeugachsen – z. B. über Stabilisatorfedern – einen Teil des Kippmoments der betrachteten Achse übernehmen, ca. 2 kN betragen, d. h. die Belastung des kurvenäußeren Rades wächst auf ca. 6 kN, das kurveninnere wird stark entlastet und trägt nur noch ca. 2 kN. Offensichtlich muß nun der Schräglaufwinkel der Achse auf ca. α_2 = 6,2° anwachsen, damit die erforderliche Gesamtseitenkraft als Summe der kurvenäußeren und kurveninneren Seitenkraft $F_{ya} + F_{yi}$ = 5,2 kN übertragbar wird. Je größer die Radlastdifferenz an einer Achse, desto größer der erforderliche Schräglaufwinkel bei gegebener Seitenkraft. Die Radlastdifferenz wird primär durch die Schwerpunktshöhe und die Spurweite bestimmt und kann durch Maßnahmen an der Radführungsgeometrie (Rollzentrum, s. Kap. 7) und der Federung (Stabilisatoren, s. Kap. 5) beeinflußt werden.

Aus den Diagrammen der Seitenkraft (Bild 4.2 b) und des Rückstellmoments (c) über dem Schräglaufwinkel ergibt sich das Reifenkennfeld nach GOUGH, Bild 4.2 d, in welchem die Seitenkraft über dem Rückstellmoment mit Hilfe der Parameter Schräglaufwinkel und Radlast dargestellt ist. Der Reifennachlauf kann ebenfalls abgelesen werden: n_R = const. heißt M/F_y = const.

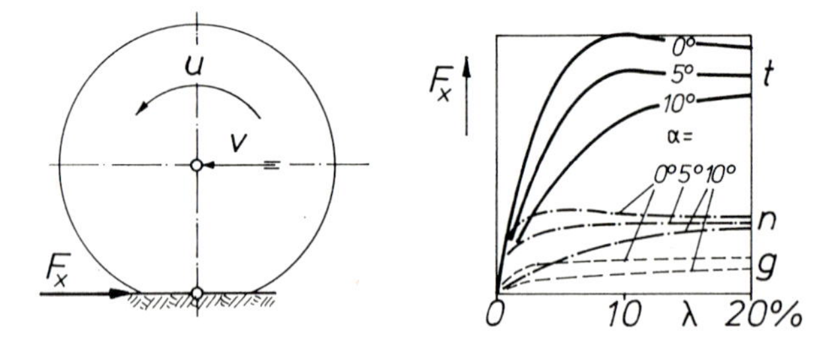

Bild 4.3: Umfangskraft und Schlupf

Eine Umfangskraft F_x im Latsch (Bremskraft, Antriebskraft) verursacht einen Umfangsschlupf λ, da die von vorn in die Latschfläche eintretenden Laufflächenelemente beim Bremsen gedehnt, beim Antreiben gestaucht werden. Auch die Umfangskraft zeigt über dem Schlupf ein degressives Verhalten, **Bild 4.3** (t = trockene, n = nasse und g = glatte Fahrbahn). Da die maximale Kraftschlußbeanspruchung durch Umfangskraft und Seitenkraft ähnlich wie bei der „NEWTON'schen Reibung" begrenzt ist, lassen sich Kombinationen von Umfangs- und Seitenkraft bzw. von Schlupf und Schräglaufwinkel für eine konstante Radlast in einem gemeinsamen Diagramm darstellen, **Bild 4.4** a, dessen Einhüllende der „KAMM'sche Kreis" ist. Der „Reibungskuchen" [49] faßt das Übertragungsverhalten des Reifens in einem Raumdiagramm, Bild 4.4 b, zusammen, wo Schräglaufwinkel α und

Bild 4.4:
Umfangs- und Seitenkraft; „Reibungskuchen" nach R. Weber

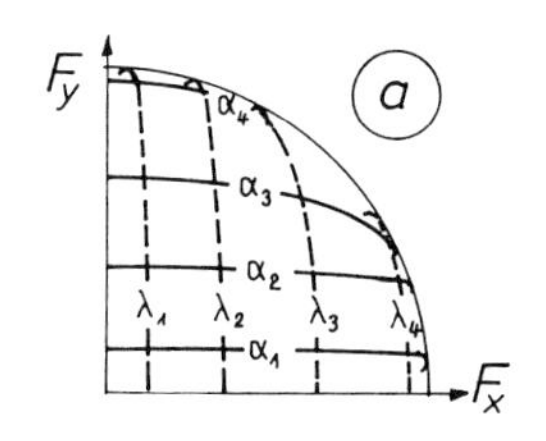

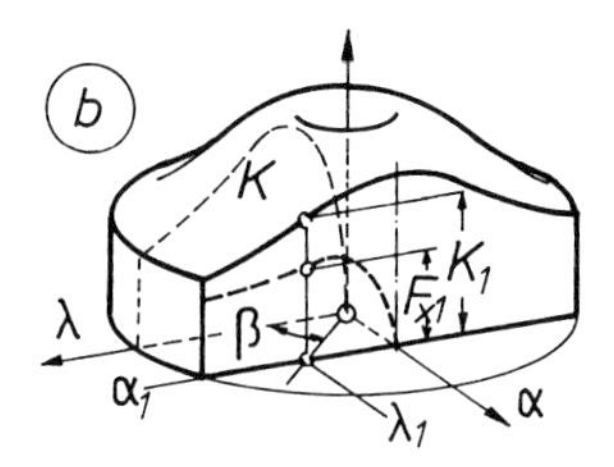

Schlupf λ (bei gleicher Gewichtung von α = 90° und λ = 100%) die Grundfläche und die Kraftschlußgrenze K die Höhe bilden.

Bei einer Neigung der Radebene gegen die Vertikale um einen „Sturzwinkel" γ, **Bild 4.5**, entsteht eine „Sturzseitenkraft", weil der Reifen infolge der unterschiedlichen Eindrückung und Umfangsstauchung nach Art eines Kegels abrollen will, was naturgemäß beim umfangssteiferen Radialreifen weniger ausgeprägt ist als beim Diagonalreifen. Ein Grad Sturz erzeugt beim Diagonalreifen etwa ein Sechstel der Seitenkraft, die ein Grad Schräglaufwinkel ergeben würde, beim Radialreifen nur noch etwa ein Zwölftel. Die Kraftschlußgrenze wird durch den Sturz nicht erhöht, aber der Schräglaufwinkel bei gegebener Seitenkraft verringert.

Bild 4.5:
Die Sturzseitenkraft

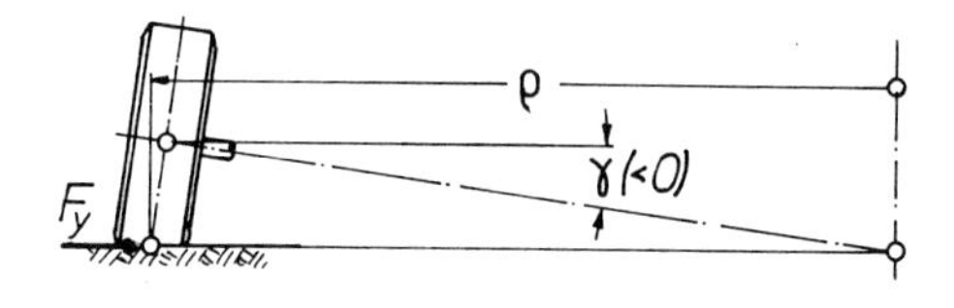

Der Radsturz im stationären Belastungsbereich (Fahrzeug mit Fahrer allein bis Fahrzeug voll beladen) wird durch die thermische Belastung des Reifens, die mit der Radlast und der Fahrgeschwindigkeit wächst, in engen Grenzen eingeschränkt.

Für ein optimales Fahrverhalten ist ein leicht negativer Sturz, kombiniert mit einem gewissen Vorspurwinkel, günstig, da dann die Reifen bei Geradeausfahrt mit einer leichten Seitenkraft vorgespannt sind und beim Anlenken schneller ansprechen. Für die optimale Traktion auf Glätte sind natürlich ein Sturzwinkel und ein Vorspurwinkel Null ideal.

Es besteht verständlicherweise der Wunsch, die idealen Zustände auch bei Kurvenfahrt beizubehalten.

Hier erweist sich theoretisch die Starrachse als beste, da sie einen nahezu kostanten Sturzwinkel zur Fahrbahn aufweist. Angetriebene Starrachsen mit Winkelgetriebe in der Achsbrücke müssen aber mit Rücksicht auf die Achswellen mit Sturz und Vorspur Null auskommen.

Auch die meisten Verbundaufhängungen sind bezüglich des Sturzverhaltens günstig ausgelegt.

Bei der Einzelradaufhängung muß dagegen stets ein Kompromiß zwischen der Geradeausfahrt und der Kurvenfahrt geschlossen werden. Ideal wäre eine progressive Zunahme des Sturzes mit dem Einfederweg, so daß dieser im statischen Lastbereich noch in thermisch zulässigen Grenzen bleibt und bei extremer Kurvenfahrt stark anwächst. Dies ist im Prinzip bei Doppel-Querlenker-Achsen möglich, führt aber dort meistens auch zu einer weniger erwünschten progressiven Zunahme des negativen Sturzes am ausgefederten Rade; ferner ergibt sich eine verringerte Höhenänderung des Rollzentrums, also ein verstärktes „Aufstützen" bei Kurvenfahrt (s. Kap. 7), was den erhofften Gewinn zunichte machen kann.

Eine der Sturzseitenkraft ähnliche Wirkung entsteht durch eine (evtl. beabsichtigte) Herstellungs-Unsymmetrie des Reifens, z.B. im Gürtel, so daß eine Konstant-Seitenkraft beim Abrollen hervorgerufen wird („Konus-Effekt").

Die Übereinanderschichtung der gegeneinander winkelig verlaufenden Karkassenfäden unter der Lauffläche gibt dem Fadenwinkel der obersten Lage den stärksten Einfluß, so daß jeder Reifen irgendeinen „Winkel-Effekt", d.h. einen Konstant-Schräglaufwinkel ohne Seitenkraft, aufweist, der sich bei Rückwärtsfahrt umkehrt.

Winkel- und Konus-Effekt machen sich nur dann störend bemerkbar, wenn sie unter wechselnder Umfangskraft ihre Größe ändern.

Vorstehend wurden stationäre Reifeneigenschaften betrachtet. Für Übergangs- oder Einlaufvorgänge gilt die Faustregel, daß der stationäre Betriebszustand nach etwa einer Radumdrehung erreicht wird.

Der Reifen ist von allen Bauteilen des Fahrwerks am stärksten von Fertigungsabweichungen betroffen, was angesichts der verwendeten Materialien nicht verwundern kann. Maß- und Formfehler wie Höhen- und Seitenschlag sind relativ leicht meßbar, Ungleichförmigkeiten in der Verteilung des Materials oder der Steifigkeit (tire non-uniformity) können dagegen nur auf speziellen Prüfmaschinen festgestellt werden. Geometrische Massen- oder Steifigkeitsabweichungen rufen beim Abrollen Radial-, Lateral- und Tangentialkraftschwankungen hervor, deren Amplituden zudem über der Fahrgeschwindigkeit veränderlich sein können und deren höhere harmonischen Anteile im Gegensatz zu den Erfahrungen aus dem allgemeinen Maschinenbau durchaus noch beträchtliche Amplituden erreichen. Diese regen hochfrequente Schwingungen bis in den hörbaren Bereich an, und eine wesentliche Aufgabe der in der Radaufhängung verwendeten Gummilager ist neben der Dämpfung hochfrequenter Fahrbahnstöße die Isolation des Fahrzeugkörpers gegenüber diesen Erregerkräften des Reifens.

5 Federung und Dämpfung

5.1 Aufgaben der Federung

Die Federung soll den Fahrzeugkörper vor Stößen und hohen Beschleunigungen schützen, die beim Überfahren von Fahrbahnunebenheiten entstehen würden. Die Änderung der Federkraft ist von der Federrate abhängig. Je niedriger die Federrate, desto geringer der Kraftanstieg bei der Anhebung des Rades durch eine Bodenunebenheit. Beim Einfedern des Fahrzeugrades speichert die Federung kurzzeitig Energie, welche sie beim Ausfedern wieder freigibt. An den Fahrzeugkörper wird nur die Federkraftschwankung weitergeleitet.

Zwischen der Fahrzeugfederung und der Fahrbahn befindet sich die „ungefederte" Masse, nämlich das Rad mit dem Radträger und einem gewissen Anteil der Lenkermassen der Radaufhängung. Diese Masse würde beim Überfahren von Unebenheiten erheblich beschleunigt werden, wenn nicht der Reifen selbst eine „Federung" böte. Um ein ununterbrochenes Schwingen des Fahrzeugkörpers unter dem Einfluß der Kraftschwankungen und Energieumsätze an der Federung zu vermeiden, sind Schwingungsdämpfer oder „Stoßdämpfer" vorgesehen, welche die Schwingungen zum Abklingen bringen. Diese Stoßdämpfer sorgen zudem für eine verbesserte Bodenhaftung der Reifen, indem sie das Abspringen der Räder von der Fahrbahn vermeiden, und erhöhen damit die Fahrsicherheit.

Die Stoßdämpfer wirken allerdings, da sie sich gegen plötzliche Radbewegungen wehren, eigentlich nun wieder als „Stoßverstärker". Für die Federungsabstimmung muß daher stets ein Kompromiß zwischen den Forderungen nach Fahrsicherheit und Fahrkomfort gefunden werden.

Da zur Fahrzeugfederung ausführliche Literatur vorliegt [43], werden im folgenden nur die wichtigsten Schwingungsarten des Fahrzeugs kurz angesprochen. Gleiches gilt für die technischen Federn, weshalb hier vor allem ihre Besonderheiten im Zusammenhang mit der Radaufhängung betrachtet werden sollen.

5.2 Fahrzeugschwingungen

5.2.1 Einmassenschwinger

Das einfachste Schwingungsmodell zeigt **Bild 5.1**, eine Fahrzeugmasse m auf einer Feder, deren Rückstellkraft F über die Federrate c linear mit dem Radhub s zunimmt:

$$F(s) = c \cdot s \tag{5.1}$$

Unter dem Gewicht der Masse m sinkt die Feder um den statischen Federweg s_0 ein:

$$s_0 = m\,g/c \tag{5.2}$$

mit g = Erdbeschleunigung.

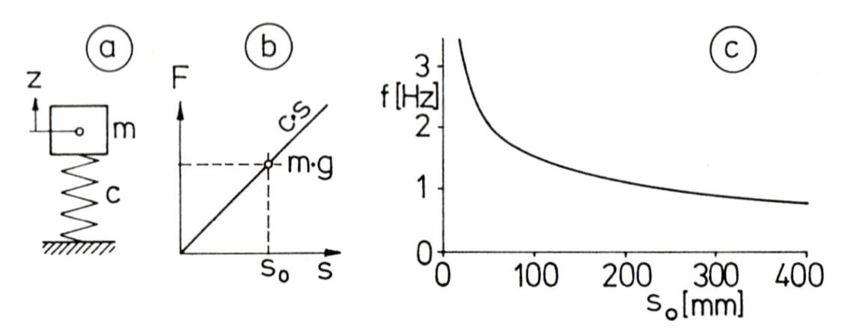

Bild 5.1: Ungedämpfter linearer Einmassenschwinger

Für Schwingungsberechnungen bildet bekanntlich die statische Ruhelage den Nullpunkt der Bewegung. Bei einer Auslenkung aus der Ruhelage um den Weg z wirkt die Federkraft rückstellend, es gilt

$$m\ddot{z} = -c\,z$$

Der Lösungsansatz für diese Differentialgleichung ist eine „harmonische" Funktion, z. B.

$$z(t) = a\cos(\omega_0 t)$$

Mit a als Amplitude, t als Zeit und ω_0 als einem noch zu bestimmenden Parameter ergibt sich

$$-m\,\omega_0^2\,a\cos(\omega_0 t) = -c\,a\cos(\omega_0 t)$$

oder

$$\omega_0^2 = c/m \tag{5.3}$$

Für die volle Schwingungsdauer T muß $\omega_0 T = 2\pi$ sein, also ist

$$\omega_0 = 2\pi/T \tag{5.4}$$

die „Kreisfrequenz" der Eigenschwingung. Die Schwingfrequenz in [Hz] ist

$$f_0 = 1/T \tag{5.5}$$

und die Schwingungszahl in [1/min]

$$n_0 = 60\, f_0 \approx 10\, \omega_0 \tag{5.6}$$

Aus (5.4) und (5.5) folgt

$$\omega_0 = 2\pi f_0 \tag{5.7}$$

und mit der statischen Einfederung nach Gl. (5.2) wird auch

$$\omega_0 = \sqrt{g/s_0} \tag{5.8}$$

Bei einer linearen Feder besteht also ein unmittelbarer Zusammenhang zwischen der statischen Einfederung s_0 einer Masse und ihrer Eigenfrequenz, Bild 5.1c. Für den Menschen sind Frequenzen zwischen ca. 0,7 und 2,0 Hz am ehesten verträglich, was statischen Einfederwegen zwischen ca. 500 und ca. 60 mm entspricht. An komfortablen Fahrzeugen müssen Federwege von ± 100 mm und darüber angeboten werden; bei hohen Eigenfrequenzen und damit kleinen statischen Einfederwegen kann es also zu einer völligen Entlastung der Feder (Abheben von der Unterlage, Befestigung nötig) oder des Rades (Abheben von der Fahrbahn) kommen.

Schwingungen werden entweder durch eine auf die Masse einwirkende Erregerkraft $F_E(t)$ hervorgerufen („unmittelbare Erregung"), **Bild 5.2**a, oder durch eine erzwungene Hubbewegung $z_E(t)$ der Federauflage („mittelbare" oder „Fußpunkterregung"), Bild 5.2b. Die Erregerkreisfrequenz ω ist im allgemeinen von der Eigenkreisfrequenz ω_0 verschieden.

Bild 5.2:
Linearer Einmassenschwinger
a) bei unmittelbarer
b) bei mittelbarer bzw. Fußpunkterregung

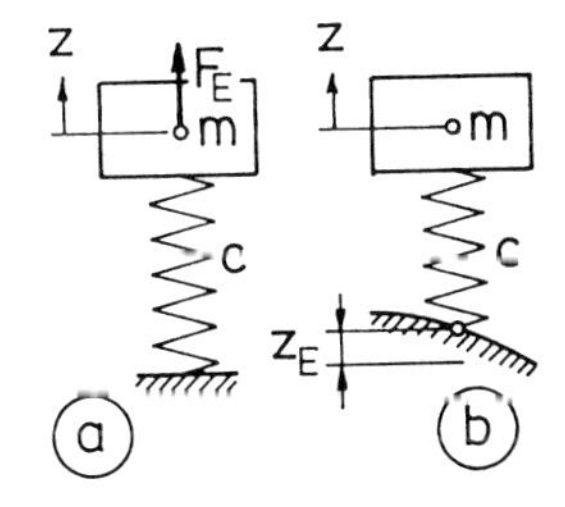

Für eine harmonische Erregerkraft $F_E \cos \omega t$ lautet dann die Bewegungsgleichung der unmittelbar erregten Schwingung $m\ddot{z} + cz = F_E \cos \omega t$ und mit dem Ansatz $z(t) = a \cos \omega t$ ergibt sich

$$-m\omega^2 a + ca = F_E \tag{5.9}$$

Bei Fußpunkterregung mit der Amplitude $z_E(t) = h \cos \omega t$ (h = Amplitude der Fahrbahnwelle) ist die Bewegungsgleichung der mittelbar erregten Schwingung

$$m\ddot{z} + c(z - h \cos \omega t) = 0$$

und mit $z(t) = a \cos \omega t$ gilt

$$-m\omega^2 a + c(a - h) = 0 \tag{5.10}$$

Nach Division der Gln. (5.9) bzw. (5.10) durch die Masse m, Ersatz von m und c durch ω_0 entspr. Gl. (5.3) sowie Einführung des Verhältnisses

$$\eta = \omega / \omega_0 \tag{5.11}$$

der sogen. „Abstimmung", ergibt sich für den unmittelbar erregten Schwinger als Amplitude

$$a = (F_E / c)/(1 - \eta^2) \tag{5.12}$$

und für den mittelbar erregten

$$a = h/(1 - \eta^2) \tag{5.13}$$

Die „Vergrößerungsfunktionen" ac/F_E bzw. a/h der Schwingamplitude a gegenüber der Erregeramplitude sind also beim linearen Schwinger nur vom Frequenzverhältnis η abhängig. Für $\eta < 1$ haben Schwinger- und Erregeramplitude das gleiche Vorzeichen („unterkritischer" Schwingungszustand), für $\eta = 1$ wird die Amplitude a unendlich groß („Resonanz") und für $\eta > 1$ bewegt sich der Schwinger entgegengesetzt zur Erregerfunktion („überkritischer" Zustand).

Eine lineare Federung hat, wie Bild 5.1c zeigte, den Nachteil einer mit der statischen Einfederung sinkenden Eigenfrequenz. Dies trifft z. B. für ein Fahrzeug mit wechselnder Beladung zu. Soll die Eigenfrequenz unabhängig von der Beladung stets gleich groß bleiben, so muß das Verhältnis $c/m = \omega_0^2$ = const. bleiben, und mit der Federrate c als Ableitung der Federkraft nach dem Federweg, $c = dF/ds$, sowie der Federkraft $F = mg$ ergibt sich die Federkennlinie aus der Bedingung $dF/ds = \omega_0^2 F/g$ bzw. deren Integral

$$\ln F - \ln F_0 = \ln(F/F_0) = \omega_0^2 s/g$$

mit $\ln F_0$ als Integrationskonstante. Die Federkennlinie für die beladungsunabhängige Eigenfrequenz lautet damit [12]

$$F(s) = F_0 \, e^{(\omega_0^2 s/g)}$$

und ist in **Bild 5.3** dargestellt.

Die Federrate $c = dF/ds$ ist die örtliche Steigung der Kennlinie $F(s)$ und gilt nur für kleine Schwingamplituden, wo eine Linearisierung der Kennlinie noch erlaubt ist. An die Stelle der statischen Einfederung s_0 tritt nun die

Subtangente s_{0i}, die in Gl. (5.8) anstelle von s_0 zu verwenden ist und im Falle von Bild 5.3 wegen der konstanten Eigenfrequenz nicht nur bei $F = F_0$, sondern an jedem Punkt der Kennlinie gleich groß ist.

In der Praxis werden fast stets „progressive" Federkennlinien, wenn auch nicht unbedingt zur Erzielung einer konstanten Eigenfrequenz, angewandt, einmal um ein zu starkes Absinken der Eigenfrequenz mit wachsender Beladung, aber auch um ein „Durchschlagen" der Federung bei höheren Fahrbahnwellen zu vermeiden.

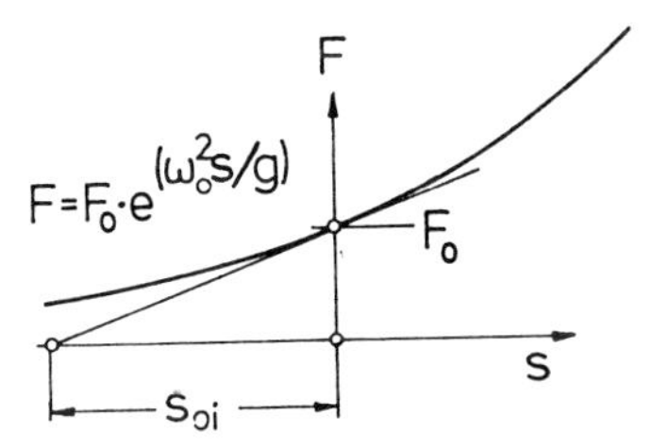

Bild 5.3:
Federkennlinie für konstante Eigenfrequenz

Bei nichtlinearer Federung und größeren Amplituden genügt es nicht mehr, die Eigenschwingungsdauer mit der örtlichen linearisierten Federrate zu bestimmen. Die Schwingungsamplituden in beiden Ausschlagsrichtungen ergeben sich aus der Bedingung, daß die Arbeitsaufnahme der Feder jeweils gleich groß ist („konservatives" Schwingungssystem ohne Energiezufuhr bzw. -verlust). Die Berechnung der Schwingungsdauer erfolgt durch Integration über dem Federweg.

Progressive Federungen werden in der Praxis am einfachsten durch Überlagerung der Kennlinien einer Metallfeder und einer Zusatzfeder (meistens aus gummielastischem Material) erzeugt oder auch durch eine entsprechende Formgebung der Metallfeder. Eine weitere Möglichkeit besteht in der Beeinflussung des Verlaufs der „Federübersetzung" durch die entsprechende Auslegung der Radaufhängung.

Ungedämpfte Schwingungen klingen, einmal angeregt, theoretisch nicht mehr ab. Da dies an Fahrzeugen unerwünscht ist, werden Schwingungsdämpfer verwendet. Diese bauen allerdings selbst Beschleunigungskräfte auf und wirken daher zum Teil auch komfortmindernd, nämlich eher stoßverstärkend als stoßdämpfend.

Dämpfer „vernichten" Energie (nämlich setzen diese in Wärme um), was sich in einem erhöhten Fahrwiderstand auf schlechter Fahrbahn bemerkbar macht.

Das älteste und oft ungewollt vorhandene Dämpfungsmittel ist die Reibung. Die meistens etwa konstante Reibkraft addiert sich zu den Verzögerungskräften der Feder und subtrahiert sich von ihren Beschleunigungskräften, verzerrt also die „harmonische" Schwingbewegung und führt zu Beschleunigungsüberhöhungen; ferner werden Störkräfte, die kleiner sind als die Reibkraft, quasi „ungefedert" auf das Fahrzeug übertragen.

Deshalb wird angestrebt, die Reibung in den Gelenken der Radaufhängung so gering wie möglich zu halten und die Dämpfung der Schwingungen allein durch Flüssigkeitsdämpfer mit geschwindigkeitsabhängiger Dämpfkraft zu erreichen. Bei einer harmonischen Bewegung $z = a \cos\omega t$ sind die Geschwindigkeit $\dot{z} = (-) a\omega \sin\omega t$ und die Beschleunigung $\ddot{z} = (-)\ a\omega^2 \cos\omega t$, d. h. die größte Schwinggeschwindigkeit (und damit Dämpfkraft) tritt dann auf, wenn die Beschleunigung Null ist und umgekehrt.

Bild 5.4 zeigt einen Einmassenschwinger mit linearer Feder und einem Flüssigkeitsdämpfer schematisch; die Dämpfkraft möge proportional der Geschwindigkeit v_D des Dämpferkolbens im Dämpfer sein, Bild 5.4 c, d. h. es gilt

$$F_D = k_D v_D$$

mit k_D als „Dämpferkonstante".

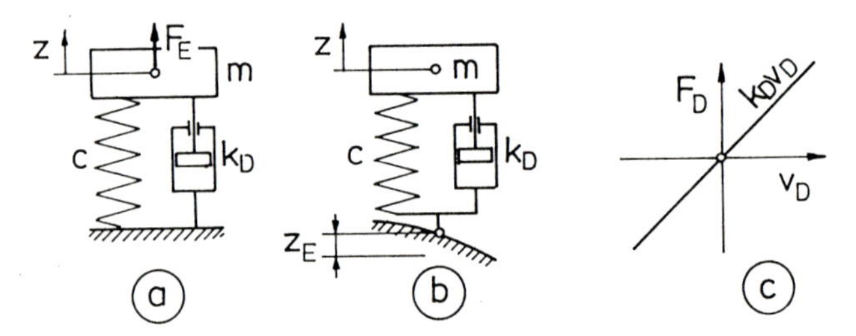

Bild 5.4: Gedämpfter linearer Einmassenschwinger

Die Bewegungsgleichungen für die unmittelbar (Bild 5.4 a) und die mittelbar erregte Schwingung (Bild 5.4 b) werden um ein „Geschwindigkeitsglied" bereichert:

$$m\ddot{z} + k_D \dot{z} + cz = F_E \cos\omega t$$

bzw.

$$m\ddot{z} + k_D(\dot{z} + h\omega \sin\omega t) + c(z - h\cos\omega t) = 0$$

Da nun sowohl Kosinus- als auch Sinusglieder auftreten, ist ein erweiterter Ansatz $z(t) = a_1 \cos\omega t + a_2 \sin\omega t$ zweckmäßig. Mit $\omega_0{}^2 = c/m$ nach Gl. (5.3) und dem „LEHR'schen Dämpfungsmaß"

$$D = k_D/(2m\omega_0) = k_D/(2\sqrt{mc}) \tag{5.14}$$

einer dimensionslosen, für das Verhalten des gedämpften Schwingers charakteristischen Kennzahl, welche bei Kraftfahrzeugen um 0,2...0,3 liegt, entstehen aus jeder der beiden soeben aufgestellten Bewegungsgleichungen für die Zeitpunkte $\omega t = 0$ und $\omega t = \pi/2$ je zwei Bestimmungsgleichungen für die Amplituden a_1 und a_2, die um 90° phasenverschoben auftreten und vektoriell zu addieren sind. Man erhält so die Vergrößerungsfunktionen [12][43]

$$a = (F_E/c)/\sqrt{(1-\eta^2)^2 + 4D^2\eta^2} \tag{5.15}$$

für den unmittelbar erregten und

$$a = h\sqrt{1 + 4D^2\eta^2}\,/\sqrt{(1-\eta^2)^2 + 4D^2\eta^2} \tag{5.16}$$

für den mittelbar erregten Schwinger.

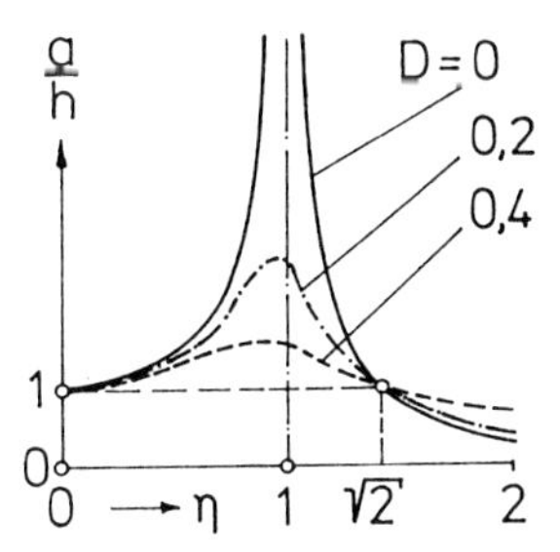

Bild 5.5: Vergrößerungsfunktionen beim linearen Einmassenschwinger

Bild 5.5 zeigt für den fahrzeugtechnisch interessanteren Fall der Fußpunkterregung die Vergrößerungsfunktion a/h (die „Resonanzkurve") über der Abstimmung η und mit dem Dämpfungsmaß D als Parameter.

Für $\eta = \sqrt{2}$ nimmt a/h unabhängig von D den Wert 1 an. Über den Bereich $0 < \eta \leqq \sqrt{2}$ hinweg ist die Schwingeramplitude a größer als die Erregeramplitude h, oberhalb $\eta = \sqrt{2}$ dagegen kleiner. Die Resonanzüberhöhung bei $\eta = 1$ wird mit wachsendem Dämpfungsmaß D geringer. Im Bereich $0 < \eta \leqq \sqrt{2}$ sinkt, darüber steigt die Amplitude a mit dem Dämpfungsmaß. D = 0 bedeutet „keine Dämpfung"; für diesen Fall geht Gl. (5.16) in Gl. (5.13) über.

Die geschwindigkeitsabhängige Dämpfung stellt einen Idealfall dar, der praktisch nie erreicht wird. **Bild 5.6** soll die Wirkung verschiedener Dämpfungsmechanismen anhand des Ausschwingvorgangs einer um 100 mm ausgelenkten und dann freigegebenen Masse von 300 kg deutlich machen, welche federnd mit einer Eigenkreisfrequenz $\omega_0 = 2\pi\ s^{-1}$ bzw. einer Federrate c = 12,1 N/mm aufgehängt ist.

Für D = 0 stellt sich eine kontinuierliche harmonische Schwingung ein. Mit Flüssigkeitsdämpfung (D = 0,3) klingt die Schwingung anfangs stärker, dann immer schwächer ab; sie dauert theoretisch unendlich lange an, wobei die Amplitude sich nach einer e-Funktion verringert.

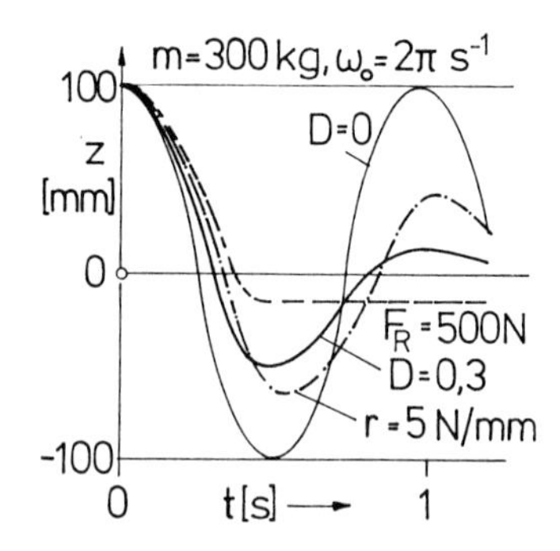

Bild 5.6:
Ausschwingvorgang an einer Masse bei verschiedenen Dämpfungsmechanismen

Dämpfung durch eine wegabhängige Reibkraft r (z. B. „Werkstoffdämpfung") ergibt nur oberflächlich betrachtet ein ähnliches Verhalten wie die Flüssigkeitsdämpfung; die Durchgänge durch die Ruhelage sind steiler und die Beschleunigungen in den Umkehrpunkten höher. Wegabhängige Reibungsdämpfung ist also noch ungünstiger als Konstantreibung mit der Reibkraft F_R, für die aber das „Hängenbleiben" des Schwingers in einem Amplitudenbereich der Breite $\pm F_R/c$ um die Ruhelage typisch ist.

5.2.2 Zweimassenschwinger

Die „ungefederten" Massen (Räder, Radträger und Teile der Radaufhängung) machen bei Personenwagen etwa 8...10% der Fahrzeugmasse aus, die zugehörige Federrate (Reifen und Fahrzeugfederung „parallel" angeordnet) wird im wesentlichen von der Reifenrate bestimmt, die in der Größenordnung des Zehnfachen der Fahrzeug-Federrate liegt. Gemäß Gl. (5.3) ist die Eigenfrequenz der „ungefederten" Massen also etwa zehnmal so groß als die des Fahrzeugkörpers, weshalb es zumindest bei hohen Frequenzen notwendig ist, die Radschwingungen zu berücksichtigen, was vereinfacht an einem Zweimassenmodell geschieht.

Bild 5.7 zeigt ein solches System, bei welchem die ohnehin sehr schwache Dämpfung des Reifens vernachlässigt wurde; das System besteht also aus der anteiligen Fahrzeugmasse m_2 mit der Fahrzeugfeder (Federrate c_2), einem Dämpfer (Dämpferkonstante k_2), der Radmasse m_1 und der Reifenfeder mit der Rate c_1. Die Vergrößerungsfunktion a_2/h der Fahrzeugmasse weist zwei Resonanzüberhöhungen auf, und zwar einmal bei der „Aufbauresonanz" ($\eta_2 = 1$), zum anderen bei der „Rad"- oder „Achsresonanz" ($\eta_2 \approx 10$). Eingetragen ist auch die aus der Reifenfederung und der Reifenfederrate sich ergebende Amplitude $a_P/(c_1 h)$ der Radlastschwankung.

Mit wachsendem Dämpfungsmaß D der Fahrzeugfederung verringert sich die Amplitude der Aufbauschwingung deutlich, die der Radlastschwankung aber erheblich weniger bei gleichzeitiger Verbreiterung des betroffenen Frequenzbereichs. Zu beachten ist, daß die Erregeramplitude h bei langen Fahrbahnwellen, also niedrigen Erregerfrequenzen, in der Praxis erheblich größer ist als bei kurzen Wellen bzw. höheren Erregerfrequenzen, so daß der geringe Abbau der Radlastamplitude in der Umgebung der Fahrzeugresonanz ($\eta = 1$) relativ höher zu bewerten ist.

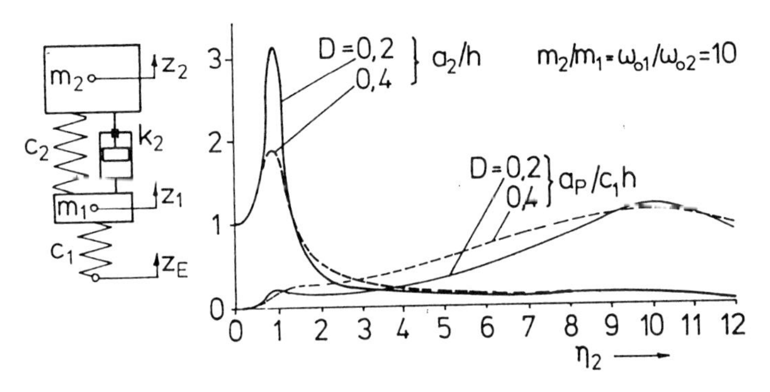

Bild 5.7: Gedämpfter Zweimassenschwinger

Die populäre Meinung, daß eine stärkere Dämpfung die Fahrsicherheit, wenn auch auf Kosten des Komforts, erhöht, gilt nicht uneingeschränkt. Bei gegebener Federrate bringen eine wachsende Dämpfkraft bzw. ein vergrößertes Dämpfungsmaß D zwar bei anfangs geringfügiger, dann zunehmender Beeinträchtigung des Federungskomforts eine zunächst deutliche Verringerung der dynamischen Radlastschwankungen und damit Verbesserung der Fahrsicherheit; wie **Bild 5.8** (nach [24]) aber zeigt, erreicht die gute Bodenhaftung ein Maximum und geht dann bei drastischer weiterer Abnahme des Komforts wieder zurück. Der Grund hierfür ist anschaulich leicht einzusehen: bei zu straffer Dämpfung schafft es die Feder nicht mehr, das Rad den Bodenwellen nachzuführen, und das Rad hupft von einer Wellenspitze zur

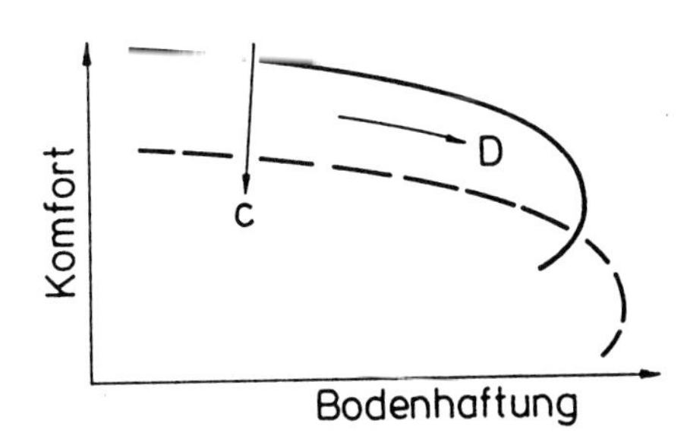

Bild 5.8: Abstimmungsspielraum zwischen Fahrkomfort und Fahrsicherheit (schematisch)

anderen. – Eine „sportliche" härtere Federabstimmung (unterbrochene Linien) bringt nur noch eine geringe Verbesserung der Bodenhaftung bei erheblichem Komfortverlust.

In Gl. (5.14) ist das Dämpfungsmaß D der Dämpferkonstanten k_D proportional und der Wurzel aus der Federrate c umgekehrt proportional, $D \sim k_D/\sqrt{c}$. Eine Komfortverbesserung, d. h. eine Verringerung der komfortschädigenden Dämpferkräfte, ist also bei gleichem Dämpfungsmaß, d. h. gleichbleibendem Schwingverhalten des Fahrzeugs, am besten durch eine Absenkung der Federrate bzw. der Aufbau-Eigenfrequenz zu erzielen. Eine „weiche", also komfortable Federauslegung erlaubt demnach die Einhaltung eines gewünschten Dämpfungsmaßes D bei niedrigen absoluten Dämpferkräften mit allen daraus folgenden Vorteilen für den Schwingungskomfort, die Geräuschübertragung und letztlich auch den Kraftstoffverbrauch.

Die Bewertung des Schwingungskomforts bei Kraftfahrzeugen ist seit Jahrzehnten das Objekt zahlreicher Untersuchungen [25]. Beeinträchtigungen des Komforts werden vom Fahrzeuginsassen je nach Frequenzbereich unterschiedlich über die mechanische Schwingamplitude, die Schwinggeschwindigkeit und die Schwingbeschleunigung wahrgenommen, wobei gleichzeitig stattfindende akustische Störungen untrennbar mit einwirken. Das optische Erkennen des Fahrbahnzustandes und damit ggf. der Ursache der Störung kann den Gesamteindruck mildernd korrigieren.

5.2.3 Nickschwingung und Wankschwingung

Die Betrachtung des Schwingungsverhaltens des Fahrzeugs im vorangegangenen Abschnitt ging von der vereinfachenden Annahme aus, daß die Masse des Fahrzeugkörpers in Einzelmassen über den Achsen bzw. den Rädern aufgeteilt werden darf, was nicht immer zulässig ist. Daher sollen abschließend noch einige Überlegungen zum Schwingungsverhalten des Gesamtfahrzeugs angestellt werden, wobei hier nun wieder vereinfachend die Radmassen, die Reifenfedern und die Dämpfer vernachlässigt werden.

In der Seitenansicht des Fahrzeugs können i. a. beide Federn einer „Achse" zusammengefaßt betrachtet werden, da Fahrzeuge normalerweise zur Mittelebene symmetrisch aufgebaut sind. Das Ersatzschema eines derart vereinfachten Fahrzeugmodells zeigt **Bild 5.9**.

Der Fahrzeugkörper weist in der Seitenansicht zwei Freiheitsgrade auf, nämlich die Hubbewegung in z-Richtung und eine Drehbewegung um die Querachse, die „Nickbewegung" mit dem Nickwinkel ϑ. Mit den Schwerpunktsabständen l_1 und l_2 der Achsen sind bei einer allgemeinen, kombinierten Hub- und Nickbewegung die Federwege über der Vorderachse (1) $s_1 = z - \vartheta l_1$ und über der Hinterachse (2) $s_2 = z + \vartheta l_2$. Mit dem Nickträgheitsmoment $\Theta = i^2 m$ (wobei i der Trägheitsradius ist) lauten dann die Bewegungsgleichungen

$$m\ddot{z} + z(c_1 + c_2) - \vartheta(c_1 l_1 - c_2 l_2) = 0 \quad (5.17)$$

$$i^2 m\ddot{\vartheta} + \vartheta(c_1 l_1^2 + c_2 l_2^2) - z(c_1 l_1 - c_2 l_2) = 0 \quad (5.18)$$

Der Ansatz $z = a\cos\omega t$ und $\vartheta = \vartheta_0 \cos\omega t$ liefert die Bestimmungsgleichung für die Quadrate der beiden Eigenkreisfrequenzen:

$$i^2 m^2 \omega^4 - m\omega^2 \{c_1 l_1^2 + c_2 l_2^2 + i^2(c_1 + c_2)\} + c_1 c_2 (l_1 + l_2)^2 = 0 \quad (5.19)$$

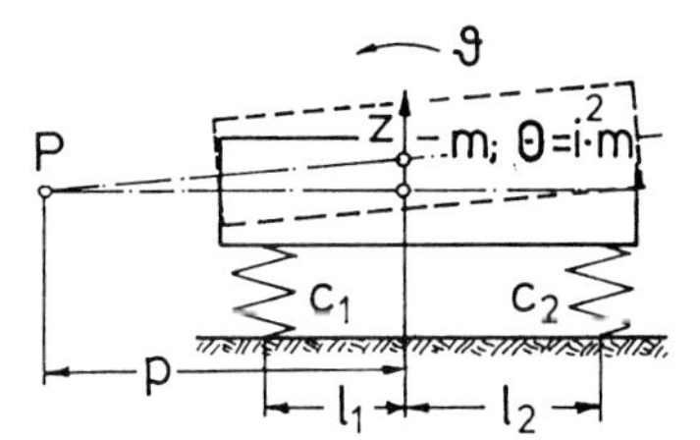

Bild 5.9: Nickschwingung

Die Gleichungen (5.17) und (5.18) enthalten bei ϑ bzw. bei z jeweils den gleichen Koeffizienten $c_1 l_1 - c_2 l_2$. Ist dieses „Koppelglied" gleich Null, so kann aus Gleichung (5.17) unmittelbar die Hub- und aus (5.18) die Nickeigenfrequenz berechnet werden, die Gleichungen sind „entkoppelt". Die Bedingung für die Entkoppelung der Federung ist also

$$c_1 l_1 = c_2 l_2 \quad (5.20)$$

und hat die gleiche Form wie die Schwerpunktsbedingung zweier Massen. Die Federn entsprechen dann einer Ersatzfeder mit der Federrate $c = c_1 + c_2$ in einem „Federschwerpunkt", der mit dem Fahrzeugschwerpunkt zusammenfällt. Für den Fall der „Feder-Entkoppelung" sind die Eigenfrequenzen der Hub- und der Nickschwingung

$$\omega_z^2 = (c_1 + c_2)/m \quad (5.21) \qquad \text{und} \qquad \omega_\vartheta^2 = (c_1 l_1^2 + c_2 l_2^2)/(i^2 m) \quad (5.22)$$

Gleichheit von ω_z und ω_ϑ hätte den Vorteil, daß am Fahrzeug, zumindest in der Seitenansicht, nur eine Eigenfrequenz aufträte, was die Federungsabstimmung erheblich erleichtern würde. Durch Gleichsetzung von (5.21) und (5.22) erhält man

$$i^2 = l_1 l_2 \quad (5.23)$$

Diese Gleichung ist vom physikalischen „Reversionspendel" her bekannt, welches in zwei Punkten, die Gl. (5.23) erfüllen, wahlweise aufgehängt werden kann und beidemal mit gleicher Frequenz schwingt.

Die Auflösung der Gleichungen (5.17) und (5.18) liefert im allgemeinen zwei Kombinationsformen einer Hub- und Nickschwingung, wobei einmal die Hub- und einmal die Nickschwingung dominiert. Aus dem Amplitudenverhältnis beider ergibt sich ein „Pol" P im Abstand $p = z(t)/\vartheta(t)$, um welchen der Fahrzeugkörper in der Seitenansicht schwenkt, vgl. Bild 5.9. Da die Beschleunigungen jeweils im gleichen Verhältnis stehen, läßt sich aus den o.g. Gleichungen der Polabstand berechnen, wenn der Trägheitsradius i bekannt ist. Für den Sonderfall $i^2 = l_1 l_2$ erhält man die Gleichung

$$p^2 + p(l_1 + l_2) - l_1 l_2 = 0$$

mit den Lösungen $p_1 = l_1$ und $p_2 = l_2$, d. h. der Fahrzeugkörper schwingt einmal um die Vorder- und einmal um die Hinterachse unabhängig davon, ob gleichzeitig „Feder-Entkoppelung" gemäß Gl. (5.20) vorliegt oder nicht. Mit den anteiligen Massen $m_1 = m l_2/(l_1 + l_2)$ bzw. $m_2 = m l_1/(l_1 + l_2)$ der Fahrzeugmasse an Vorder- und Hinterachse wird der „STEINER'sche Anteil" dieser Massen am Nickträgheitsmoment $\Theta_{St} = m_1 l_1^2 + m_2 l_2^2 = m l_1 l_2$ und damit gemäß Gl. (5.23) gleich dem Gesamt-Nickträgheitsmoment; das Fahrzeugmodell aus Masse und Nickträgheitsmoment in der Seitenansicht ist dann einem aus zwei Massenpunkten über der Vorder- und der Hinterachse gleichwertig. Gleichung (5.23) definiert die „Massen-Entkoppelung", und zwei dieser Gleichung genügende Fahrzeugpunkte, hier die beiden Achsen, sind gegenseitige „Stoßmittelpunkte". Eine Störung, z.B. Vertikalkraft, an der Achse 1 hat keine Auswirkung auf die Achse 2 und umgekehrt [43].

Nur für den Fall der Massen-Entkoppelung ist die Aufteilung der Fahrzeugmasse auf zwei Einzelschwinger über den Achsen physikalisch einwandfrei.

Nickschwingungen werden durch Beschleunigungs- und Bremsvorgänge, vor allem aber durch Fahrbahnunebenheiten verursacht. Letztere wirken auf die Hinterachse um einen aus dem Radstand l und der Fahrgeschwindigkeit v berechenbaren Zeitverzug $\Delta t = l/v$ später als auf die Vorderachse. Das Schwingungsverhalten eines Fahrzeugs, das ein Einzelhindernis in Form einer Halbsinuswelle überfährt, ist in **Bild 5.10** wiedergegeben. Das Fahrzeug soll „massenentkoppelt" sein, wie dies für Personenwagen mittlerer Größe etwa zutrifft. Aus der Differenz der Amplituden an Vorder- und Hinterachse und dem Radstand folgt der Nickwinkel ϑ. Für gleiche Eigenfrequenz an beiden Achsen, hier $n = 80\ \text{min}^{-1}$, bleibt der Phasen-Zeitverzug Δt konstant, die Nickschwingung dauert ebenso lange an wie die Hubschwingungen über den Achsen. Wird dagegen die Vorderachse mit niedrigerer Eigenfrequenz versehen als die Hinterachse (hier 70 zu 90 min^{-1}), so holt die schneller schwingende Hinterachse den Zeitverzug bald auf und bewegt sich bereits zu Beginn der zweiten Vollschwingung etwa in gleicher Phase wie die Vorderachse, weshalb der Nickwinkel nahezu abgeklungen ist.

Die Praxis schließt daher einen Kompromiß zwischen dem Wunsch nach Entkoppelung von Hub- und Nickschwingungen und dem Wunsch nach Verringerung des Nickwinkels am Einzelhindernis, indem die Eigenfrequenz der Vorderradfederung um etwa 5...20% niedriger ausgelegt wird als die der Hinterradfederung.

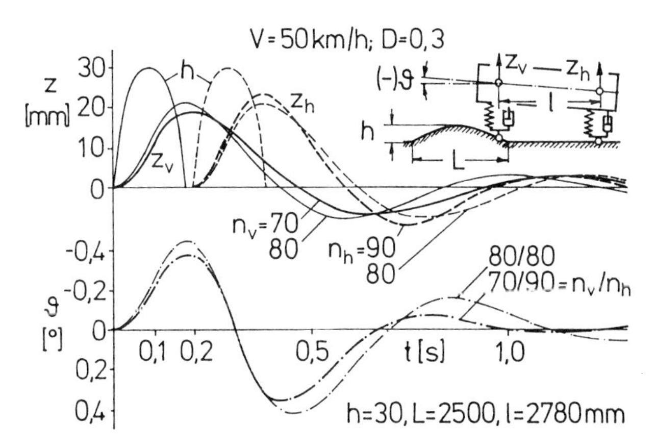

Bild 5.10: Nickschwingung am Einzelhindernis

Kleine und leichte Personenwagen erhalten meistens einen im Verhältnis zur Fahrzeuglänge großen Radstand, um Innenraum zu gewinnen, und können daher die Gleichung (5.23) nicht erfüllen. Mit einer „Längsverbundfederung" lassen sich die Federraten so aufteilen, daß bei unveränderter Gesamt-Hubfederrate - also Hubeigenfrequenz - eine verminderte Nickfederrate bzw. Nickfrequenz entsteht.

Die Drehstabfeder in **Bild 5.11** verbindet als „Ausgleichsfeder" die Radaufhängungen einer Fahrzeugseite wie ein Waagebalken, wobei die wirksamen Federkräfte an den Rädern durch die Wahl unterschiedlicher Hebellängen durchaus unterschiedlich festgelegt werden können. Das Fahrzeug braucht natürlich noch mindestens eine „Richtfeder" c_1 und/oder c_2 an einer Radaufhängung, um zu jeder äußeren Belastung eine eindeutige Fahrzeuglage sicherzustellen. Die Hubfederraten an Vorder- und Hinterachse bestimmen sich aus den örtlichen Hubfederraten und der zugeteilten Rate der Ausgleichsfeder, während letztere in die Nickfederrate nicht eingeht, solange sie als echter „Waagebalken" mit gleichen Kräften an Vorder- und Hinterachse angreift.

Da eine Längsverbundfederung die Nickfederrate absenkt, sind an den Radaufhängungen Maßnahmen gegen das Brems- und Anfahrnicken zu empfehlen (vgl. Kap. 6).

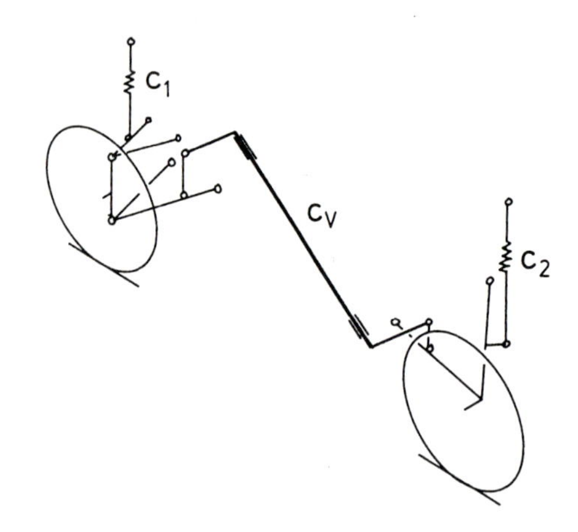

Bild 5.11: Längsverbundfederung

Bei der „Wankschwingung" um die Fahrzeuglängsachse erscheint das Fahrzeug symmetrisch zu derselben aufgebaut. Mit der Spurweite b, **Bild 5.12** a, errechnen sich die gegensinnigen Federwege der Räder einer Achse bei einem Wankwinkel φ zu $s = (b/2)\varphi$, woraus die Federkraftänderungen $F = c(b/2)\varphi$ und das Wank-Rückstellmoment $M = F\,b = c(b/2)\varphi b$ folgen, also ist die Wankfederrate $c_\varphi = M/\varphi$ der Achse

$$c_\varphi = c\,b^2/2 \tag{5.24}$$

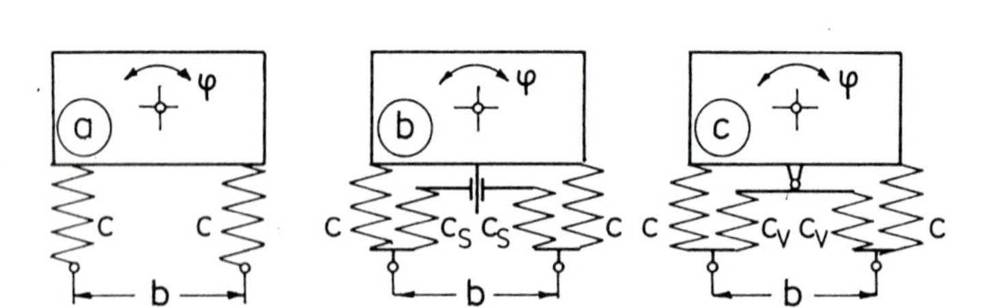

Bild 5.12: Wankfederung: a) Tragfeder b) Stabilisatorfeder c) Querverbundfeder

Für die Bestimmung der Gesamt-Wankfederrate des Fahrzeugs ist aber zu beachten, daß an Vorder- und Hinterachse im allgemeinen, abgesehen von unterschiedlichen Konstruktionen der Radaufhängungen, fast stets auch ungleich große Wankfederraten vorgesehen werden. Durch diese Maßnahmen kann - neben anderen Einflußgrößen - dafür gesorgt werden, daß sich bei Kurvenfahrt das von der Seitenkraft am Fahrzeugschwerpunkt erzeugte Kippmoment an Vorder- und Hinterachse wunschgemäß in Radlaständerungen umsetzt und das Fahrverhalten positiv beeinflußt wird. Die Wankfederung wird also zu einer „Umverteilung" des Gesamt-Wankmoments verwendet. Wie später (Kap. 7) gezeigt wird, ist es im allgemeinen erforderlich, an der Vorderachse ein deutlich höheres Wankmoment abzustützen als an der Hinterachse (bei PKW bis zum Doppelten!).

Diese Forderung widerspricht der Federungsauslegung für ein optimales Nickverhalten am Einzelhindernis, vgl. Bild 5.10, welche zu einer im Vergleich zur Hinterachse weicheren Hubfederung der Vorderachse führt.

Um der an sich weicher abgefederten Vorderachse eine deutlich höhere Wankrate zu verleihen, wird an der Vorderachse meistens eine „Stabilisatorfeder" eingebaut, die nur auf gegensinniges Ein- und Ausfedern der beiden Räder anspricht und bei gleichsinnigen Hubbewegungen unwirksam bleibt - also das Gegenteil einer Ausgleichs- oder Verbundfeder. Als Zusatzmaßnahme kann (selten), wenn die Wanksteifigkeit der Vorderachse sonst unerträglich hoch werden müßte, die Wankfederrate der Hinterachse durch eine Querverbundfeder herabgesetzt werden, indem ein Teil der Hubfederrate in diese übernommen wird. Die Bilder 5.12 b und c zeigen schematisch die Wirkungsweisen der Stabilisator- bzw. Querverbundfedern in der Achsabfederung.

In der Praxis werden als Stabilisatorfedern fast durchweg Drehstabfedern eingesetzt, die sich leicht im Fahrzeug unterbringen und abstimmen lassen, **Bild 5.13**. In Bild 5.13 b dient der Stabilisator zugleich als Achslenker (McPHERSON-Prinzip [54]).

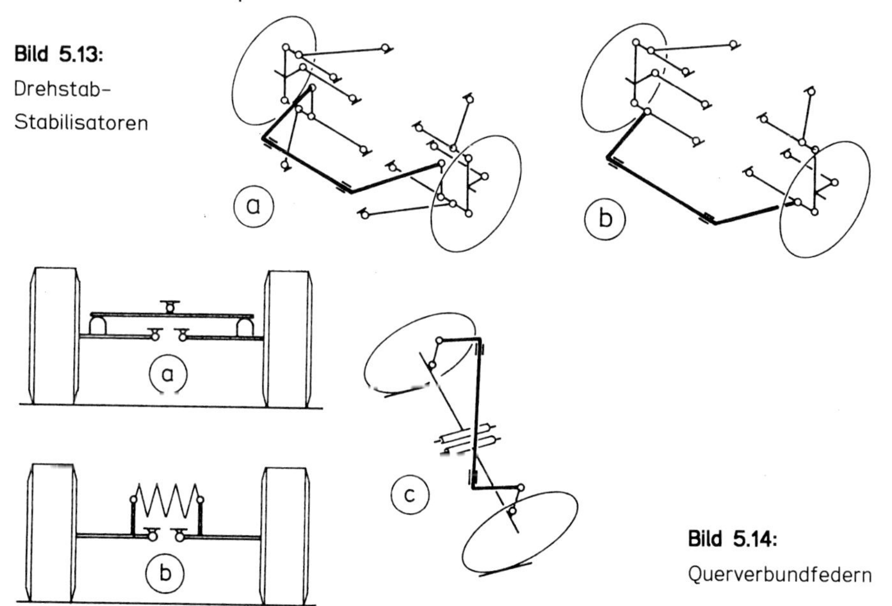

Bild 5.13: Drehstab-Stabilisatoren

Bild 5.14: Querverbundfedern

Drei Bauprinzipien von Querverbundfedern sind in **Bild 5.14** dargestellt, und zwar eine als Waagebalken dienende Querblattfeder (a), eine zwischen zwei Radaufhängungen wirksame Schraubenfeder (b) und eine z-förmig abgewinkelte Drehstabfeder (c), das Gegenstück zum Drehstab-Stabilisator von Bild 5.13.

5.3 Federsysteme

Die Federelemente wirken im Fahrzeug im allgemeinen in Verbindung mit anderen Bauteilen, z. B. Zusatzfedern, elastischen Lagerungen oder mit Lenkern der Radaufhängung.

Häufig werden Federelemente mit unterschiedlichen Eigenschaften kombiniert, um eine gewünschte Gesamtwirkung zu erzielen, wofür **Bild 5.15** Beispiele zeigt.

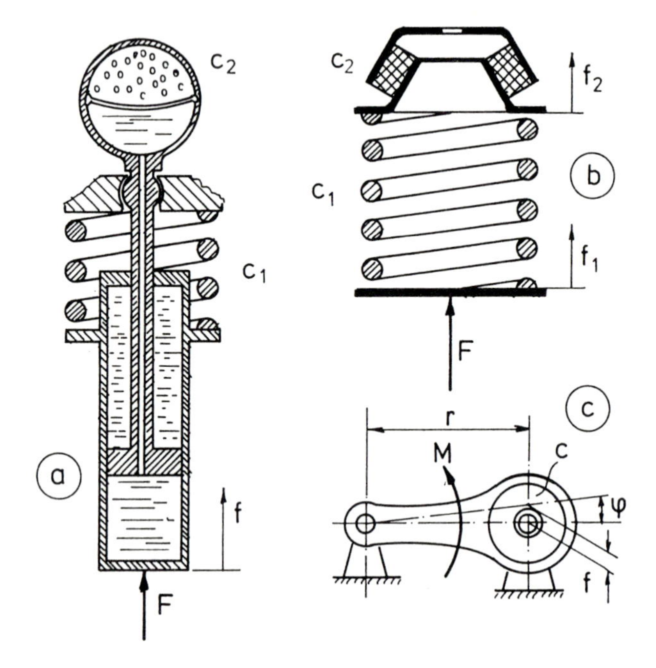

Bild 5.15:
Federsysteme:
a) Parallelanordnung
b) Serienanordnung
c) Drehfederung

In Bild 5.15a ist ein hydropneumatisches Federbein dargestellt, dessen Federrate c_2 von der Querschnittsfläche der Kolbenstange, dem Flüssigkeits- bzw. Gasdruck und dem Gasvolumen bestimmt wird. Eine zusätzlich angebaute Schraubenfeder mit der Federate c_1 trägt einen bestimmten Anteil der Gesamtlast F, so daß die Gasfeder nur die statischen Laständerungen ausregeln muß („teiltragendes" hydropneumatisches Federbein). Bei einer Verschiebung des Angriffspunktes der Kraft F um den Federweg f wird die Schraubenfeder um f zusammengedrückt und die Kolbenstange taucht um f in den

Zylinder ein. Der Kraftzuwachs ist also $\Delta F = f(c_1 + c_2)$, d.h. die beiden Federn wirken parallel gegen F, und ihre Federraten können in Summe betrachtet werden: mit $\Delta F = f c_{res}$ ergibt sich als resultierende Federrate der „Parallelanordnung"

$$c_{res} = c_1 + c_2 \tag{5.25}$$

Die Schraubenfeder in Bild 5.15b mit der Federrate c_1 stützt sich an der Fahrzeugkarosserie über ein konisches Gummizwischenlager mit der Federrate c_2 ab, z.B. zur besseren Geräuschabschirmung des Fahrzeugkörpers. Die äußere Kraft F drückt die Schraubenfeder um den Weg $f_1 = F/c_1$ zusammen und wirkt über die Schraubenfeder auch auf das Gummilager, welches um $f_2 = F/c_2$ nachgibt. Der Angriffspunkt der Kraft F verschiebt sich also um $f_{res} = f_1 + f_2$, und die resultierende Federrate für diese „Serienanordnung" wird mit $f_{res} = F/c_1 + F/c_2 = F\,(1/c_1 + 1/c_2)$

$$c_{res} = c_1 c_2 / (c_1 + c_2) \tag{5.26}$$

In Bild 5.15c schließlich stützt ein Gummilager mit der Radialfederrate c einen drehbar gelagerten Hebel mit dem Radius r ab. Ein Drehmoment M an diesem Hebel wird denselben gegen das Gummilager um einen Winkel φ verdrehen und am Lager den Federweg $f = r\varphi$ erzeugen, so daß es eine Reaktionskraft $F = c f = c r \varphi$ abgibt. Diese Kraft übt am Hebel das Rückstellmoment $M = F r = c r^2 \varphi$ aus; die wirksame „Drehfederrate" der Anordnung ist also $c_\varphi = M/\varphi$ oder

$$c_\varphi = c\, r^2 \tag{5.27}$$

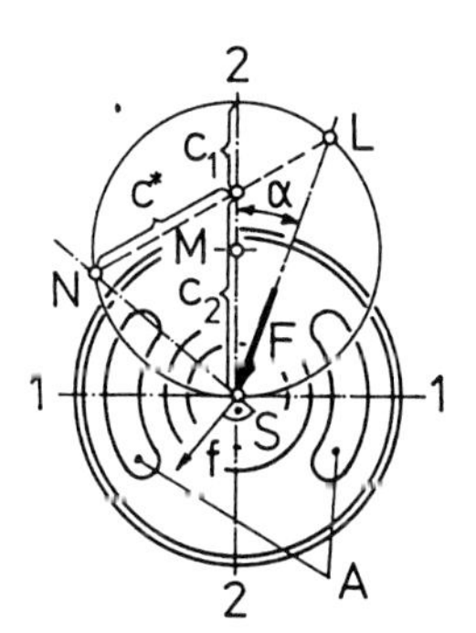

Bild 5.16: Gummilager bei schrägem Lastangriff

Das Gummilager in **Bild 5.16** ist als Kombination zweier Federelemente aufzufassen, deren Wirkungslinien aufeinander senkrecht stehen. Durch Ausnehmungen (nierenförmige Öffnungen) ist die Federrate in Richtung 1 gegenüber der eines Vollgummilagers stark verringert worden. An dem

Lager treten zwei orthogonale Federraten c_1 in Richtung 1 und c_2 in Richtung 2 auf. Eine schräg zum Hauptachssystem des Lagers angreifende Kraft F deformiert das Gummilager in Richtung 1 mit ihrer Komponente $F \sin\alpha$ um den Federweg $f_1 = F \sin\alpha / c_1$ und in Richtung 2 mit der Komponente $F \cos\alpha$ um $f_2 = F \cos\alpha / c_2$. Die resultierende Verschiebung f erfolgt nicht in Richtung der Kraft F, sondern wegen der größeren Federweichheit in Richtung 1 etwas stärker in dieser Richtung.

Der Vorgang gleicht dem der „schiefen Biegung" an einem Balken mit unterschiedlich großen Flächenträgheitsmomenten; die rechnerischen Zusammenhänge sind identisch, wenn anstelle der Hauptfederrate c_2 das Trägheitsmoment I_1 um die Achse 1 gesetzt wird und anstelle von c_1 I_2. Dann läßt sich auch auf das Gummilager von Bild 5.16 die bekannte zeichnerische Konstruktion des „Trägheitskreises" nach MOHR/LAND anwenden: Der Kreisdurchmesser ergibt sich, wenn die Federrate c_2 auf Achse 2 an Achse 1 angetragen wird, aus der Summe der Federraten. Vom Schnittpunkt L mit der Wirkungslinie von F wird eine Gerade durch den Teilungspunkt zwischen den Federraten gezogen, die den Kreis in N schneidet. Durch N und den Lagerschwerpunkt S verläuft die „neutrale Faser" des Biegebalkens, hier also die Normale der resultierenden Durchfederung f. Deren Größe errechnet sich aus F und der „Federrate" c^*, die aus dem Kreis abgelesen werden kann, zu $f = F/c^*$.

Wie beim Biegebalken wäre es auch hier sinnlos zu versuchen, etwa durch unsymmetrische Materialverteilung im Gummilager mehr als zwei Hauptfederraten und -richtungen in der Ebene zu erzeugen.

Sehr häufig finden sich am Fahrgestell elastische Aufhängungen von ganzen Bauteilgruppen, z. B. von Hilfsrahmen oder „Fahrschemeln", an welchen Radaufhängungen oder Teile derselben zwecks Geräuschisolation, besserer Vormontage oder Erzielung einer elasto-kinematischen Wirkung befestigt sind. Nimmt man vereinfachend an, daß diese Hilfsrahmen in sich völlig starr sind (was von Fall zu Fall nicht erlaubt sein wird), so ist es interessant, die Gesamtwirkung dieses elastischen Systems durch eine übersichtliche Rechenmethode abzuschätzen.

Bild 5.17 zeigt ein System von Gummifedern, die ein Aggregat (z. B. einen Antriebsmotor oder ein Getriebegehäuse) in einer Ebene elastisch abstützen. Die Gummilager besitzen jeweils eine Druckfederrate c_1 und eine dazu senkrecht wirksame Schubfederrate c_2.

Unter der Voraussetzung, daß sämtliche Federelemente in einer Grundstellung gleichzeitig kraftfrei bzw. entspannt sind und alle Federraten linear und konstant, kann ein aus beliebig vielen Einzelfedern bestehendes Federungssystem in der Ebene durch zwei Hauptfederraten c_I und c_{II} und eine Drehfederrate c_φ in einem „Federschwerpunkt" S_F vertreten werden.

Die wirksamen Hebelarme der Federkomponenten eines Lagers i um den (noch unbekannten!) Federschwerpunkt S_F mit seinen Koordinaten x_0 und y_0 ergeben sich zu

$$r_{1i} = (y_0 - y_i)\cos\alpha_i - (x_0 - x_i)\sin\alpha_i \qquad (5.28a)$$

bzw. $$r_{2i} = (y_0 - y_i)\sin\alpha_i + (x_0 - x_i)\cos\alpha_i \qquad (5.28b)$$

woraus sich die resultierende Drehfederrate des Gesamtsystems entsprechend Gleichung (5.27) zu

$$c_\varphi = \sum_i (c_{1i} r_{1i}^2 + c_{2i} r_{2i}^2)$$

oder

$$c_\varphi = \sum_i \{c_{1i}[(y_0-y_i)\cos\alpha_i-(x_0-x_i)\sin\alpha_i]^2 + c_{2i}[(y_0-y_i)\sin\alpha_i+(x_0-x_i)\cos\alpha_i]^2\} \qquad (5.29)$$

berechnet.

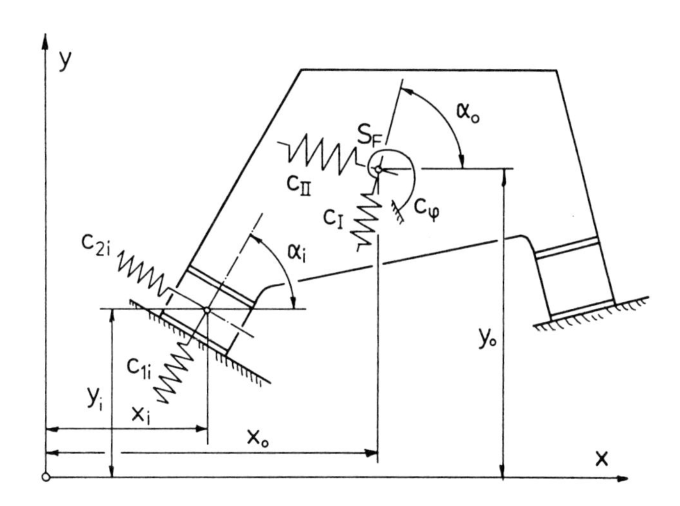

Bild 5.17: Ebenes Federsystem und Federschwerpunkt

Der Federschwerpunkt ist der Punkt in der Ebene, um welchen das Federsystem die geringste Drehfederrate aufweist - denn bei einer Drehung um jeden anderen Punkt würden die Hauptfederraten c_I und c_{II} ebenfalls einen wirksamen Hebelarm um diesen anderen Punkt haben und damit die Drehfederrate entspr. Gl.(5.27) weiter erhöhen.

Die Bedingungen $\partial c_\varphi / \partial x_0 = 0$ und $\partial c_\varphi / \partial y_0 = 0$ für das Minimum der Drehfederrate c_φ liefern die Bestimmungsgleichungen für die Koordinaten x_0 und y_0 des Federschwerpunkts S_F:

$$x_0 \sum_i (c_{1i}\sin^2\alpha_i + c_{2i}\cos^2\alpha_i) + y_0 \sum_i (c_{2i} - c_{1i})\sin\alpha_i\cos\alpha_i$$

$$- \sum_i [x_i(c_{1i}\sin^2\alpha_i + c_{2i}\cos^2\alpha_i) + y_i(c_{2i} - c_{1i})\sin\alpha_i\cos\alpha_i] = 0 \qquad (5.30\,a)$$

$$x_0 \sum_i (c_{2i} - c_{1i})\sin\alpha_i\cos\alpha_i + y_0 \sum_i (c_{1i}\cos^2\alpha_i + c_{2i}\sin^2\alpha_i)$$

$$- \sum_i [x_i(c_{2i} - c_{1i})\sin\alpha_i\cos\alpha_i + y_i(c_{1i}\cos^2\alpha_i + c_{2i}\sin^2\alpha_i)] = 0 \qquad (5.30\,b)$$

Die Einzelfeder mit der Rate c_{1i} erfährt bei einer Verschiebung ihres Angriffspunktes i in x-Richtung um einen Weg f_x eine Längenänderung $f_x\cos\alpha_i$, die Federkraft ist $F_{1i} = c_{1i} f_x \cos\alpha_i$ und ihre Komponente in x-Richtung $F_{1ix} = c_{1i} f_x \cos^2\alpha_i$. Entsprechend ergibt sich in y-Richtung $F_{1iy} = c_{1i} f_y \sin^2\alpha_i$. Die Faktoren $\cos\alpha_i$ und $\sin\alpha_i$ sind gewissermaßen die „Federübersetzungen" der Feder c_{1i} in x- bzw. y-Richtung.

Die resultierenden Hauptfederraten c_I und c_{II} des gesamten Federsystems unter ihrem (noch unbekannten) Anstellwinkel α_0 sind daher die Summen der in Richtung α_0 wirksamen Komponenten aller Einzel-Federraten:

$$c_I = \sum_i [c_{1i}\cos^2(\alpha_0 - \alpha_i) + c_{2i}\sin^2(\alpha_0 - \alpha_i)] \qquad (5.31\,a)$$

$$c_{II} = \sum_i [c_{1i}\sin^2(\alpha_0 - \alpha_i) + c_{2i}\cos^2(\alpha_0 - \alpha_i)] \qquad (5.31\,b)$$

Der Winkel α_0 der Hauptfederrichtungen des Ersatzfedersystems ergibt sich aus der Bedingung, daß die Hauptfederraten die Extremwerte aller Federraten am System sind; aus $dc_I/d\alpha_0 = 0$ folgt

$$\tan(2\alpha_0) = \frac{\sum_i (c_{2i} - c_{1i})\sin(2\alpha_i)}{\sum_i (c_{2i} - c_{1i})\cos(2\alpha_i)} \qquad (5.31\,c)$$

Aus den Gleichungen (5.31c) und (5.30) folgen α_0 sowie x_0 und y_0 und damit nach den Gln. (5.29) und (5.31) die Drehfederrate c_φ und die Hauptfederraten c_I und c_{II} des Systems am Federschwerpunkt S_F.

Über den Federschwerpunkt lassen sich Verschiebungen des Gesamtsystems unter äußerer Belastung sehr einfach bestimmen, **Bild 5.18**. Die resultierende Verschiebung f ergibt sich entweder zeichnerisch durch die Konstruktion am Trägheitskreis, vgl. Bild 5.16, oder durch Addition der Verschiebungen $f_I = F_I/c_I$ bzw. $f_{II} = F_{II}/c_{II}$ der in Richtung der Hauptachsen wirksamen Kraftkomponenten. Da die Wirkungslinie von F am Federschwerpunkt S_F vorbeiäuft, entsteht zusätzlich ein Drehmoment $M_D = F\, r_F$ und ein Drehwinkel $\varphi = F\, r_F / c_\varphi$ im Uhrzeigersinn.

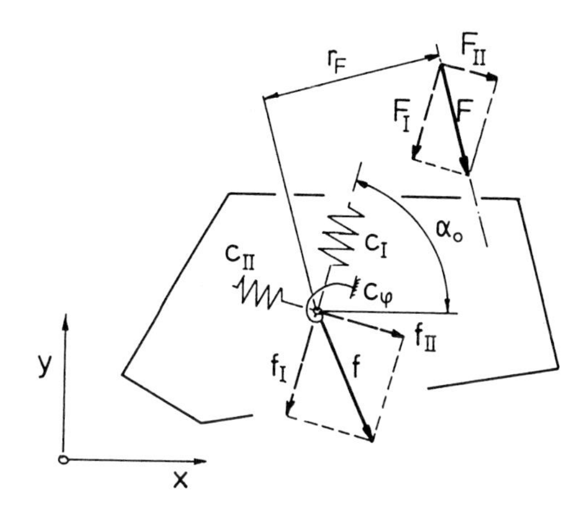

Bild 5.18:
Verschiebung eines Feder-systems bei Belastung

Die Kenntnis des Federschwerpunkts und der Haupt-Federungsrichtungen kann für die Beurteilung eines elastischen Aufhängungssystems sehr wertvoll sein, z. B. eines Hilfsrahmens, der die Radaufhängungen einer Achse trägt. Es sei aber abschließend nochmals darauf hingewiesen, daß die vorstehend beschriebenen Zusammenhänge und Verfahren nur sinnvoll sind, wenn (bzw. solange) das Federsystem aus linearen Federelementen besteht, die in einer Grundstellung alle gleichzeitig entspannt sind. In anderen Fällen sind stets entsprechende nichtlineare Lösungsverfahren anzuwenden, besonders natürlich dann, wenn der federnd gelagerte Körper selbst elastisch ist.

5.4 Federung und Radaufhängung

Die Federelemente in der Radaufhängung können, von Ausnahmen abgesehen, im allgemeinen nicht unmittelbar an der Radmitte bzw. am Radaufstandspunkt angelenkt werden und stehen daher seitlich versetzt und manchmal auch gegen die Senkrechte geneigt im Fahrzeug.

Die zwischen Fahrbahn und Reifen wirkende Radaufstandskraft besteht aus dem anteiligen Gewicht der „gefederten" Masse des Fahrzeugkörpers und den anteiligen Gewichten der „ungefederten" Massen des Rades, des Radträgers und der Achslenker. Die Federung hat daher nur die „gefederte Radlast" abzustützen, also die um das „ungefederte Gewicht" reduzierte Radaufstandskraft.

Die „Federübersetzung" ist das Verhältnis zwischen der „gefederten Radlast" und der Kraft (bzw. dem Drehmoment) des installierten Federelements. In **Bild 5.19** ist eine Einzelradaufhängung (hier eine „Pendelachse") dargestellt mit einer Schraubenfeder und einem Teleskop-Stoßdämpfer, die beide je einmal am Radträger (dem Achsrohr der Pendelachse) und am Fahrzeugkörper kugelgelenkig befestigt sind.

Bei einer differentiellen Federungsbewegung des Pendels um seine fahrzeugseitige Drehachse entsteht am Radaufstandspunkt A die Geschwindigkeit $\mathbf{v}_A$ und am unteren Anlenkpunkt der Feder eine Geschwindigkeit, die in Richtung der Federmittellinie die Komponente v_f besitzt. Die „gefederte" Radlast bzw. die aus der Federkraft F_F des Federelements resultierende, auf den Radaufstandspunkt A „reduzierte" Federkraft F_{FA} leistet Arbeit mit der vertikalen Komponente v_{Az} der Geschwindigkeit $\mathbf{v}_A$. Nach dem Arbeitssatz gilt, mit positiv definierten Vorzeichen der Parameter entsprechend der Darstellung in Bild 5.19: $F_F v_f = F_{FA} v_{Az}$ oder

$$F_{FA} = F_F (v_f / v_{Az}) \tag{5.32}$$

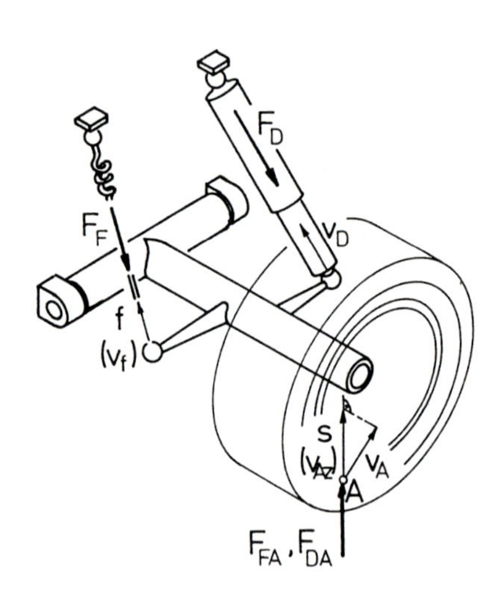

Bild 5.19:
Feder- und Dämpferübersetzung

Dabei ist $$i_F = v_f / v_{Az} \tag{5.33a}$$

die Federübersetzung, folglich gilt auch $$i_F = F_{FA} / F_F \tag{5.33b}$$

Wegen der Gleichheit der z-Komponenten kann in Gl. (5.32) auch eine fiktive Geschwindigkeit $\mathbf{v}_A^*$ (vgl. Kap. 3) verwendet werden.

Durch Multiplikation der „Geschwindigkeiten" mit dem Zeitdifferential dt ergibt sich die Federübersetzung auch als Ableitung des Federwegs an der Feder und des vertikalen Radhubes am Radaufstandspunkt:

$$i_F = df / ds \tag{5.33c}$$

Diese Definition gilt allgemein, gleichgültig an welcher Radaufhängung die Feder eingebaut ist und in welcher Umgebung; so kommt es durchaus vor, daß ein Federelement nicht zwischen Radaufhängung und Fahrzeugkörper, sondern zwischen zwei Radführungsgliedern aufgespannt ist und damit an beiden Endpunkten Verschiebungen erfährt (die dann die resultierende Federlängenänderung df ergeben).

Anhand von Bild 5.19 ist leicht vorstellbar, daß sich beim Ein- und Ausfedern der Radaufhängung die Richtung der Geschwindigkeit $\mathbf{v}_A$ am Radaufstandspunkt und auch die Neigung des Federelements im Fahrzeug ändern werden. Die Federübersetzung ist also im allgemeinen nicht über dem Federweg bzw. Radhub konstant. Dies trifft auf fast alle Radaufhängungen zu.

Am Federelement selbst ist die Ableitung der Federkraft nach dem Federweg dessen „Federrate"

$$c_F = dF_F/df \tag{5.34}$$

Die Federrate c_F ist selbst oft über dem Federweg veränderlich und wächst z.B. mit demselben („progressive" Feder). Ist die Federrate unveränderlich („lineare" Feder), so spricht man auch von einer „Federkonstanten".

Bei Einzelradaufhängungen ist es wegen des eindeutigen Zusammenhangs zwischen der Federkraft F_F und der auf den Radaufstandspunkt reduzierten Federungskraft F_{FA} für grundsätzliche Betrachtungen unwichtig, wo und in welcher Lage das Federelement im Fahrzeug eingebaut ist. Für die praktische Arbeit wie auch für theoretische Überlegungen wird daher gern eine auf den Radaufstandspunkt A bezogene „Ersatz-Federkennlinie" oder „radbezogene Federkennlinie" $F_{FA}(s)$ verwendet. Deren effektive Federungsrate ergibt sich also aus

$$c_{FA} = dF_{FA}/ds \tag{5.35}$$

In $F_{FA} = F_F i_F$ nach Gl. (5.33 b) ist im allgemeinen, wie bereits angedeutet, die Federübersetzung i_F mit dem Federweg bzw. dem Radhub veränderlich. Die effektive Federungsrate c_{FA} berechnet sich daher [4] nach der Vorschrift

$$c_{FA} = (\partial F_{FA}/\partial F_F)(dF_F/ds) + (\partial F_{FA}/\partial i_F)(di_F/ds)$$

und mit $\partial F_{FA}/\partial F_F = i_F$, $dF_F/ds = (dF_F/df)(df/ds) = c_F i_F$ sowie $\partial F_{FA}/\partial i_F = F_F$ ergibt sich

$$c_{FA} = c_F\, i_F^2 + F_F(di_F/ds) \tag{5.36}$$

Die effektive Federungsrate c_{FA} am Radaufstandspunkt A wird also nicht nur von dem allbekannten ersten Glied der Gleichung (5.36) bestimmt, sondern enthält bei veränderlicher Federübersetzung i_F noch einen zweiten

Term, die „kinematische Federungsrate". Anschaulich lassen sich die beiden Anteile folgendermaßen deuten: Die Federrate $c_F i_F^2$ entsteht durch die Änderung der Federkraft F_F über dem Federweg bei einem Mechanismus mit konstanter Federübersetzung (z.B. wenn die Feder an einer Seilrolle zieht), die Federrate $F_F(d i_F/d s)$ durch Veränderung der Übersetzung bei konstanter Federkraft (z.B. durch Verschiebung des Federanlenkpunktes auf einem Lenker ohne Änderung der Federlänge).

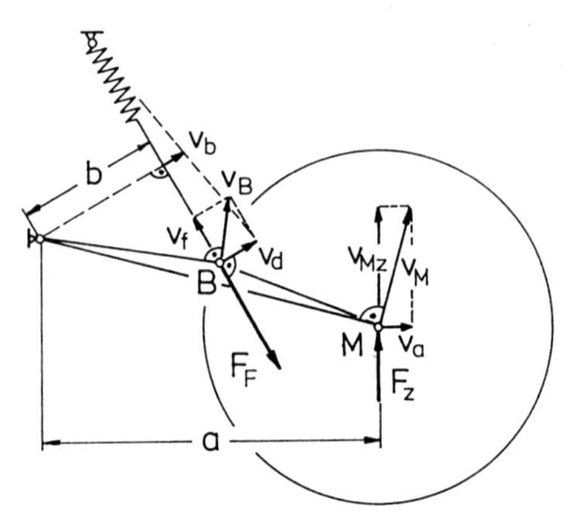

Bild 5.20:
Kinematische Beeinflussung der Federkennlinie

Das Zustandekommen der „Federübersetzung" und der „kinematischen Federrate" ist besonders einfach an einem „ebenen" Mechanismus wie der Lenker-Feder-Kombination in **Bild 5.20** zu erkennen [31].

Die Federkraft F_F wirkt am Hebelarm b auf den Lenker, die (gefederte) Radlast F_z am Hebelarm a. Es gilt also $F_z a = F_F b$ mit $i_F = b/a$ als Federübersetzung. Beim Einfedern aus der dargestellten Lage werden offensichtlich beide Hebelarme zunehmen. Im zweiten Term der Gl. (5.36) kann mit den Veränderlichen a und b nun geschrieben werden $d i_F/d s = d(b/a)/ds$ oder

$$d i_F/ds = (\partial i_F/\partial a)(da/ds) + (\partial i_F/\partial b)(db/ds)$$

wobei $\partial i_F/\partial a = - b/a^2$ und $\partial i_F/\partial b = 1/a$.

Die Differentiale da/ds und db/ds (= Längenänderungen der Hebelarme a und b mit dem Radhub s) lassen sich in Bild 5.20 anschaulich bestimmen: Die vertikale Komponente v_{Mz} der Geschwindigkeit v_M der Radmitte M ist gleich der Radhubgeschwindigkeit; mit der horizontalen Komponente v_a von v_M vergrößert sich momentan der Hebelarm a. Folglich ist $da/ds = v_a/v_{Mz}$. Aus v_M folgt ferner die Geschwindigkeit v_B des unteren Federlagers im Verhältnis der Abstände von M bzw. B vom Lenkerdrehpunkt. Die Komponente von v_B in Richtung der Federmittellinie ist die Einfederungsgeschwindigkeit v_f der Feder. Die Komponente v_d von v_B will die Feder um ihren fahrzeugseitigen Anlenkpunkt schwenken und dabei den Hebelarm b mit der Geschwindigkeit v_b vergrößern. Es gilt also $i_F = v_f/v_{Mz}$ und ferner $da/ds = v_a/v_{Mz}$ bzw. $db/ds = v_b/v_{Mz}$; mit diesen Beziehungen wird die radbezogene Federrate in Bild 5.20 gemäß Gleichung (5.36)

$$c_{FA} = c_F(v_f/v_{Mz})^2 + F_F[-(b/a^2)(v_a/v_{Mz}) + (1/a)(v_b/v_{Mz})]$$

Drehfedern, also Drehstäbe oder auch Gummidrehlager, müssen ihre Federkraft über einen Hebelarm weitergeben; so liegt es in der Natur der Sache, daß ihre Federübersetzung über dem Radhub veränderlich ist. Schon beim klassischen Drehstablenker, **Bild 5.21**, ist die über dem Drehwinkel und damit dem Federweg stattfindende Veränderung des Radkrafthebelarms a von beachtlichem Einfluß [31].

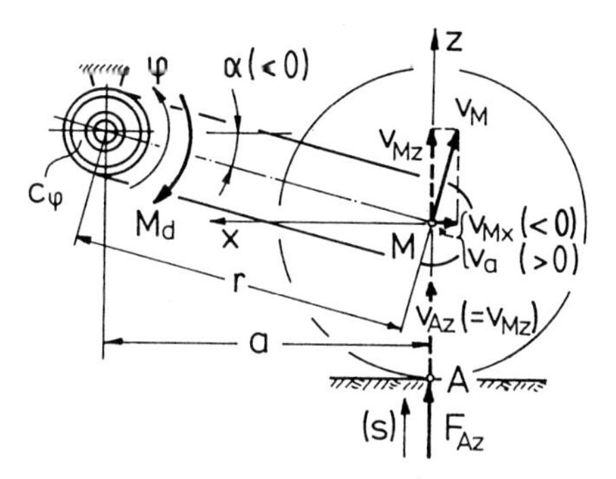

Bild 5.21: Lenker und Drehfeder

Die Drehfeder mit der Drehfederrate c_φ möge in der dargestellten Lage bereits um einen Winkel φ verdreht (d.h. vorgespannt) sein; die momentane Stellung des Drehstabhebelarms ist durch den Winkel α gegen die Horizontale gegeben (im Bild $\alpha < 0$).

Die gefederte Radlast berechnet sich mit der horizontalen Komponente a des Drehstabhebels r zu

$$F_{Az} = M_d/a = c_\varphi \varphi/a$$

Die - hier nicht dimensionslose - Federübersetzung ist also $i_F = 1/a$. Die radbezogene Federrate wird entspr. Gl. (5.36)

$$c_{FA} = dF_{Az}/ds = (\partial F_{Az}/\partial\varphi)(d\varphi/ds) + (\partial F_{Az}/\partial a)(da/ds)$$

wobei $\partial F_{Az}/\partial\varphi = c_\varphi/a$, $d\varphi/ds = 1/a$, $\partial F_{Az}/\partial a = -\varphi c_\varphi/a^2$ und $da/ds = v_a/v_{Mz}$. Folglich ist

$$c_{FA} = (c_\varphi/a^2)[1 - \varphi(v_a/v_{Mz})]$$

und mit $a = r\cos\alpha$ und $v_a/v_{Mz} = -\tan\alpha$ erhält man daraus die bekannte Drehstabformel

$$c_{FA} = c_\varphi(1 + \varphi\tan\alpha)/(r^2\cos^2\alpha)$$

Zu beachten ist, daß das Minimum der Federrate der leicht s-förmig geschwungenen Federkennlinie nicht etwa bei der waagerechten Stellung des Drehstabhebels liegt, sondern je nach Vorspannwinkel φ in der Ausgangslage mehr oder weniger unterhalb derselben. Je kürzer der Hebelarm r, desto ausgeprägter ist der progressive S-Schlag der Kennlinie.

An modernen, voll auf die Elasto-Kinematik hin konstruierten Radaufhängungen sind kinematische Tricks zur Beeinflussung der Federkennlinie im allgemeinen nicht zu empfehlen, da sie zu stark wechselnden Kraftrichtungen über dem Radhub zwingen und damit wechselnde horizontale Kraftkomponenten an der Radaufhängung erzeugen. Stützt sich das Federelement zwischen Radaufhängung und Fahrzeugkörper ab, so sollte es möglichst über den gesamten Radhub etwa senkrecht stehen und keine horizontalen Kräfte abgeben. Insbesondere längsgerichtete Horizontalkräfte, die gegen die „Längsfederung" der Radaufhängung arbeiten, sind zu vermeiden, da sie die elasto-kinematische Abstimmung erschweren oder gar unmöglich machen. Es ist zwar denkbar, auch diese Kräfte elasto-kinematisch „aufzufangen", z.B. durch „Pfeilung" von Lenkern usw. (vgl. hierzu Kap. 9) - aber wohl eher nur in der Theorie, denn die großen Toleranzen der Kennlinien von Gummilagern werden angesichts der hohen Federkräfte zu Dauerproblemen während der Serienlaufzeit führen.

Müssen Federelemente stark räumlich geneigt werden, so sollten sie daher innerhalb der Radaufhängung oder zwischen dieser und einem dazugehörigen elastisch aufgehängten Hilfsrahmen oder „Fahrschemel" angeordnet werden.

Das gleiche gilt für Dämpfer; hier kommt verschärfend hinzu, daß die Dämpferkräfte im Gegensatz zu den Federkräften nicht nur von der jeweiligen Radstellung, sondern auch von der Einfederungsgeschwindigkeit abhängen.

Bei Starrachsen und Verbundaufhängungen gibt es wegen der zwei Freiheitsgrade des Gesamtsystems keine eindeutige Beziehung mehr zwischen dem Hub eines Rades und dem Weg am zugehörigen Federelement. Hier ist u.a. auch dessen Einbauposition von Einfluß.

Eine Starrachse ist vereinfacht im Querschnitt in **Bild 5.22** dargestellt. Aus Platzgründen sind die beiden Federelemente zwischen den Reifenflanken im Abstand der „Federspur" b_F angeordnet, die deutlich kleiner ist als die Radspur b.

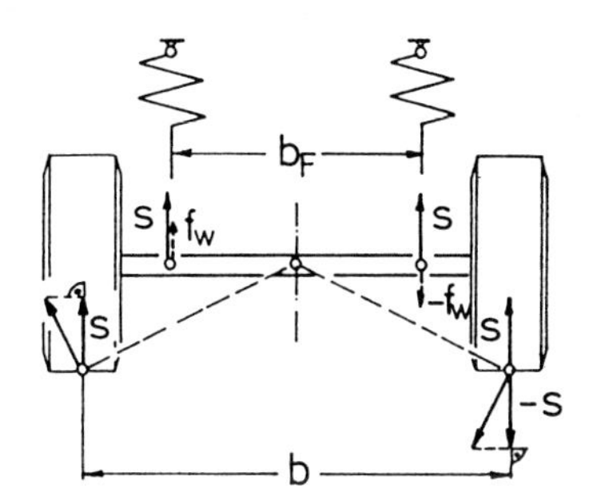

Bild 5.22:
Die „Federspur" bei der Starrachse

Beim gleichsinnigen Einfedern beider Räder ergibt sich an beiden Federn ein Federweg f in Größe des Radhubs s (sofern diese nicht durch ihre Anlenkung an nicht gezeichneten Radführungsgliedern nochmals übersetzt sind). Die radbezogene Federrate c_p für die Parallelfederung ist also gleich der Federrate c_F des Federelements. Beim Wanken des Fahrzeugs bzw. bei gegensinniger Radhubbewegung um einen Radhub ±s bezogen auf die „Vertikale" am Fahrzeugkörper ist auf Grund des geringeren Abstandes der Federelemente vom Drehpunkt in Fahrzeugmitte der jeweilige Weg an den Federn $f_W = \pm s\ b_F/b$, d. h. die Wank-Federübersetzung ist $i_{FW} = b_F/b$. Nach Gleichung (5.36) wird die effektive radbezogene Wank-Federrate je Rad

$$c_W = c_F (b_F/b)^2$$

c_W ist also wesentlich kleiner als c_p. Durch eine Neigung der Federn im Fahrzeug oder durch ihre Anordnung auf Radführungsgliedern können die effektiven Federraten für die Parallel- und die Wankbewegung weiter beeinflußt werden.

Für den Dämpfer in Bild 5.19 gelten prinzipiell die gleichen geometrischen Bedingungen wie für die Feder. Im Gegensatz zur Feder ist aber die Dämpferkraft F_D nicht vom Dämpferhub, sondern von der Geschwindigkeit v_D des Kolbens im Dämpferzylinder abhängig:

$$F_D = k_D\, v_D \qquad (5.37)$$

wobei die „Dämpferkonstante" k_D im allgemeinen für verschiedene Bereiche von v_D unterschiedlich ausgelegt wird.
Mit der „Dämpferübersetzung" $i_D = v_D / v_{Az}$ (5.38)

wird die auf den Radaufstandspunkt A bezogene Dämpfkraft

$$F_{DA} = F_D\, i_D \qquad (5.39)$$

bzw. mit einer auf den Aufstandspunkt bezogenen Dämpferkonstanten k_{DA}

$$F_{DA} = k_{DA} v_{Az} \tag{5.40}$$

und aus (5.40) und (5.39) folgt

$$k_{DA} = k_D i_D^2 \tag{5.41}$$

Die Dämpferkonstante gibt das momentane Verhältnis zwischen der Einfederungsgeschwindigkeit und der Dämpferkraft an und ist, im Gegensatz zur Federrate bei der Feder, keine Ableitung der Dämpferkraft (hier: nach der Geschwindigkeit). Beim Dämpfer gibt es daher keine „kinematische" Dämpferkonstante.

5.5 Fahrzeugfedern

5.5.1 Allgemeines

An schnellen Fahrzeugen sind Federwege von ±100 mm und darüber erforderlich; von den technischen Federbauarten eignen sich hierfür vor allem die Biege- und die Torsionsfedern. Bei den Biegefedern ist es die Blattfeder, die wegen ihrer zusätzlichen Verwendbarkeit als Radführungselement bis heute vielfältig in Gebrauch ist und sich bei schweren Nutzfahrzeugen neben den Gasfedern behauptet. Die Torsionsfedern, nämlich Drehstab- und Schraubenfedern, sind - wie auch die Gasfedern - nicht unmittelbar für Radführungsaufgaben brauchbar und setzen lenkergeführte Achs- oder Radaufhängungen voraus, weshalb sie vorwiegend an Personenwagen vorkommen. Gummifedern sind als Tragfedern heute kaum noch anzutreffen. Die zahlreichen an der Radaufhängung und in ihrer Umgebung eingesetzten Gummilager erfüllen aber zunehmend anspruchsvolle federungs- und schwingungstechnische Aufgaben, z.B. im Rahmen der „Elasto-Kinematik" der Radaufhängung.

5.5.2 Blattfedern

Die im Fahrzeugbau gebräuchlichen Bauarten der Blattfeder zeigt **Bild 5.23**, und zwar vorwiegend für die schon vom Kutschwagenbau her bekannte geschichtete Form: a eine „Viertelfeder", b eine Parallelschaltung zweier Viertelfedern, wie sie früher oft als „Doppel-Querlenker-Aufhängung" angewandt wurde, c die „Halbelliptikfeder", die häufigste Bauform, d eine z.B. aus Einbaugründen unsymmetrische Variante derselben, e die Parallelanordnung einer Hauptfeder und einer bei höherer Last einsetzenden Zusatzfeder, f die „Cantilever-Feder" für große Federwege bei geringerer Last, g und h die aus dem Kutschwagenbau stammende „Dreiviertel"- und „Vollelliptikfeder" als Serienanordnung. Bei der „Weitspalt-Blattfeder" (i) werden die einzelnen Blätter durch Elastomer-Zwischenlagen getrennt, um die Blattreibung auszuschalten. Reibungsfrei arbeitet die für ein konstantes bzw. optimiertes Verhältnis von Biegemoment und Biegewiderstandsmoment, also optimierte Biegespannung, als Einzelblatt formgewalzte „Parabelfeder" (k).

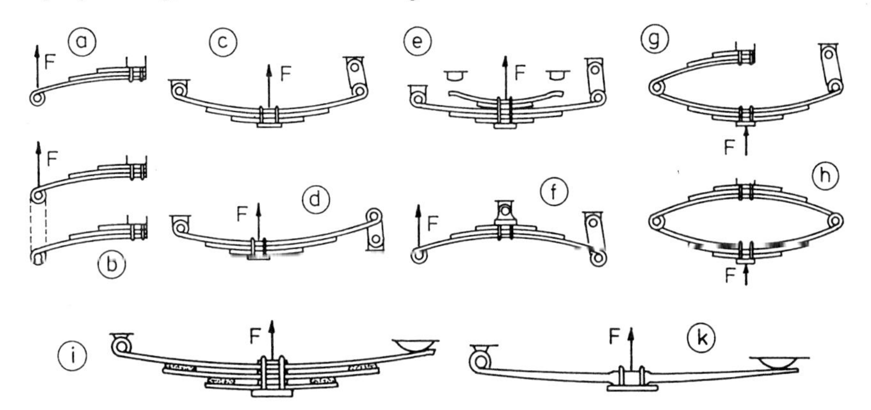

Bild 5.23: Blattfeder-Bauarten

Die Blattfeder ist ein Biegebalken mit sehr niedrigem Biegeträgheitsmoment und großer Durchbiegung. Die Grundgleichung zur Berechnung aller Biegevorgänge ist der Zusammenhang zwischen dem Elastizitätsmodul E, dem Biegeträgheitsmoment I_B, dem Biegemoment M_B und dem Biege-Krümmungsradius

$$\rho = E\, I_B / M_B \tag{5.42}$$

welcher bekanntlich der Kehrwert der zweiten Ableitung der Biegelinie ist.

Für das einfache Federblatt von **Bild 5.24**a mit konstantem Querschnitt ergibt sich damit eine effektive Federrate am freien Ende

$$c = 3 E I_B / l^3 \tag{5.43}$$

und der Krümmungsradius erreicht seinen kleinsten Wert am Einspannende, d. h. dort ist die Biegespannung am größten.

Um dies zu vermeiden, wächst bei den Federblättern nach Bild 5.24 b (Parabelfeder) und d (Dreieckfeder) das Biegewiderstandsmoment proportional der Blattlänge bzw. dem Biegemoment.

Die Dreieckfeder (d) wird in der Praxis durch übereinandergeschichtete Federblätter gleicher Breite verwirklicht, heute oft als Weitspaltfeder (vgl.

Bild 5.23 i) zur Verringerung der Reibung. Mit I_{B0} als dem (größten) Biegeträgheitsmoment am Einspannquerschnitt ist bei der „idealen" (spitz zulaufenden) Dreieckfeder die Federrate am freien Ende

$$c = 2EI_{B0}/l^3 \qquad (5.44)$$

denn das konstante Verhältnis von Biegemoment und Widerstandsmoment, d.h. die konstante Biegespannung über der Blattlänge, führt zu einem konstanten Krümmungsradius und damit größeren Federwegen bei besserer Materialausnützung.

Für die wirklichkeitsnahe Ausführung der geschichteten Blattfeder (c) ist aber die Modellvorstellung einer „Trapezfeder" (e) mit etwas geringerem Federweg bei nicht konstanter Biegespannungsverteilung angemessener.

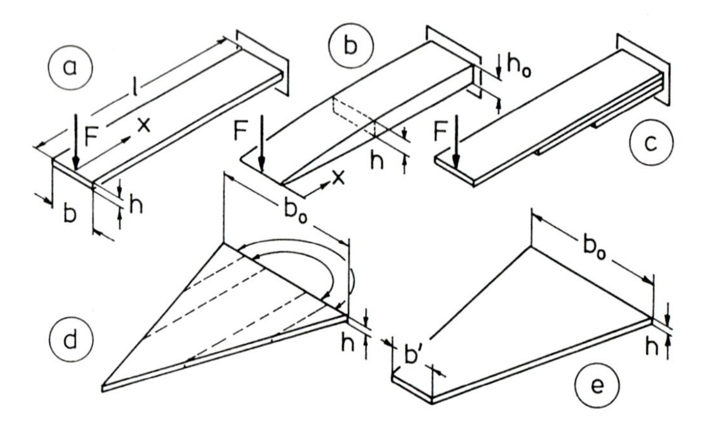

Bild 5.24: Profile und Beanspruchungen der Blattfedern

Die Parabelfeder (b) erreicht das Ziel der optimalen Materialausnützung durch einen Querschnittsanstieg über der Blattlänge, der wie bei der Dreieckfeder ein linear zum Einspannquerschnitt hin wachsendes Biegewiderstandsmoment ergibt. Ihre Herstellung erfordert eine spezielle Walztechnik; ihr größter Vorteil ist die völlige Vermeidung der Federblattreibung.

Eine symmetrische „Halbfeder" wie in Bild 5.23c ist eine Parallelanordnung zweier Viertelfedern, und deren Federraten sind zu addieren.

Bei der unsymmetrischen Halbfeder nach Bild 5.23d dagegen liegt keine einfache Parallelanordnung vor; die Auflagerkräfte verhalten sich umgekehrt wie die Federlängen, **Bild 5.25**, d. h. es gilt $F_1/F_2 = l_2/l_1$, wobei die zugehörigen Federraten sich entspr. Gl. (5.44) über den Reziprokwert der dritten Potenz der Federarmlängen bestimmen, also

$$c_1/c_2 = (l_2/l_1)^3$$

Die aus den Kräften F_1 und F_2 der Federhälften und ihren Federraten folgenden Federwege erzeugen am Angriffspunkt der äußeren Kraft F einen Kippwinkel

$$\alpha = (f_2 - f_1)/(l_1 + l_2)$$

und einen resultierenden Federweg

$$f = f_1 + l_1\alpha$$

Unter der idealisierenden Annahme, daß es sich bei den Federhälften um echte Dreieckfedern handelt und daß der Einspannquerschnitt an beiden Seiten gleich ist (durchlaufende Federblätter), ergibt sich mit Gl. (5.44) nach kurzer Rechnung eine resultierende Federrate

$$c = 2\,E\,I_{B0}\,(l_1 + l_2)/(l_1^2\,l_2^2) \tag{5.45}$$

und ein Kippwinkel

$$\alpha = \frac{F}{2EI_{B0}}\;\frac{l_1 l_2\,(l_2 - l_1)}{l_1 + l_2} \tag{5.46}$$

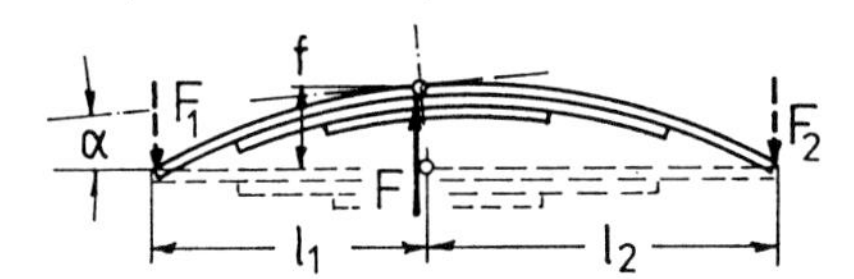

Bild 5.25:
Unsymmetrische Blattfeder

Eine ideale Dreieckfeder (aber annähernd auch eine geschichtete Blattfeder) verbiegt sich bei Belastung durch eine Einzelkraft kreisbogenförmig. Der Krümmungsradius der Bahn des freien Federendes ergibt sich dabei bekanntlich zu etwa 7/9 der Federlänge, **Bild 5.26**. Mit dieser Radiuslänge ist also eine Blattfeder, die zugleich als Radführungslenker dient, kinematisch zu berücksichtigen.

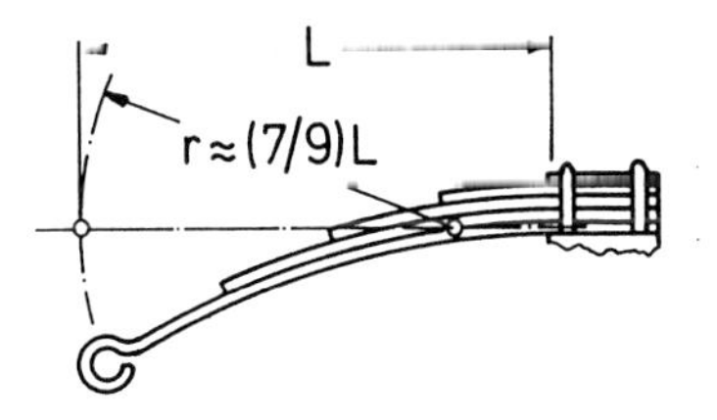

Bild 5.26:
Kinematischer Ersatzradius der Blattfeder

Eine zur Radführung herangezogene „Halbfeder" ist im allgemeinen mit einem Ende am Fahrgestell angelenkt, während das andere längsverschieblich (gleitend oder an einer Pendellasche) gelagert ist, **Bild 5.27.**

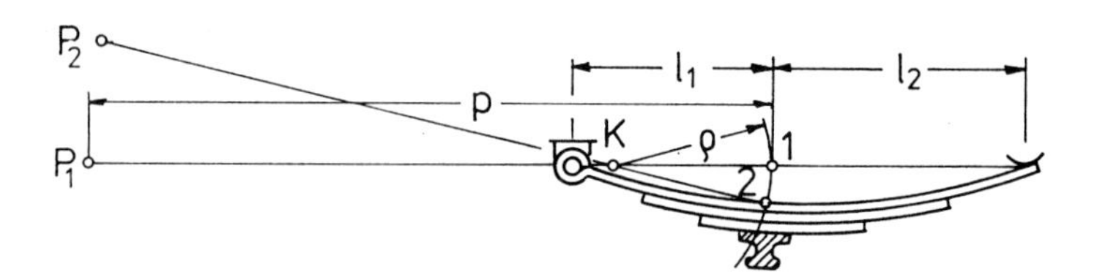

Bild 5.27: Momentanpol bei der unsymmetrischen Blattfeder

Der Krümmungsmittelpunkt K für die Einspannstelle des Starrachskörpers an der Feder liegt dann auf der Federsehne nahe dem „Festlager" und ist in gestreckter Lage der Feder von der Einspannstelle 1 um den Abstandsradius $\rho = (7/9) l_1$ entfernt, vgl. Bild 5.26.

Die Achsauflage einer unsymmetrischen Feder schwenkt beim Ein- und Ausfedern um einen „Pol", dessen Abstand p sich aus dem Kippwinkel α nach Gl.(5.46) und dem aus der Federrate nach Gl.(5.45) und der Federkraft F zu berechnenden Federweg $f = F/p$ zu $p = f/\alpha$ oder

$$p = l_1 l_2 / (l_2 - l_1) \tag{5.47}$$

berechnen läßt. Der Krümmungsmittelpunkt K bleibt beim Durchfedern etwa ortsfest, der Pol P bewegt sich aber mit dem Polstrahl auf- und abwärts. Er entspricht kinematisch durchaus dem „Momentanpol" eines lenkergeführten Mechanismus in einer Ebene; so ist es z.B. zweckmäßig, bei einer blattgefederten Starrachse, die beim Durchfedern um einen Pol in der Seitenansicht schwenkt (wie u.a. einer Schubkugelachse nach Bild 2.14), zur Erzielung einer angepaßten Belastung der Federarme den Pol der Feder in den der Achse zu legen. Der Pol P ist auch in der Radführungsgeometrie als solcher zu behandeln, z.B. für die Berechnung eines „Stützwinkels", vgl. Kap.3, Bild 3.13. Daran ändert sich nichts durch eine dieser „kinematischen" Funktion überlagerte und evtl. beachtlich große elastische Verformung, z.B. die Verwindung einer achsführenden Blattfeder unter einem Antriebs- oder Bremsmoment, **Bild 5.28**.

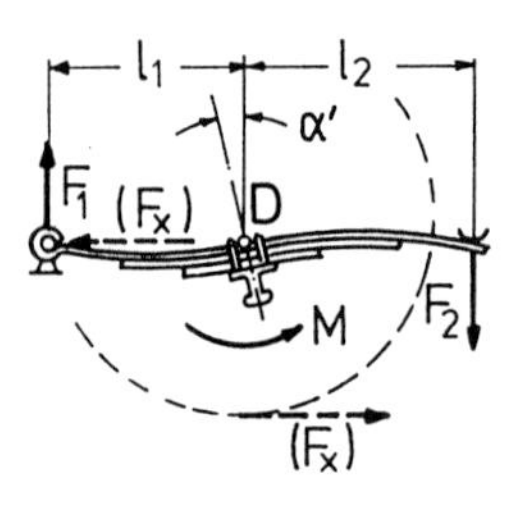

Bild 5.28: Blattfeder unter Drehmoment

Eine als alleiniges Achsführungselement arbeitende Blattfeder muß nämlich im allgemeinen auch die Antriebs- oder Bremsmomente M aufnehmen, wobei entgegengerichtete Kräfte F_1 und F_2 auf die Federenden wirken und der Achskörper sich in der Feder um einen Winkel α' „aufzieht". Mit den Einzelfederraten c_1 und c_2 der beiden Federarme wird die resultierende Drehfederrate des Achskörpers an der Blattfeder gemäß Gl. (5.27)

$$c_{\alpha'} = c_1 l_1^2 + c_2 l_2^2$$

und mit den Federraten entspr. Gl. (5.44)

$c_1 = 2EI_{B0}/l_1^3$ und $c_2 = 2EI_{B0}/l_2^3$ wird

$$c_{\alpha'} = 2EI_{B0}(l_1 + l_2)/(l_1 l_2)$$

Die Division dieser Gleichung durch Gl. (5.45) gibt $c_{\alpha'}/c = l_1 l_2$ oder

$$c_{\alpha'} = c\, l_1 l_2 \tag{5.48}$$

Bei einer symmetrischen Feder ($l_1 = l_2 = l$) ist also $c_{\alpha'} = c\,l^2$, d.h. die Verwindungssteifigkeit gegen das elastische „Aufziehen" unter Drehmoment wächst bei gegebener Hubfederrate c mit dem Quadrat der Federlänge. Dies ist - neben der Verringerung der Zahl der Federblätter und damit der Reibung - ein entscheidender Vorteil langer Blattfedern.

Die Lage des Krümmungsmittelpunktes K für die freie Federbewegung nach Bild 5.26 bestimmt u. a. auch die zweckmäßige Position einer längsliegenden „Lenkschubstange" am achsseitigen Lenkhebel einer gelenkten Starrachse (vgl. auch Kap.8). Bei einem dem Federungsvorgang überlagerten elastischen „Aufziehen" um den Winkel α' wird der Achskörper um einen Punkt D schwenken (Bild 5.28), der etwa in Höhe des oberen Federblattes liegt. Dieser Punkt ist rechnerisch oder experimentell zu bestimmen, wenn eine Lenkschubstange so angebracht werden soll, daß äußere Momente wie Antriebs- oder Bremsmomente keine ungewollten Lenkeinschläge verursachen können.

In Personenwagen ist gelegentlich eine querliegende Blattfeder zu finden, die sowohl an der Achse (bzw. den beiden Radaufhängungen) als auch am Fahrzeugkörper zweifach gelagert ist, **Bild 5.29**.

Bei symmetrischer bzw. gleichsinniger Ein- oder Ausfederungsbewegung beider Räder, Bild 5.29a, ist das Biegemoment M im mittleren Bereich der Feder konstant, weshalb es bei dieser Federbauart sinnvoll erscheint, zumindest im Mittelteil einen konstanten Blattquerschnitt vorzusehen. Bei antimetrischer bzw. gegensinniger Federungsbewegung, z.B. beim Wanken des

Fahrzeugs, wird dagegen die Feder s-förmig verbogen, Bild 5.29b. Für einen konstanten Querschnitt der gesamten Feder ergeben sich mit dem Biegeträgheitsmoment I_B und den in Bild 5.29 angegebenen Hilfsmaßen je Fahrzeugseite eine Parallel-Federrate c_p und eine Wank-Federrate c_w am jeweiligen Blattfederende zu

$$c_p = 3\,E\,I_B\,/\,[\,l^3(1-\beta)^2(1+2\,\beta)] \qquad (5.49a)$$

$$c_w = 3\,E\,I_B\,/\,[\,l^3(1-\beta)^2] \qquad (5.49b)$$

also $c_w/c_p = 1 + 2\,\beta$, die Wankfederrate ist höher als die Parallelfederrate, was angesichts des Verformungsbildes der Feder nicht überrascht. In dieser Federbauart ist ein Stabilisator „versteckt". Die anteilige Stabilisatorrate je Rad ist $c_S = c_w - c_p$ oder

$$c_S = 6\,E\,I_B\,\beta\,/\,[\,l^3(1-\beta)^2\,(1+2\,\beta)\,] \qquad (5.49c)$$

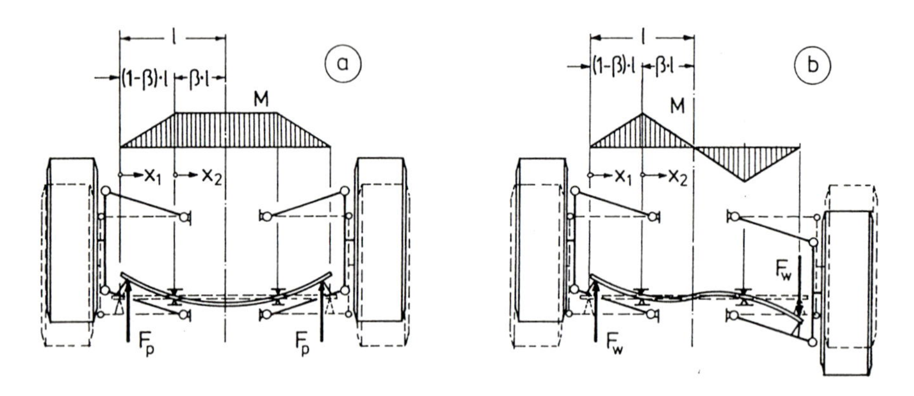

Bild 5.29: Zweipunktig gelagerte Blattfeder a) Parallel- und b) Wankfederung

5.5.3 Drehstabfedern

Die einfachste Torsionsfeder, der Drehstab, kann an der Radaufhängung nur in Verbindung mit einem Hebel wirksam werden, **Bild 5.30**. Mit dem Gleitmodul G und dem Verdrehträgheitsmoment I_D sowie der Stablänge l wird die Drehfederrate

$$c_\varphi = G\,I_D\,/\,l \qquad (5.50)$$

Bei einem Kreisquerschnitt mit dem Durchmesser d ist $I_D = \pi\,d^4/32$ und folglich die Drehfederrate

$$c_\varphi = G\,\pi\,d^4/(32\,l) \qquad (5.51)$$

Die effektive Federrate am Angriffspunkt einer äußeren Kraft F ist vom Vorspannwinkel und der Stellung des Hebelarms abhängig, vgl. Abschn. 5.4 und Bild 5.21.

Die Federungskraft F ruft eine entsprechende Reaktionskraft am Drehstablager hervor, die die Geräuschisolation erschwert. Bei einer Lagerung des Drehstabs an einem elastisch aufgehängten Hilfsrahmen, **Bild 5.31**, ist es daher zweckmäßig, die Reaktionskraft über Auslegerarme c oder ähnliches an Lagerpunkten d in die Vertikalebene durch die Radaufstandspunkte zurückzuleiten, um dem Hilfsrahmen seine Beweglichkeit zu erhalten.

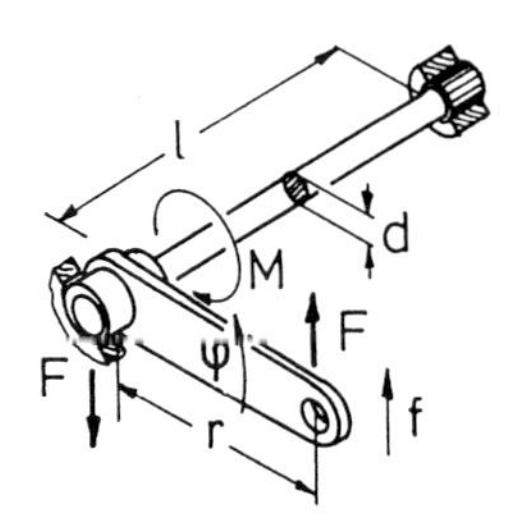

Bild 5.30:
Drehstabfeder

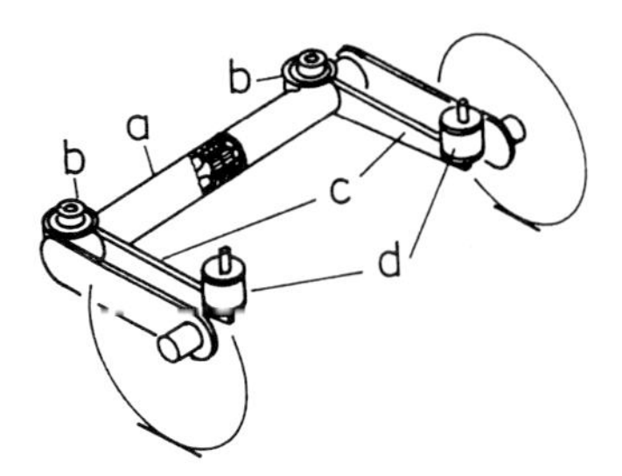

Bild 5.31:
Drehstabfederung und elastisch aufgehängter Hilfsrahmen

Die große Einbaulänge der Drehstabfeder bereitet bei modernen PKW Schwierigkeiten. Eine Serienanordnung des Drehstabs mit einem konzentrischen „Drillrohr", **Bild 5.32**, bringt wegen der hohen Drehfederrate des letzteren wenig. Eine elegante Serienanordnung zeigt **Bild 5.33** [53]:

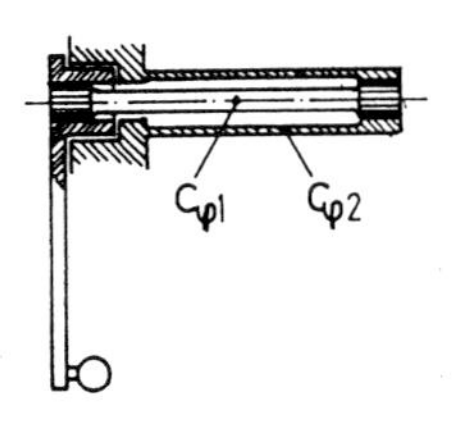

Bild 5.32:
Drehstabfeder mit Drillrohr

Bild 5.33:
Serienanordnung zweier Drehstäbe

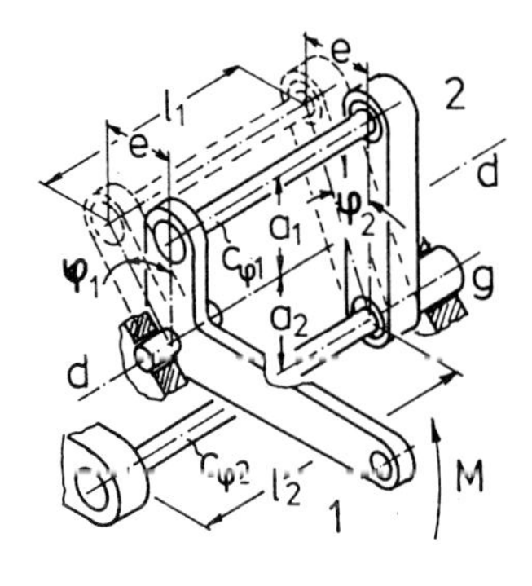

Die Drehstäbe mit den Drehfederraten $c_{\varphi 1}$ und $c_{\varphi 2}$ sind beiderseits der eigentlichen Drehachse d des Lenkers 1 verlegt. Der untere Drehstab ist mit einem Ende am Fahrgestell fest und mit dem anderen drehbar gelagert und trägt an diesem einen Hebelarm 2 der Länge $a_1 + a_2$, an welchem der zweite (obere) Drehstab eingespannt ist, welcher am Radius a_1 auf den eigentlichen

Lenker wirkt. Ein Drehmoment M erzeugt am oberen Drehstab den Drehwinkel $\varphi_1 - \varphi_2 = M/c_{\varphi1}$ und am unteren den Drehwinkel $\varphi_2 = M/c_{\varphi2}$. Für $\varphi_1 a_1 = \varphi_2 (a_1 + a_2)$ verlagert sich der obere Drehstab praktisch ohne Verzwängung parallel im Raum. Dann muß $c_{\varphi1}/(c_{\varphi1}+c_{\varphi2}) = a_1/(a_1+a_2)$ sein und für gleich lange Drehstäbe gleichen Durchmessers: $a_1 = a_2$. Das Lager g ist nicht notwendig, aber aus Schwingungsgründen evtl. vorteilhaft.

Ähnlich wie bei der zweifach gelagerten Blattfeder (Bild 5.29) kann auch eine Drehstabfeder zu einer kombinierten Hub- und Stabilisatorfeder geformt werden. In **Bild 5.34** werden an einer Radaufhängung die unteren Querlenker 1, die Zugstreben 2 und der Stabilisator 3 aus einem einzigen Rundstahl gebogen [51]. Die Zugstreben werden beim Ein- und Ausfedern tordiert und stellen die Hubfedern der Räder dar.

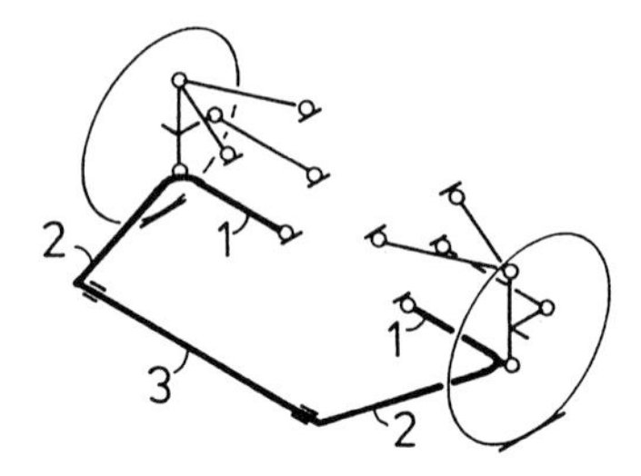

Bild 5.34: Drehstabfeder mit mehreren Funktionen

Die zahlreichen in ähnlicher Richtung, nämlich Verringerung der Zahl der Einzelteile und des Bauaufwandes, zielenden Erfindungen haben sich nicht durchsetzen können, vor allem wohl wegen der Abstimmungsprobleme (welche bis in die Radführungsgeometrie hineinspielen), der sperrigen Teile, umständlicher Richtvorgänge und der erschwerten Einbindung in eine gute „Elasto-Kinematik". Die einzige Ausnahme ist das McPHERSON-Prinzip (vgl. Bild 5.13 b).

Die Drehstabfeder wird heute vorwiegend als Stabilisator verwendet. Dabei ist besonders an Vorderrädern mit ihrem Raumbedarf bei Lenkeinschlag eine Abwinkelung der Stabilisator-Seitenarme kaum zu vermeiden, wodurch der Stabilisator auch im Mittelbereich auf Biegung belastet wird, **Bild 5.35.**

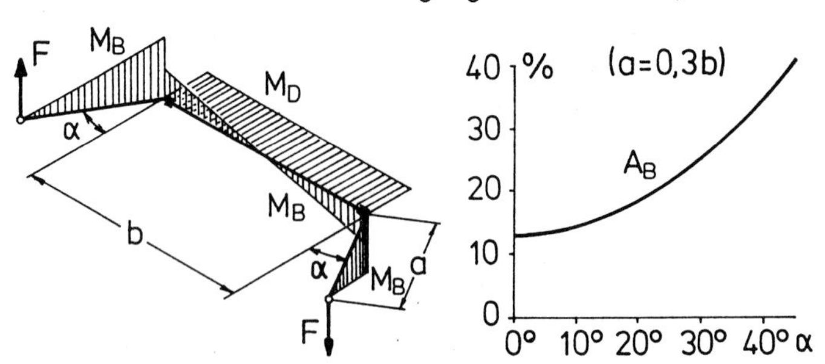

Bild 5.35: Torsion und Biegung am Drehstabilisator

Da das Biege-Widerstandsmoment eines Rundstabes nur halb so groß ist wie sein Torsions-Widerstandsmoment, wird die Güte der Materialausnützung verringert und die Spannungsspitze, welche am Übergang vom Seitenarm zur Lagerstelle des Mittelteils auftritt, erhöht. Das Diagramm zeigt für ein Zahlenbeispiel den Anteil der Biegearbeit A_B an der Gesamt-Federarbeit, abhängig vom Winkel α; die Biegearbeit bei $\alpha = 0$ rührt von den Seitenarmen her. Kröpfungen im Mittelbereich erhöhen ebenfalls den Biegeanteil.

5.5.4 Schraubenfedern

Die Schraubenfeder ist eine „aufgewickelte" Drehstabfeder mit dem Vorteil, daß sie unmittelbar als „Hubfeder" eingesetzt werden kann. Einige gebräuchliche Bauarten sind in **Bild 5.36** zusammengestellt.

Die Grundform ist zylindrisch (a) mit konstantem Windungs- und Drahtdurchmesser und konstanter Steigung; die Kennlinie ist linear. Die Federen-

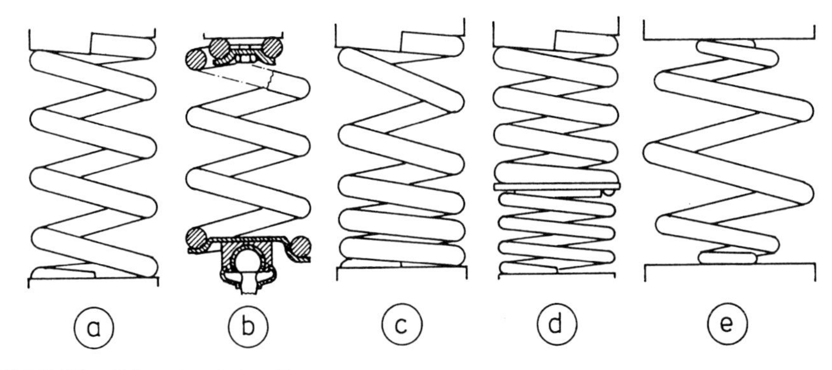

Bild 5.36: Schraubenfeder-Bauarten

den werden entweder plangeschliffen (teuer), Bild 5.36 a unten, oder es wird eine „nicht mitfedernde" Dreiviertel-Endwindung mit einer geringfügig über dem Drahtdurchmesser liegenden Steigung angebogen, die sich in einer passend geformten Federunterlage anlegt, Bild 5.36 a oben. Besteht Kippgefahr der Federenden, z. B. bei großen Winkelbewegungen der Federauflage, so hilft eine feste Einspannung der z. B. „eingezogenen" Endwindung, Bild 5.36 b oben, oder eine kugelige Lagerung des Federtellers (unten). Bei konstantem Draht- und Windungsdurchmesser kann eine nichtlineare (aber stets nur progressive) Federkennlinie durch eine Wickelung mit veränderlicher Steigung erzielt werden, Bild 5.36 c, wobei sich mit wachsender Einfederung die Windungen nacheinander anlegen. Eine progressive Federkennlinie entsteht auch bei einer Serienanordnung zweier Federn unterschiedlicher Auslegung, Bild 5.36 d; sind beide Federn linear, so ergibt sich die Federrate der

Serienanordnung nach Gl. (5.26), solange beide Federn im Einsatz sind, und nach Blockieren einer der beiden Federn ein Knick in der Kennlinie mit der verbleibenden Rate der noch freien Feder. Eine mit veränderlicher Steigung und veränderlichen Windungs- und Drahtdurchmessern gewickelte „Tonnenfeder", Bild 5.36e, ermöglicht die Verwirklichung nahezu beliebiger progressiver Kennlinien und einer geringen Einbauhöhe, da sich die Windungen teilweise ineinander und auf dem Federteller anlegen können.

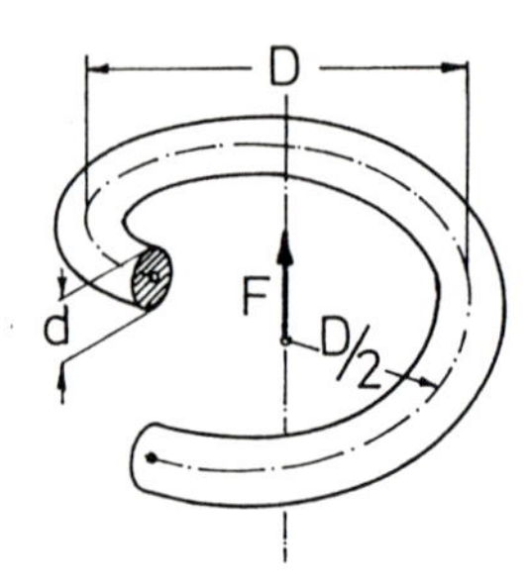

Bild 5.37: Windung einer Schraubenfeder als „aufgewickelter" Drehstab

Für den (abgewickelten) Rundstahl der Schraubenfeder mit w Windungen und einem Windungsdurchmesser D ergibt sich eine Länge $l = w\pi D$ und nach Gl. (5.51) eine Drehfederrate $c_\varphi = G d^4/(32 w D)$; als wirksamer Hebelarm einer äußeren Kraft F gemäß Gl. (5.27) tritt hier der halbe Windungsdurchmesser auf, **Bild 5.37**. Durch Gleichsetzung der Drehmomente der Kraft F und des tordierten Drahtes

$$F D/2 = c_\varphi \varphi = G d^4 \varphi/(32 w D)$$

und Einführung des Federwegs $f = \varphi D/2$ ergibt sich die Hubfederrate $c = F/f$ der Schraubenfeder:

$$c = G d^4/(8 w D^3) \qquad (5.52)$$

Schraubenfedern können nahezu allen Einbauverhältnissen angepaßt werden. Steht eine begrenzte Bauhöhe zur Verfügung, so ist eine geringe Windungszahl bei großem Drahtdurchmesser zu wählen; dabei ist zu beachten, daß mit wachsendem Drahtdurchmesser die zulässige Höchstspannung etwas abnimmt und daß der Anteil der üblicherweise angebogenen „nichtfedernden" Endwindungen an der Gesamt-Drahtlänge wächst (somit auch das Gewicht der Feder). In der Praxis werden bei zylindrischen Schraubenfedern konventioneller Bauart nicht weniger als 4 „federnde" Windungen angewandt. Eine andere Möglichkeit, Bauhöhe zu sparen, besteht in der „Übersetzung" der Federkraft. Lange, schlanke Federn mit großer Windungszahl sind gewichtsgünstiger, neigen aber eher zum Ausknicken. Die Knicksicherheit ist also stets zu überprüfen, wofür es verschiedene Berechnungsansätze gibt [22][48].

Bei Einzelradaufhängungen und Starrachsen werden Schraubenfedern oft auf Achslenkern abgestützt; dann werden sie beim Durchfedern auf Biegung beansprucht, wenn nicht besondere Maßnahmen (vgl. Bild 5.36b) getroffen werden. Eine senkrecht zum Achslenker eingebaute Feder, **Bild 5.38** a, wird vorwiegend am unteren Ende verbogen, und im ausgefederten Zustand besteht die Gefahr des Abkippens von der Unterlage. Hier sind lange, schlanke Federn von Vorteil. Die kleinstmöglichen Verbiegungen – und gleich große Momente an beiden Enden – ergibt eine Anordnung gemäß Bild 5.38 b, wo die Mittelpunkte der Federenden auf einem gemeinsamen Kreis 1 liegen und die Federauflageflächen einen gemeinsamen Zylinder 2 tangieren.

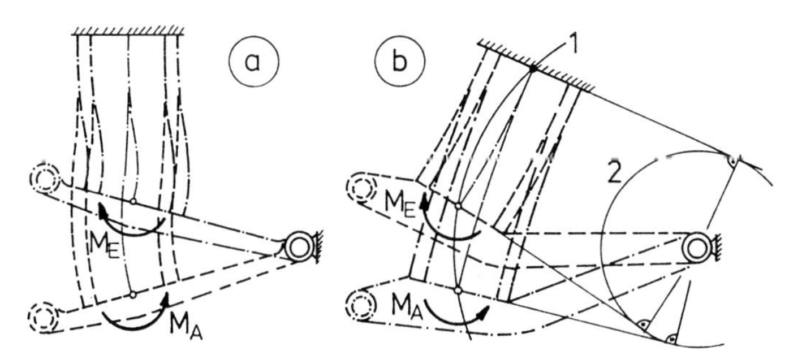

Bild 5.38: Schraubenfeder und Achslenker

Für diesen Fall ist eine angenäherte Berechnung des Einspannmoments möglich. Ein äußeres Biegemoment M erzeugt an einer Windung ein Biegemoment $M_B(\varphi) = M \sin\varphi$ und ein Drehmoment $M_D(\varphi) = M \cos\varphi$, **Bild 5.39**. Das Arbeitsintegral über der Federwindung liefert den Biegewinkel zwischen den Drahtenden

$$\alpha = (M/GI_D) \int_0^{2\pi} (D/2) \cos^2\varphi \, d\varphi + (M/EI_B) \int_0^{2\pi} (D/2) \sin^2\varphi \, d\varphi$$

und damit wird die Biegefederrate $c_\alpha = M/\alpha$ für w Federwindungen:

$$c_\alpha = G d^4 / [16 w D (1 + 2G/E)]$$

Bei gegebenem Biegewinkel α und einer Federhöhe h, Bild 5.39 b, wird unter der vereinfachenden (und gut zutreffenden) Annahme, daß die Biegelinie etwa ein Kreis mit dem Radius $r = (h/2)/\sin(\alpha/2)$ ist, die Bogenlänge $u = r\alpha$, und mit der ungespannten Länge l_0 der Feder näherungsweise die Federkraft $F = c(l_0 - u)$. Der mittlere Hebelarm der Federkraft ist ungefähr der Quotient der schraffierten Kreissegmentfläche und der Bogenlänge: $a_m \approx r(\alpha - \sin\alpha)/(2\alpha)$, damit das von der Kraft F ausgeübte mittlere Biegemo-

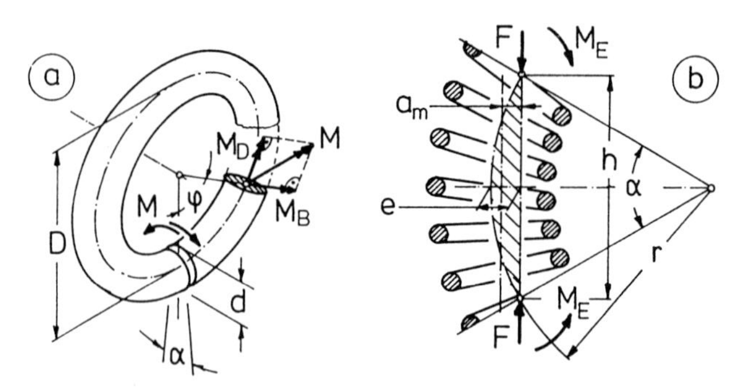

Bild 5.39: Näherungsberechnung des Biegemoments an einer verbogenen Schraubenfeder

ment an der Feder $M_F \approx F\,a_m$, und das Einspannmoment an den Federenden ist die Differenz $M_E \approx c_\alpha \alpha - M_F$. Für $M_E > F\,D/2$ besteht Kippgefahr. Diese vereinfachte, aber sehr brauchbare Abschätzung ist keine Knicksicherheitsrechnung! Eine solche ist unabhängig davon stets notwendig.

5.5.5 Gummielastische Federn

Gummielastische Federn werden in schnellen Fahrzeugen vorwiegend als Anschlagpuffer oder als Zusatzfedern verwendet, die der etwa linearen Kennlinie der Hauptfeder einen progressiven Endverlauf geben sollen. Die Entwicklung und Abstimmung solcher Federn geschieht in enger Zusammenarbeit mit den Federherstellern.

Diese Federn werden nicht nur aus Naturgummi oder synthetischem Gummi, sondern auch aus anderen Elastomeren geformt. Die hier angestellten Betrachtungen gelten für alle Arten von Elastomer-Federn, die im folgenden der Einfachheit halber als „Gummifedern" oder -„lager" bezeichnet werden sollen.

Als Gummifedern sind aber auch alle elastischen Lagerungen von Fahrzeugteilen wie Motor, Getriebe und Lenkung sowie die Gummilager der Lenker der Radaufhängungen anzusehen. Deren Dimensionierung erfolgt nach den Gesichtspunkten der Akustik (Schallisolation) unter Beachtung der Anforderungen seitens der Radführungsgeometrie (Elasto-Kinematik). Für geometrisch einfache Bauformen können die Federkennlinien annähernd rechnerisch bestimmt werden [21].

Das am häufigsten anzutreffende Gummilager an Radaufhängungen ist das zylindrische Lager, **Bild 5.40**. Für das Vollgummilager erhalten die Gleichungen für die axiale und die (ringsum gleich große) radiale Federrate eine ähnliche Form:

$$c_a = 2\,\pi\,h\,G/\ln(r_2/r_1) \qquad (5.53)$$

und $$c_r = k \cdot 7{,}5 \pi h G / \ln(r_2/r_1) \qquad (5.54)$$

Der Beiwert k hängt vom Verhältnis der Baulänge h zur Gummi-Wandstärke $s = r_2 - r_1$ ab und steigt vom Wert 1 bei h/s = 0 progressiv auf den Wert 2,1 bei h/s = 5. Der Gleitmodul wächst mit der Shore-Härte und liegt bei Shore-Härten zwischen HS = 45...65 zwischen etwa 53....113 N/cm² [21]. Das Verhältnis c_r/c_a kann in weitem Bereich gewählt werden, Werte unter ca. $c_r/c_a = 4$ sind aber mit dem zylindrischen Vollgummilager kaum zu verwirklichen. Die Drehfederrate ist

$$c_\varphi = 4 \pi h G / (1/r_1^2 - 1/r_2^2) \qquad (5.55)$$

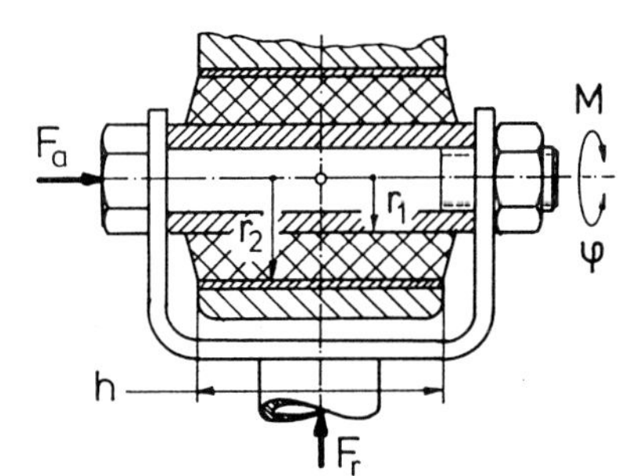

Bild 5.40: Zylindrisches Gummilager

Da Gummi auf Dauer keine Zugbelastung verträgt, werden die hochbeanspruchten Gummilager der Radaufhängungen konstruktiv so ausgelegt, daß vorwiegend Druck- und Schubspannungen auftreten. Bei einfachen Lagern wie dem zylindrischen von Bild 5.40 wird nach dem Vulkanisiervorgang eine Druckeigenspannung erzeugt, indem die Außenhülse auf einen kleineren Durchmesser kalibriert bzw. die Innenhülse aufgedornt wird. Die Gleichungen (5.53) bis (5.55) gelten dann nur noch eingeschränkt, weshalb bei der Auslegung die Erfahrungen der Hersteller heranzuziehen sind.

Zylindrische Gummilager werden in Radaufhängungen meistens nicht nur auf reine Verdrehung um ihre Lagerhauptachse, sondern zusätzlich auf Verkanten der Achsen von Innen- und Außenbuchse beansprucht; dies nennt man die „kardanische" Verformung. Der Grund kann z.B. sein, daß das Lager ein Kugelgelenk ersetzen muß (vgl. Kap. 2, Bild 2.2) oder daß der Mechanismus der Radaufhängung unter äußeren Kräften elastisch deformiert wird; der kardanische Winkel kann aber auch die Folge einer absichtlichen Schrägstellung der Lagerachse gegenüber der wirksamen Drehachse eines Achslenkers aus elasto-kinematischen Erwägungen sein.

Für „harte" zylindrische Gummilager, deren Buchsenlänge h mindestens fünfmal so groß ist wie die Gummi-Wandstärke b, **Bild 5.41**, läßt sich die „kardanische Federrate" aus der radialen recht gut in Analogie zur Biegebalkentheorie abschätzen:

An einem Balken der Länge l und mit rechteckigem Querschnitt der Höhe h und der Breite b ist bekanntlich die Zug-Druck-Federate $c = E\,b\,h/l$, die Biegefederrate aber $c_\varphi = E\,(b\,h^3/12)/l$; das Verhältnis beider ist also $c_\varphi/c = h^2/12$. Im Längsschnitt bietet das zylindrische Gummilager ein vergleichbares Bild, nämlich einen Rechteckquerschnitt mit einer Höhe h und einer Breite zweier Gummi-Wandstärken. Bei ausreichender Buchsenlänge bzw. genügend kleiner Wandstärke b wird sich die Gummischicht unter kardanischer Verformung φ_k fast bis zu ihren offenen Flanken hin linear verformen ähnlich dem Querschnitt des Biegebalkens, folglich kann auch am Gummilager das gleiche Federratenverhältnis wie am Balken angenommen werden, und die „kardanische Federrate", der Quotient des kardanischen Verformungsmoments und des kardanischen Winkels, wird

$$c_k \approx c_r\,h^2/12 \tag{5.56}$$

Diese Gleichung gilt, wie oben gesagt, nur für relativ harte Lager; an ausgesprochen „weichen", als „Feder" dienenden Lagern mit $h < 5\,b$ macht sich dagegen die Nachgiebigkeit der offenen Stirnflächen durch Spannungsabbau bemerkbar und führt so zu erheblich kleineren kardanischen Federraten.

Bei der Dimensionierung eines zylindrischen Gummilagers, das auch kardanisch ausgelenkt werden soll, ist darauf zu achten, daß die maximale Verformung der Gummischicht nicht über 40% der Ausgangs-Schichtdicke b

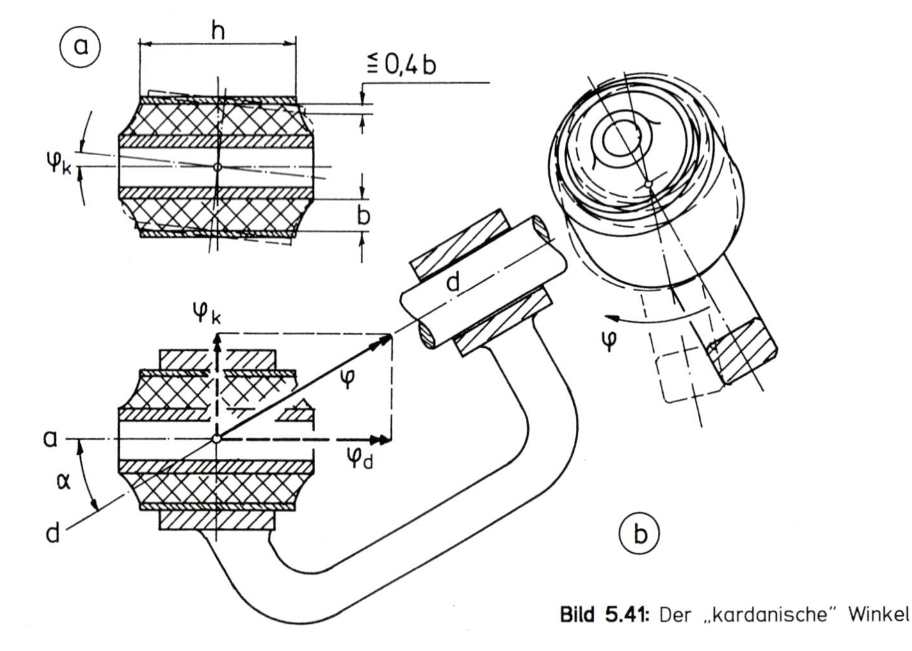

Bild 5.41: Der „kardanische" Winkel

erreichen soll, Bild 5.41a. Die mögliche Buchsenlänge h und damit die radiale Federrate wird dadurch u. U. merklich begrenzt.

Das Zustandekommen eines kardanischen Winkels bei einer erzwungenen Verdrehung eines unter einem Winkel α gegen eine äußere Drehachse d angestellten Gummilagers versucht Bild 5.41 b zu veranschaulichen: Die mit der Drehachse d verbundene Lagerhälfte rotiert um d mit dem - im Bild als Drehvektor dargestellten - Winkel φ, der z.B. von der Verdrehung eines Dreiecklenkers herrührt. Dessen Komponente in Richtung der Lagerhauptachse ist der effektive Verdrehwinkel des Lagers

$$\varphi_d = \varphi \cos\alpha \qquad (5.57a)$$

und die dazu senkrechte Komponente ist der Kardanwinkel

$$\varphi_k = \varphi \sin\alpha \qquad (5.57b)$$

Im Raum besitzt ein Gummilager drei Hubfederraten und drei Verdrehfederraten. An dem zylindrischen Gummilager nach **Bild 5.42** wurde die radiale Federrate $c_{rad\,1}$ durch „Fenster" geschwächt, während die dazu rechtwinklig wirkende Radialrate $c_{rad\,2}$ durch einvulkanisierte Zwischenbleche erhöht wurde. Derartige Maßnahmen finden sich häufig an Gummilagern, die als Aufhängungselemente eines Hilfsrahmens elasto-kinematische Aufgaben übernehmen sollen. Bei Lenkerlagern mit großen Drehbewegungen setzt dagegen die Betriebssicherheit der freien Gestaltung Grenzen.

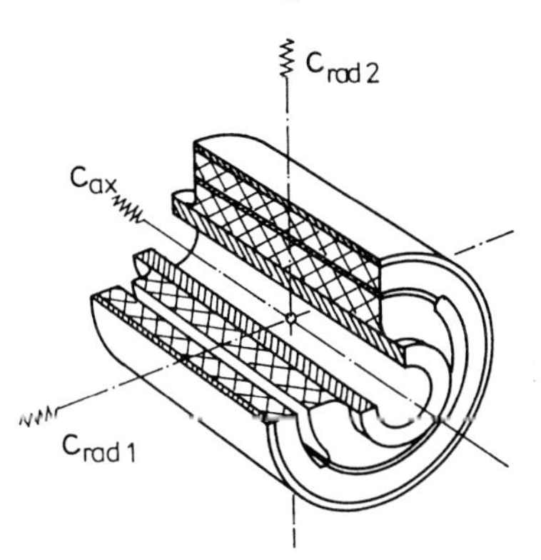

Bild 5.42:
Zylindrisches Gummilager mit Hauptfederrichtungen

Sämtliche Gummilager an Lenkern und an einem evtl. diese tragenden Hilfsrahmen sind heutzutage für die „Elasto-Kinematik" der Radaufhängung sorgfältig aufeinander abgestimmt. Dabei ist es natürlich erwünscht, daß die getroffene Abstimmung hinsichtlich der Federraten und Dämpfungseigenschaften auch nach jahrelangem Gebrauch des Fahrzeugs erhalten bleibt. Dies setzt voraus, daß die Gummilager erstens ausreichend dimensioniert sind und daß sie vor ungewöhnlichen Beanspruchungen (Auspuff-Wärmestrahlung!) geschützt werden. Sehr günstig ist es, wenn alle Lager einer Radaufhängung mit ähnlichen Gummimischungen und Shorehärten (im Bereich von ca. HS = 45...67) entwickelt werden, so daß eine etwa gleichmäßige „Alterung" aller Lager zu erwarten ist.

5.5.6 Gasfedern

Die Gasfeder enthält eine abgeschlossene Gasmenge, deren Volumen V beim Ein- und Ausfedern verändert wird, **Bild 5.43**. Die Federungskraft ergibt sich aus der wirksamen Fläche A und der Differenz des Innendrucks p und des Umgebungsdrucks p_a zu

$$F = A(p - p_a) \tag{5.58}$$

Die bei der Kompression zugeführte Energie wird teilweise durch Druckerhöhung gespeichert und teilweise als Wärme an die Umgebung abgeleitet. Bei niedrigen Federungsgeschwindigkeiten (statische Belastungsänderung) gilt das isotherme Gesetz $p \cdot V = \text{const.}$, bei hohen Geschwindigkeiten (dynamischer Federungsvorgang bei schneller Fahrt) dagegen, wo keine Zeit zur Wärmeableitung bleibt, das adiabatische Gesetz $p \cdot V^{\varkappa} = \text{const.}$ Für allgemeine Berechnungen wird ein polytropes Gesetz

$$p \cdot V^n = \text{const.} \tag{5.59}$$

mit dem Polytropenexponenten $1 < n \leqq \varkappa = 1{,}4$ angewandt. Der mit der Einfederungsgeschwindigkeit wachsende Polytropenexponent n hat zur Folge, daß hochfrequente Stöße, wie sie z.B. beim Überfahren der Schienen an einem Bahnübergang auftreten, mit stärkerem Druckanstieg (also höherer Federrate) aufgefangen werden als niederfrequente (z.B. die lange Bodenwelle des Bahnübergangs).

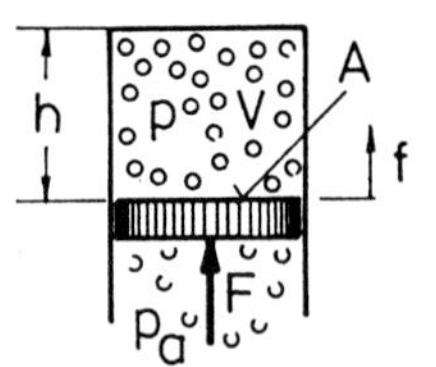

Bild 5.43:
Gasfeder (schematisch)

Da Gase stets diffundieren, ist eine Gasfederung praktisch nur in Verbindung mit Niveauregelung anzutreffen. Die je nach Auslegung mehr oder weniger schnell ansprechende Regelung überdeckt die isothermen Vorgänge, so daß das isotherme Gasgesetz wenig Bedeutung hat.

Aus Gleichung (5.58) und $V = A \cdot h$ folgt $dF = A dp$ und mit Gleichung (5.59) $dp = -p \cdot n \cdot dV/V$, wobei $dV = -A\, df$, damit wird die Federrate $c = dF/df$

$$c = A^2 p n V \quad (5.60)$$

oder mit Gl. (5.58)

$$c = F^2 p n / [(p - p_a)^2 V] \quad (5.61)$$

wenn die Fläche A konstant ist. Ausführliche Berechnungsformeln siehe [12].

Es gibt zwei Grundbauarten von Gasfedern, nämlich die Federung „mit konstantem Gasvolumen" und die Federung „mit konstanter Gasmasse".

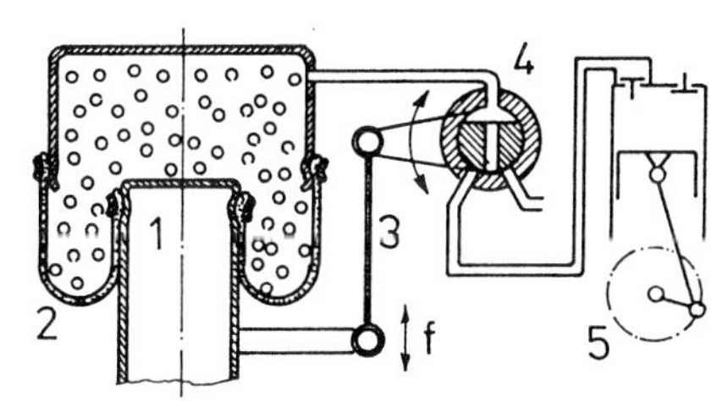

Bild 5.44: Luftfeder mit „konstantem Gasvolumen"

Die Federung mit konstantem Gasvolumen wird bei Beladungsänderungen des Fahrzeugs durch Nachpumpen oder Ablassen von Gas geregelt, wobei der Gasraum gleich groß bleibt. **Bild 5.44** zeigt schematisch eine Balgfeder mit einem Stempel oder Kolben 1, dem Balg 2, einer Regelstange 3 zur Betätigung des Regelventils (Dreiwegehahn) 4 und einer Pumpe 5. Die wirksame Arbeitsfläche A wird hier etwa von dem Durchmesser bestimmt, an welchem die Balgwandung im unteren Umkehrpunkt ihre horizontale Tangentialebene hat. Als Gas wird meistens die Umgebungsluft verwendet, was das System besonders einfach macht. Bei Beladungsänderung bleibt das umschlossene Volumen konstant, der Innendruck wächst entspr. Gleichung (5.58) proportional zur Last, daher ist die Federrate nach Gleichung (5.61) ebenfalls etwa proportional dazu. Die Feder mit konstantem Gasvolumen erleichtert es also, die Eigenfrequenz über der Beladung gleich zu halten. Da das vom Balg umschlossene Volumen im allgemeinen bei weitem nicht ausreicht, um die gewünschte niedrige Eigenfrequenz zu verwirklichen, wird stets ein Zusatzvolumen in einem der Anschlußbauteile untergebracht, z.B. durch Vergrößerung des topfförmigen Oberteils in Bild 5.44. Große Bedeutung kommt der Gestaltung der Balgwandung zu, die bei hohen Frequenzen infolge der Gummi-Materialdämpfung eine dynamische Verhärtung der Gesamtfederrate bewirkt. Durch eine Konturierung des Abrollkolbens 1 kann die wirksame Arbeitsfläche über dem Radhub, damit die Federrate, beeinflußt werden. Luftfedern arbeiten mit Maximaldrücken von $7 \ldots 15 \cdot 10^5$ Pa und stationären Drücken um ca $3 \cdot 10^5$ Pa.

Bei der Federung mit konstanter Gasmasse dient ein Übertragungsmedium (Öl) zur Weiterleitung des Gasdruckes auf die Arbeitsfläche, weshalb sie auch als „hydropneumatische Federung" bezeichnet wird. Da beim Federungsvorgang Öl bewegt wird, kann die Schwingungsdämpfung in das System integriert werden. **Bild 5.45** zeigt schematisch ein hydropneumatisches „Federbein", einen Federzylinder mit hohler Kolbenstange 1, ein Dämpferventil 2, einen Gasdruckspeicher 3 und eine Zuleitung 4, über welche Öl nachgepumpt bzw. abgelassen werden kann. Als Arbeitsfläche wirkt der Verdrängungsquerschnitt der Kolbenstange, der durch ihren Außendurchmesser gegeben ist. Wegen der kleinen Arbeitsfläche sind höhere Drücke um $20...50 \cdot 10^5$ Pa erforderlich. Aus den Gln. (5.58) und (5.61) folgt daher ein wesentlich geringerer Einfluß des Umgebungsdruckes p_a auf die Federrate als bei Luftfedern; da aber das Gasvolumen V mit wachsender Beladung abnimmt, steigt die Federrate, vgl. Gl. (5.61), und damit die Eigenfrequenz. Die Gasfeder mit konstanter Gasmasse verhält sich also umgekehrt als eine lineare Feder.

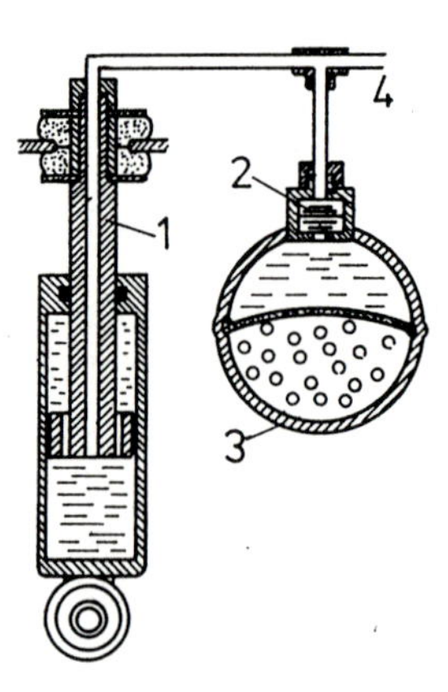

Bild 5.45:
Hydropneumatisches Federbein mit „konstanter Gasmasse"

Eine Gegenüberstellung der wesentlichen Eigenschaften beider Gasfederbauarten wird in **Bild 5.46** vorgenommen. Die obere Diagrammreihe gilt für das „konstante Gasvolumen", also die Luftfederung, die untere für die „konstante Gasmasse" oder die hydropneumatische Federung.

Beiden Bauarten gemeinsam ist die Absenkung der Federrate c_0 in Ruhelage bzw. der zugehörigen (linearisierten) Eigenfrequenz f_0 mit wachsendem Gasvolumen (linke Diagramme). Die Anpassung der Feder mit konstantem Volumen an veränderliche statische Lasten F_0 geschieht durch Regelung der Gasmenge, der Druck p_0 in Ruhelage steigt, das Volumen V bleibt konstant; die Federrate wächst etwas schwächer als die Last, und die Eigenfrequenz f_0 sinkt geringfügig ab (mittleres Diagramm oben). Bei der Feder mit konstanter Gasmasse gilt dagegen $p \cdot V = \text{const.}$, das Volumen nimmt mit der Beladung ab, die Federrate c_0 und damit die Frequenz f_0 steigen überproportional (mittleres Diagramm unten).

Galten die vorstehenden Betrachtungen für die Ruhelage, so zeigen die Diagramme rechts in Bild 5.46 Beispiele für dynamische Federkennlinien (berechnet mit dem Adiabatenexponenten $\varkappa$ = 1,4) für je drei statische Belastungen. Beide Federbauarten weisen progressive dynamische Federkennlinien auf, die hydropneumatische aber mit deutlich stärkerer Progression.

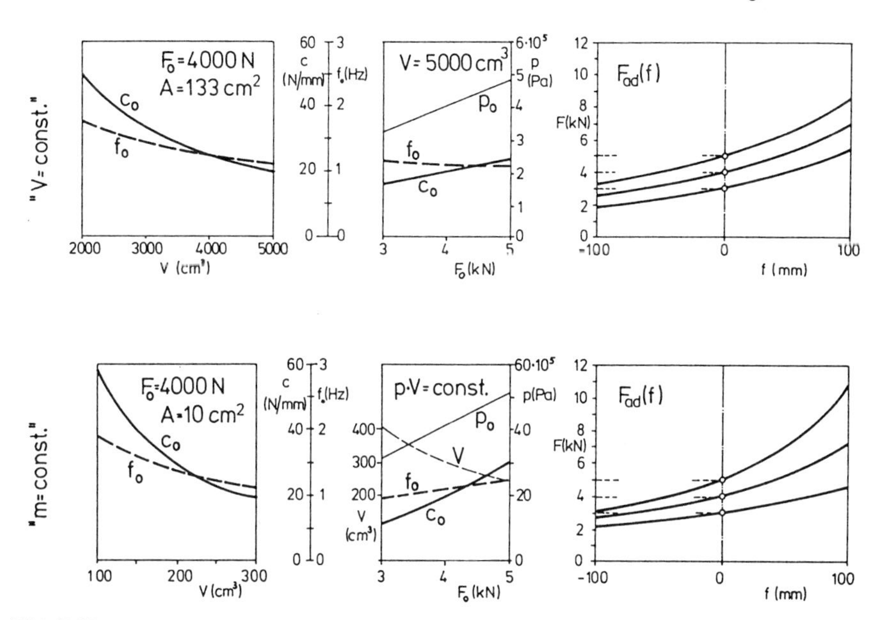

Bild 5.46: Vergleich der wichtigsten Eigenschaften der Gasfeder-Bauarten: oben „konstantes Gasvolumen", unten „konstante Gasmasse"

5.6 Schwingungsdämpfer

Als Schwingungsdämpfer hat sich der Teleskop-Dämpfer durchgesetzt, welcher unmittelbar mit dem Fahrzeugkörper und dem Radträger oder einem Lenker der Radaufhängung verbunden werden kann, Umlenkhebel und dergleichen überflüssig macht und wegen seines großen Hubes und der entsprechend geringen Kräfte ein spontanes Ansprechen auf Radbewegungen ermöglicht. Es gibt zwei Grundbauarten, welche in **Bild 5.47** dargestellt sind, nämlich den Zweirohrdämpfer (a) und den Einrohr- oder „Gasdruck"-dämpfer (b).

Die ursprüngliche Bauart, der Zweirohrdämpfer, besteht aus der Kolbenstange mit dem Kolben sowie einem inneren Dämpferzylinder, der mit einem konzentrischen Außenrohr einen ringförmigen Öl-Vorratsraum bildet, Bild 5.47a. Beim Zusammendrücken des Dämpfers („Druckstufe") strömt das Öl (1) durch den Kolben in den oberen Raum des Dämpferzylinders. Da das Dämpferöl etwa unter Atmosphärendruck steht, darf hier keine wesentliche Drosselung der Strömung erfolgen, weil dies hohe Unterdrücke auf der Kolbenoberseite, damit Dampfblasenbildung (Kavitation) und starke Erschütterungen zur Folge hätte. Auf der Kolbenoberseite befindet sich daher lediglich ein Rückschlagventil 3. Wird der Dämpfer auseinandergezogen („Zugstufe"), so strömt das Öl durch den Kolben nach unten, wobei das Dämpfer-Kolbenventil 4 als starke Drossel wirkt. Das von der zurückweichenden Kolbenstange freigegebene Volumen wird aus dem Vorratsraum 2 über das Bodenventil nachgesaugt. Das hauptsächlich in der Druckstufe wirksame Bodenventil ist prinzipiell ebenso aufgebaut wie der Dämpferkolben, nämlich aus einem Rückschlagventil 5, welches das Ansaugen des Öls aus dem Vorratsraum ohne wesentlichen Druckabfall ermöglicht, und einem Dämpferventil 6, welches auch in der Druckstufe eine Dämpfkraft zuläßt. Der Zweirohrdämpfer ist anspruchslos und funktioniert auch nach geringem Ölverlust weiter, muß aber im wesentlichen in senkrechter Lage eingebaut werden.

Neben dem Zweirohrdämpfer hat der Einrohrdämpfer sich seinen festen Platz erobert, Bild 5.47 b. Der Ausgleich des von der Kolbenstange verdrängten Volumens geschieht durch Kompression bzw. Entspannung eines unter

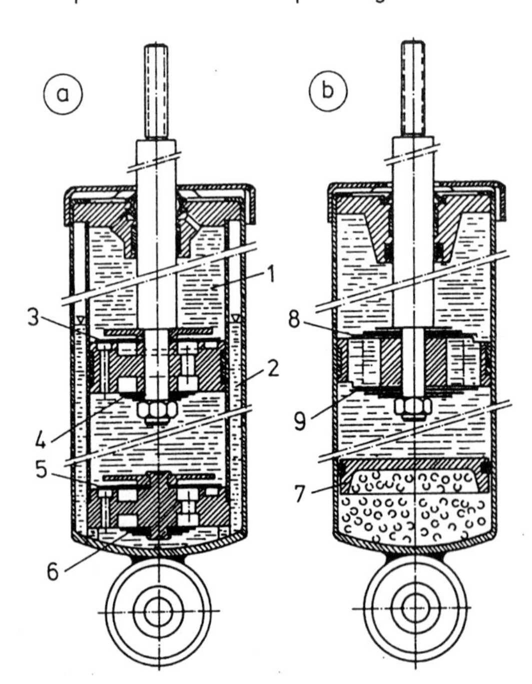

Bild 5.47:

Teleskop-Schwingungsdämpfer

a) Zweirohrdämpfer

b) Einrohrdämpfer

einem Druck von bis zu ca. $25 \cdot 10^5$ Pa stehenden Gasvolumens, das durch eine Membran oder einen Trennkolben 7 vom Ölraum getrennt ist. Der Dämpferkolben trägt Dämpferventile sowohl für die Druckstufe (8) als auch für die Zugstufe (9). Der hohe Gasdruck verhindert Kavitationserscheinungen und ergibt wegen der Druckvorspannung des Dämpferöls auch ein schnelleres Ansprechen des Dämpfers. Der Einrohrdämpfer kann in jeder Lage eingebaut werden. Die Kolbenstangendichtung muß den hohen Gasdruck zuverlässig aushalten, denn Gas- bzw. Ölverluste führen zum baldigen Ausfall des Dämpfers; sie ist daher straffer konstruiert und verursacht damit im allgemeinen auch etwas höhere Losbrechkräfte als die Dichtung des Zweirohrdämpfers. Der Gasdruck erzeugt mit der Querschnittsfläche der Kolbenstange eine „Ausfahrkraft", die das Fahrzeug anzuheben versucht und bei der Auslegung der Federung nicht zu vernachlässigen ist.

Heute werden auch Zweirohrdämpfer unter eine (allerdings erheblich niedrigere) Gasdruck-Vorspannung gesetzt, um Vorteile des Einrohr-Gasdruckdämpfers bei vergleichsweise geringerem Ausfallrisiko zu gewinnen.

Im allgemeinen werden die Dämpferventile so abgestimmt, daß in der Druckstufe deutlich kleinere Dämpferkräfte auftreten als in der Zugstufe („geknickte" Kennung). Dies geschieht sicher nicht aus Tradition, z.B. weil die ersten Dämpfer kein Bodenventil besaßen und damit in der Druckstufe wirkungslos waren, und hat immer wieder zu Diskussionen geführt; da die Praxis aber weitgehend dabei geblieben ist, müssen Gründe dafür vorhanden sein. Die Dämpferabstimmung hat ja nicht allein auf das Komfort-Schwingungsverhalten des Fahrzeugs Rücksicht zu nehmen, sie ist auch von wesentlichem Einfluß auf die Fahrsicherheit, vor allem bei instationären Lenk- und Lastwechselvorgängen, welche nur durch aufwendige Rechenmodelle nachvollziehbar sind und deren Optimierung auch heute noch eine Domäne des Fahrversuchs ist.

Bei andauernder Schwingungsanregung muß die stärkere Zugstufe eines unsymmetrisch ausgelegten Dämpfers eine Absenkung der mittleren Fahrzeughöhe über der Fahrbahn zur Folge haben. Wenn vereinfachend angenommen wird, daß der Dämpferhub gleich der Erregeramplitude h ist, was oberhalb eines Frequenzverhältnisses $\eta = \omega/\omega_0 = 5$ etwa zutrifft, ergibt sich die „dynamische Absenkung" als Quotient der mittleren Dämpferkraft und der Federrate mit den Dämpferkonstanten k_z der Zug- und k_d der Druckstufe annähernd zu

$$\Delta h \approx \frac{4\,h\,\eta\,D}{\pi} \cdot \frac{k_z - k_d}{k_z + k_d}$$

Angesichts der kleinen hochfrequenten Erregeramplituden bleibt die dynamische Absenkung im allgemeinen vernachlässigbar.

5.7 Geregelte Federungssysteme

Eine „Niveauregelung" verhindert das statische Ein- oder Ausfedern des Fahrzeugs bei unterschiedlicher Beladung. Dadurch werden die Parameter der Radführungsgeometrie (Radsturz, Rollzentrum) und der Aerodynamik, die Leuchtweite der Scheinwerfer, die Bodenfreiheit und der dynamisch verfügbare Ein- und Ausfederweg kostant gehalten.

Das Abfangen eines Nickvorgangs beim Bremsen oder Beschleunigen erfolgt bei einem konventionellen Niveauregelsystem, das „quasistatisch" mit möglichst geringem Leistungseinsatz regelt, im allgemeinen merklich verspätet.

Niveauregelung ist grundsätzlich bei allen Federungsbauarten möglich, bei mechanischen z. B. durch Verschiebung von Federlagern oder Verstellung von Drehstäben; heute wird sie stets in Verbindung mit Gasfedern angewandt.

Eine unabhängige Höhenstandsregelung an allen Rädern eines Vier- oder Mehrrad-Fahrzeugs stellt ein statisch überbestimmtes Problem dar. Wegen der kaum vermeidbaren unterschiedlichen Ansprechgeschwindigkeit der Regler ist eine gleichmäßige Radlastverteilung nicht gesichert, weshalb Kontrolleinrichtungen nötig sind, z. B. eine Beschränkung der Druckdifferenzen der einzelnen Radfederungen.

Die meistverbreitete Lösung ist die „Dreipunktregelung": bei einem Vierradfahrzeug werden die Räder einer Achse getrennt beeinflußt und die der anderen gemeinsam geregelt (Druckausgleich bzw. Querverbund der beiden Gasfedern). Hier versucht allerdings in langgezogenen Kurven die beidseitig geregelte Achse das Fahrzeug allmählich aufzurichten, was erstens der Wirkung eines extrem starken Stabilisators entspricht und die Fahreigenschaften verändert und zweitens einen Schiefstand des Fahrzeugs zu Beginn der anschließenden Geradeausfahrt bzw. eine sehr ungünstige Ausgangslage für eine evtl. folgende gegensinnige Kurve zur Folge hätte. Deshalb wird in der Regel ein Schalter vorgesehen, der abhängig von der Querbeschleunigung den Regelvorgang in Kurven einschränkt oder unterbindet.

Das einfachste Verfahren ist die „Zweipunktregelung", d. h. die Gasfedern der Vorder- und der Hinterachse sind jeweils durch Ausgleichsleitungen verbunden und die Wankfederung wird ausschließlich durch kräftig dimensionierte Stabilisatoren erzielt.

Bei Fahrzeugen, die in der Grundversion mit Stahlfedern ausgerüstet sind, bietet sich eine „teiltragende" Niveauregelung an. Die Stahlfedern nehmen die Leerlast des Fahrzeugs nahezu allein auf, hydropneumatische oder auch reine Gasfedern die Lastdifferenz. Ein derartiges System gewährleistet darüber hinaus einen Fahrbetrieb auch bei Ausfall der Gasfederung. Eine Hinterachse mit einem teiltragenden niveaugeregelten Federungssystem aus hydropneumatischen Federbeinen, die von konzentrischen Schraubenfedern umgeben sind, zeigt **Bild 5.48**. Ein im Mittelbereich des Stabilisators angebrachter Hebel (vorn links) ertastet den mittleren Federweg beider Räder und betätigt über eine Gelenkstange den Reglerschalter.

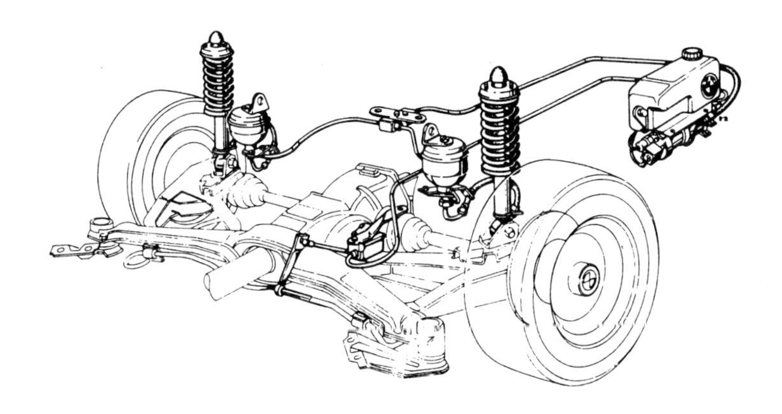

Bild 5.48:
Teiltragende hydropneumatische Federung mit Niveauregelung (Werkbild BMW AG)

Anstelle einer mit Fremdenergie betriebenen Regelpumpe können auch die Schwingbewegungen des Fahrzeugs verwendet werden, um eine Pumpwirkung zu erzielen. Eine solche „selbstpumpende" Federung funktioniert allerdings nicht bei einer Be- oder Entladung des Fahrzeugs im Stand.

Unter dem Begriff „aktive Federung" versteht man Federungs- und Dämpfungssysteme, die durch Sensoren und eine Regellogik so gesteuert werden, daß das Fahrzeug mit geringstmöglicher Schwingbeschleunigung über eine unebene Fahrbahn geführt wird. Der Idealzustand ist die Fahrt am „skyhook", nämlich das Schweben des Fahrzeugkörpers im festen Koordinatensystem der Erde mit Hilfe des „Himmelshakens".

Ein derartiges System erfordert eigentlich ein Abtasten der Fahrbahnoberfläche vor jedem einzelnen Fahrzeugrade. Während sich dieser Meßvorgang aber unter Beachtung aller denkbaren Umwelteinflüsse (Eis, Spritzwasser) bisher mit vertretbarem Aufwand kaum zuverlässig durchführen läßt, gelingt es heute unter Zuhilfenahme sehr schnell ansprechender Sensoren, die beginnende Hubbewegung eines Fahrzeugrades zu analysieren und regeltechnisch auszugleichen. Der technische Aufwand ist beträchtlich, wobei die Sicherheit des Systems gewährleistet sein muß (mehrkreisige redundante Regelglieder), denn eine Fehlfunktion z. B. durch nicht angepaßte Regelgeschwindigkeiten oder allein schon durch Unsymmetrie der Radlastverteilung beeinflußt die Fahrsicherheit unmittelbar.

Eine einfachere, bei Personenwagen gelegentlich angebotene Variante der „aktiven Federung" regelt nur den Wankwinkel aus und überläßt die Höhenstandsregelung einem herkömmlichen (langsamen) Niveauregelsystem. Damit werden praktisch extrem straffe Stabilisatorfedern simuliert mit gewissen Rückwirkungen auf das Fahrverhalten (z. B. einem verstärkten „Aufstützeffekt" bei Kurvenfahrt an manchen Radaufhängungen, vgl. Kap. 7).

Solange ein Fahrzeugtyp nicht ausschließlich mit einem geregelten Federungssystem, sondern in der Grundausführung mit konventioneller Stahlfederung angeboten wird, stellt sich das Problem der kostengünstigsten Lösung für die Parallelmontage beider Federungsarten. Im allgemeinen müssen sich daher die geregelten Federelemente bezüglich des Bauraums und der Anschlußmaße den konventionellen anpassen.

Angesichts des heute erreichten Standes der konventionellen, „passiven" PKW-Fahrzeugfederung mit sehr ausgewogenem Nickverhalten an Bodenwellen und mäßigen Wankwinkeln auch bei hoher Querbeschleunigung sowie ihrer Betriebssicherheit müssen „aktive" Federungssysteme Vorteile aufweisen, die mit einem konventionellen System nicht zu erzielen sind, um ihren Aufwand und Preis zu rechtfertigen. Zu diesen Vorteilen gehören u. a. die Verhinderung des „Kopierens", nämlich einer u. U. lästigen Wankbewegung des Fahrzeugkörpers auf welliger Strecke, die deutlich von den Fahrbahnunebenheiten unter den Rädern der stärker stabilisierten Achse angeregt wird (bei PKW also im allgemeinen der Vorderachse, vgl. Abschnitt 5.2.3 und im folgenden Abschn. 7.2) und, in Kombination mit Sensoren und einem fahrdynamischen Rechenprozessor, die instationäre Beeinflussung der Wankmomentverteilung auf die Fahrzeugachsen zur Verbesserung des Eigenlenkverhaltens bzw. der Fahrstabilität.

5.8 Der Schrägfederungswinkel

Alle Kräfte am frei rollenden, d. h. nicht von einer Brems- oder Antriebskraft beaufschlagten Rade können nur über die Radlagerung, also geometrisch über den Radmittelpunkt M, auf den Radträger bzw. die Radaufhängung übertragen werden, **Bild 5.49**. Es handelt sich dabei um die Radlast F_Z, den Rollwiderstand F_R und andere Widerstandskräfte (Aquaplaningwiderstand!) sowie allgemeine Stoßkräfte F_{St}.

Der Rollwiderstand F_R wird vereinfacht als Längskraft am Rade angenommen, deren Größe mit der Radlast F_Z in Zusammenhang steht. Eine am Radaufstandspunkt angreifende Resultierende aus F_Z und F_R liefe aber an der Radachse vorbei, d. h. sie müßte ein Drehmoment auf das Rad ausüben, Bild 5.49 a, was bei Vernachlässigung der Radlagerreibung nicht möglich ist.

Tatsächlich entsteht ja der Rollwiderstand auf komplexe Art aus der Deformationsarbeit am Reifen und aus Gleitreibungsverlusten innerhalb der Latschfläche. Die Resultierende aus F_Z und F_R muß daher die Radachse schneiden, und die Gleichgewichtsbedingung an einem mit konstanter Drehzahl rollenden Rade lautet $F_R = F_Z l_R / R$. Mit $f_R = l_R / R$ als dimensionslosem „Rollwiderstandsbeiwert" gilt also

$$F_R = f_R F_Z \tag{5.62}$$

Auch beliebig gerichtete Stoßkräfte am frei rollenden Rade können nur über die Radachse übertragen werden, gleichgültig ob sie zentrisch (Bild 5.49 b) oder exzentrisch wirken (c). Eine exzentrische Stoßkraft F_{St} ruft eine Drehbeschleunigung des Radkörpers hervor, und das Kräftepaar $F_{St} \cdot e$ aus der Stoßkraft F_{St} bzw. der gleich großen Summe der Massenbeschleunigungskraft F_{dyn} und der Radlagerkraft F_M hält dem Beschleunigungs-Reaktionsmoment M_{dyn} der Raddrehmasse das Gleichgewicht.

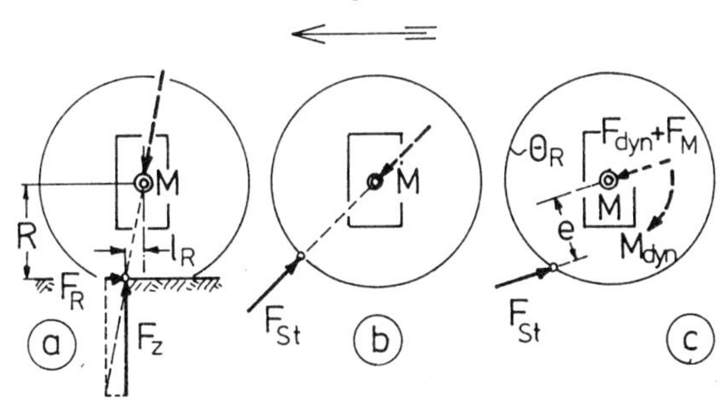

Bild 5.49:
Längskräfte am frei rollenden Rade:
a) Rollwiderstand
b) zentrische und
c) exzentrische Stoßkraft

An den Bildern 5.49 b und c wird deutlich, daß die Stoßwirkung auf den Fahrzeugkörper gemildert werden kann, wenn die Radaufhängung in Richtung der Stoßkraft federnd nachgiebig ausgelegt wird. Dies ist mit Rücksicht auf andere fahrdynamische Anforderungen nur in Grenzen möglich. Als mechanische Kenngröße für die rein kinematische Reaktion der Radaufhängung unter Stoßkräften hat sich der „Schrägfederungswinkel" ε eingebürgert, der die Richtung der momentanen Bewegungsbahn der Radmitte M gegen die Vertikale in der Seitenansicht des Fahrzeugs angibt. Er fällt besonders an der „Teleskop-Gabel" der Motorräder auf, **Bild 5.50** a, kommt aber auch an anderen Radaufhängungen vor wie z.B. dem Längslenker von Bild 5.50b.

Der Schrägfederungswinkel ist an Vorder- wie an Hinterrädern positiv definiert, wenn die Radmitte sich beim Einfedern entgegen der Fahrtrichtung verschiebt, und berechnet sich mit den Komponenten der bei einem reinen Federungsvorgang auftretenden Geschwindigkeit $\mathbf{v}_M$ der Radmitte aus

$$\tan \varepsilon = - v_{Mx} / v_{Mz} \tag{5.63}$$

Da bei allen hochfrequenten Stößen auch Massenkräfte am Rade und der Radaufhängung entstehen, hat der Schrägfederungswinkel für den Fahrkomfort nur geringe Bedeutung und bietet allenfalls bei niederfrequenten Störungen mit großer Amplitude (Geländefahrt!) gewisse Vorteile. Zur Isolation des Fahrzeugkörpers gegenüber hochfrequenten Erregerkräften mit sehr kleinen Amplituden, wie sie auf normaler Fahrbahn ständig vorkommen, trägt er überhaupt nichts bei; dies ist eine Aufgabe für die in allen modernen Radaufhängungen verwendeten gummielastischen Lager für die Lenker und ggf. Zwischen- oder Hilfsrahmen („Fahrschemel").

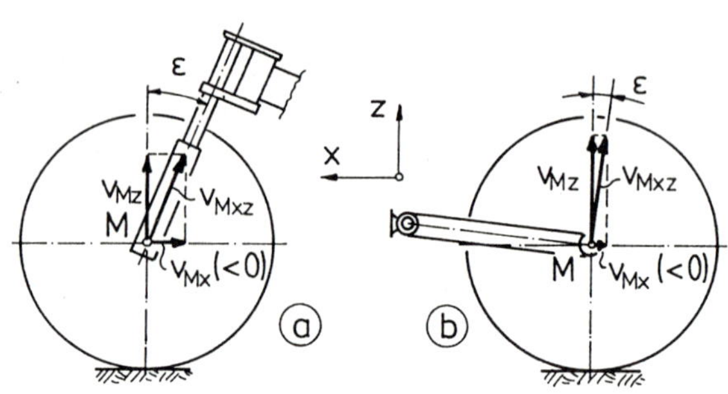

Bild 5.50:
Der Schrägfederungswinkel

6 Antrieb und Bremsung

6.1 Stationärer Beschleunigungs- und Bremsvorgang

Antriebs- und Bremskräfte werden an den Radaufstandspunkten vom Reifen auf die Fahrbahn übertragen; die Massenbeschleunigungs- bzw. -verzögerungskraft des Fahrzeugs greift am Fahrzeugschwerpunkt S an. Daraus entsteht ein Kippmoment am Fahrzeug, das beim Bremsen die Vorderräder zusätzlich belastet bzw. die Hinterräder entlastet und beim Beschleunigen umgekehrt wirkt. Brems- und Antriebsvorgang unterscheiden sich am Gesamtfahrzeug lediglich durch das Vorzeichen der Längsbeschleunigung a_x. Im folgenden wird zunächst ein Bremsvorgang betrachtet.

Die resultierenden Vorder- und Hinterachslasten F'_{zv} und F'_{zh} während des Bremsvorganges, **Bild 6.1**, berechnen sich aus den statischen Gleichgewichtsbedingungen mit der Bremsverzögerung a_x (< 0) zu

$$F'_{zv} = m\,g\,(l - l_v)/l - m\,a_x\,h/l \tag{6.1a}$$

$$F'_{zh} = m\,g\,l_v/l + m\,a_x\,h/l \tag{6.1b}$$

Mit den ausgenutzten Kraftschlußbeiwerten f_v und f_h an der Vorder- und der Hinterachse sind die Bremskräfte

$$F_{xv} = F'_{zv}\,f_v \tag{6.2a}$$

$$F_{xh} = F'_{zh}\,f_h \tag{6.2b}$$

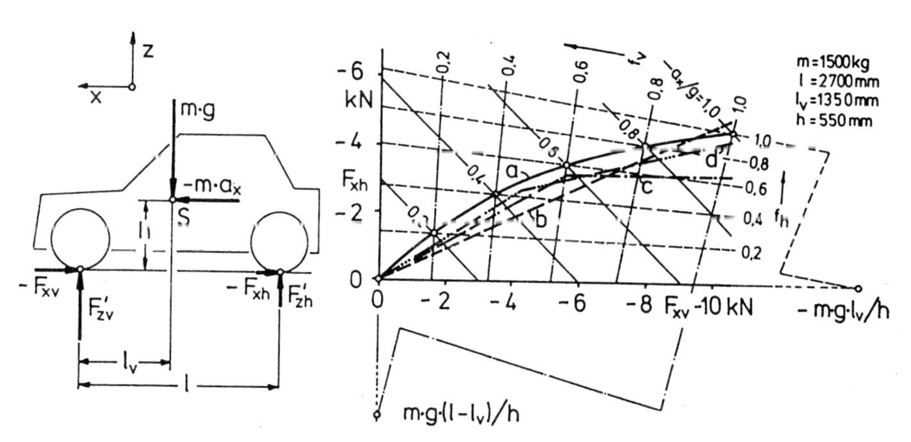

Bild 6.1: Bremsvorgang am Zweiachsfahrzeug

Die Summe der Bremskräfte ist die Massen-Verzögerungskraft

$$F_{xv} + F_{xh} = m\,a_x \tag{6.3}$$

Bei Bremsung sind f_v, f_h und a_x negativ.

Für eine an der Vorder- wie der Hinterachse gleich große Kraftschlußbeanspruchung, d. h. $f_v = f_h$, folgt aus den Gln. (6.1) und (6.2) $f_v = f_h = a_x/g$, und damit werden die Bremskräfte für die „ideale" Bremskraftverteilung

$$F_{xv} = m\,g\,(a_x/g)[(l - l_v)/l - (a_x/g)\,h/l] \tag{6.4a}$$

$$F_{xh} = m\,g\,(a_x/g)[l_v/l + (a_x/g)\,h/l] \tag{6.4b}$$

Dies ist die Parameter-Darstellung einer Parabel $F_{xh}(F_{xv})$ mit dem Parameter a_x/g. In Bild 6.1 ist rechts die „ideale" Bremskraftverteilung für die angegebenen Fahrzeugdaten eines mittleren PKW eingezeichnet (Kurve a). In der Praxis wird meistens aus Sicherheitsgründen eine davon abweichende Bremskraftverteilung gewählt, um zu vermeiden, daß bei Reibwertstreuungen der Bremsbeläge gegenüber der Bremsscheibe oder des Reifens gegenüber der Fahrbahn die Hinterachse überbremst wird bzw. eher blockiert als die Vorderachse, denn bei blockierter Hinterachse steht keine Kraftschlußreserve mehr für die Seitenführung zur Verfügung, und das Fahrzeug wird beim Bremsen zum Ausbrechen neigen. Das heute allgemein verwendete Anti-Blockier-System (ABS) mildert dieses Problem aber erheblich ab.

Zu jedem Beladungszustand des Fahrzeugs gehört selbstverständlich eine andere „ideale" Bremskraftverteilung. Sollen alle Beladungszustände durch eine „feste" installierte Bremskraftverteilung abgedeckt werden, so ist die ungünstigste Konstellation (im allgemeinen das nur mit dem Fahrer allein besetzte Fahrzeug) zugrundezulegen, womit bei höherer Beladung auf mögliche höhere Bremskräfte verzichtet wird. Die Gerade b zeigt eine solche Verteilung, wo die Hinterachs-Bremskraft bis zu den höchsten zu erwartenden Verzögerungen um 0,8 g stets unterhalb der „idealen" Kraft bleibt. Auch ein geknickter Verlauf wird angewandt, im Falle der Kurve c durch Einsatz eines Druckbegrenzungsventils an der Hinterachse und bei der Kurve d durch ein Druckminderventil. Fahrzeuge mit extremen Schwankungen der statischen Hinterachslast, z. B. LKW und Kombiwagen und die meisten Fronttriebler, benützen Druckminderventile, deren Umschaltpunkt je nach statischer Achslast verschoben wird (sogen. „Bremskraftregler").

Durch Eintragung der Linien konstanter Verzögerung (–) a_x und konstanter Kraftschlußbeiwerte wird das Bremskraftverteilungs-Diagramm zu einem Kennfeld erweitert [11]: für a_x/g = const. ergeben sich aus Gl. (6.3) Geraden

$F_{xh}(F_{xv})$, deren Achsenabschnitte jeweils gleich $m a_x$ sind. Mit f_v bzw. f_h = const. folgen aus den Gln. (6.1), (6.2) und (6.3) die Funktionen

$$F_{xv}(1 + f_v h/l) = f_v[mg(l - l_v)/l - F_{xh} h/l] \qquad (6.5a)$$

$$F_{xh}(1 - f_h h/l) = f_h[mg\, l_v/l + F_{xv} h/l] \qquad (6.5b)$$

welche ebenfalls Geraden darstellen; für $F_{xv} = 0$ wird (unabhängig von f_v) $F_{xh} = mg(l - l_v)/h$, d.h. alle Geraden f_v = const. laufen durch diesen Ordinatenpunkt, ferner durch den jeweiligen Schnittpunkt der zugehörigen Geraden a_x/g = const. mit der idealen Bremskraftparabel, wo $a_x/g = f_v = f_h$ ist. Für $F_{xh} = 0$ wird, unabhängig von f_h, $F_{xv} = -mgl_v/h$.

Beim Zweiachsfahrzeug sind die Radlasten während des Bremsvorgangs nur von der Bremsverzögerung a_x, nicht aber von der installierten Bremskraftverteilung abhängig, vgl. G. (6.1). Dies gilt nicht mehr bei Fahrzeugen mit drei und mehr Achsen, wie z. B. dem Sattelzug in **Bild 6.2**. Die Höhen h_K, h_1 und h_2 der Sattelkupplung und der Teil-Schwerpunkte sowie die gewählte Bremskraftverteilung bestimmen die Kupplungskräfte F_{xk} und F_{zk} und damit die dynamischen Belastungen aller drei Achsen.

Die hier für den Bremsvorgang aufgestellten Gleichungen gelten sinngemäß ebenso für den Beschleunigungsvorgang; bei Bremsung ist $a_x < 0$, bei Beschleunigung > 0.

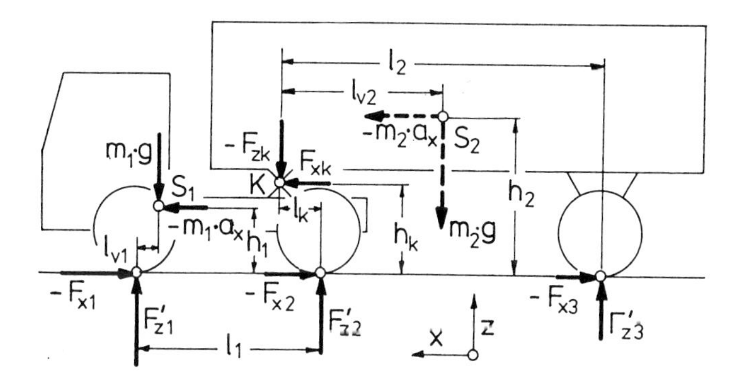

Bild 6.2: Bremsvorgang am Sattelzug

6.2 Antriebs- und Brems-Stützwinkel

6.2.1 Allgemeines

Die Beschleunigungs- oder Bremskräfte greifen in Fahrtrichtung an den Radaufstandspunkten A an. **Bild 6.3** zeigt ein Fahrzeug mit Allradantrieb schematisch in der Seitenansicht bei stationärer Vorwärtsbeschleunigung. Es möge sich vor Beginn des Beschleunigungsvorgangs im statischen Gleichgewicht befunden haben, d.h. die (auf die Radaufstandspunkte reduzierten) Federkräfte entsprachen den Radlasten. Dann genügt es für die Bestimmung des neuen Gleichgewichtszustandes, die entstehenden Zusatzkräfte und ihre Auswirkungen auf die Fahrzeuglage zu untersuchen (angesichts des üblichen Dämpfungsmaßes $D \approx 0{,}3$ nimmt das Fahrzeug nach etwa einer Sekunde die neue stationäre Gleichgewichtslage ein).

Das Verhältnis der vorderen und hinteren Längskräfte an den Radaufstandspunkten ist im allgemeinen konstruktiv festgelegt, im Falle eines Antriebs beider Achsen z.B. durch ein „Verteilergetriebe" und im Falle der Bremsung durch die Dimensionierung der Bremsscheibendurchmesser und der Kolbendurchmesser in den Bremssätteln. Der in Bild 6.3 eingezeichnete Kräfteplan gilt sinngemäß auch für den stationären Bremsvorgang (dort sind dann lediglich die Vorzeichen der Kräfte umzukehren) und ist insofern vereinfacht, als die „ungefederten" und die „rotierenden" Massen der Masse des Gesamtfahrzeugs zugeschlagen wurden. Ferner wurden aerodynamische Kräfte vernachlässigt.

Die Gesamt-Längskräfte F_{xv} und F_{xh} an Vorder- und Hinterachse erzeugen am Fahrzeug die Längsbeschleunigung a_x und die Massenkraft $m a_x$ am Fahrzeugschwerpunkt S. Aus dem Radstand l und der Schwerpunktshöhe h folgen die Achslastverlagerung ΔF_{zv} an der Vorderachse sowie die umge-

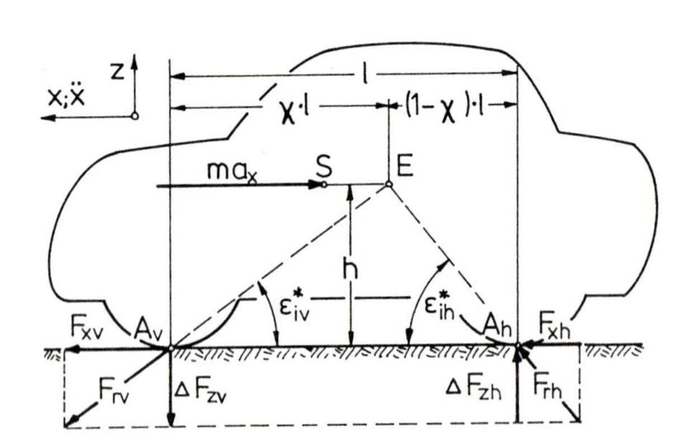

Bild 6.3: Kräfteplan am Fahrzeug bei Beschleunigung

kehrt gleich große Verlagerung ΔF_{zh} an der Hinterachse. Die Resultierenden F_{rv} bzw. F_{rh} aus den Längskräften F_{xv} und F_{xh} und den Achslastverlagerungen $\pm\ \Delta F_{z\,v,h}$ schneiden sich mit der Massenkraft $m a_x$ in Höhe des Schwerpunkts S in einem Punkt E, dessen Lage von der Längskraftverteilung auf die Vorder- und die Hinterachse abhängt. Für einen Längskraftanteil χ der Vorderachse liegt E im Abstand χl hinter derselben. Der Anteil von Vorder- und Hinterachse an der Gesamt-Antriebs- bzw. -Bremskraft wird, wie im Abschnitt 6.1 erwähnt, konstruktiv etwa so festgelegt, daß eine optimale Kraftschlußausnutzung erzielt wird unter Berücksichtigung fahrdynamischer Sicherheitskriterien.

Die resultierenden Zusatzkräfte F_{rv} und F_{rh} an Vorder- und Hinterachse bilden mit der Fahrbahnebene die Winkel ε_{iv}^* und ε_{ih}^*. Im Kapitel 3 war anhand von Bild 3.13 bereits erläutert worden, wie eine Radaufhängung im Zusammenwirken mit der Federung diese Zusatzkräfte aufnimmt. Dabei war als fahrzeugtechnische Kenngröße der „Stützwinkel" ε_B - oder nun allgemeiner: ε^* - eingeführt worden, nämlich der Winkel in der Seitenansicht des Fahrzeugs, unter welchem - bei als „blockiert" angenommener Momentenstütze (Bremse, Antriebsmotor) - die Radaufhängung Kräfte auf den Fahrzeugkörper übertragen kann, ohne daß eine Federkraftänderung erfolgt. Dort wurde auch erklärt, daß dieser Stützwinkel für eine beliebige Radaufhängung aus ihrer Bewegungsgeometrie bestimmt werden kann, indem bei als blockiert betrachteter Momentenstütze eine fiktive Geschwindigkeit $\mathbf{v}_A{}^*$ des Radaufstandspunktes A bei einer fiktiven Ein- oder Ausfederung ermittelt und deren Neigung gegen die Vertikale gemessen wird.

Im Falle der radträgerfesten Bremse von Bild 3.13 bedeutet deren Blockierung, daß der Radaufstandspunkt A momentan als fest mit dem Radträger verbunden anzusehen ist. Seine fiktive Bewegungsbahn beim Ein- oder Ausfedern kann also für die Antriebs- oder Bremskraftstatik am Fahrzeug den Mechanismus der Radaufhängung vertreten, **Bild 6.4**, und an der nun durch eine „Schlitzführung" gleichwertig ersetzten Radaufhängung ist der Kräfteplan leicht aufzustellen (vgl. auch Kap. 3, Abschnitt 3.5):

Die Längskraft F_{xB} steht mit der Horizontalkomponente der Reaktionskraft F_K der Radaufhängung (der Normalkraft zu der unter dem Stützwinkel ε^* geneigten Schlitzführung) im Gleichgewicht,

$$F_K \cos\varepsilon^* = F_{xB}$$

und deren Vertikalkomponente hilft der - auf den Radaufstandspunkt „reduzierten" - Federkraftänderung ΔF_{FA}, die Radlaständerung ΔF_z abzufangen:

$$F_K \sin\varepsilon^* + \Delta F_{FA} = \Delta F_z$$

Aus beiden Gleichungen folgt

$$\Delta F_{FA} = \Delta F_z - F_{xB} \tan \varepsilon^* \tag{6.6}$$

Offensichtlich wird die Federkraftänderung ΔF_{FA} und damit die Einfederung an der Vorderachse beim Bremsvorgang um so geringer, je größer der Stützwinkel ε^* ist.

Bild 6.4 zeigt eine Vorderradaufhängung; wie aus dem Kräfteplan am Gesamtfahrzeug, Bild 6.3, ersichtlich, müßten an einer Hinterradaufhängung die „Schlitzführung" bzw. der Vektor $\mathbf{v}_A{}^*$ zur anderen Seite der Vertikalen hin geneigt sein, um dem dortigen Kräfteplan wirkungsvoll entsprechen zu können. Die Definition der Stützwinkel an der Vorder- und der Hinterachse muß also, im Gegensatz zur Definition des Schrägfederungswinkels (Kap. 5.8), unterschiedlich vorgenommen werden. Ist $\mathbf{v}_A{}^*$ der Vektor der fiktiven Geschwindigkeit des Radaufstandspunktes A bei einem Federungsvorgang unter Annahme einer blockierten Momentenstütze, so ergibt sich der Stützwinkel mit den Komponenten von $\mathbf{v}_A{}^*$ aus

$$\tan \varepsilon^*_{v,h} = \pm v_{Ax}^* / v_{Az}^* \tag{6.7}$$

(das obere Vorzeichen gilt an Vorderrädern).

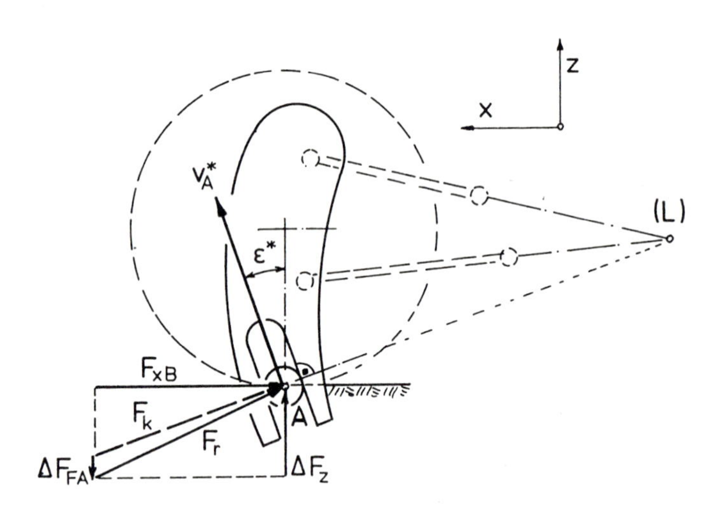

Bild 6.4: Der Brems-Stützwinkel

Eine Ein- oder Ausfederung der Achse während des längsdynamischen Vorgangs wäre offensichtlich völlig unterbunden, wenn in Bild 6.4 die „Schlitzführung" senkrecht zur resultierenden Kraft F_r verlaufen und somit die Federkraftänderung vermieden würde; für $\Delta F_{FA} = 0$ folgt aus Gl. (6.6)

$$\tan \varepsilon^* = \Delta F_z / F_{xB}$$

Dies wäre der „ideale" Stützwinkel für „100% Nickausgleich" [5]. Aus den Maß- und Kräfteplänen in Bild 6.3 folgen die idealen Stützwinkel an der Vorder- bzw. der Hinterachse:

$$\tan \varepsilon_{iv}^* = h/(\chi\, l) \qquad (6.8\,a)$$

$$\tan \varepsilon_{ih}^* = h/\{(1-\chi) l\} \qquad (6.8\,b)$$

Mit einem „idealen" Stützwinkel ε_i^* wäre die Radaufhängung in der Lage, trotz des vorhandenen Freiheitsgrades der Ein- und Ausfederung die jeweilige Resultierende F_r im Zustand des (dann im allgemeinen „labilen") Gleichgewichts aufzunehmen, so daß eine Inanspruchnahme der Federungskraft unnötig wäre. Die tatsächlichen Stützwinkel ε^* der Achsen weichen im allgemeinen aus verschiedenen Gründen von den idealen Stützwinkeln ab, so daß gewisse Federungsbewegungen auftreten.

Der Kräfteschnittpunkt E in Bild 6.3 ist der „Antriebs"- bzw. „Bremsmittelpunkt" [50]. Die Antriebskraftverteilung und damit die Lage des Antriebsmittelpunktes kann je nach Zweckbestimmung des Fahrzeugs sehr unterschiedlich ausfallen; wegen der erwähnten üblichen Auslegung der Bremskraftverteilung liegt dagegen der Bremsmittelpunkt im allgemeinen um so weiter zur Hinterachse hin verschoben, je kopflastiger das Fahrzeug bzw. je näher der Fahrzeugschwerpunkt der Vorderachse ist.

Bei Einachsantrieb (bzw. auch Einachsbremsung), in **Bild 6.5** als Vorderradantrieb gezeichnet, liegt der Punkt E in Schwerpunktshöhe senkrecht über der nicht angetriebenen bzw. gebremsten Achse; der zugehörige „ideale" Stützwinkel wäre dann 90°, was aber nicht realisierbar ist, weil es einer Blockierung der Federung gleichkäme.

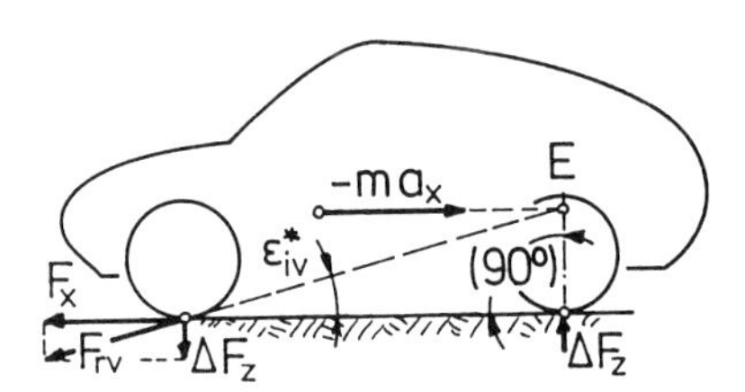

Bild 6.5:
Kräfteplan bei Einachsantrieb

An einem PKW mit 2700 mm Radstand und 550 mm Schwerpunktshöhe ist der ideale Stützwinkel für Einachsantrieb bzw. Einachsbremsung 11° 30' an der angetriebenen bzw. gebremsten Achse; bei Allradantrieb bzw. Allradbremsung mit einem Vorderachsanteil χ = 0,7 (also 70% Vorderachsanteil an der Bremskraft bzw. an der Antriebskraft) werden ε_{iv}^* = 16° 10' bzw. ε_{ih}^* =34° 10'.

6.2.2 Radträgerfeste Momentenstütze

Bei der Einführung der Kenngröße „Stützwinkel" anhand der Bilder 6.3 und 6.4 bzw. 3.13 wurde vorausgesetzt, daß die „Momentenstütze" zur Aufnahme des Antriebs- bzw. Bremsmoments zwischen Radträger und Radkörper angeordnet ist, so daß bei einer „Blockierung" derselben der Radaufstandspunkt als momentaner Radträgerpunkt anzusehen ist. Die in **Bild 6.6** dargestellten Bauarten von Radaufhängungen erfüllen diese Bedingung.

Die „Triebsatzschwinge", Beispiel a, wird vor allem bei leichten Zweiradfahrzeugen angewendet; der Antriebsmotor ist am Radträger befestigt und kann sogar innerhalb der Radschüssel untergebracht sein („Radnabenmotor", z. B. bei hydrostatischem Antrieb).

Wenn das Achsgetriebe in die Brücke einer Starrachse eingebaut ist und eine in Fahrtrichtung angeordnete Gelenkwelle das Antriebsmoment vom Motor zur Achse überträgt, Beispiel b, so erfolgt bei paralleler Ein- oder Ausfederung keine Verdrehung dieser Gelenkwelle gegenüber der Achse, und damit stehen auch die Zahnräder im Achsgetriebe still. - Die längs eingebaute Gelenkwelle an der Starrachse erzeugt allerdings ein Wankmoment M_D zwischen Achse und Fahrzeugkörper, **Bild 6.7**a, das eine zusätzliche Radlastverlagerung von einer Fahrzeugseite zur anderen hin und damit eine Beschränkung der übertragbaren Leistung mit sich bringt, sofern keine Differentialsperre vorgesehen ist. Abhilfe könnte durch eine außermittig plazierte Momentenstrebe („Schwert") nach Bild 6.7b geschaffen werden; für $e = d/i$ mit i als Getriebeübersetzung ergäben sich gleich große Radlasten unter dem Antriebsmoment M_D. Eine solche Maßnahme hätte aber, wenn - wie anzunehmen ist - auch das Bremsmoment an der Achsbrücke abgestützt wird, nun eine unterschiedliche Radlastverteilung beim Bremsen zur Folge, was erst recht unerwünscht ist.

Die Bremse wird heute im allgemeinen am Radträger abgestützt, wie an der Einzelradaufhängung in Bild 6.6c gezeigt, da am Fahrzeug gelagerte und über Gelenkwellen mit den Rädern verbundene Bremsen im Durchmesser begrenzt und auch steinschlaggefährdet sind und die Gelenkwellen eine Drehelastizität in den Bremsmechanismus einbringen, die angesichts der Schwingungsanregungen durch Regelsysteme wie „ABS" schädlich wäre.

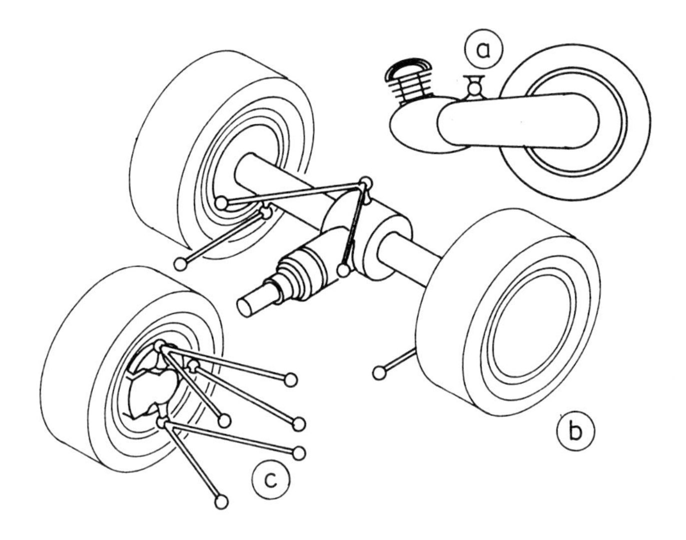

Bild 6.6: Radträgerfeste Antriebs- bzw. Bremsmomentenstützen

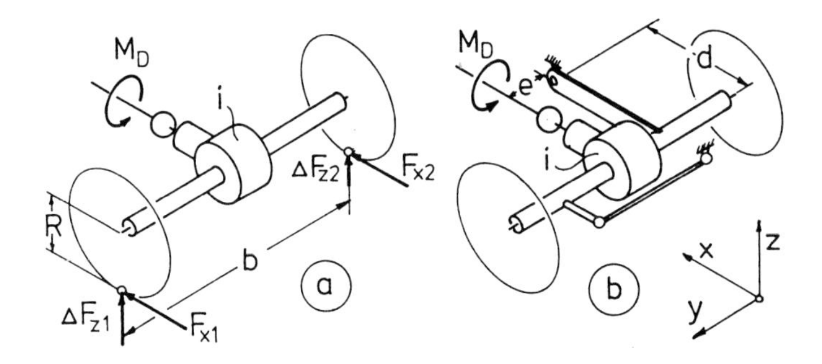

Bild 6.7: Starrachse mit Winkelgetriebe

Die Geometrie einer Radaufhängung wird nach verschiedenen Kriterien ausgelegt; dabei kann es vorkommen, daß der Brems-Stützwinkel unberücksichtigt bleiben muß. In solchen Fällen läßt sich durch eine drehbare Lagerung der Bremsmomentenstütze am Radträger und eine Beeinflussung ihrer Bewegung beim Ein- und Ausfedern Abhilfe schaffen. **Bild 6.8** zeigt für ein Hinterrad, wie bei einer nicht näher beschriebenen Radaufhängung mit gegebenem Längspol L bzw. mit bekannter Einfederungsrichtung (v) der Radmitte senkrecht zum Polstrahl ein eigener „Längspol" L_B für die drehbare Momentenstütze mit Hilfe einer - hier etwa vertikal angeordneten - Bremsstrebe erzeugt wird. Bei als blockiert angenommener Bremse wird der

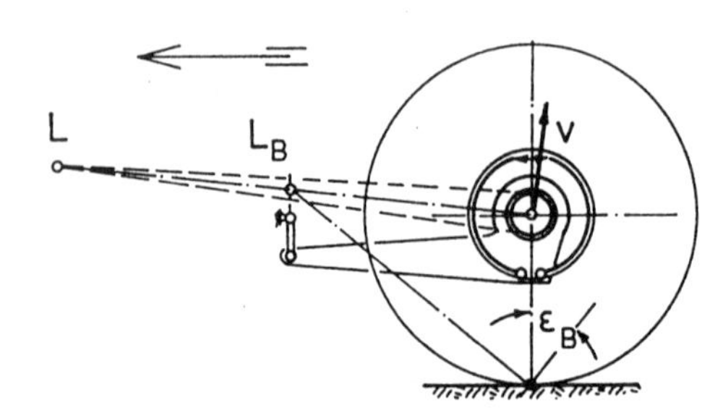

Bild 6.8: Drehbar gelagerte Momentenstütze

Radaufstandspunkt starr mit der Momentenstütze verbunden (dies ist bei Anwendung der in Kap. 3 beschriebenen Verfahren zu beachten!), und der Längspol L_B bestimmt den Brems-Stützwinkel ε_B.

Aus dem Schrägfederungswinkel ε, unter welchem die Radmitte beim Einfedern entgegengesetzt der Fahrtrichtung ausweicht, vgl. Abschn. 5.8, und dem Stützwinkel ε^* läßt sich in der Fahrzeug-Seitenansicht ein „Längspol" definieren, wie am Beispiel eines Vorderrades in **Bild 6.9** gezeigt: der Polabstand ergibt sich aus den unter den Winkeln ε an der Radmitte bzw. ε^* am Radaufstandspunkt angetragenen Polstrahlen, die zu den Geschwindigkeitsvektoren $\mathbf{v}_M$ bzw. $\mathbf{v}_A{}^*$ senkrecht stehen, mit dem Reifenradius R zu

$$p = R/(\tan\varepsilon^* \pm \tan\varepsilon) \tag{6.9}$$

(das obere Vorzeichen gilt für Vorderräder) und hat besonders bei gelenkten Rädern wesentliche Bedeutung für die Lenkgeometrie, denn beim Ein- oder Ausfedern und damit beim Schwenken des Radträgers um den Längspol L verändern sich der Nachlaufwinkel τ und die Nachlaufstrecke n, was sich am Lenkrad störend bemerkbar machen kann. Bei größeren PKW werden deshalb Nachlaufwinkeländerungen von mehr als ca. 2...3° je 100 mm Federweg vermieden. Der Längspolabstand p setzt also an lenkbaren Rädern Grenzen für den Stützwinkel ε^*, es sei denn, man nimmt einen negativen Schrägfederungswinkel ε in Kauf.

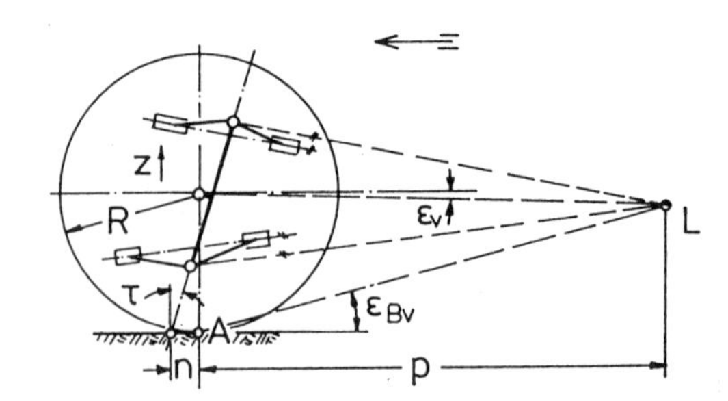

Bild 6.9: Längspol und Nachlaufänderung

Die Vorderradgabeln der Motorräder weisen im Vergleich zu den Radaufhängungen der Zweispurfahrzeuge im allgemeinen als Besonderheit eine umgekehrte Reihenfolge der Anordnung des Lenk- und des Federungsmechanismus auf, **Bild 6.10**. Die Radaufhängung, hier eine kurze „geschobene" Kurbel K (sogen. „Kurzschwinge"), wird beim Lenken mit dem Rade geschwenkt, der „Steuerkopf" (welcher dem Achsschenkelbolzen mit der „Spreizachse" beim Auto entspricht) befindet sich zwischen der Radaufhängung und dem Motorradrahmen. Hier kann bei geschickt gewählter Lage des Längspols die Änderung von Nachlaufwinkel und Nachlaufstrecke über dem Radhub gering gehalten werden. In Bild 6.10 wurde der Längspol L* durch eine drehbare Lagerung des Bremsankers BA auf der Radachse M und die Führung desselben durch eine Bremsstrebe BS erzielt. Damit ist die Bremsmomentenstütze BA allerdings nicht mehr fest mit dem Radträger, nämlich der Kurbel K, verbunden. – Ähnliche Maßnahmen findet man gelegentlich auch an Radaufhängungen für Zweispurfahrzeuge, vgl. Bild 6.8. Die nicht mehr verwendete „Dubonnet-Achse" (vgl. Kap. 12, Bilder 12.2 und 12.3) zeigt zudem eine mit der Motorradgabel vergleichbare Grundanordnung von Lenkzapfen und Radaufhängung und kann daher für einen guten Bremsnickausgleich ohne wesentliche Nachteile bei der Lenkgeometrie ausgelegt werden (für $\varepsilon = \tau$ wird $dn/ds = 0$).

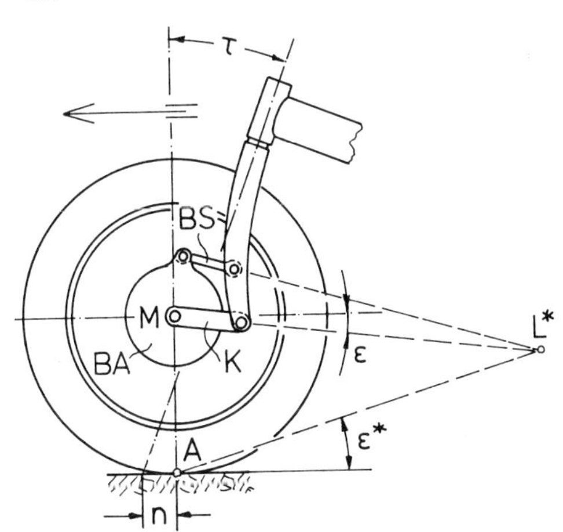

Bild 6.10: Motorradgabel = Radaufhängung mit „gefedertem" Lenkzapfen

Bei der Anwendung des Arbeitssatzes für die Bestimmung des Stützwinkels ist, wie schon gelegentlich des Bildes 6.8 bemerkt, auch an der Motorradgabel nach Bild 6.10 bzw. bei einer Dubonnet-Achse der Bremsanker momentan anstelle des Radträgers K als „fest mit dem Rade verbunden" zu betrachten bzw. zu modellieren.

6.2.3 Fahrgestellfeste Momentenstütze

An nahezu allen Einzelradaufhängungen für angetriebene Räder wird im Gegensatz zu den bisher betrachteten Beispielen das Antriebsmoment (aus bereits geschilderten Gründen nur noch selten auch das Bremsmoment) von einer fahrzeugfesten Momentenstütze aus über im wesentlichen quer zur Fahrtrichtung angeordnete Gelenkwellen auf das Rad übertragen, **Bild 6.11**, Beispiel a.

Gleiches gilt für die bereits 1893 in der Absicht, die „ungefederten" Massen zu reduzieren und die Straßen zu schonen, erfundene „De-Dion-Achse", Bild 6.11b, eine „leichte" Starrachse. Sie wurde häufig als Hinterachse für schnelle und sportliche Fahrzeuge verwendet und kam in den 20er Jahren sogar als Vorderachse von Rennwagen zum Einsatz. Ihr Hauptvorteil ist die Vermeidung der unsymmetrischen Radlastverteilung, die sich bei normalen angetriebenen Starrachsen unter dem Drehmoment der längsliegenden Gelenkwelle einstellt, vgl. Bild 6.7.

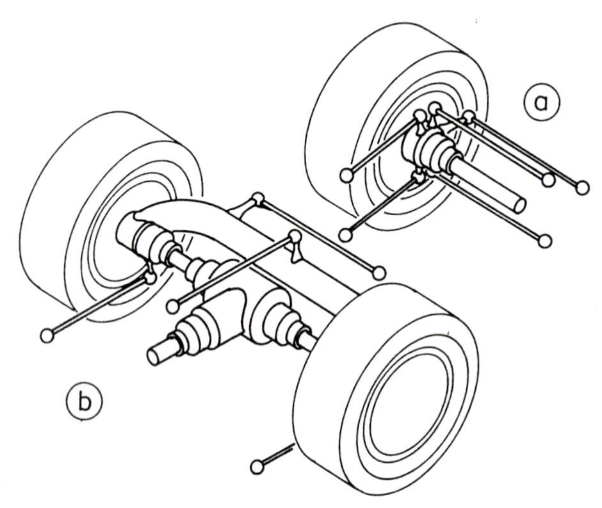

Bild 6.11: Fahrzeugfeste Momentenstützen und Gelenkwellenantrieb

Wenn bei derartig angetriebenen Radaufhängungen wieder der Arbeitssatz zur Untersuchung des Federungsverhaltens unter Antriebs- oder Bremskraft verwendet werden soll, d.h. die Bestimmung einer fiktiven Geschwindigkeit des Radaufstandspunktes unter Annahme einer blockierten Momentenstütze, so wird am Beispiel der einfachen Längslenkeraufhängung von **Bild 6.12** sofort klar, daß sich ein anderer Bewegungsablauf ergeben wird als in Bild 6.4 bzw. 3.13.

Die am inneren Ende als festgehalten angenommene Gelenkwelle verhindert, daß der Radkörper beim Ein- oder Ausfedern mit dem Radträger K, nämlich dem Längslenker, um dessen fahrgestellseitige Drehachse d schwenkt. Der Radkörper wird über seine Radlagerung im Längslenker im Raume auf einer gekrümmten Bahn, und zwar der der Radmitte M, parallel verschoben. Der Radaufstandspunkt A ahmt in der Fahrzeug-Seitenansicht die Bewegung der Radmitte M nach. Folglich ist auch seine fiktive Geschwindigkeit $v_A{}^*$ in der Seitenansicht der Geschwindigkeit v_M der Radmitte gleichgerichtet, und der Antriebs-Längspol liegt im Unendlichen.

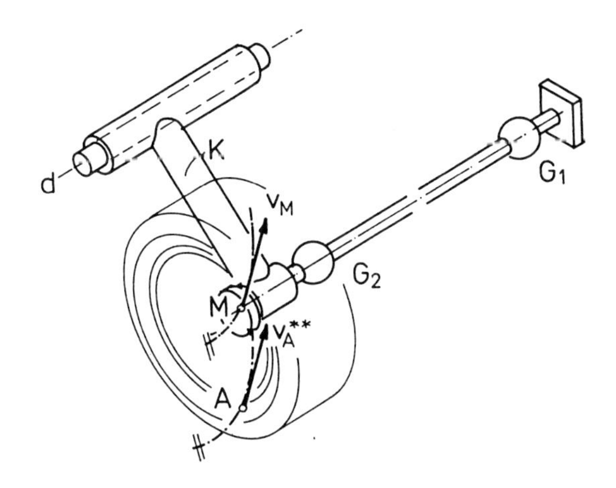

Bild 6.12: Längslenkerachse; Bewegungszustand bei Gelenkwellentrieb

Die Geschwindigkeit v_M der Radmitte definiert aber den Schrägfederungswinkel ε (vgl. Kap.5, Bild 5.50). Es ist also zu erwarten, daß der Stützwinkel dem Betrage nach etwa gleich dem Schrägfederungswinkel ausfallen wird.

Im folgenden mögen die kinematischen Parameter, die aus der Vorstellung einer blockierten fahrzeugfesten Momentenstütze abgeleitet sind, zur Unterscheidung von denen bei radträgerfester Momentenstütze durch einen Doppel-Stern (**) gekennzeichnet werden, d. h. die fiktive Geschwindigkeit des Radaufstandspunktes mit $\mathbf{v}_A{}^{**}$ und der Stützwinkel mit ε^{**}.

Die translatorische Bewegung des mit dem Radkörper verbundenen Gelenkwellenendes in dem um seine Achse d schwenkenden Längslenker von Bild 6.12 wird durch eine Relativverdrehung der Radwelle in den Radlagern ermöglicht. In diesem Falle würde aber bei Vorhandensein eines Vorgelegegetriebes im Radträger eine Drehzahländerung des Radkörpers relativ zum Gelenkwellenende erfolgen, d. h. eine zusätzliche Drehbewegung in der Fahrzeugseitenansicht, wodurch, wie später gezeigt wird, der Stützwinkel erheblich beeinflußt werden kann.

Für die Bestimmung des Antriebs- oder Bremsstützwinkels wird wieder die jeweilige Momentenstütze, also der Motor oder die Bremse, als „blokkiert" betrachtet und der momentane Geschwindigkeitszustand des Radkörpers beim Ein- und Ausfedern untersucht. Die Berechnung des Geschwindigkeitsplans am Radträger erfolgt entsprechend Kap. 3, Abschnitt 3.4, und der Einfluß der Gelenkwelle wird gemäß Abschnitt 3.6 berücksichtigt. Mit der Kenntnis des Geschwindigkeitsvektors $\mathbf{v}_M$ der Radmitte M und der Winkelgeschwindigkeit $\boldsymbol{\omega}_R$ des Radkörpers ist dessen fiktiver Bewegungszustand bei als blockiert angenommener Momentenstütze beschrieben, so daß auch die fiktive Geschwindigkeit $\mathbf{v}_A^{**}$ des Radaufstandspunktes berechnet werden kann. Aus deren Komponenten wird analog Gleichung (6.7) der Stützwinkel für den Fall der Gelenkwellen-Kraftübertragung ermittelt:

$$\tan \varepsilon_{v,h}^{**} = \pm \; v_{Ax}^{**}/v_{Az}^{**} \tag{6.10}$$

(das obere Vorzeichen gilt an Vorderrädern).

Wenn in den Radträgern der Radaufhängung Vorgelege-Untersetzungsgetriebe eingebaut sind, wird in gleicher Weise verfahren.

Vorgelege-Untersetzungsgetriebe am Radträger werden bei Nutzfahrzeugen und Geländewagen angewandt, um entweder das „ungefederte" Gewicht der Antriebsteile zu verringern oder um durch einen Höhenversatz der Antriebswelle gegenüber der Radachse die Bodenfreiheit zu vergrößern.

Solange das Vorgelegegetriebe in der Achsbrücke einer nicht lenkbaren Starrachse eingebaut ist, die auch das Winkelgetriebe trägt und über eine längsliegende Gelenkwelle angetrieben wird, hat es keine Auswirkungen auf die Stützwinkel, da bei blockiertem Motor die längsliegende Gelenkwelle und alle Wellen in der Achsbrücke (= dem Radträger) stillstehen, also auch die des Vorgelegegetriebes, so daß die Achsbrücke selbst als Momentenstütze erscheint. Die Berechnung der Stützwinkel erfolgt dann unmittelbar aus den Parametern $\mathbf{v}_M$ und $\boldsymbol{\omega}_K$ der Achsbrücke.

Ist dagegen das radträgerfeste Vorgelegegetriebe über etwa querliegende Gelenkwellen mit einem fahrzeugfesten Achsgetriebe verbunden, **Bild 6.13**, so treten die in Kap. 3, Abschnitt 3.6 beschriebenen Relativbewegungen zwischen dem Radträger und den Wellen im Vorgelegegetriebe auf, und die Winkelgeschwindigkeit $\boldsymbol{\omega}_R$ ist entsprechend Gleichung (3.34) zu berechnen, um nach Gleichung (3.35) die fiktive Geschwindigkeit $\mathbf{v}_A^{**}$ des Radaufstandspunktes bei blockierter Momentenstütze und daraus nach Gleichung (6.10) den Stützwinkel ε^{**} zu erhalten.

Auch aus dem Stützwinkel ε^{**} kann entspr. Gl. (6.9) unter Mitwirkung des Schrägfederungswinkels ε ein „Pol" in der Fahrzeug-Seitenansicht berechnet werden, nun aber nicht mehr für den Radträger, sondern für den

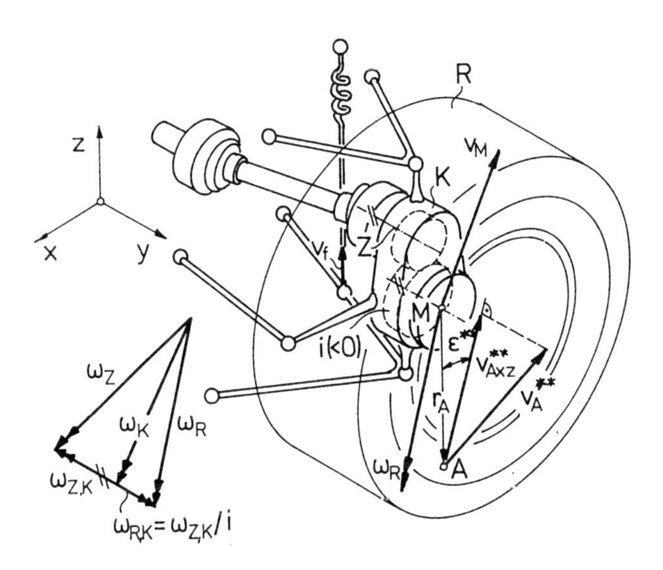

Bild 6.13: Einzelradaufhängung mit Gelenkwellenantrieb und Vorgelegegetriebe (schematisch)

Körper des Fahrzeugrades allein. Das Zustandekommen eines solchen Pols zeigt **Bild 6.14** anschaulich an zwei „ebenen" Radaufhängungen, nämlich einer Räderkastenschwinge (a), welche konzentrisch zu einer fahrzeugfesten Antriebswelle gelagert ist, oder einem Radträger mit innerem Vorgelegegetriebe und querliegender Gelenkwelle (b).

Im Beispiel a laufen Fahrzeugrad und Antriebsritzel gleichsinnig um, d. h. bei blockiert gedachter Antriebswelle, also stillstehendem Ritzel, würde das Fahrzeugrad gegenüber der Schwingen-Winkelgeschwindigkeit ω_K eine

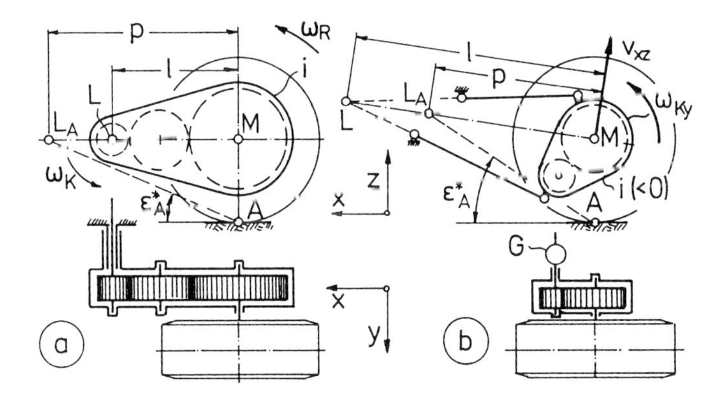

Bild 6.14: Vorgelegeuntersetzung und Antriebs-Momentanpol des Radkörpers

rückwärtsdrehende Relativ-Winkelgeschwindigkeit $\Delta\omega_R = \omega_K/i$ erhalten, also eine Absolutwinkelgeschwindigkeit $\omega_R = \omega_K(i-1)/i$, und der Polabstand folgt aus $\omega_R p = \omega_K l$ zu

$$p = l \cdot i/(i-1) \tag{6.11}$$

($i > 0$ für gleichen Drehsinn von Ritzel und Rad). Allgemein ist der Polabstand des Radträger-Längspols L aus der xz-Komponente der Radmittengeschwindigkeit und der y-Komponente der Radträger-Winkelgeschwindigkeit berechenbar, d.h. es ist $l = v_{Mxz}/\omega_K$, und damit wird aus Gleichung (6.11)

$$p = \frac{v_{Mxz}}{\omega_K} \cdot \frac{i}{i-1} \tag{6.12}$$

Eine mit Bild 6.14a vergleichbare Anordnung gab es an einem Lastkraftwagen. Eine starre Hinterachsbrücke trug an jeder Seite ein um die Querachse pendelnd gelagertes Gehäuse, das hintereinander zwei Räder in Tandemanordnung führte (vgl. Kap. 2, Abschnitt 2.3.4), welche über Zahnradkaskaden von einer Welle in der Achsbrücke angetrieben wurden [13].

Eine Drehrichtungsumkehr führt zu einer erheblichen Verkürzung des Polabstandes p, wie bei dem Zweiwellen-Vorgelege nach Bild 6.14b. Weitere Beispiele s. [30].

Eine querliegende Gelenkwelle ohne Vorgelegegetriebe ist gewissermaßen ein Getriebe mit der Übersetzung $i = 1$, womit nach Gl. (6.11) $p = \infty$ wird und der Zusammenhang zwischen Bild 6.14 und Bild 6.12 hergestellt ist.

6.2.4 Sonderfälle

Mit einer querliegenden Gelenkwelle, die nur ein einziges (inneres) Wellengelenk trägt, das auf der Drehachse zwischen Radträger und Fahrgestell liegt und evtl. sogar ein Gelenk der Radaufhängung bildet, wurde in Form der Pendel- oder Schrägpendelachse viele Jahrzehnte lang eine besonders einfache Form der angetriebenen Einzelradaufhängung angewandt, **Bild 6.15**.

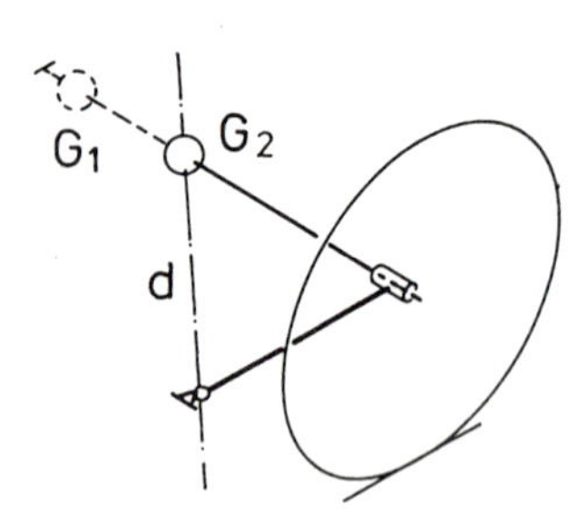

Bild 6.15:
Angetriebene Schrägpendelachse (schematisch)

Die rechnerische Untersuchung der Antriebsgeometrie kann mit den gleichen Formeln wie im Abschnitt 3.6 erfolgen, indem z. B. das einzige Wellengelenk als „äußeres" Gelenk (Nr. 2 in Bild 3.20) angesehen wird und eine fiktive Fortsetzung der Gelenkwelle ins Fahrzeuginnere, dort mit einem „inneren" Gelenk 1, simuliert wird. - Wenn ein Wellengelenk, wie in Bild 6.15, auch als Gelenk der Radaufhängung dient, hier eines aus einem Längsarm und der Radwelle gebildeten Schrägpendels, so kann es praktisch nur als Kardangelenk- mit den damit verbundenen Nachteilen - ausgeführt werden, da die üblichen Gleichlaufgelenke für eine Übertragung hoher Axialkräfte wenig geeignet sind.

Der Räderkastenschwinge von Bild 6.14 a entspricht sinngemäß die Pendelachse nach **Bild 6.16**, wo das Tellerrad eines Winkelgetriebes mit dem Radträger und der Radachse mitschwenkt und mit dem in der Pendeldrehachse angeordneten Antriebsritzel kämmt, so daß also gegenüber Bild 6.15 hier auch das letzte verbliebene Wellengelenk eingespart wird.

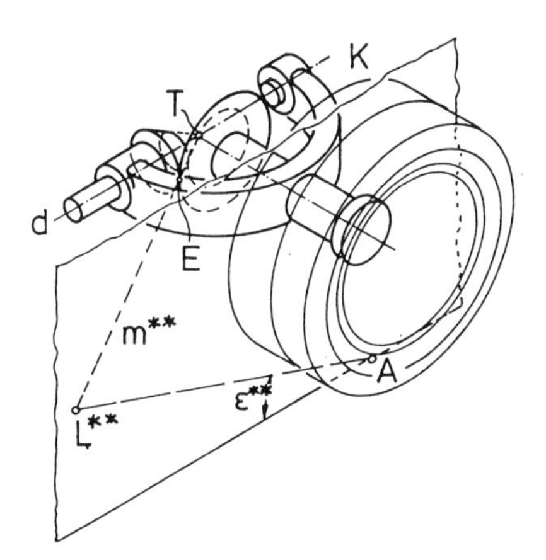

Bild 6.16: Pendelachse mit abwälzendem Kegelradantrieb

Hier ist das Achsgetriebe nicht mehr als „fahrgestellfest" anzusehen, da sich gewissermaßen eine Hälfte desselben, nämlich der das Tellerrad tragende Gehäuseteil, beim Ein- und Ausfedern bewegt. Bei der Analyse des Stützwinkels ist also ein „radträgerfestes" Vorgelegegetriebe zu berücksichtigen. An Bild 6.16 ist die Geometrie der Kraftübertragung anschaulich leicht zu erkennen: bei als „blockiert" angenommenem Motor steht auch das Ritzel des Winkelgetriebes still, so daß das mit der Radwelle verbundene Tellerrad momentan im Eingriffspunkt E der Verzahnung abwälzen muß; da ferner der Schnittpunkt T der Pendel-Drehachse d mit der Radwelle ständig in Ruhe ist, verläuft die Momentanachse m^{**} der fiktiven Radbewegung bei blockierter Momentenstütze durch E und T und schneidet die Längsvertikalebene durch den Radaufstandspunkt A im Antriebs-Längspol L^{**}. Der

Polstrahl L^{**} – A steht senkrecht zum (nicht dargestellten) Geschwindigkeitsvektor des Radaufstandspunktes und bildet mit der Fahrbahnlinie den Antriebs-Stützwinkel ε^{**}. Die Momentanachse m^{**} ist „radträgerfest" und damit der Stützwinkel über dem Federweg annähernd konstant.

Die vereinfachte Betrachtungsweise in Bild 6.16 gilt nur für das dargestellte „zentrische" Winkelgetriebe ohne Wellenversatz.

Mit den in Abschnitt 3.6 gegebenen Gleichungen läßt sich auch dieses System kinematisch einwandfrei untersuchen, indem das „äußere" Wellengelenk G_2 (dort als Nr. 2 bezeichnet) in den Schnittpunkt Radachse/Pendelachse gelegt wird – bei Hypoidversatz HV, wie in **Bild 6.17** angedeutet, ist dann der äußere Wellenstummel um HV gegen die Radachse zu versetzen – und ein fiktives „Wellenmittelstück" um 90° abgewinkelt in die fahrzeugseitige Drehachse d des Pendels gelegt und um ein fiktives Gelenk G_1 ergänzt wird, wobei die Untersetzung des Kegelradtriebs als „Vorgelegeuntersetzung" i berücksichtigt wird.

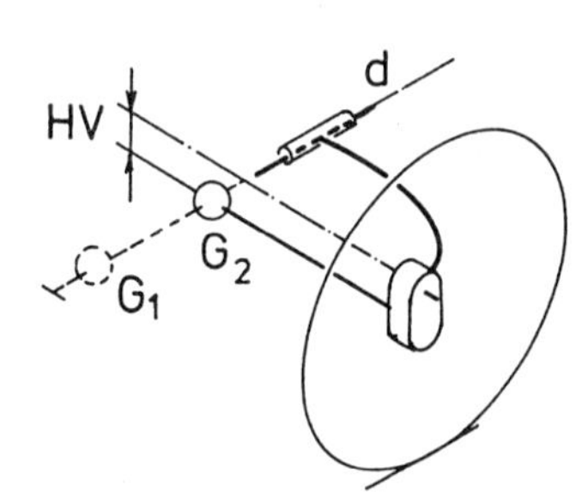

Bild 6.17:
Kinematisches Ersatzmodell der Pendelachse nach Bild 6.16

Die Pendelachse nach Bild 6.16 zeigt einen merklichen Antriebs-Stützwinkel, obwohl der Schrägfederungswinkel jeder Pendelachse um 0° liegt. Da aber bei dieser Achsbauart meistens das Ritzel einer Fahrzeugseite vor, das der anderen dagegen hinter der Radachse angeordnet wird, haben die beiden Räder einer Achse umgekehrt gleich große positive bzw. negative Stützwinkel. Im Ergebnis ist der Gesamt-Stützwinkel der Achse Null, und es wird lediglich ein Wankmoment induziert mit der Folge einer unsymmetrischen Radlastverteilung wie z. B. bei einer Starrachse nach Bild 6.7a.

An Motorrädern wird noch heute vorwiegend der Kettenantrieb verwendet, und zwar fast immer in Kombination mit einer Schwingenaufhängung (entsprechend der Längslenker-Aufhängung des Autos), **Bild 6.18**. Wenn die Bremse sich an der Schwinge abstützt, ist deren Drehpunkt auch der Pol L_B für die Bremsung, und der Polstrahl $L_B A$ ist gegen die Fahrbahnebene unter dem Brems-Stützwinkel ε_B geneigt.

Von Triebsatzschwingen (vgl. Bild 6.6a) abgesehen, ist der Antriebsmotor im allgemeinen fest mit dem Fahrzeugrahmen verbunden. Wird er zwecks

Bestimmung des Antriebs-Stützwinkels, wie bisher geübt, als „blockiert" betrachtet, so steht auch das motorseitige Kettenritzel still. Bei einer Einfederungsbewegung wird das Hinterrad nun effektiv an einer „Getriebekette" geführt, die aus der Hinterradschwinge und dem oberen, unter Antriebskraft gespannten Kettentrumm besteht. Der Antriebs-Längspol $L_A{}^*$ liegt im Schnittpunkt der Schwinge und des oberen Kettentrumms und bestimmt den Antriebs-Stützwinkel ε_A. Bei Motorbremsung ergibt sich - mit dem dann gespannten unteren Kettentrumm - dementsprechend ein Längspol L_{MB}^* und ein zugehöriger Stützwinkel ε_{MB}. Hier gibt es also insgesamt drei Stützwinkel.

Wenn anstelle der Längsschwinge in Bild 6.18 ein aufwendigerer Mechanismus als Radaufhängung verwendet wird, z. B. ein Doppelkurbelgetriebe, so ist für die Bestimmung der Pole $L_A{}^*$ und $L_{MB}{}^*$ der Polstrahl ML_B durch die Verbindungslinie der Radmitte mit dem Längspol der betreffenden Radaufhängung zu ersetzen [30].

Die Motorradschwinge mit Kettenantrieb weist eine gewisse Verwandtschaft mit der Räderkastenschwinge von Bild 6.14a auf. Wäre die Schwingendrehachse (Längspol L_B) konzentrisch zur Ritzelachse angeordnet (was gelegentlich so gemacht wurde, aber, abgesehen von der vermiedenen Kettenlängenänderung beim Durchfedern, ohne Vorteil für den Stützwinkel und die Ketten- und Reifenbeanspruchung), so wäre das System dem von Bild 6.14a gleichwertig, nur mit einem „inneren" Kettentrieb statt eines Zahnradsatzes zur Untersetzung. Da die Radien der Kettenräder die Untersetzung bestimmen, ergäbe sich dann auf der verlängerten Mittellinie der Schwinge der Antriebspol nach dem Strahlensatz und in völliger Übereinstimmung mit Gleichung (6.11).

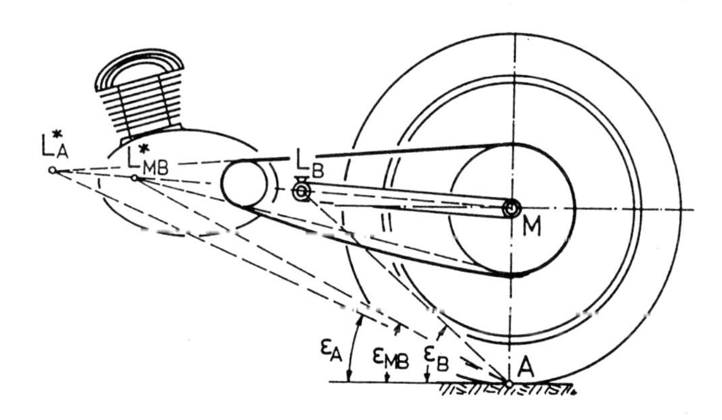

Bild 6.18: Stützwinkel bei Kettenantrieb

6.2.5 Effektiver Stützwinkel

In den vorhergehenden Abschnitten wurde an einer Reihe von Beispielen die Bestimmung von Stützwinkeln für Umfangskräfte am Rade beschrieben. Unabhängig von der konstruktiven Ausführung des Kraft- und Momenten-Übertragungsstranges sei als allgemeingültige und stets zum Ziel führende Methode zur Ermittlung eines Stützwinkels festgehalten:

Der Stützwinkel ist der Neigungswinkel des fiktiven Geschwindigkeitsvektors des Radaufstandspunktes gegen die Vertikale in der Fahrzeug-Seitenansicht, der sich bei einem Federungsvorgang einstellt, für welchen die dem betreffenden Belastungsfall zugeordnete Momentenstütze als blockiert betrachtet wird; er ist positiv, wenn sich der Radaufstandspunkt beim Einfedern an einem Vorderrad nach vorn und an einem Hinterrad nach hinten verschiebt.

Dabei sind sowohl ein Anfahr- als auch ein Brems-Stützwinkel für eine Anordnung der Momentenstütze zwischen Rad und Radträger (Radbremse; Radnabenmotor; Triebsatzschwinge) nach Gl. (6.7) zu berechnen; es gilt also für den Antriebs-Stützwinkel

$$\varepsilon_A = \varepsilon^*$$

bzw. für den Brems-Stützwinkel

$$\varepsilon_B = \varepsilon^*$$

Für eine Momentenstütze am Fahrzeugkörper und Antrieb oder Bremsung über Gelenkwellen ist Gl. (6.10) anzuwenden, und dann gilt

$$\varepsilon_A = \varepsilon^{**} \qquad \text{bzw.} \qquad \varepsilon_B = \varepsilon^{**}$$

Da die Stützwinkel für Vorder- bzw. Hinterachsen bisher stets bezogen auf das Koordinatensystem des Fahrzeugkörpers berechnet wurden, muß bei einer als Reaktion auf die Längsbeschleunigung bzw. -verzögerung sich einstellenden Nickbewegung des Fahrzeugs der Nickwinkel ϑ berücksichtigt werden, um die effektiven Stützwinkel in Bezug auf die Fahrbahnebene zu erhalten, **Bild 6.19**. Sind ε^* bzw. ε^{**} die fahrzeugbezogenen Stützwinkel nach den Gln. (6.7) oder (6.10), so ergeben sich die fahrbahnbezogenen effektiven Stützwinkel zu

$$\varepsilon^*_e = \varepsilon^* \pm \vartheta \quad \text{bzw.} \quad \varepsilon^{**}_e = \varepsilon^{**} \pm \vartheta \qquad (6.13\,\text{a,b})$$

(das obere Vorzeichen gilt an Vorderrädern).

Die Stützwinkel geben die Richtungen der momentanen Führungsbahnen der Radaufstandspunkte beim Ein- und Ausfedern unter Annahme einer blockierten Momentenstütze an und wurden in Bild 6.19, wie schon in Bild 6.4

gehandhabt, vereinfachend durch Führungsschlitze am Fahrzeugkörper realisiert, in denen die Radaufstandspunkte beim Federungsvorgang gleiten können. Senkrecht zu diesen Führungsschlitzen sind „Führungskräfte" F_k von beliebiger Größe übertragbar, ohne daß die Fahrzeugfederung beansprucht wird. An den Kräfteplänen in Bild 6.19 erkennt man anschaulich die Funktion der Stützwinkel. Die Federkraftänderungen ΔF_{FA} sind an Vorder- und Hinterachse deutlich geringer als die „dynamischen" Achslaständerungen ΔF_z und betragen nur etwa zwei Drittel derselben; man spricht daher von einem „Nickausgleich" (hier: einem Bremsnickausgleich) von etwa 30% an jeder Achse (zum Begriff „Nickausgleich" sei angemerkt, daß dieser keine „Kenngröße" der Radaufhängung ist daß seine Größe vom Stützwinkel **und** vom Kräfteplan am Fahrzeug, also dessen Abmessungen, abhängt; eine Achse mit gegebenem Stützwinkel wird in Fahrzeugen mit großem oder kleinem Radstand unterschiedliche Nickwinkel bewirken). – Die auf den Radaufstandspunkt reduzierte Federkennlinie ist an der „Fahrzeug-Vertikalen" orientiert, die nun um den Nickwinkel ϑ nach vorn geneigt ist; aus den Gleichgewichtsbedingungen folgen die Federkraftänderungen am Vorderrad (oberes Vorzeichen) und am Hinterrad:

$$\Delta F_{FA\,v,h} = \frac{\Delta F_z - F_{x\,v,h} \tan \varepsilon_e^*}{\cos \vartheta \pm \sin \vartheta \tan \varepsilon_e^*} \qquad (6.14)$$

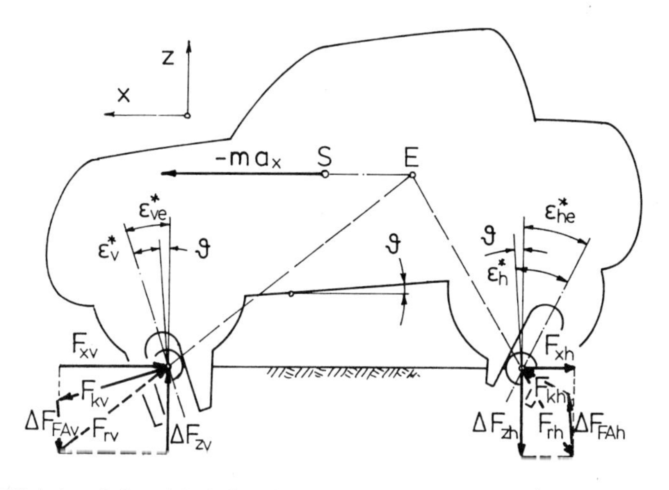

Bild 6.19: Effektive Stützwinkel; Bestimmung der Fahrzeuglage (Bremsvorgang)

Die Berechnung der Fahrzeuglage muß im allgemeinen über eine Integration erfolgen, da die mit der Federungs- und Nickbewegung meistens einhergehenden Veränderungen der Stützwinkel und der Federraten zu berücksichtigen sind [35].

6.3 Anfahr- und Bremsnicken

6.3.1 Statisches und dynamisches Anfahr- und Bremsnicken

Bild 6.20 zeigt links den Verlauf des vorderen und hinteren Federwegs s_v bzw. s_h und des Nickwinkels ϑ eines gebremsten Fahrzeugs mit den angegebenen Fahrzeughauptdaten und mit linearer Federung sowie konstanten fahrzeugbezogenen Brems-Stützwinkeln (jeweils ca. 50% „Bremsnickausgleich") bei stationärer Bremsung über der Verzögerung a_x. Wegen der Überlagerung der Stützwinkel durch den zunehmenden Nickwinkel nimmt der Einfederweg an der Vorderachse degressiv zu, vgl. Bild 6.19, der Ausfederweg an der Hinterachse dagegen progressiv; der Nickwinkel verläuft etwa linear. Rechts ist das Verhalten des Fahrzeugs bei plötzlichem Einsatz einer Bremsverzögerung von 0,5 g über der Zeit dargestellt. Da im ersten Augenblick das Gleichgewicht zwischen Radlast, Bremskraft, Federkraft und kinematischer Stützkraft (F_k in Bild 6.19!) noch nicht vorhanden ist, kommt es zu einer Überschwingung etwa mit der Nick-Eigenfrequenz des Fahrzeugs, und erst am Ende der ersten Vollschwingung pendelt sich dieses auf die stationären Werte ein.

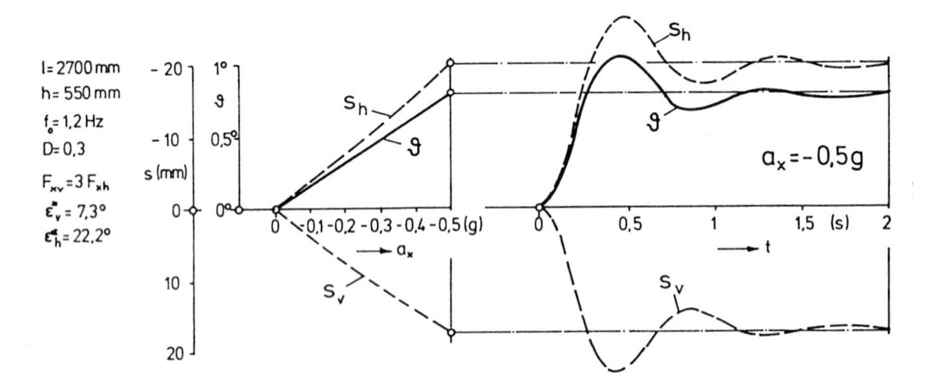

Bild 6.20: Statisches und dynamisches Bremsnicken

Ist der vorhandene Stützwinkel größer als der „ideale" für 100% Nickausgleich, so bedeutet dies eine Überkompensation der äußeren Zusatzkräfte, d.h. das Fahrzeug wird bei Bremsung an der Vorderachse angehoben usw. Je wirksamer der Nickausgleich, desto geringer die Fahrzeugbewegung auch bei instationären Längskraftänderungen; wichtig ist bei hohem Nickausgleich die gute Funktion der Dämpfer, um auf unebener Fahrbahn ein „Stempeln" der Räder bei scharfer Bremsung oder ruckartiger Beschleunigung zu vermeiden. Vorteile des Anfahr- und Bremsnickausgleichs sind:

- Vermeidung des Durchschlagens der Federung, damit Erhalt der auslegungsgemäßen Federweichheit und des auslegungsgemäßen Dämpfungsmaßes sowie eines ausreichenden Restfederweges bei Anfahr- oder Bremskraft auch auf unebener Fahrbahn
- Verringerung der Fahrzeugbewegungen, also Verbesserung des Komforts und der Fahrsicherheit bei Beschleunigungs- oder Bremsvorgängen (z. B. beim „Lastwechsel" in der Kurve)
- angesichts der geringeren Gefahr des Durchschlagens der Federung die Möglichkeit, insgesamt eine weichere Federungsabstimmung vorzusehen, so daß die absoluten Dämpferkräfte bei gleichbleibendem Dämpfungsmaß niedriger gehalten werden können.

Durch Anfahr- oder Bremsnickausgleich werden aber **nicht**, wie manchmal vermutet wird, die dynamischen Radlastverlagerungen zwischen Vorder- und Hinterachse aufgehoben!

Als Nachteil des Nickausgleichs wird gelegentlich ein subjektiv „härteres" Ansprechen der Federung genannt, was zunächst im schnelleren Aufbau der Längsbeschleunigung bzw. -verzögerung am Fahrzeug (geringere Energieverluste durch Abschwächung des Einschwingvorgangs) seine Erklärung finden könnte. Bei vielen Radaufhängungen ist aber tatsächlich eine Wechselwirkung zwischen Längskräften und der Federung gegeben, vgl. später im Abschnitt 6.3.5. Ein evtl. negativer Schrägfederungswinkel kommt dagegen heute angesichts der elastischen Lagerungen der Radaufhängungen als Grund kaum noch in Betracht.

Bei Fahrzeugen mit veränderlicher Bremskraftverteilung, z. B. Motorrädern, wo im allgemeinen die Vorder- und die Hinterräder unabhängig voneinander gebremst werden, ist anzustreben, daß der vorgesehene Stützwinkel nicht größer festgelegt wird als der „ideale" Stützwinkel für den ungünstigsten Fall, nämlich die Bremsung nur eines Rades, um eine Überkompensation der Nickbewegung zu vermeiden.

Dem Ein- und Ausfedern der Räder bei Bremsung oder Beschleunigung wird nur durch die geschilderten kinematischen Maßnahmen sinnvoll und wirksam begegnet. Eingriffe in die Raddämpfung während des Bremsvorgangs verzögern die Federungsbewegungen nur unwesentlich und ändern nichts an den stationären Endwerten, sie bringen lediglich den Nachteil der Überdämpfung (Springen auf schlechter Fahrbahn). Eingriffe in die Federung, z. B. durch Nachregelung von Gasfedern, haben im allgemeinen eine nachteilige Erhöhung der Federrate zur Folge (damit Unterdämpfung) und setzen eine Schnelligkeit des Ansprechens der Regelung voraus, wie sie bei üblichen Niveauregelsystemen nicht gegeben und nur durch ein „aktives Federungssystem" zu erreichen ist.

Das dynamische Überschwingen wie in Bild 6.20 und der Nickwinkel sind nur vermeidbar, wenn sowohl an der Vorder als auch an der Hinterachse je 100% Nickausgleich vorgesehen werden.

Da kinematische Maßnahmen gegen das Anfahr- und Bremsnicken praktisch nur an angetriebenen bzw. gebremsten Rädern getroffen werden können, ist bei Einachsantrieb bzw. Einachsbremsung eine Nickbewegung nicht zu vermeiden, abgesehen von der wohl eher theoretischen Lösung, die Momentenstütze (z. B. das Achsgetriebe der angetriebenen Achse) schwenkbar zu lagern und ihr Reaktionsmoment über ein Gestänge auf die Aufhängung des nicht angetriebenen bzw. gebremsten Rades zu übertragen.

Bremskraftregler werden im allgemeinen abhängig von den Achslasten gesteuert, z. B. durch Messung des Federwegs bei mechanischen oder des Gasdruckes bei hydropneumatischen oder Gasfedern. Wenn an der betreffenden Achse ein vollständiger Bremsnickausgleich verwirklicht ist, wird eine dynamische Zusatzradlast von der Federung nicht wahrgenommen; in diesem Falle kann der Bremskraftregler nur die statischen Achslasten berücksichtigen (oder er muß über die Bremsverzögerung beeinflußt werden).

6.3.2 Einachsantrieb und Einachsbremsung

Die Feststellbremse („Handbremse") wirkt im allgemeinen nur auf eine Fahrzeugachse, und zwar wegen der einfacheren Ansteuerung meistens auf die nicht gelenkte Hinterachse. Nur mit diesem Bremsaggregat sind bei modernen Fahrzeugen, von Motorrädern und -rollern abgesehen, noch Einachsbremsungen möglich. Dabei gibt es zwei typische Fälle, nämlich einmal einen echten Verzögerungsvorgang (Notbremsung bei Ausfall der „Betriebsbremse", heute wegen der üblichen Zweikreis-Auslegung derselben unwahrscheinlich) und zum anderen den Versuch des Anfahrens mit versehentlich angezogener Handbremse.

Wie bereits weiter oben erwähnt, erfordert ein guter Bremsnickausgleich an einer Hinterachse einen Bremsstützwinkel von ca. 20...35°. Wenn an einer so ausgerüsteten Hinterachse die Momente der Betriebsbremse und der Feststell- oder Handbremse in gleicher Weise abgestützt sind (z.B. beidemal am Radträger), so ist bei Bremsung der Hinterachse allein der installierte Stützwinkel erheblich größer als der für die Einachsbremsung „ideale" Winkel, **Bild 6.21** (vgl. auch Bild 6.5). Das Fahrzeug wird also bei

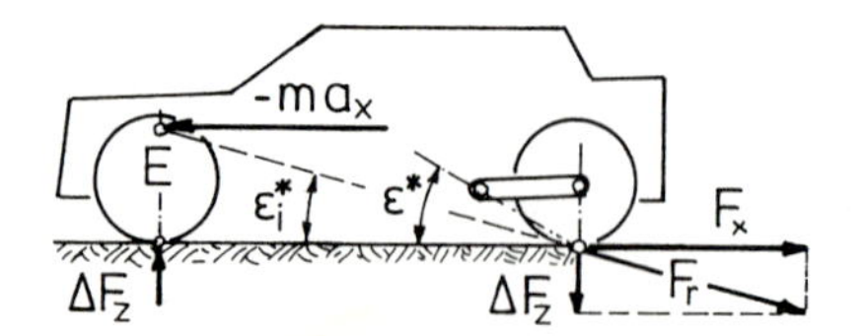

Bild 6.21:
Handbremsbetätigung an einer Hinterachse mit ca. 100% Bremsnickausgleich

einer Bremsung über die Hinterradbremse allein nicht nur erwartungsgemäß an der Vorderachse, sondern auch an der Hinterachse erheblich einfedern; der Einfederweg an den Hinterrädern kann sogar größer ausfallen als der an den Vorderrädern. - Ein sehr ähnliches Verhalten zeigt sich, wenn bei einem Fahrzeug mit Vorderradantrieb und angezogener Hinterrad-Handbremse angefahren wird.

Dieser Vorgang hat nichts mit den ausgeprägten Federungsbewegungen zu tun, die man an hinterradgetriebenen Fahrzeugen mit Längs- oder Schräglenkerhinterachse (oder jeder anderen Aufhängung mit geringem Längspolabstand) beobachten kann, wenn versucht wird, mit angezogener Handbremse anzufahren. Hier wird das über die Gelenkwelle zum Rade geleitete Antriebsmoment M_A durch die Bremse „abgefangen" und als Bremsmoment $M_B{}^*$ auf den Radträger umgeleitet, **Bild 6.22**, wo angesichts des geringen Polabstandes ein beachtlich großes Kräftepaar aus einer Federkraftänderung $\Delta F_{FA}{}^*$ und einer vertikalen Reaktionskraft $F_z{}^*$ an der Radaufhängung entsteht. Die resultierende Vortriebskraft F_x am Radaufstandspunkt bleibt in diesem Falle Null.

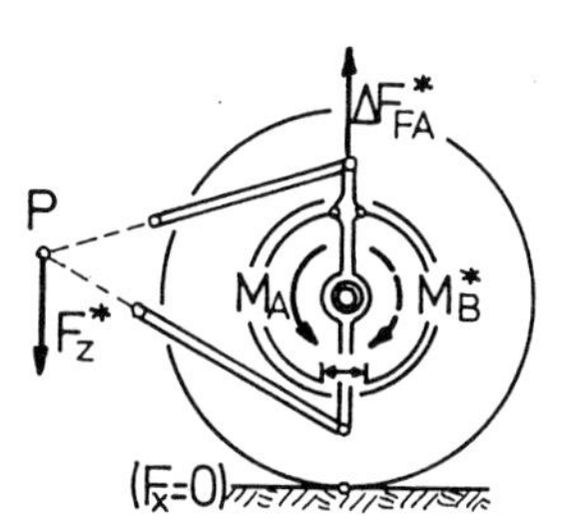

Bild 6.22:
Anfahren mit angezogener Handbremse

Ein ähnlicher Effekt entsteht bei der Anwendung von Antriebsschlupf-Regelsystemen, wenn die Drehbeschleunigung der Radmasse über die Bremsanlage beeinflußt wird. Die mittel- bis hochfrequenten Bremsmomentschwankungen regen den Fahrzeugkörper bei geringem Längspolabstand zu fühlbaren Hub-, Nick- und Wankschwingungen an. Die Nickanregung wird theoretisch vemieden, wenn der Längspol in der Seitenansicht des Fahrzeugs beim Fahrzeugschwerpunkt liegt.

Wie bereits erwähnt, ist bei Einachsantrieb, z.B. Hinterachsantrieb, eine Beeinflussung der Federungsbewegung nur an der angetriebenen Achse selbst möglich. **Bild 6.23** zeigt die Federwege an einem Fahrzeug mit Hinterradantrieb über der Anfahrbeschleunigung, wobei die Hinterachse einmal mit ca. 55% Nickausgleich (a), einmal mit „idealem" Anfahr-Stützwinkel berechnet wurde (b). Die Federwege an der Vorderachse werden von den Maßnahmen an der Hinterachse praktisch nicht berührt. Trotz der nahezu völlig

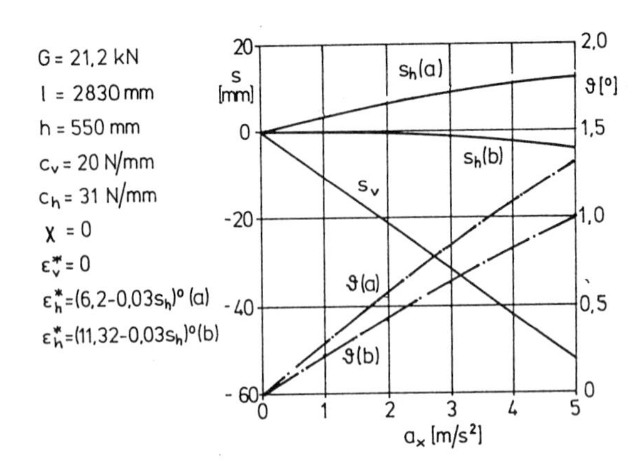

Bild 6.23:
Hinterachsantrieb mit ca. 55% (a) und 100% Nickausgleich

unterdrückten Federungsbewegung an der Hinterachse bei idealer Bremskraftabstützung (b) baut sich wegen des unveränderten Ausfederweges der Vorderachse ein Nickwinkel auf, der noch etwa drei Viertel des Nickwinkels im Falle a erreicht. Von einem „Nickausgleich" kann also nur bedingt die Rede sein. Konstruktive Maßnahmen an einer einzelnen Achse wirken sich eben nur anteilig auf das Gesamtfahrzeug aus. Die in der englischen Fachsprache gebräuchlichen Ausdrücke „anti-dive", „anti-squat", „anti-lift" usw. geben daher den Sachverhalt wirklichkeitsnäher wieder.

Um einen Nickwinkel des Fahrzeugs auch bei Einachsantrieb weitgehend zu vermeiden, wurde vorgeschlagen, an der angetriebenen Achse einen übergroßen Stützwinkel vorzusehen, der über dem „idealen" Stützwinkel liegt und somit eine gleichsinnige Federungsbewegung an beiden Achsen erzwingt, d. h. Ausfedern bei Hinterradantrieb oder Einfedern bei Vorderradantrieb [50]. Zu derartigen Maßnahmen ist anzumerken, daß bei der Auslegung der Achsgeometrie auch andere Belastungsfälle als der einfache der stationären Beschleunigung in Erwägung gezogen und sicher beherrscht werden müssen, wie z. B. der umgekehrte Vorgang der instationären Motorbremsung (abruptes Schalten in die niedrigere Gangstufe).

6.3.3 Kraftübertragung durch Gelenkwellen

Eine abgewinkelte Gelenkwelle in der Kraftübertragung zwischen einem fahrzeugfesten Achsgetriebe und dem Rade beeinflußt den Geschwindigkeitsplan an der Radaufhängung, wie in Kap. 3, Abschnitt 3.6 erläutert.

Oft ist bereits in der „Konstruktions"- oder „Normallage" der Radaufhängung ein Beugewinkel an den Wellengelenken vorhanden; zumindest ergibt sich aber ein solcher beim Ein- und Ausfedern des Rades. An **Bild 6.24** wird die Auswirkung eines Gelenkwellen-Beugewinkels auf den Antriebs-Stützwinkel an einer Schräglenker-Hinterachse untersucht [41].

Für die Gelenkwellen„pfeilung" 0° in Konstruktionslage (a) ergibt sich als Antriebs-Stützwinkel ε_A nahezu über den gesamten Federweg hinweg der Schrägfederungswinkel ε. Dies ist verständlich, da die Gelenkwelle praktisch (bei als blockiert angenommenem Hinterachsgetriebe) die Verdrehung der Radscheibe in der Seitenansicht unterbindet, so daß alle Punkte des Rades die Bewegung der Radmitte parallelverschoben nachahmen, vgl. auch Bild 6.12. Da der betrachtete Schräglenker sich in der Konstruktionslage in einer fahrbahnparallelen Ebene befinden soll, ist der Schrägfederungswinkel und damit der Stützwinkel dort 0° und sinkt beim Einfedern entsprechend der zunehmenden Neigung des Schräglenkers ab.

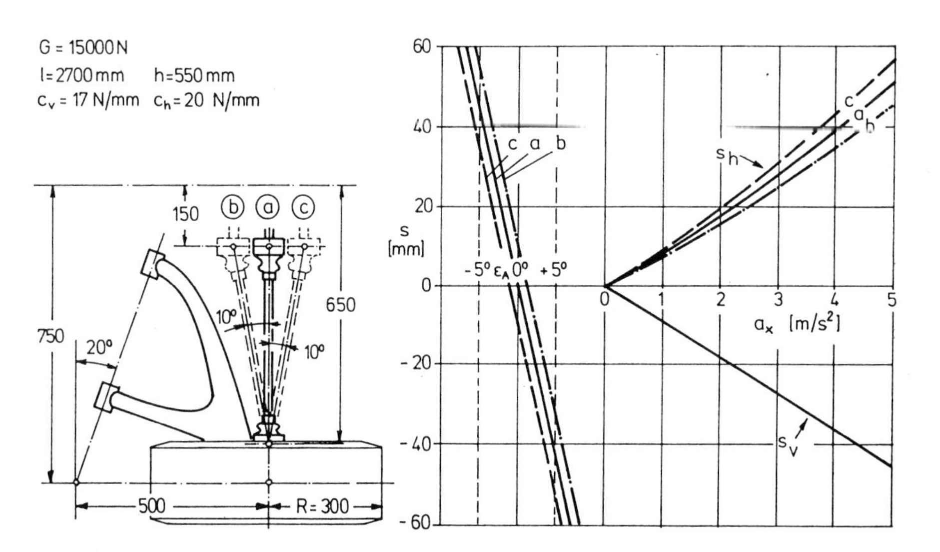

Bild 6.24: Einfluß der Gelenkwellenpfeilung auf den Stützwinkel

Ist die Gelenkwelle nach vorn-innen gepfeilt (b), so entsteht in Konstruktionslage ein geringer positiver Stützwinkel, dessen Verlauf über dem Federweg der Neigung des Schräglenkers in der Seitenansicht folgt, also gegenüber dem Stützwinkel des Beispiels a parallel versetzt verläuft. Dementsprechend bewirkt eine umgekehrte Pfeilung nach hinten-innen, Beispiel c, einen negativen Stützwinkel in Konstruktionslage. In allen drei Fällen sinkt der Stützwinkel mit wachsendem Einfederweg ab, was für den Fall des Hinterradantriebs – wo eine Einfederung beim Beschleunigen zu erwarten ist – einen „degressiven" Verlauf bedeutet.

Die Auswirkungen der Gelenkwellenpfeilung auf das Federungsverhalten beim Beschleunigungsvorgang sind offensichtlich von untergeordneter Bedeutung, zumal die hier angenommenen (Dauer-) Pfeilungen von ± 10° bereits erhebliche Probleme mit der Lebensdauer der Wellengelenke aufwerfen würden.

Die Überprüfung eines echten Längslenkers (also mit exakt quer zur Fahrtrichtung angeordneter Drehachse) unter den gleichen Bedingungen wie in Bild 6.24 führt zu dem Ergebnis, daß die Pfeilung der Gelenkwelle hier überhaupt keine Auswirkung auf den Antriebs-Stützwinkel hat.

Die übersichtlichen Bewegungsverhältnisse an einer „ebenen" Schräglenker-Hinterachse erlauben eine einfache und anschauliche Erklärung für dieses Verhalten, **Bild 6.25**. Unter Anwendung der in Kap. 3, Abschnitt 3.6 gewonnenen Erkenntnisse über die Relativverdrehungen der Radachse im Radträger unter dem Einfluß einer Gelenkwelle beim Ein- oder Ausfedern des Rades und als „blockiert" angesehener Momentenstütze ist in der Draufsicht Π''' der Achse, wenn ein Vorspurwinkel des Rades vernachlässigt wird, zu erkennen, daß die Vektoren sowohl der Relativ-Winkelgeschwindigkeit $\boldsymbol{\omega}_W$ des Gelenkwellen-Mittelstücks gegenüber dem als stillstehend betrachteten getriebeseitigen Wellenende als auch die Relativ-Winkelgeschwindigkeit $\omega_{R,W}$ der Radwelle gegenüber dem Gelenkwellen-Mittelstück unter dem halben Beugewinkel gegen die Fahrtrichtung angestellt sind und damit zueinander parallel liegen (die Gelenkwelle befindet sich in „Z-Stellung", vgl. Bild 3.16 in Kap. 3). Wegen $\boldsymbol{\omega}_R = \boldsymbol{\omega}_W + \boldsymbol{\omega}_{R,W}$ muß also auch die Absolut-Winkelgeschwindigkeit $\boldsymbol{\omega}_R$ des Radkörpers unter dem halben Beugewinkel gegen die Fahrtrichtung angestellt sein. Da in dem einfachen Beispiel die Radachse und die

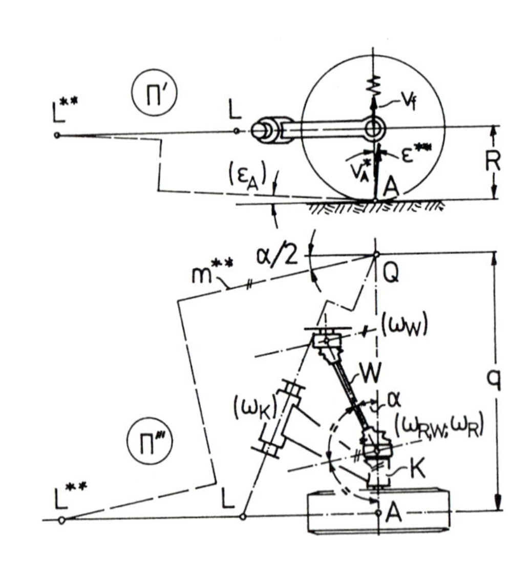

Bild 6.25:
Analyse der Radbewegung einer Schräglenkerachse unter Annahme einer blockierten Gelenkwelle

Drehachse des Schräglenkers sich im „Querpol" Q schneiden, letzterer somit ein fahrzeugfester Punkt der Radachse ist, verläuft die Momentanachse m^{**} des Rades für den Federungsvorgang bei blockiert gedachter Momentenstütze und Gelenkwellenübertragung parallel zu $\boldsymbol{\omega}_R$ durch diesen Querpol. Der Längspol L^{**} liegt dann im Abstand $q/\tan(\alpha/2)$ vor der Radmitte und hat für die horizontale Stellung des Schräglenkers im Seitenriß Π' die Höhe des Reifenradius R über der Fahrbahn. Demnach liefert die Gelenkwelle einen Beitrag zum Antriebs-Stützwinkel von

$$\Delta\varepsilon_A \approx (R/q)\tan(\alpha/2) \qquad (6.15)$$

und der wirksame Stützwinkel ε_A ergibt sich annähernd durch Addition des Schrägfederungswinkels ε und des Gelenkwellenbeitrags $\Delta\varepsilon_A$.

Bei einem reinen Längslenker wäre $q = \infty$, und damit verschwindet nach Gl. (6.15) der Einfluß der Gelenkwelle.

Bild 6.26 zeigt für einen gegebenen Reifenradius R und zwei Gelenkwellen-Pfeilungswinkel α den Stützwinkelzuwachs $\Delta\varepsilon_A$ in Abhängigkeit vom Querpolabstand q, berechnet nach Gl. (6.15).

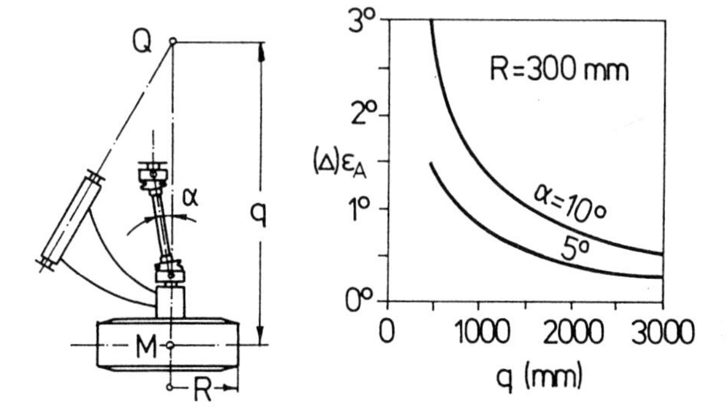

Bild 6.26: Gelenkwellenpfeilung und Stützwinkel

6.3.4 Vorgelege-Untersetzungsgetriebe am Radträger

Ein Vorgelege-Untersetzungsgetriebe am Radträger einer über Gelenkwellen angetriebenen Achse oder Radaufhängung verändert die Relativ-Winkelgeschwindigkeit der Radachse gegenüber dem Radträger und kehrt u.U. sogar deren Vorzeichen um, vgl. Kap. 3, Abschnitt 3.6 [30]. Damit ist auch bei einer reinen Längslenker-Aufhängung eine erhebliche Auswirkung auf den Antriebs-Stützwinkel zu erwarten, weil die Relativverdrehung der Vorgelege-Eingangswelle im Längslenker unter Annahme eines blockierten Hinterachsgetriebes umgekehrt gleich der Schwenkung des Längslenkers in der Fahrzeug-Seitenansicht ist.

In **Bild 6.27** sind die Antriebs-Stützwinkel ε_A sowie die Federwege über der Anfahrbeschleunigung für die gleiche Radaufhängung wie in Bild 6.24 dargestellt unter Annahme eines Gelenkwellen-Beugewinkels $\alpha = 0°$ in Konstruktionslage und verschiedener Untersetzungen von radträgerfesten Vorgelegegetrieben.

Für i = 1 (keine Untersetzung) ergeben sich natürlich die gleichen Verhältnisse wie im Beispiel a von Bild 6.24.

Mit einer Vorgelege-Untersetzung i = 2 (wobei i > 0 für gleichsinnig drehende Eingangs- und Ausgangswelle im Getriebe) wächst der Antriebs-Stützwinkel auf den beachtlichen Wert von ca. 16° in Konstruktionslage und liegt damit über dem „idealen" Winkel für einen normalen PKW, was sich sofort durch eine Ausfederungsbewegung des Hinterrades beim Beschleunigen des Fahrzeugs bemerkbar macht.

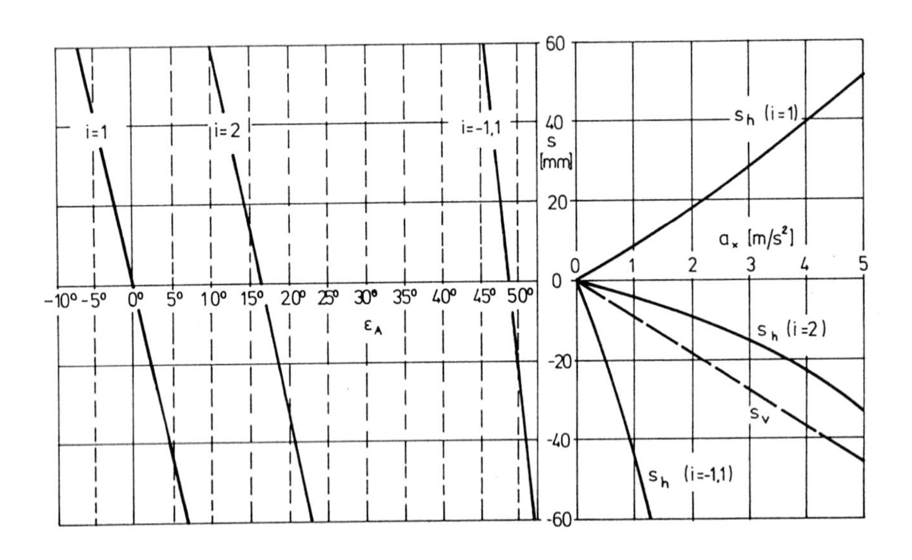

Bild 6.27: Stützwinkel und Anfahrnicken der Achse von Bild 6.24, jedoch mit Vorgelege

Ein Vorgelegegetriebe mit Drehrichtungsumkehr (hier mit der Untersetzung i = - 1,1) führt zu einem Antriebs-Stützwinkel von fast 50° und zu einem instabilen Federungsverhalten mit wachsender Anfahrbeschleunigung: schon bei einer Beschleunigung von ca. 2 m/s^2 wird das Fahrzeugheck um ca. 100 mm, also etwa den üblichen konstruktiv vorgesehenen Maximal-Ausfederweg, nach oben gestoßen (hierbei ist allerdings zu berücksichtigen, daß eine derartige Auslegung des Antriebsstranges bei weich gefederten PKW kaum zu erwarten ist und eher für Gelände- und Nutzfahrzeuge mit höherem Schwerpunkt und steiferer Federung in Frage kommt).

Auch diese Ergebnisse lassen sich anschaulich erklären, wenn nach Gleichung (6.11) und analog zu Bild 6.14 für verschiedene Vorgelege-Untersetzungen die Lagen des effektiven Antriebs-Längspols L^* an einer Längslenker-Hinterachse berechnet werden, **Bild 6.28**. Diese Pole sind nicht fahrzeugfest, sondern praktisch fest mit dem Längslenker verbunden (allgemein ausgedrückt: sie liegen stets auf der Verbindungslinie der Radmitte M und des Längspols L der Radaufhängung, hier also des Längslenkerdrehpunkts). Im Bild sind maßstäblich die Längspole L^* für einige Untersetzungen eingezeichnet. Ersichtlich hat die Drehrichtungsumkehr im Vorgelege bei einer Untersetzung $i < 0$ sehr große Stützwinkel zur Folge; die beginnende Ausfederung bei Beschleunigung vergrößert die Stützwinkel weiter ggf. bis zu einem instabilen Zustand. Die Untersetzung $i = \infty$ bedeutet, daß auch bei beliebiger Motordrehzahl keine Drehung des Rades erfolgen kann; damit ist der Radkörper praktisch radträgerfest und der Längspol L der Radaufhängung zugleich Antriebs-Langspol.

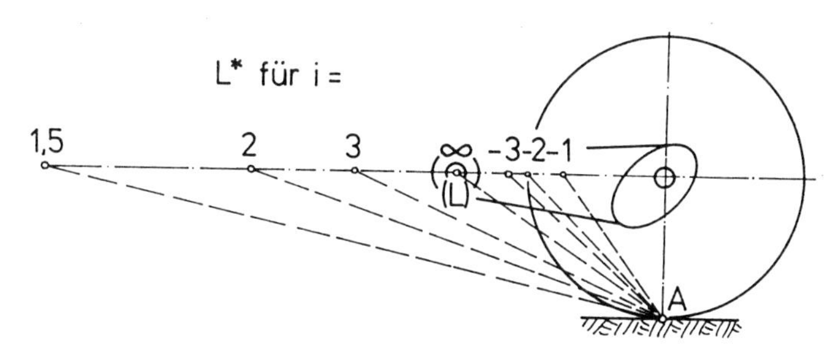

Bild 6.28: Beeinflussung des Antriebs-Längspols durch Vorgelegegetriebe

6.3.5 Rückwirkung der Längskräfte auf die Federungskennlinie

Wie bereits in Abschnitt 6.3.1 angedeutet, können unter gewissen Voraussetzungen die auf das Rad wirkenden Längskräfte die Rate der Federung beeinflussen.

Bild 6.29 zeigt schematisch eine Hinterradaufhängung in der Fahrzeug-Seitenansicht. Deren Mechanismus spielt hier keine Rolle, wenn ihr Schrägfederungswinkel ε und damit ihre Bewegungsrichtung am Radmittelpunkt M sowie ihre Stützwinkel ε^* bzw. ε^{**} oder die Bewegungsrichtung des Radaufstandspunktes A (für den Antriebs- bzw. Bremsvorgang unter Annahme einer blockierten Momentenstütze) bekannt sind; dann kann die reale Radaufhängung durch Schlitzführungen an den genannten Punkten ersetzt werden. Die Schlitzführungen sind gekrümmt dargestellt, um daran zu erinnern, daß der Schrägfederungswinkel und die Stützwinkel über dem Federweg veränderlich sein können.

Auf das Rad wirkt von unten die Radlaständerung ΔF_Z und von oben die – auf den Radaufstandspunkt A reduzierte – Federkraft $F_F \cdot i_F$ mit i_F als Federübersetzung. Am Radaufstandspunkt A möge eine Längskraft F_{Ax} angreifen, also eine Antriebskraft oder, mit umgekehrtem Vorzeichen, eine Bremskraft. Auch am Radmittelpunkt M kann eine Längskraft F_{Mx} wirken, z. B. eine Fahrwiderstandskraft (Rollwiderstand, Schneematsch, Wasserdurchfahrt usw.).

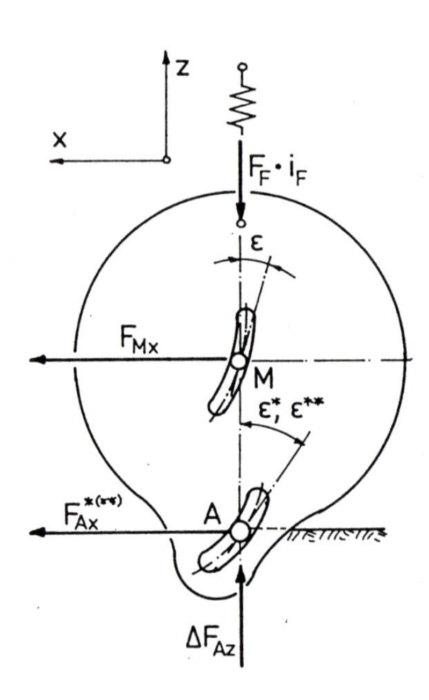

Bild 6.29:
Beeinflussung der „kinematischen" Federrate durch Längskräfte

Wenn der Schrägfederungswinkel ε oder der Stützwinkel ε* bzw. ε** von Null verschieden sind, wie in Bild 6.29 dargestellt, so wirken die Längskräfte F_{Mx} und $F_{Ax}{}^*$ bzw. $F_{Ax}{}^{**}$ für radträger- bzw. fahrzeugfeste Momentenstützen am Rade bzw. der Radaufhängung mit vertikalen Komponenten, und aus der Gleichgewichtsbedingung in vertikaler Richtung ergibt sich die Radaufstandskraft

$$F_{Az} = F_F i_F + F_{Mx} \tan\varepsilon \mp F_{Ax}{}^* \tan\varepsilon^* \mp F_{Ax}{}^{**} \tan\varepsilon^{**}$$

(das obere Vorzeichen gilt an Vorderrädern) und die auf den Radaufstandspunkt bezogene Federrate folgt daraus, wenn das Glied $F_F i_F$ wie bereits in

Kap. 5, Abschnitt 5.4 erläutert, für eine lineare Feder nach Gl. (5.36) differenziert wird, zu

$$\begin{aligned} c_{FA} = \; & c_F i_F^2 + F_F (d i_F/dz) \\ & + F_{Mx} \; (1 + \tan^2 \varepsilon)(d\varepsilon/dz) \\ & \mp F_{Ax}^{*}(1 + \tan^2 \varepsilon^{*})(d\varepsilon^{*}/dz) \\ & \mp F_{Ax}^{**}(1 + \tan^2 \varepsilon^{**})(d\varepsilon^{**}/dz) \end{aligned} \tag{6.16}$$

(das obere Vorzeichen gilt an Vorderrädern). Gleichung (6.16) besagt, daß die effektive Federrate c_{FA} sich bei Einwirkung von Längskräften am Rade vergrößern oder verringern kann, sofern der Schrägfederungswinkel ε oder einer der Stützwinkel ε^* bzw. ε^{**} über dem Federweg veränderlich ist.

An vielen Hinterradaufhängungen nehmen der Schrägfederungswinkel ε und die Stützwinkel ε^* bzw. ε^{**} mit dem Einfederweg z ab, d. h. die Differentialquotienten $d\varepsilon/dz$, $d\varepsilon^*/dz$ und $d\varepsilon^{**}/dz$ sind negativ. Dann verursacht eine positive Längskraft, z. B. eine Antriebskraft, für die Dauer ihrer Einwirkung eine Herabsetzung und eine negative, z. B. eine Bremskraft, eine Erhöhung der Federrate. Da die Bremskraft an einem Hinterrade bezogen auf die Gesamtbremskraft am Fahrzeug im allgemeinen relativ niedrig ist, fällt hier vor allem die Wirkung einer Antriebskraft, besonders in den unteren Getriebestufen, ins Gewicht.

Die Veränderung der Stützwinkel über dem Federweg ist naturgemäß besonders stark ausgeprägt bei Radaufhängungen mit kleinem Längspolabstand vom Rade, also z. B. Längs- oder Schräglenkerachsen.

An Vorderradaufhängungen, wo der Bremskraftanteil vergleichsweise stark ist, wird mit Rücksicht auf die Lenkgeometrie der Polabstand meistens sehr groß bemessen, so daß sich die Stützwinkel nur mäßig mit dem Federweg ändern.

Die vorstehenden Betrachtungen sind für die Bestimmung der Fahrzeuglage bei stationären Anfahr- oder Bremsvorgängen ohne Belang, sofern diese, wie wegen der nichtlinearen Federkennlinien und der meistens veränderlichen Stützwinkel nicht anders möglich, über eine iterative Berechnung oder durch Anwendung eines Rechenprogramms zur Mehrkörper-Systemanalyse erfolgt - dann sind nämlich die hier vorgeführten Effekte in der Berechnung bereits enthalten.

Eine Bedeutung erhält die veränderte Federrate gemäß Gl. (6.16) dagegen für instationäre Vorkommnisse während eines (quasistationären) Beschleunigungs- oder Bremsvorgangs, z. B. beim gleichzeitigen Überfahren von Bodenwellen. Und nur für derartige Situationen kann der in Abschnitt 6.3.1 erwähnte Eindruck einer Veränderung der Federrate während des längsdynamischen Manövers in der beschriebenen Abhängigkeit von den Stützwinkel-Gradienten evtl. eine Erklärung finden.

6.3.6 Unsymmetrische Fahrzeuglage

Die Untersuchungen dieses Kapitels betrafen bisher das Fahrzeug bei Geradeausfahrt und stationärer Anfahrbeschleunigung bzw. Bremsverzögerung. Entsprechend wurden die Antriebs- und Brems-Stützwinkel aus der gleichsinnigen Federungsbewegung der Räder einer Achse abgeleitet. Die Stützwinkel sind aber auch in anderen Fahrsituationen als nur während der Geradeausfahrt wirksam.

Bild 6.30 zeigt eine Längslenker-Hinterachse bei Kurvenfahrt. Das Fahrzeug hat sich unter dem Einfluß der Fliehkraft um einen Wankwinkel φ zur Seite geneigt. Da der Stützwinkel ε^* (wie auch der nicht eingezeichnete Schrägfederungswinkel ε) beim Längslenker mit dem Ein- und Ausfederweg stark veränderlich ist, ergeben sich nun unterschiedliche Werte desselben am kurveninneren (i) und kurvenäußeren Rade (a). Der Stützwinkel $\varepsilon_a{}^*$ des kurvenäußeren Rades ist deutlich kleiner als der Stützwinkel $\varepsilon_i{}^*$ des kurveninneren. Unter Längskräften werden also beide Radaufhängungen unterschiedlich reagieren:

Bei Bremsung liegt kurveninnen ein hoher Grad des Bremsnickausgleichs vor, kurvenaußen ein merklich geringerer. Das Fahrzeug wird während des Bremsvorgangs am Kurvenaußenrad stärker ausfedern als am Kurveninnenrad, d. h. es wird von der Hinterachse dazu veranlaßt, einen kleineren Wankwinkel anzunehmen. Dies ist gleichbedeutend mit einem „Stabilisator-Effekt" an der Hinterachse, wodurch eine Tendenz zum Übersteuern gefördert wird. Im Gegensatz dazu üben im Falle einer angetriebenen Längslenker-Hinterachse die Antriebskräfte wegen der unterschiedlichen Antriebs-Stützwinkel (als welche, wie bereits erwähnt, näherungsweise die Schrägfederungswinkel

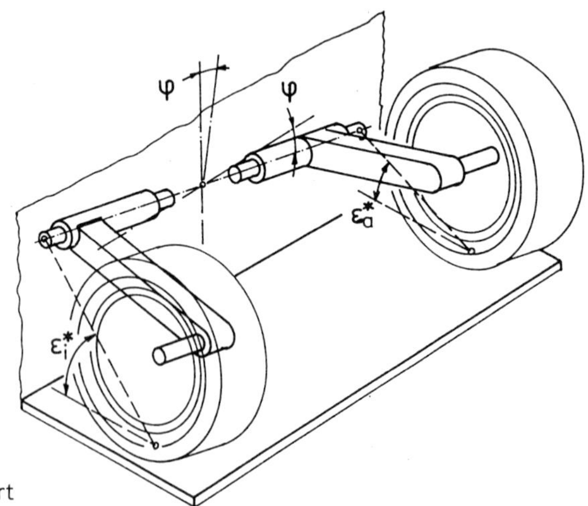

Bild 6.30:
Längslenker-Hinterachse; Radstellung bei Kurvenfahrt

zu betrachten sind) bei Beschleunigung ein den Wankwinkel vergrößerndes, also „destabilisierendes" Moment aus, bei Motorbremsung dementsprechend wieder ein „stabilisierendes" wie bei der Bremsung.

In der Praxis sind die Fahrzeugbewegungen und ihre Auswirkungen auf das Fahrverhalten im allgemeinen von untergeordneter Bedeutung im Vergleich zu anderen, dominierenden Einflußgrößen wie der Federungsabstimmung und der Wankmomentenverteilung sowie den evtl. mit den Federungsbewegungen einhergehenden kinematischen oder elastokinematischen Lenkwinkeln.

Auf einen weiteren mit der Kurvenfahrt zusammenhängenden Effekt, nämlich die Wirkung der einer Bremskraft gleichgerichteten Seitenkraftkomponente in Fahrtrichtung bei einem eingelenkten Vorderrad, wird in Kapitel 7 näher eingegangen.

6.3.7 Einfluß der „ungefederten" und der „rotierenden" Massen

Bei den bisher angestellten Betrachtungen blieben die ungefederten und die rotierenden Massen unberücksichtigt, obwohl sie etwa 6...10% der Fahrzeugmasse ausmachen. Der Schwerpunkt der ungefederten Massen liegt etwa in Höhe der Radmitte, also etwas niedriger als der Fahrzeugschwerpunkt. Der daraus resultierende Fehler bei der Berechnung der dynamischen Radlastverlagerung ist vernachlässigbar, das gleiche gilt für die Momente der Massenkräfte um die Längspole der Radaufhängungen, da diese im allgemeinen ebenfalls im Bereich zwischen der Fahrbahn und der Fahrzeug-Schwerpunkthöhe liegen.

Die rotierenden Massen, bei Fahrt in den oberen Gangstufen im wesentlichen die Räder mit den Reifen und Bremsscheiben, erzeugen beim Bremsen und Beschleunigen Reaktionsmomente am Fahrzeug. Die Summe der Trägheitsmomente der vier Räder eines PKW, die etwa 1,5...2‰ des Nickträgheitsmoments des Fahrzeugkörpers beträgt, und die Drehbeschleunigung bzw. -verzögerung a_x/R der Räder ergeben einen Beitrag zum Nickmoment am Fahrzeug, der nicht mehr als 2...3% des Moments der Massenkraft am Fahrzeugschwerpunkt ausmacht.

Bekanntlich kann bei der Fahrt in den unteren Gangstufen der auf das Gesamtfahrzeug bezogene Anteil des Trägheitsmoments der umlaufenden Triebwerksteile, der mit dem Quadrat der Drehzahlübersetzung eingeht, merklich ansteigen. Hier sind also bei Anwendung der vorstehend beschriebenen Verfahren zur Bestimmung der Stützwinkel größere Fehler zu erwarten. Der Fahrbetrieb im 1. oder 2. Gang ist allerdings für die Beurteilung des Fahrverhaltens im allgemeinen von geringer Bedeutung.

Durch die exakte Berücksichtigung der Wirkungen der ungefederten und der rotierenden Massen ginge die einheitliche, anschauliche und übersichtliche Betrachtungsweise verloren, ohne daß ein erkennbarer Nutzen für die Praxis gewonnen würde.

6.3.8 Einfluß der elastischen Lager der Radaufhängung

Außer bei Rennwagen und Motorrädern bzw. -rollern sind die heutigen Radaufhängungen mit elastischen Lagerungen versehen, hauptsächlich wegen der damit erzielten Geräusch- und Schwingungsisolation, aber auch aus elasto-kinematischen Gründen. Die Lager lassen eine Verformung des Mechanismus der Radaufhängung unter äußeren Kräften zu.

Bild 6.31 zeigt als einfaches Beispiel eine Radaufhängung, bei welcher die Längskräfte und Momente durch übereinanderliegende Längslenker aufgenommen werden. Die gegenüber der Wirklichkeit übertrieben groß gezeichneten elastischen Verlagerungen der Gelenkpunkte und damit der Lenker unter Einwirkung einer Bremskraft F_x (< 0) bringen, wie die eingezeichneten Kräftepläne und die verformte Radaufhängung zeigen, nur vernachlässigbare Änderungen der Einzelkräfte, z.B. der Federkraftänderung ΔF, und damit des Ein- oder Ausfederweges. Die elastischen Verformungen bedeuten im wesentlichen eine Nullpunktverschiebung des Koordinatensystems der Radaufhängung mit ihren Kräften.

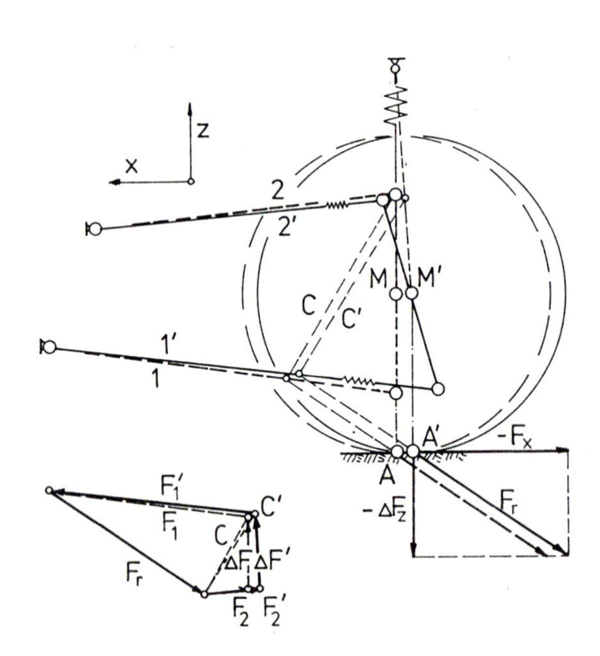

Bild 6.31: Elastische Verformung einer Radaufhängung beim Bremsvorgang

Eine elastisch gelagerte Radaufhängung erschwert es allerdings oder macht es gar unmöglich, Brems- oder Anfahr-Stützwinkel versuchstechnisch durch Messung der Bewegungsrichtung des Radaufstandspunktes bei blokkierter Bremse oder blockiertem Triebwerk zu bestimmen, denn geringste Verformungen vor allem in Fahrzeug-Längsrichtung, die je nach Bauart der Radaufhängung und Einbaulage des Federelements auch bei rein vertikaler Belastung eintreten können, werden das Ergebnis beträchtlich verfälschen. Eine elastische Längsverschiebung von z. B. 5 mm auf 100 mm Federweg täuscht einen Stützwinkelanteil von 3° vor, also ca. 15...20% Bremsnickausgleich an einer PKW-Vorderachse oder ca. 25% Anfahrnickausgleich bei Einachsantrieb!

Es sei auch darauf hingewiesen, daß eine Messung des stationären Bremsnickens durch Zug am stehenden Fahrzeug, selbstverständlich in Schwerpunktshöhe, problematisch ist, weil es angesichts der Aufhängungs- und Reifenelastizitäten unsicher bleibt, ob sich die installierte Bremskraftverteilung tatsächlich einstellt; gleiches gilt für das Anfahrnicken bei Allradantrieb.

Die allgemeine Definition der Stützwinkel (und aller anderen kinematischen Kenngrößen der Radaufhängung wie des Rollzentrums oder des Lenkrollradius) muß aber präzisiert werden: Der Stützwinkel ist der Winkel der momentanen Bewegungsrichtung des Radaufstandspunktes gegen die Vertikale beim Einfedern und blockiert gedachter Momentenstütze und bei kräftefreier und kinematisch starr gelagerter Radaufhängung.

Das bedeutet, daß die Kenngrößen der Radaufhängungen nur durch die kinematische Analyse oder allenfalls meßtechnisch bei ausgebauten Federn und Ersatz aller elastischen Lager durch steife Gelenke bestimmt werden dürfen.

Es hat auch keinen Sinn, Kenngrößen für bestimmte Lastfälle unter Berücksichtigung der Elastizitäten zu schaffen. Meistens ist deren Einfluß unbedeutend, da die Verformungen kaum zu Änderungen der Kraftwirkungslinien und damit der „Pole" und Kräftepläne führen – schließlich sind die Radaufhängungen fast durchweg „statisch bestimmte" Mechanismen!

Erst recht nicht sollte versucht werden, elastische Verformungen in die „Kinematik" der Radaufhängung zu integrieren, also sie bei der Festlegung der Nenn-Koordinaten der Kinematik „vorzuhalten" (etwa um die „Kinematik" dem elasto-kinematischen Ist-Zustand in Konstruktionslage anzupassen), denn dies führt mit Sicherheit in ein Chaos bei der Dokumentation der Konstruktion: erstens wäre eine solche „Kinematik" für jede neue Achslast, Federungs- oder Gummilagerabstimmung neu zu erstellen, und zweitens ergäben sich, abhängig von den Kennlinien der Federung und der Gummilager, über dem Federweg ohnehin wieder Abweichungen von der tatsächlichen

Bewegungsform. Einzig sinnvoll und wirklichkeitsnah ist bei der konstruktiven Ausarbeitung einer Radaufhängung die Festlegung der kinematischen Grundstellung mit allen Gelenk- und Bezugspunkten am starren System und eine elasto-kinematische Überlagerung der Verformungen für den speziellen äußeren Belastungsfall. So bleibt der Zusammenhang zwischen den Zeichnungs-Abmessungen der Bauteile und der „Kinematik" der Radaufhängung nachvollziehbar. Die „Natur" macht es letztendlich ebenso: ohne äußere Belastung nehmen alle Bauteile ihre „Nennmaße" an!

6.4 Doppelachsaggregate

Bei Nutzfahrzeugen werden häufig zwei Achsen in sehr kurzem Abstand hintereinander angeordnet, um bei gesetzlich begrenzter Belastung der Einzelachse eine höhere Gesamtlast zu erreichen. Die Achsen können sowohl bezüglich der Achsaufhängung als auch der Federung voneinander unabhängig sein; oft wird aber ein Federungsverbund vorgesehen (Waagebalkenprinzip), selten auch ein kinematischer Verbund. Die Dämpfer werden stets unmittelbar zwischen Fahrzeug und Achse angebracht, um „Stempelschwingungen" der Achsen gegeneinander zu unterbinden.

Die einfachste Doppelachsaufhängung zeigt **Bild 6.32** a schematisch, eine Starrachsführung durch Blattfedern (je eine Feder links und rechts), deren Enden mit den Achsbrücken fest verbunden sind und so die Brems- und ggf. Antriebsmomente aufnehmen, wobei die Federn in der Mitte um die Fahrzeugquerachse drehbar gelagert sind (Verbundfederung). Längskräfte zwischen Fahrzeug und Achse können nur an der Drehlagerung der Blattfedern übertragen werden, wie am Beispiel einer gebremsten Hinterachse gezeigt: die Gesamt-Achsentlastung ΔF_{zA} am Fahrzeug verteilt sich wegen des Federungsverbundes auf beide Achsen gleichmäßig, die Gesamt-Bremskraft F_{xA} wirkt auf das Doppelachsaggregat am Hebelarm h', und mit dem Achsabstand l' ergeben sich die Achslaständerungen an der ersten und der zweiten Achse zu

$$\Delta F_{z1} = - \Delta F_{zA}/2 + F_{xA}\, h'/l' \qquad \text{und} \qquad \Delta F_{z2} = - \Delta F_{xA}/2 - F_{yA}\, h'/l'$$

Die resultierenden Achlasten während des Bremsvorgangs sind also stark unterschiedlich; an der ersten Achse kann je nach der Art des Fahrzeugs und der Gesamt-Bremskraftverteilung eine Ent- oder auch Belastung auftreten, die zweite wird erheblich entlastet. Sind beide Achsen mit gleichen Bremsen bestückt und die Betätigungskräfte bzw. -drücke gleich groß, so wird der Kraftschluß zwischen Reifen und Fahrbahn sehr ungleichmäßig

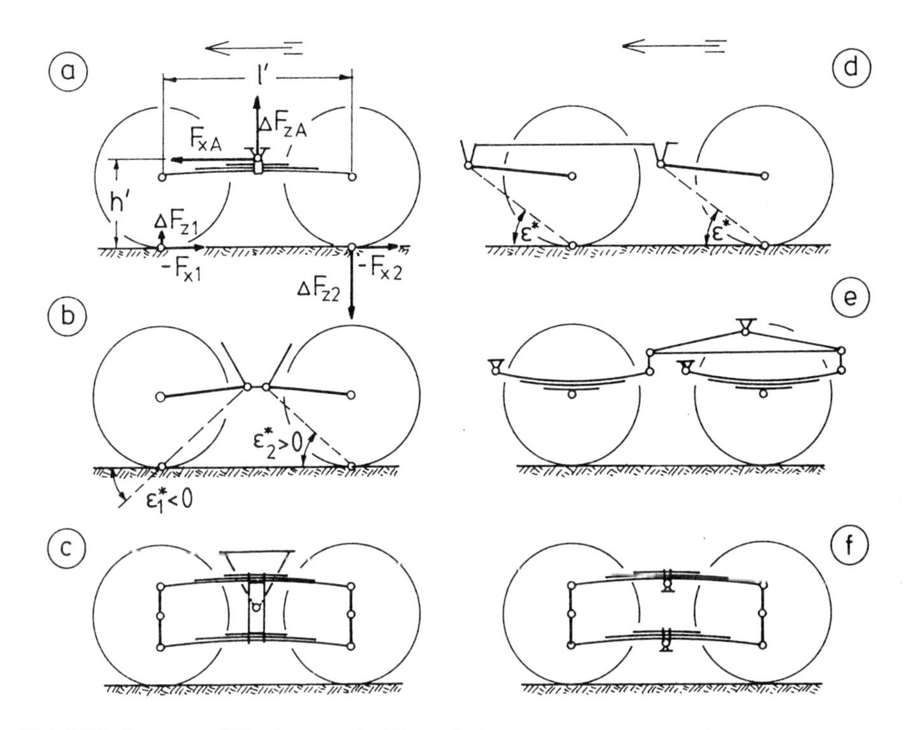

Bild 6.32: Bremskraftübertragung bei Doppelachsen

ausgenützt, und die zweite Achse wird bei Steigerung der Bremsverzögerung frühzeitig blockieren. Die Bremskraftverteilung muß daher den dynamischen Achslasten angepaßt werden, d.h. die erste Achse erhält den weitaus größeren Anteil.

Ein ähnliches Verhalten zeigt die Aufhängung nach Bild 6.32b mit „geschobenen" und „gezogenen" Längslenkern oder Deichselachsen. Hier wird deutlich, daß die Stützwinkel ε_1^* und ε_2^* gegensinnig wirken, nämlich $\varepsilon_1^* < 0$ und $\varepsilon_2^* > 0$, d. h. an der zweiten Achse liegt hoher Bremsnickausgleich vor, während die erste Achse das Ausfedern des Fahrzeugs unterstützen will mit dem Resultat, daß die Räder der ersten Achse sich gegen die Fahrbahn stemmen und die der zweiten abheben möchten. Bedenkt man, daß die Blattfederhälften in Bild 6.32a, kinematisch betrachtet, geschobenen bzw. gezogenen Lenkern entsprechen, so wird die Gleichartigkeit der Achsen a und b offensichtlich.

Es erscheint also zweckmäßig, die Stützwinkel beider Achsen etwa gleich groß zu machen. In Bild 6.32c ist dies durch eine Längsführung der Achsen an übereinanderliegenden Blattfedern zwar am Achsaggregat selbst erreicht ($\varepsilon_1^* = \varepsilon_2^* = 0$), aber die gemeinsame Befestigung der Federn an einem um die Querachse pendelnden Lagerbock schafft wieder einen Verbund wie in Bild 6.32a, das Achsaggregat bildet gewissermaßen ein „Unterfahrzeug", das durch die Längskraft F_{xA} eine Achslastverlagerung erfährt.

Unproblematisch ist stets die völlig getrennte kinematische Achsführung mit gleich großen Stützwinkeln, wie durch zwei gezogene Kurbeln oder Deichseln in Bild 6.32d. Hier ist auch bei Federverbund ein einwandfreies Bremsverhalten zu erwarten.

Weitere gebräuchliche gute Lösungen zeigen die Bilder 6.32e und f, letztere mit Blattfedern ähnlich Bild 6.32c, aber mit je einer Pendellagerung pro Federpaket („Doppel-Längslenker" mit Federverbund, aber ohne kinematischen Verbund).

Für die Belastung durch Antriebskräfte gelten sinngemäß die gleichen Überlegungen.

7 Kurvenfahrt

7.1 Die Sturz- und Vorspuränderung bei der Bewegung der Radaufhängung

Im Kapitel 4 wurde dargelegt, daß die Seitenkraft an einem Rade vom Schräglaufwinkel und vom Radsturzwinkel abhängt. Der Schräglaufwinkel wird nicht nur von der unter Querbeschleunigung sich einstellenden seitlichen Driftbewegung des Fahrzeugs, sondern auch von evtl. zusätzlich aufgebrachten Lenkwinkeln am Fahrzeug beeinflußt. Die Vorspuränderung oder allgemein Änderung des Lenkwinkels über dem Federweg bzw. dem Wankwinkel kann ferner einen resultierenden Lenkwinkel der gesamten Achse verursachen. Wie in den bisherigen Betrachtungen werden der Sturz und der Lenkwinkel in einem fahrzeugfesten Koordinatensystem untersucht.

Der Radsturz γ ist an einem linken Rade positiv definiert, wenn die Radmittelebene sich relativ zur Fahrzeugmittellängsebene nach oben-außen neigt bzw. wenn die Radachse in Richtung zur Fahrzeugmitte hin ansteigt.

Der Lenkwinkel δ ist am linken Rade positiv definiert, wenn die Schnitt- oder „Spur"gerade der Radmittelebene in der Fahrbahn sich in Fahrtrichtung von der Fahrzeugmitte entfernt bzw. wenn die Projektion der Radachse in die Fahrbahnebene sich im Fahrzeuggrundriß nach vorn-innen erstreckt.

Das bedeutet, daß ein positiver „Vorspurwinkel" δ_V in herkömmlicher Betrachtungsweise, nämlich mit in Fahrtrichtung aufeinander zulaufenden Rädern, an einem linken Rade der obengenannten Definition entsprechend in Rechengleichungen als negativer Lenkwinkel eingehen muß.

Aus dem momentanen Bewegungszustand der Radaufhängung (Federungs- oder Lenkvorgang) folgt entsprechend den in Kap. 3 angegebenen Berechnungsverfahren ein Vektor $\boldsymbol{\omega}_K$ der Winkelgeschwindigkeit des Radträgers K. Für die „Winkelgeschwindigkeiten" ω_γ der Sturz- und ω_δ der Lenkwinkeländerung ist es gleichgültig, wie groß die momentane Translationsgeschwindigkeit $\mathbf{v}_M$ der Radmitte M ist und ob die Radachse a die Momentanachse schneidet oder nicht; denkt man sich eine zur Radachse parallele radträgerfeste Gerade a', die die Momentanachse schneidet, so wird diese in allen Ansichten und für alle Bewegungszustände parallel zur Radachse a erscheinen und bezüglich des Radsturzes und des Lenkwinkels diese vertreten können, **Bild 7.1**

Die momentane Radsturzänderung wird in wahrer Größe sichtbar in einer vertikalen Projektionsebene, die die Radachse a bzw. deren Ersatzgerade a' enthält; der Einheits-Normalvektor $\mathbf{e}_n$ dieser Ebene hat die x- und y-Komponenten $-\cos\delta$ und $-\sin\delta$ und keine z-Komponente. Da die Radachse fest mit dem Radträger K verbunden ist, ergibt sich die Sturzänderungs-Winkelgeschwindigkeit ω_γ als Komponente der Winkelgeschwindigkeit $\boldsymbol{\omega}_K$ des Radträgers in Richtung des Normalvektors $\mathbf{e}_n$, also $\omega_\gamma = \boldsymbol{\omega}_K \cdot \mathbf{e}_n$ oder

$$\omega_\gamma = -\omega_{Kx}\cos\delta - \omega_{Ky}\sin\delta \tag{7.1}$$

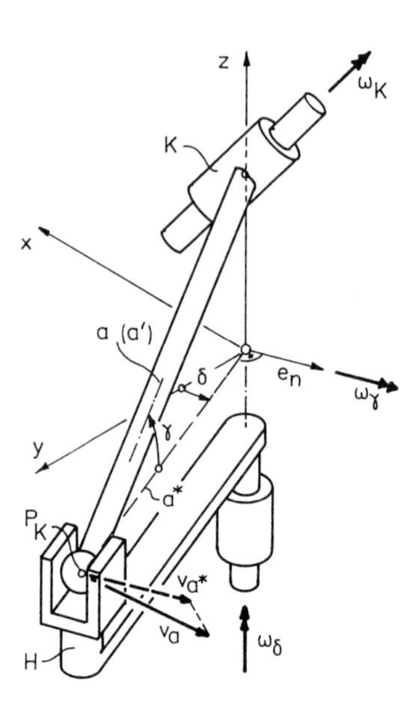

Bild 7.1:
Berechnung der Radsturz- und der Lenkwinkeländerung aus dem Bewegungszustand des Radträgers

Um die Ableitung $d\gamma/ds$ des Radsturzes nach dem Federweg zu erhalten, kann mit dem Zeitdifferential dt gesetzt werden: $ds/dt = v_{Az}$ (fahrzeugbezogene Vertikalgeschwindigkeit des Radaufstandspunkts) und $d\gamma/dt = \omega_\gamma$. Im Kapitel 6 war es zur Bestimmung der Kenngrößen der Längsdynamik stets erforderlich, die fiktive Geschwindigkeit $\mathbf{v}_A{}^*$ des Radaufstandspunktes bei als blockiert betrachteter Momentenstütze zu verwenden. Da in einem Rechenprogramm zur Analyse der Radführungseigenschaften nach den hier angegebenen Verfahren also bevorzugt dieser Geschwindigkeitsvektor zur Verfügung stehen wird und die vertikalen Komponenten der Vektoren $\mathbf{v}_A{}^*$ und $\mathbf{v}_A$ (für das am Radträger frei drehbare Rad) gleich groß sind, ergibt sich als Sturzänderung über dem Federweg relativ zum Fahrzeugkörper

$$d\gamma/ds = \omega_\gamma / v_{Az} = \omega_\gamma / v_{Az}{}^* \tag{7.2}$$

Die Lenkwinkel-Änderungsgeschwindigkeit ω_δ ist, bezogen auf das Fahrzeug, die Winkelgeschwindigkeit der Projektion a^* der Radachse a oder ihrer Ersatzgeraden a' in die Grundriß- bzw. x-y-Ebene. Denkt man sich einen beliebigen Punkt P_K auf der Radachse oder der Ersatzgeraden in einem

Gabelarm mit vertikalen Begrenzungsebenen geführt, dessen Drehachse durch den Schnittpunkt der Radachse und der Momentanachse verläuft, Bild 7.1, so wird sich der Gabelarm in der Draufsicht stets deckungsgleich mit der Projektion a^* der Radachse bewegen.

Die Geschwindigkeit $\mathbf{v}_a^* = \boldsymbol{\omega}_\delta \times \mathbf{a}$ des Kontaktpunkts P_K an der Führungsgabel ist die Komponente der Geschwindigkeit $\mathbf{v}_a = \boldsymbol{\omega}_K \times \mathbf{a}$ des Punktes P_K auf der Radachse in Normalrichtung zur Gabel, also in Richtung des Einheits-Normalvektors $\mathbf{e}_n$, d. h. es gilt $\mathbf{v}_a^* \cdot \mathbf{e}_n = \mathbf{v}_a \cdot \mathbf{e}_n$. Der Vektor $\mathbf{a}$ hat die x-, y- und z-Komponenten $-a\cos\gamma\sin\delta$, $a\cos\gamma\cos\delta$ und $-a\sin\gamma$, und der Vektor $\boldsymbol{\omega}_\delta$ besitzt nur die z-Komponente ω_δ. Damit ergeben sich die Skalarprodukte $\mathbf{v}_a^* \cdot \mathbf{e}_n = a\,\omega_\delta\cos\gamma$ und $\mathbf{v}_a \cdot \mathbf{e}_n = a(-\omega_{Kx}\sin\gamma\sin\delta + \omega_{Ky}\sin\gamma\cos\delta + \omega_{Kz}\cos\gamma)$, und aus der Gleichheit beider folgt

$$\omega_\delta = -\,\omega_{Kx}\tan\gamma\sin\delta + \omega_{Ky}\tan\gamma\cos\delta + \omega_{Kz} \tag{7.3}$$

sowie analog Gl. (7.2) die Lenkwinkeländerung über dem Federweg zu

$$d\delta/ds = \omega_\delta/v_{Az} = \omega_\delta/v_{Az}^* \tag{7.4}$$

7.2 Kräfte und Momente am Fahrzeug unter Querbeschleunigung

Bei stationärer Kurvenfahrt übt die auf die Masse m des Fahrzeugkörpers wirkende Querbeschleunigung a_y eine Massenkraft oder „Fliehkraft" $m\,a_y$ am Fahrzeugschwerpunkt SP aus, woraus am Fahrzeug ein Kippmoment um die Längsachse (x-Achse) entsteht, das die Aufstandskräfte der kurvenäußeren Räder erhöht und die der kurveninneren verringert.

Mit der Massenkraft stehen die Seitenkräfte an den Rädern im Gleichgewicht, welche wiederum über die Mechanismen der Radaufhängungen auf den Fahrzeugkörper übertragen werden. Ein solcher Fahrzeugkörper ist schematisch in **Bild 7.2** dargestellt. Er ist an einer Vorder- und einer Hinterachse so geführt, daß er sich zum einen translatorisch auf- und abbewegen kann und zum anderen auch um eine annähernd horizontal in Fahrtrichtung liegende Achse „wanken" kann.

Dabei wird die resultierende Seitenkraft F_{yv} der Vorderachse am Kontaktpunkt RZ_v zwischen Achs- und Fahrzeugkörper übertragen und die Seitenkraft F_{yh} der Hinterachse an deren Kontaktpunkt RZ_h. Da diese Punkte im allgemeinen deutlich näher zur Fahrbahn angeordnet sind als der Schwerpunkt SP, entsteht ein Kippmoment um die Verbindungslinie r der Kontaktpunkte RZ_v und RZ_h, welches durch die Federungs-Rückstellmomente M_{Fv} und M_{Fh} der Vorder- und der Hinterachsfederung aufgenommen werden muß, wobei sich der Fahrzeugkörper etwa um die Achse r um einen „Wankwinkel" φ neigen wird [15].

Die Punkte RZ_v und RZ_h werden deshalb als „Rollzentren" der Vorder- und Hinterachse bezeichnet und ihre Verbindungslinie r als „Rollachse".

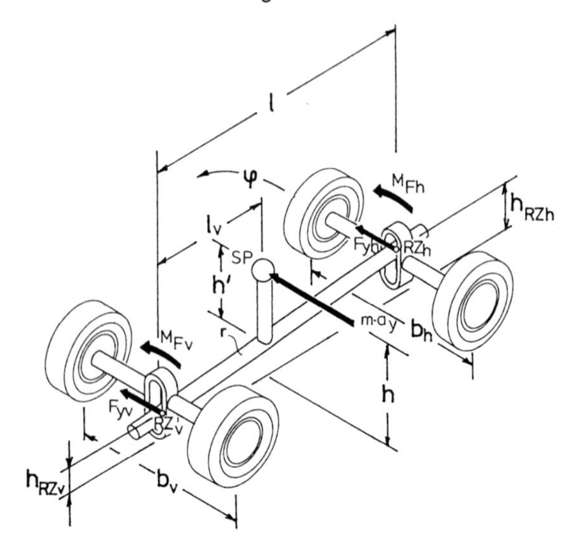

Bild 7.2: Kräfte und Momente bei Kurvenfahrt

Das Rollzentrum ist also der Punkt in der vertikalen Querschnittsebene durch die Radaufstandspunkte einer Achse, an welchem die resultierenden Seitenkräfte der Reifen der Achse auf den Fahrzeugkörper übertragen werden bzw. der Punkt, um den der Fahrzeugkörper unter Querbeschleunigung in erster Näherung seinen Wankwinkel aufbaut.

Der Hebelarm der Fahrzeugmasse m am Schwerpunkt SP um die Rollachse r ist

$$h' = [h - h_{RZv}(1 - l_v/l) - h_{RZh}\, l_v/l] \tag{7.5}$$

Nicht nur die „gefederte" Masse m des Fahrzeugkörpers, sondern auch die „ungefederte" m_u der Räder des Fahrzeugs mit den Radträgern und anteiligen Massen der Radführungslenker übt auf den Fahrzeugkörper bei Querbeschleunigung ein Kippmoment aus. Bei einer Wankwinkelgeschwindigkeit ω_φ des Fahrzeugkörpers, **Bild 7.3**, gegenüber der Fahrbahnebene ergeben sich relativ zum Fahrzeugkörper gegensinnige Ein- und Ausfederbewegungen an beiden Rädern und relative Sturzänderungen entsprechend dem (in der Praxis i. a. negativen) Sturzgradienten $d\gamma/ds$.

Für einen positiven Sturzgradienten $d\gamma/ds$ des Rades gemäß Gl.(7.2) - und zwar, was aber nur für Verbund- und Starrachsen von Bedeutung ist, den Sturzgradienten aus einer antimetrischen Federungsbewegung beider

Räder – würden sowohl das beim Wanken des Fahrzeugs „kurveninnere" (links im Bild) als auch das „kurvenäußere" Rad (rechts) relativ zum Fahrzeugkörper im Drehsinn der Wankwinkelgeschwindigkeit ω_φ schwenken, nämlich mit der Winkelgeschwindigkeit $\omega_{rel} = (b/2)\omega_\varphi(d\gamma/ds)$, so daß sich als Absolut-Sturzwinkelgeschwindigkeit des Rades bzw. Radträgers

$$\omega_{K\varphi} = \omega_\varphi + \omega_{rel} = \omega_\varphi [1 + (b/2)(d\gamma/ds)]$$

ergibt, und nach dem Arbeitssatz errechnet sich das auf den Fahrzeugkörper ausgeübte Moment M_{uF} der ungefederten Masse eines Rades aus $M_{uF}\,\omega_\varphi = m_u a_y R\,\omega_{K\varphi}$ zu

$$M_{uF\,v,h} = m_{u\;v,h}\, a_y R\,[1 + (b_{v,h}/2)(d\gamma/ds)_{v,h}] \qquad (7.6)$$

An einer Starrachse ist für eine reine Wankbewegung, also eine antimetrische Federungsbewegung beider Räder bzw. ein Kippen der Achse relativ zum Fahrzeugkörper um den Achsmittelpunkt, wie man leicht nachrechnet, $d\gamma/ds = -2/b$, womit das Moment M_{uF} verschwindet; die Starrachse stützt sich nicht an der Federung des Fahrzeugs ab, was auch anschaulich völlig klar ist.

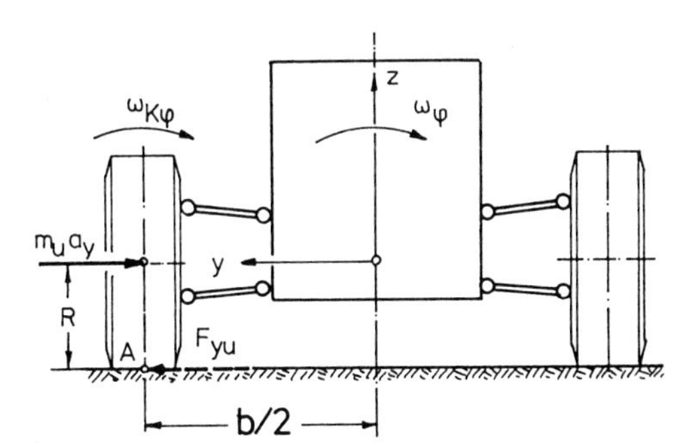

Bild 7.3: Kippmoment der „ungefederten" Massen

Beim Wanken um die Rollachse r mit dem Wankwinkel φ verschiebt sich der Fahrzeugschwerpunkt SP an seinem Hebelarm h' um einen Weg $h'\varphi$ zur Fahrzeugaußenseite, so daß die Fahrzeugmasse m um die Rollachse ein resultierendes Moment

$$m a_y h' + m g h' \varphi$$

ausübt. Diesem Moment müssen die Rückstellmomente $M_{Fv,h}$ der Federungen der Vorder- und der Hinterachse das Gleichgewicht halten. Für vereinfachte Betrachtungen mögen die resultierenden „Wankfederraten" $c_{\varphi v}$ bzw. $c_{\varphi h}$ der Vorder- bzw. der Hinterachse als konstant angenommen werden.

Die resultierende Wankfederrate einer Achse errechnet sich einmal aus der Drehfederrate der Tragfederung der Achse im Fahrzeugquerschnitt, vgl. Kap. 5, Gl. (5.24) bzw. Bild 5.12, und zum anderen, falls vorhanden, aus einer Stabilisator-Federrate.

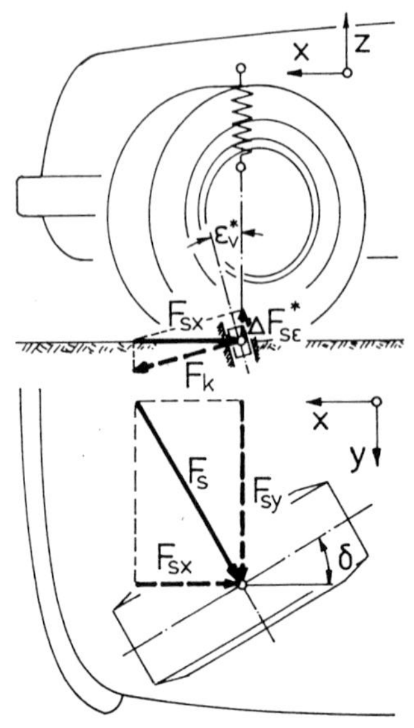

Bild 7.4:
Seitenkraft und Brems-Stützwinkel bei großem Lenkeinschlag

An gelenkten Vorderrädern tritt bei großen Lenkeinschlagwinkeln und deutlich von Null verschiedenen Stützwinkeln ε^* (vgl. Kap. 6) ein weiterer Effekt auf [36]. Die Seitenkraft wirkt am stark eingeschlagenen Rade nicht mehr in y-Richtung des Fahrzeug-Koordinatensystems, **Bild 7.4**, sondern als Kraft F_s unter dem Lenkwinkel δ. Ihre Längskomponente F_{sx} wird daher von der Radaufhängung wie eine „Bremskraft" aufgenommen (dies gilt nicht für Dubonnet-Achsen und die Radführungen der Motorräder, welche beim Lenken mitverschwenkt werden) und erzeugt eine Vertikalkraft $\Delta F_{s\varepsilon}^* = F_{sx} \tan \varepsilon^*$, welche die Radfederung entlastet bzw. das Fahrzeug anheben will. Die Stützwinkel des kurvenäußeren und des kurveninneren Rades können wegen unterschiedlicher Einfederungszustände der beiden Räder ungleich groß sein, was für die kurvenäußeren bzw. kurveninneren Seitenkräfte F_{sa} bzw. F_{si} bei großen Lenkwinkeln, also in engen Kurven, ohnehin gilt. Es entsteht daher an der Vorderachse ein zusätzliches Moment

$$M_\varepsilon^* = (\Delta F_{s\varepsilon a}^* - \Delta F_{s\varepsilon i}^*)\, b_v/2 \qquad (7.7)$$

welches, falls positiv, wie ein Stabilisator auf das Fahrzeug wirkt. Sind die Stützwinkel über dem Radhub veränderlich und z. B. mit dem Einfederweg wachsend, so wird dieser Stabilisatoreffekt verstärkt.

Das Stabilisierungsmoment $M_\varepsilon{}^*$ liefert einen Beitrag zum „Untersteuern" des Fahrzeugs, was größere Schräglaufwinkel an den Vorderrädern zur Folge hat und bei gegebenem Kurvenradius zu entsprechend vergrößerten Radeinschlagwinkeln zwingt, die wiederum den Anteil der Längskraftkomponente F_{sx} an der Seitenkraft F_s erhöhen. Auf diese Weise kann ein selbstverstärkendes Untersteuerverhalten eingeleitet werden, das in der Praxis durchaus eine Rücknahme der konstruktiv zunächst vorgesehenen „Anti-Dive"-Auslegung oder zumindest einen Verzicht auf einen progressiven Stützwinkelverlauf über dem Radhub notwendig machen kann.

Mit den Kippmomenten der „gefederten" Fahrzeugmasse m und der „ungefederten" Radmasse m_u an Vorder- und Hinterachse sowie den resultierenden Wankfederraten der Vorder- und der Hinterachse ergibt sich aus der Gleichgewichtsbedingung

$$\begin{aligned} m a_y h' + m g h' \varphi \\ + 2 m_{uv} a_y R [1 + (b_v/2)(d\gamma/ds)_v] \\ + 2 m_{uh} a_y R [1 + (b_h/2)(d\gamma/ds)_h] \\ = \varphi (c_{\varphi v} + c_{\varphi h}) + M_\varepsilon{}^* \end{aligned}$$

der Wankwinkel

$$\varphi = a_y \frac{m h' + R\{2 m_{uv} [1 + (b_v/2)(d\gamma/ds)_v] + 2 m_{uh} [1 + (b_h/2)(d\gamma/ds)_h]\} - M_\varepsilon{}^*/a_y}{c_{\varphi v} + c_{\varphi h} - m g h'} \tag{7.8}$$

Das Gesamt-Kippmoment am Fahrzeug wird aber durch die Schwerpunktshöhe h über der Fahrbahn bestimmt. Das Federungsmoment $\varphi(c_{\varphi v} + c_{\varphi h})$ ist nur ein Teil desselben, und der fehlende Anteil wird an den Rollzentren über die Mechanismen der Radaufhängungen übertragen. An der Vorderachse wirkt der Fliehkraftanteil $m a_y (l_v - l)/l$ der Fahrzeug-Gesamtfliehkraft an der Rollzentrumshöhe h_{RZv} über der Fahrbahn und an der Hinterachse der Anteil $m a_y l_v / l$ an der Rollzentrumshöhe h_{RZh}. Der Anteil des Kippmoments der ungefederten Massen, welcher sich nicht entspr. Gleichung (7.6) am Fahrzeugkörper abstützt, sondern unmittelbar auf der Fahrbahn, ist

$$M_{uR} = m_u a_y R - M_{uF}$$

oder

$$M_{uR\,v,h} = - m_{u\,v,h} a_y R (b_{v,h}/2)(d\gamma/ds)_{v,h}$$

Das resultierende Wankfederungsmoment $(c_{\varphi v} + c_{\varphi h})\varphi$ des Fahrzeugkörpers und der ungefederten Massen verteilt sich, wenn der Fahrzeugkörper als verwindungssteif angenommen wird, auf die beiden Fahrzeugachsen im Verhältnis ihrer Wankfederraten.

Mit diesem und den Momenten an den Rollzentren ergeben sich an der Vorder- und an der Hinterachse die resultierenden Wankmomente

$$M_v = m a_y h_{RZv} (l - l_v)/l - 2 m_{uv} a_y R (b_v/2)(d\gamma/ds)_v + c_{\varphi v}\varphi + M_\varepsilon^* \quad (7.9a)$$
$$M_h = m a_y h_{RZh} l_v/l - 2 m_{uh} a_y R (b_h/2)(d\gamma/ds)_h + c_{\varphi h}\varphi \quad (7.9b)$$

und schließlich die Radlaständerungen bei Kurvenfahrt

$$\Delta F_{z\,v,h} = M_{v,h} / b_{v,h} \quad (7.10a,b)$$

Aus den statischen Radlasten am stehenden Fahrzeug

$$F_{zov} = [(m/2)(l - l_v)/l + m_{uv}]g \quad (7.11a)$$

und

$$F_{zoh} = [(m/2) l_v/l + m_{uh}]g \quad (7.11b)$$

(bei Starrachsen ist hier für m_u die halbe Achskörpermasse einzusetzen!) errechnen sich die resultierenden Radlasten eines Vierradfahrzeugs bei Kurvenfahrt:

$$F_{zv\,a,i} = F_{zov} \pm \Delta F_{zv} \quad (7.12a)$$

und

$$F_{zh\,a,i} = F_{zoh} \pm \Delta F_{zh} \quad (7.12b)$$

(das obere Vorzeichen gilt für das kurvenäußere Rad, Index „a", das untere für das kurveninnere, Index „i").

Unter der Voraussetzung, daß der Lenkwinkel klein bzw. der gefahrene Kurvenradius groß ist, d. h. daß die Fliehkräfte $m a_y$ und $m_u a_y$ in Fahrzeugquerrichtung (y-Richtung) wirken, sind die Gesamt-Seitenführungskräfte an der Vorder- und der Hinterachse jeweils den statischen Achslasten proportional:

$$F_{yva} + F_{yvi} = a_y [m(l - l_v)/l + 2 m_{uv}] \quad (7.13a)$$
$$F_{yha} + F_{yhi} = a_y [m l_v/l + 2 m_{uh}] \quad (7.13b)$$

Ohne Radlastverlagerung ΔF_z könnten beide Räder einer Achse gleich große Seitenkräfte $F_{ym} = (F_{ya} + F_{yi})/2$ bei einem Schräglaufwinkel α_0 übertragen, der sich aus der Schräglaufkennlinie für die statische Last F_{zo} ergibt, **Bild 7.5**. Wegen der Radlastverlagerung gelten aber nun kurvenaußen bzw. -innen Kennlinien für die Radlasten $F_{zo} + \Delta F_z$ bzw. $F_{zo} - \Delta F_z$. Das kurvenäußere Rad wird daher eine um ΔF_{y1} vergrößerte und das kurveninnere eine um ΔF_{y1} verringerte Seitenkraft ausüben, wobei wegen der degressiven Abhängigkeit der Seitenkraft von Radlast und Schräglaufwinkel (vgl. Kap. 4, Bild 4.2b) der letztere auf einen Wert α_1 wächst. Offensichtlich gerät dabei das kurveninnere Rad nahe an sein Seitenkraftmaximum, während das kurvenäußere noch Reserven besitzt. Durch einen Vorspurwinkel δ_V kann dem kurvenäußeren Rade ein größerer Schräglaufwinkel und damit eine größere Seitenkraft $F_{ym} + \Delta F_{y2}$ aufgezwungen werden, während das kurveninnere Rad entsprechend entlastet wird und der resultierende Schräglaufwinkel der gesamten Achse auf den Wert α_2 zurückgeht. Vorspur erhöht also das Seitenführungspotential einer Achse!

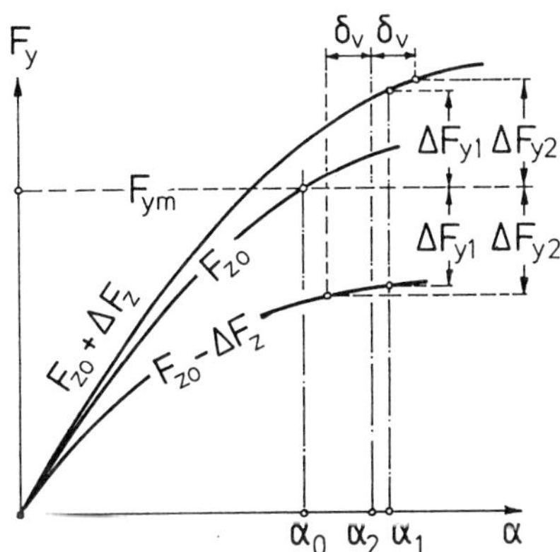

Bild 7.5: Schräglaufwinkel an einer Achse mit unterschiedlichen Radlasten und mit bzw. ohne Vorspurwinkel

Wegen der meistens nichtlinearen gegenseitigen Abhängigkeiten vieler Rechengrößen kann der vorstehend beschriebene Berechnungsgang im allgemeinen nur iterativ durchgeführt werden.

Die Radlastdifferenzen an Vorder- und Hinterachse und damit deren resultierende Schräglaufwinkel werden bei gegebener Querbeschleunigung durch folgende konstruktive Maßnahmen beeinflußt:

a) die Verteilung der resultierenden Wankfederraten auf die Vorder- und die Hinterachse, z.B. durch Variation von Tragfederraten, Einführung von Stabilisator- oder auch Verbundfedern; ein Stabilisator an der Vorderachse erhöht die Gesamt-Wankfederrate des Fahrzeugs und verringert damit den Wankwinkel, folglich auch die Radlastdifferenz an der – unveränderten – Hinterachse auf Kosten der Vorderachse (bei Fahrzeugen mit verwindungsweichem Rahmen, vgl. das nachfolgende Bild 7.6, funktioniert dies allerdings nur in beschränktem Maße)
b) die Abstimmung der Rollzentren an der Vorder- und der Hinterachse aufeinander
c) die vordere und hintere Spurweite
d) das Reaktionsmoment einer Achsantriebswelle, vgl. Kap. 6, Bild 6.7

Für die Größe der Schräglaufwinkel sind bei gegebenen Radlastdifferenzen ferner maßgebend:

e) die Seitenkraft-Schräglauf-Kennlinien der Reifen, welche z.B. durch die Wahl unterschiedlicher Reifeninnendrücke oder gar unterschiedlicher

Reifendimensionen an Vorder- und Hinterachse beeinflußt werden können (nicht zu vergessen unterschiedliche Abnutzungsgrade der Laufflächen)

f) schließlich auch ganz wesentlich die statische Achslastverteilung am Fahrzeug, also die Schwerpunktslage, welche ja das Verhältnis der Achs-Seitenkräfte festlegt.

Weitere Maßnahmen zur Beeinflussung der Schräglaufwinkel, welche an dem bisher vorausgesetzten einfachen Fahrzeugmodell nicht betrachtet werden konnten, sind willkürlich überlagerte Lenkwinkel, z.B. Vorspurwinkel, bei Wankbewegung durch die Radführungskinematik erzeugte Eigenlenkwinkel, oder infolge elastischer Verformung der Radaufhängung entstehende Lenkwinkel.

Das Fahrzeugmodell nach Bild 7.2 setzte einen starren, nicht verwindbaren Fahrzeugkörper voraus, was bei PKW näherungsweise angenommen werden darf. Bei LKW ist dagegen der Fahrzeugrahmen meistens verwindungsweich ausgeführt, einmal wegen der einfacheren Herstellung aus „offenen" Blechprofilen, zum anderen oft bewußt zur Verbesserung der Geländetauglichkeit. Die Verdrehfederrate $c_{\varphi R}$ des Rahmens, **Bild 7.6**, liegt dabei durchaus in der Größenordnung der Wankfederraten von Vorder- und Hinterachse und u.U. deutlich darunter. In diesem Falle ist ein erweitertes Fahrzeugmodell mit zwei Teilschwerpunkten S_v und S_h für den vorderen und den hinteren Teil des Fahrzeugkörpers notwendig, die Wankwinkel φ_v und φ_h der Fahrzeugteile werden durch die anteiligen Massen, die Achs-Wankfederraten und das Verwindungsmoment $c_{\varphi R}(\varphi_v - \varphi_h)$ des Rahmens bestimmt. Für den vorderen und den hinteren Fahrzeugteil ergeben sich - bei Vernachlässigung der „ungefederten" Massen - mit den Teilschwerpunktabständen h_v' bzw. h_h' zur Rollachse r die Gleichgewichtsbedingungen

$$m_v a_y h_v' + m_v g h_v' \varphi_v = c_{\varphi v} \varphi_v + c_{\varphi R}(\varphi_v - \varphi_h) \tag{7.14a}$$

$$m_h a_y h_h' + m_h g h_h' \varphi_h = c_{\varphi h} \varphi_h - c_{\varphi R}(\varphi_v - \varphi_h) \tag{7.14b}$$

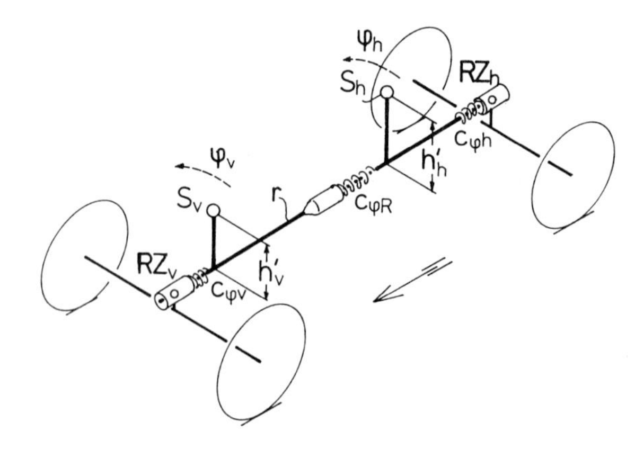

Bild 7.6: Fahrzeug mit verwindungsweichem Rahmen

Die rotierenden Fahrzeugräder stellen Kreisel dar, deren Drehimpuls durch die Kurvenfahrt eine Richtungsänderung aufgezwungen wird. Die daraus entstehenden Kreiselmomente wirken als zusätzliches Kippmoment am Fahrzeug, welches aber nur bei Solo-Motorrädern eine wesentliche Rolle spielt (vgl. hierzu Abschnitt 7.7). Eine Ausnahme bei den Zweispurfahrzeugen sind die Traktoren mit ihren großen Antriebsrädern, wenn deren Reifen zwecks Traktionsverbesserung mit Wasser befüllt werden. - Bei Fronttrieblern mit Quermotor ist es natürlich vorteilhaft, wenn die Kurbelwelle gegensinnig zu den Rädern dreht.

7.3 Das Rollzentrum

7.3.1 Das Fahrzeug bei sehr geringer Querbeschleunigung

Im Abschnitt 7.2 war angenommen worden, daß die Übertragung der Seitenkräfte zwischen Fahrzeugkörper und Radaufhängung an einem Gelenk oder dergleichen, dem „Rollzentrum", stattfindet, um welches sich der Fahrzeugaufbau gegenüber der Achse mit dem Wankwinkel φ neigt. Dies ist bei starren Achsen leicht vorstellbar, bei Einzelrad- und Verbundaufhängungen schon weniger; ferner ist nicht auszuschließen, daß die Fliehkraft an dem Mechanismus der Radaufhängung auch Hubarbeit leistet, was in dem einfachen Modell von Bild 7.2 gar nicht vorgesehen war. Sicher ist das Rollzentrum aber in der vertikalen Querschnittsebene durch die Radaufstandspunkte zu suchen, denn die unter Querbeschleunigung auftretenden äußeren Kräfte, nämlich die Radlaständerungen und die Seitenkräfte, wirken in dieser Ebene. Die Vorgänge innerhalb einer Radaufhängung unter Belastung durch Seitenkräfte werden im folgenden näher beleuchtet.

Die Abstützung der Massen-Querbeschleunigungskraft ist bereits an der einzelnen Fahrzeugachse statisch „überbestimmt", weil an zwei Punkten in einer Ebene, den beiden Radaufstandspunkten, gleichgerichtete Seitenkräfte wirken, deren Größe und deren Verteilung auf die beiden Reifen von nichtlinearen Gesetzmäßigkeiten abhängen, und zwar den Beziehungen zwischen der Schräglauf-Seitenkraft, der Radlast, einem evtl. vorhandenen Vorspurwinkel und dem Radsturz.

Solange die auftretende Querbeschleunigung noch verschwindend klein ist, kann ein etwa linearer Zusammenhang zwischen der Schräglauf-Seitenkraft und dem Schräglaufwinkel sowie der Radlast angenommen werden. Wird für eine grundsätzliche Vorüberlegung die gegenseitige Beeinflussung der Vorder- und der Hinterachse eines Fahrzeugs vernachlässigt oder besser: wird ein Fahrzeug mit identischen Vorder- und Hinterachslasten,

Vorder- und Hinterradaufhängungen, Vorder- und Hinterradfederungen sowie Vorder- und Hinterreifen vorausgesetzt, so können jeweils die vordere und die hintere Fahrzeughälfte für sich allein betrachtet werden, ähnlich wie Einachsanhänger mit unendlich langer Deichsel.

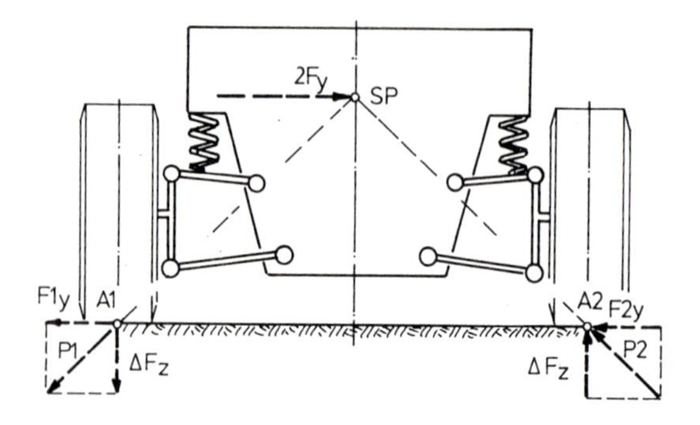

Bild 7.7: Kräfteplan am Einachsmodell bei sehr geringer Querbeschleunigung

Wenn auch noch Vorspur- und Sturzwinkel der Räder vernachlässigt werden, so treten an den Radaufstandspunkten gleichgerichtete und gleich große Seitenkräfte F_y sowie entgegengesetzt gleich große Radlaständerungen ΔF_Z auf, **Bild 7.7**, deren Resultierende P sich im Fahrzeugschwerpunkt SP mit der horizontal gerichteten anteiligen Massen-Querkraft schneiden.

Das Rollzentrum der Radaufhängung ist im allgemeinen der Fahrbahn erheblich näher als der Fahrzeugschwerpunkt, woraus unter Querbeschleunigung ein Kippmoment an der Federung und der Wankwinkel resultieren. Als Rollzentrum wird, wie bereits erwähnt, derjenige Punkt der vertikalen Querschnittsebene einer Achse bezeichnet, an dem eine Querkraft vom Fahrzeugkörper über die Radaufhängung und die Radaufstandspunkte auf die Fahrbahn übertragen werden kann. Bei Belastung durch eine Querkraft am Rollzentrum muß also der Mechanismus der Radaufhängung im Gleichgewicht sein, d.h. es werden keine zusätzlichen Krafteinwirkungen wie z.B. die eines Federelements notwendig.

Für eine sehr kleine Querbeschleunigung ergeben sich gleich große und gleichgerichtete Seitenkräfte F_y an beiden Radaufstandspunkten der Achse. Die Gesamt-Seitenkraft $2 \cdot F_y$ übt auf den Achsmechanismus am Rollzentrum ein Kippmoment aus, das sich aus der Gesamt-Seitenkraft und der (noch unbekannten) Rollzentrumshöhe h_{RZ} über der Fahrbahn berechnet, **Bild 7.8**. Die wegen des oberhalb des Rollzentrums befindlichen Fahrzeugschwerpunkts einsetzende Wankbewegung des Fahrzeugaufbaus geht mit gegensinnig gleich großen Ein- und Ausfederungsgeschwindigkeiten v_{Aw} der Radaufstandspunkte einher (der Index „w" steht hier für die Wankbewegung). Nach dem Arbeitssatz ist die Leistung der Seitenkräfte F_y an den Horizontalkomponenten v_{Awy} der Geschwindigkeiten v_{Aw} gleich der des Kippmoments $2F_y h_{RZ}$ am Rollzentrum mit der Wank-Winkelgeschwindigkeit ω_φ:

$$2\,F_y h_{RZ}\omega_\varphi = 2F_y v_{Awy}$$

und da die auf das Fahrzeug-Koordinatensystem bezogene Vertikalkomponente v_{Awz} der Geschwindigkeit v_{Aw} sich aus der Wank-Winkelgeschwindigkeit ω_φ und dem Abstand y_A des Radaufstandspunktes von der Fahrzeugmittelebene zu $v_{Awz} = \omega_\varphi y_A$ berechnet, kann in der obenstehenden Gleichung ω_φ ersetzt werden. Damit ergibt sich als Rollzentrumshöhe über der Fahrbahn

$$h_{RZ} = y_A(v_{Awy}/v_{Awz}) \tag{7.15}$$

Die x-Komponente von $\mathbf{v}_{AW}$ ist für das Rollzentrum bedeutungslos, weshalb in Gl. (7.15) der einfacheren Programmierung halber auch ein Vektor $\mathbf{v}^*_{A(w)}$ eines „radträgerfesten" Radaufstandspunktes verwendbar ist.

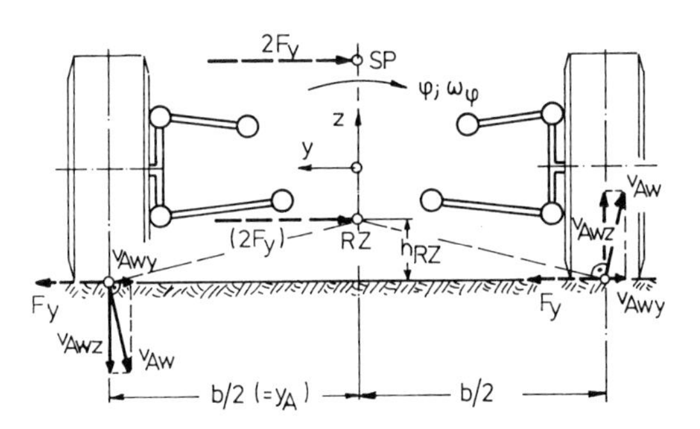

Bild 7.8:
Das Rollzentrum an einer Einzelradaufhängung

Das Rollzentrum ist demnach der Schnittpunkt der Lote der antimetrischen Geschwindigkeitsvektoren der Radaufstandspunkte zu Beginn einer Wankbewegung des Fahrzeugs und liegt in der Fahrzeugmittelebene. Diese Definition ist unabhängig vom Typ des Radführungs-Mechanismus allgemein anwendbar - es gilt dann nur noch, am jeweiligen Mechanismus die genannten Geschwindigkeitsvektoren der antimetrischen Radbewegung zu finden.

Bei der Einzelradaufhängung nach Bild 7.8 ist die Bahnkurve des Radaufstandspunktes im Fahrzeugquerschnitt für jede Radstellung eindeutig festgelegt, da der Mechanismus einer Einzelradaufhängung nur einen Freiheitsgrad besitzt. Hier gibt es daher keinen Unterschied zwischen der Wank- und der Hubbewegung des Fahrzeugs.

An einer ebenen oder sphärischen Radaufhängung kann stets ein „Pol" als Schnittpunkt der Momentanachse mit der Querschnittsebene definiert werden, um welchen der Radträger mit dem Rade momentan schwenkt; der

Vektor v_{Aw} steht dann senkrecht auf dem Polstrahl, und das Rollzentrum ist der Schnittpunkt der Polstrahlen beider Räder, der in der Fahrzeugmittelebene liegt. Diese beliebte Darstellungsweise ist aber nur bei ebenen und sphärischen Radaufhängungen möglich. Bei räumlichen Einzelradaufhängungen müßte ein solcher Pol aus dem momentanen Geschwindigkeitszustand rückgerechnet werden. Daher ist es zweckmäßig, die allgemeingültige Definition des Rollzentrums nach Gl. (7.15) zu verwenden, zumal sie sich für Rechenprogramme zur kinematischen Analyse der Radaufhängungen als weitaus einfachste anbietet.

Die Verbundaufhängung als allgemeine Grundform des Führungsmechanismus für zwei Räder einer Achse mit insgesamt zwei Freiheitsgraden weist unterschiedliche Bewegungsbahnen der Radaufstandspunkte bei parallelen bzw. antimetrischen Federungsvorgängen auf. An dem einfachen, im Fahrzeugquerschnitt „ebenen" Modell einer Verbundaufhängung nach **Bild 7.9** lassen sich die unterschiedlichen Geschwindigkeitsvektoren bei Parallel- und bei Wankbewegung anschaulich konstruieren: Jeder Radträger ist durch ein zugeordnetes Pendel mit dem Fahrzeugkörper verbunden; auf der (verlängerten) Mittellinie dieses Pendels müssen also die Momentanpole des Rades gegenüber dem Fahrzeugkörper sowohl für die Parallel- als auch die Wankbewegung liegen. Beide Radträger sind ferner in der Fahrzeugmitte durch ein Drehgelenk gekoppelt.

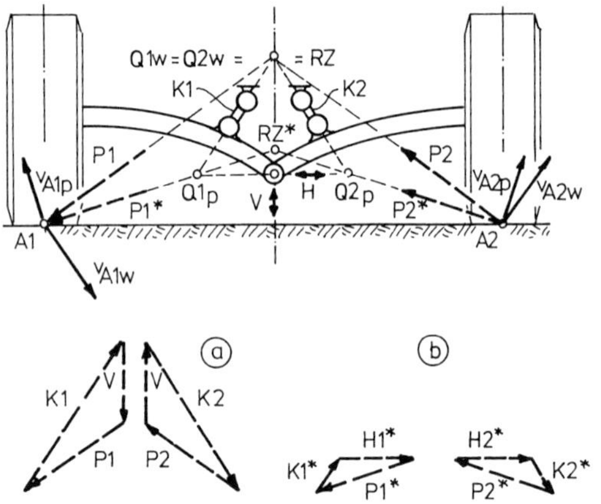

Bild 7.9:
Das Rollzentrum an einer Verbundachse

Das Mittelgelenk kann sich bei paralleler Federungsbewegung beider Räder aus Symmetriegründen nur vertikal bewegen; sein „Polstrahl" liegt also horizontal und ist der zweite geometrische Ort für die Momentanpole der Räder. Auf der Horizontalen durch das Mittelgelenk finden sich daher als Schnittpunkte mit den jeweiligen Pendel-Mittellinien die Pole Q_{1p} und Q_{2p} der beiden Radträger für die Parallelbewegung der Räder. Bei einer antimetrischen oder Wankbewegung kann das Mittelgelenk dagegen keine

Vertikalverschiebung erfahren (denn dies wäre eine „symmetrische" Komponente) und sich also nur horizontal verlagern. Die Pole Q_{1w} und Q_{2w} der antimetrischen Radbewegung finden sich daher auf der Vertikalen durch das Mittelgelenk als Schnittpunkte mit den Pendelmittellinien und fallen bei dem hier gewählten Achsmodell in der Fahrzeugmitte zusammen.

Die antimetrischen Geschwindigkeitsvektoren v_{A1w} und v_{A2w} der Radaufstandspunkte A_1 und A_2 stehen senkrecht auf den Polstrahlen A_1Q_{1w} bzw. A_2Q_{2w}, welche letzteren sich in der Fahrzeugmittelebene im Rollzentrum RZ schneiden (das hier mit den Polen zusammenfällt). Einer Horizontalkraft am Rollzentrum RZ müssen definitionsgemäß Reaktionskräfte an den Radaufstandspunkten das Gleichgewicht halten können, ohne die Hilfe von Federelementen zu beanspruchen. Diese antimetrisch angeordneten Reaktionskräfte P_1 und P_2 schneiden sich im Rollzentrum RZ. Die Reaktionskraft P_1 am linken Radaufstandspunkt erzeugt eine Kraft K_1 am linken Pendel und eine Vertikalkraft V am Mittelgelenk, vgl. den Kräfteplan Bild 7.9a, die wiederum auf den rechten Radträger wirkt und dort von der Reaktionskraft P_2 und der Pendelkraft K_2 kompensiert wird. Setzt man die Kräftepläne der beiden Räder zusammen, so heben sich die Vertikalkräfte V gegenseitig auf, und die Kräfte P_1 und P_2 stützen sich auf dem Umweg über die Pendel im Rollzentrum RZ ab, wo ihre horizontale Resultierende auf den Fahrzeugkörper übertragen wird.

Bei paralleler Federungsbewegung ergeben sich symmetrische Geschwindigkeitsvektoren v_{A1p} und v_{A2p} ähnlich wie bei jeder Einzelradaufhängung. Es wäre aber sinnlos, daraus ein „Rollzentrum" RZ* für die Parallelfederung ableiten zu wollen; mit diesem „Rollzentrum" läßt sich kein antimetrischer Kräfteplan aufbauen, wie Bild 7.9b zeigt: die Horizontalkomponenten H_1^* und H_2^* am Mittelgelenk wären an beiden Radträgern gleichgerichtet und könnten sich bei Zusammenlegung der Kräftepläne nicht kompensieren. Dies gelänge dagegen sofort mit einem symmetrischen Kräfteplan, also mit entgegengesetzt gerichteten Seitenkräften an beiden Rädern, wie sie z.B. bei Geradeausfahrt entstehen, wenn die Räder mit „Vorspur" fahren. Diese Seitenkräfte würden versuchen, das Fahrzeug anzuheben. Entsprechendes gilt auch für Einzelradaufhängungen, wenn deren Rollzentrum ober- oder unterhalb der Fahrbahnebene liegt, denn bei Einzelradaufhängungen sind das „echte" Rollzentrum RZ der Wankbewegung und das „falsche" RZ* der Parallelbewegung identisch.

Daß die Ermittlung des Rollzentrums nur über eine differentielle **antimetrische** Federungsbewegung der beiden Räder erfolgen kann, läßt sich besonders klar an der Starrachsaufhängung demonstrieren: Die Starrachse nach **Bild 7.10** ist in der Fahrzeugquerschnittsebene durch eine Kulisse und einen darin gleitenden fahrzeugfesten Bolzen geführt (Gleitsteinführung, gelegentlich bei Rennfahrzeugen angewandt), welch letzterer sich sofort als Übertragungspunkt aller Seitenkräfte zwischen der Achse und dem Fahrzeug und damit als Rollzentrum RZ vorstellt. Bei einer antimetrischen Wankbewegung schwenkt die Achse um den Bolzen, die antimetrischen Geschwindigkeitsvektoren v_{Aw} der Radaufstandspunkte stehen senkrecht auf den Polstrahlen durch das Rollzentrum. Die parallele Federungsbewegung einer Starrachse besteht dagegen im Fahrzeugquerschnitt nur in einer Vertikalverlagerung mit vertikal gerichteten Geschwindigkeitsvektoren; ein daraus definiertes „Rollzentrum" RZ* läge also in der Fahrbahnebene – womit sich auch erklären läßt, warum eine Vorspur an einer Starrachse keine Hubkräfte auf das Fahrzeug ausübt, im Gegensatz zu den soeben besprochenen Einzelrad- und Verbundaufhängungen.

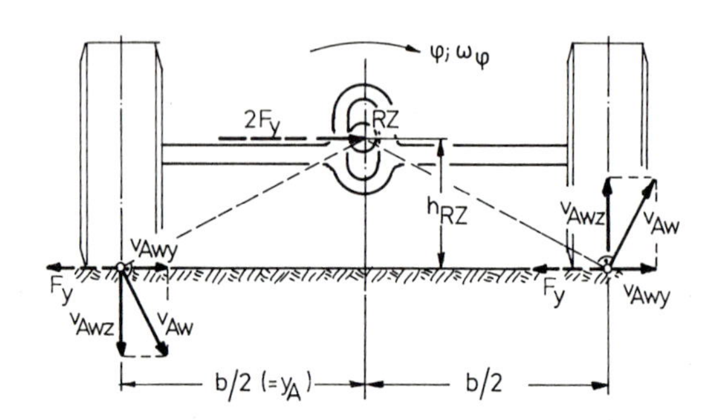

Bild 7.10:
Das Rollzentrum an einer Starrachse

Eine von Null verschiedene Rollzentrumshöhe ist offensichtlich bei Einzelradaufhängungen nur möglich, wenn Spurweitenänderungen beim Ein- und Ausfedern in Kauf genommen werden. Dabei entstehen Schräglaufwinkel und Seitenkräfte am Reifen, die aber bei normalen Fahrgeschwindigkeiten nicht ins Gewicht fallen. Bei extrem langsamer Fahrt oder am stehenden Fahrzeug verursacht die Reifen-Querverformung jedoch eine Erhöhung der wirksamen Federungsrate.

In den vorstehenden Überlegungen blieben die Elastizitäten der Lenkerlager und die Querfederraten der Reifen unberücksichtigt. Wie schon im Abschnitt 6.3.8 des vorangegangenen Kapitels ausgeführt, bringt die Nachgiebigkeit der Lagerungen nur vernachlässigbare Veränderungen von Kraftrichtungen und tritt hier zusammen mit den Querverschiebungen der Radaufstandspunkte vor allem als Parallelverschiebung des Fahrzeug-Koordinatensystems gegenüber der Fahrbahn in Erscheinung. An den Gesamt-Kräfteplänen am Fahrzeug und seinem Wankverhalten ändert sich dadurch in erster Näherung nichts.

Das Rollzentrum ist also, wie bereits die Stützwinkel der Längsdynamik, eine kinematische „Kenngröße" der Radaufhängung und wird am starren

Mechanismus ermittelt. Wie aus den vorstehenden Betrachtungen hervorgeht, läßt es sich über die Bewegungsgeometrie einer „Achse" mit zwei Rädern folgendermaßen definieren:

Das Rollzentrum ist der Momentanpol des Fahrzeugkörpers gegenüber einer Achse bei beginnender Wankbewegung unter Seitenkraft, d. h. bei Querbeschleunigung Null, und ergibt sich am starren Mechanismus der Radaufhängung in der vertikalen Querschnittsebene durch die Radaufstandspunkte und in Fahrzeugmitte als Schnittpunkt der Normalen der Bewegungsbahnen der beiden Radaufstandspunkte bei einer antimetrischen Federungsbewegung beider Räder.

7.3.2 Das Fahrzeug bei hoher Querbeschleunigung

Bei hoher Querbeschleunigung ist das vereinfachte Fahrzeugmodell mit streng antimetrischer Bewegungsgeometrie und antimetrischem Kräfteplan nicht mehr verwendbar. Der merkliche Wankwinkel führt im allgemeinen zu einer unsymmetrischen Stellung der Radaufhängungen, **Bild 7.11**.

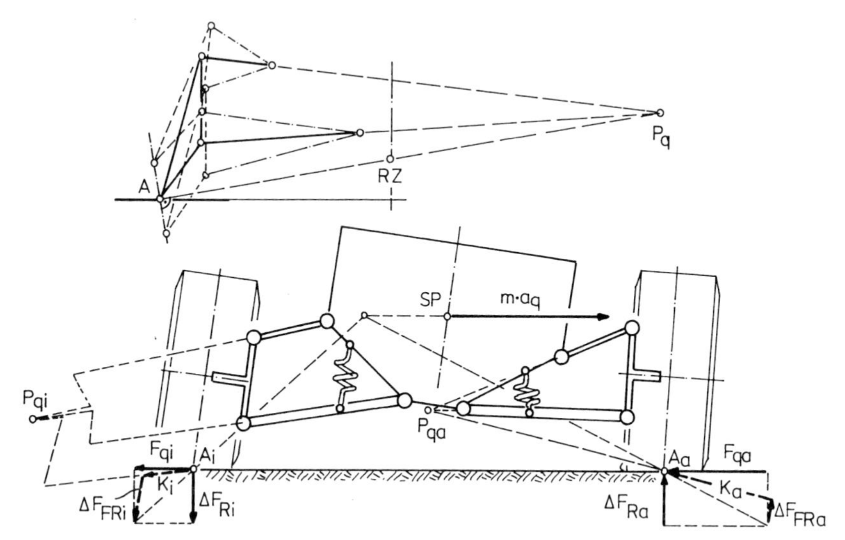

Bild 7.11:

Einzelradaufhängung bei hoher Querbeschleunigung (konstante Rollzentrumshöhe)

Die Seitenkraft am kurvenäußeren Rade wächst entsprechend der erhöhten Radlast gegenüber der des kurveninneren deutlich an, und die jeweiligen Resultierenden aus den Rad-Seitenkräften F_q und den (noch immer entgegengesetzt gleich großen) Radlaständerungen ΔF_R schneiden sich mit der Massen-Querkraft $m\,a_q$ in Schwerpunktshöhe, wobei aber ihr Schnittpunkt gegenüber dem Schwerpunkt SP zur Kurveninnenseite (links) hin verschoben ist. In der Praxis kommt noch eine nichtlineare, meistens im Einfederungsast progressive Federkennlinie hinzu.

Die Einzelradaufhängung in Bild 7.11 ist so ausgelegt, daß sich eine annähernd gerade Bewegungsbahn des Radaufstandspunktes A und damit eine konstante Rollzentrumshöhe h_{RZ} über der Fahrbahn bei paralleler Federungsbewegung ergeben. Bei Doppel-Querlenker-Aufhängungen erfordert dies ungleich lange obere und untere Querlenker, deren Längen sich etwa umgekehrt verhalten wie ihre Abstände von der Fahrbahn [14], vgl. das obere Teilbild.

An der einfachen „ebenen" Radaufhängung von Bild 7.11 können in der Querschnittsebene sofort die Pole P_{qa} und P_{qi} des kurvenäußeren und des kurveninneren Radträgers gegenüber dem Fahrzeugkörper als Schnittpunkte der jeweiligen Querlenkerpaare bestimmt werden. Die Polstrahlen A_aP_{qa} bzw. A_iP_{qi} geben die Richtungen an, in welchen Kräfte an den Radaufstandspunkten A_a und A_i unmittelbar über die Mechanismen der Radaufhängungen, d.h. ohne Zuhilfenahme von Federkräften, auf den Fahrzeugkörper übertragen werden können. Die Resultierenden der Seitenkräfte F_q und der Radlaständerungen ΔF_R an den Radaufstandspunkten teilen sich daher über die Radaufhängungen in je eine Kraft K in Richtung des zugehörigen Polstrahls und je eine auf den Radaufstandspunkt reduzierte Federkraftänderung ΔF_{FR} auf. In Bild 7.11 fällt die kurvenäußere Federkrafterhöhung ΔF_{FRa} erheblich geringer aus als die kurveninnere Federentlastung ΔF_{FRi}; selbst unter der Annahme einer linearen Federungskennlinie wird also das Fahrzeug am kurvenäußeren Rade weniger stark einfedern, als es am kurveninneren aushebt. Dies ergibt zusätzlich zur Wankneigung eine resultierende Anhebung des Fahrzeugkörpers, er „stützt sich auf". Der effektive Drehpunkt der Fahrzeuglagenänderung im Querschnitt wird zur Fahrzeugaußenseite hin verschoben. - Ein „Rollzentrum" läßt sich für diese Stellung nicht mehr durch einfache geometrische Betrachtungen definieren, wie sie bei sehr geringer Querbeschleunigung noch erfolgreich waren. Schon bei dem hier betrachteten „Einachsmodell" nämlich stellt die Achse im Fahrzeugquerschnitt ein „statisch überbestimmtes" System dar; die Verteilung der Seitenkräfte auf die beiden Räder ergibt sich aus dem nichtlinearen Reifenkennfeld und damit aus Gesetzmäßigkeiten, die vom Mechanismus der Radaufhängung her nur unwesentlich (z.B. durch Vorspur- oder Sturzänderungen) beeinflußt werden können.

Um das „Aufstützen" der Achse zu verhindern , ist es offensichtlich angebracht, die Richtungen der Polstrahlen der Radaufstandspunkte und damit der Reaktionskräfte K der Radaufhängung dahingehend abzuändern, daß - eine lineare Federungskennlinie vorausgesetzt - die Federkraftänderungen an beiden Rädern umgekehrt gleich groß werden. Dies wird erreicht, indem der kurvenäußere Polstrahl $A_a P_{qa}$ eine flachere und der kurveninnere Polstrahl $A_i P_{qi}$ eine steilere Anstellung gegenüber der Fahrbahn erhalten, **Bild 7.12** [37]. Damit ändert sich auch die Bewegungsbahn des Radaufstandspunktes relativ zum Fahrzeugkörper von einer Geradführung (Bild 7.11) in eine gekrümmte Kurve (oberes Teilbild 7.12), und das Rollzentrum RZ wird bei paralleler Einfederung des Fahrzeugs zur Fahrbahn hin abgesenkt bzw. beim Ausfedern angehoben.

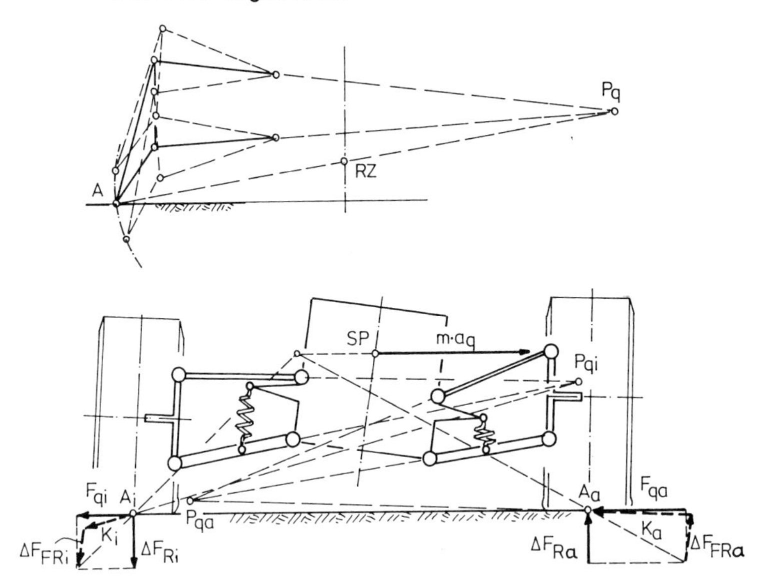

Bild 7.12: Doppel-Querlenker-Aufhängung mit veränderlicher Rollzentrumshöhe

Die radbezogene Federkraftänderung ΔF_{FRa} am kurvenäußeren Rade ist in Bild 7.12 etwas größer als die Federkraftänderung ΔF_{FRi} am kurveninneren; hier wird das Fahrzeug also, im Gegensatz zu Bild 7.11, beim Wanken zugleich ein wenig zur Fahrbahn hin eintauchen (solange keine Progression der Federkennlinie am Kurvenaußenrad einsetzt). Der „Aufstützeffekt" läßt sich demnach durch die Auslegung der Radführungsgeometrie beeinflussen.

Auch Starrachsführungen können einen Aufstützeffekt hervorrufen, obwohl dort die Seitenkraftverteilung auf die beiden Räder bedeutungslos ist, weil der Achskörper die Seitenkräfte stets „summiert" auf den Fahrzeugkörper überträgt.

In **Bild 7.13** sind zwei Varianten einer einfachen Starrachs-Gleitsteinführung dargestellt, vgl. auch Bild 7.10.

Die Variante a hat ein „achsfestes" Rollzentrum RZ, und die Gleitführung ist am Fahrzeugkörper angebracht. Bei hoher Querbeschleunigung a_q und damit großem Wankwinkel neigt sich die Gleitführung mit dem Fahrzeugkörper gegen die Vertikale, und die am Rollzentrum wirkende Massen-Querkraft $m a_q$ teilt sich an der Gleitführung in zwei Komponenten auf, nämlich eine Führungskraft K und eine Ausschubkraft ΔF, welche die Achse gegen den Widerstand der nicht eingezeichneten Fahrzeugfedern nach unten aus dem Fahrzeug herausschieben will. Dieses Fahrzeug wird sich also bei Kurvenfahrt „aufstützen".

Ist dagegen der Gleitstein „fahrzeugfest" und die Gleitführung am Achskörper angebracht, Variante b, so bleibt die Führungsbahn, wenn die unterschiedlichen Reifeneinfederungen infolge der Radlastverlagerung vernachlässigt werden, stets senkrecht zur Fahrbahn, und an der Führungsbahn entsteht keine Ausschubkraft. Das Rollzentrum wird aber bei der Variante b im Gegensatz zur Variante a beim Einfedern des Fahrzeugkörpers gemeinsam mit diesem zur Fahrbahn hin absinken. Auch bei Starrachsführungen kann also der Aufstützeffekt durch eine Auslegung der Achsführungsgeometrie, bei welcher sich die Rollzentrumshöhe über der Fahrbahn mit dem Einfederweg des Fahrzeugs verringert, vermieden werden.

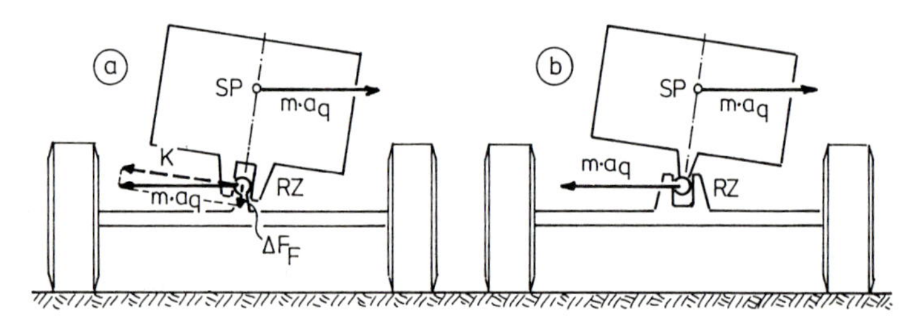

Bild 7.13: Starrachsführungen mit a) konstantem und b) veränderlichem Rollzentrum

Die beiden Varianten der Starrachsführung von Bild 7.13 stellen zwei Spezialfälle der Rollzentrumsgeometrie dar, nämlich ein achsfestes und ein fahrzeugfestes Rollzentrum. Im Falle a ist die Rollzentrumshöhe über der Fahrbahn konstant, im Falle b ist die Höhenänderung des Rollzentrums bei Parallelfederung des Fahrzeugs umgekehrt gleich dem Einfederweg. Wie schon bei den Einzelradaufhängungen sind aber auch bei Starrachsführungen beliebige andere Auslegungen möglich.

Gleitsteinführungen zur Seitenkraftabstützung wurden, wie gesagt, bei Rennwagen gelegentlich angewandt, bei Straßenfahrzeugen verständlicherweise nicht. Eine elegante, reibungs- und wartungsarme Ersatzlösung ist das „Wattgestänge", welches James WATT zur Geradführung von Dampfdruck-Indikatornadeln benutzte, **Bild 7.14**. Es handelt sich im Normalfall um eine ebene Viergelenkkette mit gegenläufigen, gleich langen Lenkern. In der zentralsymmetrischen Stellung dieses Getriebes, Bild 7.14 a, liegt der Pol P der Koppel AB im Unendlichen, d. h. alle Verschiebungsvektoren von Koppelpunkten stehen senkrecht zu den Lenkern. Der Krümmungsmittelpunkt C_0 der Koppelmitte C liegt ebenfalls im Unendlichen, wie sich z. B. zeichnerisch durch Anwendung des Verfahrens von BOBILLIER leicht nachprüfen läßt (vgl. Kap. 3, Bild 3.2b; den unendlich klein gewordenen Winkeln δ von Bild 3.2b entsprechen hier die Strecken e). In Symmetrielagen von Mechanismen entstehen Krümmungsradien, welche die Bahnkurve besonders gut annähern; Punkt C wird daher über einen weiten Bereich nahezu geradlinig geführt. Seine Bahn (a) ist strichpunktiert eingezeichnet. In ausgelenkter Stellung des Getriebes kehrt der Momentanpol ins Endliche zurück (Lage P'), die Koppel dreht sich, die Geradführung von C bleibt aber noch immer gut erhalten, da P' etwa in gleicher Höhe liegt wie C'.

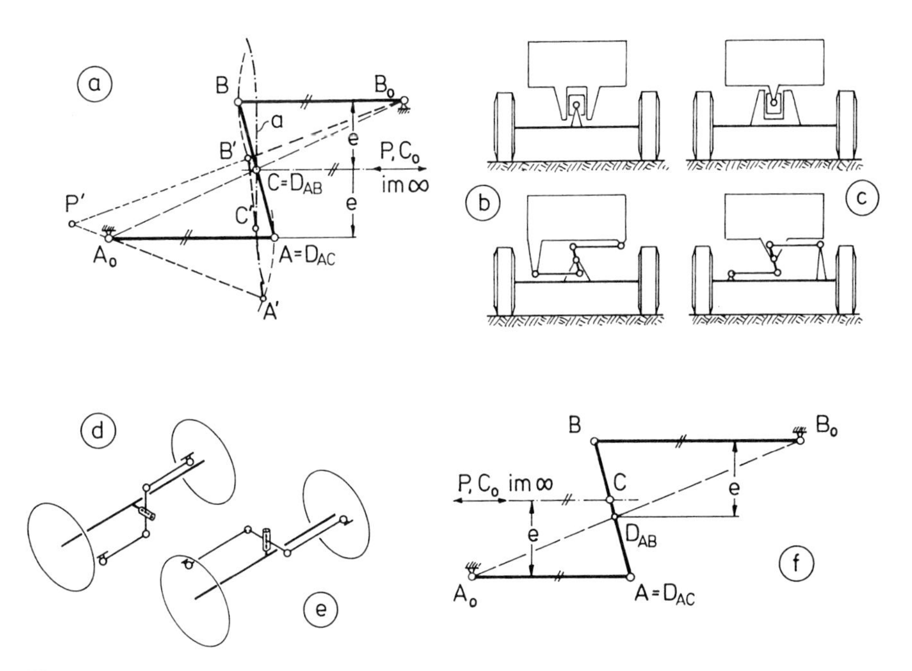

Bild 7.14: Das Wattgestänge

Die Analogie zwischen dem Wattgestänge und der Gleitsteinführung stellen Bild 7.14 b bzw. c her: dem fahrzeugfesten Führungsschlitz entspricht die Lagerung der Lenker am Fahrzeugkörper (häufigste Anwendung im Fahrzeugbau), dem achsfesten die Lagerung der Lenker am Achskörper.

Neben der Anordnung in einer vertikalen Ebene (Bild 7.14d) wurde das Wattgestänge auch schon waagerecht verlegt (e), es bleibt dann beim Ein- oder Ausfedern nicht mehr eben.

Beim Antiparallelkurbelgetriebe mit ungleich langen Lenkern liegt der Koppelpunkt C mit unendlich großem Krümmungsradius außermittig und näher am längeren der beiden Lenker (f).

Die Beeinflussung der Rollzentrumshöhe und -höhenänderung ist auch bei allgemeinen, lenkergeführten Starrachsaufhängungen in gewissem Umfang möglich.

In **Bild 7.15** sind einige Beispiele für kinematisch „exakte" Starrachsaufhängungen dargestellt, also Mechanismen mit zwei Freiheitsgraden.

Die Schubkugel- oder Deichselachse (a), hier mit „Panhardstab", kann Querkräfte nur am Deichselgelenk K_1 und über den Panhardstab übertragen. Solange dieser etwa horizontal liegt, ist die Verbindungslinie der Deichselspitze K_1 und seines Schnittpunkts K_2 mit der Fahrzeugmittellängsebene, an der beliebige Querkräfte auftreten dürfen, ohne ein Moment auf die Federung auszuüben, als Wank-Momentanachse m_W anzusehen, welche die Querschnittsebene durch die Radaufstandspunkte im Rollzentrum RZ durchstößt. Ist der Panhardstab stärker geneigt, so ruft die Querkraft unabhängig von einem Wankwinkel eine Anhebung oder Absenkung des Fahrzeugaufbaus hervor, der Panhardstab wirkt in ähnlicher Weise wie der Stab eines Hochspringers; dieser Vorgang hat nichts mit dem vorhin beschriebenen „Aufstützeffekt" zu tun, der aber zusätzlich zu erwarten ist, es sei denn, das fahrzeugseitige Lager des Panhardstabes befindet sich in Fahrzeugmitte, so daß die Rollzentrumshöhe sich mit dem Parallel-Einfederweg verändert.

Die Achsführungen der Beispiele b bis d sind zur Fahrzeugmitte symmetrisch aufgebaut. Die resultierende Querkraft der beiden unteren Lenker muß im Schnittpunkt K_1 ihrer Mittellinien, die der oberen in ihrem Schnittpunkt K_2 (bzw. in der Spitze K_2 des Dreiecklenkers von Beispiel b) wirken. K_1K_2 ist also die Wank-Momentanachse m_W der Achsen, auf welcher das Rollzentrum RZ liegt [32]. Dieses wird im Beispiel b wegen seiner engen Nachbarschaft zur achsfesten Spitze des Dreiecklenkers seine Fahrbahnhöhe beim Federungsvorgang kaum ändern, die Neigung der Achse m_W richtet sich aber etwa nach derjenigen der unteren Einzellenker. Im Beispiel c sind vier Lenker nach einer Seite hin orientiert, K_1 und K_2 liegen beiderseits der Achse. Beim Einfedern wandert K_1 abwärts, K_2 aber aufwärts, die Neigung von m_W ändert sich stark, die Höhe des Rollzentrums RZ dagegen wenig. Die Verhältnisse kehren sich im Beispiel d um, wo die Lenker gegensinnig ausgerichtet sind; m_W behält die Neigung gegenüber der Fahrbahn beim Durchfedern in etwa bei, das Rollzentrum RZ aber bewegt sich beim Einfedern des Fahrzeugkörpers schnell abwärts. – Die Neigung der Momentanachse m_W ist von wesentlicher Bedeutung für das kinematische Eigenlenkverhalten, wie im Abschnitt 7.5 gezeigt wird.

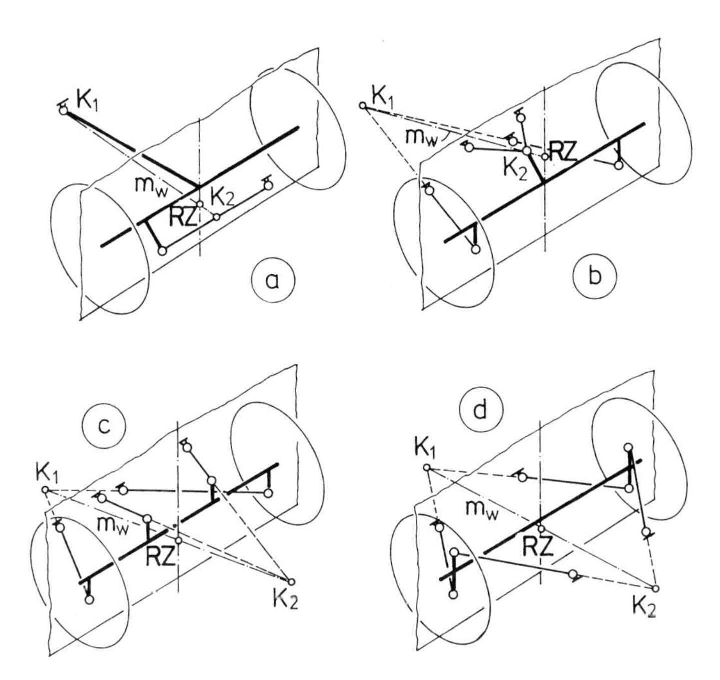

Bild 7.15: Das Rollzentrum bei verschiedenen Starrachsaufhängungen

Während das Zustandekommen des „Aufstützeffekts" bei Einzelradaufhängungen und Starrachsen, wie vorstehend gezeigt, anschaulich leicht zu erklären ist, ergeben sich bei Verbundaufhängungen größere Probleme, nicht nur wegen der Vielfalt ihrer kinematischen Variationsmöglichkeiten. Es ist natürlich zu erwarten, daß sich Mischeigenschaften einstellen je nach der Nähe der betreffenden Aufhängung zur Einzelrad- oder zur Starrachsaufhängung. Im nachfolgenden Abschnitt wird ein einfacher Rechenansatz beschrieben, mit welchem grundsätzliche Untersuchungen zum querdynamischen Verhalten aller Bauarten von Radaufhängungen ermöglicht werden.

Bei Starrachs- und Verbundaufhängungen ist, im Gegensatz zu den Einzelradaufhängungen, auch noch über die geometrische Anordnung der Federelemente eine gewisse Beeinflussung des Aufstützverhaltens gegeben. Während bei Einzelradaufhängungen stets eine auf den Radaufstandspunkt „reduzierte" Federungskennlinie die installierten Federelemente in allen Situationen gleichwertig vertreten kann, gibt es bei Starrachs- und Verbundaufhängungen Unterschiede in der Wirkung der Tragfedern bei gleichsinniger und bei gegensinniger Federungsbewegung (vgl. auch Kap. 5, Bild 5.22); ferner ist es für den Aufstützeffekt nicht gleichgültig, wie sich die Federn je nach ihrer Einbauposition bei einer Wankbewegung relativ zur Achse und zum Fahrzeugkörper verstellen.

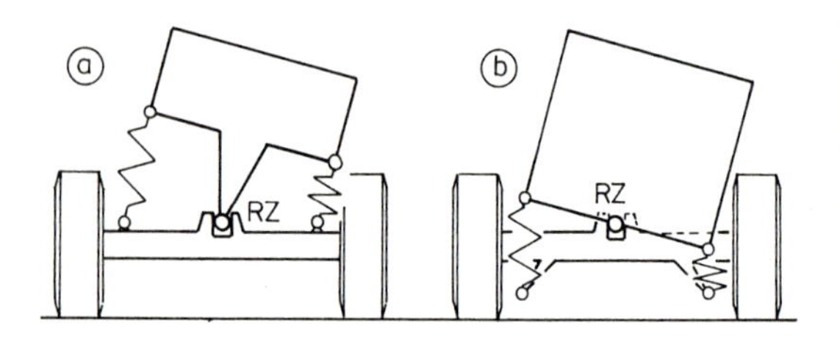

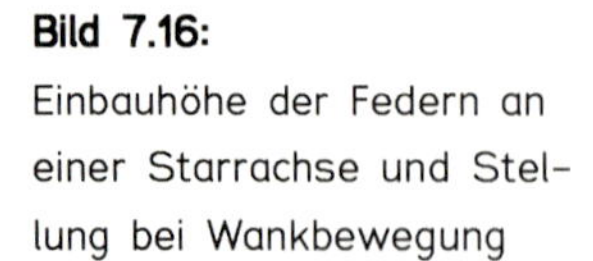
Bild 7.16: Einbauhöhe der Federn an einer Starrachse und Stellung bei Wankbewegung

In **Bild 7.16** ist zweimal die gleiche Starrachsführung dargestellt, wobei im Falle a die unteren und im Falle b die oberen Federlager in Höhe des Rollzentrums RZ angebracht sind. Ersichtlich neigen sich die Federn im Beispiel a etwa parallel mit dem Fahrzeugkörper, so daß sie eine Kraftkomponente in horizontaler Richtung (also der Richtung der Massen-Fliehkraft) entwickeln und dafür in vertikaler Richtung (der Richtung der Gewichtskraft) mit geringerer Steifigkeit wirksam sind. Im Beispiel b dagegen verändern sie ihre vertikale Ausrichtung gegenüber der Fahrbahn kaum.

7.3.3 Einfaches Rechenmodell zur Nachbildung der Radführungsgeometrie bei Kurvenfahrt

Wie bereits an der Verbundaufhängung von Bild 7.9 erkennbar, treten im allgemeinen Fall einer Aufhängung zweier Räder einer „Achse" zwei typische Bewegungsformen auf, die sich im Fahrbetrieb überlagern: einmal die gleichsinnige (symmetrische) Ein- und Ausfederung beider Räder, in Bild 7.9 mit den Geschwindigkeiten v_{A1p} und v_{A2p}, zum andern die gegensinnige (antimetrische) Wankbewegung mit den Geschwindigkeiten v_{A1w} und v_{A2w}. Ähnliches gilt für Starrachsen (dort erfolgt die gleichsinnige Federung vertikal), während bei Einzelradaufhängungen beide Bewegungsformen zusammenfallen.

Die Geschwindigkeitsvektoren der antimetrischen Radbewegung stehen senkrecht auf den „Polstrahlen" vom Radaufstandspunkt A zum Rollzentrum RZ (Bilder 7.9 und 7.10) und haben, abgesehen von ihren Vorzeichen, normalerweise nicht die gleichen Richtungen wie die Vektoren der symmetrischen Bewegung. Während ferner für die symmetrische Bewegung jedem Radaufstandspunkt eine eindeutige Bahnkurve im Fahrzeugquerschnitt zugeordnet werden kann, ergeben sich für die antimetrische Bewegung jeweils unterschiedliche Bahnkurven, abhängig vom Einfederungszustand der Achse, d.h. der (symmetrischen) Ausgangslage der Radaufstandspunkte auf der Bahnkurve der symmetrischen Bewegung. **Bild 7.17** soll dies an zwei sehr unterschiedlich gestalteten Verbundaufhängungen deutlich machen.

Über der jeweiligen Bewegungsbahn g_p des linken Radaufstandspunktes für die symmetrische bzw. parallele Federung sind verschiedene Bahnen g_w für die antimetrische bzw. Wankbewegung eingetragen, und zwar neben der Wankbewegung aus der „Normallage" (Radaufstandspunkt A_n) heraus noch je drei Bahnen für „eingefederte" und „ausgefederte" Ausgangslagen, z. B. Beladungszustände des Fahrzeugs. Ersichtlich sind bei beiden Achsbauarten die Bahnen g_w stärker gegen die Vertikale geneigt als die Bahnen g_p; dies ist ja einer der Gründe für die Anwendung von Verbundaufhängungen, nämlich die Verwirklichung eines relativ hochliegenden Rollzentrums bei dennoch geringer Spuränderung bei paralleler Federungsbewegung.

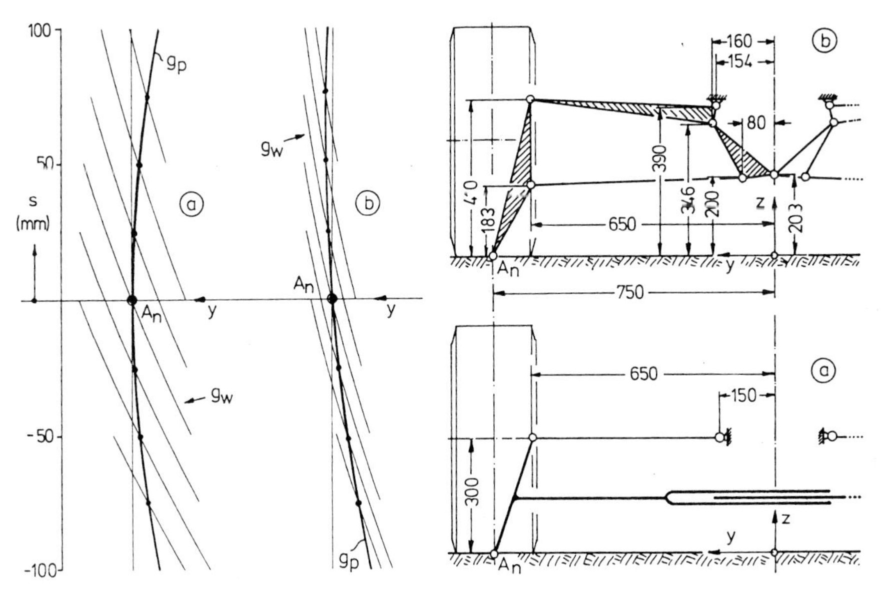

Bild 7.17: Parallel- und Wank-Bewegungsbahnen der Radaufstandspunkte an zwei Verbundaufhängungen unterschiedlicher Bauart

Bei gleicher Betrachtungsweise würde eine Starrachse eine vertikale Gerade g_p und Kreisbögen g_w um die Fahrzeugmitte zeigen. Eine Einzelradaufhängung weist identische Bahnen $g_w = g_p$ auf.

Diese Darstellungsform legt es nahe, einen einheitlichen Rechenansatz zur vergleichenden Untersuchung des querdynamischen Verhaltens von Einzelrad-, Starrachs- und Verbundaufhängungen zu erarbeiten. Mit der vereinfachenden Annahme, daß die Schräglauf-Seitenkräfte von erheblich größerer Bedeutung sind als die Sturz-Seitenkräfte, d. h. unter Vernachlässigung der Sturzänderung über dem Federweg bzw. Wankwinkel, wird die Beschreibung der Bahnen der Radaufstandspunkte beider Räder einer Achse für die grundsätzliche Betrachtung der Zusammenhänge bei der Kurvenfahrt ausreichen [41].

Die Grundbewegungsbahn g_p beim parallelen Federungsvorgang möge durch eine Parabel beschrieben sein; mit der Ausgangskoordinate y_0 des Radaufstandspunktes in Normallage kann sie also über dem Federweg s mit zwei Konstanten k_1 und k_2 zu

$$y_p = y_0 + k_1 s + k_2 s^2 \tag{7.16}$$

berechnet werden, **Bild 7.18**.

In Bild 7.18 sind zusätzlich zur „Normallage" (Radaufstandspunkte A_{1n} und A_{2n}) auch zwei unterschiedlich um s_1 und s_2 eingefederte Radaufstandspunkte A_1 und A_2 angedeutet; sie liegen auf spiegelbildlichen Bahnen g_w, die von einer zugehörigen Mittelstellung bzw. Ausgangslage beim mittleren Federweg

$$s_m = (s_1 + s_2)/2 \tag{7.17}$$

ausgehen. Die auf der gekrümmten Kurve g_p als Grundlinie aufbauende Bahnkurve g_w weist in ihrem Ursprungspunkt auf g_p eine um den Winkel τ_w verdrehte Tangente t_w gegenüber g_p auf; dieser Winkel wird meistens über dem mittleren Federweg s_m veränderlich sein, so daß die relative Steigung von g_w gegenüber g_p durch ein konstantes und ein federwegabhängiges Glied zu berücksichtigen ist. Ferner ist eine relative Krümmung der Kurve g_w gegenüber der (bereits gekrümmten) Kurve g_p vorhanden, die sich über dem Federweg ebenfalls verändern kann. Die Untersuchungen an realistischen Verbundaufhängungen mit dem vorliegenden Rechenansatz zeigten aber, daß diese relative Krümmung im allgemeinen von untergeordneter Bedeutung ist, weshalb sie hier als konstant betrachtet und durch eine Parabel dargestellt werden soll. Über dem antimetrischen Federweg

$$s_a = (s_2 - s_1)/2 \tag{7.18}$$

erhält daher die auf die Grundkurve g_p der Parallelbewegung bezogene, von der Mittelstellung s_m nach Gl. (7.17) ausgehende Wankbewegungsbahn g_w die Form

$$y_w = \pm\,(k_3 + k_4 s_m) s_a \pm k_5 s_a^2 \tag{7.19}$$

In den Gleichungen (7.16) und (7.19) sind die Konstanten k_2 bzw. k_5 positiv angesetzt, was zur Fahrzeugaußenseite hin gerichteten Krümmungsradien der Bahnkurven g_p bzw. g_w entspricht, wie in Bild 7.18 dargestellt. In der Realität sind diese Bahnkurven meistens zur Fahrzeuginnenseite hin gekrümmt, vgl. auch Bild 7.17, und dementsprechend k_2 und k_5 negativ. Aus diesen Gleichungen folgt für die resultierenden Bahnkurven des linken, weniger weit eingefederten oder „kurveninneren" Radaufstandspunktes A_1 sowie des rechten oder „kurvenäußeren" Radaufstandspunktes A_2

$$y_1 = y_0 + k_1 s_1 + k_2 s_1^2 - (k_3 + k_4 s_m) s_a + k_5 s_a^2 \quad (7.20)$$
$$y_2 = -y_0 - k_1 s_2 - k_2 s_2^2 - (k_3 + k_4 s_m) s_a - k_5 s_a^2 \quad (7.21)$$

Da eine Einzelradaufhängung durch eine einzige, für die Parallel- wie für die Wankfederung gültige Bahnkurve beschrieben wird, genügt für diese die Gleichung (7.16), d.h. bei der Einzelradaufhängung sind die Koeffizienten k_3 bis k_5 gleich Null. Eine Starrachse zeigt demgegenüber keine Spuränderung bei paralleler Einfederung, hier sind die Koeffizienten k_1 und k_2 gleich Null. Nur bei einer Verbundaufhängung sind im allgemeinen Fall alle fünf Koeffizienten von Null verschieden.

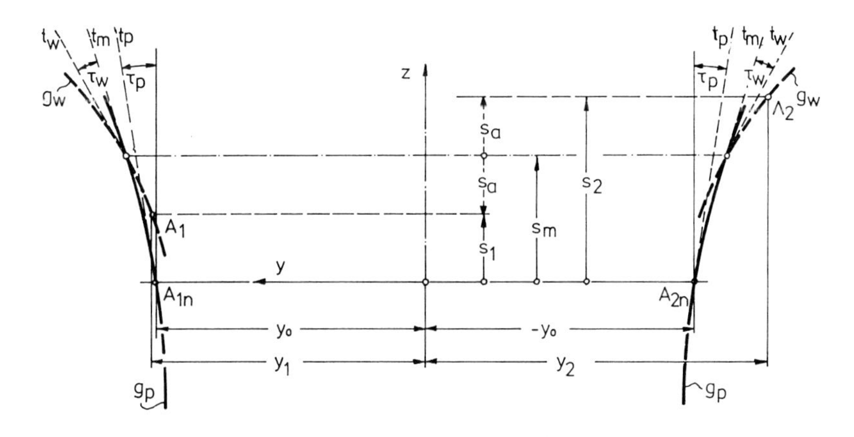

Bild 7.18: Rechenansatz zur Nachbildung der Parallel- und der Wankfederung

Der Rechenansatz gestattet es, Einzelrad-, Starrachs- und Verbundaufhängungen bezüglich ihres für die Querdynamik des Fahrzeugs wesentlichen kinematischen Verhaltens durch ein einheitliches Gleichungssystem nachzubilden. Die Koeffizienten der Gleichungen (7.20) und (7.21) berechnen sich aus den kinematischen Kenngrößen der jeweiligen Aufhängung, unabhängig von der realen Gestaltung des Mechanismus. So werden bei einer Einzelradaufhängung die Koeffizienten k_1 bzw. k_2 von der Rollzentrumshöhe in Normallage bzw. der Höhenänderung desselben über dem Federweg bestimmt; an einer Starrachse folgen k_3 aus der Rollzentrumshöhe, k_4 aus dessen Höhenänderung und k_5 aus dem Bahnkrümmungsradius bei Wankbewegung (hier also der halben Spurweite). Da eine Verbundaufhängung Eigenschaften der Einzelradaufhängung und der Starrachse aufweist, ist ihre Rollzentrumshöhe von den beiden Koeffizienten k_1 und k_3 abhängig, die Rollzentrums-Höhenänderung über dem Federweg von k_2 und k_4 und der örtliche Bahnkrümmungsradius von k_2 und k_5.

7.4 Die Fahrzeuglage bei stationärer Kurvenfahrt

Unter Anwendung des im Abschnitt 7.3.3 beschriebenen Rechenansatzes sollen im folgenden die Wirkungen verschiedener konstruktiver Maßnahmen und die Einflüsse einiger wichtiger Auslegungsparameter auf die Stellung des Fahrzeugkörpers bei stationärer Kurvenfahrt untersucht werden [41]. Um die Eigenschaften der betrachteten Radaufhängungen möglichst unverfälscht herausarbeiten zu können, soll wieder wie bereits im Abschnitt 7.3 angenommen werden, daß entweder beide Fahrzeugachsen identisch sind oder daß es sich um einen Einachsanhänger mit unendlich langer Deichsel handelt. Am realen Fahrzeug werden in der Regel vorn und hinten unterschiedliche Bauarten von Radaufhängungen angewandt, und erst recht ist die Federungsabstimmung ungleich: mit Rücksicht auf das Nickverhalten wird zumindest bei PKW vorn eine niedrigere Hubeigenfrequenz gewählt als hinten, während zur Sicherung eines untersteuernden Fahrverhaltens die vordere Wankfederrate deutlich über der hinteren liegt. Diese Maßnahmen beeinflussen natürlich das Wank- und Aufstützverhalten der beiden Achsen wechselseitig: die Achse mit der höheren Wanksteifigkeit „hilft" z.B. der anderen bei der Aufnahme des Wankmoments, läßt sie aber bei der Abstützung der äußeren Vertikal- und Querkräfte allein. Die Kräftepläne an den Radaufstandspunkten der Achsen z.B. in Bild 7.11 oder 7.12 sind dann insofern nicht korrekt, als die Federkraftanteile $\Delta F_{FRa,i}$ nicht allein auftreten, bzw. als das Kippmoment, welches die Achse abstützen muß, nicht mehr dem Produkt aus der anteiligen Fahrzeug-Massenkraft und der Schwerpunktshöhe entspricht.

Vernachlässigt werden ferner, da im einfachen Rechenmodell nach Abschnitt 7.3.3 der Radsturz nicht vorkommt, Sturzseitenkräfte der Reifen. Des weiteren wird vorausgesetzt, daß keine Vorspurwinkel auftreten, denn diese sind in Grenzen frei wählbar und nicht achstypisch. Schließlich wird auch keine Rücksicht auf Längskräfte (Antriebs- oder Bremskräfte) genommen, die bekanntlich, vgl. Kap. 4, ebenfalls die Schräglaufwinkel der Reifen beeinflussen.

Bild 7.19 zeigt die Veränderung der Fahrzeugstellung und der wirksamen Kräfte über der Querbeschleunigung a_q für ein Fahrzeug mit einer Einzelradaufhängung, deren Nenn-Rollzentrumshöhe in Normallage h_{RZ} = 150 mm beträgt und über dem Federweg konstant bleiben soll ($dh_{RZ}/ds = 0$).

Ausgehend von der statischen Radlast (und, wegen der Vernachlässigung der ungefederten Massen, auch der Federkraft) F_R = 4000 N bei der Querbeschleunigung a_q = 0, wächst bzw. fällt die kurvenäußere bzw. kurveninnere Radlast etwa linear über a_q. Da auf diese Weise das Seitenführungsvermögen des kurvenäußeren Reifens mit a_q erhöht und das des kurveninneren verringert wird, steigt die kurvenäußere Seitenkraft F_{qa} über a_q progressiv an, während die kurveninnere Seitenkraft F_{qi} degressiv wächst und schließlich wieder abnimmt. Die Radlasten F_R und die Seitenkräfte F_q sind hier auf die Fahrbahnebene bzw. deren Normale bezogen und daher nicht mit den Vertikal- und Querkräften F_z und F_y im Fahrzeugsystem zu verwechseln.

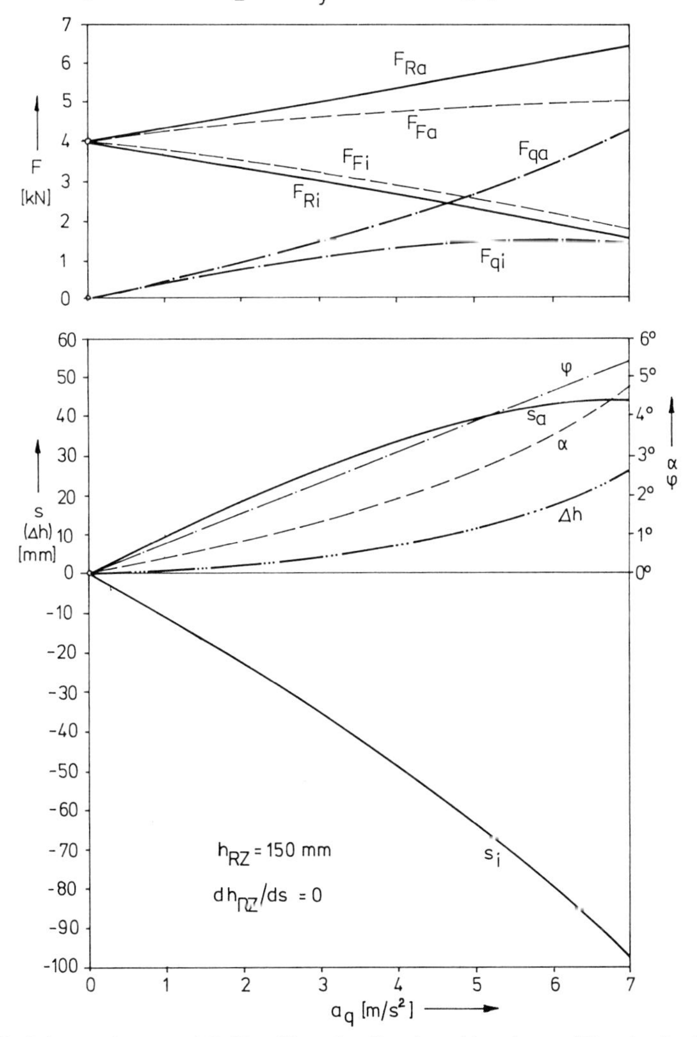

Bild 7.19: Fahrzeuglage und Kräfte über der Querbeschleunigung (Einzelradaufhängung)

Während der Wankwinkel φ über a_q etwa linear zunimmt, ist beim Schräglaufwinkel α deutlich eine Progression zu erkennen, die mit der degressiven Abhängigkeit der Seitenkraft sowohl vom Schräglaufwinkel als auch von der Radlast zu erklären ist, vgl. Kap. 4.

Die dem Beispiel von Bild 7.19 zugrundeliegende Radaufhängung neigt zum Aufstützen, weil sich wegen der konstanten Rollzentrumshöhe die effektiven Führungsbahnen der Radaufstandspunkte im Fahrzeugquerschnitt wie in Bild 7.11 gegenüber der Fahrbahnebene derart neigen, daß die kurvenäußere Seitenkraft einen zunehmenden Beitrag zur Abstützung des Fahrzeuggewichts leistet. Dies äußert sich in einem stark degressiven Verlauf des Einfederwegs s_a am kurvenäußeren Rade.

Die Anhebung Δh des Fahrzeugschwerpunkts bei Querbeschleunigung läßt sich, wie bereits anhand von Bild 7.12 angedeutet, durch eine veränderliche, mit dem (Parallel-)Einfederweg abnehmende Rollzentrumshöhe mildern oder unterdrücken [37]. In **Bild 7.20** ist der Einfluß der Nenn-Rollzentrumshöhe h_{RZ} in Konstruktionslage und der Rollzentrums-Höhenänderung dh_{RZ}/ds über dem Federweg s auf die Höhenänderung Δh des Fahrzeugschwerpunkts für Einzelradaufhängungen in Form eines Kennfeldes dargestellt, und zwar unter Annahme eines mittleren PKW mit einer linearen Federung und für eine Querbeschleunigung $a_q = 7\ m/s^2$.

Wie anschaulich auf Grund der Bilder 7.11 und 7.12 zu erwarten, ist die Neigung zum Aufstützen um so größer, je höher das Rollzentrum in der Ausgangslage über der Fahrbahn angeordnet ist; entsprechend größer muß dann auch die Rollzentrums-Höhenänderung gewählt werden, um den Aufstützeffekt zu vermeiden.

Einzelradaufhängungen mit Rollzentrumshöhen um 250...300 mm in Konstruktionslage werden heute bei PKW nicht mehr verwendet. Die verschiedenen Varianten der Pendelachsen gehörten zu dieser Gruppe; die Rollzentrums-Höhenänderung der „Eingelenk-Pendelachse" mit in Fahrzeugmitte zusammenfallenden Drehpunkten der beiden Pendel ist $dh_{RZ}/ds = -1$, die der normalen Zweigelenk-Pendelachsen liegt um −1,1...−1,2. Gemäß Bild 7.20 ist also für die Pendelachsen eine Fahrzeuganhebung Δh um ca. 25...30 mm bei 7 m/s^2 Querbeschleunigung zu erwarten (bereits bei linearer Federung!). Aber auch die reine Längslenker-Achse, welche häufig als Hinterachse an Frontantriebs-Fahrzeugen verwendet wird, mit ihren Parametern $h_{RZ} = 0$ und $dh_{RZ}/ds = 0$ stützt das Fahrzeug um ca. 13 mm auf. Mit einer realistischen, im Einfederungsast progressiven Federung werden die Beträge noch größer. Daß der Aufstützeffekt allgemein gern mit der Pendelachse in Verbindung gebracht wurde, ist der Tatsache zuzuschreiben, daß bei der Pendelachse ein über dem Wankwinkel zunächst sehr günstiger „negativer" Radsturz relativ zur Fahrbahn zuletzt im Bereich hoher Querbeschleunigungen infolge des starken Aufstützens ziemlich rasch in einen „positiven" Sturz übergeht, so daß die Seitenführungsfähigkeit des kurvenäußeren Rades in der Nähe der Kraftschlußgrenze, also im fahrdynamischen „Grenzbereich", rapide abnimmt. Bei den Längslenkerachsen dagegen neigen sich beide Räder gemeinsam mit dem Fahrzeugkörper zur Kurvenaußenseite und stellen sich so kontinuierlich in „positiven" Sturz bezüglich der Fahrbahn. Damit ist zwar von den Längslenkerachsen kein hohes Seitenführungspotential zu erwarten, aber der Übergang in den Grenzbereich erfolgt stetig und bleibt so vorhersehbar und beherrschbar.

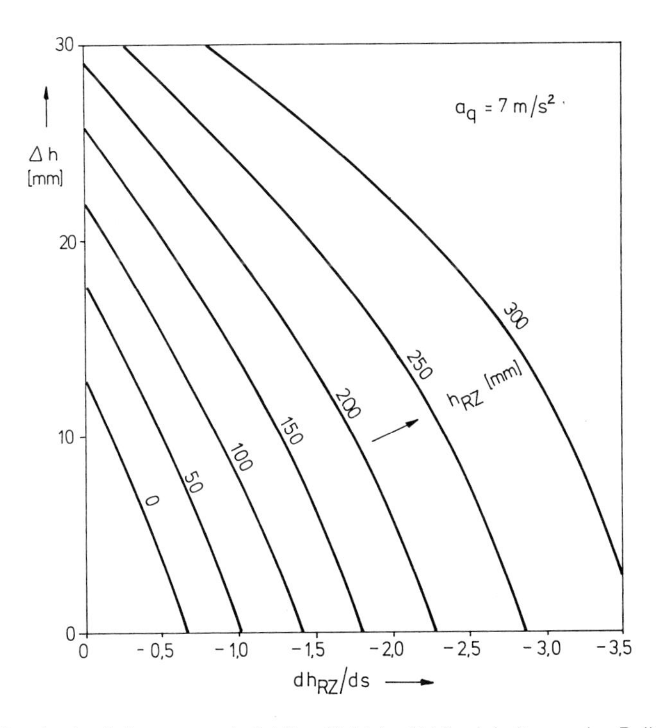

Bild 7.20: Einzelradaufhängungen; Aufstützeffekt in Abhängigkeit von der Rollzentrumshöhe und der Rollzentrums-Höhenänderung bei linearer Federung

Doppel-Querlenker-Achsen werden heute im allgemeinen auf Rollzentrumshöhen zwischen 0 und ca. 150 mm ausgelegt; die Höhenänderung des Rollzentrums über dem Federweg wird um -1 bis -2 gewählt.

Feder - oder Dämpferbeinachsen erhalten als Vorderachsen, und besonders bei Zahnstangenlenkung, mit Rücksicht auf die meistens ziemlich kurzen Spurstangen auch entsprechend kurze Querlenker, und da der „obere Querlenker" gewissermaßen unendlich lang ist, ergeben sich Höhenänderungen des Rollzentrums über dem Federweg in der Größenordnung

dh_{RZ}/ds = −2,5 bis −3,5. Federbein- oder Dämpferbein-Vorderachsen würden also bei Kurvenfahrt zu einem „Eintauchen" des Vorderwagens führen, wenn nicht die in praxi vorhandene Zusatzfeder am kurvenäußeren Rade die Einfederung desselben begrenzen würde.

Stabilisatorfedern erhöhen die Wankfederrate, ohne die Tragfederrate zu beeinflussen. Die Wirkung von Stabilisatorfedern auf die Stellung des Modellfahrzeugs bei stationärer Kurvenfahrt wird in **Bild 7.21** an zwei Radführungen bei einer Querbeschleunigung von 7 m/s² untersucht.

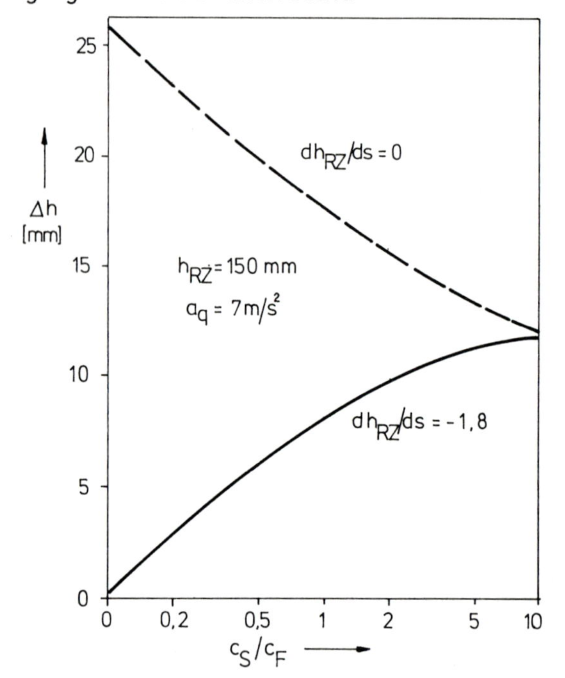

Bild 7.21:
Einfluß von Stabilisatoren auf die Fahrzeuglage

Die Radaufhängung mit konstanter Rollzentrumshöhe $dh_{RZ}/ds = 0$ zeigt eine Milderung des Aufstützeffekts mit wachsendem Verhältnis c_S/c_F der Stabilisatorrate und der Federrate. Der Stabilisator verringert den Wankwinkel und verzögert damit die ungünstige Winkeländerung der Führungsbahnen der Radaufstandspunkte gegenüber der Fahrbahn, vgl. Bild 7.11, wie sie für derartige Achsen typisch ist und zum Aufstützen führt. Übliche Stabilisator-Federraten an Vorderrädern von PKW erreichen durchaus 50% und mehr der Tragfederrate. Einfache „aktive" Federungssysteme, die nur den Wankwinkel und nicht die Höhenlage ausregeln, vgl. Kap. 5, Abschnitt 5.7, kann man sich in Bild 7.21 durch die sehr hohen Stabilisatorraten $c_S = 10\,c_F$ und darüber (rechts im Diagramm) vertreten denken. Ein merklicher Wankwinkel tritt hier kaum noch auf, so daß die Hubbewegung des Fahrzeugkörpers bei Querbeschleunigung um so mehr auffällt.

Die Radaufhängung mit der Rollzentrums-Höhenänderung $dh_{RZ}/ds = -1{,}8$ soll nach Bild 7.20 den Aufstützeffekt völlig unterdrücken und verhält sich mit wachsender Stabilisatorrate genau umgekehrt: je größer die Stabilisatorrate, desto stärker hebt sich der Fahrzeugschwerpunkt an. Der Stabilisator verringert den Wankwinkel und damit die Federwege an beiden Rädern, wodurch diese Radaufhängung nicht mehr ausreichend die Möglichkeit erhält, die Führungsbahnen ihrer Radaufstandspunkte relativ zur Fahrbahn optimal auszurichten, vgl. Bild 7.12, und so die aufstützenden Komponenten der Reifen-Seitenkräfte abzubauen.

Da bei sehr hohen Stabilisatorraten kaum noch ein Wankwinkel auftritt, spielt dort auch die Rollzentrums-Höhenänderung dh_{RZ}/ds nur eine untergeordnete Rolle, und die Hubbewegung Δh des Fahrzeugkörpers ist im wesentlichen von der Rollzentrumshöhe h_{RZ} abhängig. Deshalb nähern sich beide Radaufhängungen in Bild 7.21 bei hohen Stabilisatorraten in ihrem Verhalten zunehmend einander an.

Eine Ausgleichsfeder unterstützt die Tragfeder bei der Aufnahme des Fahrzeuggewichts und bleibt für die Wankfederrate wirkungslos; sie ist das Gegenstück zur Stabilisatorfeder. Dementsprechend fällt auch das Verhalten des Fahrzeugs bei stationärer Kurvenfahrt aus: die Einzelradaufhängung mit der konstanten Rollzentrumshöhe zeigt einen verstärkten Aufstützeffekt, die Aufhängung mit der „idealen" Rollzentrumsänderung $dh_{RZ}/ds = -1{,}8$ senkt dagegen den Fahrzeugkörper mit wachsender Querbeschleunigung ab (wohlgemerkt: eine lineare Federkennlinie vorausgesetzt!).

Die Starrachse überträgt die Seitenkräfte beider Räder in ihrer Gesamtsumme auf den Fahrzeugkörper und ist damit vom Reifenkennfeld unabhängig. Als Einflußgrößen auf das Wankverhalten kommen damit nur die Rollzentrumshöhe (bzw. der Abstand Rollzentrum-Schwerpunkt), die Rollzentrums-Höhenänderung und die Federung in Frage. **Bild 7.22** zeigt die Schwerpunktsanhebung Δh für Starrachsen mit verschiedenen Rollzentrumshöhen h_{RZ} über der Rollzentrums-Höhenänderung dh_{RZ}/ds bei einer Querbeschleunigung $a_q = 7\ m/s^2$.

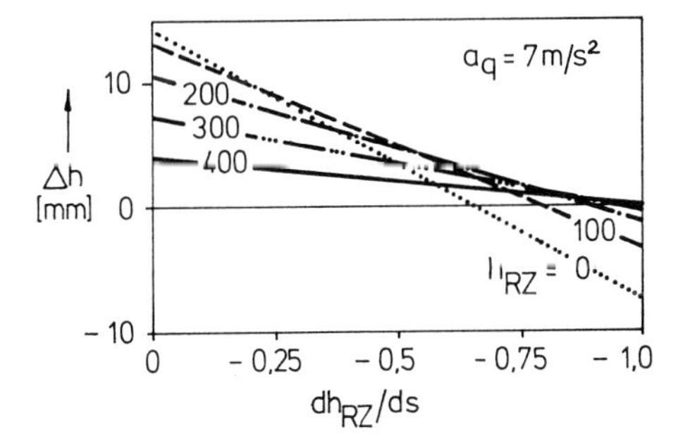

Bild 7.22:
Starrachsen: Einfluß der Rollzentrums-Höhenänderung

Im Gegensatz zu den Einzelradaufhängungen ist der Aufstützeffekt bei den Starrachsen um so geringer, je höher (bei gegebener und konstanter Schwerpunktshöhe) das Rollzentrum liegt. Der Abstand Schwerpunkt-Rollzentrum bestimmt zusammen mit der Federung den Wankwinkel und damit die Schrägstellung der „Führungsbahn" zwischen Achse und Fahrzeugkörper, vgl. Bild 7.13. Der sehr kleine Wankwinkel bei einem sehr hohen Rollzentrum (z.B. h_{RZ} = 400 mm) macht das Fahrzeug gegenüber den nur noch sehr geringen Neigungsänderungen der Führungsbahn unempfindlich.

Der Aufstützeffekt wird bei Starrachsen offensichtlich weitgehend vermieden, wenn sich die Rollzentrums-Höhenänderung etwa zwischen $dh_{RZ}/ds \approx -0{,}75$ und -1 bewegt (wieder für eine lineare Federung).

Die Rechenergebnisse in Bild 7.22 entstanden unter Annahme von parallel zur Fahrzeugmittelebene wirksamen Federn; wie schon erwähnt, ist dies bei Einzelradaufhängungen stets erlaubt, trifft aber bei Starrachsführungen nicht immer zu, vgl. Bild 7.16. Wird die Kraftrichtung der Federn stets senkrecht zur Fahrbahnebene angenommen, so verschwindet die Schwerpunkts-Anhebung Δh über der Querbeschleunigung unabhängig von der Schwerpunktshöhe h und der Rollzentrumshöhe h_{RZ} bei einer Rollzentrums-Höhenänderung $dh_{RZ}/ds = -1$.

Verbundaufhängungen zeigen je nach Auslegung ein Verhalten, das zwischen dem der Einzelradaufhängung und der Starrachsführung liegt.

Für die den Starrachsen nahestehende Verbundachse von Bild 7.17a wurden die in **Bild 7.23** eingetragenen Konstanten k_1 bis k_5 zur Anwendung des Rechenansatzes nach Abschnitt 7.3.3 ermittelt. Der Wankwinkel φ verläuft über der Querbeschleunigung a_q etwa linear, und die Achse verursacht bei linearer Federung trotz ihres hochliegenden Rollzentrums eine, wenn auch nur geringfügige, Absenkung des Fahrzeugschwerpunkts mit wachsender Querbeschleunigung, was mit der merklichen Rollzentrums-Höhenänderung $dh_{RZ}/ds \approx -1{,}3$ zu erklären ist.

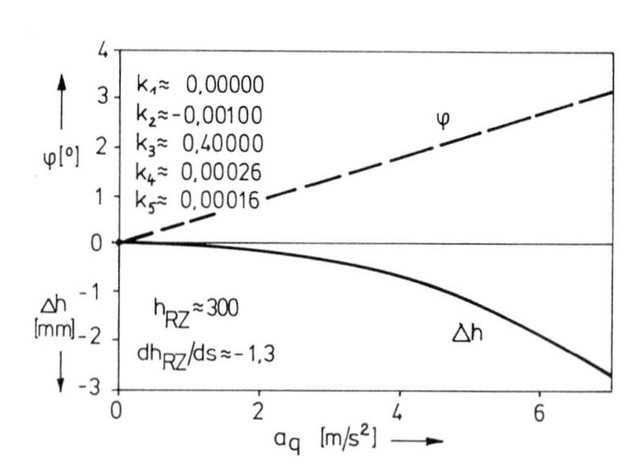

Bild 7.23: Wankfederungsverhalten der Verbundaufhängung nach Bild 7.17a

Die Verbundachse nach Bild 7.17 b ähnelt dagegen eher einer Einzelradaufhängung mit sehr langen Querlenkern. Für diese Aufhängung wurden zur Anwendung des Rechenansatzes nach Abschn. 7.3.3 die in **Bild 7.24** eingetragenen Konstanten k_1 bis k_5 berechnet. Die Radaufhängung mit einer Rollzentrumshöhe von 186 mm und einer Rollzentrums-Höhenänderung -0,8 hebt bei hoher Querbeschleunigung den Fahrzeugschwerpunkt etwas an, aber um einen wesentlich geringeren Weg als eine Einzelradaufhängung mit gleicher Rollzentrumshöhe und -höhenänderung, vgl. Bild 7.20.

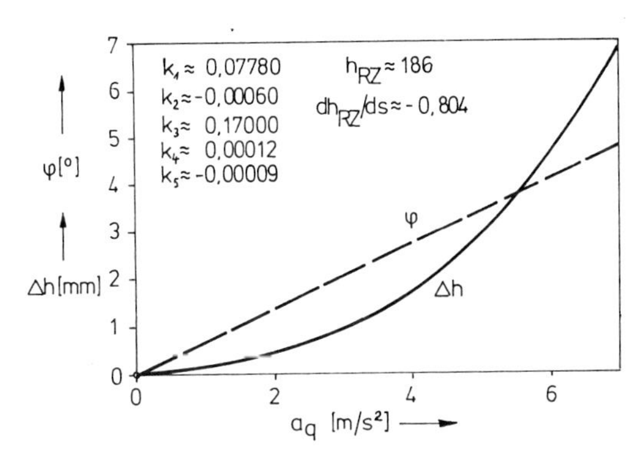

Bild 7.24: Wankfederungsverhalten der Verbundaufhängung nach Bild 7.17 b

Weite Verbreitung hat bei Fahrzeugen mit Vorderradantrieb eine Verbundachsfamilie gefunden, deren Mitglieder sich durch einen sehr einfachen Aufbau auszeichnen, und mit welcher die Verbundeigenschaften sich problemlos von der Einzelradaufhängung bis zur Starrachse (und darüber hinaus) darstellen lassen, **Bild 7.25**. Zwei starre Längsarme tragen die Radachsen und sind an ihren vorderen Enden gelenkig am Fahrzeugkörper gelagert. Ein Drehgelenk mit in Fahrzeugquerrichtung liegender Drehachse verbindet die beiden Längsarme. In der Praxis wird das Drehgelenk meistens durch ein biegesteifes, aber torsionsweiches offenes Blechprofil ersetzt; dann verläuft die effektive Drehachse annähernd durch den Schubmittelpunkt des Profils.

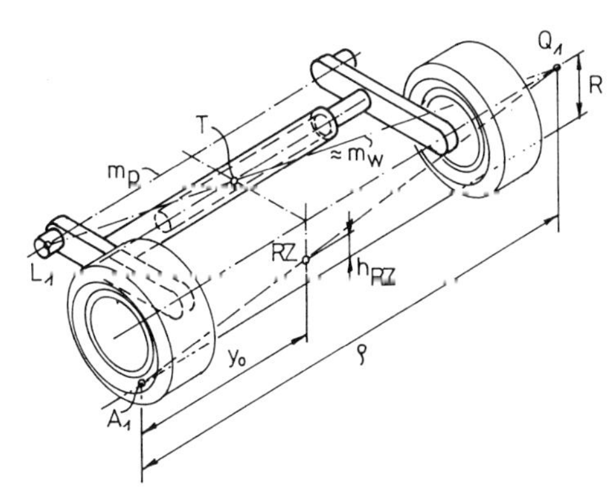

Bild 7.25: Einfache Verbund-Hinterradaufhängung und geometrische Beziehungen

Das Drehgelenk zur Verbindung der beiden Längsarme kann als Drehschubgelenk ausgebildet sein; in diesem Fall entstehen bei der kinematischen Modellierung der Aufhängung keine Probleme mit dem Freiheitsgrad. In der Praxis, und besonders bei Ersatz durch das Torsionsprofil, ist es als „festes" Drehgelenk anzusetzen, und dann verändert sich bei antimetrischer Federungsbewegung der Abstand der fahrzeugseitigen Lager, was durch Gummilager ermöglicht wird, die für die Geräuschdämmung und eine gezielte Elasto-Kinematik dimensioniert werden. Für eine exakte kinematische Abbildung ist eine Bedingung zu formulieren, die eine spiegelbildlich gleich große Querbeweglichkeit der Längsarmlager sichert [47], was z.B. durch ein fiktives, beide Lager mit dem Fahrzeugkörper verbindendes „Wattgestänge" (vgl. Bild 7.14) geschehen kann.

Unter der vereinfachenden Annahme, daß die fahrzeugseitigen Anlenkpunkte der Längsarme etwa den gleichen Abstand voneinander haben wie die Radmitten und daß die Drehachse des Querprofils in der Ebene der Längsarmlager und der Radmitten liegt (wovon in der Praxis mit Rücksicht auf das kinematische Eigenlenkverhalten abgewichen wird), läßt sich die Geometrie des Rollzentrums in einfacher Weise darstellen: Bei paralleler Federungsbewegung beider Räder dreht sich die gesamte Achse um die Verbindungslinie der Längsarmlager, die Momentanachse m_p der Parallelfederung. Die Radaufstandspunkte verlassen dabei ihre Vertikallängsebenen nicht. Bei Wankbewegung muß der in Fahrzeugmitte liegende Punkt T des querliegenden Drehgelenks (bzw. der Schubmittelpunkt des dieses vertretenden offenen Blechprofils) aus Antimetriegründen in Ruhe bleiben, so daß die Wank-Momentanachsen m_W der Räder durch die Längsarmlager und den Punkt T laufen.

Die Wank-Momentanachse des linken Rades schneidet die vertikale Querschnittsebene durch die Radaufstandspunkte im „Querpol" Q_1, der entsprechend der vorhin genannten vereinfachenden Annahme im Abstand R des Reifenradius über der Fahrbahnebene liegt. Die Verbindungslinie vom Pol Q_1 zum Radaufstandspunkt A_1 schneidet die Fahrzeug-Mittelebene im Rollzentrum RZ. Beim parallelen Ein- und Ausfedern um die Momentanachse m_p bleibt Q_1 in erster Näherung „achsfest" und bewegt sich mit den Rädern auf und ab, und das gleiche gilt damit auch für das Rollzentrum RZ. Die Rollzentrumshöhe ist also über dem Federweg konstant.

Für eine vergleichende Prinzipuntersuchung verschiedener Varianten der Verbundaufhängung nach Bild 7.25 mit unterschiedlichen Rollzentrumshöhen h_{RZ}, die durch Verschiebung der die Längsarme verbindenden Drehachse in Fahrtrichtung entstehen, berechnen [41] sich die Konstanten k_3 und k_5 (die anderen Konstanten sind hier = 0) zur Anwendung des Rechenansatzes nach Abschn. 7.3.3 mit einer halben Spurweite von 750 mm und einem Reifenradius von 300 mm, wie in der folgenden Tabelle eingetragen:

h_{RZ} (mm)	k_3	k_5
0	0	0
50	0,0667	-0,00011
100	0,1333	-0,00022
200	0,2667	-0,00044
300	0,4000	-0,00067
400	0,5333	-0,00089

Die Ergebnisse der Vergleichsrechnungen unter Annahme einer linearen Federung zeigen für alle Varianten eine mäßige Aufstützneigung; die Fahrzeuganhebung Δh ist in **Bild 7.26** für eine Querbeschleunigung von 7 m/s^2 über der Rollzentrumshöhe h_{RZ} dargestellt.

Die Aufhängung mit der Rollzentrumshöhe h_{RZ} = 0 ist eigentlich keine Verbund-, sondern eine Einzelradaufhängung (reine Längslenkerachse). Die Fahrzeuganhebung Δh stimmt daher mit der der Längslenker-Einzelradaufhängung überein, vgl. Bild 7.20.

Für eine Rollzentrumshöhe von 300 mm (= Reifenradius) geht die Verbundaufhängung in den Sonderfall der Starrachse über, da hier der Punkt T und damit die Relativdrehachse der Längsarme in die Verbindungslinie der Radmitten zu liegen kommt. Man erhält daher die gleiche Fahrzeuganhebung Δh wie bei der Starrachsaufhängung mit der Rollzentrums-Höhenänderung Null, vgl. Bild 7.22.

Wird die Rollzentrumshöhe über 300 mm angehoben, so wird die Relativdrehachse der Längsarme hinter die Radmitten verschoben. Die Kinematik der Wankbewegung entspricht dann der einer „verkürzten" Pendelachse, und die Räder neigen sich bei der Wankbewegung zur Kurveninnenseite. Da dieses Verhalten, im Gegensatz zur echten Pendelachse, bei der Verbundaufhängung auch durch den (ohnehin geringen) Aufstützeffekt nicht beeinflußt wird, stellt die Verbundaufhängung nach Bild 7.25, aber mit hinter den Radmitten angeordneter Querverbindung, einen „Kurvenleger" dar, welcher ähnlich wie bei Zweiradfahrzeugen die Räder in „negativen" Sturz bringt. Eine derartige Auslegung war an der Hinterachse eines Rennwagens der dreißiger Jahre getroffen worden (vgl. später Kap. 14, Bild 14.4).

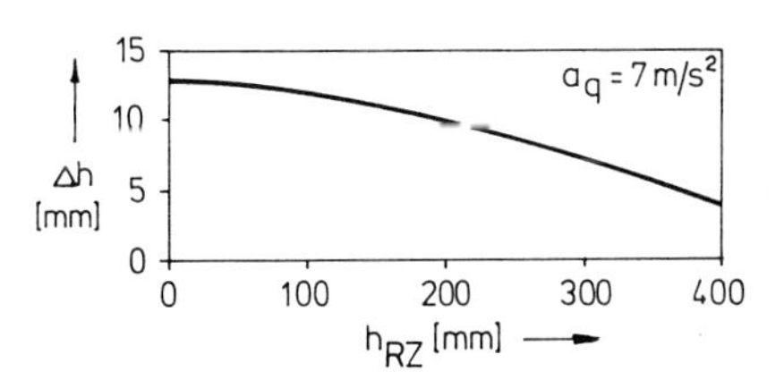

Bild 7.26:
Aufstützeffekt an Verbundaufhängungen nach Bild 7.25

Berechnungen zum Aufstützeffekt an Verbundaufhängungen unterschiedlichster Art unter Verwendung des Ansatzes nach Abschnitt 7.3.3 bestätigen [41], daß deren Eigenschaften, zumindest was das kinematische Verhalten bei querdynamischen Vorgängen betrifft, eine Mischung aus denen der Einzelrad- und der Starrachsführungen sind.

Es sei abschließend nochmals darauf hingewiesen, daß es sich bei den vorstehenden Untersuchungen um Studien am „Einachsmodell" handelt, das zwar die typischen Eigenschaften der betroffenen Radaufhängungen aufscheinen läßt, aber die im realen Fahrzeug gegebene wechselseitige Beeinflussung der Vorder- und der Hinterachse nicht berücksichtigt.

Wegen der bereits erwähnten praktischen Zwänge bei der Achsabstimmung, besonders wegen der progressiven Federungskennlinien, ist ein gewisser „Aufstützeffekt" offensichtlich nur in Ausnahmefällen völlig vermeidbar.

Die mit der Anhebung des Fahrzeugschwerpunktes einhergehende Vergrößerung des Rollmoments am Fahrzeug und der Radlastverlagerung ist dabei weniger von Bedeutung als die bei vielen Radaufhängungen gleichzeitig auftretende Sturzänderung (nämlich Verlust an „negativem" Sturz), welche im fahrdynamischen Grenzbereich eine progressive Zunahme des Schräglaufwinkels zur Folge hat. Da die Ein- und Ausfederwege an der Radaufhängung aus verschiedenen Gründen begrenzt sind (Platzbedarf im Radhaus, Drehwinkel der Lenkerlager, Beugewinkel einer Antriebs-Gelenkwelle), wird durch das Aufstützen des Fahrzeugs bei Kurvenfahrt der Ausfederanschlag des kurveninneren Rades vorzeitig erreicht, was zum Entlasten oder gar Abheben des Rades, also jedenfalls zu Unruhe im Fahrverhalten, und besonders bei angetriebenen Rädern zum Verlust der Traktion führt.

Die meisten der in neuerer Zeit entwickelten Mehrlenker-Radaufhängungen lassen auf Grund ihrer geometrischen Auslegung erkennen, daß Wert darauf gelegt wurde, den Aufstützeffekt gering zu halten.

7.5 Das kinematische Eigenlenkverhalten

Das kinematische Eigenlenkverhalten eines Fahrzeugs hängt zum einen von den Lenkeigenschaften der Achsen und zum anderen vom Wankwinkel φ und dem Radstand l ab. Bei Kurvenfahrt neigt sich der Fahrzeugkörper annähernd um die Verbindungslinie der Rollzentren RZ_v und RZ_h der Vorder- und Hinterachse, die Rollachse r, mit dem Wankwinkel. Dabei federn die kurveninneren bzw. die kurvenäußeren Räder relativ zum Fahrzeugkörper aus bzw. ein und nehmen u. U. geänderte Lenkwinkelstellungen an. Dies ist in **Bild 7.27** vereinfachend mit Hilfe von Starrachsen angedeutet, deren

Wank-Momentanachsen m_w relativ zum Fahrzeugkörper um Winkel $\varkappa_v$ bzw. $\varkappa_h$ gegen die Rollachse r angestellt sind. Beim Wanken des Fahrzeugkörpers stellen sich die Wank-Momentanachsen, sofern ihre Winkel $\varkappa$ zur Rollachse von Null verschieden sind, im Grundriß gegenüber der Projektion der Rollachse r schräg, und die Mittellinien der Starrachsen müssen, da sie im Raum senkrecht zu den zugehörigen Momentanachsen stehen, auch im Grundriß senkrecht zu den Projektionen derselben erscheinen. Aus den Verdrehungen der Projektionen der Momentanachsen ergeben sich die Lenkwinkel δ der Achsen, die den Wankwinkeln φ und den Anstellwinkeln $\varkappa$ proportional sind. Ein sehr anschauliches Beispiel für das Fahrzeugmodell von Bild 7.27 ist der bekannte lenkbare Rollschuh. – Ein positiver Lenkwinkel δ an einer Hinterachse vergrößert in einer Linkskurve den gefahrenen Kurvenradius und wirkt demnach „untersteuernd", ein positiver Lenkwinkel an einer Vorderachse dagegen „übersteuernd".

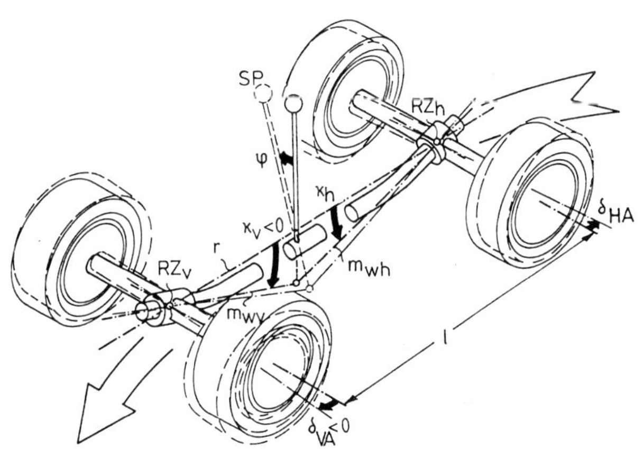

Bild 7.27: Das Eigenlenkverhalten des Gesamtfahrzeugs (schematisch)

Der Winkel $\varkappa$ zwischen der Rollachse r und einer Wank-Momentanachse m_w möge positiv definiert sein, wenn die Rollachse, in Fahrtrichtung gesehen, über der Momentanachse ansteigt. Dann gilt für den kinematischen Eigenlenkwinkel der Achse [32]

$$\delta = \varkappa \cdot \varphi \tag{7.22}$$

An einer Starrachse mit ihrer im allgemeinen zur Fahrzeugmittelebene symmetrischen Aufhängung ist die Wank-Momentanachse leicht zu erkennen. Die Vier-Lenker-Starrachsführung in **Bild 7.28** kann Seitenkräfte nur an den Schnittpunkten P_v und P_h der unteren bzw. oberen Stablenker auf den Fahrzeugkörper übertragen, so daß auf der Verbindungslinie beider das Rollzentrum RZ liegen muß. Ebenso kann die Achse momentan relativ zum

Fahrzeugkörper nur um die Linie $P_v P_h$ zwangsfrei schwenken, und diese ist daher die Wank-Momentanachse m_w (vgl. Bild 7.15).

Auch an Einzelrad- und Verbundaufhängungen ist es denkbar, eine Kenngröße $\varkappa$ zur Definition einer effektiven Wank-Momentanachse und damit des kinematischen Eigenlenkverhaltens zu berechnen; dies lohnt jedoch den Aufwand nicht, da ein solcher (ideeller) Winkel $\varkappa$ ohnehin über die bei der Wankbewegung entstehenden Lenkwinkel der einzelnen Räder bestimmt und rückgerechnet werden müßte.

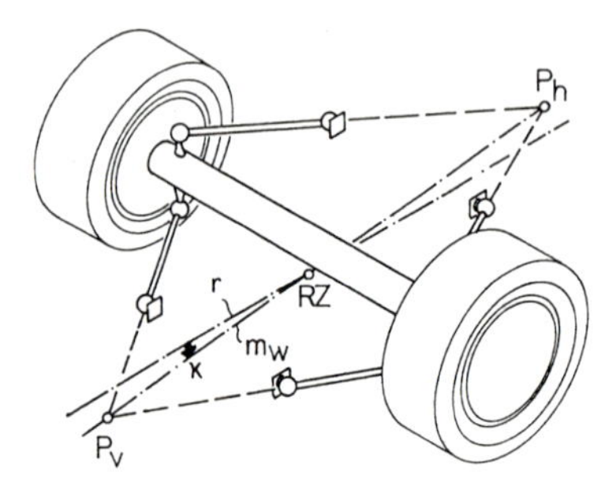

Bild 7.28: Wank-Momentanachse und Rollzentrum einer Vier-Lenker-Starrachse

Sowohl beim gleichsinnigen als auch beim gegensinnigen Ein- und Ausfedern der Räder können bei allen Radaufhängungen Lenkwinkel auftreten, d. h. Schwenkbewegungen der Projektionen der Radachsen gegenüber der Fahrzeuglängsachse im Grundriß. Der resultierende Lenkwinkel einer Achse im fahrzeugfesten Koordinatensystem ist der Mittelwert der Lenkwinkel beider Räder, **Bild 7.29**:

$$\delta_{res} = (\delta_1 + \delta_2)/2 \qquad (7.23)$$

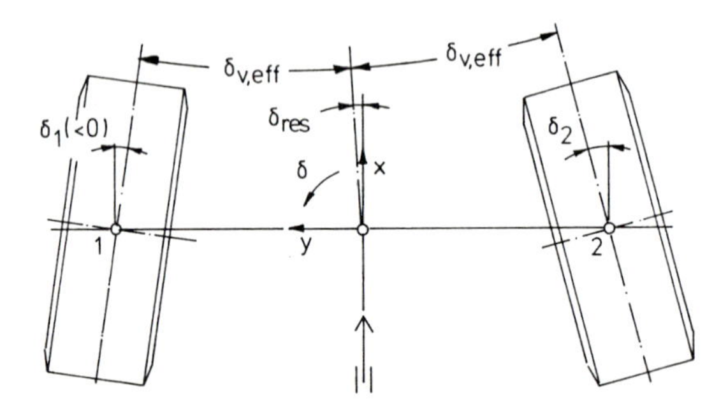

Bild 7.29: Vorspurwinkel und resultierender Lenkwinkel

Ist $\delta_1 \neq \delta_2$, so besitzt jedes Rad einen effektiven Vorspurwinkel $\delta_{v,eff}$ gegenüber dem Lenkwinkel δ_{res}. Entsprechend der gebräuchlichen Definition der Vorzeichen ist der Vorspurwinkel positiv, wenn die Radmittelebenen nach vorn hin aufeinander zulaufen. Daher sind positive Vorspurwinkel an den linken Fahrzeugrädern mit negativen Lenkwinkeln gleichzusetzen. Erhält das linke Rad einer Achse den Index 1 und das rechte den Index 2, so ergibt sich als effektiver Vorspurwinkel je Rad:

$$\delta_{v,eff} = (\delta_2 - \delta_1)/2 \quad (7.24)$$

Der Vorspurwinkel ändert sich meistens über dem Radhub. **Bild 7.30** zeigt den Verlauf der Vorspur δ_v über dem Radhub s an einer maßstäblich dargestellten Doppel-Querlenker-Aufhängung, welche aus zwei Dreiecklenkern mit horizontal und in Fahrtrichtung angeordneten Lagerachsen und einem hinter der Achse liegenden Stablenker (bei einer Vorderachse z.B. einer Spurstange) besteht.

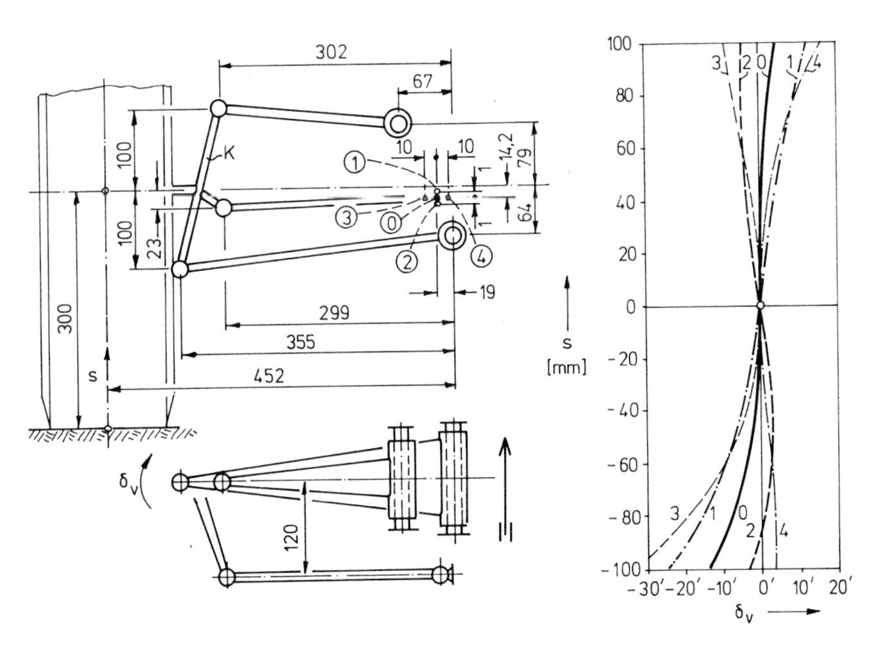

Bild 7.30: Die Vorspuränderung über dem Federweg bei einer Doppel-Querlenker-Achse (Rückansicht und Draufsicht)

Der innere Anlenkpunkt des Stablenkers ist in der Ausgangsposition „0" so festgelegt, daß die Vorspurkurve über dem Radhub in Konstruktionslage eine vertikale Tangente hat, d.h. daß die momentane Vorspuränderung über dem Radhub gleich Null ist. Gegen Ende des Ein- bzw. Ausfederweges ergibt sich allerdings eine zunehmende Abweichung von der Auslegungs-Vorspur, und zwar beim Einfedern zu positiven und beim Ausfedern zu negativen Vorspurwerten hin; die Vorspurkurve weist einen „S-Schlag" auf. Dies ist typisch für normale Mehrlenkeraufhängungen. Die „Koppelkurven" der mit der Koppel eines Mechanismus, im Falle einer Radaufhängung also des Radträgers K, verbundenen Punkte wie hier des äußeren Anlenkpunktes des Stablenkers haben, von seltenen Symmetrielagen des Mechanismus abgesehen, im allgemeinen „dreipunktig berührende" Krümmungsradien, welche also die reale Bahnkurve durchsetzen. Da das äußere Stablenkerlager nur eine feste Kreisbahn beschreiben kann, die im Falle der Position „0" mit dem Bahn-Krümmungskreis in Konstruktionslage zusammenfällt, sind mit wachsendem Radhub Abweichungen der theoretischen Bahnkurve vom Krümmungskreis und damit Lenkwinkel unvermeidlich.

Fehlerhafte oder ggf. auch beabsichtigte Abweichungen der Position eines Lenkerlagers verstimmen den Mechanismus der Radaufhängung und haben Auswirkungen auf die Vorspurkurve.

Eine Höhenverlagerung des inneren Stablenkerlagers um ±1 mm (Positionen 1 bzw. 2) führt bereits in der Konstruktionslage zu einer Richtungsänderung der Bahnkurve des äußeren Stablenkerlagers und so zu einem deutlich von Null verschiedenen Gradienten der Vorspur über dem Radhub. Die Kurven 1 und 2 behalten aber trotz der geänderten Neigung die Grundform der Basiskurve 0, nämlich den S-Schlag, bei.

Wird dagegen die Länge des Stablenkers verändert, hier um ±10 mm (Positionen 3 und 4 des inneren Lenkerlagers), so bleibt zwar die Tangentenrichtung der Vorspurkurve in Konstruktionslage erhalten, aber ihre Krümmung wird beeinflußt. Im Falle des verkürzten Lenkers (3) krümmt sich die Vorspurkurve zur „Nachspur" hin; sie weicht aber stark von einem Kreisbogen ab, weil sich der S-Schlag der Basiskurve 0 noch immer bemerkbar macht. Entsprechend ergibt sich bei der Kurve 4 des verlängerten Stablenkers ein zur Vorspur hin gekrümmter Verlauf.

Wenn der Stablenker im Gegensatz zu Bild 7.30 nicht hinter, sondern vor dem Rade angebracht wird, kehren sich die im Diagramm gezeigten Tendenzen um.

Was soeben am inneren Lager des Stablenkers demonstriert wurde, gilt für **jeden** Lagerpunkt der Radaufhängung. Die Höhenverlagerung jedes Gelenks gegenüber der „Idealposition" für die minimale Vorspuränderung über dem Radhub führt zu einer Änderung des Gradienten der Vorspurkurve und die Längenänderung jedes Lenkers zu einer Änderung ihrer Krümmung. Das bedeutet für die Praxis, daß besonders die Höhenpositionen aller Radführungsgelenke fertigungstechnisch sorgfältig kontrolliert werden müssen.

Oft ist eine Vorspuränderung über dem Radhub zumindest in der Umgebung der Konstruktionslage und in Geradeausstellung des Fahrzeugs unerwünscht. Aus Gleichung (7.3) im Abschnitt 7.1 folgt in der Geradeausstellung ($\delta = 0$) für eine gewünschte Lenkwinkelgeschwindigkeit $\omega_\delta = 0$:

$$\omega_{Kz} / \omega_{Ky} = -\tan\gamma$$

und dies bedeutet, daß die Projektion des Vektors $\boldsymbol{\omega}_K$, welcher für den momentanen Bewegungszustand des Radträgers charakteristisch ist, in der Fahrzeugquerschnittsebene parallel zur Radachse erscheinen muß. Der Vektor $\boldsymbol{\omega}_K$ zeigt in Richtung der Momentandreh- bzw. Momentanschraubenachse der Radaufhängung. **An einer Radaufhängung hat die Vorspurkurve über dem Radhub** demzufolge also **stets dann eine vertikale Tangente, wenn die Radachse im Fahrzeugquerschnitt parallel zum Bild der Momentanachse liegt** [37]. Diese Feststellung ist bei Mehrlenkerachsen, wo die Momentan(schrauben)achse nur über ein Rechenprogramm ermittelt werden kann, von eher theoretischer Bedeutung; sie kann aber beim Entwurf von ebenen oder sphärischen Radaufhängungen mit ihren meistens leicht zu konstruierenden Momentanachsen sehr nützlich sein.

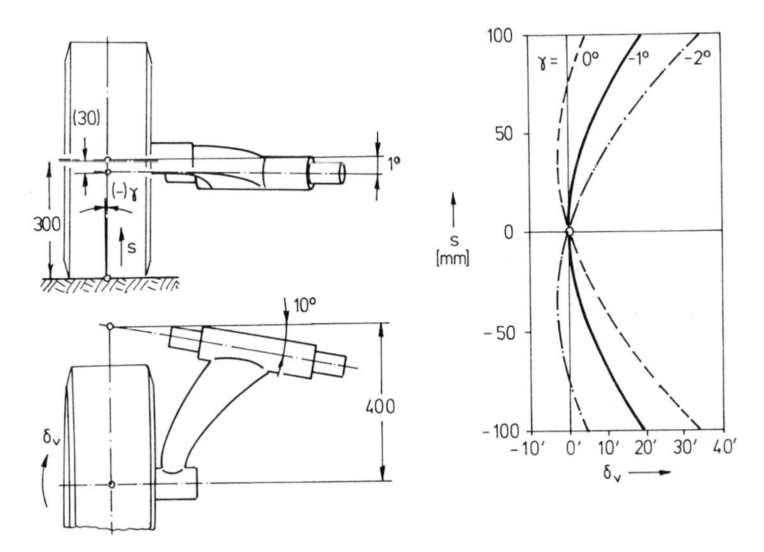

Bild 7.31: Vorspurkurven bei der Schräglenkerachse

Besonders anschaulich ist der Zusammenhang zwischen dem Eigenlenkverhalten und der Relativlage der Rad- und der Momentanachse im Querschnitt an der Schräglenkerachse zu erkennen, welche eine fahrzeugfeste Drehachse aufweist, **Bild 7.31**. Die Drehachse fällt im Beispiel zur Fahrzeugmitte hin um 1° ab. Daher ergibt sich bei einem negativen Radsturz von 1° in Konstruktionslage eine vertikale Tangente der Vorspurkurve. Beim Ein- und Ausfedern beschreibt die Radachse ein Dreh-Hyperboloid um die Lenkerdrehachse (bzw. einen Kegel, wenn im Gegensatz zu Bild 7.31 die Radachse die Lenkerdrehachse schneidet), und da die letztere fahrzeugfest liegenbleibt, kann es jeweils nur einen Federungszustand geben, wo die Radachse und die Lenkerdrehachse im Querschnitt des Fahrzeugs parallel erscheinen. Die

Schräglenkerachse hat deshalb eine gekrümmte Vorspurkurve.

Wird der Radsturz in der Konstruktionslage abweichend von der Neigung der Lenkerdrehachse festgelegt, so ändert sich auch die Neigung der Vorspurkurve, während ihre Grundform erhalten bleibt. Bei einem Ausgangssturz von 0° ist das Vorspurminimum bei ca. 40 mm Einfederweg und bei einem Ausgangssturz von −2° bei ca. 40 mm Ausfederweg erreicht. Dies sind die Radstellungen, wo im Fahrzeugquerschnitt die Lenkerdrehachse und die Radachse parallel verlaufen.

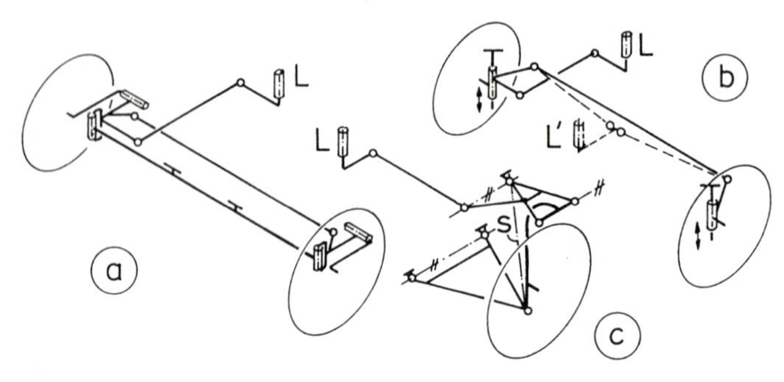

Bild 7.32: Sonderfälle lenkbarer Einzelradaufhängungen

Bei lenkbaren Radaufhängungen kann stets in einfacher Weise durch die relative Anordnung der Spurstange und der Achslenker wunschgemäß Einfluß auf die Vorspurkurve genommen werden, wie bereits anhand von Bild 7.30 mit der Variation der Lage des Stablenkers beschrieben. Sonderfälle lenkbarer Einzelradaufhängungen zeigt **Bild 7.32**. Die „Dubonnet-Achse", Beispiel a, ist eine Einzelradaufhängung mit fahrgestellfestem „Achsschenkelbolzen"; die eigentliche Radaufhängung ist eine Kurbel (hier ohne die übliche Zusatzstrebe zur drehbaren Abstützung des Bremsankers gezeichnet) und befindet sich „außerhalb" des Lenkmechanismus wie bei Motorradgabeln, vgl. Bild 6.10 in Kap. 6, so daß sie beim Lenkvorgang mitgeschwenkt wird. Der Lenkmechanismus ist also vom Federungsvorgang nicht betroffen, weshalb im allgemeinen eine durchgehende Spurstange wie bei Starrachsen verwendet werden kann. – An der Teleskop-Geradführung (b) sind die Krümmungsradien aller Radträgerpunkte beim Durchfedern unendlich groß, so daß eine Vorspuränderung beim Parallelfedern nur vermieden werden kann, wenn die Schubführungen zueinander parallel verlaufen und eine durchgehende Spurstange eingesetzt wird; wegen der endlichen Länge der zum Lenkgetriebe L führenden Lenkschubstange sind dann aber Lenkeinschläge beim parallelen Ein- und Ausfedern unvermeidbar (das Fahrzeug fährt in Schlangenlinien). Wird dagegen ein geteiltes Lenkgestänge (unterbrochene Linien) vorgesehen, so entstehen bei vornliegenden Spurstangen Vorspur-

und bei hintenliegenden Nachspurwinkel, der resultierende Lenkwinkel bleibt etwa gleich Null. Bei gegensinniger Radbewegung sind Lenkfehler überhaupt nicht zu vermeiden.

Eine Möglichkeit, Doppel-Querlenker-Aufhängungen nahezu von der Lenkgeometrie unabhängig zu machen, besteht in der Umkehrung eines der Dreiecklenker (c), indem dessen Drehachse am Radträger und sein Führungsgelenk am Fahrgestell gelagert und das Spurstangengelenk am Lenker in der Höhe des Führungsgelenks angebracht wird.

Starrachsen, bei denen die Radachsen fluchten, können keine Vorspurwinkel erzeugen. Bei nicht angetriebenen Starrachsen oder bei über Gelenkwellen angetriebenen „De-Dion-Achsen" (vgl. Kap. 6, Bild 6.11b) dagegen ist es möglich und üblich, am Achskörper selbst Vorspur- und Sturzwinkel für die beiden Räder zu verwirklichen; in diesem Falle können Vorspuränderungen und (vernachlässigbare) Sturzänderungen auch beim parallelen Federungsvorgang entstehen, wenn der Achskörper gleichzeitig um die Querachse schwenkt (z. B. wegen eines Anfahr- oder Bremsnickausgleichs mit einem „Längspol" in kurzem Abstand von der Achse).

An Starrachsen können zusätzliche kinematische Lenkeffekte auftreten, wenn sie durch einen Querlenker (Panhardstab) geführt werden. Dieser bringt eine Unsymmetrie in die Anordnung ein, da sein achsseitiges Gelenk A beim Ein- und Ausfedern einen Kreisbogen beschreibt und den Achskörper seitlich versetzt, **Bild 7.33**. An der Deichsel- bzw. Schubkugelachse (a) ergeben sich daraus Lenkwinkel beim Parallelfedern der Räder, weshalb die Deichsel so lang als möglich sein sollte. Erfolgt die Längsführung durch Längslenker (b), so verursacht der Panhardstab relativ zum Fahrzeugkörper lediglich seitliche Verschiebungen der Achse, die sich allerdings angesichts

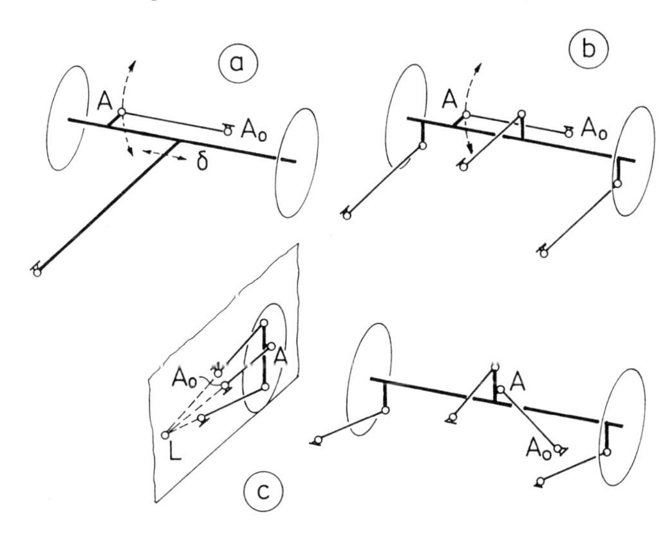

Bild 7.33:
Lenkeffekte beim Panhardstab

des endlich langen Radstands ebenfalls in einer Störung des Geradeauslaufs äußern. Dies läßt sich durch eine diagonale Anordnung des Panhardstabes vermeiden, Beispiel c, so daß die Projektion seines fahrzeugseitigen Gelenks A_0 in der Seitenansicht, wo die Längslenker eine ebene Viergelenkkette bilden, in den Krümmungsmittelpunkt der Bahnkurve des achsseitigen Gelenks A beim Parallelfederungsvorgang gelegt werden kann. Unter Belastung durch Seitenkräfte erzeugt der Panhardstab aber nun eine Längskraftkomponente, die bei elastischer Lagerung der Lenker zu Lenkwinkeln führt, wenn das Gelenk A nicht, wie im Bild gezeichnet, in Fahrzeugmitte liegt.

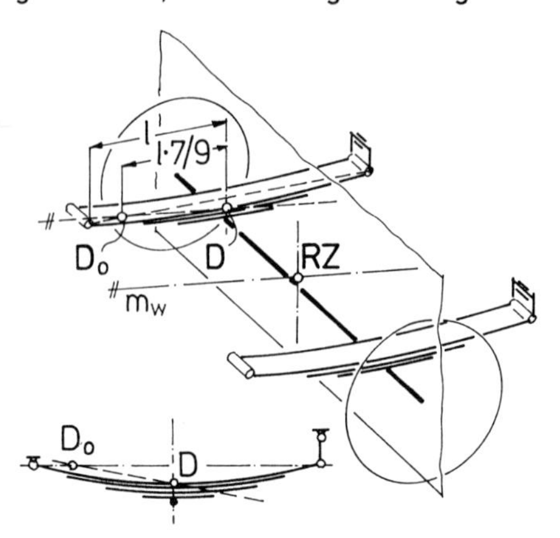

Bild 7.34:
Wank-Momentanachse der blattgefederten Starrachse

Die „klassische" Starrachsführung erfolgt durch Blattfedern, **Bild 7.34**. Diese wirken im Fahrzeugquerschnitt wie zwei vertikale Schubgelenke, in der Seitenansicht dagegen wie Längslenker, deren achsseitiges Gelenk D etwa in Höhe des oberen Federblattes und deren fahrzeugseitiges Gelenk D_0 auf der Sehne der Feder etwa im Abstand von $^7/_9$ der halben Federlänge angenommen werden kann, vgl. Kap. 5, Bild 5.26. Parallel zu DD_0 verläuft ungefähr die Wank-Momentanachse m_W, welche das Rollzentrum RZ bestimmt. Ist die Starrachse lenkbar, so sollte die Lenkschubstange in der Seitenansicht deckungsgleich mit dem Krümmungsradius DD_0 untergebracht werden, **Bild 7.35**a, und wenn das nicht möglich ist, dann wenigstens gleichgerichtet; ihr achsseitiger Anlenkpunkt sollte mit dem Punkt zusammenfallen, um den sich der Achskörper unter Brems- oder Antriebsmoment in den Federn verwindet, vgl. Kap. 5, Bild 5.28.

Erfolgt die Seitenführung der Starrachse durch einen Querlenker (Panhardstab) 1, Bild 7.35 b, so wird die Lenkschubstange 2 zweckmäßigerweise parallel zu diesem verlegt, wodurch sich zumindest in der Geradeausstellung der Lenkung eine einwandfreie Geometrie sowohl bei paralleler als auch bei antimetrischer Radbewegung ergibt, besonders da der Querlenker im allgemeinen sehr steif gelagert wird.

Eine räumliche Vier-Lenker-Achse (c) erfordert zusätzliche Überlegungen bei der Gestaltung der Lenkgeometrie, da die Momentanachsen m_p für die Parallel- und m_w für die Wankbewegung normalerweise im Raum aneinander vorbeilaufen. Die Mittellinie der Lenkschubstange DD_0 sollte sowohl m_p als auch m_w schneiden und in der Seitenansicht sollte D_0' der Krümmungsmittelpunkt der Bahnkurve von D' bei Parallelfederung sein. Die gesamte Achse wird dann beim Wanken ein Eigenlenkverhalten zeigen, das durch die Momentanachse m_w bestimmt ist, vgl. auch Bild 7.28 und Gleichung (7.22). Wenn dies nicht erwünscht ist, kann durch eine Lageänderung der Lenkschubstange ein korrigierender Lenkwinkel erzeugt werden; die Achse K_1K_2 ist dann aber, was das Eigenlenken betrifft, nicht mehr Wank-Momentanachse der Räder, wenn sie auch in erster Näherung weiter für die Bestimmung des Rollzentrums RZ brauchbar bleibt.

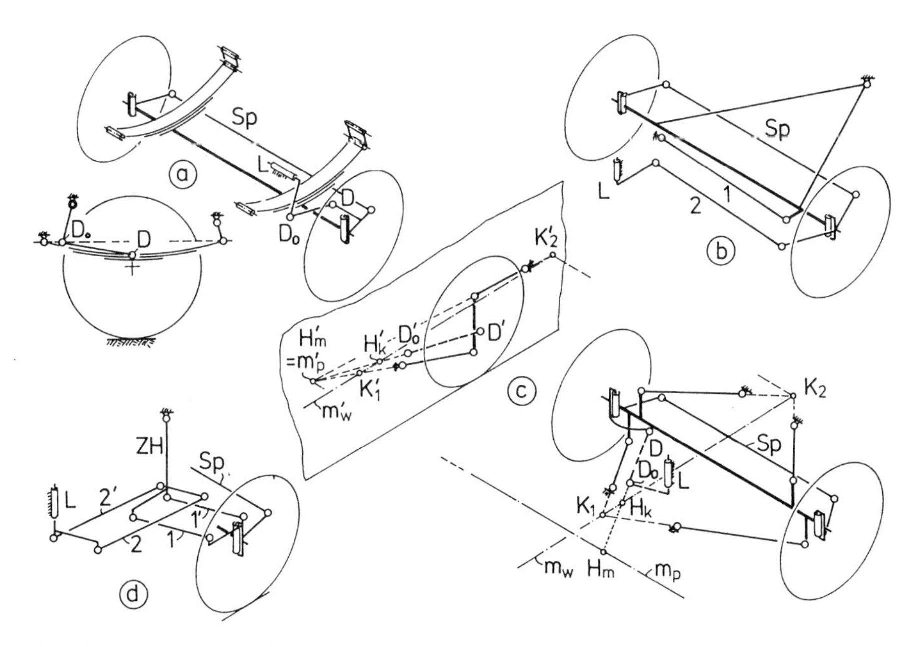

Bild 7.35: Lenkschubstangen bei Starrachsen

Wenn eine lenkbare starre Achse (oder eine andere Radaufhängung) zur Verbesserung des Komforts längselastisch aufgehängt wird, sind in Fahrtrichtung angeordnete Lenkstangen problematisch. Eine exakte Übertragung der Lenkbewegung vom Lenkgetriebe zum Achsschenkel (Radträger) läßt sich aber mit Hilfe eines „schwimmend" gelagerten Zwischenhebels ZH, Bild 7.35d, erreichen, der mit dem Achsschenkel durch eine zur Lenkschubstange 1 parallel verlegte Referenzstange 1' verbunden und vom Lenkgetriebe L aus durch ein aus einer zweiten Lenkschubstange 2 und einer zweiten Referenzstange 2' bestehendes Parallelogramm betätigt wird.

Das Eigenlenkverhalten von Verbundaufhängungen kann, ähnlich wie bei Mehrlenker-Einzelradaufhängungen, im allgemeinen nur über ein Rechenprogramm untersucht werden.

Eine Ausnahme machen die in Bild 7.25 bereits vorgestellten einfachen Hinterachsen. Deren Wank-Momentanachse m_W ergibt sich für jedes Rad aus dem zugehörigen Längslenkerlager L am Fahrgestell und dem Schnittpunkt M der Drehachse der Querverbindung mit der Fahrzeug-Mittellängsebene, **Bild 7.36**. Bei der üblichen Ausführung mit einem offenen Blechprofil als Querverbindung liegt die Drehachse derselben in ihrem Schubmittelpunkt T. Die Querverbindung kann an der Verbundaufhängung in Fahrtrichtung nahezu beliebig nach vorn oder hinten verlegt werden, auch ihre Höhe relativ zu den Anlenkpunkten L ist – wenn es die Raumverhältnisse im Fahrzeug erlauben – frei wählbar. Also kann die Lage des Punkts M und damit der Momentanachse m_W in weitem Bereich festgelegt werden, folglich auch deren Stellung relativ zur Radachse im Fahrzeugquerschnitt und damit die Neigung der Wank-Vorspurkurve über dem Radhub.

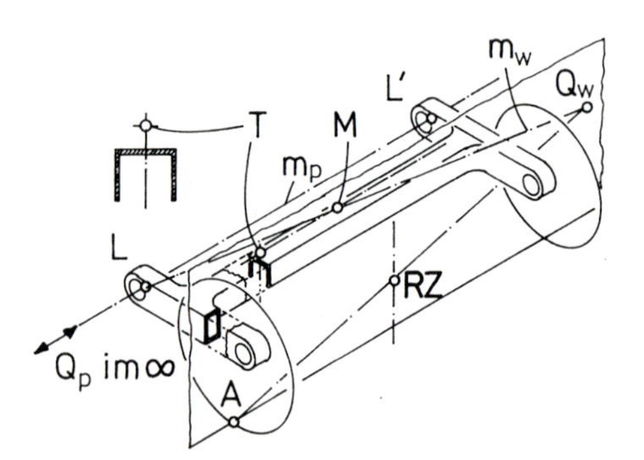

Bild 7.36:
Momentanachsen an der „Koppellenker"-Verbundachse

Der Schnittpunkt Q_W der Wank-Momentanachse m_W mit der Querschnittsebene durch die Radaufstandspunkte ist der „Querpol" des zugehörigen Rades; um diesen kippt das Rad beim Wankfedern, er ist also maßgebend für die Radsturzänderung beim Wanken. Die Momentanachse m_P für die Parallelfederung beider Räder verläuft quer zur Fahrtrichtung durch die Längslenkerlager L und bestimmt, wie in Kap. 6 beschrieben, den Schrägfederungswinkel und den Stützwinkel. –

Da das kinematische Eigenlenkverhalten der Rad-und Achsaufhängungen primär vom Radhub bzw. Federweg und nicht von äußeren Kräften abhängt, ist es falls möglich stets vorzuziehen, erwünschte Vorspur- bzw. Lenkeffekte für die Lastfälle Bremsung, Antrieb und Seitenkraft durch elasto-kinematische Maßnahmen herbeizuführen und nicht durch kinematische.

7.6 Fahrstabilität bei Zweispurfahrzeugen

In **Bild 7.37** ist ein Fahrzeug bei Kurvenfahrt in der Draufsicht vereinfacht dargestellt, indem beide Räder einer Achse zu einem fiktiven mittleren Rade zusammengefaßt werden („Einspurmodell" [12]). Ein solches Modell kann sehr effektiv für grundsätzliche fahrdynamische Untersuchungen verwendet werden. In die Schräglaufwinkel des einzigen Vorder- und Hinterrades können durchaus die am realen Fahrzeug auftretenden Auswirkungen der Radlastverlagerungen hineingerechnet werden. Der Einfluß der „Lenkfunktion", nämlich der Zuordnung der Lenkwinkel des kurvenäußeren und des kurveninneren Vorderrades auf das Fahrverhalten ist mit dem Einspurmodell natürlich nicht erfaßbar.

Das Vorderrad ist um den mittleren Lenkwinkel δ der realen Vorderräder eingeschlagen.

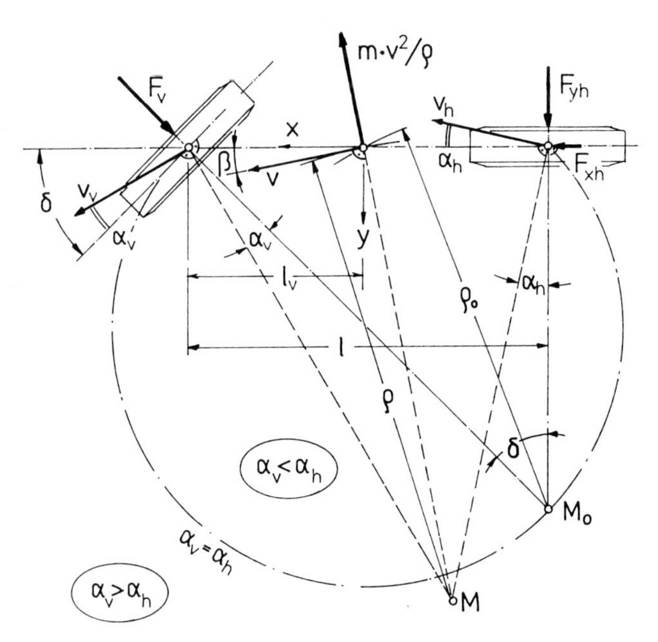

Bild 7.37: Einspurmodell bei Kurvenfahrt

Bei extrem langsamer Fahrt wird der Schnittpunkt M_0 der verlängerten Radachsen zugleich Kurvenmittelpunkt des Fahrzeugs sein. Unter Querbeschleunigung entstehen Seitenführungskräfte F_v und F_{yh} an Vorder- und Hinterachse, die für kleine Lenkwinkel δ den statischen Achslasten proportional sind, also den Fahrzeugabmessungen und der Querbeschleunigung a_y entsprechend die Größen $F_v = m\,a_y(l - l_v)/l$ und $F_{yh} = m\,a_y l_v/l$ annehmen.

Bei vereinfachender Annahme linearer Schräglauf-Seitenkraft-Gesetze mit Schräglaufkonstanten k_v und k_h stellen sich die Schräglaufwinkel $\alpha_v = F_v/k_v$ und $\alpha_h = F_{yh}/k_h$ ein, welche die tatsächlichen Fortbewegungsrichtungen der Radaufstandspunkte verändern. Der neue Kurvenradius wird

$$\rho \approx l/(\delta - \alpha_v + \alpha_h)$$

Für $\alpha_v = \alpha_h = 0$ (extrem langsame Fahrt) ist $\rho_0 = l/\delta$. Mit ρ_0 und der Zentripetalbeschleunigung $a_y = v^2/\rho$ ergibt sich

$$\rho/\rho_0 \approx 1 + (m v^2/l^2)\{(l - l_v)/k_v - l_v/k_h\} \tag{7.25}$$

Wenn $\rho > \rho_0$ ist, so muß der Lenkwinkel δ bei wachsender Querbeschleunigung a_y vergrößert werden, um einen gewünschten Radius ρ_0 zu fahren; das Fahrzeug ist „lenkunwillig". Für $\rho < \rho_0$ muß dagegen der Lenkwinkel mit wachsender Querbeschleunigung zurückgenommen werden, das Fahrzeug ist „lenkwillig". Ist $\rho = \rho_0$, so verhält sich das Fahrzeug „neutral", der einmal eingestellte Lenkwinkel δ ergibt unabhängig von der Querbeschleunigung stets den gleichen Kurvenradius; infolge der wachsenden Schräglaufwinkel verschiebt sich aber der Kurvenmittelpunkt M in allen Fällen nach vorn. Beim neutralen Fahrzeug ist $\alpha_v = \alpha_h$, und die Normalen der Bewegungsbahnen der Räder schneiden sich unter dem Lenkwinkel δ, der geometrische Ort der neutralen Kurvenmittelpunkte M ist ein Kreis, dessen (nicht dargestelltes) Zentrum über dem Radstand l den Zentriwinkel 2δ bildet. Außerhalb dieses Kreises liegen die Kurvenmittelpunkte des lenkunwilligen Fahrzeugs ($\alpha_v > \alpha_h$), innerhalb desselben die des lenkwilligen ($\alpha_v < \alpha_h$). Das lenkunwillige Fahrzeug wurde früher auch „untersteuernd", das lenkwillige „übersteuernd" genannt. Letzteres erreicht mit zunehmender Fahrgeschwindigkeit v einen Zustand, wo es sich um die eigene Hochachse dreht ($\rho = 0$), und aus Gleichung (7.25) ergibt sich die „kritische" Fahrgeschwindigkeit

$$v_{cr} = l/\sqrt{m\{l_v/k_h - (l - l_v)/k_v\}} \tag{7.26}$$

Das lenkwillige Fahrzeug verlangt oberhalb der kritischen Geschwindigkeit vom Fahrer ständige Lenkkorrekturen, da es sich nicht mehr von selbst stabilisieren kann. Die Gleichungen (7.25) und (7.26) berücksichtigen allerdings nur die zwischen Fahrzeug und Fahrbahn wirkenden Kräfte („Bodenstabilität"); unter dem Einfluß der aerodynamischen Kräfte wird im allgemeinen die Fahrstabilität und damit die kritische Geschwindigkeit erhöht.

Das lenkunwillige Fahrzeug stabilisiert sich von selbst, da es auf jede Störung mit einer Tendenz zur Rückkehr in die Geradeausfahrt reagiert.

Die Gleichungen (7.25) und (7.26) sind für grundsätzliche Untersuchungen und das Verständnis der Zusammenhänge bei stationärer Kurvenfahrt gut brauchbar, die tatsächlichen Verhältnisse sind aber komplexer. So zeigt sich oft eine Veränderung der Fahrzeugparameter über der Fahrgeschwindigkeit, das gleiche Fahrzeug kann lenkunwillige und lenkwillige Bereiche aufweisen. Das Verhältnis ρ/ρ_0 wird daher heute nicht mehr zur Definition der Begriffe „Unter"- oder „Übersteuern" verwendet. Stattdessen wird der Differentialquotient aus dem Lenkradwinkel δ_H und der Querbeschleunigung a_y mit dem entsprechenden Quotienten des „neutralen" Fahrzeugs verglichen; für dieses gilt $a_y = v^2/\rho_0 = v^2\delta/l$, also mit der Lenkübersetzung $i_S = d\delta_H/d\delta$ zwischen Lenkrad und Fahrzeugrad: $d\delta_H/da_y = i_S l/v^2$. Die Kennzahl

$$\lambda = d\delta_H/da_y - i_S\, l/v^2 \tag{7.27}$$

ist beim **untersteuernden** Fahrzustand > 0, beim **neutralen** = 0 und beim **übersteuernden** < 0 [45].

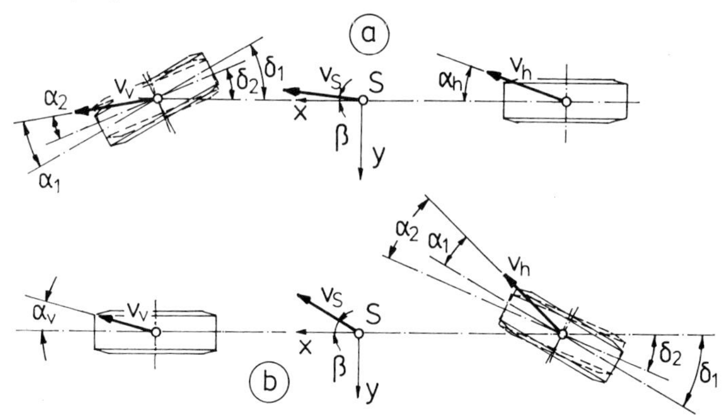

Bild 7.38: Fahrstabilität bei Vorder- (a) und Hinterradlenkung (Einspurmodelle)

An schnellen Straßenfahrzeugen werden stets die Vorderräder gelenkt, **Bild 7.38** a. Mit wachsender Querbeschleunigung a_y wird das untersteuernde Fahrzeug zuerst an den Vorderrädern, das übersteuernde zuerst an den Hinterrädern die Kraftschlußgrenze erreichen, d. h. der Schräglaufwinkel α_v bzw. α_h nimmt unkontrolliert zu. Dabei stabilisiert sich das untersteuernde Fahrzeug von selbst, weil bei der Zunahme des vorderen Schräglaufwinkels der Kurvenradius vergrößert und damit die Querbeschleunigung abgebaut wird. Das übersteuernde Fahrzeug muß dagegen vom Fahrer durch Zurücknahme des Lenkwinkels vom ursprünglichen Wert δ_1 auf δ_2 stabilisiert werden, um die Querbeschleunigung zu verringern; dabei nimmt aber auch der vordere Schräglaufwinkel von α_1 auf α_2 ab, so daß eine sehr große

Lenkwinkelkorrektur bis hin zum „Gegenlenken" über die Geradeausstellung hinweg erforderlich werden kann, deren richtige Dosierung je nach Größe und Phasenlage Erfahrung voraussetzt. Das neutrale Fahrzeug zeigt kein eindeutiges Verhalten im Grenzbereich und kann sowohl vorn als auch hinten ausbrechen. Deshalb wird ein mäßig untersteuerndes Fahrverhalten angestrebt.

Die Bestimmung der Fahrtrichtung durch Lenken der Hinterräder allein wäre schon bei langsamer Fahrt mit Erschwernissen verbunden, weil der Fahrer das ausschwenkende Fahrzeugheck nicht im Blickfeld hat und mit erhöhter Aufmerksamkeit und Erfahrung lenken müßte, um im Straßenverkehr keinen Schaden anzurichten. Hinzu kommen Stabilitätsprobleme bei schneller Fahrt, wie die nachfolgenden Überlegungen zeigen.

In Bild 7.38b ist ein Fahrzeug mit Hinterradlenkung schematisch dargestellt. Zunächst fällt der große „Schwimmwinkel" β auf, um den sich die Fahrzeuglängsachse gegenüber der Fortbewegungsrichtung v_S schrägstellt. Bei einem untersteuernden Fahrzeug wird im Grenzbereich zuerst der vordere Schräglaufwinkel α_V unkontrolliert anwachsen, wobei zwar der Kurvenradius vergrößert und die Querbeschleunigung verringert, der Schwimmwinkel aber erhöht wird. Wenn der Fahrer auf diese Querbewegung des Fahrzeugs mit einer Zurücknahme des Lenkwinkels von δ_1 auf δ_2 reagiert, wächst der hintere Schräglaufwinkel um den Differenzbetrag der Lenkwinkel von α_1 auf α_2, wodurch nun auch die Kraftschlußreserve an der Hinterachse knapper wird und evtl. aufgebraucht werden kann. Beim übersteuernden Fahrzeug wird die Kraftschlußgrenze zuerst an der Hinterachse erreicht, und in diesem Falle wäre eine Zurücknahme des Lenkwinkels sinnlos, weil damit der hintere Schräglaufwinkel weiter erhöht würde. Eine Vergrößerung des Lenkwinkels brächte nur einen kurzzeitigen Abbau des hinteren Schräglaufwinkels, aber einen kleineren Kurvenradius und damit eine weitere Zunahme der Querbeschleunigung.

An Geländefahrzeugen, die zur Verbesserung der Wendigkeit mit Allradlenkung ausgerüstet sind, wird daher das hintere Lenkgestänge stillgelegt, sobald diese mit höherer Fahrgeschwindigkeit oder im Straßenverkehr betrieben werden.

Von den instationären Betriebszuständen im Zusammenhang mit der Kurvenfahrt sind besonders der Lastwechsel in der Kurve und das Anlenken am Anfang derselben von Interesse.

Unter dem „Lastwechsel" versteht man den Übergang von einer stationären Kurvenfahrt mit einer Vortriebskraft F_X an den Antriebsrädern in den Verzögerungszustand durch das Motorbremsmoment, welches an den Antriebsrädern eine Verzögerungskraft $F_X < 0$ erzeugt. **Bild 7.39**a zeigt ein untersteuerndes Vierradfahrzeug z. B. mit Frontantrieb. Nach Zurücknahme des Fahrpedals kehrt sich die Richtung der Längskraft um, Bild 7.39b. Solange ausreichende Kraftschlußreserven vorhanden sind, wird durch den Wechsel der Umfangskraft am Rade allein kaum eine Änderung der Schräglaufwinkel verursacht (Bild 7.39c, vgl. auch Bild 4.4 in Kap. 4). Die gleichzeitige Verlagerung der Radlasten zur Vorderachse hin führt aber zu einer Verringerung der vorderen Schräglaufwinkel α_v und Vergrößerung der hinteren Schräglaufwinkel α_h, Bild 7.39d. Dadurch nimmt der Untersteuergrad des Fahrzeugs ab, der Kurvenradius wird kleiner, das Fahrzeug „dreht ein". Dem kann der Fahrer durch eine Zurücknahme des Lenkwinkels begegnen. Konstruktiv sind in engen Grenzen Möglichkeiten gegeben, um durch kinematische oder elasto-kinematische Eigenlenkreaktionen des Fahrzeugs während der Ein- bzw. Ausfederungsbewegung an der Vorder- bzw. der Hinterachse oder wegen der Längskraftumkehr Einfluß auf die Lastwechselreaktion zu nehmen, wobei es sich nur um Beträge von wenigen Winkelminuten handeln kann, wenn Beeinträchtigungen der Geradeauslauf-Stabilität vermieden werden sollen. In der Praxis zeigen sich keine grundsätzlichen Unterschiede im Lastwechselverhalten zwischen vorder- und hinterradgetriebenen Fahrzeugen; letztere neigen allenfalls bei hohem Leistungseinsatz zu stärkerem Eindrehen, erstere reagieren dann besonders unwillig auf Lenkkorrekturen.

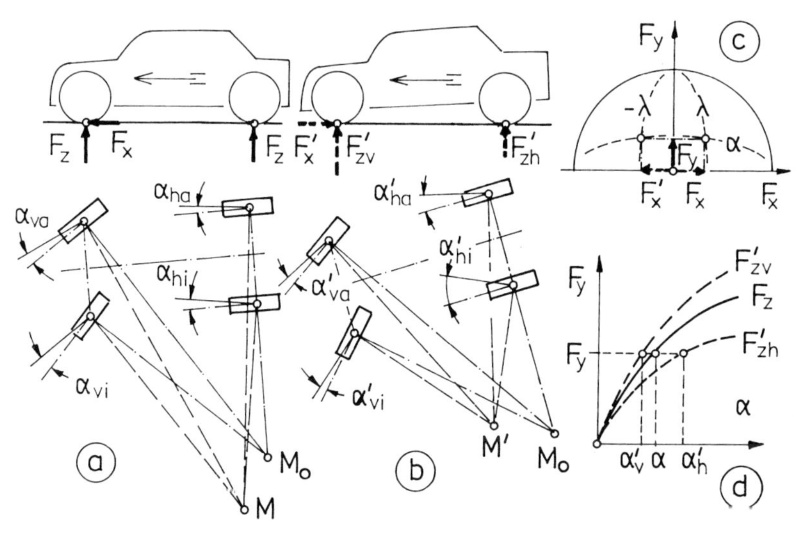

Bild 7.39: Der Lastwechselvorgang

Jede Kurvenfahrt beginnt mit einem instationären Vorgang, dem „Anlenken", d.h. dem Aufbau eines Lenkwinkels δ. Die größten im Fahrbetrieb erreichten Lenkrad-Winkelgeschwindigkeiten $d\delta_H/dt$ liegen um 500 °/s, weshalb meßtechnische Untersuchungen etwa mit diesem Wert arbeiten [45].

Bei üblichen Lenkübersetzungen $i_S = d\delta_H/d\delta$ um 20:1 entspricht dies einem Gradienten des Radeinschlagwinkels δ von ca. 25 °/s.

Bild 7.40 zeigt im Diagramm den Verlauf des Lenkwinkels δ, der Seitenkräfte F_{yv} und F_{yh} an Vorder- und Hinterachse, der Querbeschleunigung a_y und der Gierwinkelgeschwindigkeit $\dot{\psi}$ über der Zeit t für einen Mittelklasse-Personenwagen mit untersteuernder Fahrwerksauslegung, wenn bei einer Fahrgeschwindigkeit von 100 km/h ein Lenkwinkel δ = 1° in 0,04 s linear aufgebaut wird.

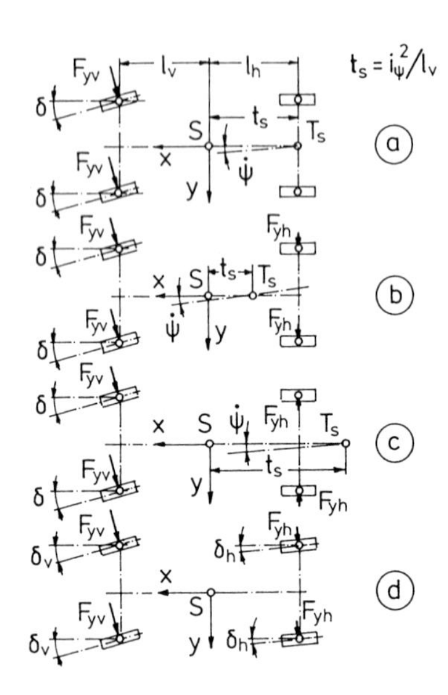

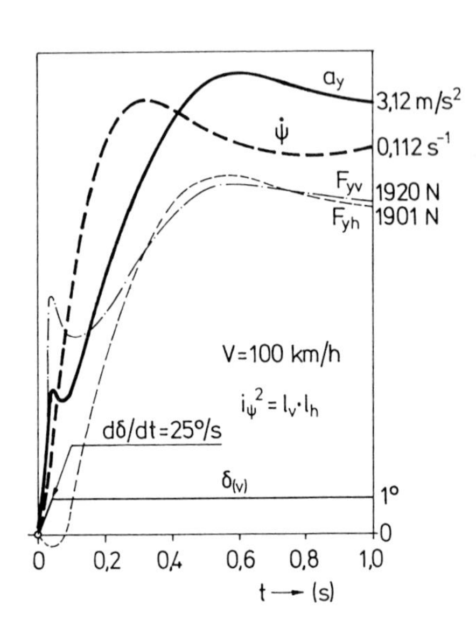

Bild 7.40: Der Anlenkvorgang

Nahezu proportional mit dem Lenkwinkel δ wächst die vordere Seitenkraft F_{yv}, da der Lenkwinkel zunächst unmittelbar in einen vorderen Schräglaufwinkel umgesetzt wird, und damit wächst die Querbeschleunigung a_y ebenso proportional. Nach 0,04 s ist der Lenkwinkel erreicht, der vordere Schräglaufwinkel steigt nicht weiter an und wird durch die nun bereits vorhandene Gierwinkelgeschwindigkeit sogar kurzzeitig wieder reduziert, was einen Einbruch im Verlauf der vorderen Seitenkraft und der Querbeschleunigung zur Folge hat. Die Hinterachse kann Schräglaufwinkel erst aufbauen, wenn eine Schrägstellung der Radebenen gegenüber der Fahrtrichtung erfolgt ist, worauf die weitere Zunahme der Gierwinkelgeschwindigkeit gebremst und allmählich der stationäre Kurven-Fahrzustand erreicht wird.

An dem Diagramm fällt auf, daß die hintere Seitenführungskraft F_{yh} während der ersten Hundertstel Sekunden ein negatives Vorzeichen hat, also den Seitenkraftaufbau zusätzlich verzögert. Die schematischen Darstellungen in Bild 7.40 links sollen für dieses Phänomen eine anschauliche Erklärung geben [2].

Beispiel a zeigt ein Fahrzeug mit durchschnittlicher Massenverteilung in der Draufsicht. Aus der Masse m und dem Gierträgheitsmoment Θ_ψ kann der Trägheitsradius $i_\psi = \sqrt{\Theta_\psi / m}$ und mit dem Schwerpunktsabstand l_v der Vorderachse der Abstand t_S des dieser entsprechenden „Stoßmittelpunktes" T_S berechnet werden; es gilt $t_S = i_\psi{}^2 / l_v$, vgl. Kap. 5, Abschnitt 5.2.3 und Gl. (5.23). Im Beispiel a ist $t_S = l_h$, d. h. die Hinterachse ist Stoßmittelpunkt der Vorderachse. Faßt man nun den plötzlichen Aufbau der Seitenkraft an der Vorderachse grob vereinfachend als „Stoß" auf, so wird die Hinterachse im ersten Augenblick davon nichts spüren, da das Fahrzeug sich um den auf ihr liegenden Stoßmittelpunkt T_S zu drehen beginnt.

Im Beispiel b ist das Gierträgheitsmoment sehr klein, der Stoßmittelpunkt T_S liegt deutlich vor der Hinterachse (dies trifft z. B. für leere LKW oder kopflastige Frontantriebs-PKW bei Besetzung mit dem Fahrer allein zu). Das Fahrzeug beginnt um T_S zu schwenken und verschiebt dabei die Hinterräder zur Kurvenaußenseite, der hintere Seitenkraftaufbau setzt sofort ein.

Umgekehrt im Beispiel c, wo das übergroße Gierträgheitsmoment (vollbeladenes Fahrzeug) den Stoßmittelpunkt T_S hinter die Hinterachse verschiebt. Im ersten Moment der Gierbewegung wird die Hinterachse zur Kurveninnenseite hin „mitgenommen", es entsteht eine „verkehrtherum" gerichtete Seitenkraft $F_{yh} < 0$.

Abhilfe könnte offensichtlich ein langer Radstand bringen, der aber bei großen PKW bereits zu baulichen und bei Nutzfahrzeugen zu verkehrstechnischen Schwierigkeiten (Wendekreis!) führt. Eine andere Möglichkeit, den Aufbau der hinteren Seitenkraft zu beschleunigen, besteht im gleichsinnigen Anlenken der Hinterräder um einen auf den vorderen Lenkwinkel δ_v abgestimmten (kleineren) Lenkwinkel δ_h, Bild 7.40 d. Diese Art der „Allradlenkung" kann – im Gegensatz zur Allradlenkung mit gegensinnigem Radeinschlag zur Verbesserung der Wendigkeit – die Fahrstabilität erhöhen; sie vergrößert allerdings auch den Wendekreisdurchmesser, weshalb der Lenkwinkel δ_h auf wenige Grad beschränkt und am besten bei großen Vorderrad-Lenkwinkeln wieder rückgängig gemacht wird.

7.7 Kurvenfahrt von Einspurfahrzeugen

Einspurfahrzeuge können dem Kippmoment aus der Fliehkraft nur durch Neigung zur Kurveninnenseite hin begegnen, **Bild 7.41**. Die Fliehkraft übt das Moment $M_a = m \cdot a_y \cdot h \cos\varphi$ aus, die Gewichtskraft das Moment $M_G = (-) m \cdot g \cdot h \sin\varphi$. Der (negative) Radsturz ist gleich dem Wankwinkel φ. Motorradreifen haben deshalb eine im Querschnitt abgerundete Lauffläche. Da bei Motorrädern die Massen und Trägheitsmomente der Räder und des Triebwerks einen höheren Anteil am Gesamtgewicht haben als bei Autos, sind ihre Kreiselmomente nicht mehr vernachlässigbar.

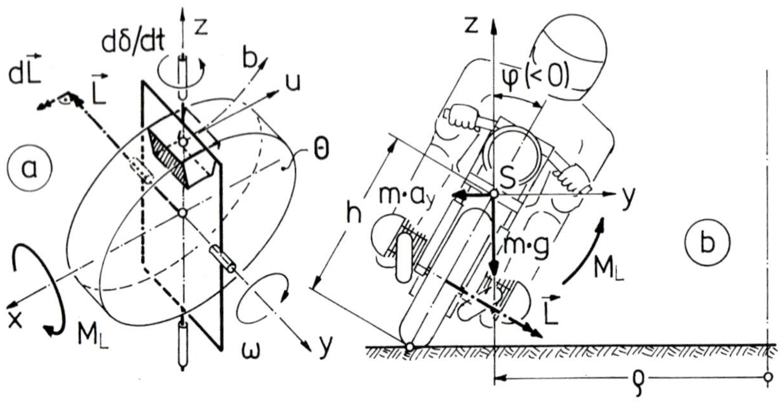

Bild 7.41: Einspurfahrzeug bei stationärer Kurvenfahrt a) Kreiselmoment b) Kräfteplan

Die Entstehung eines Kreiselmoments soll Bild 7.41a veranschaulichen. Wird ein Kreisel, der um eine y-Achse mit der Winkelgeschwindigkeit ω rotiert, mit der Winkelgeschwindigkeit $d\delta/dt$ um die z-Achse zwangsweise verdreht, so werden seine mit der Umfangsgeschwindigkeit u umlaufenden Massenelemente in y-Richtung abgelenkt bzw. beschleunigt, was am stärksten für die in die z-Achse fallenden Elemente zutrifft (Bahnkurve b). Dadurch entstehen Abdrängkräfte, welche auf die obere Lagerung des Kreisels in y-Richtung, auf die untere entgegen der y-Richtung wirken. Es handelt sich um die sogenannten „CORIOLIS-Kräfte", die z.B. auch dafür verantwortlich sind, daß auf der Nordhalbkugel der Erde nordwärts führende Flüsse nach Osten abgelenkt werden und Hochdruckgebiete, von oben betrachtet, im Uhrzeigersinn rotieren. Der Kreisel übt also auf seine Lagerung ein Moment um die x-Achse aus, das sich mit seinem Drehimpuls oder „Drall"

$$\mathbf{L} = \Theta\,\boldsymbol{\omega} \tag{7.28}$$

vektoriell der Impulsänderung entgegengerichtet ergibt:

$$\mathbf{M}_L = -\,d\mathbf{L}/dt \qquad (7.29)$$

Da in Bild 7.41 der Drallvektor **L** mit der Winkelgeschwindigkeit $\omega_\delta = d\delta/dt$ um die z-Achse verdreht wird, liegt der Vektor d**L** senkrecht zu **L** in positiver x-Richtung, und es ist $d\mathbf{L}/dt = \boldsymbol{\omega}_\delta \times \mathbf{L}$.

Das Motorrad in Bild 7.41b verdreht sich bei Kurvenfahrt in der Draufsicht mit der Winkelgeschwindigkeit $\omega_z = v/\rho$, der Drall **L** hat die Komponenten $L_y = L\cos\varphi$ bzw. $L_z = -L\sin\varphi$; der Betrag des Kreiselmoments $\mathbf{M}_L = \boldsymbol{\omega}_z \times \mathbf{L}$ ergibt sich damit zu

$$M_L = L\cos\varphi \cdot v/\rho \qquad (7.30)$$

Auch das Triebwerk mit seinen umlaufenden Massen hat einen Drallvektor, der sich bei querliegender Kurbelwelle je nach deren Drehrichtung zum Drall der Räder addiert oder von ihm subtrahiert. Der resultierende Drall des Triebwerks kann durch gegenläufige Drehmassen (Kupplung usw.) reduziert oder aufgehoben werden.

Bei stationärer Kurvenfahrt ergibt sich der Neigungswinkel φ des Motorrads aus dem Momentengleichgewicht $M_a + M_L = M_G$ oder mit Gleichung (7.28) und $a_y = v^2/\rho$ sowie $\omega = v/R$ (R = Reifenradius) zu

$$\tan\varphi = (-)\,v^2\,(m h + \Theta/R)/(\rho\, m g h) \qquad (7.31)$$

wobei das resultierende Massenträgheitsmoment Θ für beide Räder und die auf die Raddrehzahl umgerechneten Trägheitsmomente der Triebwerksteile einzusetzen ist. Räder mit hohem Trägheitsmoment und gleichsinnig mit diesen umlaufende Triebwerksteile vergrößern den erforderlichen Neigungswinkel φ; dies kann schon in den oberen Gängen in die Größenordnung von 2° gehen.

Um eine Kurvenfahrt einzuleiten und den Fahrzeugschwerpunkt S gegenüber den Radaufstandspunkten zur Kurveninnenseite hin zu verlagern, bleibt dem Fahrer eines Einspurfahrzeugs nichts anderes übrig, als einen „verkehrt", nämlich zur Kurvenaußenseite hin gerichteten Anfangslenkwinkel δ' aufzubringen, also zunächst zur Kurvenaußenseite hin „auszuholen", **Bild 7.42**. Bei ausreichend großem Drall der Räder entsteht während des Anlenkens mit dem Winkel δ' ein Kreiselmoment $M_{L,\delta'}$, welches die Neigung zur Kurveninnenseite unterstützt, Bild 7.42a. Der Fahrer lernt bald, über die Schnelligkeit der Lenkbewegung die Neigung des Fahrzeugs mit Hilfe des Kreiselmoments $M_{L,\delta'}$ zu beschleunigen oder auch das Fahrzeug wieder aufzurichten, was besonders bei „eckigem" Kurvenverlauf oder plötzlich notwendigen Ausweichmanövern vorteilhaft ist.

Bild 7.42b zeigt den Anlenkvorgang des Einspurfahrzeugs schematisch: für eine Linkskurve wird das Vorderrad kurzzeitig um einen Winkel δ' nach rechts eingeschlagen, der Schwerpunkt S gerät dadurch auf die Kurveninnenseite, das Fahrzeug beginnt sich unter dem Einfluß der Gewichtskraft, unterstützt durch Kreiselmomente, nach innen zu neigen, der Lenkwinkel δ' wird zurückgenommen und der stationäre Lenkwinkel δ aufgebaut. Diesen Vorgang beherrscht der Fahrer unbewußt.

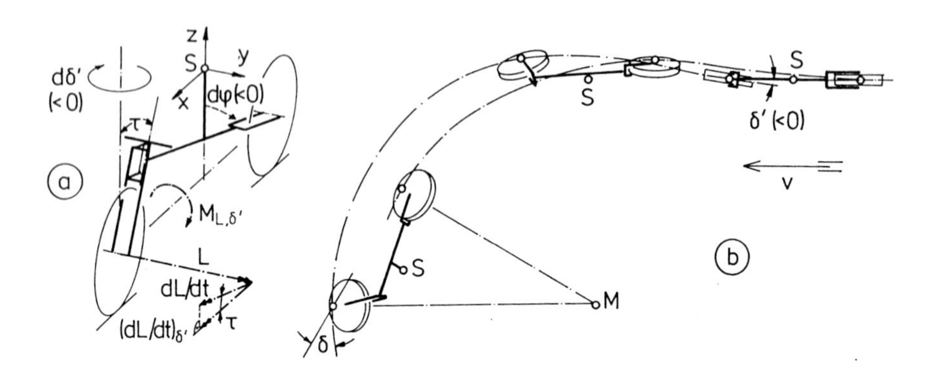

Bild 7.42: Der Anlenkvorgang beim Einspurfahrzeug

Die Kurvenstabilität von Motorrädern im Grenzbereich kann nicht nach den gleichen Kriterien beurteilt werden wie bei Zweispurfahrzeugen. Die Seitenkräfte zwischen Reifen und Fahrbahn werden durch Schräglauf und zu einem im Vergleich zum Auto beträchtlichen Anteil durch den Radsturz aufgenommen. Bezüglich des Schräglaufwinkels gibt es durchaus „untersteuernde" und „übersteuernde" Motorräder im Sinne der für Zweiradfahrzeuge

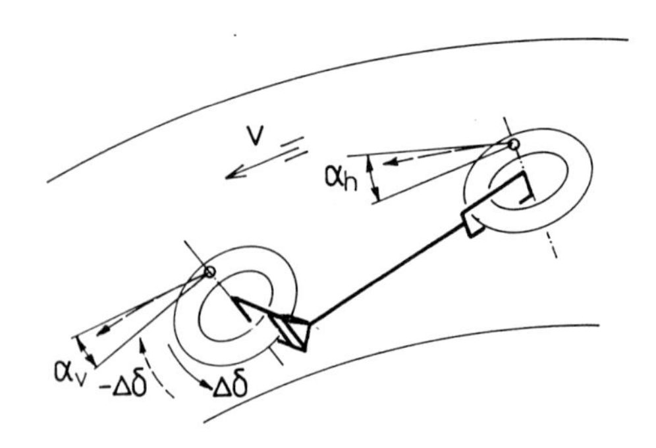

Bild 7.43: Die Kurvenstabilität des Einspurfahrzeugs

gültigen Definitionen. Zweispurfahrzeuge stabilisieren sich von selbst, wenn bei Überschreitung der Kraftschlußgrenze der vordere Schräglaufwinkel α_v stärker anwächst als der hintere Schräglaufwinkel α_h. Beim Motorrad bedeutet dies aber eine Zunahme des Neigungswinkels, der nur durch Erhöhung der Querbeschleunigung, also der Fahrgeschwindigkeit oder des Lenkwinkels δ um einen Wert $\Delta\delta$ begegnet werden kann, **Bild 7.43**, was beides bei fehlender Kraftschlußreserve zum Wegrutschen des Vorderrades führt. Ähnlich problematisch ist eine Überschreitung der Kraftschlußgrenze am Hinterrad: Zurücknahme des Lenkwinkels um $(-)\Delta\delta$ würde das Motorrad noch stärker neigen, eine Erhöhung des Lenkwinkels um $\Delta\delta$ es zwar etwas aufrichten, aber den Kurvenradius verringern. Bei einem Wegrutschen des Hinterrades ist allerdings das Risiko für den Fahrer, unter das Fahrzeug zu geraten, weniger groß. In derartigen Notsituationen spielen die Kreiselmomente und ihr richtiger Einsatz eine wichtige Rolle; da der Mensch in seiner täglichen Umwelt mit Kreiselmomenten praktisch nie konfrontiert wird, sind hierfür Erfahrung und Übung erforderlich.

7.8 Kurvenleger

Im Laufe der Entwicklung des Kraftfahrzeugs sind wiederholt Versuche unternommen und Vorschläge unterbreitet worden, um den Fahrzeugkörper, die Fahrzeugräder oder beides zur Kurveninnenseite hin zu neigen. **Bild 7.44** zeigt drei prinzipielle Lösungen.

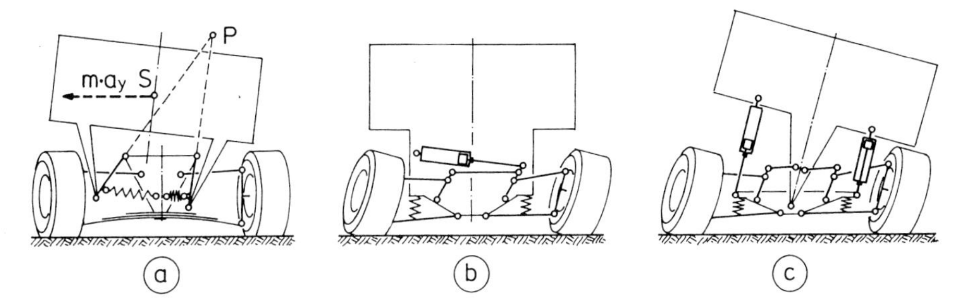

Bild 7.44: Kurvenleger

Der Aufbau-Kurvenleger (a) wurde in den 30er Jahren als Versuchsfahrzeug ausgeführt [27]. Die Fahrzeugkarosserie ist gegenüber dem Fahrgestell pendelnd in einem Gestänge gelagert, welches oberhalb des Fahrzeugschwerpunkts seinen Momentanpol P hat. Unter der Wirkung der Fliehkraft $m\,a_y$ verlagert sich der Schwerpunkt S zur Kurvenaußenseite (Nachteil!), der Fahrzeugaufbau schwenkt um den Pol P und neigt sich zur Kurveninnenseite. Das Fahrwerk und die Räder bleiben davon unbeeinflußt. Nach Beendigung der Kurvenfahrt schwingt der Fahrzeugschwerpunkt wie ein Pendel in seine Ruhelage zurück, worin er durch zusätzliche Rückstellfedern unterstützt werden kann. Der Mechanismus ähnelt dem von der Eisenbahn her bekannten System, welches in Reisezugwagen dafür sorgt, daß die Resultierende aus Gewichts- und Fliehkraft etwa senkrecht zum Fahrzeugboden wirkt („Wiegenfederung"). An dem Kurvenleger-Versuchsfahrzeug wurde seinerzeit die weitgehend waagerechte Karosserielage bei der Fahrt in unebenem Gelände als angenehm empfunden; bemängelt wurde dagegen, daß das „Fahrgefühl" leidet und die Einschätzung der Fahrgrenzen erschwert wird. – Bei heutigen schnellen Fahrzeugen käme das Problem der Beherrschung der Eigenschwingungen dieser Kombination von Fahrzeugkörper und Fahrgestell hinzu.

Zwei weitere Varianten des Kurvenlegers zeigen die Bilder 7.44b und c schematisch [10]. Im Beispiel b werden die Fahrzeugräder in negativen Sturz gegenüber der Fahrbahn geschwenkt, was nur durch eine Servo-Kraft möglich ist. Die Steuerung des Sturzes erfolgte bei dem Versuchsfahrzeug, einem Rennwagen, unabhängig vom Lenkwinkel durch die Knie des Fahrers, wobei sich herausstellte, daß dieser damit überfordert wird. Nach dem Vorschlag von Beispiel c sollen die Räder und die Karosserie mittels Servounterstützung zur Kurveninnenseite hin geneigt werden, z. B. an den Lenkwinkel gekoppelt. Beide Varianten wollen die Entstehung einer kräftigen Sturz-Seitenkraft fördern, was in Anbetracht der Eigenschaften heutiger Radialreifen nur noch bei vorsichtiger Dosierung sinnvoll sein kann.

Späte und weit anspruchsvollere Nachfahren der Kurvenleger sind in gewisser Hinsicht die in Kap. 5, Abschnitt 5.7 erwähnten „aktiven" Federungssysteme.

8 Die Lenkung

8.1 Grund-Bauarten

Die Lenkung von luftbereiften Straßenfahrzeugen erfolgt durch Änderung des Winkels zwischen der Fahrzeuglängsachse und den Mittelebenen einiger oder aller Fahrzeugräder. Hierzu kann eine starre Fahrzeugachse um ihren Mittelpunkt geschwenkt werden (Drehschemellenkung, die älteste Bauart), **Bild 8.1**a, oder es kann das Fahrzeug in der Mitte abgeknickt werden (Knicklenkung, bei Arbeits- und Sonderfahrzeugen, Bild 8.1b). Beide Verfahren haben den Nachteil einer Verringerung der „Standfläche" bei Lenkeinschlag, ferner wirken einseitige Störkräfte an einem Hebelarm, welcher der halben Spurweite entspricht.

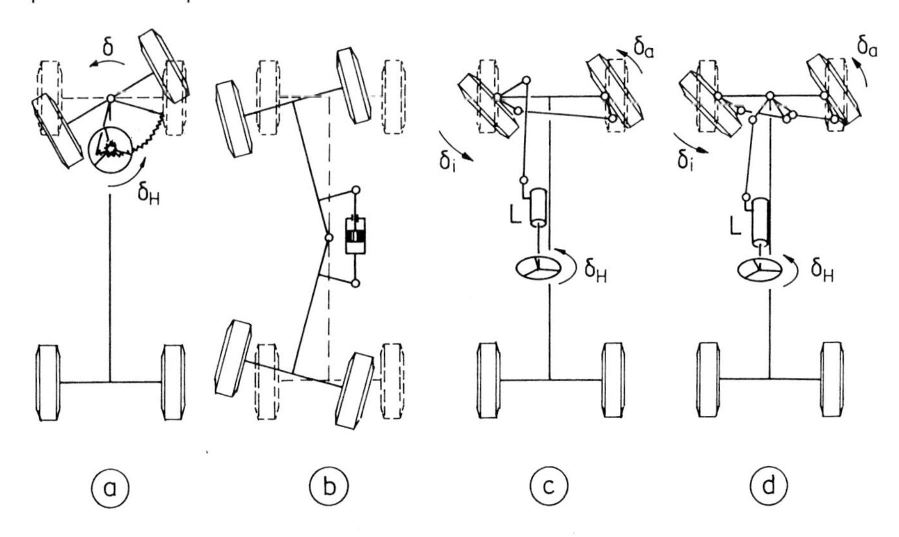

Bild 8.1: Grundbauarten der Fahrzeuglenkung

Im 19. Jahrhundert erfand der Kutschwagenbauer LANKENSPERGER die „Achsschenkellenkung", welche einen sehr kleinen Störkrafthebelarm ermöglicht, bei Lenkeinschlag kaum Verluste an Standfläche verursacht und im Fahrzeug wenig Raum beansprucht. Da er seine Erfindung in England nur unter dem Namen seines dort ansässigen Geschäftsfreundes ACKERMANN zum Patent anmelden konnte, wurde diese Bauart als „Ackermannlenkung" bekannt. Bild 8.1c zeigt eine Achsschenkellenkung, wie sie mit durchgehender Spurstange bei Starrachsen verwendet wird, Bild 8.1d eine Ausführung für Einzelradaufhängungen mit „geteiltem" Lenkgestänge schematisch.

Die Übertragung der Lenkbewegung vom Lenkrad auf die Fahrzeugräder geschieht über das Lenkgestänge (Spurstangen, Lenkschubstangen usw.), welches von einem Lenkgetriebe L betätigt wird. Letzteres hat eine innere Übersetzung i_H, um die Lenkradkräfte zu reduzieren. Auch das Lenkgestänge weist eine im allgemeinen mit dem Lenkeinschlag veränderliche Übersetzung i_L zwischen dem Lenkgetriebe und den Fahrzeugrädern auf. Die Gesamt-Lenkübersetzung vom Lenkrad zu den Fahrzeugrädern errechnet sich aus dem Lenkradwinkel δ_H und den Radeinschlagwinkeln δ_a des kurvenäußeren bzw. δ_i des kurveninneren Rades zu

$$i_S = (d\delta_H/d\delta_a + d\delta_H/d\delta_i)/2 \qquad (8.1)$$

Die Achsschenkellenkung ist heute die alleinige Bauart für schnelle Straßenfahrzeuge. Die Drehachse des Radträgers bzw. „Achsschenkels" gegenüber der Radaufhängung (z. B. ein „Achsschenkelbolzen") ist im allgemeinen während des reinen Lenkvorgangs unveränderlich (reine Drehbewegung des Radträgers); inzwischen gibt es aber auch Radaufhängungen mit veränderlicher Drehachse („ideeller" Drehachse oder Momentan- bzw. Momentanschraubenachse).

8.2 Lenkgetriebe

Das Lenkgetriebe setzt den vom Fahrer am Lenkrad erzeugten Lenkwinkel δ_H in eine Verstellung des Lenkgestänges um, z. B. in den Drehwinkel δ_L eines „Lenkstockhebels", der auf der „Lenkstockhebelwelle", nämlich der Ausgangswelle eines Lenkgetriebes sitzt, **Bild 8.2** b bis e. Dann ist die Lenkgetriebeübersetzung (eigentlich: -untersetzung)

$$i_H = d\delta_H/d\delta_L \qquad (8.2)$$

Die einfachste Art, einen Lagerpunkt am Lenkgestänge zu verschieben, ist die Zahnstangenlenkung, Bild 8.2 a. Hier kann die Lenkgetriebeübersetzung nur als Verhältnis des Winkels δ_H und des Zahnstangenhubes h definiert werden, sie ist also dimensionsbehaftet:

$$i_H = d\delta_H/dh \qquad (8.3)$$

Bei konstanter Verzahnungsübersetzung gilt $i_H = \delta_H/h = 2\pi U/h$, wenn U die Zahl der Lenkradumdrehungen beim Hub h ist; neuerdings werden durch Eingriffe in die Verzahnungsgeometrie auch bei Zahnstangenlenkungen veränderliche Getriebeübersetzungen erzielt. Der Hauptvorteil der Zahnstangenlenkung ist ihre einfache Bauweise und der geringe Platzbedarf, nicht unbedingt aber die relativ steife unmittelbare Umsetzung der Lenkraddrehung in eine Spurstangenverschiebung ohne Einschaltung von Zwischenhebeln. Die geradlinige Bewegungsform schränkt zudem die konstruktiven Möglichkeiten bei der Auslegung der im allgemeinen dreidimensional wirksamen Lenkgeometrie ein.

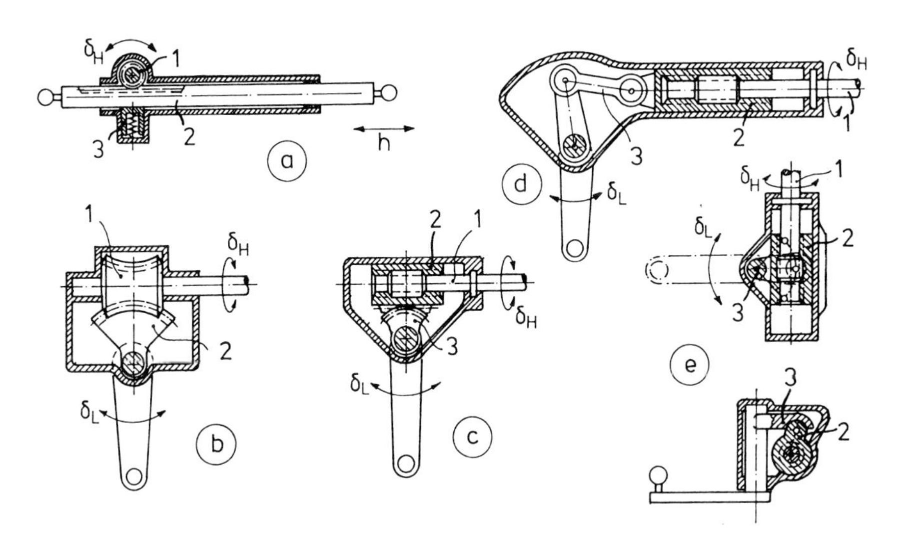

Bild 8.2: Bauarten der Lenkgetriebe

Bild 8.2b zeigt ein Lenkgetriebe mit einer Globoidschnecke 1 und einem Schneckenrad 2, wobei der Lenkradwinkel δ_H mit konstanter Übersetzung i_H in einen Drehwinkel δ_L des Lenkstockhebels verwandelt wird. Neuere Ausführungen dieser Bauart besaßen auf der Lenkstockhebelwelle eine Lagergabel, in welcher sich zwecks Verminderung der Reibung eine Profilrolle befand, die zwei Zähne des Schneckenrades vertrat („Schneckenrollenlenkung"). Ebenso gebräuchlich ist eine Lenkung mit „Lenkmutter", die durch ein Gewinde (heute zwecks Reibungsverminderung ein Kugelumlaufgewinde) mit der Lenkspindel verbunden ist. In Bild 8.2c trägt die Lenkmutter ein Zahnstangensegment, das mit einem Zahnradsegment auf der Lenkstockhebelwelle kämmt. An die Stelle der Verzahnung kann auch ein Kurbeltrieb treten, Bild 8.2d, wobei die Lenkmutter die Rolle des Kolbens übernimmt. Bei dieser Bauart ist die Lenkgetriebeübersetzung veränderlich.

Die Bauarten nach Bild 8.2 c und d eignen sich, ebenso wie die Zahnstangenlenkung a, wegen der geradlinigen Hubbewegung ihres Abtriebselements besonders gut für die Überlagerung einer hydraulischen Servounterstützung (Kolben und Zylinder).

Von den oft kinematisch reizvollen bekanntgewordenen Varianten der Lenkgetriebe mit Lenkmutter möge noch die relativ einfache nach Bild 8.2e erwähnt werden, wo eine Kugelfläche an der Mutter 2 eine Kugelkalotte auf der Lenkstockhebelwelle 3 führt. Bei einer Verdrehung der Lenkstockhebelwelle wird die Mutter infolge der Kreisbewegung des Kalottenarmes um die Lenkspindel 1 geschwenkt, und zwar stets auf die Lenkstockhebelwelle zu, wodurch sich mit wachsendem Lenkeinschlag der wirksame Hebelarm um die Lenkstockwelle verringert, d.h. die Getriebeübersetzung i_H nimmt ab (durch weitere Eingriffe in die Kinematik läßt sich dies auch umkehren). Die Lenkmutter schwenkt damit einmal im Drehsinn der Lenkspindel, das andere Mal gegensinnig, so daß sich einmal der Relativdrehwinkel und damit der Vorschub verringert, das anderemal vergrößert. Dies ergibt eine Unsymmetrie im Übersetzungsverlauf und eine geringfügig ungleiche Zahl der Lenkradumdrehungen nach links und rechts.

Die Zahnstangenlenkung wird durch ein federbelastetes Druckstück (3 in Bild 8.2a), das die Zahnstange gegen das Ritzel anlegt, über den vollen Lenkbereich spielfrei gehalten. Bei einigen Lenkgetriebe-Bauarten, wie der Schnecken- bzw. der Schneckenrollenlenkung sowie einigen Getrieben mit Lenkmutter ist dies nicht möglich. Da Verschleiß praktisch nur in der Geradeausstellung auftritt und ein Nachstellen zur Schwergängigkeit bei größeren Lenkwinkeln führen würde, werden die Eingriffsverhältnisse in der Umgebung der Geradeausstellung enger ausgeführt („Druckpunkt") als im übrigen Bereich; dann entsteht bei großem Lenkeinschlag ein relativ weites, prinzipbedingtes „Lenkungsspiel", das für den Fahrbetrieb bedeutungslos ist.

Aus baulichen Gründen oder auch zur Erhöhung der Sicherheit bei Unfällen wird die Verbindungswelle vom Lenkrad zum Lenkgetriebe, die „Lenkspindel", oft im Fahrzeug abgewinkelt. Bei kleinen Winkeln genügen gewebegestützte Gummikupplungen, bei größeren Winkeln werden Kardangelenke notwendig (Gleichlaufgelenke auf der Basis von Übertragungskugeln haben, wenn sie reibungsarm sein sollen, zu viel „Spiel" und wenn sie spielfrei sein sollen zu viel Reibung). Ein resultierender Kardanfehler in der Gesamtanordnung bringt dann eine zusätzliche, zweimal je Lenkradumdrehung wechselnde Änderung der Lenkübersetzung. Wenn die Lenkspindel zwei Kardangelenke aufweist, läßt sich der Kardanfehler durch eine „Z"- oder eine „W"-Anordnung vermeiden, vgl. Kap. 3, Bild 3.16. Dies funktioniert auch bei räumlicher Verdrehung der beiden Beugeebenen gegeneinander, wenn die aus der „ebenen" Z- oder W-Anordnung resultierenden Gabelstellungen mitverdreht werden. Nach Beseitigung des Kardanfehlers bleibt allerdings die Drehmomentschwankung am mittleren Wellenstück, damit eine Schwankung des Wirkungsgrades und eine leichte Welligkeit des Lenkkraftverlaufs erhalten.

Hydraulische Servolenkungen benötigen Steuerventile, die in Abhängigkeit vom Drehmoment am Lenkrad den Öldruck regeln. Dies geschieht meistens durch eine Unterbrechung der mit dem Lenkrad verbundenen Lenkspindel (selbstverständlich mit Sicherheits-Endanschlägen) und Übertragung des Drehmoments über eine Drehstabfeder. Deren Torsionswinkel ist ein Maß für das Drehmoment. Die Drehstabfeder ist sehr einfach abzustimmen und sorgt zudem, da ihr Drehmomentanteil manuell erzeugt ist, für die bei schnellen Fahrzeugen notwendige (und vorgeschriebene) „Rückmeldung" der zwischen Fahrbahn und Reifen wirkenden Kräfte und Momente an das Lenkrad. Bei Hebellenkungen mit einer Lenkmutter, die ihr Reaktionsmoment am Getriebegehäuse abstützt (Bilder 8.2 c und d), kann auch dieses Reaktionsmoment „federnd" über einen Steuerkolben abgestützt werden.

8.3 Kenngrößen der Lenkgeometrie

8.3.1 Herkömmliche Definitionen und physikalische Bedeutung der Kenngrößen

Nach Einführung der Achsschenkellenkung im Kraftfahrzeug bildete sich eine Anzahl spezieller Lenkungs-Kenngrößen heraus, die zum einen Winkelbeziehungen am Rade und zum anderen Rückwirkungen äußerer Kräfte und Momente auf das Lenkgestänge und damit das Lenkrad beschreiben.

Die „klassische" Achsschenkellenkung der Starrachse, bei welcher der eigentliche Radträger, der Achsschenkel, mit dem Starrachskörper über einen Achsschenkelbolzen drehbar verbunden ist, war noch für lange Zeit auch an Einzelradaufhängungen üblich, indem der Radträger nicht zugleich die „Koppel" der Radaufhängung bildete, sondern an der Koppel über den Achsschenkelbolzen gelagert wurde. Erst nach der Entwicklung zuverlässiger Kugelgelenke ging man dazu über, die Koppel der Radaufhängung selbst auch als Achsschenkel zu verwenden, **Bild 8.3**. Die Verbindungslinie d der Kugelgelenke zwischen den Achslenkern und dem Radträger übernahm nun die Rolle des Achsschenkelbolzens.

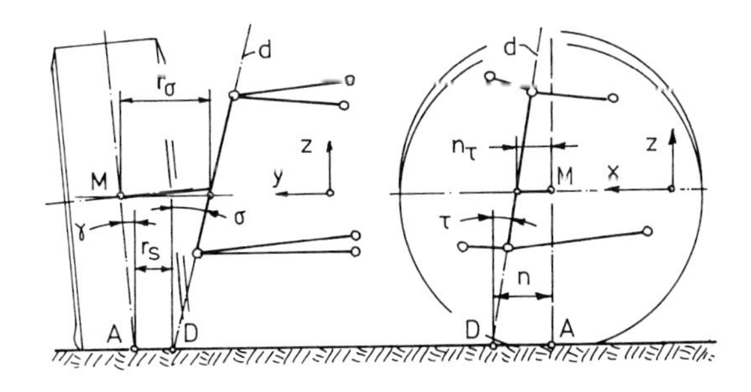

Bild 8.3: Definition der Kenngrößen der Lenkgeometrie bei konventioneller „fester" Spreizachse

Diese „Lenkachse" oder „Spreizachse" d ist im allgemeinen gegenüber der Vertikalen bzw. der z-Achse geneigt angeordnet, und zwar im Fahrzeugquerschnitt um den **Spreizungswinkel σ** und in der Fahrzeug-Seitenansicht um den **Nachlaufwinkel τ**. Diese Definitionen gelten auch bei Lenkeinschlag, d. h. sie werden stets im Querschnitt oder der Seitenansicht gemessen. Der Spreizungs- und der Nachlaufwinkel sind wesentlich für die Änderung des Radsturzes γ über dem Lenkwinkel δ verantwortlich, worauf noch eingegangen wird.

Die Lenk- oder Spreizachse d schneidet die Fahrbahnebene im Punkt D. Der horizontale Abstand der Radmittelebene vom Punkt D wird als **Lenkrollradius** oder **Lenkrollhalbmeser r_S** bezeichnet (obwohl, wie später gezeigt wird, der Radaufstandspunkt A im allgemeinen beim Lenkvorgang nicht an diesem Radius umläuft!) und der Abstand zwischen A und Punkt D in der Seitenansicht auf das Rad als **Nachlaufstrecke n**. Die entsprechenden Strecken bezogen auf die Radmitte M sind der **Spreizungsversatz r_σ** und der **Nachlaufversatz n_τ**. Diese vier Kenngrößen sind, im Gegensatz zum Spreizungs- und zum Nachlaufwinkel, auf das Rad bezogen definiert.

Der Lenkrollradius r_S ist jedem Fahrzeugfachmann als wirksamer Hebelarm einer Bremskraft geläufig, ebenso die Nachlaufstrecke n als wirksamer Hebelarm einer Seitenkraft. Wird bei front- oder allradgetriebenen Fahrzeugen das Antriebsmoment, wie bei Einzelradaufhängungen üblich, über querliegende Gelenkwellen übertragen, so gilt näherungsweise der Spreizungsversatz r_σ als wirksamer Hebelarm der Antriebskraft. Der Spreizungsversatz wird auch als „Störkrafthebelarm" bezeichnet, weil alle Kräfte am frei rollenden Rade wie Stoßkräfte, Aquaplaningkräfte usw. über die Radlagerung im Radmittelpunkt an den Radträger und damit letztlich auch an die Lenkung weitergeleitet werden.

Bereits an Bild 8.3 ist deutlich zu erkennen, daß die erwähnten Hebelarme bzw. Kenngrößen nicht die wahren Abstände der mit ihnen in Verbindung gebrachten Kräfte von der räumlich geneigten Spreizachse d sein können, da sie sämtlich parallel zur Fahrbahnebene gemessen bzw. definiert werden. Es wäre aber nicht sinnvoll, die Darstellung der Lenkgeometrie durch die Definition räumlich angeordneter Kenngrößen zu bereichern, denn die vorgenannten, in den Hauptebenen des Fahrzeug- oder des Radkoordinatensystems gemessenen Parameter eignen sich erstens, wie anschließend gezeigt wird, vorzüglich für die Anwendung der Vektorrechnung und stellen zweitens unter Beachtung der Definition der Lenkübersetzung die physikalischen Zusammenhänge im wesentlichen korrekt her.

Das räumliche Moment $\mathbf{M}_B$ einer Bremskraft $\mathbf{F}_B$ mit den Komponenten $F_{Bx} = -F_B$, $F_{By} = F_{Bz} = 0$ um den Schnittpunkt D der Spreizachse mit der Fahrbahnebene, **Bild 8.4**, ergibt sich aus dem Abstandsradius $\mathbf{r}_A$ mit seinen

Komponenten $r_{Ax} = -n$, $r_{Ay} = r_S$ und $r_{Az} = 0$ zu $\mathbf{M}_B = \mathbf{r}_A \times \mathbf{F}_B$ mit den Komponenten $M_{Bx} = M_{By} = 0$ und $M_{Bz} = r_S F_B$. Der Lenkrollradius r_S liefert also zusammen mit der Bremskraft F_B ein Moment um die z-Achse und **nicht** um die Lenkachse d (was anschaulich zu erwarten war).

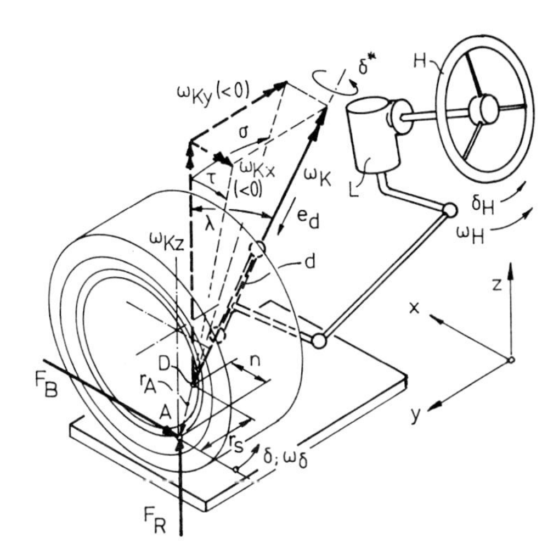

Bild 8.4: Kräfte- und Geschwindigkeitsplan am Radträger („radträgerfeste" Lenkachse während des Lenkvorgangs)

Entsprechendes erhält man für die Wirkung einer Seitenkraft an der Nachlaufstrecke n (dem „geometrischen Nachlauf"; die Seitenkraft greift je nach Fahrzustand um den „Reifennachlauf" n_R versetzt an, vgl. Kap. 4, Bild 4.2, so daß als wirksamer Hebelarm die Summe der Strecken n und n_R anzusetzen ist).

Während die bisher aufgezählten Kenngrößen der Lenkgeometrie zumindest für eine „konventionelle" Lenkung mit einer am Radträger ortsfesten Lenkachse d inzwischen durch Normen definiert sind, trifft dies für eine weitere, anschaulich weniger leicht zu bestimmende, wegen der Größe der mit ihr im Zusammenhang stehenden Radlast F_R aber nicht minder wichtige Kenngröße noch nicht zu, nämlich den **Radlasthebelarm p** [36].

Solange die Radlast F_R die Lenkachse d nicht schneidet und die letztere nicht senkrecht auf der Fahrbahnebene steht, übt F_R ein Drehmoment um d aus. Das Moment aus der Radlast $\mathbf{F}_R$ mit den Komponenten $F_{Rx} = F_{Ry} = 0$ und $F_{Rz} = F_R$ um den Schnittpunkt D der Spreiz- oder Lenkachse d mit der Fahrbahnebene an dem bereits erwähnten Radius $\mathbf{r}_A$ ist $\mathbf{M}_R = \mathbf{r}_A \times \mathbf{F}_R$, und es ergeben sich die Komponenten $M_{Rx} = r_S F_R$, $M_{Ry} - n\, F_R$ sowie $M_{Rz} = 0$. Der Radlasthebelarm möge positiv definiert sein, wenn die Radlast ein rückstellendes, gegen den Drehsinn der Winkelgeschwindigkeit $\boldsymbol{\omega}_K$ gerichtetes Moment M_d um die Lenkachse d ausübt. Letzteres ist in Bild 8.4 demnach positiv anzusetzen, wenn es im Sinne des dem Vektor $\boldsymbol{\omega}_K$ entgegengerichteten Einheitsvektors $\mathbf{e}_d$ der Lenkachse d dreht. Das aus der Radlast F_R resultierende Moment um die Lenkachse d ergibt sich daher zu

$$M_{dR} = \mathbf{M}_R \cdot \mathbf{e}_d \tag{8.4}$$

Die Lenk- oder Spreizachse d ist gegen die z-Achse unter einem wahren Winkel λ geneigt, der sich aus

$$\tan\lambda = \sqrt{1 + \tan^2\sigma + \tan^2\tau} \tag{8.5a}$$

ergibt. Damit erhält man die Komponenten des Einheitsvektors $\mathbf{e}_d$ als

$$e_{dx} = \tan\tau/\tan\lambda \tag{8.5b}$$
$$e_{dy} = \tan\sigma/\tan\lambda \tag{8.5c}$$
$$e_{dz} = -1/\tan\lambda \tag{8.5d}$$

wobei $\mathbf{e}_d$ auch - bis auf das Vorzeichen - der Einheitsvektor der Radträger-Winkelgeschwindigkeit $\boldsymbol{\omega}_K$ beim Lenkvorgang ist. Soll der Radlasthebelarm p ebenso wie die vorhin bereits aufgeführten Kenngrößen auf die Winkelgeschwindigkeit um die z-Achse bezogen werden, so muß nach dem Arbeitssatz sein Moment $M_{zR} = p\,F_R$ um die z-Achse die Bedingung

$$M_{zR}\,\omega_{Kz} = M_{dR}\,\omega_K \tag{8.6}$$

erfüllen. In der Schreibweise $\boldsymbol{\omega}_K = -\,\omega_K \mathbf{e}_d$ ergibt sich die z-Komponente des Vektors $\boldsymbol{\omega}_K$ zu $\omega_{Kz} = \omega_K/\tan\lambda$, und mit den Gleichungen (8.4) bis (8.6) wird der auf die z-Achse bezogene Radlasthebelarm

$$p = r_S \tan\tau + n \tan\sigma \tag{8.7}$$

Die Lenkwinkel und die Stellungen der beiden Räder einer gelenkten Achse nehmen mit wachsendem Lenkeinschlag eine zunehmende Unsymmetrie an, weil im allgemeinen das kurveninnere Rad, dem kleineren Kurvenradius entsprechend, im Lenkwinkel gegenüber dem kurvenäußeren um einen „Spurdifferenzwinkel" voreilt und weil die räumlich geneigte Lenkachse d unterschiedliche Sturzwinkel an den Rädern erzeugt. Eine Gesamtbeurteilung der wirksamen Kräfte an beiden Rädern kann daher nur durch die Summation der von ihnen verursachten Momente am Lenkgetriebe L oder am Lenkrad H erfolgen. Zwischen dem Lenkrad und jedem der gelenkten Räder ergibt sich unter Berücksichtigung der Bewegungsverhältnisse im Lenkgestänge und der Übersetzung des Lenkgetriebes eine Gesamt-Lenkübersetzung i_S aus der Lenkrad-Winkelgeschwindigkeit ω_H und der Lenkwinkelgeschwindigkeit des Rades $d\delta/dt = \omega_\delta$ entsprechend Gleichung (8.1) zu

$$i_S = \omega_H / \omega_\delta \tag{8.8}$$

Die Lenkwinkelgeschwindigkeit ω_δ kann nach Gleichung (7.3), Kap. 7, aus der Winkelgeschwindigkeit $\boldsymbol{\omega}_K$ des Radträgers (bzw. hier auch: des Achsschenkels), dem Radsturz γ und dem Lenkwinkel δ bestimmt werden. Mit

$$\omega_{Kx} = -\omega_{Kz} \tan\tau \qquad \text{und} \qquad \omega_{Ky} = -\omega_{Kz} \tan\sigma$$

wird

$$\omega_\delta = \omega_{Kz} \{ (\tan\tau \sin\delta - \tan\sigma \cos\delta) \tan\gamma + 1 \} \tag{8.9}$$

Die Lenkwinkelgeschwindigkeit ω_δ ist also nicht gleich der z-Komponente ω_{Kz} der Winkelgeschwindigkeit des Radträgers um die Lenkachse d. Nur für den Radsturz $\gamma = 0$ oder den Lenkwinkel $\delta = \operatorname{atn}(\tan\sigma/\tan\tau)$, d.h. die Stellung, wo in der Draufsicht die Projektionen der Radachse und der Lenkachse d aufeinander senkrecht stehen, ist $\omega_\delta = \omega_{Kz}$.

Die Summierung der über die bisher vorgestellten Kenngrößen bzw. Hebelarme und äußeren Kräfte berechneten sowie durch die Lenkübersetzung geteilten Momente am Lenkrad führt damit zu einer physikalisch unkorrekten Situation, da die Lenkübersetzung auf die Winkelgeschwindigkeit ω_δ und nicht auf ω_{Kz} bezogen ist. Deshalb möge im folgenden anstelle der – den **Kenngrößen der Lenkgeometrie** zwar nicht ausdrücklich, aber ihrer Definition gemäß Bild 8.4 nach faktisch zugrundeliegenden – Bezugswinkelgeschwindigkeit ω_{Kz} stets die **Lenkwinkelgeschwindigkeit $\boldsymbol{\omega}_\delta$** zur formelmäßigen Darstellung der Kenngrößen herangezogen werden. Der „Fehler" gegenüber der herkömmlichen Definition ist, zumindest im fahrdynamisch interessanten Lenkwinkelbereich, vernachlässigbar gering. **Bild 8.5** zeigt die Abweichung der Lenkwinkelgeschwindigkeit ω_δ gegenüber der Winkelgeschwindigkeit ω_{Kz} des Radträgers bei „fester" Spreizachse mit einem Spreizungswinkel $\sigma = 8°$ und einem Nachlaufwinkel $\tau = 5°$ über dem Lenkwinkel δ.

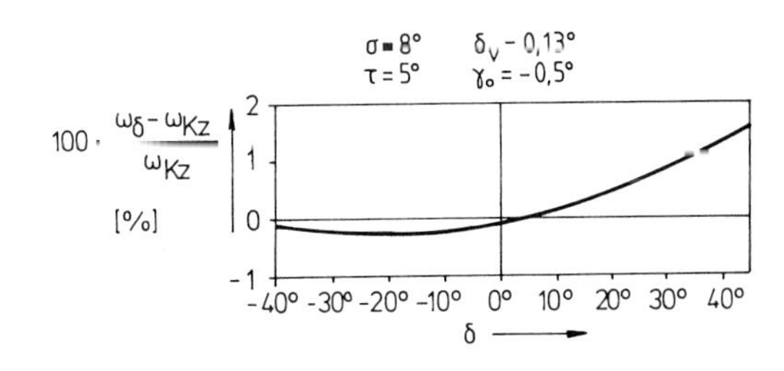

Bild 8.5:
Abweichung der Lenkwinkelgeschwindigkeit ω_δ von der Winkelgeschwindigkeit ω_{Kz} des Radträgers um die z-Achse

Angesichts der steigenden Motorleistungen der Fahrzeuge und der damit erforderlichen größeren Bremsleistungen ist die Dimensionierung der Bremsanlage und vor allem der Bremsscheiben zu einem Platzproblem geworden. Der größtmögliche Durchmesser einer ins Rad eingebauten Bremsscheibe ergibt sich, wenn die letztere gegenüber dem Felgentiefbett versetzt angeordnet wird; in der Praxis bedeutet dies fast regelmäßig einen Versatz der Scheibe zur Fahrzeuginnenseite hin.

Mit der Einführung der Regelsysteme zur Verhinderung des Bremsblockierens (ABS) kam der Wunsch nach einem möglichst kleinen Lenkrollradius r_S hinzu, weil andernfalls die wechselnden Bremskräfte während des Regelvorgangs sich sehr störend am Lenkrad bemerkbar machen. Die Lenk- bzw. Spreizachse d mußte also in die Nähe der Radmittelebene verschoben werden. Da die Spreizachse d im allgemeinen durch zwei Kugelgelenke zwischen Radführungsgliedern und dem Radträger markiert wird, nehmen heute diese Kugelgelenke an vielen Radaufhängungen den Platz ein, der früher für die Bremsscheibe zur Verfügung stand. Die Bremsscheibe wird dann unter das Felgentiefbett verdrängt, was einen Durchmesserverlust von etwa einem Zoll bedeutet (sofern nicht, wie dies dann oft geschieht, die nächstgrößere Felgendimension spendiert wird), **Bild 8.6** (links).

Um dies zu vermeiden, werden bei leistungsstarken Fahrzeugen neben aufwendigen Konstruktionen auf der Basis der konventionellen Lenkgeometrie mit „fester" Spreizachse zunehmend auch Lösungen mit einer „ideellen" Spreizachse angewandt, um die Bremsscheibe an ihrem bestgeeigneten Platz neben dem Felgentiefbett einbauen und dennoch eine „jenseits" der Bremsscheibe wirksame Lenkachse verwirklichen zu können. Bild 8.6 zeigt rechts eine Radaufhängung nach dem Doppel-Querlenker-Prinzip, bei welcher aber der obere und der untere Dreiecklenker jeweils in zwei einzelne Stablenker aufgelöst sind, die mit je einem Kugelgelenk am Radträger angreifen. Der Schnittpunkt der zusammengehörigen Stablenker ist gewissermaßen ein „ideelles" Kugelgelenk, und die Verbindungslinie der beiden ideellen Kugelgelenke ist die ideelle Spreizachse i.

Die Stablenkerpaare brauchen nicht, wie in Bild 8.6 dargestellt, in einer gemeinsamen Ebene zu liegen, sondern können den konstruktiven oder kinematischen Erfordernissen entsprechend räumlich versetzt angeordnet sein, **Bild 8.7**. Die Lenkgeometrie einer solchen Radaufhängung kann dadurch einen „räumlichen" Charakter erhalten, d. h. aus der Drehbewegung des Radträgers um die Spreizachse d beim Lenkvorgang wird eine Momentanschraubung mit einer Winkelgeschwindigkeit $\boldsymbol{\omega}_K$ um die Schraubenachse und einer gleichzeitigen Vorschubgeschwindigkeit $\mathbf{t}$ längs derselben.

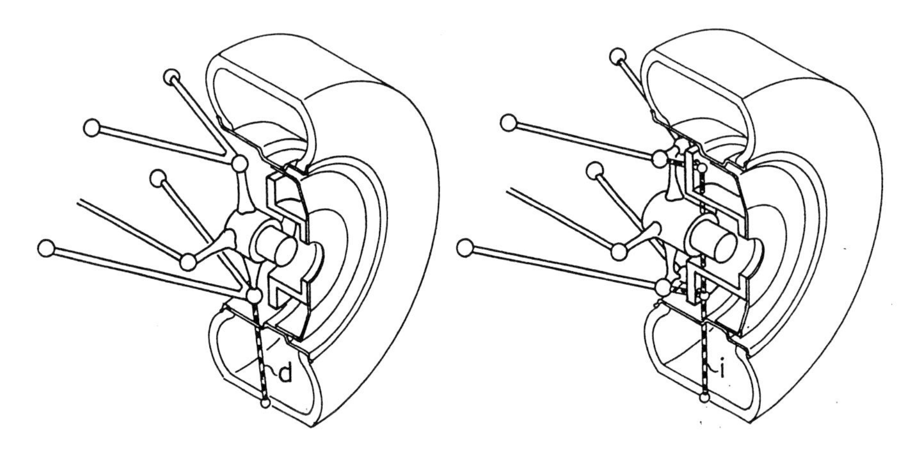

Bild 8.6: Einbauraum für die Bremsscheibe bei fester (d) und ideeller Lenkachse (i)

Da eine solche Schraubenachse nicht mehr in gleicher Weise wie eine feste Lenkdrehachse d entsprechend den Bildern 8.3 und 8.4 zur Bestimmung der Kenngrößen der Lenkgeometrie herangezogen werden kann, müssen deren Definitionen so überarbeitet werden, daß sie unabhängig vom Bauprinzip der Radaufhängung stets physikalisch vergleichbare und gleichwertige Aussagen ermöglichen. Dies könnte z. B. durch die Ermittlung der auf eine jeweilige Wirkungsebene bezogenen Ersatz-Momentanachsen und Ersatzpole gemäß Kap. 3, Bild 3.11 erfolgen - eleganter aber, wie im weiteren Verlauf gezeigt wird, durch die Anwendung des Arbeitssatzes auf einen fiktiven Lenkvorgang (also mit unterbundener Federungsbewegung) bei einer äußeren Krafteinwirkung.

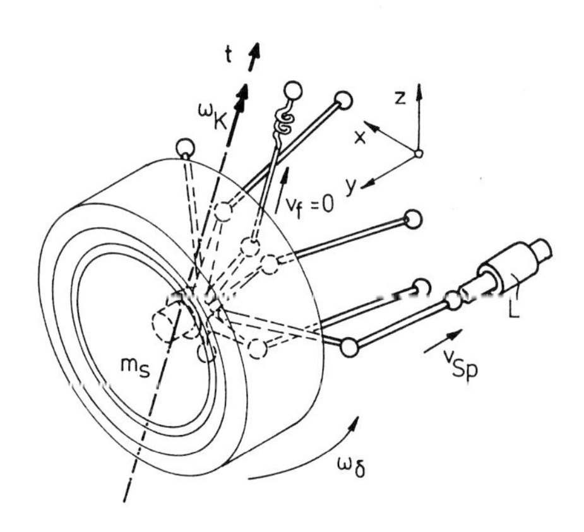

Bild 8.7: Räumliche Lenkgeometrie mit „Momentanschraube"

8.3.2 Allgemeingültige Definitionen der Kenngrößen unter Berücksichtigung räumlicher Geometrie

Bei einer im Raum über dem Lenkwinkel veränderlichen Spreizachse, z. B. einer „ideellen" Spreizachse wie in Bild 8.6, sind der Spreizungswinkel σ und der Nachlaufwinkel τ nicht mehr unmittelbar für die Bestimmung von wirksamen Krafthebelarmen wie z. B. dem Radlasthebelarm p nach Gl. (8.7) verwendbar, da eine solche ideelle Spreizachse möglicherweise als Momentanschraubenachse auftritt und somit als Bezugsachse für Drehmomente nicht mehr in Frage kommt.

Reine Winkelbeziehungen sind davon nicht betroffen. So gelten weiterhin die Gleichungen (7.1) und (7.3), Kap. 7, bzw. (8.9) zur Berechnung der Sturzänderungsgeschwindigkeit ω_γ und der Lenkwinkelgeschwindigkeit ω_δ in Abhängigkeit von der Winkelgeschwindigkeit $\boldsymbol{\omega}_K$ des Radträgers bzw. Achsschenkels. Der Spreizungswinkel und der Nachlaufwinkel sollen unabhängig vom Lenkwinkel δ stets im Fahrzeugquerschnitt und in der Fahrzeug-Seitenansicht definiert sein. Mit dem Vektor $\boldsymbol{\omega}_K$ als Richtungsvektor der Momentan(schrauben)achse bei einem fiktiven Lenkvorgang mit festgehaltener Federung ergeben sich also ganz allgemein der **Spreizungswinkel $\boldsymbol{\sigma}$** und der **Nachlaufwinkel $\boldsymbol{\tau}$** als Winkel zwischen den Projektionen von $\boldsymbol{\omega}_K$ in den erwähnten Projektionsebenen und der z-Achse zu

$$\sigma = -\operatorname{atn}(\omega_{Ky}/\omega_{Kz}) \tag{8.10}$$

$$\tau = -\operatorname{atn}(\omega_{Kx}/\omega_{Kz}) \tag{8.11}$$

Die nach diesen beiden Gleichungen definierten Kenngrößen sind, wie oben erwähnt, auch bei räumlichen Lenkungsmechanismen mit veränderlicher Spreizachse in allen Fällen wie gewohnt verwendbar, wo es um Winkelbeziehungen geht. Für Krafthebelarme wie den Lenkrollradius, die Nachlaufstrekke, den Radlasthebelarm usw. dagegen haben der Spreizungs- und der Nachlaufwinkel normalerweise keine anschauliche Bedeutung mehr.

Eine sinnvolle allgemeingültige Definition der herkömmlichen Kenngrößen Lenkrollradius, Nachlaufstrecke, Spreizungsversatz, Nachlaufversatz und Radlasthebelarm muß sicherstellen, daß die physikalische Aussage der betreffenden Kenngröße am konventionellen Lenkungsmechanismus mit „fester" Spreizachse unverändert gültig bleibt und daß die Kenngröße am allgemeinen räumlichen System eine Wirkung beschreibt, die mit der entsprechenden Wirkung am konventionellen System verglichen werden kann.

So erwartet der Fachmann bei der Angabe z. B. eines „Lenkrollradius" an einer Radaufhängung mit konventioneller Lenkgeometrie, daß die von einer am Radträger abgestützten Bremse erzeugte Bremskraft F_B am Lenkrollradius r_S ein Moment $r_S F_B$ ausübt, welches unter Berücksichtigung der momentanen Lenkübersetzung $i_S = \omega_H/\omega_\delta$ einen Drehmomentbeitrag $M_H = r_S F_B/i_S$ am Lenkrad leistet. Entsteht unter Voraussetzung der gleichen Lenkübersetzung an einer Radaufhängung mit räumlicher Lenkgeometrie aus einer gleich großen Bremskraft das gleiche Lenkradmoment, so muß dies einem gleich großen Lenkrollradius zuzuschreiben sein. Und für den – allerdings ziemlich unwahrscheinlichen – Fall, daß von den beiden Rädern einer Achse eines an einer Radaufhängung mit „konventioneller", das andere an einer mit „räumlicher" Lenkgeometrie geführt ist, sollte bei gleich großen Lenkrollradien, Lenkübersetzungen und Bremskräften an beiden Rädern das Lenkrad momentenfrei bleiben.

Für eine fiktive Lenkbewegung bei festgehaltener Federung ($v_f = 0$) läßt sich der momentane Geschwindigkeitszustand des Radträgers K, der durch die Geschwindigkeit $\mathbf{v}_M$ seines Bezugspunkts M und seine Winkelgeschwindigkeit $\boldsymbol{\omega}_K$ gekennzeichnet ist, entsprechend Kap. 3, Abschnitt 3.4 berechnen, und daraufhin z.B. mit $\mathbf{v}_M$ und $\boldsymbol{\omega}_K$ die fiktive Geschwindigkeit $\mathbf{v}_A{}^*$ des Radaufstandspunktes A bei als „blockiert" betrachteter Bremse nach Gleichung (3.18).

Sollen die für die Weiterleitung von äußeren Kräften maßgebenden Kenngrößen der Lenkgeometrie, wie im Abschnitt 8.3.1 empfohlen, auf die Lenkwinkelgeschwindigkeit ω_δ statt auf die Vertikalkomponente ω_{Kz} der Winkelgeschwindigkeit des Radträgers bezogen werden, so wird eine Bremskraft F_B an der Lenkwinkelgeschwindigkeit ω_δ eine Leistung abgeben, die sich aus dem Produkt von ω_δ und einem Drehmoment $M_{\delta B}$ errechnet. $M_{\delta B}$ muß andererseits definitionsgemäß das Produkt aus der Bremskraft und ihrem bezüglich der Lenkwinkelgeschwindigkeit wirksamen Hebelarm, nämlich dem Lenkrollradius r_S, sein. Die Leistung der Kraft einer radträgerfesten Bremse kann aber auch über die Geschwindigkeit $\mathbf{v}_A{}^*$ des „radträgerfesten" Radaufstandspunktes A berechnet werden, d.h. es gilt für ein um den Lenkwinkel δ eingeschlagenes Rad, **Bild 8.8**: $M_{\delta B}\omega_\delta = r_S F_B \omega_\delta = \mathbf{F}_B \cdot \mathbf{v}_A{}^*$.

Der Vektor $\mathbf{F}_B$ der Bremskraft hat die Komponenten $F_{Bx} = -F_B\cos\delta$, $F_{By} = -F_B\sin\delta$ und $F_{Bz} = 0$. Damit ergibt sich $\omega_\delta r_S F_B = -v_{Ax}{}^* F_B\cos\delta - v_{Ay}{}^* F_B\sin\delta$ und der **Lenkrollradius**

$$r_S = -(v_{Ax}{}^*\cos\delta + v_{Ay}{}^*\sin\delta)/\omega_\delta \quad (8.12)$$

mit ω_δ nach Gleichung (7.3), Kap. 7. Analog wird der **Spreizungsversatz** unter fiktiver Annahme einer Längskraft F_L am Radmittelpunkt M mit dessen Geschwindigkeitsvektor $\mathbf{v}_M$:

$$r_\sigma = -(v_{Mx}\cos\delta + v_{My}\sin\delta)/\omega_\delta \quad (8.13)$$

Eine Seitenkraft F_Q erzeugt, bezogen auf den Lenkwinkel, an der Nachlaufstrecke n das Moment $n F_Q$, und aus der Leistungsbedingung $\omega_\delta n F_Q = \mathbf{F}_Q \cdot \mathbf{v}_A{}^*$ folgen mit den Komponenten $F_{Qx} = F_Q \sin\delta$, $F_{Qy} = - F_Q \cos\delta$ und $F_{Qz} = 0$ das Gleichgewicht $\omega_\delta n F_Q = v_{Ax}{}^* F_Q \sin\delta - v_{Ay}{}^* F_Q \cos\delta$ und damit die **Nachlaufstrecke**

$$n = (v_{Ax}{}^* \sin\delta - v_{Ay}{}^* \cos\delta)/\omega_\delta \qquad (8.14)$$

Obwohl an der Radmitte M normalerweise keine Seitenkraft angreift, kann analog zur Berechnung der Nachlaufstrecke mit einer fiktiven Seitenkraft auch der **Nachlaufversatz** definiert werden:

$$n_\tau = (v_{Mx} \sin\delta - v_{My} \cos\delta)/\omega_\delta \qquad (8.15)$$

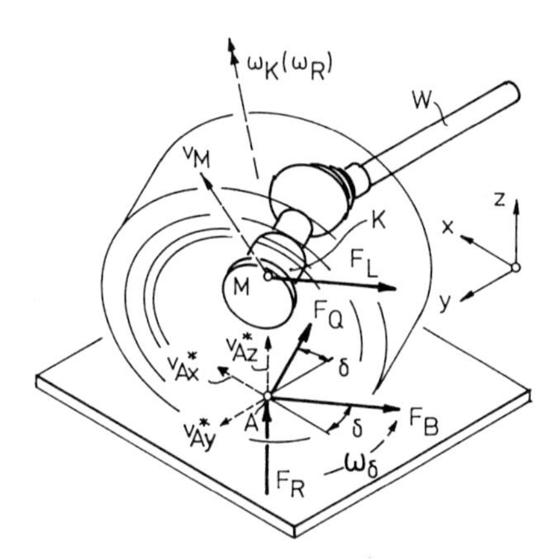

Bild 8.8:
Geschwindigkeits- und Kräfteplan an einem gelenkten Rade mit räumlicher Lenkgeometrie

Der Radlasthebelarm wird, wie bereits weiter oben gesagt, positiv definiert, wenn das von der Radlast F_R am Lenkwinkel δ erzeugte Drehmoment rückstellend wirkt, also den Lenkwinkel zu verringern trachtet. Dann ist die Leistung des Drehmoments $M_{\delta R} = - p F_R$ an der Lenkwinkelgeschwindigkeit ω_δ gleichzusetzen mit der Leistung der Radlast F_R, die nur eine z-Komponente aufweist, an der Vertikalkomponente der Geschwindigkeit des Radaufstandspunktes A bei einem Lenkvorgang mit festgehaltener Federung. Da der Radaufstandspunkt stets in der „Fallinie" der Radmittelebene, also exakt unterhalb der Radachse liegt, sind seine vertikalen Geschwindigkeitskomponenten bei frei drehbar gelagertem Rade und bei blockierter Radbremse gleich groß; da ferner die Geschwindigkeit $\mathbf{v}_A{}^*$ bei blockierter Bremse von der Berechnung der anderen Kenngrößen her bereits zur Verfügung steht, soll sie der Einfachheit und Einheitlichkeit halber auch für die Bestimmung des Radlasthebelarms verwendet werden. Aus $-\omega_\delta \; p \; F_R = \mathbf{F}_R \cdot \mathbf{v}_A{}^*$ folgt der **Radlasthebelarm**

$$p = -v_{Az}{}^* / \omega_\delta \tag{8.16}$$

Durch Erweiterung von Gleichung (8.16) mit dem Zeitdifferential dt wird

$$p = -dz/d\delta \tag{8.17}$$

d.h. der Radlasthebelarm ist die erste Ableitung der Hubbewegung des Fahrzeugs nach dem Lenkwinkel.

Es wurde bereits erwähnt, daß die Kenngrößen „Spreizung" und „Nachlaufwinkel" bei einer Radaufhängung mit räumlicher Lenkgeometrie nur noch für Winkelbeziehungen Bedeutung haben. Eine für die Auslegung der Lenkgeometrie wegen ihrer Auswirkungen auf das Fahrverhalten wichtige Winkelbeziehung ist die **Sturzänderung über dem Lenkwinkel** $d\gamma/d\delta$.

Mit $\omega_{Kx} = -\omega_{Kz} \tan\tau$ und $\omega_{Ky} = -\omega_{Kz} \tan\sigma$ ergibt sich aus Gleichung (7.1) die Sturzänderungs-Winkelgeschwindigkeit zu

$$\omega_\gamma = \omega_{Kz} (\tan\tau \cos\delta + \tan\sigma \sin\delta) \tag{8.18}$$

und mit Gleichung (8.9) wird

$$\frac{d\gamma}{d\delta} = \frac{\tan\tau \cos\delta + \tan\sigma \sin\delta}{\tan\gamma (\tan\tau \sin\delta - \tan\sigma \cos\delta) + 1} \tag{8.19}$$

In Geradeausstellung ($\delta = 0$) ist offensichtlich der Gradient des Radsturzes über dem Lenkwinkel dem Nachlaufwinkel τ proportional (exakt: nur beim Radsturz $\gamma = 0°$, weil dann der Nenner den Wert 1 annimmt). Eine anschauliche Erklärung für diese Erscheinung wird in **Bild 8.9** versucht:

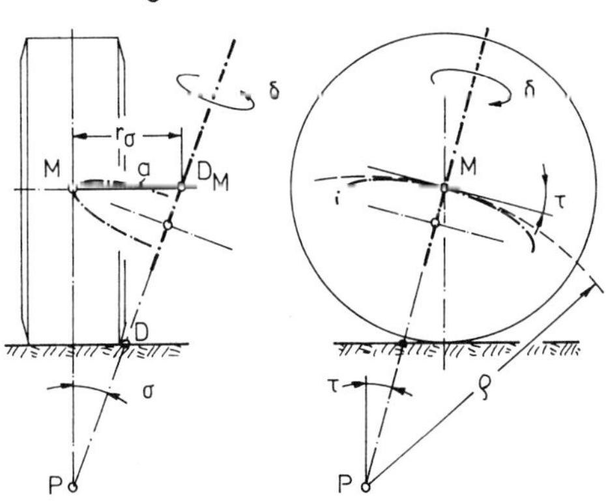

Bild 8.9:
Einfluß des Nachlauf- und des Spreizungswinkels auf die Sturzänderung über dem Lenkwinkel

Die Radmitte M beschreibt im Raum eine geneigte Kreisbahn, während der Schnittpunkt D_M der Radachse mit der Spreizachse unbeweglich bleibt. Die Höhendifferenz zwischen M und D_M ist also dem Radsturz γ proportional. Der „Pol" P der Radmitte in der Fahrzeug-Seitenansicht ist der Schnittpunkt der Spreizachse mit der Vertikalebene durch M, und der Kreisbogen durch M um P nähert das elliptische Bild der Bahnkurve von M an, deren Tangente in Geradeausstellung offensichtlich unter dem Nachlaufwinkel τ geneigt ist. Der Krümmungsradius ρ wird vom Spreizungswinkel bestimmt; im Querschnitt ist der Abstand $\overline{MP}$ gleich dem Quotienten aus dem Spreizungsversatz r_σ und dem Tangens des Spreizungswinkels, $\overline{MP}'' = r_\sigma/\tan\sigma$, und daraus folgt in der Seitenansicht der Radius $\rho = \overline{MP}''/\cos\tau = r_\sigma/(\tan\sigma\cos\tau)$. Die Krümmung der Kurve $\gamma(\delta)$ ist also dem Spreizungswinkel σ proportional. Eine positive Spreizung krümmt die Kurve bei Lenkeinschlag zu „positiven" Sturzwinkeln hin, wie aus Bild 8.9 anschaulich hervorgeht.

Die Abhängigkeit der Sturzänderung vom Nachlaufwinkel wirkt sich besonders deutlich auf die Auslegung der Lenkgeometrie von Motorrädern aus, welche hier allerdings auf eine Nachlaufstrecke und einen Nachlaufwinkel reduziert ist. Das Motorrad ist eine Übergangsform zum Fahrzeug mit „Knicklenkung", vgl. Bild 8.1b, weil der Massenanteil der Vorderradgabel an der Fahrzeug-Gesamtmasse relativ groß ist. Wegen der merklichen Schräglage bei Kurvenfahrt ergeben sich am Vorder- und am Hinterrad i. a. unterschiedliche Radsturzwerte gegenüber der Fahrbahn. Ein um 90° eingeschlagenes Vorderrad würde bei einem Nachlaufwinkel 0° stets einen Radsturz im Bereich um 0° herum gegenüber der Fahrbahn aufweisen, unabhängig vom Schräglagenwinkel des Fahrzeug-Hauptteils und damit dem Sturz des Hinterrades. Der Nachlaufwinkel des Motorrads muß daher dem Verwendungszweck desselben angepaßt werden (bei Zweiradfahrzeugen wird statt vom Nachlaufwinkel auch vom „Steuerkopfwinkel" gesprochen; dieser ist der Winkel der Lenkdrehachse gegenüber der Fahrbahn, sein Betrag also $90° - \tau$).

Schnelle Reisemotorräder fahren Kurven mit mittlerem bis großem Radius und mit hoher Geschwindigkeit, also starker Schräglage, bei kleinen Lenkwinkeln. Hier genügen mittlere Nachlaufwinkel, um den Radsturz des Vorderrades an den des Hinterrades anzupassen.

Geländemotorräder („Motocross"-Maschinen) werden mit starker Schräglage und großem Lenkeinschlag durch sehr enge Kurven getrieben, sie erfordern also größere Nachlaufwinkel, damit das Vorderrad in dieser Situation einen ausreichenden Sturz erhält.

Die „Trial"-Motorräder dienen zu akrobatischen Leistungen bei extrem niedriger Fahrgeschwindigkeit und werden in diesem Zustand fast ohne Schräglage gefahren; deshalb weisen deren Vorderradgabeln vergleichsweise geringe Nachlaufwinkel auf.

Für Zweispurfahrzeuge zeigt **Bild 8.10** die exakt berechneten Funktionen des Radsturzes γ, der Nachlaufstrecke n und des Radlasthebelarms p über dem Lenkwinkel δ, wobei vier verschiedene Auslegungen der Lenkgeometrie bei „fester" Spreizachse betrachtet werden.

Die Tangente der Sturzkurve $\gamma(\delta)$ im Nullpunkt bzw. in Geradeausstellung steigt bei den Achsen 3 und 4 etwa dreimal so steil an als bei den Achsen 1 und 2, was dem Verhältnis der Nachlaufwinkel (9° zu 3°) entspricht; wegen der größeren Spreizung (12° gegen 5°) ist die Kurve 2 erheblich

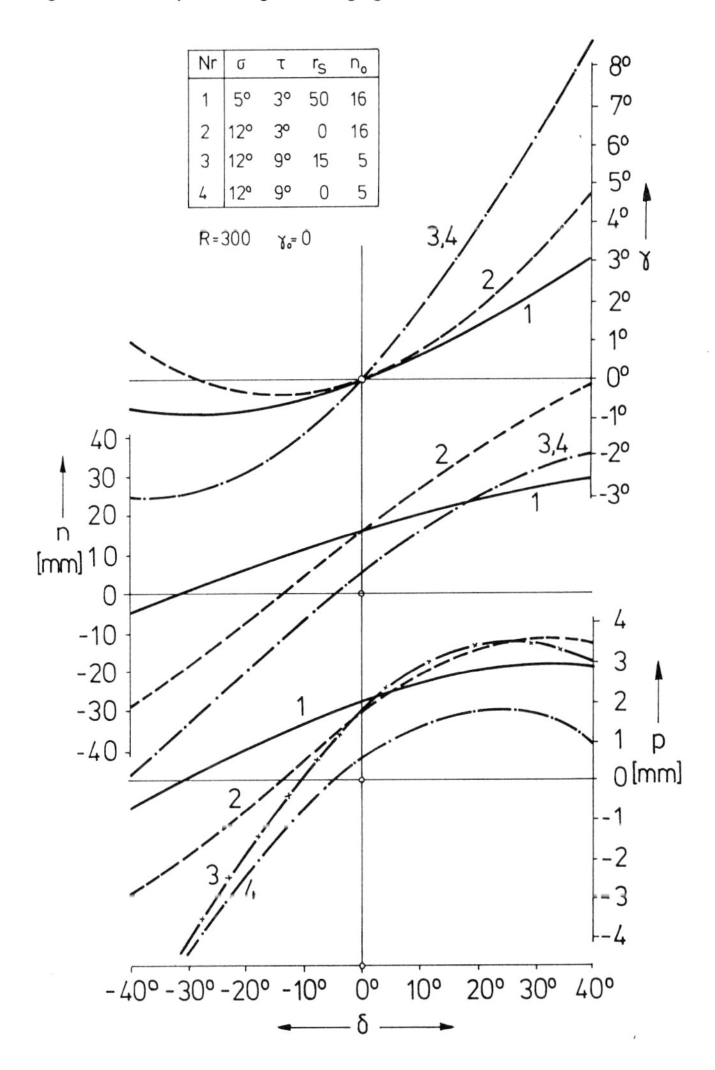

Bild 8.10: Sturz, Nachlaufstrecke und Radlasthebelarm über dem Lenkwinkel für verschiedene Auslegungen der Lenkgeometrie bei „fester" Spreizachse

stärker gekrümmt als die Kurve 1, so daß bei vollem kurvenäußerem Lenkeinschlag ($\delta < 0$) schließlich ein positiver Sturz erreicht wird. An allen Achsen nimmt die Nachlaufstrecke n kurveninnen zu, kurvenaußen ab (das Rad geht bei vollem kurvenäußerem Lenkwinkel sogar in „Vorlauf"). Der Radlasthebelarm p ist so definiert, daß die Radlast rückstellend wirkt, wenn p und δ das gleiche Vorzeichen haben, was hier am kurveninneren Rade stets, am kurvenäußeren erst bei größeren Lenkwinkeln erfüllt ist, da alle Varianten in Geradeausstellung einen gewissen positiven Wert des Radlasthebelarms aufweisen.

Die Achsen 1 und 2 haben keinen Nachlaufversatz n_τ (die Nachlaufstrecke n entspricht hier dem Produkt aus dem Reifenradius R und dem Tangens des Nachlaufwinkels τ, so daß die Spreizachse in der Seitenansicht durch die Radmitte verläuft). Dann kommen im Grundriß des Fahrzeugs bei einem bestimmten kurvenäußeren Lenkwinkel, der sich aus $\tan\delta = -\tan\tau/\tan\sigma$ berechnen läßt, die Projektionen der Spreizachse und der Radachse zur Deckung, folglich müssen in dieser Stellung die Nachlaufstrecke n und der Radlasthebelarm p zugleich den Wert Null annehmen.

Eine von Null verschiedene Nachlaufstrecke n verursacht beim Lenken eine Querbewegung des Radaufstandspunktes relativ zum Fahrzeug-Koordinatensystem. In Geradeausstellung, wo die Nachlaufstrecke an beiden Rädern einer Achse noch gleich groß ist, bedeutet dies eine Querverschiebung des Fahrzeugs gegenüber der Fahrbahn. Unterschiedliche Nachlaufstrecken an beiden Rädern, wie sie für größere Radeinschlagwinkel an allen Achsen von Bild 8.10 auftreten, haben beim Lenken im Stand eine gegenseitige Querbewegung der Radaufstandspunkte, also Verzwängungen der Reifen und erhöhte Parkierkräfte zur Folge.

Daß auch die Varianten 2 und 4 mit dem Lenkrollradius $r_S = 0$ beim Lenken ihre Radaufstandspunkte wegen der von Null verschiedenen Nachlaufstrecken n_0 bereits in Geradeausstellung in Fahrzeugquerrichtung verschieben, d. h. offensichtlich ihre Räder nicht an den Radaufstandspunkten auf der Stelle drehen, ist ein Hinweis darauf, daß der Name „Lenkrollradius" nicht sehr glücklich gewählt ist. Wie bereits gesagt, wird der Lenkrollradius r_S in der Praxis als wirksamer Hebelarm einer Brems- oder Antriebskraft bei radträgerfester Momentenstütze angesehen und entspr. Gleichung (8.12) so berechnet, als ob der Radaufstandspunkt momentan fest mit dem Radträger verbunden wäre.

Es wäre sogar falsch, sich die Mühe zu machen und die Bahn der beim Lenken auftretenden, am Reifenumfang wandernden Radaufstandspunkte zu analysieren, um aus ihrer Krümmung einen „Lenkrollradius" zu bestimmen, wie das Beispiel in **Bild 8.11** zeigt: Die jeweiligen Radaufstandspunkte einer Radaufhängung mit einem Lenkrollradius $r_S = 0$, aber großem Spreizungs-

und Nachlaufwinkel beschreiben über dem Lenkwinkel in der Fahrbahnebene eine Bahnkurve, deren Krümmungsradius in Geradeausstellung ca. 40 mm beträgt! Der Lenkrollradius als Hebelarm einer Bremskraft um den Durchstoßpunkt D der Spreizachse in der Fahrbahnebene ist aber ständig gleich Null, denn die durch die Pfeile gekennzeichneten Spuren der Radmittelebenen weisen alle durch D.

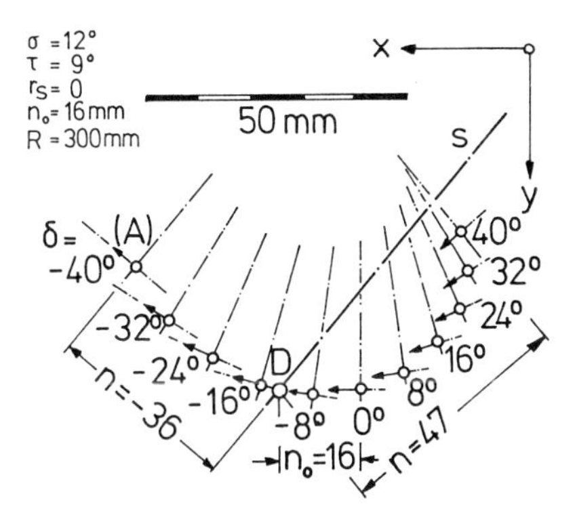

Bild 8.11: Bahn des Radaufstandspunktes auf der Fahrbahn bei Lenkeinschlag (Lenkrollradius r_S = 0)

Bei einer Radaufhängung mit „ideeller" und damit während des Lenkvorgangs veränderlicher Spreizachse kann auch der Lenkrollradius veränderlich sein, z. B. bei großen Lenkwinkeln anwachsen. Dann ist es zweckmäßig, durch eine entsprechende Ausbildung der Kinematik (sprich: aufeinander abgestimmte Anordnung der radführenden Gelenke und der Lenker) das Minimum des Lenkrollradius etwa in die Geradeausstellung zu legen [36].

Die Nachlaufstrecke n, ergänzt durch den Reifennachlauf n_R, bildet bei Kurvenfahrt den Hebelarm der Reifen-Seitenkraft F_y. Mit zunehmender Querbeschleunigung dominiert die Seitenkraft des kurvenäußeren Rades; da bei den meisten Radaufhängungen (ausgenommen solche mit $\sigma = \tau = 0$) die Nachlaufstrecke am kurvenäußeren Rade abnimmt und im Grenzbereich des Seitenführungsvermögens des Reifens auch noch der Reifennachlauf zusammenbricht, wird das Rückstellmoment am Lenkrad nicht proportional der Querbeschleunigung anwachsen. Dies ist durchaus erwünscht, da zu hohe Lenkradkräfte zu einer Verspannung der Armmuskeln führen und feinfühlige Lenkreaktionen, wie sie gerade im Grenzbereich wichtig sind, erschweren. Andererseits ist darauf zu achten, daß die Lenkradkraft bei wachsender Querbeschleunigung nicht negativ wird.

Unterschiedliche Radlasthebelarme p ergeben ebenfalls ein Rückstellmoment am Lenkrad; die höhere kurvenäußere Radlast wirkt sich aber nur dann wesentlich aus, wenn der kurvenäußere Radlasthebelarm ein negatives Vorzeichen hat, d. h. eine eigenständige Rückstellung an diesem Rade vorhanden ist. Diese „Gewichts-Rückstellmomente" sind allerdings bei schneller Fahrt stets merklich kleiner als diejenigen aus der Seitenkraft.

Ähnlich wie die Nachlaufstrecke n weist auch der Radlasthebelarm p in Bild 8.10 einen merklichen Gradienten über dem Lenkwinkel in der Geradeausstellung auf. Der Radlasthebelarm wechselt bei demjenigen Lenkwinkel das Vorzeichen, bei welchem der Radaufstandspunkt in der Draufsicht auf der Projektion der Spreizachse liegt und folglich die Radlast kein Moment um dieselbe ausüben kann (dies gilt nicht bei „ideeller" Spreizachse mit Momentanschraubung). Demnach liegt bei den Achsen in Bild 8.10 im kurvenäußeren Lenkbereich bei Lenkwinkeln zwischen 0° und ca. -5° bei Achse 4 bzw. ca. -32° bei Achse 1 keine eigenständige Rückstellung des kurvenäußeren Rades vor. Die resultierende Rückstellung der gesamten Achse ergibt sich bei Fahrt ohne merkliche Querbeschleunigung, also mit gleichen Radlasten an beiden Rädern, aus der Differenz der Radlasthebelarme bei zusammengehörigen negativen und positiven Lenkwinkeln und ist in Bild 8.10 offensichtlich über den vollen Lenkwinkelbereich hinweg gewährleistet.

Die Ableitung $dp/d\delta$ in der Geradeausstellung $\delta = 0$ ist der **Hebelarm der Gewichtsrückstellung** [36][43], den man sich als Länge eines Pendels vorstellen kann, an welchem eine Masse vom Gewicht der Achslast aufgehängt ist. Bei einer Auslenkung dieses Pendels um den Lenkwinkel δ entsteht das Gewichts-Rückstellmoment in der Lenkung. Gewichtsrückstellung ist bei Geradeausfahrt also stets dann vorhanden, wenn das Diagramm des Radlasthebelarms p über dem Lenkwinkel δ eine ansteigende Tangente aufweist. Mit diesem Hebelarm der Gewichtsrückstellung ergibt sich der Lenkmomentanstieg aus der Geradeausstellung heraus, der von der Radlast herrührt, zu

$$dM/d\delta = F_z(dp/d\delta) \qquad (8.20)$$

Bei einer Radaufhängung mit konventioneller Lenkgeometrie, also mit fester Spreizachse während des Lenkvorgangs, berechnet sich der Hebelarm der Gewichtsrückstellung in Geradeausrichtung [43] aus den Kenngrößen der Lenkgeometrie als

$$dp/d\delta = r_\sigma \tan\sigma - n \tan\tau \qquad (8.21)$$

Die Gewichtsrückstellung ist eine der wichtigsten Voraussetzungen für die Selbstzentrierung der Lenkung in der Geradeausstellung. Bei eingeschlagenen Rädern und höherer Querbeschleunigung verliert sie an Bedeutung gegenüber den aus den Seitenkräften entstehenden Momenten.

Der Radlasthebelarm p selbst sollte möglichst klein sein, um Rückwirkungen von Radlastschwankungen, z.B. auf schlechter Fahrbahn, auf die Lenkung zu vermeiden.

Bei den vorstehenden Berechnungen wurde angenommen, daß die Feder der Radaufhängung sich auf einem der Radführungsglieder abstützt und über das radträgerseitige Gelenk desselben auf den Radträger wirkt. Dann ist während eines Lenkvorgangs mit festgehaltener Federung und konventioneller Lenkgeometrie die Spreizachse im Raum unveränderlich, und die Funktion $p(\delta)$ ist unabhängig von der Position und Übersetzung des Federelements. Die Gewichtsrückstellung ist daher bei einer solchen (und in der Praxis bei gelenkten Achsen vorherrschenden) Federanordnung allein durch die Lage der Spreizachse und damit nach Gleichung (8.21) festgelegt.

Die Gewichtsrückstellung kann aber auch von der Geometrie der Spreizachse unabhängig gestaltet werden, indem das Federelement unmittelbar am Achsschenkel bzw. Radträger abgestützt wird. In **Bild 8.12** ist schematisch eine Drehstabfederung dargestellt, deren Hebel über eine kurze Zugstange a exzentrisch zur Spreizachse an einem Radträger angelenkt ist, wobei die Zugstange in Geradeausstellung etwa parallel zur Spreizachse verläuft. Bei Lenkeinschlag wird sich die Zugstange schrägstellen, so daß ihre Zugkraft (d.h. die mit der Radlast im Gleichgewicht stehende Federungskraft) ein Drehmoment um die Spreizachse ausübt.

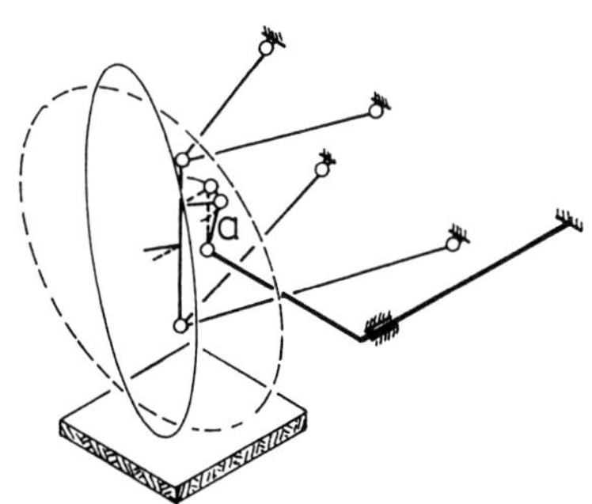

Bild 8.12: Frei wählbare Gewichtsrückstellung

Bei Radaufhängungen mit ideeller und damit normalerweise während des Lenkvorgangs veränderlicher Spreizachse gilt Gleichung (8.21) nicht. Der Radlasthebelarm p und der Hebelarm der Gewichtsrückstellung $dp/d\delta$ können durch die Anordnung der Gelenke, der Lenker und des Federelements ziemlich frei beeinflußt werden [36].

Selbstverständlich muß die bei aller Art von Gewichtsrückstellung anfallende Hubarbeit des Vorderwagens am Lenkrad aufgebracht werden.

Neben der Gewichtsrückstellung entsteht, wenn die Radlasthebelarme p_a am kurvenäußeren und p_i am kurveninneren Rade nicht umgekehrt gleich groß sind ($p_a = -p_i$), also wenn die Anhebung des Fahrzeugs über beiden Rädern der Achse unterschiedlich oder gar gegensinnig abläuft, eine „Federungsrückstellung" infolge Verwindung des Fahrzeugs gegen seine – entspr. Gl. (5.26) „in Serie" anzusetzenden – Wankfederraten der Fahrzeugachsen, welche aber bei üblichen Federungsabstimmungen nur wenige Prozent der Gewichtsrückstellung erreicht und daher vernachlässigt werden kann.

Die Wirkung einer Antriebs- oder ggf. auch Bremskraft auf die Lenkung bei Drehmomentübertragung durch eine Gelenkwelle wird allgemein nach dem Spreizungsversatz r_σ beurteilt; andererseits ist bekannt, daß unterschiedliche Gelenkwellen-Beugewinkel an angetriebenen Vorderrädern störende Lenkmomente verursachen. Der über dem Federweg und damit dem Gelenkwellen-Beugewinkel meistens konstante Spreizungsversatz kann also nur näherungsweise bzw. unter bestimmten Voraussetzungen auch als wirksamer Hebelarm der Antriebs- oder Bremskraft betrachtet werden.

In der Frühzeit der Fahrzeugtechnik, als zuverlässige Gleichlauf-Wellengelenke besonders für große Beugewinkel noch nicht verfügbar waren, wurde das Problem des Antriebs lenkbarer Räder gelegentlich auf andere Art gelöst: Eine konzentrisch zum Achsschenkelbolzen einer Starrachse umlaufende Zwischenwelle mit Kegelritzeln leitete das Antriebsmoment von einem fahrzeugseitigen Tellerrad auf ein radseitiges weiter, **Bild 8.13**. In Erinnerung an Bild 6.16 in Kap. 6 wird anschaulich sofort klar, daß bei einer Lenkbewegung des Radträgers K um die Spreizachse d bei als „blockiert" angenommener Momentenstütze (dem Fahrzeugmotor oder der Bremse, hier also auch der Ritzelwelle!) das mit dem Fahrzeugrade verbundene Tellerrad am Verzahnungs-Eingriffspunkt E abwälzen muß, so daß die effektive Drehachse d^* des Radkörpers durch den Eingriffspunkt E und den Mittelpunkt T des Kegelradtriebs bestimmt wird. Die Umfangskraft am Reifen wirkt also an dem Hebelarm zwischen dem Durchstoßpunkt von d^* durch die Fahrbahnebene und dem Radaufstandspunkt A, der hier mit der Bezeichnung „Triebkrafthebelarm" r_T als neue Kenngröße der Lenkgeometrie eingeführt werden möge [41]. Der Index „T" könnte auch allgemeiner als Hinweis auf die „Transmission durch Gelenkwellen" aufgefaßt werden, um den seltenen Fall der Bremskraftübertragung durch Gelenkwellen mit einzubeziehen.

Nachteilig an der Lösung nach Bild 8.13 sind der Leistungsverlust, die Geräuschentwicklung und der Verschleiß an den ständig umlaufenden Kegelrädern; dafür ergibt sich ein einwandfreier Gleichlauf in der Drehmoment- bzw. Drehzahlübertragung.

Offensichtlich wäre es leicht möglich, die Zahneingriffsgerade d^* durch den Radaufstandspunkt A zu legen und damit den Triebkrafthebelarm r_T zu Null zu machen. Damit wäre die Lenkung trotz eines großen Spreizungsversatzes r_σ frei von Störungen durch die Antriebskraft. Beim Lenken im Stand könnte das Rad ohne Verdrehung der fahrzeugseitigen Antriebswelle, z.B. bei blockiertem Triebwerk, frei abrollen (dieses Kriterium wäre im übrigen allgemeingültig, also auf alle Antriebsräder unabhängig von der Bauart der Radaufhängung und des Antriebsstranges anwendbar, allerdings

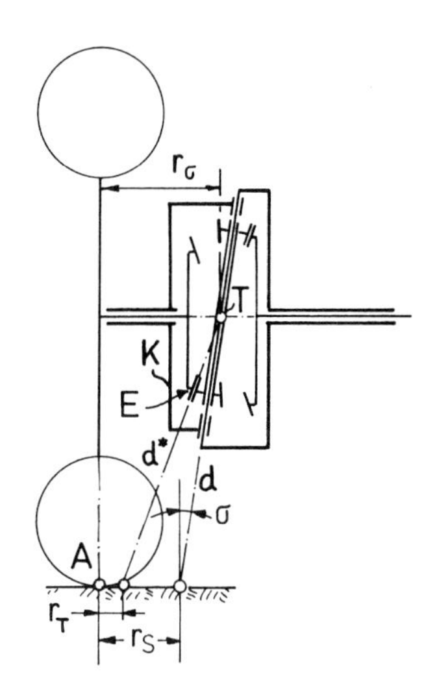

Bild 8.13:
Antrieb eines lenkbaren Rades über umlaufende Kegelräder am Achsschenkelbolzen

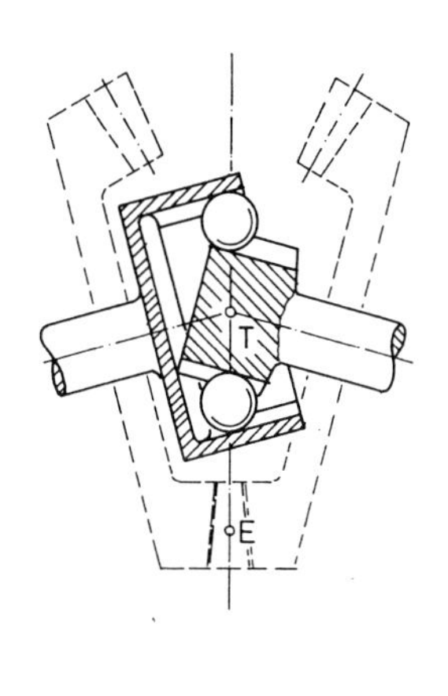

Bild 8.14:
Analogie zwischen Gleichlaufgelenk und Kegelradtrieb

angesichts der Elastizitäten in Radführung und Antriebsstrang versuchstechnisch wohl kaum nachzuprüfen).

Die Drehmomentübertragung durch die Kegelräder in Bild 8.13 läßt mit ein wenig Phantasie bereits vorausahnen, was bei der allgemein üblichen Drehmomentübertragung durch Gleichlauf-Gelenkwellen vor sich geht: die beiden Wellenhälften an einem Gleichlaufgelenk kann man sich bei gegebenem und festgehaltenem Beugewinkel stets durch ein entsprechendes Kegelräderpaar verbunden denken, **Bild 8.14** [46].

Die bisher angewandte Methode, wirksame Hebelarme äußerer Kräfte durch den Vergleich der „Leistungen" dieser Kräfte an den Verschiebungsgeschwindigkeiten ihrer Angriffspunkte und der „Leistungen" der Reaktionsmomente an der Lenkwinkelgeschwindigkeit zu bestimmen, erlaubt mit ähnlich geringem Aufwand auch die Berechnung des Triebkrafthebelarms r_T unter Berücksichtigung des zwischengeschalteten Kraftübertragungsstranges, der aus Gelenkwellen und evtl. radträgerfesten Untersetzungs-Vorgelegegetrieben bestehen kann.

Aus einer Winkelgeschwindigkeit $\boldsymbol{\omega}_K$ des Radträgers während eines fiktiven Lenkvorgangs bei blockierter Federung und blockierter Momentenstütze können die Bewegungsverhältnisse an den Gleichlaufgelenken einer Gelenkwelle und an einem Vorgelegegetriebe im Radträger sowie die daraus folgende Relativwinkelgeschwindigkeit der Radwelle gegenüber dem Radträger nach dem in Kap. 3, Abschnitt 3.6 beschriebenen Rechenansatz analysiert und daraus die Absolut-Winkelgeschwindigkeit $\boldsymbol{\omega}_R$ des Radkörpers bestimmt werden. Mit der für den Radträger wie den Radkörper gleichermaßen verwendbaren Bezugsgeschwindigkeit $\mathbf{v}_M$ der Radmitte M ergibt sich am Radaufstandspunkt die Geschwindigkeit $\mathbf{v}_A^{**}$ bei einer fiktiven Lenkbewegung und blockierter Momentenstütze nach Gleichung (3.35).

Mit der Geschwindigkeit $\mathbf{v}_A^{**}$ kann der Triebkrafthebelarm r_T für ein über Gelenkwellen und ggf. Vorgelegegetriebe bewegtes Rad auf die gleiche Weise berechnet werden wie die bereits vorgestellten Kenngrößen der Lenkgeometrie. Analog zur Gleichung (8.12) für die Bestimmung des Lenkrollradius erhält man die formal gleiche, aber mit der für den Gelenkwellenbetrieb gültigen Geschwindigkeit $\mathbf{v}_A^{**}$ statt mit $\mathbf{v}_A^{*}$ besetzte Gleichung für den **Triebkrafthebelarm**

$$r_T = -(v_{Ax}^{**}\cos\delta + v_{Ay}^{**}\sin\delta)/\omega_\delta \qquad (8.22)$$

Dieser „Triebkrafthebelarm" kann natürlich ebenso als „Bremskrafthebelarm" definiert werden, wenn eine fahrgestellfeste Bremse über Gelenkwellen mit dem Rade verbunden ist; er ersetzt dann bezüglich der Auswirkungen auf die Lenkung den Lenkrollradius r_S.

Die Definition des Triebkrafthebelarms r_T nach Gleichung (8.22) hat den Vorteil, daß nun auch für die Antriebskraft bei Gelenkwellen im Antriebsstrang eine Kenngröße zur Verfügung steht, die sich auf den tatsächlichen Angriffspunkt der Kraft, nämlich den Radaufstandspunkt, bezieht und nicht wie der Spreizungsversatz auf die Radmitte.

Die Anwendung dieser neuen Kenngröße r_T führt zu interessanten und – bei Kenntnis der in den Bildern 3.17 bis 3.20 in Kap. 3 veranschaulichten Zusammenhänge – sofort interpretierbaren Ergebnissen.

Die von den Gelenkwellen und evtl. einem Vorgelegegetriebe beeinflußte Winkelgeschwindigkeit $\boldsymbol{\omega}_R$ des Radkörpers unterscheidet sich von der Winkelgeschwindigkeit $\boldsymbol{\omega}_K$ des Radträgers nur durch eine in Richtung der Radachse wirkende Relativwinkelgeschwindigkeit $\omega_{R,K}$, vgl. auch Kap. 3. Die fiktive Geschwindigkeit $\mathbf{v}_A^{*}$ des Radaufstandspunktes bei als blockiert betrachteter Momentenstütze wird daher bei Berücksichtigung der Gelenkwellen und Vorgelegegetriebe nur durch eine Geschwindigkeitskomponente in Radumfangsrichtung zur Geschwindigkeit $\mathbf{v}_A^{**}$ ergänzt. Die erwähnte Geschwindigkeitskomponente liegt also am Radaufstandspunkt in der Spurgeraden der Radmittelebene in der Fahrbahnebene und steht damit senkrecht auf den Vektoren der Radlast und der Seitenkraft, weshalb der Radlasthebelarm p und die Nachlaufstrecke n von der Art der Antriebs- oder Bremskraftübertragung nicht berührt werden.

Bei der Untersuchung einer typischen PKW-Radaufhängung mit konventioneller Lenkgeometrie bzw. radträgerfester Spreizachse zeigt es sich, daß der Triebkrafthebelarm r_T über dem Lenkwinkel δ, ähnlich wie der Lenkrollradius r_S und der Spreizungsversatz r_σ, praktisch konstant bleibt. Interessanter ist dagegen sein Verlauf über dem Radhub s, **Bild 8.15**.

Während der Lenkrollradius r_S und der Spreizungsversatz r_σ sich mit dem Radhub s praktisch nicht verändern, nimmt der Triebkrafthebelarm r_T, der in Konstruktions- bzw. Normallage nahezu gleich dem Spreizungsversatz ist, beim Einfedern merklich ab bzw. beim Ausfedern zu.

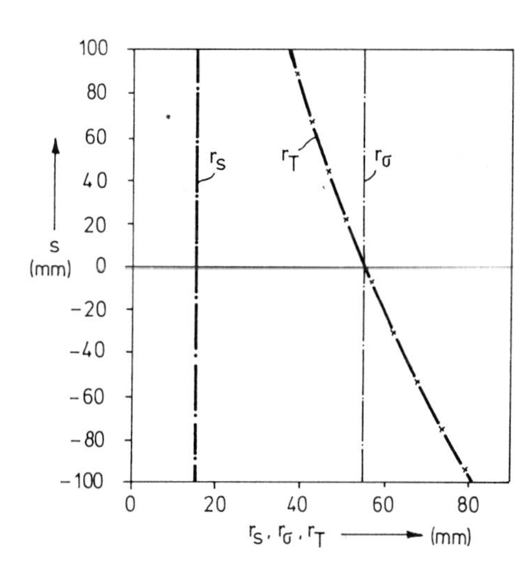

Bild 8.15:
Der Triebkrafthebelarm r_T über dem Radhub s im Vergleich zum Spreizungsversatz r_σ und zum Lenkrollradius r_S bei „fester" Spreizachse

Mit der Kenntnis der in Kap. 3 beschriebenen Bewegungsabläufe läßt sich eine anschauliche Erklärung für dieses Verhalten in vereinfachter Weise, nämlich unter Vernachlässigung etwaiger Bewegungskomponenten in Fahrzeuglängsrichtung, durch eine Betrachtung der im Fahrzeugquerschnitt auftretenden Dreh- und Relativdrehbewegungen geben, **Bild 8.16**.

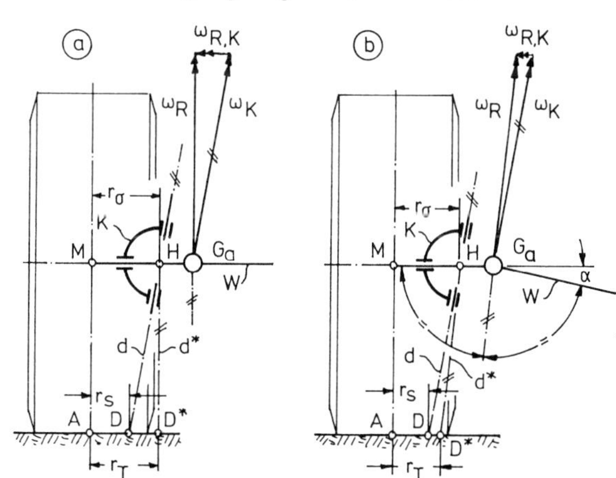

Bild 8.16:
Winkelgeschwindigkeiten von Rad und Radträger beim Lenkvorgang und Drehmomentübertragung durch eine Gelenkwelle

In der Konstruktionslage, Bild 8.16a, ist am radseitigen Gelenk G_a kein Beugewinkel vorhanden. Die Relativ-Winkelgeschwindigkeit $\boldsymbol{\omega}_{R,W}$ zwischen der Radwelle und dem Gelenkwellen-Mittelstück W beim Lenkvorgang unter Annahme einer blockierten Momentenstütze liegt in der Winkelhalbierenden der Wellenhälften am Gelenk, hier also der Vertikalen. Sofern G_a nahe genug an der Spreizachse d liegt, was in praxi nach Möglichkeit so ausgeführt wird, kann die Winkelgeschwindigkeit $\boldsymbol{\omega}_W$ des Wellenmittelstücks, wenn sie nicht Null ist, zumindest vernachlässigt werden, und $\boldsymbol{\omega}_{R,W}$ ist dann praktisch gleich der Absolut-Winkelgeschwindigkeit $\boldsymbol{\omega}_R$ des Radkörpers. $\boldsymbol{\omega}_R$ weicht von der in die Spreizachse d fallenden Winkelgeschwindigkeit $\boldsymbol{\omega}_K$ des Radträgers ab, so daß sich die Relativ-Winkelgeschwindigkeit $\boldsymbol{\omega}_{R,K}$ ergibt, mit welcher sich das Rad gegenüber dem Radträger in der Radlagerung verdreht. Da der Schnittpunkt H der Radachse mit der Spreizachse d im Fahrzeugquerschnitt bewegungslos ist, bildet dort die durch H parallel zu $\boldsymbol{\omega}_R$ verlaufende Gerade d^* die effektive Drehachse des Radkörpers. Diese liegt in Bild 8.16a parallel zur Radmittelebene, weshalb der Triebkrafthebelarm r_T gleich dem Spreizungsversatz r_σ ausfällt.

Für die Radstellung, bei welcher am radseitigen Wellengelenk kein Beugewinkel auftritt, kann also offensichtlich der Spreizungsversatz r_σ in etwa den Triebkrafthebelarm vertreten.

Bild 8.16b zeigt die Radaufhängung schematisch im eingefederten Zustand, wo am radseitigen Wellengelenk ein Beugewinkel α entstanden ist. Die Winkelgeschwindigkeit $\boldsymbol{\omega}_R$ des Radkörpers stellt sich nun in die Winkelhalbierende der beiden Wellenhälften am Gelenk ein und neigt sich daher ein wenig in die Richtung der Spreizachse d. Die Relativ-Winkelgeschwindigkeit $\boldsymbol{\omega}_{R,K}$ ist kleiner geworden, und die Drehachse d^* des Radkörpers schneidet die Fahrbahnebene in einem Punkt D^* in einem im Vergleich zur Konstruktionslage (a) verringerten Abstand r_T vom Radaufstandspunkt A. Die umgekehrten Verhältnisse würden sich am ausgefederten Rade ergeben.

Bild 8.16 bietet eine einfache und anschauliche Methode an, um bei einer Radaufhängung mit Antrieb über querliegende Gelenkwellen die Größe des Triebkrafthebelarms r_T zumindest näherungsweise abzuschätzen: Man zeichne im Fahrzeugquerschnitt durch den Schnittpunkt der Radachse mit der Spreizachse (übrigens auch einer evtl. „ideellen" Spreizachse!) eine Parallele zur Winkelhalbierenden zwischen der Radachse und dem Wellenmittelstück. Der Abstand des Schnittpunkts dieser Parallelen mit der Fahrbahnebene vom Radaufstandspunkt ist der Triebkrafthebelarm r_T.

Bei Fahrzeugen mit Frontantrieb wird eine Verringerung des Triebkrafthebelarms und damit des Spreizungsversatzes r_σ angestrebt, um den störenden Einfluß instationärer Antriebskräfte z. B. bei Bodenwellen oder wechselnden Reibwerten möglichst auszuschalten. Bei positiver Spreizung σ führt dies zu einem nochmals kleineren Lenkrollradius r_S, was wiederum den Bemühungen, die Lenkung von instationären Bremskräften z.B. während des Regelvorgangs eines Anti-Blockier-Systems freizuhalten. Ist der Spreizungswinkel, wie dies bei Feder- oder Dämpferbeinachsen kaum vermeidbar ist, groß, so ergibt sich dann meistens ein „negativer" Lenkrollradius, der dem Betrage nach gering bleiben muß, um Fehlinformationen am Lenkrad über die Verteilung ungleich großer Bremskräfte und damit evtl. Fehlreaktionen des Fahrers, besonders bei Bremsbeginn, zu verhüten.

An einfachen Fahrzeugen mit Frontantrieb finden sich oft ungleich lange Gelenkwellen an den beiden Rädern, weil als Folge der Motor-Getriebe-Anordnung das Differentialgetriebe gegenüber der Fahrzeugmitte versetzt werden muß. In **Bild 8.17** ist der Verlauf der Triebkrafthebelarme r_T an den Rädern über dem Radhub s bei ungleich langen Gelenkwellen dargestellt. Deren Differenz bei paralleler Ein- oder Ausfederung der Räder ergibt auch bei symmetrischen Antriebs- oder Schubkräften ein resultierendes Lenkmoment.

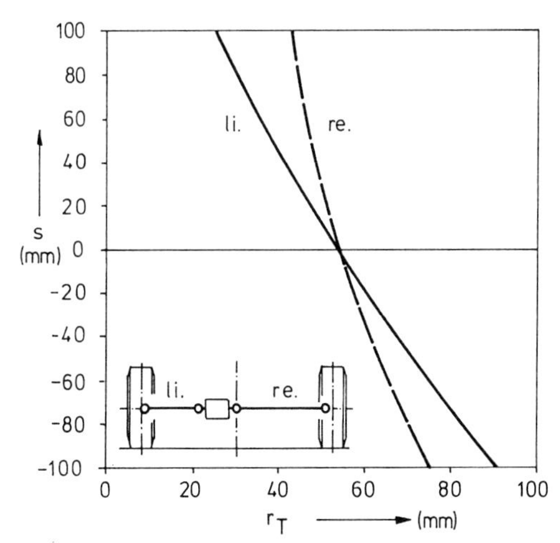

Bild 8.17: Unterschiedliche Triebkrafthebelarme der Räder einer Achse mit ungleich langen Antriebs-Gelenkwellen

Dieser Effekt macht sich z.B. bei Geradeausfahrt und Beschleunigung oder Gasrücknahme bemerkbar, wenn bei der betreffenden Fahrzeugstellung Beugewinkel an den Gelenkwellen vorhanden sind oder wenn das Fahrzeug infolge des Lastwechsels aus- oder einfedert.

Bei Kurvenfahrt und gegensinniger Ein- bzw. Ausfederung der beiden Räder wird sich am kurvenäußeren Rade stets ein kleinerer Triebkrafthebelarm einstellen als am kurveninneren, auch wenn beide Gelenkwellen gleich lang sind. Deshalb entsteht bei Beschleunigung unter Voraussetzung gleich großer Antriebskräfte an beiden Rädern ein resultierendes Moment, welches die Lenkung zur Kurvenaußenseite hin einschlagen will. Bei Gasrücknahme oder Motorbremsung kehrt sich diese Tendenz um.

Nach den Betrachtungen zum Gelenkwellenantrieb anhand der Bilder 8.15 und 8.16 fällt es nicht mehr schwer, auch die Auswirkungen eines im Radträger eingebauten Vorgelege-Untersetzungsgetriebes auf den Triebkrafthebelarm zu interpretieren. **Bild 8.18** zeigt den Verlauf des Triebkrafthebelarms r_T über dem Radhub s für die gleiche Radaufhängung wie in Bild 8.15, wenn am Radträger Vorgelegegetriebe angenommen werden, welche die Drehzahl der Radwelle gegenüber der der Gelenkwelle im Verhältnis 2:1 verringern, und zwar einmal unter Beibehaltung der Drehrichtung ($i = 2$) und das andere Mal bei Drehrichtungsumkehr ($i = -2$). Zum Vergleich ist der Triebkrafthebelarm der Radaufhängung ohne Vorgelegegetriebe, also gewissermaßen mit der „Übersetzung" $i = 1$, eingezeichnet.

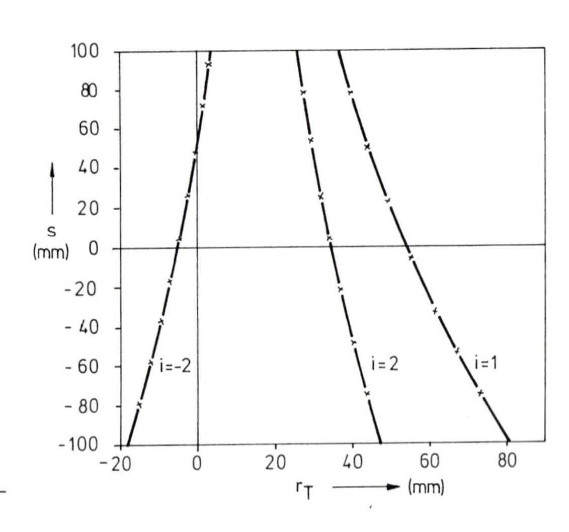

Bild 8.18:
Der Triebkrafthebelarm über dem Radhub bei verschiedenen Untersetzungen eines Vorgelegegetriebes im Radträger

Die Kurven $r_T(s)$ für $i = 2$ und $i = -2$ liegen etwa symmetrisch zu einer Vertikalen, die dem Hebelarm r_T = 15 mm entspricht, und diesen Wert hat bei der betrachteten Radaufhängung der Lenkrollradius r_S, vgl. Bild 8.15. Der Grund hierfür wird anschaulich klar, wenn vereinfacht die Bewegungsabläufe zwischen der Gelenkwelle W, dem Radträger K und dem Rade im Fahrzeugquerschnitt analog Bild 8.16 untersucht werden, wobei wieder angenommen werden soll, daß am fahrzeugseitigen Wellengelenk und damit dem Wellenmittelstück keine Schwenkbewegung während des fiktiven Lenkvorgangs auftreten soll, **Bild 8.19**.

Dann ergibt sich die Absolut-Winkelgeschwindigkeit $\boldsymbol{\omega}_Z$ der Vorgelege-Eingangswelle Z (in Kapitel 3 als „Zwischenwelle" bezeichnet) als Vektor in der Winkelhalbierenden zwischen der Welle Z und dem Wellen-Mittelstück W, aber die Relativ-Winkelgeschwindigkeit $\omega_{Z,K}$ zwischen der Welle Z und dem Radträger K wird durch das Vorgelegegetriebe um den Faktor i der Getriebeuntersetzung verringert als Winkelgeschwindigkeit $\omega_{R,K} = \omega_{Z,K}/i$ an die Radwelle weitergegeben. Aus der geometrischen Summe $\boldsymbol{\omega}_R = \boldsymbol{\omega}_K + \boldsymbol{\omega}_{R,K}$ ergibt sich der Vektor der Absolut-Winkelgeschwindigkeit $\boldsymbol{\omega}_R$ des Radkörpers.

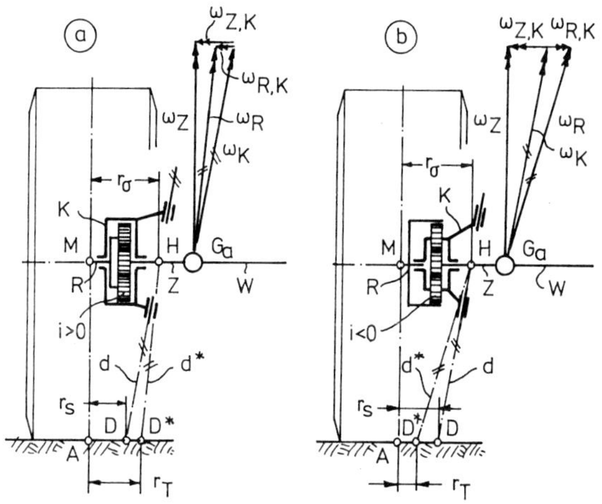

Bild 8.19: Einfluß einer Vorgelegeuntersetzung auf den Triebkrafthebelarm
a) gleichläufiges und
b) gegenläufiges Untersetzungsgetriebe

In Konstruktionslage ohne Beugewinkel am äußeren Wellengelenk ist in Bild 8.19a die Winkelgeschwindigkeit $\omega_{R,K}$ für die Untersetzung i = 2 gleichgerichtet, aber halb so groß wie $\omega_{Z,K}$, und der Vektor der Absolut-Winkelgeschwindigkeit ω_R des Radkörpers neigt sich auf die Spreizachse zu, so daß die effektive Schwenkachse d^* des Radkörpers die Fahrbahn in einem Abstand r_T vom Radaufstandspunkt A schneidet, der kleiner ist als der Spreizungsversatz r_σ, aber noch größer als der Lenkrollradius r_S. Bei Drehrichtungsumkehr zwischen der Vorgelege-Eingangswelle und der Radwelle, Bild 8.19b, mit der Untersetzung i = −2 ist die Winkelgeschwindigkeit $\omega_{R,K}$ der Radwelle im Radträger der doppelt so großen Winkelgeschwindigkeit $\omega_{Z,K}$ der Eingangswelle des Vorgelegegetriebes entgegengerichtet, und es stellt sich eine Absolut-Winkelgeschwindigkeit ω_R des Radkörpers ein, die stärker gegen die Vertikale geneigt ist als die Spreizachse d. Hier wird der Triebkrafthebelarm r_T in Konstruktionslage kleiner als der Lenkrollradius r_S. Wäre die Vorgelegeuntersetzung i unendlich groß, so fielen die Vektoren der Winkelgeschwindigkeiten ω_R des Radkörpers und ω_K des Radträgers zusammen. Mit $i = \infty$ wird allerdings die Gelenkwelle trotz beliebig hoher Drehzahlen keine Relativbewegung zwischen Radkörper und Radträger mehr erzeugen können; der Radkörper wäre „radträgerfest" und damit die Momentenstütze ebenfalls. Hier läge also der Grenzfall des „Radnabenmotors" vor, wo der Lenkrollradius r_S auch als Triebkrafthebelarm auftritt.

Beim Ein- und Ausfedern ändert sich der Beugewinkel am radseitigen Wellengelenk, damit die Richtung der Winkelhalbierenden zwischen der Vorgelege-Eingangswelle und dem Wellenmittelstück und die Relativ-Winkelgeschwindigkeit der Eingangswelle gegenüber dem Radträger. Die Relativwinkelgeschwindigkeit des Radkörpers ist gegenüber der der Eingangswelle um den Faktor i untersetzt, somit fällt ihre Änderung über dem Radhub s und folglich die Neigungsänderung der effektiven Drehachse d^* entsprechend geringer aus. Eine Vorgelegeuntersetzung im Radträger mildert also die Veränderung des Triebkrafthebelarms r_T über dem Radhub s, mit anderen Worten die Auswirkungen der Antriebskräfte auf die Lenkung bei Kurvenfahrt oder bei ungleich langen Gelenkwellen.

Vorgelege-Untersetzungsgetriebe im Radträger werden hauptsächlich aus zwei Gründen, und daher in unterschiedlicher Bauweise, angewandt: einmal bei Geländefahrzeugen zwecks Vergrößerung der Bodenfreiheit (dann als Stirnradgetriebe mit Wellenversatz, oft ohne merkliche Untersetzung), zum anderen bei Schwerfahrzeugen zwecks Gewichtseinsparung an den Übertragungselementen im Antriebsstrang (dann vorwiegend als Planetengetriebe mit konzentrischer Ein- und Ausgangswelle, wie in Bild 8.19 gezeichnet, und mit deutlicher Untersetzung).

In den angetriebenen Starrachsen von Schwerlastwagen verändert sich der Beugewinkel nicht über dem Radhub; die Skizzen in Bild 8.19 stellen also für solche Achsen den Dauerzustand dar. Hier ergibt sich über dem Federweg keine Veränderung des Triebkrafthebelarms. Bei gegebenem und merklich von Null verschiedenem Spreizungswinkel läßt sich dann offensichtlich durch die Wahl der richtigen Vorgelege-Getriebeuntersetzung der Triebkrafthebelarm klein halten mit den entsprechenden Vorteilen für die Belastung des Lenkgestänges und der Antriebselemente.

8.4 Das Lenkgestänge

8.4.1 Bauarten

Die Übertragung der vom Fahrer am Lenkrad bzw. Lenkgetriebe eingeleiteten Lenkbewegung auf die Fahrzeugräder erfolgt durch das Lenkgestänge. Dieses muß, von Ausnahmen (Dubonnet-Achsen) abgesehen, auch die Federungsbewegung der Radaufhängung mitvollziehen. Bei Einzelradaufhängungen sind daher im allgemeinen zwei seitliche Spurstangen zwischen den Radträgern und dem Lenkgetriebe oder einem fahrzeugfesten mittleren Lenkgestänge vorgesehen, deren Anordnung auf die Bauart der Radaufhängung und das vorgesehene Eigenlenkverhalten Rücksicht zu nehmen hat.

Gebräuchliche Lenkgestänge für Einzelradaufhängungen sind in **Bild 8.20** zusammengestellt, wobei heute wegen der allgemein üblichen längselastischen Aufhängung der Räder nur noch etwa quer zur Fahrtrichtung liegende Spurstangen in Frage kommen.

Im Beispiel a sind die Drehachsen des Lenkstockhebels am Lenkgetriebe L und des Zwischen- oder Führungshebels der gegenüberliegenden Fahrzeugseite parallel ausgerichtet, und diese beiden Hebel bilden mit der mittleren Spurstange ein „ebenes" Gestänge. Die äußeren Spurstangen sind unabhängig von den mittleren am Lenkstock- bzw. Führungshebel angelenkt. Beide Hebel machen zweckmäßigerweise gleich große Winkelausschläge nach beiden Seiten, um eine für Links- und Rechtskurven symmetrische Lenkgeometrie und gleiche Lenkrad-Umdrehungszahlen zu erhalten, was beim ebenen Mittelteil des Gestänges durch Parallelogrammform erreicht wird. Die Anordnung von Bild 8.20a hat zur Folge, daß alle sechs Gelenke des Gestänges ungefähr den vollen Lenkwinkel ausführen müssen (Reibung) und daß ihre Elastizitäten sich in Reihe addieren. Wird die mittlere Spurstange an ecksteifen Drehgelenken geführt, Beispiel b, so können die äußeren Spurstangen an dieser angelenkt werden (in Grenzen auch außermittig), was einerseits konstruktive Freiheiten der räumlichen Unterbringung schafft, andererseits die geometrische Vielfalt einschränkt, denn sämtliche Punkte der mittleren Spurstange, also auch die inneren Gelenke der äußeren Stangen,

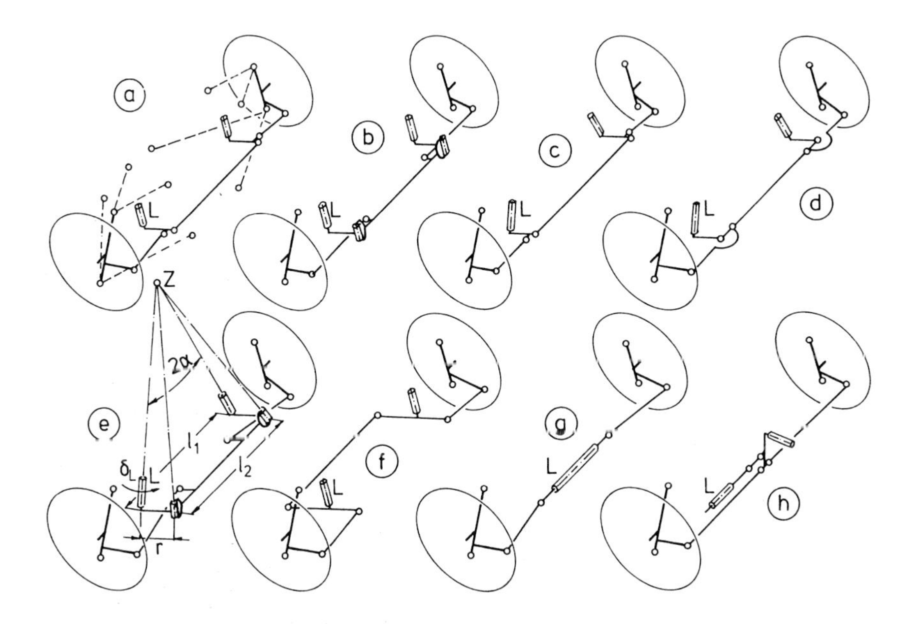

Bild 8.20: Lenkgestänge für Einzelradaufhängungen

ahmen im Raum parallel versetzt die Kreisbewegung des Lenkstockhebels nach, die in Geradeausstellung quer zur Fahrtrichtung erfolgt. Nur vier Gelenke nehmen am vollen Lenkwinkel teil, was die Gesamtreibung reduziert; ebenso sind nur vier Gelenke in der Verbindung der beiden Fahrzeugräder mit ihren Elastizitäten hintereinandergeschaltet.

Wenn an einer Radaufhängung der Spreizungs- oder der Nachlaufwinkel (bzw. beide Winkel) sehr groß sind, paßt ein ebenes Lenkgestänge nicht optimal zur räumlich geneigten Bewegungsbahn der äußeren Spurstangengelenke, so daß bei größeren Lenkwinkeln Lenkfehler beim Ein- und Ausfedern entstehen. Daher werden die Drehachsen des Lenkstock- und des Führungshebels auch spiegelbildlich gegeneinander geneigt ausgeführt, Beispiel c. Wenn die mittlere Spurstange an Kugelgelenken aufgehängt ist, müssen die Gelenke der äußeren Stangen bei Anlenkung an der mittleren auf deren Mittellinie liegen (d), um den Freiheitsgrad der Eigendrehung der Mittelstange zu umgehen (vgl. Kap. 2), es sei denn, das mittlere Gestänge wird als „sphärische Viergelenkkette" mit ecksteifen Gelenken ausgeführt, deren Drehachsen sich im Schnittpunkt Z von Lenkstock- und Führungshebelwelle treffen (e). Um gleich große und symmetrische Winkelausschläge beider Hebel zu erhalten, muß der Abstand l_1 der Lotfußpunkte der mittleren Spurstangengelenke auf den Drehachsen der Hebel kleiner sein als die Spurstangenlänge l_2 [52]:

$$l_2 = l_1 + 2\, r^2 \sin^2\alpha\, (1 + \cos\delta_{L,max})/l_1$$

Diese Gleichung gilt auch für die Lenkgestänge nach Bild 8.20 c und d.

Umlenk- oder „Kipphebel" als Lenkstock- und Zwischenhebel, Beispiel f, sind ungünstig wegen der hohen Reaktionskräfte und der daraus folgenden elastischen Verformungen.

Mit einer Zahnstangenlenkung, bei welcher im einfachsten Fall die Zahnstange auch die Rolle der mittleren Spurstange übernimmt (g), sind nur geradlinige Bewegungen der inneren Gelenke der seitlichen Spurstangen möglich. Selten werden Zahnstangenlenkungen mit Zwischenhebeln oder -gestängen kombiniert (h).

Bei Starrachsen werden die Achsschenkel im allgemeinen über eine durchgehende Spurstange 3 verbunden, **Bild 8.21**, und eine Lenkschubstange 2 steuert einen der Achsschenkel vom Lenkstockhebel 1 aus an. Die Lenkschubstange muß unter Berücksichtigung der Achsaufhängung und des Eigenlenkverhaltens eingebaut werden, vgl. Kap. 7, Abschnitt 7.5, ferner ist zu beachten, daß gleichen Lenkradwinkeln δ_H bei Links- und Rechtseinschlag einmal der kurveninnere und einmal der kurvenäußere Radeinschlagwinkel zuzuordnen sind. Gelegentlich werden auch „geteilte" Spurstangen 3a und 3b, z. B. mit einem Umlenkhebel an der Achsbrücke, angewandt, Beispiel b.

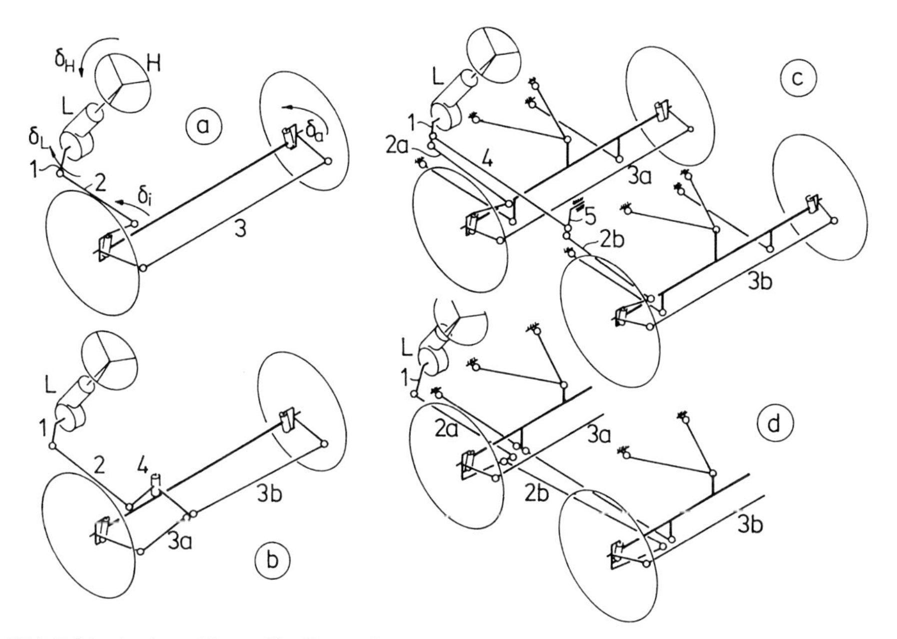

Bild 8.21: Lenkgestänge für Starrachsen

Jedes Gestänge weist eine mit dem Lenkwinkel veränderliche Gestängeübersetzung i_L zwischen dem Lenkstockhebel und jedem der Achsschenkel auf, und mit

$$i_{L\,a,i} = d\delta_L / d\delta_{a,i} \tag{8.23}$$

und der Lenkgetriebeübersetzung $i_H = d\delta_H / d\delta_L$ wird die Gesamt-Lenkübersetzung, vgl. Gl. (8.1),

$$i_S = i_H (i_{La} + i_{Li})/2 \tag{8.24}$$

Bei Zahnstangenlenkungen ist entsprechend Gl. (8.3) $i_H = d\delta_H/dh$ und die Gestängeübersetzung

$$i_{La,i} = dh / d\delta_{a,i} \tag{8.25}$$

Gelenkte Doppel-Starrachsen, Bild 8.21c, benötigen im allgemeinen zwei unterschiedlich ausgelegte Lenktrapeze (Spurstangen 3a und 3b) und zwei Lenkschubstangen 2a und 2b, wobei ein Zwischenhebel 5 die Rolle des Lenkstockhebels für die zweite Achse übernimmt und über eine Zwischenstange 4 angesteuert wird. Eine sehr einfache Lösung, die nur für lenkergeführte Achsen in Frage kommt, zeigt das Beispiel d. Die unteren Längslenker der zweiten Achse sind in Verlängerung derjenigen der ersten an dieser angelenkt, die zweite Lenkschubstange 2b kann daher ohne Zwischenhebel direkt am Lenkhebel der ersten Achse angebracht werden (Büssing-Prototyp „Decklaster" 1965). Der auch die Seitenkraft aufnehmende Dreiecklenker der zweiten Achse wird natürlich unmittelbar am Fahrzeug aufgehängt.

8.4.2 Die Lenkfunktion

Ein Lenkgestänge soll stets eine bestimmte „Lenkfunktion" zwischen den kurveninneren und kurvenäußeren Radeinschlagwinkeln δ_i und δ_a herstellen, z.B. möglichst gut die Bedingung erfüllen, daß die verlängerten Radachsen sich in einem gemeinsamen Kurvenmittelpunkt K schneiden, **Bild 8.22**. Diese Funktion heißt „Ackermannfunktion" und die dieser entsprechenden zusammengehörigen Winkel δ_i und δ_a die „Ackermannwinkel".

Da die in Höhe der Radmitte gemessenen Lenkungsparameter n_τ und r_σ bei konventioneller Lenkgeometrie mit radträgerfester Spreizachse praktisch über dem Lenkwinkel konstant bleiben, werden als Drehpunkte des Achsschenkels im Grundriß gern die Schnittpunkte der Spreizachsen mit der Horizontalebene durch die Radmitten gewählt, deren Abstand als „Lenkzapfenspur" b^* bezeichnet wird, Bild 8.22a. Daraus folgt im Grundriß (Bild 8.22b) das „Ackermanngesetz"

$$\cot\delta_a = \cot\delta_i + b^*/l \tag{8.26}$$

mit l als dem Abstand zwischen der gelenkten und der nicht gelenkten Achse bzw. bei allradgelenkten Fahrzeugen: dem Abstand zwischen der betrachteten Achse und dem Lotfußpunkt von K auf die Fahrzeuglängsachse.

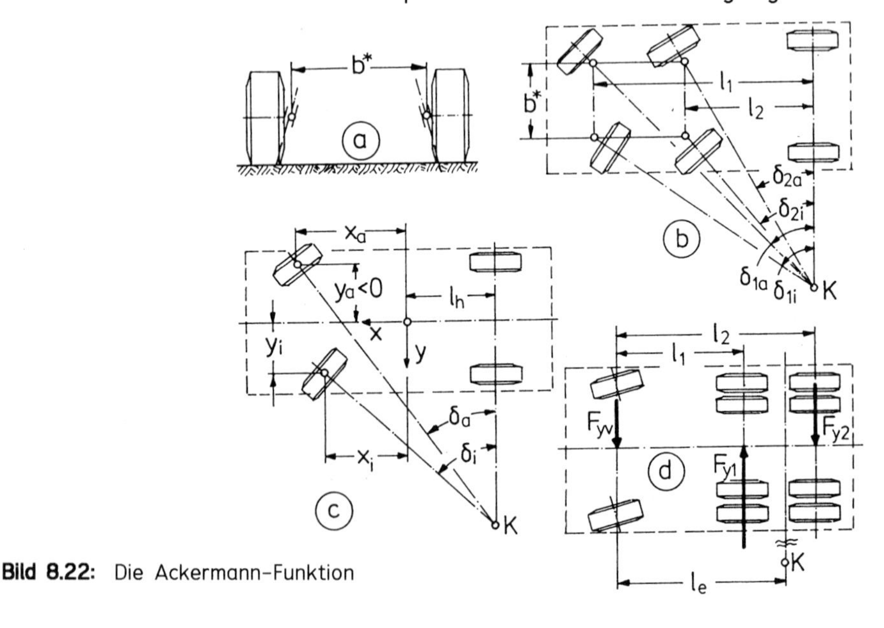

Bild 8.22: Die Ackermann-Funktion

Bei mehreren gelenkten Achsen gibt es also entsprechend viele Ackermannfunktionen mit den zugehörigen Zwischenlenkgestängen. Die für die Auslegung der Zwischengestänge maßgebende Beziehung zweier zusammengehöriger Ackermannwinkel auf einer Fahrzeugseite lautet (Bild 8.22b)

$$l_1 \cot\delta_1 = l_2 \cot\delta_2 \tag{8.27}$$

Bei erheblicher räumlicher Neigung der Spreizachse und erst recht bei veränderlicher (z.B. ideeller) Spreizachse ist es zweckmäßig, von diesem vereinfacht definierten Ackermanngesetz Abstand zu nehmen und die tatsächlichen (evtl. über ein Rechenprogramm ermittelten) Radstellungen zugrundezulegen, Bild 8.22c. Mit den Koordinaten beliebiger Punkte auf den Grundrißprojektionen der Radachsen, z.B. der Radmitten oder der Radaufstandspunkte, berechnet sich dann der zu einem Radeinschlagwinkel δ_a gehörende Ackermannwinkel δ_i aus

$$\tan\delta_i = (x_i + l_h)/[(x_a + l_h)\cot\delta_a + y_a - y_i] \tag{8.28}$$

wobei in Bild 8.22c $y_a < 0$ ist. Bei großen räumlichen Neigungen der Spreizachse kann der Unterschied am vollen Radeinschlag gegenüber der Berechnung nach Gleichung (8.26) 1...2° Lenkwinkel ausmachen.

An Nutzfahrzeugen werden häufig nicht gelenkte Doppel-Hinterachsen verwendet, Bild 8.22d. Wenn gleiche Radlasten und Reifen-Schräglaufkennfelder der vier Räder der Doppelachse angenommen werden, so entspricht die Seitenkraftverteilung auf die Vorderachse und die beiden Hinterachsen bei langsamer Fahrt ohne merkliche Querbeschleunigung der eines mit drei Kräften belasteten Balkens, und der Kurvenmittelpunkt K teilt den Abstand der beiden Hinterachsen im Verhältnis ihrer Schräglaufwinkel, liegt damit hinter der geometrischen Hinterachsmitte. Aus der Gleichgewichtsbedingung $F_{y1} l_1 = F_{y2} l_2$ für die beiden Hinterachs-Seitenkräfte um die Vorderachse und der Proportionalität der Schräglaufwinkel und der Seitenkräfte ergibt sich nach kurzer Rechnung der effektive Radstand eines Fahrzeugs mit nicht lenkbarer Doppel–Hinterachse zu

$$l_e = (l_1^2 + l_2^2)/(l_1 + l_2) \tag{8.29}$$

Wenn eine Lenkung exakt nach der Ackermannfunktion ausgelegt ist, rollen die Fahrzeugräder bei langsamer Fahrt ohne Schräglaufwinkel ab. Bei hoher Querbeschleunigung entstehen aber an allen Rädern Schräglaufwinkel, und der Kurvenmittelpunkt verschiebt sich nach vorn, vgl. Kap. 7, Bilder 7.37 und 7.39. Dann fallen die Schräglaufwinkel der kurveninneren Räder größer aus als die der kurvenäußeren, **Bild 8.23**. Andererseits könnten die letzteren wegen ihrer höheren Radlasten größere Seitenkräfte aufnehmen als die entlasteten kurveninneren Räder. Deshalb wird in der Praxis häufig eine Auslegung der Lenkfunktion getroffen, die im Sinne eines wachsenden „Vorspurwinkels" von der Ackermannfunktion zum Paralleleinschlag der Räder hin abweicht [17] (vgl. auch Kap. 7, Bild 7.5), was nebenbei einen geringeren Platzbedarf des kurveninneren Rades im Radkasten und meistens auch eine Entschärfung kinematischer Probleme mit dem Lenkgestänge mit sich bringt (vgl. im folgenden die Bemerkungen zum „Übertragungswinkel"). Eine allzu große Abweichung der Lenkfunktion vom Ackermanngesetz führt aber bei Achsen mit merklicher Veränderung der Nachlaufstrecke über dem Lenkwinkel, also mit großer Spreizung, zu Schwierigkeiten mit dem Lenkungsrücklauf, worauf noch eingegangen wird.

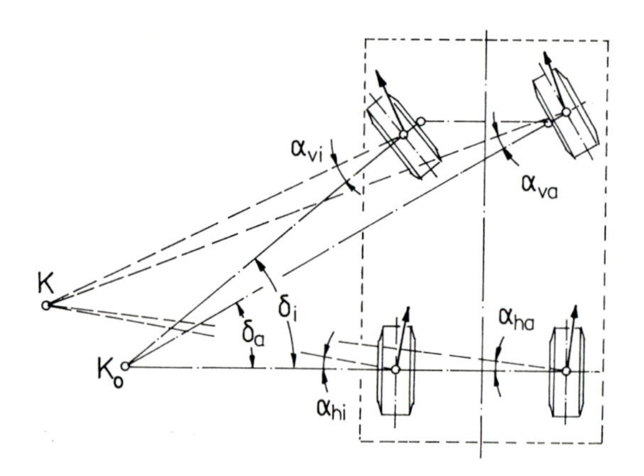

Bild 8.23: Schräglaufwinkel bei hoher Querbeschleunigung

Der Entwurf eines Lenkgestänges kann wegen dessen räumlichen Charakters und der Empfindlichkeit der Parameter nicht vereinfacht in der Ebene vorgenommen werden und hat die räumliche Neigung der Spreizachse zu berücksichtigen. Eine ebene Konstruktion ist allenfalls als erste Näherung und Ausgangsbasis für die exakte Auslegung brauchbar.

Für Starrachsen mit quer von Rad zu Rad durchlaufender Spurstange („Lenktrapez") sind in der Literatur verschiedene Auslegungsrezepte, z.B. der „CAUSANT-Plan", zu finden [23]. Angesichts der aufwendigen Hilfskonstruktionen und der mäßigen Ergebnisse der meistens am ebenen Modell entwickelten Methoden kommt der Konstrukteur im Bedarfsfall durch „Probieren" mit dem Zirkel oder am Rechner viel schneller ans Ziel, wenn er sich die Mühe macht, die entsprechend der Spreizachse räumlich geneigten Bahnen der Spurhebelgelenke (Ellipsen in den Rissen) zugrundezulegen.

Zur Vorklärung der Form eines allgemeinen ebenen „Lenkvierecks", der Viergelenkkette Lenkstockhebel-Spurstange-Spurhebel an einer Radaufhängung, bietet die ebene Getriebelehre das Verfahren der „Winkel-Zuordnung" an, **Bild 8.24**. Dabei soll zu drei gegebenen Lagen B_g, B_a und B_i eines Gelenkpunkts, z. B. eines Spurstangengelenks in Geradeausstellung und bei kurvenäußerem bzw. kurveninnerem Lenkeinschlag (dessen Bahn übrigens nicht unbedingt, wie dargestellt, ein Kreis um B_0 sein muß, sondern eine beliebige Form haben kann wie z. B. eine Gerade bei einer Zahnstangenlenkung), die Mittelstellung A_g eines um den gegebenen Punkt A_0 drehenden Hebels bestimmt werden, der bei Verschiebung von B_g in die Lagen B_a bzw. B_i Winkelausschläge δ_a bzw. δ_i durchführen soll. Denkt man sich das gesuchte Gestänge in der (noch unbekannten) Stellung $A_0A_aB_a$ „eingefroren" und um A_0 mit dem negativen Winkel δ_a zurückgedreht, so muß A_a wieder mit A_g zusammenfallen, und B_a gerät in eine Lage B_a^*. Wegen der konstanten, noch unbekannten Spurstangenlänge $A_aB_a = A_gB_g = A_gB_a^*$ muß der gesuchte Punkt A_g auf der Mittelsenkrechten über $B_gB_a^*$ liegen. Entsprechendes gilt sinngemäß für den Lenkwinkel δ_i, womit A_g bestimmt ist.

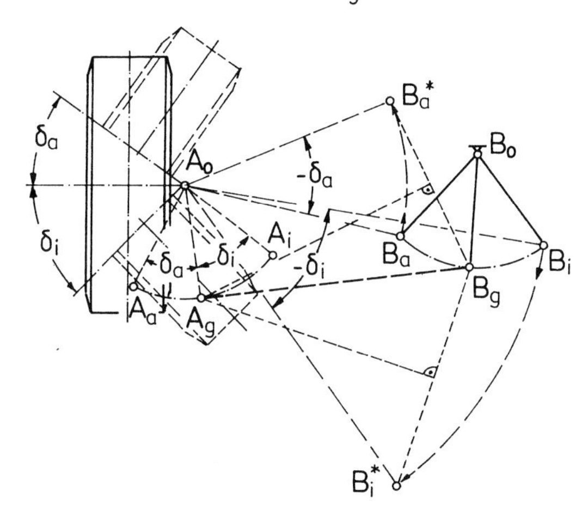

Bild 8.24:
Winkelzuordnung in der Ebene

Obwohl die Auslegung eines Lenkgestänges nur bei Berücksichtigung der räumlichen Bewegungsform sinnvoll ist, sollen im folgenden einige grundsätzliche Betrachtungen der Einfachheit halber am „ebenen" Modell vorgenommen werden.

Die Bestimmung der Lenkgestänge-Übersetzung $i_L = d\delta_L/d\delta$ kann in der Ebene graphisch z. B. nach dem Verfahren der „lotrechten Geschwindigkeiten" (Kap. 3, Bild 3.1) oder auch mit den wirksamen Hebelarmen e_1 und e_2 der Spurstange um die Lenkstockhebelwelle bzw. die Spreizachse geschehen, **Bild 8.25**, also $i_L = e_1/e_2$.

Die „Übertragungswinkel" μ_1 und μ_2 sind für die Betriebssicherheit des Gestänges maßgebend. Für μ_1 oder $\mu_2 = 0$ ist das Gestänge instabil; insbesondere der Winkel μ_1 des „angetriebenen" Gliedes der Kette, hier des über die Spurstange verdrehten Fahrzeugrades, darf eine Minimalgröße nicht

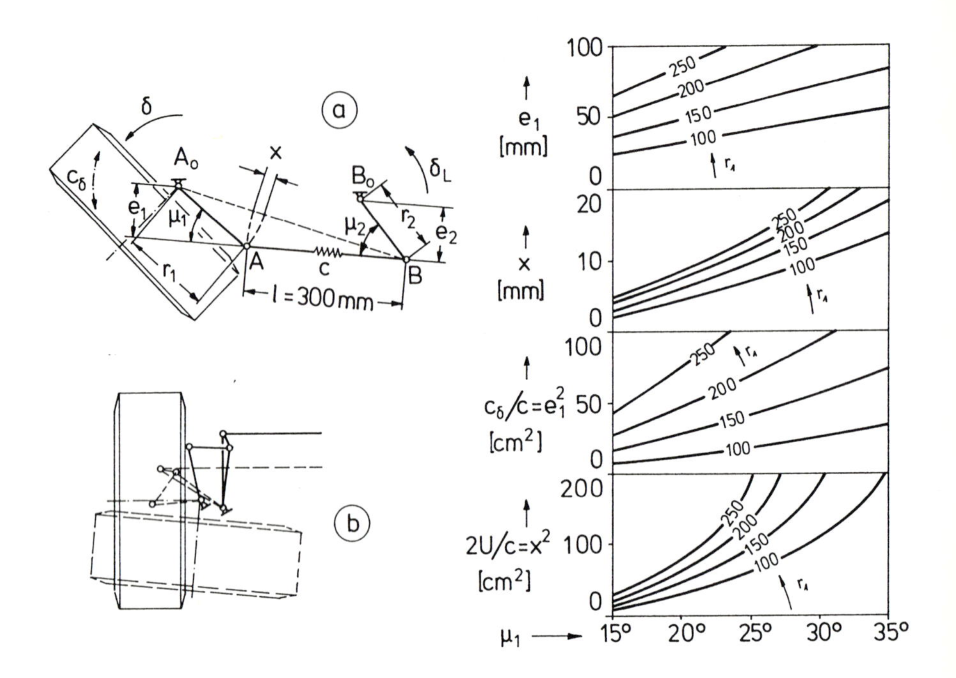

Bild 8.25: Übertragungswinkel und wirksame Hebelarme im Lenkgestänge

unterschreiten, um unter der Wirkung äußerer Kräfte am Rade eine Überlastung der Gelenke bzw. bei Vorhandensein einer hier als Spurstangen-Federrate c symbolisierten Elastizität im Lenkgestänge ein Überdrücken oder „Durchschlagen" desselben zu vermeiden. Die Sicherheitsreserven sind von den Hebellängen r_1 und r_2 abhängig. Das Diagramm zeigt oben für ein Zahlenbeispiel den wirksamen Hebelarm e_1 der Spurstange um den Achsschenkelbolzen, abhängig von μ_1 und r_1 sowie darunter die Längen-Überdeckung x von Spurhebel und Spurstange. Die wirksame Verdrehsteifigkeit des Rades um den Achsschenkelbolzen ist $c_\delta = c\,e_1^2$ und die Energieaufnahme bis zum Überdrücken des Gestänges $U = c\,x^2/2$. Offensichtlich sind bei kurzen Spurhebeln (Zahnstangenlenkung!) erheblich größere Übertragungswinkel μ_1 wünschenswert als bei langen Hebeln. Starrachsen bei Nutzfahrzeugen müssen kurveninnere bzw. kurvenäußere Radeinschlagwinkel von ca. 60° bzw. 45° ermöglichen; wegen der guten Steifigkeit des Lenktrapezes am starren Achskörper können Übertragungswinkel bis hinab zu 10...12° verkraftet werden. Bei den mehrteiligen und vergleichsweise elastischen Lenkgestängen der Einzelradaufhängungen von PKW liegen die minimalen Übertragungswinkel zwischen ca. 20° bei langen und 30° bei kurzen Spurhebeln.

In Sonderfällen (Traktoren!) hilft die Hintereinanderschaltung zweier Lenkgestänge, große Radeinschlagwinkel bei vertretbaren Übertragungswinkeln zu realisieren, Bild 8.25b. Sind die gelenkten Räder nicht angetrieben, so werden hier Wendehilfen, z.B. einseitig betätigte Hinterradbremsen, erforderlich.

Wegen $e_1 = r_1 \sin\mu_1$ usw. ist auch $i_L = r_1 \sin\mu_1/(r_2 \sin\mu_2)$, d. h. i_L wird unendlich groß für $\mu_2 = 0$ und Null für $\mu_1 = 0$.

Bei der tatsächlichen, dreidimensionalen Lenkgeometrie ist der Übertragungswinkel μ nicht allein in der Ebene von Spurstange und Spurhebel zu messen. Das Gestänge wird stets dann instabil, wenn die (verlängert gedachte) Spurstange die Spreizachse schneidet, was in Bild 8.25 bei $\mu_1 = 0°$ gegeben ist, im Raum aber auch bei einer parallelen Lage der Spurstange und der Spreizachse. Diese zweite Komponente kommt zum Tragen, wenn beim Ein- oder Ausfedern des Rades die Spurstange gegenüber der Spreizachse zunehmend schräg angestellt wird.

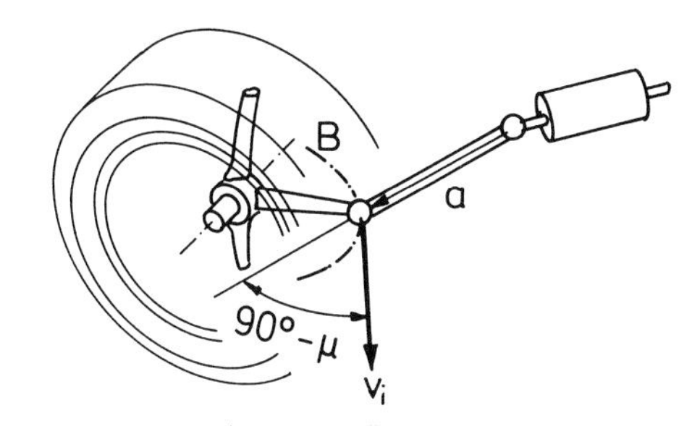

Bild 8.26:
Der Übertragungswinkel am räumlichen Lenkgestänge

Im Raum ist in Analogie zu Bild 8.25 der Übertragungswinkel μ an einem Spurstangengelenk i als Winkel zwischen der Mittellinie der Spurstange a und der Normalebene des momentanen Geschwindigkeitsvektors v_i des Gelenks beim Lenkvorgang zu definieren; v_i ist durch die Geometrie der Radaufhängung festgelegt, und wenn die Spurstange senkrecht auf v_i (der Tangente der Bewegungsbahn des Gelenks i) stehen würde, wäre sie offensichtlich nicht mehr in der Lage, das Gelenk i auf seiner Bahn zu fixieren, das Gestänge würde instabil, der Übertragungswinkel wäre 0°. Demnach ist der Winkel zwischen dem Geschwindigkeitsvektor v_i und dem Spurstangenvektor a der Ergänzungswinkel des Ubertragungswinkels μ. Das Skalarprodukt der Vektoren $\mathbf{a}$ und $\mathbf{v}_i$ ist gemäß Gleichung (3.5) in Kap. 3 auch das Produkt der Beträge beider Vektoren und des Kosinus des eingeschlossenen Winkels (90° - μ), **Bild 8.26**. Folglich gilt

$$\mathbf{a} \cdot \mathbf{v}_i = |\mathbf{a}||\mathbf{v}_i| \cos(90° - \mu)$$

und mit $\cos(90°-\mu)=\sin\mu$ ergibt sich der **Übertragungswinkel** aus der Gleichung

$$\sin\mu = \frac{a_x v_{ix} + a_y v_{iy} + a_z v_{iz}}{\sqrt{a_x^2 + a_y^2 + a_z^2}\ \sqrt{v_{ix}^2 + v_{iy}^2 + v_{iz}^2}} \tag{8.30}$$

Typische Eigenschaften der bei Einzelradaufhängungen, vor allem für PKW, üblichen Lenkgestängeanordnungen, wieder als „ebene" Gelenkketten vereinfacht, zeigt **Bild 8.27**.

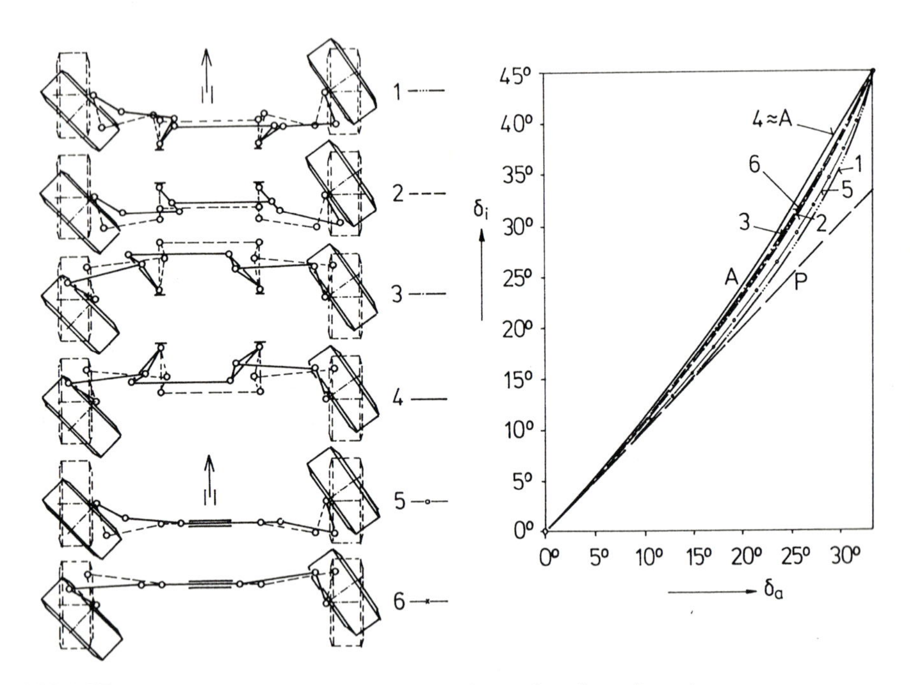

Bild 8.27: Typische Lenkfunktionen verschiedener Gestänge-Bauarten

Die Gestänge sind maßstäblich dargestellt und alle so ausgelegt, daß bei einem kurveninneren Radeinschlagwinkel von 45° ein kurvenäußerer von 33,3° erreicht wird. Das Diagramm zeigt ferner als „Grenzkurven" die nach Gleichung (8.26) berechnete Ackermannfunktion A und die Gerade P für den Paralleleinschlag der Räder.

Die Bauart 1 ist unter den Hebel-Lenkgestängen sehr verbreitet („hintenliegende" Spurhebel und nach vorn weisender Lenkstock- bzw. Führungshebel, also eine gegenläufig drehende Getriebekette), einmal wegen der günstigen räumlichen Unterbringung vor der Stirnwand der Fahrgastkabine, zum anderen wegen der kurzen Lenkspindel (Sicherheits-Lenksäule). Dieses Gestänge nähert die Ackermannfunktion A sehr schlecht an, seine Lenkfunktion besteht über einen weiten Bereich nahezu in einem Paralleleinschlag der Räder, und in der Umgebung der Geradeausstellung kann sogar der kurvenäußere Lenkwinkel vorübergehend geringfügig größer ausfallen als der kurveninnere. Erst gegen den vollen Lenkeinschlag hin krümmt sich die Kurve zunehmend und schneidet schließlich die Ackermannkurve. Dabei gerät das Lenkgestänge am kurveninneren Rade nahe an die „Strecklage", der kurveninnere Übertragungswinkel μ_1 nimmt rapide ab, die Gestängeübersetzung strebt gegen Null. Am kurvenäußeren Rade geschieht das Gegenteil. Damit erklärt sich auch die starke Krümmung der Lenkfunktion. Man erkennt, daß am kurveninneren Rade der Spurhebel und die Spurstange in der Draufsicht zunehmend gegensinnig schwenken, was den Abbau des Übertragungswinkels beschleunigt.

Das Gestänge 2 mit gleichsinnig drehenden, hinter der Achse liegenden Hebeln ergibt eine deutlich bessere Annäherung der Ackermannfunktion und etwas bessere Übertragungswinkel. Wesentliche Verbesserungen sowohl hinsichtlich der Lenkfunktion als auch der Übertragungswinkel bringen die vor der Achse angeordneten Gestänge, besonders das gegenläufige Gestänge 4, wo sich die Verhältnisse gegenüber dem Gestänge 1 geradezu umkehren. Unkritische Übertragungswinkel und wenig veränderliche Gestängeübersetzungen und eine praktisch mit der Ackermannfunktion zusammenfallende (zumindest dieser proportionale) Lenkfunktion werden mit dem Nachteil eines weit nach vorn verschobenen Lenkgetriebes erkauft.

Die Ackermannfunktion A ist nicht einfach gekrümmt, sondern strebt einem Wendepunkt zu, weil in der Umgebung von 90° Radeinschlagwinkel das kurveninnere und das kurvenäußere Rad die Rollen tauschen. Nur mit dem vornliegenden Lenkgestänge 4 ist die Ackermannfunktion theoretisch bis zur fünften Ableitung darstellbar [19].

Zahnstangenlenkungen entsprechen Lenkgestängen mit unendlich langem Lenkstockhebel, ihre Eigenschaften liegen daher jeweils zwischen denen der gleich- und gegenläufigen Hebelgestänge mit jeweils vor oder hinter der Achse angeordneten Spurhebeln, wie die Lenkfunktionen 5 und 6 zeigen.

Allen Gestängen mit nach vorn weisenden Spurhebeln ist gemeinsam, daß die letzteren zur Radseite hin abgewinkelt sein müssen, wenn – zumindest bei konventioneller Lenkgeometrie mit radträgerfester Spreizachse – eine gute Annäherung an die Ackermannfunktion gewünscht wird. Dies bringt oft Einbauprobleme gegenüber der Felge und der Bremse mit sich. Bei einer „ideellen" Spreizachse, die dann im allgemeinen am Radträger veränderlich ist, führt die Wanderung derselben bei Lenkeinschlag nach einer Seite zu einer „Verkürzung", nach der anderen zu einer „Verlängerung" des wirksamen Spurhebels, was bei geschickter Anwendung der geometrischen Zusammenhänge zu einer Entschärfung des angesprochenen Problems benützt werden kann.

Die Lenkgestängeübersetzungen i_{La} und i_{Li} vom Lenkgetriebe zum kurvenäußeren und zum kurveninneren Rade hin werden von der Gestängebauart 1 bis zur Bauart 4 zunehmend ausgeglichener. Die Gesamtübersetzung $i_L = (i_{La} + i_{Li})/2$ verläuft bei Links- und Rechtseinschlag symmetrisch und wächst im allgemeinen mit dem Lenkeinschlag, wenn die Summe $\delta_a + \delta_i$ der Radeinschlagwinkel kleiner ist als der Lenkstock-Gesamtwinkel $2\delta_L$ (PKW), bzw. sie fällt, wenn sie größer ist (LKW); letzteres gilt ferner für alle Zahnstangenlenkungen.

Die vorstehenden Anmerkungen stellen keine Bewertung der angesprochenen Bauarten der Lenkgestänge dar und sollen lediglich auf deren Besonderheiten und evtl. Probleme aufmerksam machen.

8.4.3 Das Rückstellmoment der Lenkung

Von einem schnellen Fahrzeug wird erwartet, daß das Lenkrad aus dem eingeschlagenen Zustand von selbst in die Geradeausstellung zurückkehrt, d. h. daß die Lenkung sich selbst „zentriert", und daß die dabei auftretenden Lenkradmomente in sinnvollem Zusammenhang mit äußeren Kräften an den Fahrzeugrädern stehen. Diese Selbstzentrierung wird durch die Auslegung der Lenkgeometrie und des Lenkgestänges sichergestellt. Bei schneller Geradeausfahrt ist praktisch allein die „Gewichtsrückstellung" wirksam, vgl. die Gleichungen (8.20) und (8.21).

Auch während der Kurvenfahrt soll am Lenkrad ein von den Radkräften abhängiges Rückstellmoment fühlbar sein, das den Fahrer über den momentanen Fahr- und Umgebungszustand informiert. Die richtige Abstimmung des Momentenverlaufs über der Querbeschleunigung ist sehr wesentlich am „Fahrgefühl", also dem Sicherheits- und Komforteindruck, beteiligt. Das Lenkradmoment soll aber nicht proportional zur Querbeschleunigung wachsen, weil dies zu sehr hohen Haltekräften am Lenkrad, damit zu Muskelanspannungen und zu einem Verlust der Feinfühligkeit bei evtl. nötigen Lenkkorrekturen im fahrdynamischen Grenzbereich führt. Da heute in fast allen Fahrzeugen Servolenkungen verbaut werden, ist das Lenkradmoment zusätzlich über die Abstimmung der Kennlinie des Servoventils beeinflußbar.

Bei schneller Kurvenfahrt werden nur kleine Lenkwinkel erreicht. Wegen der an allen Fahrzeugrädern auftretenden Schräglaufwinkel verlagert sich der Kurvenmittelpunkt bezogen auf das Fahrzeug vor die verlängerte Mittellinie der Hinterachse, vgl. auch Bild 8.23. In **Bild 8.28** ist schematisch ein Fahrzeug bei hoher Querbeschleunigung mit den an seinen Rädern wirkenden Kräften in der Draufsicht dargestellt.

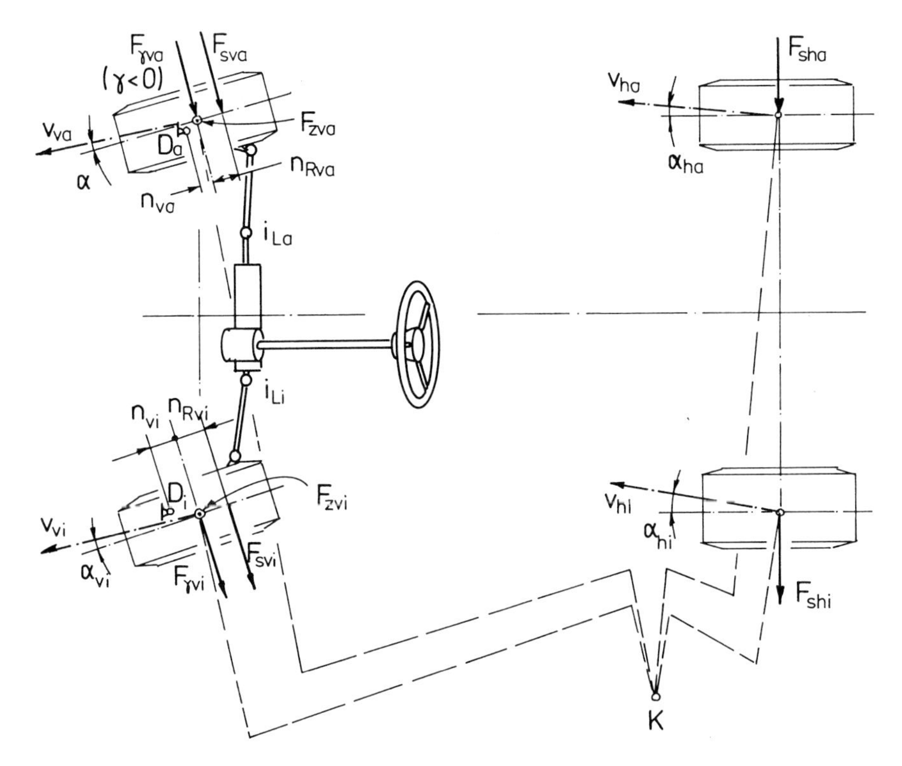

Bild 8.28: Lenkungsrückstellung bei hoher Querbeschleunigung

Wegen der noch relativ kleinen (und hier übertrieben gezeichneten) Radeinschlagwinkel ist es nicht wichtig, ob die Räder nach der Ackermannfunktion gelenkt werden oder eher im Sinne eines Paralleleinschlags. Deshalb hat die Vorverlegung des Kurvenmittelpunkts K einen wesentlichen Anteil an der Verteilung der Schräglaufwinkel.

Das von den Vorderrädern auf das Lenksystem ausgeübte Moment rührt vorwiegend von den Schräglauf-Seitenkräften her und nur zu einem geringen Teil von der Radlast am Radlasthebelarm. Bei positivem Radsturz relativ zur Fahrbahn am kurvenäußeren Vorderrade wirkt dessen Sturz-Seitenkraft $F_{\gamma va}$ „eindrehend".

Die Schräglauf-Seitenkräfte sind durch das Reifenkennfeld (also Radlast und Fahrbahn-Reibwert) gegeben und wachsen degressiv mit der Radlast und dem Schräglaufwinkel, vgl. Kap. 4, somit gilt

$$F_S = F_S(F_Z, \alpha)$$

und sie greifen, im Gegensatz zu den Sturz-Seitenkräften, um den Reifennachlauf n_R versetzt hinter dem Radaufstandspunkt an.

Die Radlasten F_z machen sich über die Radlasthebelarme p am Lenksystem bemerkbar, wobei am kurvenäußeren Rade ein negativer Radlasthebelarm rückstellend wirkt.

Evtl. vorhandene vordere Antriebskräfte $F_{Tva,i}$ gehen mit den Triebkrafthebelarmen $r_{Ta,i}$ ein, die bei größeren Wankwinkeln unterschiedlich groß sind, vgl. Bild 8.15. Mit diesen sowie den in Bild 8.28 dargestellten Kräften und Hebelarmen wird das Rückstellmoment am Lenkgetriebe

$$M_L \approx [F_{sva}(n_{va} + n_{Rva}) - F_{\gamma va} n_{va} - F_{zva} p_{va} - F_{Tva} r_{Ta}]/i_{La} + [F_{svi}(n_{vi} + n_{Rvi}) + F_{\gamma vi} n_{vi} + F_{zvi} p_{vi} + F_{Tvi} r_{Ti}]/i_{Li} \quad (8.31)$$

wobei va, vi = kurvenäußeres bzw. kurveninneres Vorderrad. Das Lenkradmoment ergibt sich daraus zu

$$M_H = M_L / i_H$$

Wegen der dynamischen Radlastverlagerung zur Kurvenaußenseite hin ist F_{zva} größer als F_{zvi}. Die Radlastverlagerung kann, wie bereits in Kap. 7 dargelegt, durch die Höhe der Rollzentren an den Fahrzeugachsen und durch die Verteilung der Wankfederraten auf dieselben stark beeinflußt werden. Als weiterer, nicht zu unterschätzender Einflußfaktor kann die längsdynamische Auslegung der Radaufhängung auftreten, und zwar durch die Größe und den Verlauf des Stützwinkels ε^*, wie bereits in Kap. 7 anhand von Bild 7.4 angedeutet. Die Längskomponente F_{sx} der Seitenkraft F_s in Bild 7.4 belastet die Radaufhängung auf die gleiche Weise wie eine Bremskraft bei Geradeausfahrt und radträgerfester Bremse. Die „Anti-dive"-Auslegung der Vorderradaufhängung kann so ein stabilisierendes Moment am Fahrzeug hervorrufen und das Fahrverhalten wie auch das Lenkradmoment verändern. Die Festlegung der Stützwinkel muß also auch unter Berücksichtigung des Kurvenverhaltens des Fahrzeugs erfolgen.

Die Schräglauf-Seitenkräfte der Vorderräder gehen mit der geometrischen Nachlaufstrecke n und dem Reifennachlauf n_R in das Lenkmoment ein. Bei fast allen Radaufhängungen nimmt der geometrische Nachlauf n über dem kurveninneren Lenkwinkel zu bzw. über dem kurvenäußeren ab bis hin zu negativen Werten (das Rad geht in „Vorlauf", vgl. Bild 8.10). Mit wachsender Querbeschleunigung, wenn die Reifen-Seitenkräfte in ihr Maximum einlaufen, geht der Reifennachlauf n_R gegen Null zurück. Dies hat zur Folge, daß die kurvenäußere Seitenkraft sich am Rückstellmoment der Lenkung immer weniger stark beteiligt und schließlich sogar eindrehend wirken kann. Da aber die Lenkgestängeübersetzung im allgemeinen zum kurvenäußeren Radeinschlag hin wächst und zum kurveninneren hin abnimmt, wird der Einfluß der am Kurvenaußenrad erzeugten Lenkmomente gegenüber denen des Kurveninnenrades abgeschwächt.

Die kurvenäußere Radlast, die infolge der dynamischen Radlastverlagerung mit wachsender Querbeschleunigung zunimmt, wirkt nur rückstellend, wenn der Radlasthebelarm p negativ ist. Bei sehr hoher Querbeschleunigung sind allerdings die von der Radlast erzeugten Rückstellmomente im Vergleich zu denen aus der Seitenkraft klein.

Die Lenkrückstellung bei langsamer Fahrt, z.B. nach dem Abbiegen in eine Seitenstraße oder während eines Rangiervorganges, wird im Gegensatz zur vorstehend diskutierten Rückstellung bei schneller Kurvenfahrt von einer weit größeren Anzahl von Parametern beeinflußt. Im Grenzfall des Rollens mit einer Fahrgeschwindigkeit und Querbeschleunigung nahe Null verschwinden dagegen die Radlastverlagerung und dynamische Seitenkräfte.

Die während dieses Fahrzustandes für die Lenkungsrückstellung maßgebenden Kräfte, Hebelarme und Momente sind in **Bild 8.29** schematisch eingezeichnet.

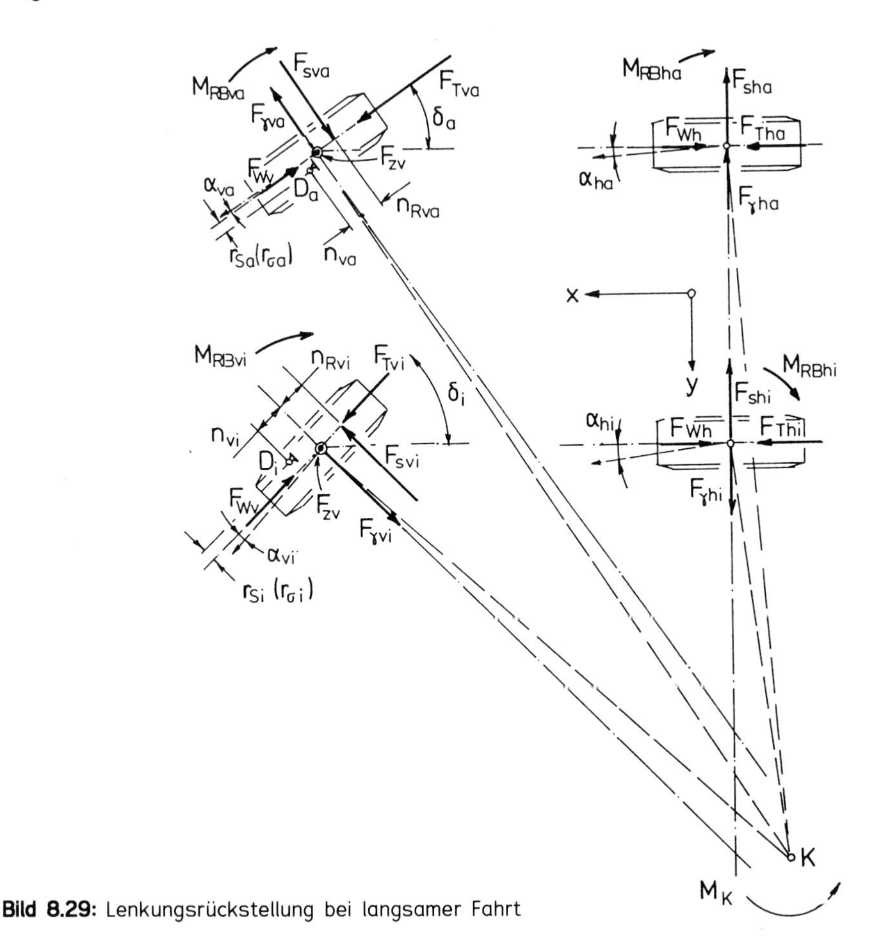

Bild 8.29: Lenkungsrückstellung bei langsamer Fahrt

Die beiden Vorderräder sind nach einer allgemeinen Lenkfunktion eingeschlagen, die von der Ackermannfunktion im Sinne eines Paralleleinschlags (oder auch: eines großen „Vorspurwinkels") abweicht, so daß ihre verlängerten Radachsen sich erst hinter der verlängerten Hinterachse schneiden.

Das Fahrzeug wird sich beim Abrollen ohne Querbeschleunigung um einen Kurvenmittelpunkt K bewegen, der durchaus, wie hier gezeichnet, im Gegensatz zur schnellen Kurvenfahrt hinter die Hinterachslinie fallen kann.

Die kurvenäußeren bzw. kurveninneren Vorder- und Hinterräder und die mit ihnen in Beziehung stehenden Kenngrößen und Kräfte werden im folgenden mit den Indizes va, vi, ha und hi gekennzeichnet.

Mit den Koordinaten der Radaufstandspunkte und des Kurvenmittelpunkts K ergeben sich die Schräglaufwinkel an den vier Fahrzeugrädern zu

$$\alpha_{va} = -\operatorname{atn}[(x_{va} - x_K)/(y_K - y_{va})] + \delta_a \qquad (8.32a)$$
$$\alpha_{vi} = \operatorname{atn}[(x_{vi} - x_K)/(y_K - y_{vi})] - \delta_i \qquad (8.33b)$$
$$\alpha_{ha} = \operatorname{atn}[(x_{ha} - x_K)/(y_K - y_{ha})] \qquad (8.32c)$$
$$\alpha_{hi} = \operatorname{atn}[(x_{hi} - x_K)/(y_K - y_{hi})] \qquad (8.32d)$$

Mit diesen Schräglaufwinkeln folgen aus dem Reifenkennfeld, vgl. Kap. 4, die Schräglauf-Seitenkräfte F_S der vier Räder.

Die Sturzseitenkräfte F_γ sind in Bild 8.29 an allen Rädern so eingezeichnet, wie sie bei positiven Sturzwinkeln wirken würden, also von der Fahrzeugmittelebene weggerichtet.

Die Rollwiderstandskräfte F_W werden mit den Radlasten F_Z und dem Rollwiderstandsbeiwert f_R (vgl. Kap. 4)

$$F_{W\,v,h} = f_R F_{z\,v,h}$$

Auch bei extrem langsamer Fahrt ist eine Antriebsleistung notwendig. Als allgemeiner Fall wurde hier Allradantrieb angenommen, und mit dem Vorderachsanteil χ an der Gesamt-Antriebskraft sowie den Sperrmomentanteilen $\eta_{Sp(v,h)}$ der Differentialgetriebe teilt sich die Gesamt-Antriebskraft F_T am Fahrzeug auf die vier Räder folgendermaßen auf:

$$F_{Tva} = \chi F_T(1 - \eta_{Sp\,v})/2 \qquad (8.33a)$$
$$F_{Tvi} = \chi F_T(1 + \eta_{Sp\,v})/2 \qquad (8.33b)$$
$$F_{Tha} = (1 - \chi) F_T(1 - \eta_{Sp\,h})/2 \qquad (8.33c)$$
$$F_{Thi} = (1 - \chi) F_T(1 + \eta_{Sp\,h})/2 \qquad (8.33d)$$

Die Schräglauf-Seitenkräfte F_S wirken auf das Lenkgestänge über Hebelarme, die sich als Summe der geometrischen Nachlaufstrecken n und der Reifennachläufe n_R ergeben, die Sturzseitenkräfte dagegen nur an den geometrischen Nachlaufstrecken. Der Rollwiderstand F_W greift als Kraft am frei rollenden Rade am Spreizungsversatz bzw. Störkrafthebelarm r_σ an und die Antriebskraft F_T am Triebkrafthebelarm r_T.

Die zwangsweise Rollbewegung der Räder auf einem Kreis um den Kurvenmittelpunkt K verursacht in der Reifen-Kontaktfläche auf der Fahrbahn, dem Latsch, ein „Bohrmoment" M_{RB}, das um so größer ausfällt, je größer der Reibwert, je kleiner der Radius ρ der Rollbahn und je breiter die Latschfläche ist. Mit dem Rollbahnradius

$$\rho_n = \sqrt{(x_n - x_K)^2 + (y_n - y_K)^2} \tag{8.34}$$

(n = va, vi, ha, hi) ist das Reifen-Bohrmoment $M_{RBn} = M(F_{zn}, \rho_n)$.

Die vorstehend definierten Kräfte und Momente erlauben es, die Gleichgewichtsbedingung um den noch unbekannten Kurvenmittelpunkt K aufzustellen, wobei am Gesamtfahrzeug die gegenüber den Fahrzeugabmessungen verschwindend kleinen Nachlaufstrecken n und n_R, Triebkrafthebelarme r_T und Spreizungsversätze r_σ vernachlässigt werden mögen:

$$\begin{aligned} M_K = \; & [(F_{Tva} - F_{Wv})\sin\delta_a + (F_{sva} - F_{\gamma va})\cos\delta_a](x_{va} - x_K) \\ & + [(F_{Tva} - F_{Wv})\cos\delta_a - (F_{sva} - F_{\gamma va})\sin\delta_a](y_K - y_{va}) \\ & + [(F_{Tvi} - F_{Wv})\sin\delta_i - (F_{svi} - F_{\gamma vi})\cos\delta_i](x_{vi} - x_K) \\ & + [(F_{Tvi} - F_{Wv})\cos\delta_i + (F_{svi} - F_{\gamma vi})\sin\delta_i](y_K - y_{vi}) \\ & - (F_{sha} + F_{\gamma ha} + F_{shi} - F_{\gamma hi})(x_h - x_K) \\ & + (F_{Tha} - F_{Wh})(y_K - y_{ha}) \\ & + (F_{Thi} - F_{Wh})(y_K - y_{hi}) \\ & - M_{RBva} - M_{RBvi} - M_{RBha} - M_{RBhi} = 0 \end{aligned} \tag{8.35}$$

Der Kurvenmittelpunkt K wird sich so einstellen, daß das Fahrzeug mit minimalem Leistungseinsatz bewegt wird, d. h. es gilt

$$F_{Tva}\rho_{va} + F_{Tvi}\rho_{vi} + F_{Tha}\rho_{ha} + F_{Thi}\rho_{hi} = \min. \tag{8.36}$$

was durch ein relativ einfaches Iterationsprogramm untersucht werden kann.

Wenn die Koordinaten des Kurvenmittelpunkts K bestimmt sind, sind auch die Schräglaufwinkel aller Räder und sämtliche Kräfte und Momente bekannt. Dann geben die beiden Vorderräder an das Lenkgestänge die Momente

$$\begin{aligned} M_{va} = \; & F_{sva}(n_{va} + n_{Rva}) - F_{\gamma va} n_{va} \\ & - F_{Tva} r_{Tva} + F_{Wv} r_{\sigma va} - F_{zv} p_{va} + M_{RBva} \end{aligned} \tag{8.37a}$$

und

$$\begin{aligned} M_{vi} = \; & -F_{svi}(n_{vi} + n_{Rvi}) + F_{\gamma vi} n_{vi} \\ & + F_{Tvi} r_{Tvi} - F_{Wv} r_{\sigma vi} + F_{zv} p_{vi} + M_{RBvi} \end{aligned} \tag{8.37b}$$

ab (rückstellend bei positiven Vorzeichen), und mit den Lenkgestängeübersetzungen i_L der beiden Vorderräder ist das am Lenkgetriebe summierte Gesamt-Rückstellmoment

$$M_L = M_{va}/i_{La} + M_{vi}/i_{Li} \tag{8.38}$$

bzw. mit der Lenkgetriebeübersetzung i_H das Rückstellmoment am Lenkrad

$$M_H = M_L/i_H \tag{8.39}$$

Bei einer Radaufhängung mit konventioneller radträgerfester Spreizachse sind der Triebkrafthebelarm r_T und der Spreizungsversatz r_σ über dem Lenkwinkel δ etwa konstant, also gilt $r_{Tva} \approx r_{Tvi}$ und $r_{\sigma va} \approx r_{\sigma vi}$. Daraus folgt, daß der Einfluß der Widerstandskräfte F_W in Gleichung (8.35) und, zumindest wenn keine merkliche Sperrwirkung η_{Sp} vorhanden ist, der Triebkräfte F_T auf die Lenkungsrückstellung gering ist.

Der kurvenäußere Radlasthebelarm ist im allgemeinen kleiner als der kurveninnere, so daß die Radlast F_z rückstellend wirkt; wegen der geringen absoluten Beträge der Radlasthebelarme ist aber auch das Rückstellmoment aus der Radlast nur von untergeordneter Bedeutung.

Von dominantem Einfluß ist dagegen das Lenkmoment aus den Schräglauf-Seitenkräften, da die geometrische Nachlaufstrecke n sich über dem Lenkwinkel δ normalerweise sehr stark verändert. Das kurvenäußere Rad wird dabei mit einer erheblich kleineren (evtl. sogar negativen) Nachlaufstrecke geführt als das kurveninnere, während für den Zustand der extrem langsamen Kurvenfahrt etwa gleich große Reifen-Nachlaufstrecken angenommen werden dürfen; daher ist die Gesamtwirkung der Schräglauf-Seitenkräfte eindrehend, sofern sie, wie in Bild 8.29 dargestellt, an den Vorderrädern zur Fahrzeugmittelebene hin gerichtet sind, was an der vorausgesetzten Parallel-Abweichung der Lenkfunktion vom Ackermanngesetz liegt. Die Rettung der Gesamt-Lenkungsrückstellung kann also hier nur noch vom Bohrmoment der Reifen kommen, das ähnliche Größenordnungen erreicht.

Die Lenkungs-Rückstellung bei langsamer Fahrt wird demnach als Differenzmoment zweier großer Momente erzielt, wobei diese beiden Momente als typische Reifeneigenschaften mit erheblichen Streuungen behaftet sind, die eine Vielzahl von Ursachen haben können: Verschleißzustand, Luftdruck, Temperatur, Herstellerunterschiede usw. Um diesem Problem auszuweichen, kann es zweckmäßig sein, die Lenkfunktion nahe an die Ackermannfunktion zu legen mit den Folgen eines relativ großen kurveninneren Radeinschlags (Raumbedarf im Fußraum eines PKW und im Motorraum allgemein) und meistens dann auch eines ungünstigeren Übertragungswinkels am kurveninneren Rade.

In Bild 8.29 ist, wie anfangs bereits erwähnt, der Kurvenmittelpunkt K hinter der verlängerten Hinterachslinie eingezeichnet. Bei großen Radeinschlagwinkeln und großen, zur Fahrzeugmittelebene hin gerichteten Vorderrad-Seitenkräften, wie sie bei merklicher Abweichung der Lenkfunktion vom Ackermanngesetz auftreten, üben diese Seitenkräfte nämlich, da ihre Wirkungslinien im Fahrzeuggrundriß erheblich gegeneinander versetzt verlaufen, ein dem Drehsinn der Kurvenfahrt entgegenwirkendes Moment auf das Fahrzeug aus, so daß die Seitenkräfte der Hinterräder, wie in Bild 8.29 dargestellt, als Gegenkräfte einspringen müssen und folglich zur Kurvenaußenseite hin gerichtet sind.

Die - zumindest in früheren Zeiten - sehr gebräuchliche Methode, durch annähernden Paralleleinschlag der Vorderräder in den Radkästen Platz zu sparen, kinematische Probleme im Lenkgestänge zu umgehen und gleichzeitig einen kleinen Wendekreis zu erzielen, kann also, vor allem bei breiter Spurweite und kurzem Radstand, an ihre Grenzen stoßen. Ganz besonders gilt dies für Radaufhängungen mit großer Änderung der Nachlaufstrecke über dem Lenkwinkel, also Aufhängungen mit z. B. großem Spreizungswinkel, wie er an heutigen Feder- oder Dämpferbeinachsen wegen des Zwanges zur Minimierung des Lenkrollradius gang und gäbe ist.

8.4.4 Lenkungsschwingungen

Am Lenksystem treten hauptsächlich zwei Arten von Schwingungen auf, nämlich eine im Bereich der Eigenfrequenzen der „ungefederten" Massen, also bei 10...15 Hz, die sogenannte „Lenkunruhe", eine andere im Bereich der Wankfrequenz des Fahrzeugs, d. h. bei ca. 2 Hz, das „Schlingern".

Ursache der Lenkunruhe sind Unwuchten von Reifen und Rad sowie elastische Ungleichförmigkeiten der Reifen, besonders die Radialkraftschwankung. Letztere regen über den Radlasthebelarm das Lenksystem zu Schwingungen an, die Unwuchten dagegen sowohl über den Radlasthebelarm als auch über den Spreizungsversatz.

Das Schlingern ist, vereinfacht ausgedrückt, eine Schwingung des Lenkrades gegen die Fahrzeugmasse, in welche die instationären Reifeneigenschaften sowie die Fahrzeugfederung und -dämpfung hineinwirken. Das polare Trägheitsmoment eines Lenkrades beträgt bei einem PKW zwar nur etwa ein Zehntel desjenigen eines Fahrzeugrades, erreicht aber, auf den Radeinschlagwinkel bezogen, d. h. mit dem Quadrat der Gesamt-Lenkübersetzung multipliziert, beachtliche Werte in der Größenordnung des Gierträgheitsmoments des Fahrzeugs [8].

Ein Lenkrad mit niedrigem Trägheitsmoment verschiebt die Schlinger-Eigenfrequenz nach oben, leitet aber andererseits die Lenkunruhe stärker an die

Hände des Fahrers weiter. Die sogenannten „Lenkungsdämpfer" dienen im allgemeinen nicht der Bekämpfung der Lenkunruhe (dazu sprechen sie viel zu träge an), sondern des Schlingerns.

Beide Schwingungsarten sind wegen einflußreicher nichtlinearer Parameter vereinfachenden Rechenansätzen nicht zugänglich.

8.5 Selbsteinstellende Lenkvorrichtungen

In den vorangehenden Abschnitten waren nur Lenksysteme betrachtet worden, die vom Fahrer über das Lenkrad und das Lenkgetriebe betätigt werden. Bei langen Gelenkfahrzeugen, also Sattelzügen oder Gelenk-Omnibussen, werden aber auch lenkbare Hinterachsen am Nachläufer vorgesehen, deren Stellung sich aus dem jeweiligen Fahrzustand ergibt und nicht unmittelbar vom Fahrer beeinflußt wird. Diese Lenkaggregate sollen den Spurbreitenbedarf bei Kurvenfahrt verringern.

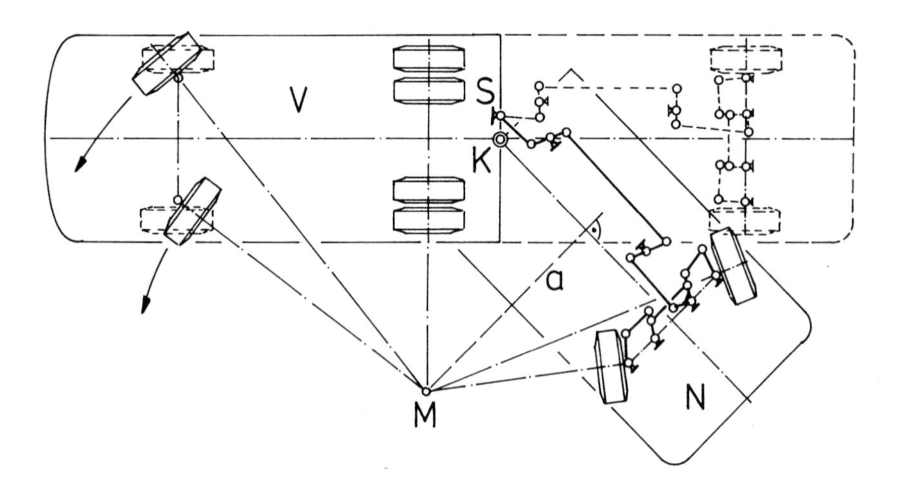

Bild 8.30: Nachläuferachse an einem Gelenkomnibus (nach Unterlagen der M.A.N.)

Bild 8.30 zeigt schematisch die selbsteinstellende Lenkung der Hinterachse des Nachläufers an einem Gelenk-Omnibus. Vorderfahrzeug V und Nachläufer N sind am Gelenk K gekoppelt; abhängig vom Knickwinkel zwischen beiden Fahrzeugteilen werden über das am Gelenk S mit dem Vorderfahrzeug verbundene Lenkgestänge die Räder der Nachläufer-Hinterachse eingeschlagen. Das gleiche Verfahren wird im Prinzip auch bei Sattelzügen mit nur einer Auflieger-Hinterachse angewandt, allerdings dann im allgemeinen mit einer Drehschemellenkung, d.h. Schwenkung der gesamten Achse (vgl. Bild 8.1a) anstelle der in Bild 8.30 gezeigten Achsschenkellenkung. Die „Lenkfunktion" für die beiden Hinterräder am Nachläufer muß von einem über dem Knickwinkel abnehmenden „Radstand" ausgehen, denn das Lot a vom Kurvenmittelpunkt M auf die Mittellinie des Nachläufers entspricht gewissermaßen der - nicht lenkbaren - „Vorderachse" desselben.

Doppelachs-Aggregate dürfen die doppelte gesetzlich zugelassene Last von Einzelachsen nur dann tragen, wenn ein bestimmter Mindest-Achsabstand vorgesehen wird. Dann entstehen in engen Kurven beträchtliche Querschlupfbewegungen an den Reifen der beiden Achsen. Zur Schonung der Reifen und der Fahrbahn werden daher selbsteinstellende oder „selbstspurende" Doppelachsaggregate eingesetzt.

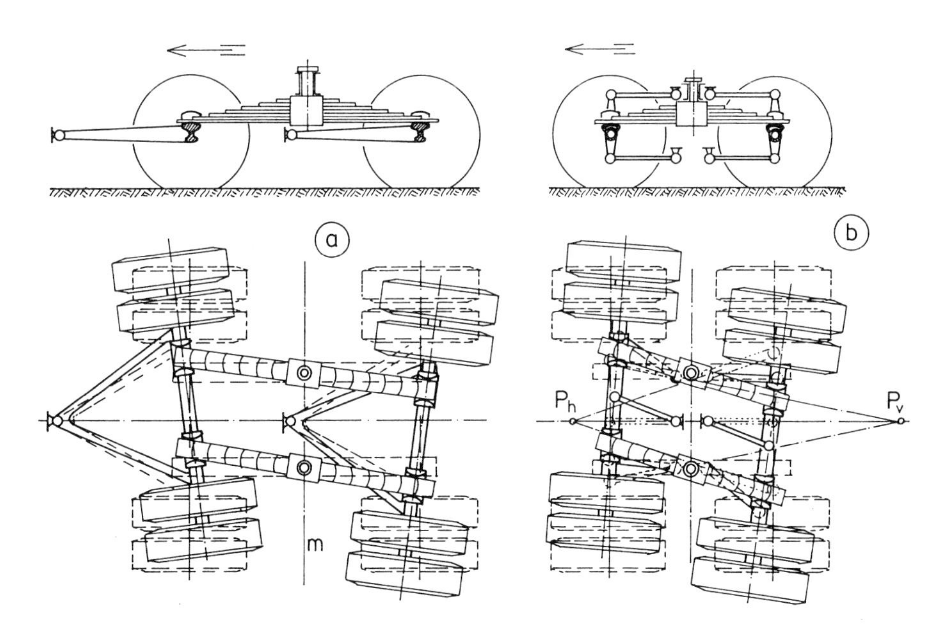

Bild 8.31: Selbsteinstellende Spurlaufaggregate

Die Doppelachse in **Bild 8.31**a besteht aus zwei gleichen, „gezogenen" Deichselachsen, deren Seitenführung durch Blattfederpakete übernommen wird, wobei diese um eine vertikale Drehachse am Fahrzeug schwenken können. Wenn die momentane Laufrichtung des Achsaggregates nicht mit der Längsachse des Aufliegers übereinstimmt, so verschieben sich beide Achsen unter der Wirkung der gegensinnig angreifenden Seitenkräfte (vgl. Bild 8.22d) zu unterschiedlichen Fahrzeugseiten, wobei die Federpakete nach dem Waagebalkenprinzip für entgegengesetzt gleich große Querverschiebungen bzw. Lenkwinkel sorgen. Die Achsen rollen also ohne seitlichen Schlupf ab; der Kurvenmittelpunkt verbleibt aber etwa auf der Symmetrielinie m des Achsaggregates, der resultierende Lenkwinkel ist Null (Lenkaggregat ohne Spurbreitengewinn).

Bild 8.31b zeigt demgegenüber ein Doppelachsaggregat mit deutlicher Lenkwirkung. Die vordere Achse ist an drei „geschobenen", die hintere an drei „gezogenen" Längslenkern aufgehängt; die beiden unteren Längslenker der vorderen Achse schneiden sich in der Draufsicht in Geradeausstellung in einem Punkt P_v hinter der Achse, die der hinteren Achse in einem Punkt P_h vor derselben, wobei P_v weiter von der vorderen Achse entfernt ist als P_h von der hinteren. Bei Kurvenfahrt wirken die seitenführenden Blattfederpakete wieder als Waagebalken und erzwingen etwa gleich große Querverschiebungen der beiden Achsen, die um ihre Pole P_v bzw. P_h schwenken, so daß nun die hintere Achse einen größeren Lenkwinkel annehmen muß als die vordere. Da im Gegensatz zu Bild 8.31a beide Achsen hier gleichsinnig lenken, verlagert sich der (nicht dargestellte) Schnittpunkt ihrer Mittellinien, der Kurvenmittelpunkt des Aufliegers, nach vorn, was einer scheinbaren Verkürzung des Radstands bzw. des Abstands von der Sattelkupplung zur Auflieger-Hinterachse entspricht. Dieses Aggregat bringt also einen Spurbreitengewinn ähnlich wie am Gelenkomnibus nach Bild 8.30. Im Gegensatz zu diesem erfolgt aber die Einstellung des Lenkwinkels nicht abhängig vom Knickwinkel zwischen Auflieger und Zugfahrzeug, sondern von den Kräften zwischen den Reifen und der Fahrbahn.

Beide Doppelachsaggregate in Bild 8.31 erfüllen übrigens die Bedingungen für eine gleichmäßige Bremskraftbeaufschlagung, vgl. Bild 6.32 in Kap. 6.

Die Zulassungsvorschriften für den Straßenverkehr legen Höchstabmessungen der Fahrzeuge fest, um deren Beweglichkeit im gemischten Verkehr zu gewährleisten; so muß z.B. ein Kreisring mit einem Außenradius r_1 und einem Innenradius r_2 durchfahren werden können, ohne daß Fahrzeugteile über diese Grenzen hinausragen. Ein Fahrzeug mit gegebener Breite B darf dann vor der Mitte der Hinterachse nur eine Länge

$$L = \sqrt{r_1^2 - (B + r_2)^2}$$

aufweisen, **Bild 8.32**a. Um mehr Fahrzeuglänge zu gewinnen, werden deshalb die vorderen Außenecken großer Fahrzeuge oft angeschrägt oder verrundet, wie an den Zugmaschinen der Beispiele b und c angedeutet.

Bild 8.32b zeigt einen Sattelzug mit Spurlenkaggregat nach Bild 8.31a im Prüfkreis; dieses dient nicht der Erzielung größerer zulässiger Fahrzeuglängen, sondern größerer zulässiger Achslasten. Der Auflieger stellt sich, wenn Schräglaufwinkel der Hinterreifen bei höherer Querbeschleunigung vernachläs-

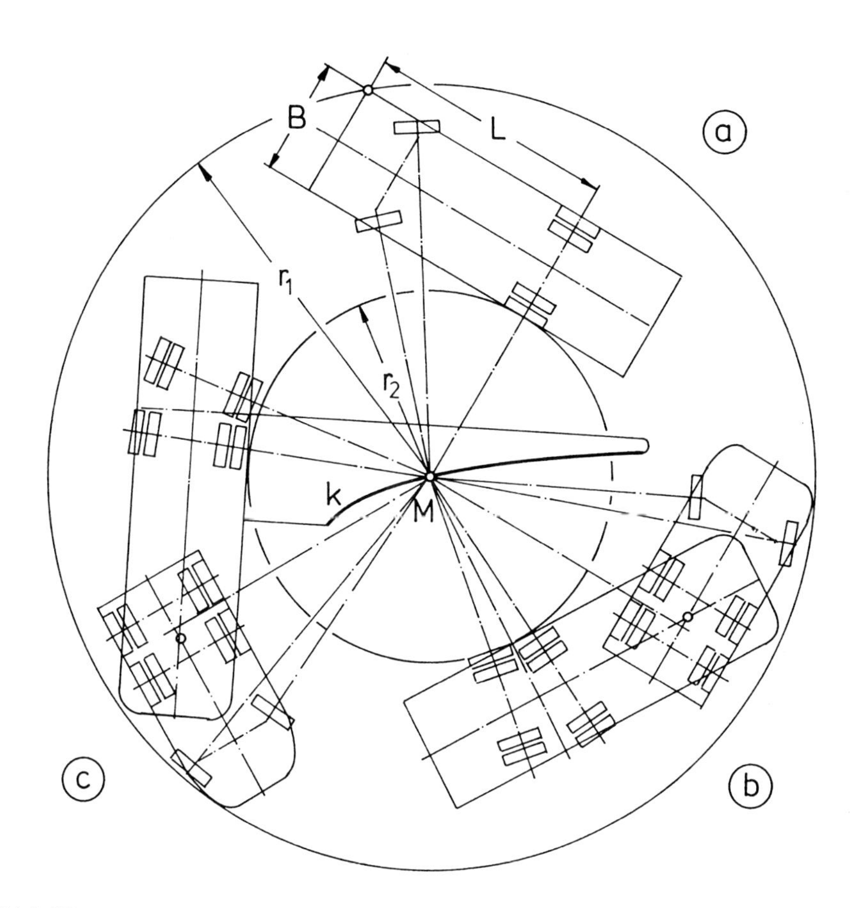

Bild 8.32: Spurbreitenbedarf bei Kreisfahrt

sigt werden, mit der geometrischen Mitte seines Hinterachsaggregates auf den Kurvenmittelpunkt M ein; er verhält sich also günstiger als ein Auflieger mit nicht lenkbarem Doppelachsaggregat, vgl. Bild 8.22d und Gl. (8.29).

Für das Lenkaggregat nach Bild 8.31b kann eine „Lenkfunktion" als geometrischer Ort k der Schnittpunkte der beiden Hinterachsen aufgezeichnet werden, Bild 8.32c. Denkt man sich die Kurve k fest mit dem Auflieger verbunden, so wird sich dieser bei Kurvenfahrt so einstellen, daß die Kurve k den durch die Achsen und Lenkwinkel der Zugmaschine festgelegten Kurvenmittelpunkt M berührt.

Bei tangentialer Einfahrt in den Prüfkreis dürfen Fahrzeuge nur um ein festgelegtes Maß über die Bahnbegrenzung nach außen schwenken. Jedes Fahrzeug mit hinterem Überhang schwenkt bei der Kreiseinfahrt ein wenig aus. Bei Gelenkomnibussen bzw. Sattelzügen treten ein Knickwinkel zwischen

Zugfahrzeug und Nachläufer bzw. eine Verschwenkung des Aufliegers gegenüber seiner Hinterachse bereits ein, wenn sich Nachläufer bzw. Hinterachse noch auf dem geraden Einfahrstreifen befinden; dadurch wird bei Fahrzeugen mit Lenkachsen, die einen Spurbreitengewinn bieten wie der Gelenkomnibus nach Bild 8.30 bzw. ein Sattelauflieger mit Spuraggregat nach Bild 8.31b, der Seitenversatz beim Einfahren in den Kreis zusätzlich vergrößert (daher oft der Warnhinweis „Fahrzeug schwenkt aus" am Fahrzeugheck).

9 Die Elasto-Kinematik der Radaufhängungen

9.1 Allgemeines

Fahrbahnunebenheiten und Unwuchten oder Ungleichförmigkeiten der Räder und Reifen regen die Radaufhängung vor allem im Bereich der Eigenfrequenzen der „ungefederten" Massen zu Schwingungen an; Einzelstöße, wie Schlaglöcher und Querfugen, weisen ein breites Frequenzspektrum bis in den hörbaren Bereich auf, ebenso die Eigenschwingungen des Reifens. Da moderne Reifen eine hohe Umfangs-Verdrehsteifigkeit besitzen, also gegenüber Umfangskraftschwankungen kaum nachgeben, entstehen aus den erwähnten Störungen Umfangs- bzw. Längskräfte am Reifen, die durchaus die Größenordnung der Radlast erreichen können [33].

Die Gummilager der Radführungsglieder geben der Radaufhängung gewisse Nachgiebigkeiten zum Abbau der niederfrequenten Stoßkräfte und dienen zur Eindämmung der Körperschallübertragung. Ihr weiterer technischer Vorteil liegt in ihrer Wartungsfreiheit, Reibungsarmut, Erholungsfähigkeit nach kurzzeitigen Überlastungen und nicht zuletzt in ihren günstigen Kosten.

Die oben erwähnten Längs-Stoßkräfte erfordern bei komfortabel ausgelegten Fahrzeugen eine elastische „Längsfederung" der Fahrzeugräder in einer Größenordnung bis zu ± 15 mm. Würde eine Längsfederung mit diesen Federwegen allein durch eine entsprechend nachgiebige Ausbildung der Gummilager der Radaufhängung erreicht, so ergäben sich im allgemeinen unzulässige elastische Verformungen am Mechanismus der Radaufhängung, nämlich Abweichungen von der gewünschten „kinematischen" Funktion wie z. B. Vorspuränderungen unter Längskraft oder überlagerte elastische Lenkwinkel bei Seitenkraft.

Unter dem Begriff „Elasto-Kinematik" versteht man die sorgfältige Abstimmung der Federraten aller beteiligten elastischen Lager und der räumlichen Anordnung der Achslenker sowie der Elastizitäten der Achslenker und der betroffenen Fahrgestellpartien (Karosserieträger usw.) aufeinander mit dem Ziel, die durch die Elastizitäten entstehenden und unvermeidlichen Verformungen unter äußerer Belastung zu kompensieren oder sogar in gewünschte Bewegungen umzuwandeln.

Da mit einer und derselben Radaufhängung die unterschiedlichsten räumlichen Kräftekonstellationen, nämlich bereits im quasistatischen Bereich die Belastungsfälle der Radlast, der Bremskraft, der Antriebskraft und der Seitenkraft, möglichst jede für sich optimal elasto-kinematisch beherrscht werden sollen, ist es verständlich, daß vor der Verfügbarkeit brauchbarer Großrechner derartige Auslegungen eher empirisch getroffen werden mußten und bewußt „elasto-kinematisch" dimensionierte Radaufhängungen erst von den frühen 70er Jahren an entwickelt werden konnten. Mehrlenkerachsen bieten freiere Variationsmöglichkeiten in der räumlichen Anordnung der Lenker und damit wesentliche Vorteile für eine gute elasto-kinematische Abstimmung; hierin ist auch der Grund für ihre zunehmende Anwendung selbst in preisgünstigen Gebrauchsfahrzeugen zu sehen.

Die Schwingungen der Radaufhängung rufen an den Radführungsgliedern Massenbeschleunigungskräfte und damit auch Reaktionskräfte an ihren Lagern hervor. Letztere lassen sich zumindest theoretisch vermeiden, wenn die rad- und fahrzeugseitigen Lager eines Radführungslenkers gegenseitige „Stoßmittelpunkte" bilden [7], also bezogen auf den Schwerpunkt des Radführungslenkers die Gleichung (5.23), vgl. Kap. 5, erfüllen („Massen-Entkoppelung" des Lenkers). **Bild 9.1** zeigt einen stabförmigen Achslenker mit konstantem Querschnitt; hier befindet sich der Stoßmittelpunkt T_S jedes Lagerauges bei $^2/_3$ der Lenkerlänge. Eine Stoßkraft F an einem der Augen will den Lenker um T_S schwenken und verursacht, wenn das gegenüberliegende Auge festgehalten wird, dort eine Reaktionskraft $F' = F/2$.

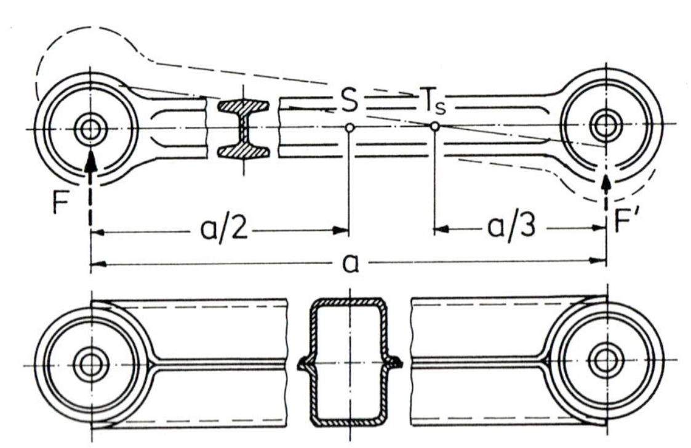

Bild 9.1: Achslenker und Stoßmittelpunkt

Besonders wichtig ist die Beachtung des Stoßmittelpunktes, wenn große „ungefederte" Massen gegenüber dem Fahrzeugkörper bewegt werden, wie z.B. bei Triebsatzschwingen, vgl. Kap. 6, Bild 6.6 a.

Ein ähnliches Stoß-Problem ist die „Lenkstößigkeit", grob vereinfachend am „ebenen" Grundrißmodell in **Bild 9.2** veranschaulicht. Der Gesamt-Schwerpunkt S der Kombination Rad/Radträger/Bremse liegt im allgemeinen in einem Abstand e gegenüber der Radmittelebene versetzt, und eine Längs-Stoßkraft F_X versucht daher das Rad mit dem Radträger zusätzlich zur Längsverschiebung v_X um einen Lenkwinkel δ zu drehen. Wenn keine Radaufhängung vorhanden wäre, würde das Rad um den Stoßmittelpunkt T_S schwenken, dessen Abstand sich mit dem Massenträgheitsradius i entsprechend Gleichung (5.23) zu $p = i^2/e$ berechnet. Wenn die Radaufhängung diese Bewegung verhindert, entstehen Reaktionskräfte an den Achslenkern, also auch einer Spurstange Sp, es sei denn, der Querlenker Q und die Spurstange, beide vereinfachend als starr angenommen, schneiden sich in T_S und setzen, da die zwecks „Längsfederung" weich aufgehängte Zugstrebe Z im ersten Moment des Stoßes noch keine nennenswerte Kraft aufbaut, der kombinierten Translations- und Schwenkbewegung des Rades keinen Widerstand entgegen.

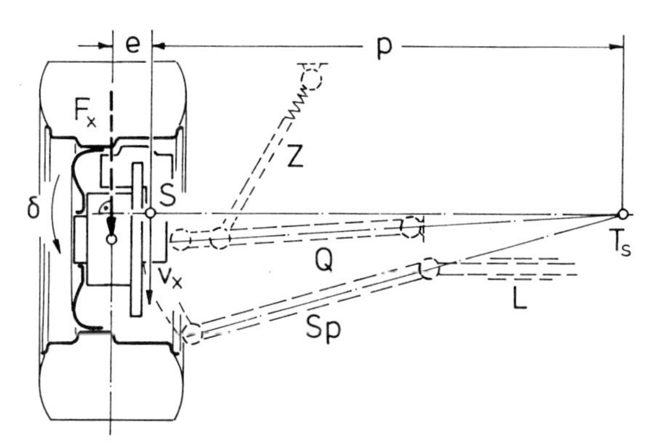

Bild 9.2: Lenkstößigkeit (schematisch)

Die Lenkstößigkeit wäre offensichtlich günstig zu beeinflussen, wenn der Schwerpunkt der „ungefederten" Masse in der Radmittelebene läge, und kann andernfalls nur unter Hinnahme von Lenkwinkeln bei Stoßkraft, dann aber auch beim stationären Bremsen oder Beschleunigen, gemildert werden.

Eine historische Lösung des Problems der Längsfederung zeigt **Bild 9.3**. Die in sich so steif als möglich gehaltene Doppel-Querlenker-Aufhängung ist fahrgestellseitig an einem Halter befestigt, der um eine vertikale Achse d

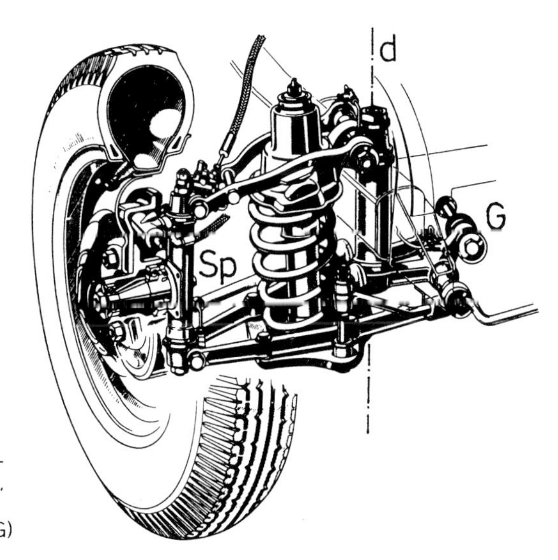

Bild 9.3: Längselastische Vorderradaufhängung am Mercedes-Benz „170 S" (1949) (Werkbild Daimler-Benz AG)

schwenkbar gelagert ist und sich gegen ein Gummilager G abstützt. Etwa parallel zu der durch die Drehachse d und die Spreizachse verlaufenden Ebene ist die Spurstange Sp angeordnet, so daß elastische Längsbewegungen des Rades nahezu ohne Lenkwinkel möglich sind. Dies ist noch keine „Elasto-Kinematik" im Sinne der geometrischen und elastischen Abstimmung der einzelnen Radführungsglieder untereinander; deutlich wird hier aber bereits ein Bemühen um eine verwindungssteife Aufnahme des Bremsmoments (kein „Aufziehen" des Radträgers um die Querachse), deren Güte natürlich wesentlich von der Torsionssteifigkeit der Drehwelle d abhängt.

Bei Anregung mit sehr hohen Frequenzen werden die Radführungsglieder zu Eigenschwingungen veranlaßt. Die Biege-Eigenfrequenzen eines gleichmäßig mit Masse belegten Stablenkers wie in Bild 9.1 sind

$$\omega_n = n^2 \pi^2 \sqrt{E\, I_B / m\, l^3} \tag{9.1}$$

wobei n die Ordnungszahl der Eigenschwingung, E der Elastizitätsmodul, I_B das Biegeträgheitsmoment und m die Masse sind. Das Trägheitsmoment I_B läßt sich durch die Querschnittsfläche A und den Biege-Trägheitsradius i_B ausdrücken, und mit dem Volumen V = A l und der Dichte $\rho = m/V$ wird aus Gleichung (9.1)

$$\omega_n = (n^2 \pi^2\, i_B / l^2) \sqrt{E/\rho} \tag{9.2}$$

Die vorwiegend für Radführungsteile in Frage kommenden Werkstoffe Stahl und Aluminium zeigen bezüglich des Quotienten E/ρ keinen wesentlichen Unterschied; eine ausreichend hohe Biege-Eigenfrequenz der Lenker wird daher am ehesten durch einen großen Trägheitsradius i_B erzielt, wie z. B. bei einem dünnwandigen Hohlkörper.

Große Flächen mit dünner Wandstärke können wiederum zu Membranschwingungen angeregt werden, weshalb sie zur Erhöhung der Formsteifigkeit oft doppelt gewölbt („bombiert") werden.

Elasto-Kinematik ist, wie anfangs bereits gesagt, die richtige Abstimmung der Elastizitäten und geometrischen Lagen der Lenker einer Radaufhängung. Nicht jede Radaufhängung aber, die kinematisch ihre Aufgaben erfüllt (z.B. den gewünschten Stützwinkel, das gewünschte Rollzentrum usw. aufweist), ist auch elasto-kinematisch in den Griff zu bekommen. **Bild 9.4** soll an einem vereinfachten ebenen Modell einige „Binsenwahrheiten" anschaulich aufzeigen, die der elasto-kinematischen Abstimmung Grenzen setzen.

Bei jeder elastischen Verformung in der Radaufhängung wird Energie gespeichert, die von der die Verformung verursachenden äußeren Kraft geleistet werden muß. Dies ist nur möglich, wenn der Angriffspunkt dieser

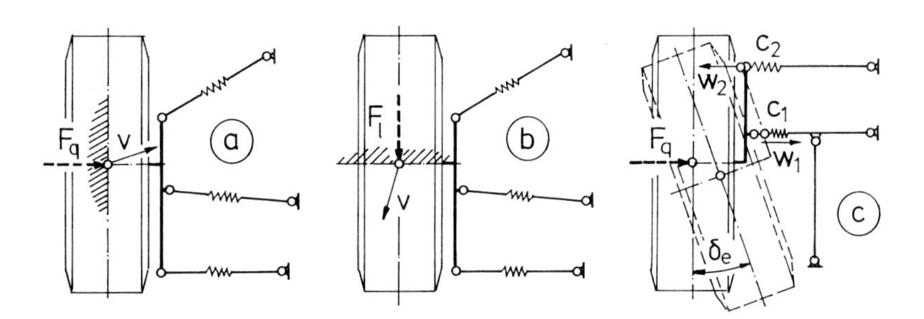

Bild 9.4: Kraftrichtung und Verformungsrichtung

Kraft einen Weg zurücklegt, der eine der Kraft gleichgerichtete Komponente hat. Die Querkraft F_q und die Längskraft F_l in Bild 9.4a und b erzeugen also Verschiebungen v, die je nach Lage der elastischen Hauptachsen des Mechanismus (vgl. Kap. 5, Bilder 5.17 und 5.18) einen Sektor von ±90° beiderseits des Kraftvektors bestreichen können, nicht aber den jeweils schraffierten Bereich. Die Seitenkraft F_q in Bild 9.4c greift am Radträger, bezogen auf die beiden Querlenker, „fliegend" an, d.h. sie erzeugt im benachbarten Querlenker eine Druckkraft und folglich eine elastische Verformung w_1 sowie am entfernteren eine Zugkraft und Verformung w_2, woraus eine resultierende Querverlagerung $w_1 - w_2$ des Radträgers und ein elastischer Lenkwinkel δ_e entstehen. Der Lenkwinkel wäre offensichtlich nur dann vermeidbar, wenn beide Verformungen w gleichgerichtet und durch die Festlegung geeigneter Federraten c_1 und c_2 auch gleich groß gemacht würden, und dies erfordert jedenfalls eine Anordnung der beiden Querlenker beiderseits des Kraftangriffspunktes.

Läßt sich die elastische Reaktion auf Seitenkräfte, wie vorstehend an Bild 9.4c erläutert, durch die Anordnung der Achslenker, sofern deren genügend vorhanden sind, noch zufriedenstellend beeinflussen, so wird dies schwieriger bei der Abstützung von Längskräften, da sich sämtliche Bauteile der Radaufhängung auf einer Seite des Rades und damit der Längskraft befinden, so daß ein großes resultierendes Moment auftreten kann. Der Radträger an der einteiligen Schwinge in **Bild 9.5**a, z.B. einem Querlenker einer ebenen „Trapezlenker-Aufhängung" (vgl. Kap. 2, Bild 2.10), wird sich daher unter der Einwirkung der Längskraft F_x, da sowohl an der radseitigen als auch der fahrzeugseitigen Drehachse die vorderen Gummilager auf Zug belastet werden (F_1) und die hinteren auf Druck (F_2), um einen elastischen Lenkwinkel δ_e verdrehen. Dies könnte theoretisch vermieden werden, wenn die Gummilager auf den Drehachsen gegen dieselbe „angestellt" würden, Bild 9.5b, so daß der elastische Schwerpunkt oder „Federschwerpunkt" des

Gesamtsystems auf der Kraftwirkungslinie zu liegen käme (vgl. Kap. 5, Bild 5.18). Die in Bild 9.5b angedeutete Anstellung α der Lager würde aber kaum ausreichen, um mit realistischen Radial- und Axialfederraten der Gummilager den Federschwerpunkt bis in die Radmittelebene zu verlagern, ganz abgesehen von den „kardanischen" Winkelbeanspruchungen, die der Auslegung enge Grenzen setzen (vgl. Kap. 5, Bild 5.41).

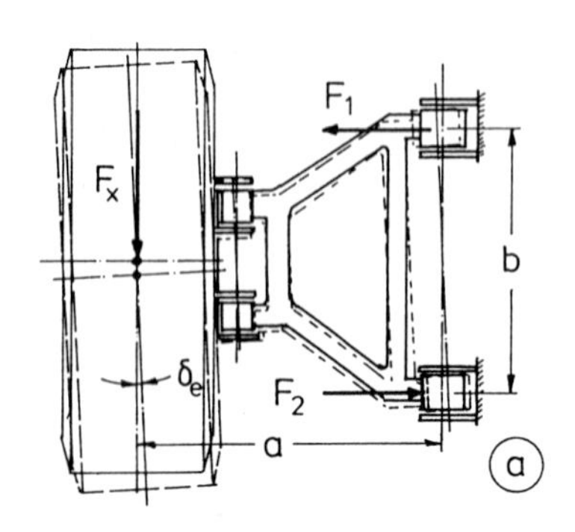

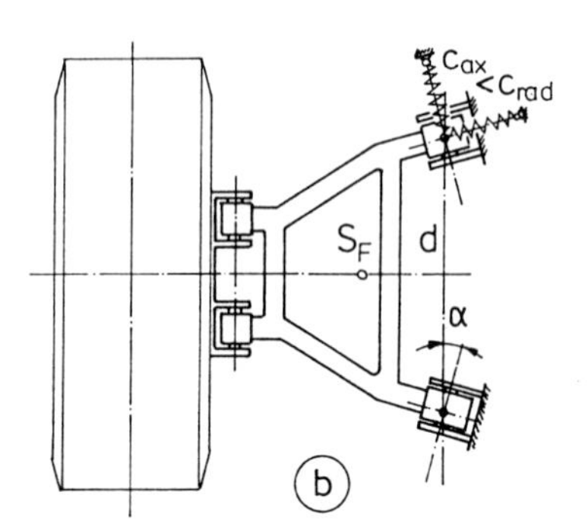

Bild 9.5: Längskraft und Schwinge

Radaufhängungen werden oft an einem Hilfsrahmen befestigt, der über Gummilager mit der Karosserie verbunden wird und ggf. noch das Achsgetriebe aufnimmt. Dies geschieht in Fällen, wo die Radaufhängung selbst auf Grund ihrer geometrischen Verhältnisse nicht für eine wünschenswerte elasto-kinematische Abstimmung geeignet ist, aber auch zur besseren Isolation des Fahrzeugkörpers gegenüber Reifenroll- und Getriebegeräuschen und nicht zuletzt zur Erleichterung der Fahrzeug-Endmontage. Der Hilfsrahmen oder „Fahrschemel" bildet zusammen mit den Aufhängungen beider Räder ein Aggregat, dessen Federschwerpunkt S_F bei symmetrischen Aufbau in Fahrzeugmitte liegt, **Bild 9.6** a. Während unter Querkräften ohne Probleme ein wunschgemäßes elastisches Eigenlenkverhalten erzielt werden kann, wird sich der Hilfsrahmen bei einseitig wirkenden Längskräften mitsamt den Rädern stets geringfügig schrägstellen.

Das gleiche gilt für alle Starrachsaufhängungen, Bild 9.6 b. Mit den Anstellungswinkeln α_1 und α_2 der unteren bzw. oberen Lenker gegen die Fahrzeugmittelebene und den Federraten c_1 bzw. c_2 der Einzellenker wird die resultierende Querfederrate der unteren Lenker am Punkt P_1 $c_{Q1} = 2c_1 \sin^2\alpha_1$ und die der oberen am Punkt P_2 $c_{Q2} = 2c_2 \sin^2\alpha_2$, also die Gesamt-Querfederrate

$$c_Q = 2\,[c_1 \sin^2\alpha_1 + c_2 \sin^2\alpha_2]$$

Soll der Federschwerpunkt S_F, wie im Bild dargestellt, auf der Achsmitte liegen, so gilt die Bedingung

$$c_{Q1} l_1 = c_{Q2} l_2$$

und die Drehfederrate ist

$$c_\delta = c_{Q1} l_1^2 + c_{Q2} l_2^2$$

Ein Lenkwinkel an einer Starrachse oder einem elastisch gelagerten Hilfsrahmen unter einseitiger Längskraft (z.B. Bremskraft) würde die durch das Moment dieser Längskraft um den Fahrzeugschwerpunkt entstehende Gierbewegung verstärken, wenn es sich um eine Vorderachse, bzw. diese abmildern, wenn es sich um eine Hinterachse handelt. Diese Betrachtungen sind insofern grob vereinfachend, als sich wegen der gleichzeitig auftretenden Federungsbewegungen abhängig von den Eigenschaften der Radaufhängung weitere kinematische oder elastische Lenkwinkel überlagern können.

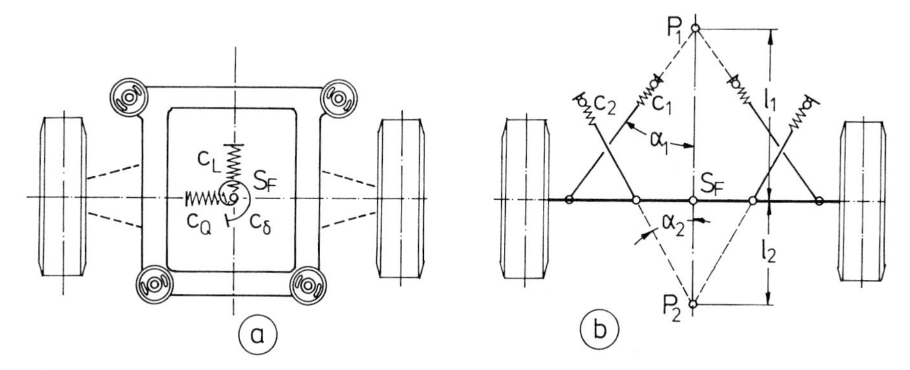

Bild 9.6: Fahrschemel- und Starrachsaufhängung

Für eine optimale elasto-kinematische Abstimmung eignet sich am besten eine Mehrlenker-Einzelradaufhängung. Wegen der dreidimensionalen, miteinander gekoppelten Vorgänge bei den unterschiedlichen Belastungsfällen ist eine Analyse des elastischen Verhaltens der Radaufhängung nur am Rechner möglich. Da die metallischen Bauteile der Radaufhängung, wie die Lenker und die mit ihnen in Verbindung stehenden Trägerbereiche des Fahrzeugkörpers und evtl. vorgesehene Hilfsrahmen, erfahrungsgemäß ähnlich stark an der elastischen Gesamtverformung beteiligt sind wie die Elastomer-Lager der Lenker und Hilfsrahmen, müssen in einem guten elasto-kinematischen Analyseprogramm auch die Steifigkeitsmatrizen der metallischen Bauteile verarbeitet werden können, welche z.B. über Finite-Element-Verfahren bestimmt werden. Komplexe Bauteile zeigen, im Gegensatz zu einem einzelnen Gummilager in einem Lenker, je nach Belastungskombination ein unterschiedliches Verformungsverhalten, worauf noch zurückzukommen ist.

Nachfolgend sollen an vereinfachten Beispielen typische Erscheinungen an elastischen Radaufhängungen und geeignete konstruktive Maßnahmen qualitativ diskutiert werden.

9.2 Elasto-Kinematik bei Einzelradaufhängungen

9.2.1 Elastisches Verhalten des Radführungsmechanismus

Um die grundsätzlichen Probleme der elasto-kinematischen Abstimmung einer Radaufhängung verständlich zu machen, soll zunächst eine vereinfachte Mehrlenker-Radaufhängung bei verschiedenen typischen quasistatischen Belastungsfällen betrachtet werden, **Bild 9.7**. Diese Radaufhängung besteht aus zwei übereinander angeordneten Dreiecklenkern, die an einem als steif angenommenen Fahrzeugkörper elastisch gelagert sind, und einem Stablenker (z. B. einer Spurstange bei gelenkten Rädern). Die Radaufhängung soll ein „ebenes" System bilden, d. h. ihre Geometrie ist im Fahrzeugquerschnitt vollständig beschrieben (die Drehachsen der Dreiecklenker liegen exakt in Fahrzeuglängsrichtung). Die beiden Kugelgelenke der Dreiecklenker, die den Radträger führen, befinden sich in der Querschnittsebene durch den Radaufstandspunkt. Die Radaufhängung könnte in dieser Form als Vorder- oder auch als Hinterachse Verwendung finden. Sie ist hier bewußt so einfach gewählt, um ohne Aufwand an Gleichungen und Argumenten und allein aus der Anschauung heraus über die zu erwartenden elastischen Verformungen diskutieren zu können.

Bei einer Belastung durch die Radaufstandskraft F_R entsteht im Querschnitt (Bild 9.7a), da das die Federkraft am Radträger abstützende Kugelgelenk des oberen Querlenkers gegenüber der Wirkungslinie von F_R nach innen versetzt ist, am Radträger ein Kippmoment, welches den unteren Querlenker auf Zug und den oberen auf Druck belastet. Der Radträger wird daher im Fahrzeugquerschnitt um einen Winkel $\Delta\gamma_R$ elastisch in „negativen" Sturz kippen, und zwar um einen Punkt N_R, dessen Position von den Steifigkeiten der Gummilager der Querlenker abhängt.

Die Spurstange ist in Fahrtrichtung vor der Radaufhängung und im unteren Bereich derselben angebracht. Bei rein kinematischer Funktion (am starren System ohne elastische Gummilager) würde sich mit der gewählten Spurstangenlage z.B. die in Bild 9.7 dargestellte „kinematische" Vorspurkurve k über dem Radhub s ergeben. Da die Spurstange hier unterhalb des „neutralen" Punktes N_R der elastischen Sturzbewegung unter Radlast am Radträger angreift, wird der Lotfußpunkt D_{Sp} vom Spurstangengelenk auf die Spreizachse elastisch um den Weg Δy_R nach außen bewegt. Wegen der hier vorgegebenen Lage der Wirkungslinie von F_R in der vertikalen Querebene durch die Spreizachse bleibt die Spurstange selbst kraft- und verformungsfrei. Das Rad muß sich daher im Grundriß um einen Winkel $\Delta\delta_{vR}$ in „Vorspur" verstellen (Bild 9.7c). Die „elastische" Vorspurkurve e beginnt also im Nullpunkt (s = 0) bereits um $\Delta\delta_{vR}$ in Richtung Vorspur versetzt, Bild 9.7d, und entfernt sich, da die elastische Verformung mit der Radlast beim Einfedern zunimmt, immer mehr von der kinematischen Vorspurfunktion k.

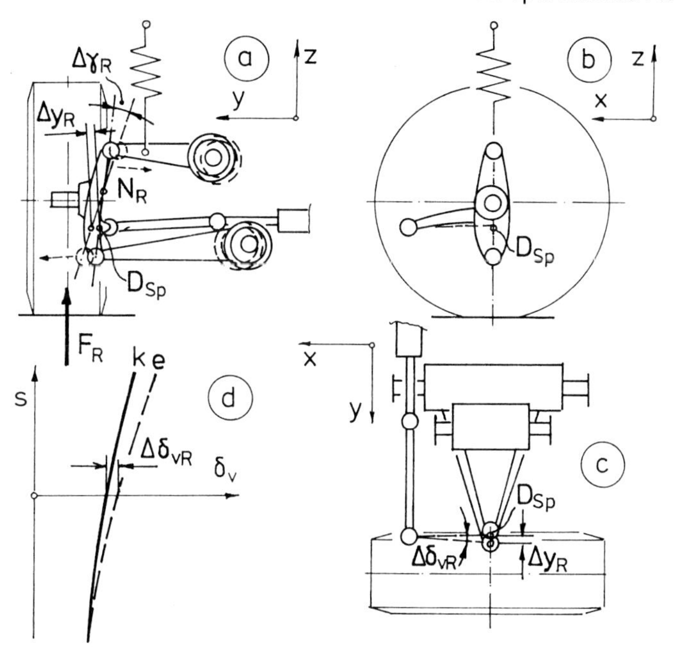

Bild 9.7: Elastische Doppel-Querlenker-Radaufhängung unter Belastung durch die Radaufstandskraft

Die effektive Vorspurkurve unter Berücksichtigung der elastischen Lager hat demnach im allgemeinen einen gegenüber der rein kinematisch berechneten Funktion versetzten Nullpunkt und auch eine unterschiedliche Steigung. Ersteres läßt sich bei der normalerweise vorzusehenden Einstellarbeit nach der Montage korrigieren, letzteres - und evtl. auch eine geänderte Krümmung der Kurve - durch eine bewußt „kinematisch falsche" Festlegung der Spurstangenlage im Fahrzeugquerschnitt (vgl. Kap. 7, Bild 7.30).

Bereits an diesem ersten Beispiel wird klar: Die elasto-kinematische Auslegung einer Radaufhängung ist nicht Aufgabe der letzten Feinabstimmung vor Serienbeginn im Fahrversuch, sondern sie beginnt beim ersten Entwurf des Mechanismus der Radaufhängung in Form einer abwechselnden Iteration kinematischer und elasto-kinematischer Analysen und Korrekturen am Rechner, wobei jeweils nicht nur der soeben besprochene Belastungsfall der Radaufstandskraft, sondern auch die nachfolgend diskutierten Belastungsfälle durchgespielt werden und die Eigenschaften der beteiligten elastischen Baugruppen schnellstmöglich vorgeklärt sein sollten.

Zum Belastungsfall „Radlast" sei noch bemerkt, daß eine elastische Verschiebung $\Delta\delta_{vR}$ des Nullpunkts der Vorspurkurve am besten völlig vermieden wird, da sich diese in Abhängigkeit von den Steifigkeiten der Gummilager ergibt und damit auch von Veränderungen derselben im Laufe der Fahrzeug-Lebensdauer, z.B. durch Alterung oder Verschleiß. Je nach Bauart der Radaufhängung und den gegebenen Abmessungen ist dies mehr oder weniger gut machbar, sofern nicht andere konstruktive Zwangsbedingungen dem entgegenstehen.

Die unvermeidbare elastische Sturzänderung $\Delta\gamma_R$ ist im Vergleich zur Vorspur von weniger Interesse, solange sie im Bereich von Bruchteilen eines Winkelgrades bleibt.

Fehler oder allmähliche Veränderungen der Vorspur bedeuten im allgemeinen keine erhebliche Beeinträchtigung der Fahrsicherheit, können sich aber durch erhöhten Reifenverschleiß bemerkbar machen.

Die Radaufhängung muß neben der ständig vorhandenen Radlast auch andere äußere Kräfte aufnehmen, die von fahrdynamischen Ereignissen herrühren, wie die Seitenkraft bei Kurvenfahrt oder während eines Anlenkvorganges, die Bremskraft oder eine Antriebskraft. Die elastischen Reaktionen der Radaufhängung auf diese Belastungen sind von wesentlichem Einfluß auf den Gesamteindruck des Fahrzeugs hinsichtlich des Fahrverhaltens, der Handlichkeit und der Fahrsicherheit.

In **Bild 9.8** wird die Radaufhängung von Bild 9.7 mit einer Seitenkraft F_Q belastet, die in Richtung auf die Fahrzeugmitte, also als „kurvenäußere" Seitenkraft, wirkt. Die Radaufhängung möge bereits durch die Radaufstandskraft vorbelastet sein, d.h. die momentane Stellung berücksichtigt die daraus resultierenden elastischen Verformungen und dient als Ausgangszustand für die folgenden Betrachtungen. F_Q erzeugt im Fahrzeugquerschnitt (Bild 9.8a) im unteren Querlenker eine Druck- und im oberen eine Zugkraft, und der Radträger kippt mit einem elastischen Sturzwinkel $\Delta\gamma_Q$ um einen „neutralen" Punkt N_Q im Gegensatz zu Bild 9.7 in „positive" Richtung. Der Lotfußpunkt D_{Sp} des Spurstangengelenks auf der Spreizachse wird daher jetzt zur Fahrzeuginnenseite hin um einen Weg Δy_Q verschoben. Ferner entsteht im Gegensatz zu Bild 9.7, obwohl der Radaufstandspunkt in der Querschnittsebene durch die Spreizachse angenommen wurde, wegen des um den Reifennachlauf n_R nach hinten versetzten Angriffspunktes der Seitenkraft F_Q ein Drehmoment an der Radaufhängung, das die Spurstange auf Zug belastet und das äußere Spurstangengelenk relativ zu D_{Sp} um

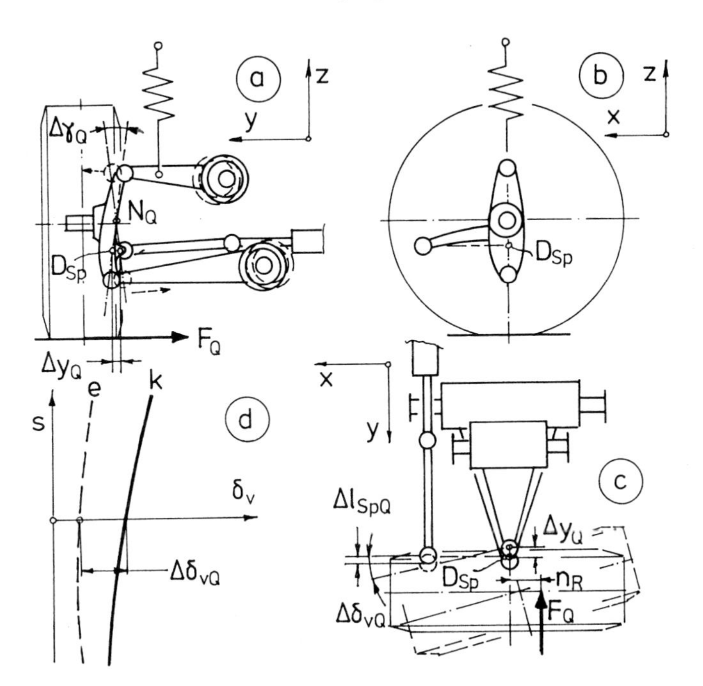

Bild 9.8: Die Radaufhängung von Bild 9.7 bei Belastung durch eine Seitenkraft

einen Weg Δl_{Sp} elastisch nach außen zieht. Beide Verformungen verstellen das Rad hier um einen Winkel $\Delta\delta_{vQ}$ in Richtung Nachspur, Bild 9.8d.

Eine solche Nachspuränderung wäre, sofern sie in wünschenswerten Grenzen bleibt, an einem gelenkten Vorderrade positiv zu bewerten, weil sie „untersteuernd" wirkt und die Fahrzeugreaktion auf einen Anlenkvorgang entschärft. An einer Hinterachse würde sie dagegen ein „Übersteuern" bedeuten und damit negativ auffallen.

An Bild 9.8a ist sofort zu erkennen, daß der Anteil der Vorspuränderung, der von der Querverschiebung Δy_Q herrührt, wesentlich von der Höhenlage der Spurstange in Bezug auf den elastischen „neutralen" Schwenkpunkt N_Q abhängt. Läge die Stange oberhalb von N_Q, so kehrten sich die Verhältnisse um: die Radaufhängung ginge bei vornliegender Spurstange in Vorspur bzw. bei hintenliegender in Nachspur. Soll also eine elastisch gelagerte Vorderradaufhängung bei Seitenkraft untersteuernd reagieren, so sollte demnach aus dieser Sicht eine untenliegende Spurstange vor und eine obenliegende hinter der Radaufhängung vorgesehen werden. Letzteres ist oft der Fall an Vorderachsen von Frontantriebsfahrzeugen mit hoch über dem Getriebegehäuse angeordneter Lenkung.

Der Reifennachlauf n_R hat sein Maximum bei der Schräglauf-Seitenkraft Null und sinkt im querdynamischen Grenzbereich auf Null ab. Daher wandert der Angriffspunkt der Seitenkraft F_Q mit wachsender Querbeschleunigung am Rade nach vorn, und zwar bei PKW um elasto-kinematisch beachtliche Wege von ca. 25...40 mm. Das bedeutet in Bild 9.8c, daß das Drehmoment der Seitenkraft um die Spreizachse abnimmt, folglich auch die elastische Spurstangenverschiebung Δl_{Sp} und damit ihr Anteil am elastischen Lenkwinkel. Dieser Effekt betrifft alle elastischen Radaufhängungen, gleichgültig ob sie elasto-kinematisch gut oder schlecht ausgelegt sind: die elastische Untersteuerneigung nimmt mit wachsender Querbeschleunigung an der Vorderachse ab und an der Hinterachse zu.

Die Querlenker der Radaufhängung nach Bild 9.7 bzw. 9.8 sind etwa in gleichem Abstand ober- bzw. unterhalb der Radmitte angebracht und sollen in Fahrzeuglängsrichtung auch beide etwa gleich nachgiebig gelagert sein, um dem Rade eine gute „Längsfederung" zu ermöglichen. Dann ist das elastische Verhalten der Radaufhängung bei Belastung durch eine Längskraft am Radmittelpunkt relativ übersichtlich. Bei einem Antrieb des Rades über eine querliegende Gelenkwelle kann, wie bereits in Kapitel 6 dargelegt, der Radmittelpunkt als Übertragungspunkt zwischen der Antriebskraft F_A und dem Radträger betrachtet werden, **Bild 9.9**. Dann wird sich der Radträger in der Seitenansicht (Bild 9.9b) etwa parallel um ein Maß Δx_A elastisch nach vorn verlagern und mit ihm die Spreizachse mit dem Lotfußpunkt D_{Sp} des Spurstangengelenks. Die Längskraft F_A erzeugt aber am Spreizungsversatz r_σ ein Drehmoment um die Spreizachse, Bild 9.9a, und damit eine elastische Relativverschiebung des Spurstangengelenks gegenüber D_{Sp} um Δl_{SpA} in Richtung der Fahrzeuginnenseite. Das Rad verstellt sich also um einen Winkel $\Delta\delta_{vA}$ in Vorspur. Über dem Federweg wird die „elastische" Vorspurkurve e etwa parallel zur „kinematischen" Kurve k verlaufen.

Wenn ein Rad sich unter Antriebskraft elastisch in Richtung „Vorspur" verstellt, so wird es bei einer Zurücknahme der Antriebskraft in Richtung „Nachspur" schwenken. Dies würde an einem kurvenäußeren angetriebenen Hinterrad im Moment des „Lastwechsels", also bei evtl. abrupter Gasrücknahme (z.B. in einer Gefahrensituation), wo jedes Fahrzeug naturgemäß übersteuernd reagieren will (vgl. Kap. 7, Bild 7.39), zu einer Verschärfung der Lage führen. Daher ist man eher bestrebt, eine angetriebene Hinterradaufhängung unter Vortriebskraft elastisch in Richtung „Nachspur" zu verformen, um im Augenblick des Lastwechsels wenigstens an dem für die Fahrstabilität wichtigeren kurvenäußeren Rade den untersteuernden Lenkwinkelsprung in Richtung „Vorspur" zu gewinnen.

Dies wäre bei der Radaufhängung von Bild 9.9 z.B. möglich durch eine „Pfeilung" der Spurstange im Grundriß (Bild 9.9e) um einen Winkel α, der so bemessen wird, daß die Spurstangen-Querverschiebung ΔL_{SpA} durch die nun unter dem Winkel α gegen die Fahrtrichtung erfolgende Längsver-

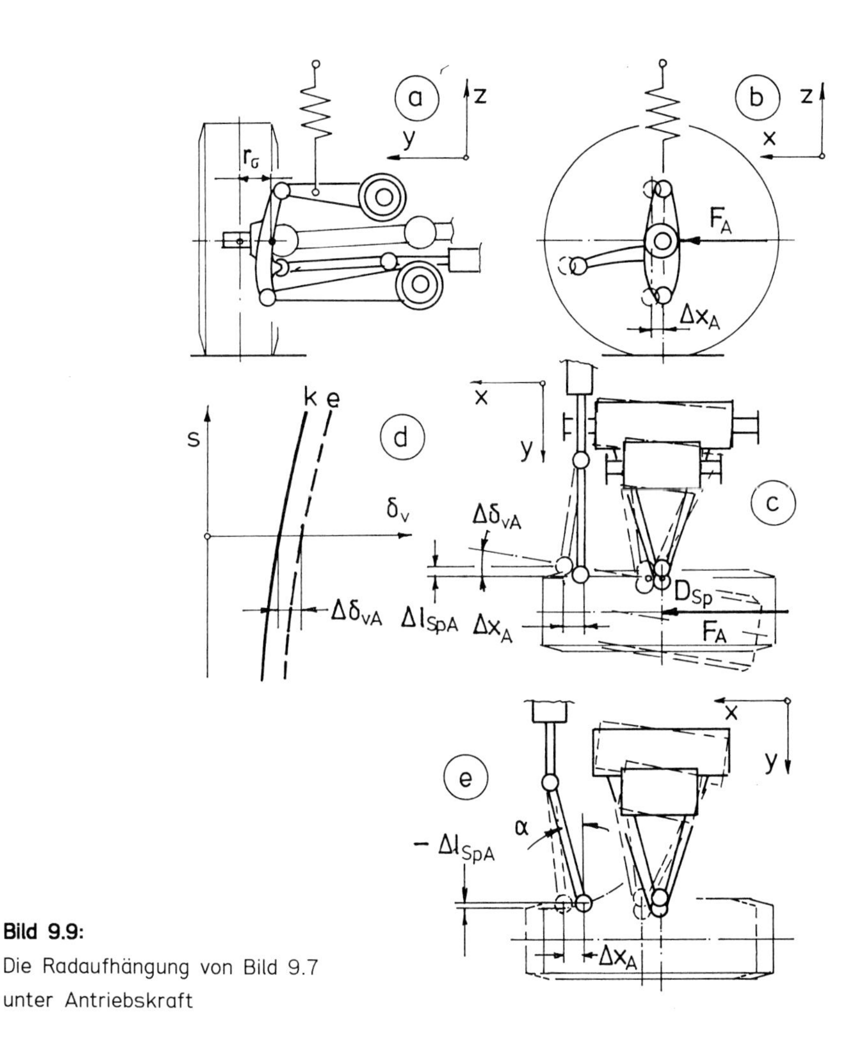

Bild 9.9:
Die Radaufhängung von Bild 9.7 unter Antriebskraft

schiebung Δx_A des Spurstangengelenks mit der Querkomponente $(-)\Delta x_A \tan\alpha$ kompensiert wird, d.h. in Bild 9.9e müßte, vereinfacht ausgedrückt, gewählt werden: $\alpha = \mathrm{atn}(\Delta l_{SpA}/\Delta x_A)$.

Mit Maßnahmen wie der soeben beschriebenen beginnt eigentlich das, was heute unter „Elasto-Kinematik" verstanden wird, nämlich die bewußte gegenseitige Abstimmung der Steifigkeiten der Lager und Bauteile und der räumlichen Anordnung der Lenker.

Damit bleibt noch ein letzter Standard-Belastungsfall zu untersuchen übrig, und zwar die Bremsung mit einer radträgerfesten Bremse, also einer Bremskraft F_B am Radaufstandspunkt, **Bild 9.10**.

Da sich die gesamte Radaufhängung oberhalb der Fahrbahn und damit der Bremskraft befindet, entsteht am unteren Querlenker eine sehr große, nach hinten ziehende Reaktionskraft und am oberen eine erheblich kleinere nach vorn drückende mit dem Ergebnis, daß sich der Radträger in der Seitenansicht (Bild 9.10b) um einen Winkel $\Delta\tau_B$ (eine Nachlaufwinkeländerung) um die Querachse elastisch „aufzieht". Der Lotfußpunkt D_{Sp} des Spurstangengelenks auf der Spreizachse wandert elastisch um den Weg Δx_B nach hinten. Die Bremskraft F_B erzeugt am Lenkrollradius r_S ein Drehmoment um die Spreizachse, das an der vornliegenden Spurstange zieht, das Spurstangengelenk gegenüber D_{Sp} elastisch um den Weg Δl_{SpB} nach außen verlagert und einen Nachspurwinkel $\Delta\delta_{vB}$ hervorruft.

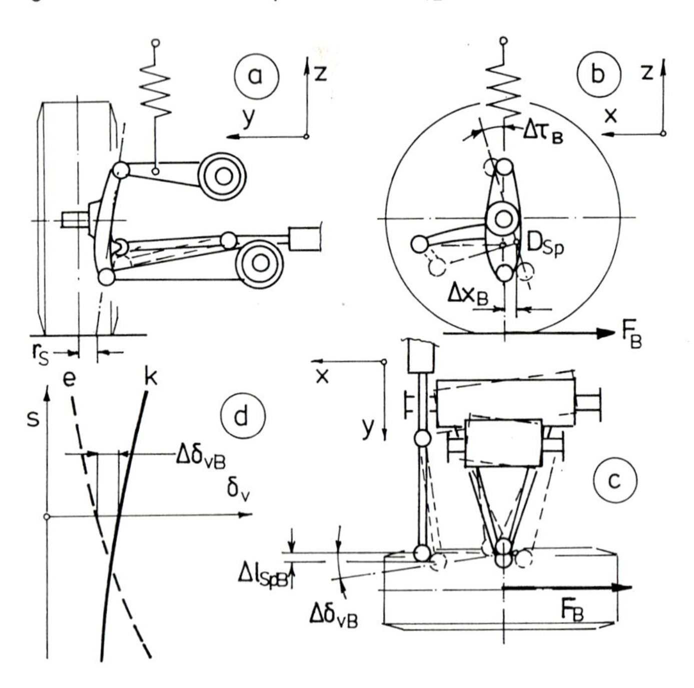

Bild 9.10: Die Radaufhängung von Bild 9.7 unter Bremskraft

Zusätzlich – und im Gegensatz zu Bild 9.9 – wird durch die Schwenkbewegung des Radträgers um den Winkel $\Delta\tau_B$ das Spurstangengelenk nach unten gedrückt, Bild 9.10b, und gerät damit in eine gegenüber der kinematischen Auslegung der Radaufhängung völlig „falsche" Höhenlage, Bild 9.10a. Dies hat zur Folge, daß die „elastische" Vorspurkurve e gegenüber der „kinematischen" Kurve k nicht nur in Konstruktionslage um den Winkel $\Delta\delta_{vB}$ versetzt verläuft, sondern auch mit einer merklich geänderten Richtung, nämlich zunehmender Nachspur beim Einfedern, vgl. Kap. 7, Bild 7.30 (bei einer hinter der Radaufhängung angeordneten Spurstange würde deren Gelenk nach oben gedrückt mit dem gleichen Gesamtresultat).

Mit der geänderten Tendenz der Vorspurkurve beim Bremsen könnte man sich anfreunden, bedeutet sie doch im Falle einer Bremsung bei Kurvenfahrt sowohl an einem kurvenäußeren Vorderrad, das beim Bremsen ein wenig einfedert, als auch an einem kurvenäußeren Hinterrad, das ein wenig ausfedert, jeweils einen untersteuernden Lenkwinkelbeitrag. Die dargestellte Vorspuränderung tritt aber dann auch beim Durchfedern während eines Bremsvorganges bei Geradeausfahrt auf und ist dort weniger erwünscht.

Die Verstellung um den Winkel $\Delta\delta_{vB}$ in Richtung Nachspur während eines Bremsvorganges bereits in Normallage wäre an einem Hinterrad auf jeden Fall nachteilig und könnte durch eine ähnliche Maßnahme wie schon in Bild 9.9e für die Antriebskraft angedeutet, nämlich eine passend abgestimmte Pfeilung der Spurstange, beseitigt oder ins Gegenteil verkehrt werden. Da an der Radaufhängung aber nur einmal eine Spurstangenpfeilung festgelegt werden kann, steht dieses Mittel jetzt ggf. nicht mehr zur Verfügung.

Damit bleibt als letzte noch nicht ausgenutzte kinematische Maßnahme eine zweckmäßige gegenseitige Abstimmung der wirksamen Hebelarme der Antriebs- und der Bremskraft [9], nämlich des Spreizungsversatzes r_σ und des Lenkrollradius r_S, also auch des Spreizungswinkels, um die von beiden Kräften hervorgerufenen Drehmomente um die Spreizachse in ein Verhältnis zu setzen, das einen Ausgleich des elastischen Lenkwinkels mit ein- und derselben Spurstangenpfeilung ermöglicht (hier wird der Übersichtlichkeit halber stets von der Spurstangenpfeilung gesprochen; es sei nur darauf hingewiesen, daß gleichartige Wirkungen durch Pfeilung auch anderer Achslenker erzielt werden können).

Die anhand der Bilder 9.7 bis 9.10 in stark vereinfachter Form angesprochenen elastischen Effekte treten am realen Fahrzeug in Überlagerung auf.

Es liegt auf der Hand, daß eine freie Gestaltung der Radaufhängung nach den bisher aufgezählten Gesichtspunkten um so leichter möglich ist, je mehr einzelne Lenker und je mehr Gelenke sie enthält. Der wesentliche Grund für die zunehmende Anwendung von Mehrlenker-Aufhängungen ist der Wunsch nach einer ausgewogenen Elasto-Kinematik.

Am Beispiel des gebremsten Rades nach Bild 9.10 wurde deutlich, daß eine längsweiche Aufhängung der Radführungsglieder zu einem großen „Aufziehwinkel" führen kann. Die freie Wahl der Größe der „Längsfederung" ist in einem solchen Fall nicht möglich.

Der Aufziehwinkel bei Bremsung kann reduziert werden, wenn die Radaufhängung so gestaltet wird, daß nur der untere Lenker wesentlich von Längskräften am Radmittelpunkt belastet wird und damit fast allein für die Längsfederung maßgebend ist, d.h. allein längsweich aufgehängt werden muß.

Dies erfordert bei Doppel-Querlenker-Aufhängungen eine Anbringung des unteren Querlenkers etwa in Höhe der Radmitte und, um die relative Abstützbasis der Bremskräfte nicht zu verringern, eine Verlegung des oberen Querlenkers oberhalb der Reifenlauffläche, **Bild 9.11**a. Ein weiterer Vorteil ist die damit gewonnene Möglichkeit, trotz eines kleinen Lenkrollradius einen relativ kleinen Spreizungswinkel bzw. Spreizungsversatz zu erhalten. In dieser Form werden heute Doppel-Querlenker-Aufhängungen vorwiegend entwickelt. - Bei der Feder- oder Dämpferbeinachse, Bild 9.11b, würde eine Höherverlegung des unteren Querlenkers zu ungünstigen Biege-Reaktionskräften an der Kolbenstange des radführenden Dämpfers führen; hier erlaubt aber die bauartgemäße große Abstützbasis für die Bremskraft eine weiche Längsfederung über den unteren Querlenker allein.

Die Längsfederung der Radaufhängungen in Bild 9.11 wird überwiegend durch eine Längsverlagerung f des unteren Querlenkers ermöglicht, und am oberen Lenker bzw. am Stützlager des Feder- oder Dämpferbeins tritt kaum ein elastischer Federweg auf; Voraussetzung ist allerdings eine gute akustische Isolation des oberen Bereichs der Radaufhängung.

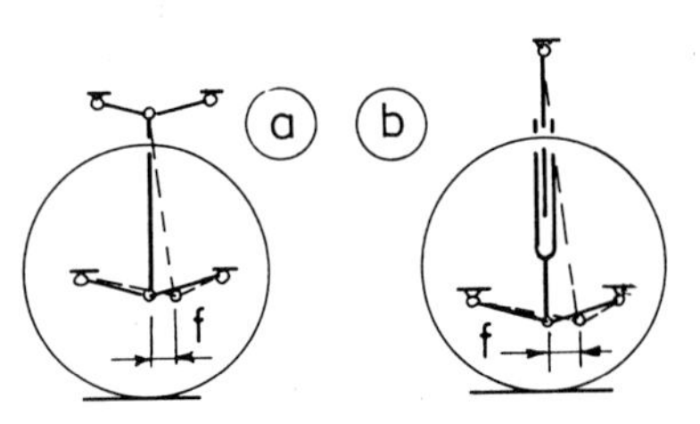

Bild 9.11:
Verringerung des elastischen „Aufziehens" bei Bremsung

Die als Beispiel gewählte Radaufhängung in den Bildern 9.7 bis 9.10 war der besseren Anschaulichkeit wegen insofern gegenüber den Radaufhängungen der Praxis vereinfacht worden, als wichtige Achslenker in der vertikalen Querschnittsebene durch den Radaufstandspunkt lagen. Im allgemeinen wird dies bereits an einer gelenkten Vorderachse wegen deren Nachlaufwinkel und -strecke nicht mehr gegeben sein, und erst recht nicht bei einer allgemeinen Mehrlenker-Hinterradaufhängung. An den bisher angesprochenen Effekten und elasto-kinematischen Maßnahmen ändert sich damit grundsätzlich nichts, die elastischen Verformungen treten dann allerdings in Überlagerung auf und können nur noch über Rechenprogramme ermittelt werden. Dies hätte hier unnötigerweise die beabsichtigten prinzipiellen Betrachtungen erschwert.

Eine weitere Möglichkeit, dem Problem des elastischen „Aufziehens" unter Bremskraft auszuweichen, besteht in der Anbringung der gesamten Radaufhängung an einem Hilfsrahmen bzw. Fahrschemel, der selbst ausreichend elastisch am Fahrzeugkörper gelagert ist. Die Radaufhängung selbst kann dann mit steiferen Lagerungen ausgestattet werden. Eine solche Maßnahme ergibt sich an angetriebenen Hinterachsen für komfortable Fahrzeuge im allgemeinen von selbst, da der Hilfsrahmen ohnehin zur Isolation der Geräusche des Achsgetriebes vorgesehen ist und die Gesamtmontage der (bereits außerhalb des Fahrzeugs vorjustierten) Achse über drei oder vier Gummilager eine erhebliche Fertigungserleichterung bedeutet. Damit wird allerdings in Kauf genommen, daß die gesamte Achse an ihrem Hilfsrahmen bei einseitig wirkender Längskraft wieder ein wenig „lenkt", vgl. Abschnitt 9.1 und Bild 9.6.

In Anbetracht der in den Bildern 9.7 bis 9.11 dargestellten Zusammenhänge ist es sicher von Vorteil, wenn die Radaufhängung jeder Fahrzeugseite bei wunschgemäß dimensionierter Längsfederung auf die an ihr angreifenden äußeren Kräfte elasto-kinematisch allein richtig reagieren könnte, ohne die Radaufhängung der gegenüberliegenden Fahrzeugseite zu beeinflussen oder von dieser beeinflußt zu werden. Dem steht nicht entgegen, daß auch eine so ausgestattete Radaufhängung zwecks Optimierung des Komforts wieder über einen elastisch gelagerten Hilfsrahmen mit dem Fahrzeug verbunden wird; dessen Aufgaben sind dann aber vorrangig die Geräuschisolation und Montageerleichterung und nicht mehr elasto-kinematische Effekte. Auch dieser Weg wird häufig beschritten, wie im folgenden an vereinfachten Beispielen erläutert wird.

Ein Gewinn an Freiheit der elasto-kinematischen Auslegung ist offensichtlich dann zu erzielen, wenn der elastische Aufziehwinkel ($\Delta\tau_B$ in Bild 9.10b) vermieden werden kann. Dieser Winkel entsteht, wenn das Drehmoment aus der Längskraft (im allgemeinen einer Bremskraft) an übereinanderliegenden Bauteilen der Radaufhängung, in den Bildern 9.7 bis 9.10 den Dreiecklenkern, abgestützt wird und diese Bauteile zwecks weicher Längsfederung in Fahrtrichtung nachgiebig ausgebildet sind.

Demnach böte eine Radaufhängung Vorteile, bei welcher das Drehmoment einer Längskraft an einem einzigen Bauteil verdrehsteif aufgenommen wird, sofern dieses Bauteil dann die Längsfederung allein ermöglichen kann. Dies führt zu der in verschiedenen Varianten angewandten Bauart der Doppel-Querlenker-Achse mit verwindungssteifem Trapezlenker, **Bild 9.12** (vgl. auch Bild 2.10 in Kap. 2).

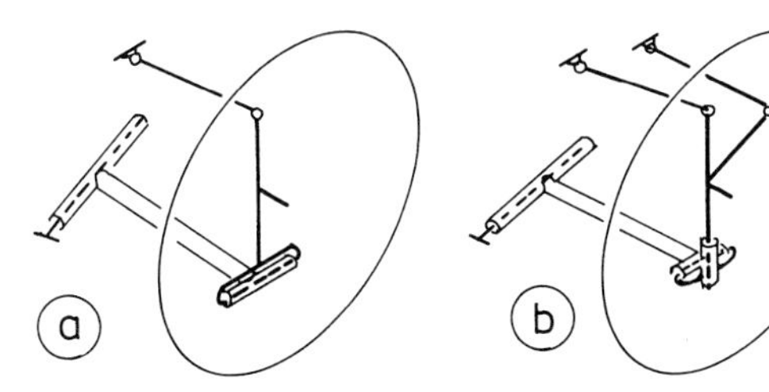

Bild 9.12: Trapezlenkerachsen (Federung nicht dargestellt)

In der einfachsten Form benötigt diese Aufhängung nur einen zusätzlichen Stablenker, Bild 9.12a, um kinematisch vollständig zu sein. Die Drehgelenke am Trapezlenker müssen aber dann extrem ecksteif ausgebildet werden, um Vorspuränderungen unter Längskraft zu vermeiden (vgl. Bild 9.5), und als „Längsfederung" kommt nur eine axiale Elastizität der Drehgelenke in Frage, was mit reinen Gummilagern (auch bei Verwendung von „Zwischenbüchsen") kaum zu erreichen ist. Mit zwar geringen, aber jedenfalls in „falscher" Richtung (Nachspur beim Bremsen, Vorspur bei Antrieb) erfolgenden elastischen Lenkwinkeln ist also zu rechnen. Hinzu kommt, daß die Radaufhängung dem geringen technischen Aufwand entsprechend auch kinematisch nicht ganz frei gestaltbar ist, denn sie steht den „sphärischen" Mechanismen nahe, vgl. Kap. 3, Bild 3.7.

Wird die radseitige Drehachse des Trapezlenkers durch eine kardanische Verbindung ersetzt, Bild 9.12b, so erhält der Radträger am Trapezlenker eine zusätzliche Drehbarkeit in einer Art „Achsfaust", die durch einen zweiten Stablenker kontrolliert werden muß. Damit ist die Möglichkeit gegeben, die nunmehr zwei Stablenker gegeneinander zu „pfeilen" (vgl. Bild 9.9) und so elastische Lenkwinkel zu beeinflussen; die Radaufhängung kann auf Grund ihres kinematischen Aufbaus eine echte „räumliche" Geometrie erhalten und ist zudem als Vorderradführung denkbar.

Eine ähnliche Wirkung wie mit dem Trapezlenker läßt sich auch durch eine ecksteife Längsführung des Radträgers an einem Längslenker erreichen, wie z.B. an der sphärischen Doppel-Querlenker-Aufhängung nach **Bild 9.13**a oder einer Mehrlenker-Aufhängung, deren zwei Längslenker zu einem Drei-ecklenker vereinigt werden, Bild 9.13b; dieser Dreiecklenker kann dann konstruktiv durch ein um die Hochachse biegeweiches Federblatt oder „Schwert" ersetzt werden. Weiter besteht die Möglichkeit, die Längslenker einer Mehrlenker-Aufhängung an einem Ausgleichshebel zu lagern, Bild 9.13c, wobei die Hebelarme am Ausgleichshebel sich evtl. umgekehrt verhalten wie die in den Längslenkern bei Bremsung auftretenden Kräfte, so daß kein resultierendes Drehmoment am Ausgleichshebel entsteht und dieser zwecks „Längsfederung" des Rades drehweich am Fahrzeugkörper geführt werden kann (damit wird aber eine Drehbewegung des Radträgers bei Stoßkraft – bzw. Antriebskraft – am Radmittelpunkt in Kauf genommen).

Alle in Bild 9.13 gezeigten Lösungen erfordern ein entsprechendes Raumangebot im Fahrzeug und sind deshalb nicht generell anwendbar, im Gegensatz zu denen nach Bild 9.12.

Der technische Aufwand an den Lagerstellen der „kardanischen" Verbindung Radträger/Trapezlenker in Bild 9.12b läßt sich erheblich verringern, wenn es sich um eine nicht bzw. begrenzt lenkbare Hinterradaufhängung handelt, indem die kardanische Verbindung durch ein Kugelgelenk k oder ein

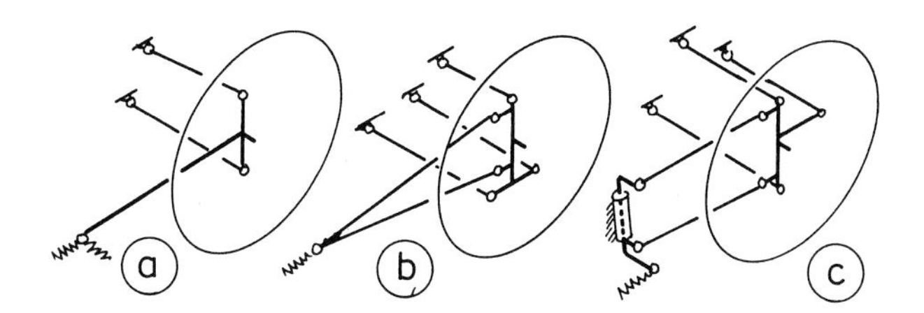

Bild 9.13: Radaufhängungen für eine verdrehsteife Abstützung des Bremsmoments

diesem gleichwertiges Gummilager und einen pendelnden Drehmomentlenker p ersetzt wird, **Bild 9.14**. Die räumliche Anstellung des Drehmomentlenkers eröffnet weitere kinematische und elasto-kinematische Einflußmöglichkeiten.

Selbstverständlich ist auch mit den in den Bildern 9.12 bis 9.14 gezeigten Lösungsansätzen der elastische „Aufziehwinkel" bei Bremsung nicht vollständig zu beseitigen, da alle Lagerungen und Bauteile (auch der Trapezlenker) gewisse Elastizitäten aufweisen. Die Bauart nach Bild 9.13c könnte theoretisch durch „Überkompensation" des Drehmomentausgleichs am Ausgleichshebel sogar eine Umkehrung des elastischen Aufziehwinkels erzeugen, allerdings mit dem Nachteil um so größerer Drehbewegungen des Radträgers bei Längsfederung unter Längskraft am Radmittelpunkt.

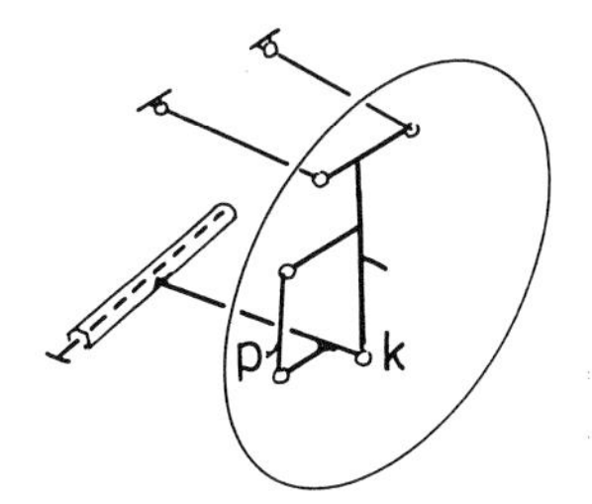

Bild 9.14:
Trapezlenkerachse
mit Drehmomentstrebe

Daß die metallischen Bauteile der Radaufhängungen, ein evtl. vorgesehener Hilfsrahmen und die betroffenen Karosseriebereiche elastische Eigenschaften aufweisen, die die Wirkung der verbauten Elastomer- bzw. Gummilager übertreffen können, wurde bereits angesprochen.

Diese Bauteile können oft nicht so gestaltet werden, wie es aus der Sicht der Elastizitätslehre wünschenswert wäre, weil ihre Formgebung von wesentlichen Raumanforderungen des Gesamtfahrzeugs („Package") abhängt, sei es im Bereich des Motorraums, hier unter Berücksichtigung der vorgesehenen Montageweise (Einfahren des Triebwerks von oben oder von unten), der Fahrgastzelle (Trägerverlauf, Sitzkontur, Einstiegsverhältnisse), des Gepäckraums, des Kraftstofftanks oder der von Jahrzehnt zu Jahrzehnt immer größer und heißer werdenden Abgasanlage. Die Dimensionierung wichtiger Karosserieträger und evtl. sogar Radführungselemente muß zudem oft einer Verbesserung der Ergebnisse der Crash-Tests dienen.

Auch unter diesen erschwerten Bedingungen ist es meistens durch angepaßte Gestaltung der Radaufhängung möglich, negative Auswirkungen auf die Elasto-Kinematik gering zu halten.

9.2.2 Elastisch gelagerte Hilfsrahmen

Es wurde bereits erwähnt, daß Radaufhängungen in zunehmendem Maße an elastisch mit dem Fahrzeugkörper verbundenen Hilfsrahmen montiert werden, und zwar nicht nur wegen einer evtl. mangelnden Eignung der Radaufhängung für eine gute elasto-kinematische Abstimmung, sondern auch zum Zweck der optimalen Geräuschisolation und der einfacheren Endmontage in der Fertigungslinie.

Die elasto-kinematische Auslegung eines Hilfsrahmens ist an einer Vorderachse schwieriger zu bewerkstelligen als an einer Hinterachse, weil an der Vorderachse die Übertragung der Lenkbewegung im Lenkgestänge beachtet werden muß. Hier gibt es zwei grundsätzliche Möglichkeiten:
Erstens: Das Lenkgetriebe wird am elastisch gelagerten Hilfsrahmen oder „Fahrschemel" befestigt. Dann erfolgt die elasto-kinematische Abstimmung desselben analog zu Hinterachsen. Bei einseitiger Längskraft stellt sich der Fahrschemel schräg und verstärkt im Gegensatz zu einem Fahrschemel einer Hinterachse die Gierreaktion des Fahrzeugs. Die Lenkspindel zwischen dem Lenkrad und dem Lenkgetriebe muß die Relativbewegungen zwischen Fahrschemel und Karosserie auffangen. Die Verdrehfederrate des Fahrschemels um die Hochachse muß möglichst groß sein, was eine breitbasige Aufhängung desselben erfordert und damit viel Platz im stets eng vollgebauten Vorderwagen.
Zweitens: Das Lenkgetriebe ist karosseriefest. Hier ergeben sich bei elastischen Verlagerungen des Fahrschemels unter Seitenkraft elastische Lenkwinkel, die sich auf das Eigenlenkverhalten auswirken. Vornliegende Spurstangen vom fahrzeugfesten mittleren Lenkgestänge zu den Rädern werden eine „untersteuernde" elastische Anlenkreaktion der Achse ergeben. Bei einseitiger Längskraft kann eine geschickte Anordnung der seitlichen Spurstangen (die Wahl der richtigen „Pfeilung" derselben) elastische Lenkwinkel unterbinden.

Wegen des beträchtlichen Raumbedarfs im Vorderwagen neben dem Motor-Getriebe-Aggregat sind elastisch gelagerte Hilfsrahmen an Vorderachsen bisher nicht sehr häufig anzutreffen. Die elasto-kinematische Verformungsanalyse einer Vorderradaufhängung <u>ohne</u> einen solchen Hilfsrahmen erfordert dann allerdings, wenn sie erfolgreich sein soll, eine besonders sorgfältige Abbildung der elastischen Eigenschaften der verzweigten Karosseriebauteile und -träger im betroffenen Vorderwagenbereich.

Ergänzend sollen noch einige Gesichtspunkte zur Gestaltung von Radaufhängungen mit elastisch gelagertem Hilfsrahmen oder „Fahrschemel" angesprochen werden.

Die Fünf-Lenker-Radaufhängung in **Bild 9.15** ist mit drei Querlenkern und einer Diagonalstrebe über einen elastisch gelagerten Hilfsrahmen mittelbar und mit einem Längslenker unmittelbar am Fahrzeugkörper montiert. Der Hilfsrahmen ist in Form einer nach unten offenen Brücke gebaut, weil er z. B. ein Achsgetriebe aufnehmen und Freigang für eine längsliegende Gelenkwelle, evtl. auch noch Auspuffrohre, anbieten muß.

Die beiden Querlenker, welche für den Lenkwinkel des Rades „zuständig" sind, befinden sich in Bild 9.15a im unteren Bereich der Radaufhängung, z. B. weil obere Querlenker wegen ihres Raumbedarfs beim Ein- und Ausfedern bei den Karosseriekonstrukteuren nicht sonderlich beliebt sind, da sie „Kröpfungen" in den für die Steifigkeit und den Crash wichtigen Karosserie-Längsträgern notwendig machen können. Die erwähnten beiden Querlenker belasten daher den Hilfsrahmen in einem Bereich, wo er gegenüber Querkräften wenig Steifigkeit aufweist.

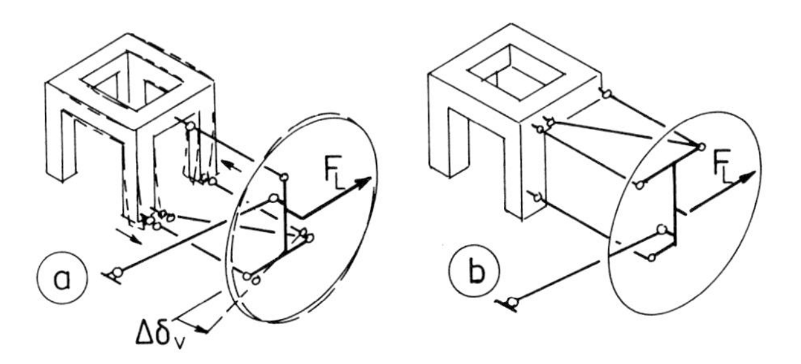

Bild 9.15: Elastisch gelagerter Hilfsrahmen und Steifigkeit der Lenkerlagerung

Eine Längskraft F_L beansprucht den vorderen der beiden unteren Querlenker auf Zug und den hinteren auf Druck, so daß der torbogenförmige Hilfsrahmen sich im Bereich der vorderen Querlenker nach außen aufbiegt bzw. im Bereich der hinteren Querlenker nach innen zusammenbiegt. Dadurch ergibt sich ein elastischer Lenkwinkel $\Delta\delta_V$ in Richtung „Nachspur". Ist die Radaufhängung z. B. durch eine entsprechende Lagerung des Längslenkers für eine „weiche" Längsfederung ausgelegt, so kann der elastische Lenkwinkel durch eine Pfeilung von Querlenkern (vgl. Bild 9.9e) wieder kompensiert werden. Je größer die Nachgiebigkeit des Hilfsrahmens, desto größer der erforderliche Pfeilungswinkel, desto stärker aber auch die Abhängigkeit der

Funktion der Radaufhängung von den Toleranzen der Federraten der Gummilager und der Steifigkeiten des Hilfsrahmens. Gute Gummilager arbeiten in einem Toleranzbereich der Shorehärte von ca. ± 3 HS und damit von ca. ± 10% der Soll-Federrate. Die metallischen Bauteile verhalten sich in dieser Beziehung keineswegs besser: Die Blechdickentoleranzen von ± 8...10% gehen bei Trägerprofilen an den Stegwänden linear und an Flanschpartien quadratisch in die Biegesteifigkeit ein, und die übliche Gesenktoleranz von insgesamt ca. 2 mm verursacht angesichts der relativ klein gehaltenen Schmiede-Profilquerschnitte, da sie mit der dritten Potenz in die Flächenträgheitsmomente eingeht, eine eher noch größere Streuung der Steifigkeit.

Es ist zwar hilfreich, wenn die vorliegende Radaufhängung es gestattet, elastische Lenkfehler durch Gegenmaßnahmen wie z. B. eine Lenkerpfeilung auszugleichen, aber es ist wenn möglich erheblich vorteilhafter, diese Konfliktsituation erst gar nicht entstehen zu lassen.

In Bild 9.15b wird gezeigt, wie die vom Grundprinzip her unveränderte Radaufhängung von Bild 9.15a durch einen Austausch der unteren und der oberen Querlenker und damit eine Anlenkung der für die Fixierung des Lenkwinkels wichtigen Lenker in der quersteifen oberen Zone des Hilfsrahmens vor den elastischen Verformungen desselben weitgehend bewahrt wird mit dem weiteren Vorteil, daß eine ausgeprägte Pfeilung von Lenkern nicht mehr nötig ist und damit eine deutlich größere Unempfindlichkeit der elasto-kinematischen Abstimmung gegenüber Steifigkeitsabweichungen der Bauteile erzielt wird.

Es wurde bereits darauf hingewiesen, daß die Verformung komplexer Bauteile wie z. B. eines Hilfsrahmens zur Aufnahme mehrerer Radführungsglieder und evtl. auch noch eines Achsgetriebes nicht einfach als eine der jeweiligen äußeren Kraft proportionale Größe erscheint, sondern daß die elastische Verlagerung eines Kraftangriffs- bzw. Lenkerlagerpunktes von der jeweiligen Gesamt-Kräftekonstellation abhängt. Wäre dies nicht der Fall, so könnte ein solches Bauteil rechnerisch durch eine Reihe von Ersatzfedern vertreten und mit den Federraten der Lenkerlager „in Serie" geschaltet werden, womit sich die elasto-kinematische Analyse erheblich vereinfachen würde. In **Bild 9.16** wird versucht, das elastische Verhalten komplexer Bauteile an einem vereinfachten Beispiel verständlich zu machen.

Eine Radaufhängung aus zwei Dreiecklenkern und einem Stablenker ist an einem Hilfsrahmen befestigt, der ähnlich wie in Bild 9.15 in Form einer Brücke über irgendwelche nicht dargestellte Hindernisse hinweggebaut ist. Der Lenkwinkel wird im wesentlichen durch die Paarung des oberen Dreiecklenkers und des Stablenkers bestimmt, die entsprechend der Lehre aus Bild 9.15b im oberen, quersteifen Bereich des Hilfsrahmens angeordnet sind. Im Beispiel a wird die Achse durch Längskräfte F an den Radaufstandspunkten (z.B. Bremskräfte) belastet. Dadurch entsteht am unteren Dreiecklenker eine große Reaktionskraft, die das Kugelgelenk an der Lenkerspitze nach hinten zieht. Da die Kräfte an beiden Seiten des Hilfsrahmens symmetrisch angreifen, wird der Hilfsrahmen in seinem vorderen Bereich auseinander- und in seinem hinteren Bereich zusammengebogen mit der Folge, daß der untere Dreiecklenker nach hinten schwenkt und den unteren Teil des Radträgers mitnimmt. Das Ergebnis sind ein elastischer „Aufziehwinkel" und eine Längsverlagerung Δx des Rades. Wäre der Dreiecklenker nicht symmetrisch aufgebaut, sondern aus einem reinen Querlenker und einer Schrägstrebe, so würde über das innere Querlenkerlager, je nachdem ob dieses vorn oder hinten am Hilfsrahmen angeordnet wäre, das radträgerseitige Kugelgelenk nach außen bzw. nach innen verlagert, und es ergäbe sich zusätzlich eine elastische Sturzänderung.

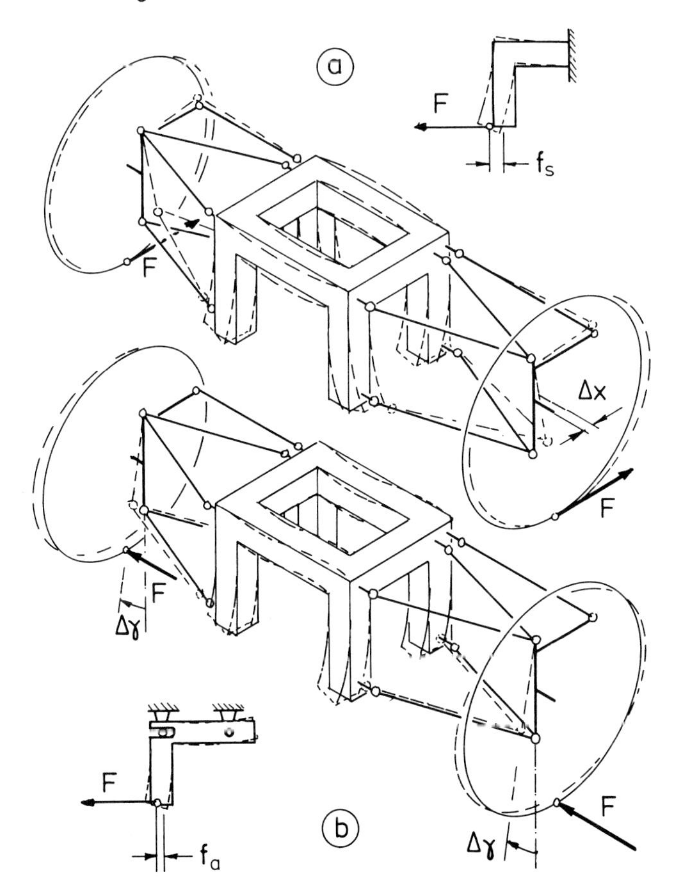

Bild 9.16: Unterschiedliche wirksame Federraten an einem Hilfsrahmen in Abhängigkeit von dem Kollektiv der äußeren Kräfte

Im Beispiel b ist die Radaufhängung bei Belastung durch Seitenkräfte F während der Kurvenfahrt dargestellt. Beide Seitenkräfte wirken zur gleichen Fahrzeugseite hin, d.h. im Gegensatz zu Bild 9.16a handelt es sich um einen unsymmetrischen Kräfteplan. Die Seitenkräfte drücken bzw. ziehen an den unteren Dreiecklenkern und damit an den unteren Auslegern des Hilfsrahmens, der sich nun in seinem Mittelteil etwa s-förmig windet und an allen vier unteren Lenkerlagern in gleicher Richtung nachgibt. Beide Radträger werden dadurch im unteren Bereich gleichsinnig verschwenkt, der kurvenäußere um einen Winkel $\Delta\gamma$ in positiven und der kurveninnere in negativen Sturz.

Die Schemaskizzen in Bild 9.16 a und b sollen helfen, das jeweilige Verformungsbild des Hilfsrahmens mit den dabei wirksamen Steifigkeiten in Verbindung zu bringen. Im Beispiel a wird der Hilfsrahmen im Querschnitt gesehen im vorderen Bereich auseinander- und im hinteren zusammengebogen, jedenfalls symmetrisch verformt. Dies bedeutet, daß der Trägerquerschnitt in der Fahrzeugmittelebene aus Symmetriegründen seine horizontale Tangente beibehält; der Hilfsrahmen kann in Gedanken geteilt und jede seiner Hälften in der Fahrzeugmitte fest eingespannt werden. Eine Kraft F an diesem biegeweichen „Haken" ergibt einen Federweg f_s (Index s für den symmetrischen Lastfall), der aus einer kreisförmigen Biegelinie des unter konstantem Moment stehenden horizontalen Balkens und der Parabel dritter Ordnung des einseitig eingespannten vertikalen Balkens hervorgeht. Im Beispiel b liegt ein unsymmetrischer Lastfall vor. Wäre dieser antimetrisch, d.h. mit gleich großen Seitenkräften an beiden Rädern, so dürfte aus Antimetriegründen die Mitte des Hilfsrahmens keine Höhenverlagerung erfahren. Diesem Verformungsbild wird das links unten gezeichnete Schema gerecht, wo der halbe Hilfsrahmen an einem Festlager in der Fahrzeugmitte und einem Loslager am Knickpunkt geführt wird. Unter einer Kraft F entsteht am Fest- und am Loslager eine vertikale Reaktionskraft, die den horizontalen Balken mit einem linear wachsenden Biegemoment (im Gegensatz zum konstanten Moment des Beispiels a) belastet. Beide Balkenabschnitte verformen sich entsprechend der Biegelinie eines einseitig eingespannten Stabes, so daß der Federweg f_a für den antimetrischen Lastfall kleiner ausfällt als der Weg f_s für den symmetrischen. Der Vorgang ist in gewissem Maße vergleichbar mit der zweipunktig gelagerten Blattfeder als Kombination einer Hub- und Stabilisatorfeder, vgl. Kap. 5, Bild 5.29.

An einem realistischen Hilfsrahmen mit seinem im allgemeinen räumlichen Kräftesystem treten prinzipiell die gleichen Grundverformungen auf, aber in Überlagerung. Eine Steifigkeitsmatrix, die mit Hilfe finiter Elemente erstellt wird, ermöglicht die Berücksichtigung der wechselseitigen Einflüsse der äußeren Kräfte in einem Rechenprogramm zur Analyse der Elasto-Kinematik der Radaufhängung.

Ging es bei den vorstehenden Betrachtungen darum, die Auswirkungen der elastischen Verlagerungen an einem Hilfsrahmen möglichst zu vermeiden, so möge abschließend noch eine Situation beschrieben werden, in welcher dieselben vorteilhaft ausgenutzt werden können.

Bild 9.17 zeigt eine Hinterradaufhängung mit angetriebenen Rädern. Die Aufhängung besteht aus zwei übereinanderliegenden Längslenkern, die unmittelbar am Fahrzeugkörper gelagert sind, und drei Querlenkern, von denen zwei im oberen und quersteifen Bereich eines elastisch am Fahrzeug befestigten Hilfsrahmens angebracht sind und damit den Lenkwinkel des Rades möglichst unbeeinflußt von den Elastizitäten des Hilfsrahmens bestimmen, während der dritte, untere vorwiegend für die Kontrolle des Radsturzes zuständig ist. Das Hinterachsgetriebe hängt ebenfalls am Hilfsrahmen.

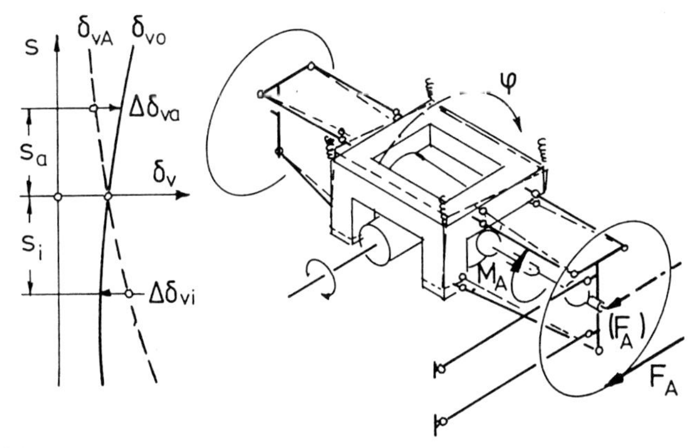

Bild 9.17: Stabilisierende Lenkeffekte beim Lastwechsel in der Kurve

Unter einer Antriebskraft F_A, die über die querliegende Gelenkwelle ein Reaktionsmoment M_A auf das Hinterachsgetriebe und damit den Hilfsrahmen ausübt, kippt der letztere in seinen fahrzeugseitigen Lagern um einen Winkel φ und nimmt die Anlenkpunkte der vorderen Querlenker nach oben mit bzw. senkt die der hinteren ab. Da die Längslenker sich unmittelbar am Fahrzeugkörper abstützen, macht der Radträger diese Kippbewegung nicht mit. Auf diese Weise wird aber die für die Festlegung der gewünschten Vorspurfunktion $\delta_{v0}(s)$ über dem Radhub wesentliche Zuordnung der oberen Querlenker verändert (vgl. Kap. 7, Bild 7.30), und die Vorspurkurve $\delta_{vA}(s)$ für den Fall der Antriebskraft erhält einen an Hinterachsen „übersteuernd" wirkenden Gradienten. Die Abweichung von der Sollkurve δ_{v0} wächst mit dem Radhub s. Dies bedeutet bei paralleler Federungsbewegung des Fahrzeugs während der Geradeausfahrt Vor- oder Nachspuränderungen der gesamten Achse und ist im allgemeinen harmlos, wenn auch nicht unbedingt nützlich. Bei Kurvenfahrt ist dagegen das kurvenäußere Rad merklich um einen Radhub s_a ein- und das kurveninnere um s_i ausgefedert. Nimmt der Fahrer nun plötzlich das Gaspedal zurück (Lastwechsel, vgl. Kap. 7, Abschnitt 7.6), so kippt der Fahrschemel wieder in seine entspannte Lage, und beide Hinterräder springen auf ihre Soll-Vorspurwinkel (Kurve δ_{v0}) zurück, d.h. das kurvenäußere Rad lenkt um einen Winkel $\Delta\delta_{va}$ in Richtung Vorspur und das kurveninnere um den Winkel $\Delta\delta_{vi}$ in Richtung Nachspur, bzw. die gesamte Achse lenkt untersteuernd der unerwünschten, aber naturgemäßen Übersteuerungstendenz beim Lastwechsel entgegen. Die Untersteuerwirkung ist bei einer Anordnung entsprechend Bild 9.17 von den Federwegen der Räder (also dem Wankwinkel, somit der Querbeschleunigung) und vom Kippwinkel des Hilfsrahmens (folglich dem eingesetzten Motormoment) abhängig und damit optimal auf den Lastwechselvorgang abstimmbar.

Derartige Lenkeffekte spielen sich, so fühlbar sie sich auf das Fahrverhalten auswirken, im Bereich von Winkelminuten ab. Wie bei allen Maßnahmen an einem „passiven" System, das die elasto-kinematisch optimierte Radaufhängung darstellt, müssen jeweils die erzielbaren Vorteile und die evtl. damit einhergehenden Funktionsnachteile in anderen Fahrsituationen gegeneinander abgewogen werden. Im Falle der Beeinflussung des Lastwechselverhaltens mit den in Bild 9.17 angedeuteten Mitteln stellt sich z.B. die Frage, was das Fahrzeug tut, wenn in der Kurve beschleunigt wird. Dem kann entgegengehalten werden, daß der Fahrer stets bewußt beschleunigt und folglich bei hohem Leistungseinsatz mit der entsprechenden Gierreaktion des Fahrzeugs rechnet (die durch die in Bild 9.17 beschriebenen Maßnahmen lediglich etwas verstärkt wird), während bei Kurvenfahrt Lastwechsel mit großem Drehmomentsprung vorwiegend in Gefahrsituationen nötig werden, wo jede Hilfe willkommen ist, um das Fahrzeug auf Kurs zu halten.

Bisher wurden nur „quasistationäre" elasto-kinematische Vorgänge angesprochen. Die längselastisch aufgehängte Radaufhängung bildet allerdings auch ein Schwingungssystem, und zwar mit Rücksicht auf die verständlicherweise beschränkten Längsfederwege und daher progressiv ausgelegten Längsfederungskennlinien ein nichtlineares mit einem breiten Frequenzspektrum; ein wesentliches (und schwieriges) Problem ist dabei die Vermeidung von Resonanzen mit anderen Schwingungen wie u. a. der vertikalen Radeigenschwingung, um Nebenwirkungen wie z. B. Stip-Slick-Erscheinungen beim Bremsen auszuschließen.

Die im vorstehenden Abschnitt am Beispiel der Einzelradaufhängungen angesprochenen elasto-kinematischen Erscheinungen, Probleme und Lösungsansätze sollten einen Eindruck von den vielfältigen Möglichkeiten vermitteln, die bei der Entwicklung einer Radaufhängung zur Verfügung stehen oder geschaffen werden können. Im Einzelfall mag der eine oder der andere Effekt dominieren, auch mögen im Verlaufe einer Entwicklung und Fahrerprobung unerwartete neue Fragestellungen aufkommen. Die gezielte Entwicklung einer Mehrlenker-Radaufhängung auf ein wunschgemäßes elasto-kinematisches Verhalten hin erfordert neben dem Wissen um die grundsätzlichen Zusammenhänge auch (oder erst recht) im Zeitalter der „Computer-Konstruktion" ein gutes räumliches Vorstellungsvermögen und viel Phantasie, und zwar nicht nur beim Konstrukteur, sondern auch beim Versuchsingenieur und beim Berechnungsspezialisten, denn ohne perfektes Zusammenspiel dieser Gruppen ist eine erfolgreiche Fahrwerksentwicklung nicht möglich, und ohne „Durchblick" des projektierten Achssystems mit seinen kinematischen und elasto-kinematischen Eigenheiten kann keine der drei Gruppen zielgerichtet arbeiten. Durch diese Abhängigkeiten und Möglichkeiten ist die Arbeit an modernen Radaufhängungen erheblich anspruchsvoller und zugleich erfolgversprechender geworden.

9.3 Statisch überbestimmte Systeme

Starrachsaufhängungen werden gelegentlich statisch überbestimmt ausgeführt, z. B. mit fünf Lenkern statt der kinematisch erforderlichen und ausreichenden vier. Teilweise geschieht dies wegen günstigerer Einbauverhältnisse, z. B. weil ein oberer Längslenker unter dem Gepäckraumboden in Fahrzeugmitte vermieden werden soll; es mag auch der Wunsch dahinterstecken, den Mittelbereich der Achsbrücke von Drehmomenten bei Bremsung und Antrieb freizuhalten, weil eine Verwindung der Achsbrücke je nach Bauart zu Undichtigkeiten am Achsgetriebe führen kann.

Bild 9.18 a zeigt eine Starrachsführung mit vier Längslenkern und einem Querlenker oder „Panhardstab". Die Längslenker sind in der Seitenansicht gegeneinander angestellt, so daß die Achse beim parallelen Federungsvor-

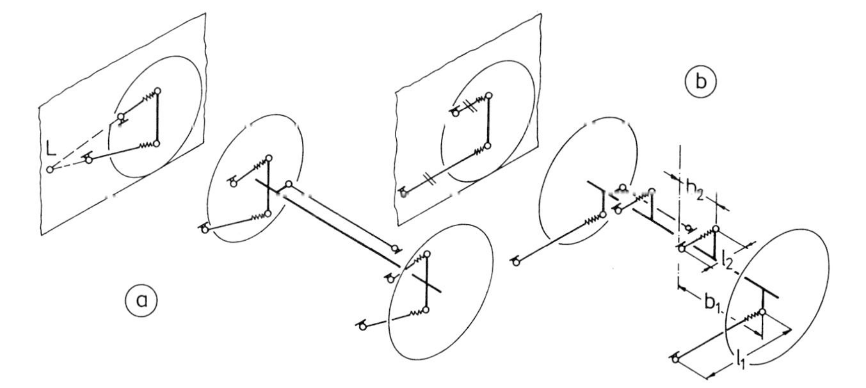

Bild 9.18: Statisch überbestimmte Starrachsführungen

gang um den Längspol L schwenkt. Bei gegensinnigen Radbewegungen, z.B. bei Kurvenfahrt, möchte sich jede Hälfte des Achskörpers um ihren Pol L drehen, was eine Verwindung des Achskörpers erfordern würde; in demselben entsteht also ein Torsionsmoment, die elastischen Lager der Längslenker werden gegeneinander verspannt, und die hierfür notwendige Verformungsarbeit muß das Wankmoment leisten, d. h. die Achsaufhängung bringt einen - gewollten oder ungewollten - Stabilisatoreffekt.

Diese Zwangsbedingungen werden weitgehend vermieden, wenn die vier Längslenker gleich lang ausgeführt und jeweils übereinander und parallel verlegt werden. Bei ungleich langen, in Ausgangslage parallel verlaufenden Längslenkern, Bild 9.18b, können Verzwängungen über einen weiten Bereich der Achsbewegung gering gehalten werden: Da die Schwenkwinkel der Lenker im Seitenriß dem Wankwinkel φ und den Quotienten b_1/l_1 bzw. b_2/l_2 ihrer Abstände von der Fahrzeugmittelebene und ihrer Längen proportional sind und die Längsverschiebungen ihrer achsseitigen Lager proportional zu den Lenkerlängen und den Quadraten der Schwenkwinkel wachsen, ergeben sich etwa gleich große Längsverschiebungen aller Lager und damit eine dem Wankwinkel überlagerte reine Längs-Translation des Achskörpers, wenn das Verhältnis zwischen dem Quadrat des Mittenabstandes und der Länge für alle Lenker gleich gewählt wird, also $b_1^2/l_1 = b_2^2/l_2$.

Überbestimmte Radaufhängungen erfordern eine besonders gute Einhaltung von Maß- und Einbautoleranzen, um nicht von vornherein Verspannungen zu erhalten.

Kinematische Kenngrößen wie z. B. ein Stützwinkel ε^* oder eine Wank-Momentanachse m_W ergeben sich an einer überbestimmten Starrachsaufhängung im Zusammenspiel ihrer kinematischen und elastischen Eigenschaften aus der Verschiebung des Radaufstandspunktes bei einem differentiellen symmetrischen oder antimetrischen Federungsvorgang unter rein vertikaler, nur der Bewegung des Mechanismus dienender Belastung; es wäre falsch, Brems-, Antriebs- oder Seitenkräfte zu überlagern (vgl. hierzu die Ausführungen in Kap. 6, Abschnitt 6.3.8!).

10 Zur Synthese von Radaufhängungen

10.1 Allgemeines

Bei der Auswahl des Typs der Radführung und der kinematischen Auslegung derselben spielen die unterschiedlichsten Gesichtspunkte eine Rolle, wie die Zweckbestimmung und Bauart des Fahrzeugs, die Fahrzeugklasse sowohl bezüglich der Größe als auch des Preises, die Firmentradition und Erfahrungen mit Vorgängermodellen, die Weiterverwendung der Aggregate des Vorgängermodells, verfügbare Fertigungseinrichtungen, das „Baukastenprinzip" (Verwendung von „Gleichteilen" mit anderen Modellen des Hauses), Bau- und Montageaufwand, Möglichkeiten der Fertigungskontrolle, Zuverlässigkeit und Wartungsaufwand („Cost of Ownership", d. h. die dem Kunden während der Nutzung entstehenden Kosten), nicht zuletzt aber auch neue Aufgabenstellungen und Erkenntnisse, denen mit den vorhandenen Systemen nicht mehr ausreichend entsprochen werden kann.

Der Fahrzeugkäufer erwartet von seinem neuen Fahrzeug ein gutes Fahrverhalten; technischer Aufwand am Fahrwerk wird ihm aber, da dieses im Gegensatz zur äußeren und inneren Ausstattung des Fahrzeugs normalerweise vor seinen Augen verborgen bleibt, selten bewußt, so daß es der Fahrwerksingenieur nicht leicht hat, neue Lösungen, die neue Investitionen und womöglich erhöhte Produktionskosten erfordern, gegenüber den kaufmännischen Überlegungen durchzusetzen. Die Vorhaben der Fahrwerkentwicklung kollidieren zudem regelmäßig mit denen anderer Entwicklungsbereiche wie der Karosserieentwicklung (Innenraum, Gepäckraum, Tank, Einstiegsverhältnisse, Reserverad) und der Antriebsentwicklung (Lenkgestänge/Motor, Auspuffanlage). Eine gutwillige Zusammenarbeit aller Entwicklungsbereiche ist daher selbstverständlich, wobei auf allen Seiten neben dem technischen Fachwissen die Fähigkeit zur überzeugenden Darstellung und die Bereitschaft zu vertretbaren Kompromissen im Interesse des Ganzen notwendig ist.

Jedes Fahrzeug hat mindestens eine Vorder- und eine Hinterachse; die Hinterachse ist für das Fahrverhalten ebenso wichtig wie die Vorderachse, wenn nicht - wegen ihrer Unabhängigkeit vom Lenkungsmechanismus und damit von jeder Beeinflussung seitens des Fahrers - sogar wichtiger als diese, und die gelegentlich hörbare Ansicht, die Bauart der Hinterachse sei nebensächlich, da sie ohnehin der Vorderachse nachlaufe, ist als Scherz zu verstehen. Beide Achsen beeinflussen zusammen mit der Federung und der Dämpfung sowie den Hauptdaten des Fahrzeugs (Massen, Trägheitsmomente und Schwerpunktslage) das Fahrverhalten, müssen also sorgfältig aufeinander abgestimmt sein. Dabei geht es weniger um die Kombination der Achsbauarten als um die Festlegung der kinematischen und elasto-kinematischen Kenngrößen wie des Rollzentrums, des kinematischen und elastischen Eigenlenkverhaltens, des Brems- und ggf. Anfahrnickausgleichs (bzw. der Stützwinkel), der Lenkfunktion usw.

Die Kinematik einer Starrachsführung ist im allgemeinen sehr übersichtlich (und problemlos auch rein zeichnerisch) in zwei Rissen, z.B. der Seitenansicht und dem Fahrzeugquerschnitt, festlegbar, da eine Starrachse normalerweise symmetrisch zur Fahrzeugmittelebene aufgehängt wird und in der Seitenansicht beim parallelen Federungsvorgang eine „ebene" Bewegung ausführt.

Als Verbundaufhängungen sind die vielfältigsten Systeme denkbar, so daß es unmöglich erscheint, allgemeine Ratschläge zu ihrem Entwurf zu geben; einzig die Verbundachsfamilie mit verwindbarer Quertraverse (vgl. Kap. 7, Bilder 7.25 und 7.36) läßt sich ähnlich einfach überschauen wie eine Starrachsaufhängung.

Die nachfolgenden Überlegungen und Empfehlungen mögen daher im wesentlichen auf Einzelradaufhängungen beschränkt bleiben.

10.2 Ebene Radaufhängungen

„Ebene" Getriebeketten werden bei mehrgliedrigen Einzelradaufhängungen heute kaum noch anzutreffen sein; die Doppel-Querlenker-Achsen vergangener Zeiten waren aber fast durchweg ebene Mechanismen (d.h. die Drehachsen aller Lenker verliefen im Raume parallel zueinander), weil dies mit den damaligen technischen Mitteln gar nicht anders möglich war: verwendet wurden ecksteife metallische Drehgelenke, auch radseitig, und für die Lenkbewegung wurde an der „Koppel" der Radaufhängung der eigentliche Radträger, nämlich der „Achsschenkel", nochmals ecksteif drehbar an seinem „Achsschenkelbolzen" gelagert.

Solange die Drehachsen aller Lenker in Fahrzeuglängsrichtung angeordnet sind, ist nur die Bewegungsgeometrie im Fahrzeugquerschnitt beeinflußbar, **Bild 10.1**. Aus der gewählten Höhe h_{RZ} des Rollzentrums RZ und der gewünschten Sturzänderung $d\gamma/ds$ über dem Federweg, die gleich dem reziproken Querpolabstand q ist, ergibt sich die Lage des Querpols Q. Wenn die Führungsgelenke 1 und 2 am Radträger vorgegeben werden, so sind auch die Richtungen der Querlenker bekannt, da sich diese im Pol Q schneiden müssen. Die gewünschte Höhenänderung des Rollzentrums dh_{RZ}/ds über dem Federweg bestimmt den Krümmungsradius q' des Radaufstandspunktes A, denn es gilt

$$dh_{RZ}/ds = -(b/2)/q' \qquad (10.1)$$

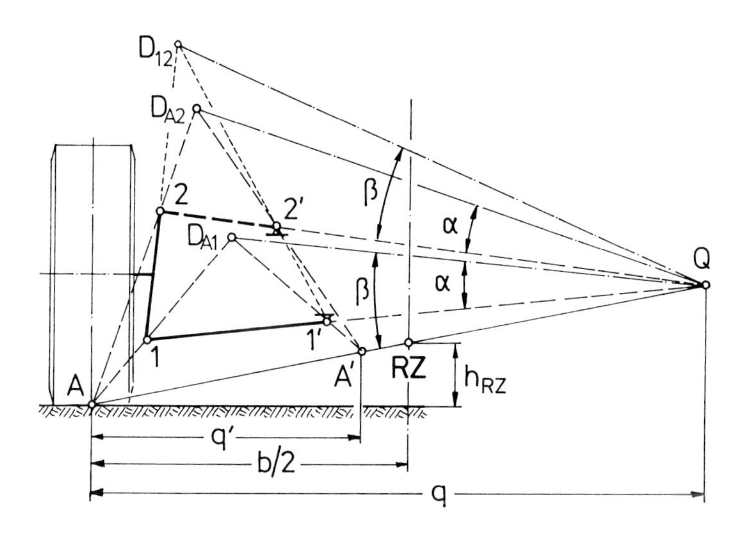

Bild 10.1: Ebene Doppel-Querlenker-Aufhängung

Damit ist auf dem Polstrahl AQ der Krümmungsmittelpunkt A' der Bahnkurve des Radaufstandspunktes A gefunden. Mit der Wahl einer der fahrgestellseitigen Drehachsen, hier 1' für den unteren Querlenker, ergibt sich z. B. nach dem Verfahren von BOBILLIER (vgl. Kap. 3, Bild 3.2) das Lenkerlager 2' des oberen Querlenkers. Die Untersuchung der Radbewegung beim Ein- und Ausfedern geschieht zeichnerisch oder rechnerisch in der Fahrzeug-Querschnittsebene; wenn die Radaufhängung lenkbar sein soll, erfolgt die erste Festlegung der Lage und Länge einer Spurstange nach Vorgabe eines Spurstangengelenks ggf. ebenfalls nach dem genannten Verfahren. Da auch in der Ebene der Krümmungsradius der Bewegungsbahn eines Koppelpunktes wie z. B. eines Spurstangengelenks sich über dem Federweg verändert und die von der Spurstange vorgegebene Kreisbahn demnach nur eine Näherung der erforderlichen Bahnkurve darstellt, werden sich über dem Federweg Lenkwinkel (Vorspuränderungen) ergeben, vgl. Kap. 7, Bild 7.30, und damit wird, von einer Dubonnet-Achse abgesehen, praktisch **jede lenkbare** Radaufhängung zu einem **räumlichen** Mechanismus.

Die Einführung der Doppel-Querlenker-Achsen Anfang der 30er Jahre erfolgte u. a. auf Grund damaliger Untersuchungen zum „Lenkungsflattern", denen zufolge eine Spuränderung über dem Federweg nachteilig erschien, d. h. man strebte eine etwa vertikal gerichtete Geradführungsbahn und damit einen unendlich großen Bahnkrümmungsradius des Radaufstandspunktes an. Dies bedeutet auch, daß die Höhe des Rollzentrums über der Fahrbahn beim Ein- und Ausfedern konstant bleibt. In einer speziellen Parallellage der Querlenker, **Bild 10.2**, führt die Konstruktion von BOBILLIER zu der Bedingung, daß der Abstand e des Polstrahls AQ von einem der Querlenker gleich dem Abstand des Relativpols D_{12} beider Querlenker von dem jeweils anderen Querlenker ist. Bei Beachtung weiterer geometrischer Bedingungen kann der unendlich große Krümmungsradius des Radaufstandspunktes A „vierpunktig" berührend ausgeführt werden, d.h. mit besonders guten Geradführungseigenschaften [14]. Die Parallelstellung der Querlenker bedeutet, daß die momentane Sturzänderung $d\gamma/ds$ Null ist, was in Konstruktionslage nicht unbedingt erwünscht sein mag. Aus Bild 10.2 läßt sich aber als allgemeine Grundregel – auch als Denkhilfe bei räumlichen Radaufhängungen – ableiten, daß eine Geradführung des Radaufstandspunktes senkrecht zu seinem Polstrahl AQ (der nun bei einer Rollzentrumshöhe $h_{RZ} \neq 0$ auch gegen die Fahrbahn geneigt sein kann) näherungsweise stets dann gegeben ist, wenn die Längen der Querlenker sich etwa umgekehrt verhalten wie ihre Abstände vom Polstrahl oder von der Fahrbahn.

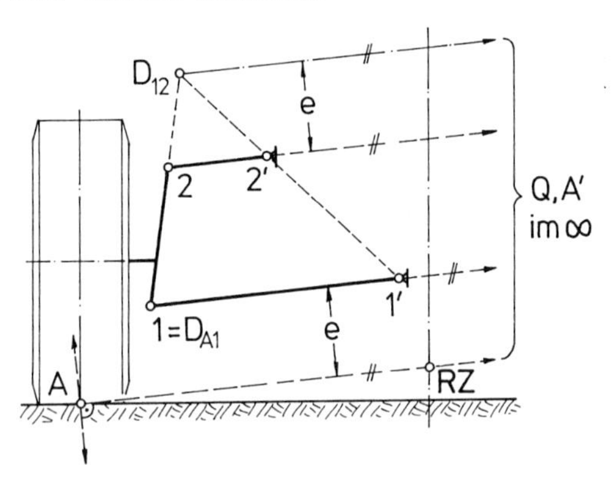

Bild 10.2:
Geradführung des Radaufstandspunktes

Die relative Länge der Querlenker ist also für die Veränderung der Rollzentrumshöhe über dem Radhub wesentlich, wobei normalerweise der obere Querlenker etwas kürzer gewählt wird als der untere. Dies bringt zudem Vorteile für den Raumbedarf der Radaufhängung im Fahrzeugquerschnitt.

Ist der obere Querlenker merklich kürzer ausgebildet als der untere, so ergibt sich eine nichtlineare, stark progressive Sturzveränderung über dem Radhub, **Bild 10.3**.

Eine progressive Zunahme des Radsturzes beim Einfedern, also z.B. an einem Kurvenaußenrad, wird vom Fahrversuch gern gefordert, um trotz vertretbarer Radsturzwerte während der Geradeausfahrt, also eines zulässigen (negativen) Sturzes bei voller Fahrzeugauslastung, im Kurvengrenzbereich noch einen Gewinn an Sturzseitenkraft zu erzielen und die progressive Zunahme des Schräglaufwinkels hinauszuzögern. Dabei wird leicht übersehen, daß eine so ausgelegte Radaufhängung fast zwangsläufig eine verringer-

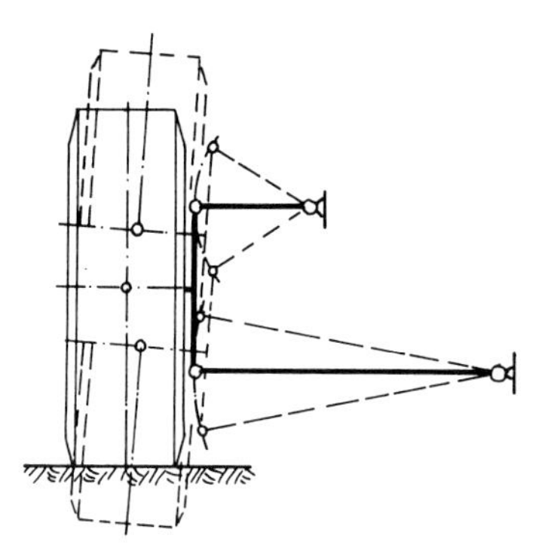

Bild 10.3:
Sturzänderung der Doppel-Querlenker-Achse

te Rollzentrums-Höhenänderung über dem Radhub aufweist (vgl. die soeben angestellten Überlegungen zu Bild 10.2) und damit das „Aufstützen" in der Kurve fördert (vgl. hierzu Kap. 7, Bilder 7.11, 7.12 und 7.20), so daß am Kurvenaußenrad der Einfederungszustand im Bereich der Sturzprogression nur sehr spät oder überhaupt nicht erreicht wird und die Maßnahme sich als wirkungslos bzw. eher schädlich herausstellen kann. Hinzu kommt, daß eine Radaufhängung mit stark progressiver Sturzfunktion normalerweise am kurveninneren Rade bezogen auf das Fahrzeug ebenfalls einen „negativen" Sturz erzeugt, der sich zum Wankwinkel des Fahrzeugs addiert und bezogen auf die Fahrbahn als stark „positiver" Sturz wirksam wird, so daß das Kurveninnenrad im fahrdynamischen Grenzbereich über seine Reifenschulter hinweg durch die Kurve geschleift wird.

Die vorstehenden Betrachtungen am „ebenen" System wurden vor allem angestellt, um anschaulich einige wesentliche Gesichtspunkte für die Festlegung der querdynamischen Parameter einer Radaufhängung anzusprechen, die sinngemäß auch für das „räumliche" System gelten.

An nicht angetriebenen Rädern ist ein Antriebs-Stützwinkel uninteressant; hier gibt es also nur vier Wunsch-Kenngrößen, weshalb sphärische oder ebene Radaufhängungen ausreichen. Räumliche Radaufhängungen können allenfalls mit Erfordernissen der Elasto-Kinematik begründet werden.

Ebene Radaufhängungen sind Sonderfälle der sphärischen, indem der Zentralpunkt der sphärischen Bewegung ins Unendliche rückt. Sie sind sphärischen also gleichwertig, denn auch sie können durch eine entsprechende räumliche Neigung ihrer - stets untereinander parallel verbleibenden - Lenkerdreh- und Momentanachsen so gestaltet werden, daß in allen drei Koordinatenebenen des Fahrzeugs nichtlineare Bewegungsabläufe stattfinden.

Werden sphärische oder ebene Radaufhängungen für angetriebene Räder verwendet, so ist ein Kompromiß zwischen den fünf Wunsch-Kenngrößen

Rollzentrum, Eigenlenkverhalten, Sturzänderung, Brems-Stützwinkel und Antriebs-Stützwinkel erforderlich, wobei meistens der Antriebs-Stützwinkel auf der Strecke bleibt.

10.3 Kinematische Synthese des räumlichen Systems

Im vorhergehenden Kapitel wurde bereits klargestellt, daß der Entwurf einer modernen Radaufhängung neben einer selbstverständlichen Optimierung des kinematischen Konzepts ganz bewußt auf ihre elasto-kinematische Funktion hin geschieht. Damit wird die Bedeutung der kinematischen Synthese keineswegs geschmälert; es sei jedoch daran erinnert, daß zwar zur Erzielung kinematischer Wunschparameter eine unendlich große Zahl von Varianten von Radaufhängungen denkbar sind, daß aber von diesen nur ein kleiner Teil auch elasto-kinematisch verwertet werden kann. So ist es z. B. ohne weiteres möglich, eine Radaufhängung mit einem Grundriß ähnlich Bild 9.4c in Kap. 9, als starres System betrachtet, bezüglich der längs- und querdynamischen Kenngrößen frei und wunschgemäß zu dimensionieren, aber es wird nicht gelingen, diese Radaufhängung vor schädlichen elastischen Lenkwinkeln bei Kurvenfahrt zu bewahren, da alle Querlenker deutlich auf einer Seite der Radachse angeordnet sind.

Das bedeutet, daß bereits am Anfang einer Entwicklung und bei der meistens noch „tastenden" ersten geometrischen Vorklärung darüber nachzudenken ist, wie mit dem gewählten Radführungstyp die Voraussetzungen für eine mit technisch „gesunden", d. h. ausreichend dimensionierten Gummilagern abstimmbare Verwirklichung der gewünschten elasto-kinematischen Effekte zu erfüllen sind.

Der Entwurf einer neuen Radaufhängung erfolgt daher in der Praxis in einem fortwährenden Iterationsprozeß, nämlich einem Pendeln zwischen der kinematischen Synthese und der elasto-kinematischen Überprüfung des erreichten Standes zumindest für die bereits in Kap. 9 erwähnten Standard-Belastungsfälle der Radlast, der Seitenkraft, der Bremskraft und ggf. einer Antriebskraft.

Die geometrische Grundauslegung einer Radaufhängung muß auf weitere Randbedingungen Rücksicht nehmen, wie den verfügbaren Bauraum im Fahrzeug. Einbauraum beanspruchen aber auch die vorzusehenden Gelenke, vor allem Gummilager. Deren Gestaltung hängt von zusätzlichen konstruktiven Festlegungen ab, worauf später zurückzukommen ist, und ihre frühzeitige und vorausschauend mit Änderungsspielraum versehene Dimensionierung bezüglich der Belastungen und der Winkelausschläge ist eine wesentliche Vorbedingung für einen Konstruktionsbeginn mit Erfolgsaussichten.

Eine moderne Einzelradaufhängung soll kinematische Wunscheigenschaften in allen drei Hauptebenen des Fahrzeug-Koordinatensystems aufweisen, und die Festlegungen des Rollzentrums, des Eigenlenkverhaltens und der Stützwinkel sind mit ein- und demselben dreidimensionalen Mechanismus zu bewerkstelligen.

In längst vergangenen Zeiten mußte die Konstruktionsarbeit rein zeichnerisch vor sich gehen. Dies war zwar sehr mühsam und erforderte trickreiche Anwendungen und Näherungskonstruktionen der darstellenden Geometrie, aber der Konstrukteur wurde dabei im räumlichen Denken geschult. Der heutige Konstrukteur muß sich sein Vorstellungsvermögen anderweitig zu erarbeiten versuchen; sicher wird die Anschauung sich auch bei der Bildschirm-Konstruktion verbessern, wenn einmal größere Schirmflächen zur Verfügung stehen.

Natürlich ist es sehr hilfreich, wenn eine bewährte Vorläufer-Konstruktion gleichen Typs mit ggf. lediglich anderen Abmessungen und kinematischen Kenndaten vorliegt, auf der sich ein neuer Entwurf aufbauen läßt. So sind zumindest Anhaltswerte für sinnvolle räumliche Lagen von Lenkern und Aggregaten gegeben. Die Entwicklung eines völlig neuen Systems, für das es weder im eigenen Hause noch beim Wettbewerb ein Vorbild gibt, erfordert dagegen erhebliche Vorarbeit und Phantasie und wird sich deshalb auch nur schwer in einen Terminplan hineinzwängen lassen.

Für den – wenig wahrscheinlichen – Fall, daß überhaupt keine Vorstellung darüber besteht, wie zu einer gewünschten kinematischen Aufgabenstellung die ersten Versuche einer Anordnung der Achslenker erfolgen könnten, sei im folgenden ein Ansatz vorgeführt, der auf der in Kap. 3 behandelten Grundlage der räumlichen Bewegung, nämlich der Momentanschraubung, aufbaut und wenigstens in all den Fällen anwendbar ist, wo Lenker unmittelbar zwischen einem Radträger und dem Fahrzeugkörper bzw. einem Fahrschemel aufgespannt werden sollen (d. h. keine Zwischenkoppeln vorgesehen sind wie z. B. in Bild 2.13b in Kap. 2 und Bild 9.14 in Kap. 9).

Die Momentanschraubung beschreibt den momentanen Bewegungszustand eines Raumkörpers, bei Radaufhängungen also des Radträgers, vollständig und ist durch die zusammengehörigen Vektoren der Winkelgeschwindigkeit des Radträgers und der Geschwindigkeit eines seiner Punkte festgelegt. Aus diesem Bewegungszustand werden die kinematischen Kenngrößen der Radaufhängung wie das Rollzentrum usw. berechnet, wie in den Kapiteln 5 bis 8 dargestellt. Umgekehrt kann demnach auch aus den gewünschten Werten dieser Kenngrößen auf die der geplanten Radaufhängung zugrundezulegende Momentanschraubung geschlossen werden. Es geht also zunächst darum, den Vektor $\boldsymbol{\omega}_K$ der Winkelgeschwindigkeit des Radträgers K in „Konstruktionslage" und den Vektor der Geschwindigkeit eines geeigneten

Bezugspunktes zu bestimmen. Da die meisten Kenngrößen auf den Radaufstandspunkt A bezogen sind, liegt es nahe, diesen – oder richtiger den in Konstruktionslage mit dem Radaufstandspunkt A zusammenfallenden Punkt des Radträgers – als Bezugspunkt zu wählen, was im Vergleich zu der in Kap. 3 als Bezugspunkt verwendeten Radmitte M keinen prinzipiellen Unterschied bedeutet, da der Radaufstandspunkt für die nachfolgenden Überlegungen ebenfalls als „radträgerfester" Punkt betrachtet wird. Dann ist aber sein „Geschwindigkeitsvektor" auch, entsprechend der in diesem Buche geübten Praxis, als $\mathbf{v}_A{}^*$ zu bezeichnen, womit die Verbindung zu den Definitionen der Kenngrößen bekräftigt wird.

Von den insgesamt sechs zu bestimmenden Komponenten der Vektoren $\boldsymbol{\omega}_K$ und $\mathbf{v}_A{}^*$ kann eine vorgegeben werden, und zwar sinnvollerweise die Radhubgeschwindigkeit $v_{Az}{}^*$ (z.B. $v_{Az}{}^* = 1$). Damit sind alle anderen fünf Komponenten auf $v_{Az}{}^*$ bezogen festzulegen. Unter der vereinfachenden Voraussetzung, daß in Konstruktionslage der Radsturz γ sehr klein ist, kann die Radmitte M etwa in der gleichen Längsvertikalebene angenommen werden wie der Radaufstandspunkt A. Dann sind die Vertikalkomponenten der Geschwindigkeiten dieser beiden Punkte gleich groß: $v_{Az}{}^* \approx v_{Mz}$. Die x- und y-Komponenten der Geschwindigkeit $\mathbf{v}_A{}^*$ folgen nach den Gln. (6.7) bzw. (7.15) aus dem Stützwinkel ε^* und der Rollzentrumshöhe h_{RZ} zu

$$v_{Ax}{}^* = \pm v_{Az}{}^* \tan\varepsilon^* \quad (10.2a) \qquad \text{und} \qquad v_{Ay}{}^* = v_{Az}{}^* h_{RZ}/y_A \quad (10.2b)$$

(das obere Vorzeichen gilt an Vorderrädern) und die x-Komponente der Geschwindigkeit $\mathbf{v}_M$ gemäß Kap. 5, Gleichung (5.63) aus v_{Mz} ($\approx v_{Az}{}^*$) und dem Schrägfederungswinkel ε zu

$$v_{Mx} = -\, v_{Az}{}^* \tan\varepsilon \qquad (10.3a)$$

Wie in Kap. 6 dargelegt, ist der Schrägfederungswinkel ε bei Antrieb des Rades über eine querliegende Gelenkwelle, solange im Radträger kein Vorgelegegetriebe eingebaut ist, dem Betrage nach praktisch gleich dem Stützwinkel ε^{**}, so daß v_{Mx} auch aus

$$v_{Mx} = \pm v_{Az}{}^* \tan\varepsilon^{**} \qquad (10.3b)$$

bestimmt werden kann (oberes Vorzeichen bei Vorderrädern). Aus v_{Mx} und $v_{Ax}{}^*$ folgt mit dem Reifenradius R die Komponente ω_{Ky} der Winkelgeschwindigkeit des Radträgers, **Bild 10.4**, zu $\omega_{Ky} = -\,(v_{Ax}{}^* - v_{Mx})/R$ oder

$$\omega_{Ky} = v_{Az}{}^* (\mp \tan\varepsilon^* - \tan\varepsilon)/R \qquad (10.4a)$$

bzw.

$$\omega_{Ky} = v_{Az}{}^* (\mp \tan\varepsilon^* \pm \tan\varepsilon^{**})/R \qquad (10.4b)$$

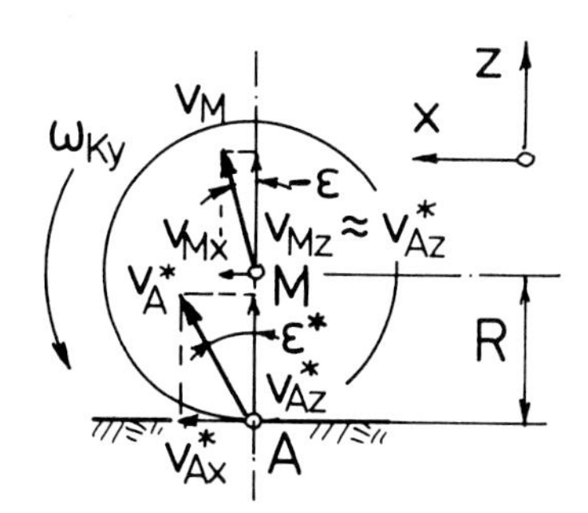

Bild 10.4:
Bestimmung der Radträger-Winkelgeschwindigkeit um die Fahrzeug-Querachse

Die noch fehlenden Komponenten ω_{Kx} und ω_{Kz} der Winkelgeschwindigkeit des Radträgers werden durch die gewünschte Sturzwinkeländerung $d\gamma/ds$ über dem Radhub und den vorgesehenen Eigenlenkgradienten $d\delta/ds$ in Konstruktionslage bestimmt. In Gleichung (7.1), Kap. 7, wird der Ausdruck ω_γ zu $\omega_\gamma - v_{Az}{}^*(d\gamma/ds)$ erweitert und ω_{Ky} nach Gl. (10.4) ersetzt; die Gleichung (7.1) ergibt dann, nach ω_{Kx} aufgelöst, mit dem gewählten Vorspurwinkel $\delta = -\delta_V$ in Konstruktionslage

$$\omega_{Kx} = -(v_{Az}{}^*/\cos\delta)[(\sin\delta/R)(\mp\tan\varepsilon^* - \tan\varepsilon) + (d\gamma/ds)] \qquad (10.5)$$

Entsprechend werden in Gleichung (7.3) der Ausdruck ω_δ zu $\omega_\delta = v_{Az}{}^*(d\delta/ds)$ erweitert und die Größen ω_{Kx} und ω_{Ky} nach den Gln. (10.5) bzw. (10.4) ersetzt, und bei geeigneter Zusammenfassung von Winkelfunktionen folgt nach kurzer Rechnung

$$\omega_{Kz} = v_{Az}{}^*[(d\delta/ds) - (d\gamma/ds)\tan\gamma\tan\delta - (1/R)(\mp\tan\varepsilon^* - \tan\varepsilon)(\tan\gamma/\cos\delta)] \qquad (10.6)$$

Damit ist der Geschwindigkeitszustand des Radträgers in Konstruktionslage für die vorgegebene kinematische Aufgabenstellung bekannt. Für einen bestimmten Gelenkpunkt i am Radträger kann also dessen Geschwindigkeitsvektor

$$\mathbf{v}_i = \mathbf{v}_A{}^* + \boldsymbol{\omega}_K \times \mathbf{r}_i$$

berechnet werden, wenn $\mathbf{r}_i$ der Verbindungsvektor vom Radaufstandspunkt A zum Gelenk i mit den Komponenten $r_{ix} = (x_i - x_A)$, $r_{iy} = (y_i - y_A)$ und $r_{iz} = (z_i - z_A)$ ist. Die Komponenten des Vektors $\mathbf{v}_i$ ergeben sich dann zu

$$v_{ix} = v_{Ax}{}^* + \omega_{Ky}(z_i - z_A) - \omega_{Kz}(y_i - y_A) \qquad (10.7a)$$
$$v_{iy} = v_{Ay}{}^* + \omega_{Kz}(x_i - x_A) - \omega_{Kx}(z_i - z_A) \qquad (10.7b)$$
$$v_{iz} = v_{Az}{}^* + \omega_{Kx}(y_i - y_A) - \omega_{Ky}(x_i - x_A) \qquad (10.7c)$$

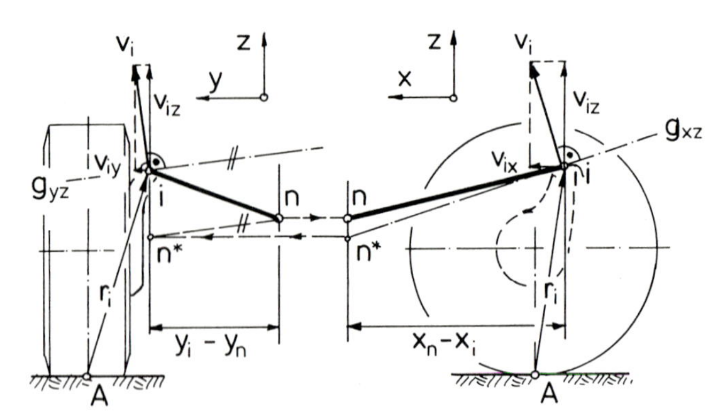

Bild 10.5: Bestimmung einer Lenkerposition zu einer gegebenen Momentanschraubung

Ein zu diesem Geschwindigkeitszustand des Gelenks i passender Stab- oder Dreiecklenker muß in der Normalebene des Vektors $\mathbf{v}_i$ liegen, **Bild 10.5**, um momentan den Bewegungsablauf nicht zu stören. Die „Spurgeraden" g_{xz} und g_{yz} dieser Normalebene in den Längs- und Querrißebenen durch i liegen bekanntlich senkrecht zum Bild des Vektors $\mathbf{v}_i$. Werden nun für einen zweiten Gelenkpunkt n des gesuchten Lenkers (oder Dreiecklenkerarms) die x- und die y-Koordinate vorgegeben, so kann dessen z-Koordinate in Bild 10.5 anschaulich durch Aneinandersetzen von Elementen der Spurgeraden bestimmt werden, und die Strecke i–n ist einer von unendlich vielen möglichen Stablenkern am Gelenk i, die die kinematische Aufgabenstellung in Konstruktionslage erfüllen.

Die Steigungen der Spurgeraden g_{xz} und g_{yz} sind durch die Komponenten des Geschwindigkeitsvektors $\mathbf{v}_i$ gegeben; damit erhält man entsprechend der zeichnerischen Konstruktion von Bild 10.5 rechnerisch die z-Koordinate des gesuchten Gelenkpunkts n aus seinen vorgegebenen Koordinaten x_n und y_n nach der Gleichung

$$z_n = z_i - (x_n - x_i)(v_{ix}/v_{iz}) - (y_n - y_i)(v_{iy}/v_{iz}) \tag{10.8}$$

Das beschriebene Verfahren verhilft zu ersten Annahmen von Lenker**lagen**, die zu dem durch die kinematischen Kenngrößen in Konstruktionslage vorgegebenen Geschwindigkeitszustand des Radträgers passen, so z.B. zu Spurstangenlagen, die momentan keine Vorspuränderung beim Federungsvorgang verursachen. Die Optimierung der Lenker**längen**, welche für den Verlauf der Vorspurkurve und aller anderen Kenngrößen bei großen Radhüben von Bedeutung sind, muß dann durch „Probieren" am Rechner erfolgen, ebenso die Festlegung evtl. nötiger Verschiebungen der Lenkerlagen aus elasto-kinematischen oder – viel banaler – aus Platzgründen.

Es ist auch vorgeschlagen worden, mit gegebenen Radführungsparametern in Konstruktionslage und den Funktionen derselben über dem Radhub unmittelbar die „fertige" Lösung anzustreben [1][26]. Die Konstruktion einer Radaufhängung besteht allerdings angesichts des stets sehr knappen Einbauraums buchstäblich in der Suche nach Millimetern, so daß es sehr fraglich erscheint, ob der Rechner Vorschläge machen kann, die sich verwirklichen lassen. Andererseits sind die Rechenzeiten für Programme z. B. nach den in Kap. 3 bis 9 angegebenen Verfahren in der Zeit seit dem Erscheinen der ersten Industrierechner der Lochkarten-Ära bis heute von vielen Minuten auf Hundertstel Sekunden gesunken und spielen daher, falls auf dem Rechner „probiert" und iteriert werden soll, keine Rolle mehr.

Im Zuge einer kinematischen und elasto-kinematischen Optimierung (die, wie bereits begründet, beide parallel erfolgen) werden viele kleine Korrekturen an der Geometrie erforderlich werden, die im Laufe der Entwicklung immer kleinere Schrittweiten annehmen und allmählich die endgültige Gestalt der Radaufhängung erkennen lassen. Oft stellt sich während der anschließenden konstruktiven Ausarbeitung der einzelnen Bauteile heraus, daß sich durch eine geringfügige Änderung der Position eines Lagerpunktes oder Lenkers eine einfachere oder preiswertere Bauweise ergäbe (z. B. Vereinheitlichung von Lagerböcken, Ersatz von Ziehteilen durch Faltteile usw.); in diesem Fall lohnt sich in Anbetracht der langen Serienlaufzeit der geplanten Radaufhängung ein erneuter „Durchgang" der kinematischen und elasto-kinematischen Untersuchungen, falls im Terminrahmen noch möglich.

Bei der Ausarbeitung der Bauteilkonstruktion ist der Konstrukteur für die richtige Dimensionierung verantwortlich, weshalb es schon im frühen Stadium der Entwicklung sinnvoll ist, zumindest überschlägige Festigkeits- und Steifigkeitsanalysen vorzunehmen, um die Abmessungen der Bauteile kennenzulernen und für ausreichenden Freiraum zu sorgen. Später notwendige Änderungen können zu unangenehmen Maßnahmen zwingen, wenn sie sich nicht mehr im vorhandenen Bauraum durchführen lassen. Viele Bauelemente sind aus physikalischen Gründen oder auch wegen kostengünstiger Massenbauweise gewissermaßen standardisiert: Das Baugewicht und -volumen einer Schraubenfeder richtet sich nach der geforderten Arbeitsaufnahme und diese folgt wiederum aus der Tragkraft und der Federrate in Konstruktionslage und dem zu bewältigenden Federweg. Die Einbaulänge eines Teleskop-Stoßdämpfers errechnet sich aus dem doppelten Dämpferhub und einem „Fixmaß", das von der Bauart (Einrohrdämpfer mit oder ohne Trennkolben; Zweirohrdämpfer) und hauseigenen Standards des Lieferanten abhängt.

Das Lenkgetriebe und das mittlere Lenkgestänge befinden sich regelmäßig im Konkurrenzkampf mit dem Antriebsaggregat und anderen Baueinheiten im Vorderwagen. Es ist daher zweckmäßig, im Hinblick auf eine störungsfreie oder zumindest störungsarme Zusammenarbeit mit den betroffenen Entwicklungsbereichen die Einbausituation dieser Teile möglichst von Anfang an zu klären. Können an einem Hebel-Lenkgestänge ungünstige Ausgangspositionen für die Anlenkung der seitlichen Spurstangen noch durch Kröpfungen oder Kragarme korrigiert werden (oft dann auf Kosten der Steifigkeit), so ist die Position der Spurstangengelenke an einer Zahnstangenlenkung praktisch mit deren Einbaulage gekoppelt. Die relative Anordnung der inneren und der äußeren Spurstangengelenke ist andererseits von wesentlicher Bedeutung für die Auslegung der Lenkfunktion (Wendekreis, Lenkungsrücklauf) und die Betriebssicherheit (Übertragungswinkel), vgl. Kap. 8. Die Zahnstangenlenkung benötigt als Servolenkung mit hintereinandergereihtem Verzahnungs- und Hydraulikbereich eine beträchtliche Einbaulänge in Fahrzeugquerrichtung, die sich aus dem Sechsfachen des einseitigen Zahnstangenhubes und einem Fixmaß ableitet. Deshalb weisen Fahrzeuge mit Zahnstangenlenkung meistens relativ kurze seitliche Spurstangen mit Winkelausschlägen der Kugelgelenke bis zu ± 30° auf und folglich, mit Rücksicht auf die Krümmung der Vorspurkurve über dem Radhub, auch kurze Querlenker (hier bestimmen also die Spurstangen die Lenkerlängen und nicht umgekehrt). Diesem Zwang kann durch eine Zahnstangenlenkung mit (teurerem) Mittelabtrieb der Spurstangen ausgewichen werden.

Abschließend sei nochmals an die frühzeitige Beschaffung verläßlicher Dimensionen der benötigten Gummilager und evtl. anderer komplexer Maschinenelemente erinnert.

Der Arbeitsaufwand für die erwähnten Voruntersuchungen und Vordimensionierungen zahlt sich auf jeden Fall aus. Fehler bei der Abschätzung der Größe von Bauteilen oder die Nichtbeachtung von Standards der vorgesehenen Zulieferer können der Anlaß für spätere Sondermaßnahmen sein, die den Entwicklungsablauf verzögern und die Kosten in die Höhe treiben, oder sie zwingen sogar zu einer weitgehenden Umkonstruktion.

10.4 Anmerkungen zur Konstruktion

An Mehrlenker-Radaufhängungen ist es meistens sinnvoll, daß einige Radführungsdaten nach der Vor- oder der Endmontage durch Einstellvorgänge gesichert werden. Dies erleichtert die Zulassung wirtschaftlich vertretbarer Herstellungstoleranzen.

Normalerweise wird der Vorspurwinkel δ_V, oft auch der Radsturz γ, in einer festzulegenden Fahrzeuglage eingestellt (z. B. in der Konstruktionslage; da das Fahrzeug am Ende der Montagelinie aber in unbeladenem Zustand ist, wird u. U. auch diese Lage zugrundegelegt). Es ist wichtig, schon beim ersten Entwurf einer Radaufhängung darüber nachzudenken, an welchen Lagerstellen die genannten Daten nachjustiert werden sollen bzw. können, denn der Vorspur- und der Sturzwinkel sollen bei der Justierung voneinander unabhängig bleiben. Je nach der Bauart der Radaufhängung kommen für diese Maßnahmen nur bestimmte Lagerstellen in Frage.

Die Radaufhängung in **Bild 10.6** aus drei Quer- und zwei Längslenkern, bei welcher zwei untere Querlenker etwa in gleicher Höhe liegen und der obere etwa senkrecht über einem der unteren angeordnet ist, bietet für eine unabhängige Einstellung des Vorspur- und des Sturzwinkels ideale Voraussetzungen: Die Verstellung des Sturzes γ über den oberen Querlenker schwenkt den Radträger um eine etwa horizontale Achse a_1, nämlich die Verbindungslinie der äußeren Gelenke der unteren Querlenker, wobei sich der Vorspurwinkel praktisch nicht ändert, und durch Verstellung des vorderen der beiden unteren Querlenker schwenkt der Radträger um die etwa vertikale Achse a_2, die Verbindungslinie der äußeren Gelenke der beiden übereinanderliegenden Querlenker, womit der Vorspurwinkel δ_V nahezu ohne Rückwirkung auf den Sturzwinkel γ justiert werden kann.

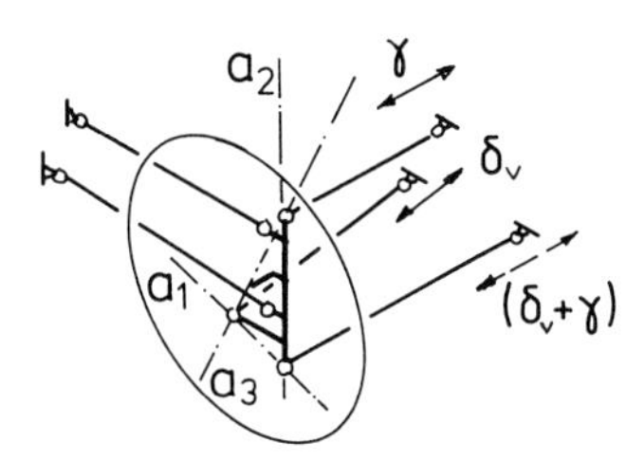

Bild 10.6:
Geeignete Lagerstellen für die Justierung des Vorspurwinkels δ_V und des Radsturzes γ (Fahrtrichtung nach links oben)

Würde eine Verstellmöglichkeit am hinteren der beiden unteren Querlenker vorgesehen, so würde der Radträger um die Achse a_3 schwenken mit der Folge einer gleichzeitigen Veränderung von Vorspur und Sturz.

Da die üblichen Toleranzen für den Radsturz γ mit etwa 10...30 Winkelminuten deutlich über denen des Vorspurwinkels δ_V mit ca. 2...10 Winkelminuten liegen, sind grundsätzlich zuerst der Sturzwinkel und danach der Vorspurwinkel einzustellen.

Die Einstellbarkeit der Radaufhängung ist also eine weitere wichtige Bedingung für die Festlegung der Lenkerpositionen und zusätzlich zu den Anforderungen der Achskinematik und der Elasto-Kinematik zu beachten.

An Radaufhängungen werden neben stabförmigen Lenkern mit zwei Gelenken ebenso häufig Dreiecklenker angewandt, die man sich als Kombination zweier Stablenker vorstellen kann. Die räumliche Lage der Drehachsen solcher Dreiecklenker kann bei geringem Platzbedarf günstig zur Erzielung weitreichender Effekte benützt werden, wie in **Bild 10.7** am Beispiel einer ausgeführten Vorderradaufhängung vereinfacht erläutert: Die fahrzeugseitige

Drehachse des unteren Dreiecklenkers durchstößt die Längsrißebene durch sein radseitiges Kugelgelenk in einem Punkt L_u, der in der Seitenansicht als momentaner Drehpunkt der Bahnkurve des Kugelgelenks angesehen werden darf, denn beide Punkte sind Teile des unteren Dreiecklenkers und L_u momentan unbeweglich. Läge das untere Kugelgelenk in der Seitenansicht zufällig auf dem Bild der Lenkerdrehachse (wofür die Radaufhängung ein wenig einfedern müßte), so wäre L_u exakt der „große" Krümmungsmittelpunkt der als Ellipse erscheinenden Bahnkurve des Kugelgelenks. Dies trifft in Bild 10.7 etwa für das radseitige Kugelgelenk des oberen Dreiecklenkers zu, d.h. L_o ist der exakte Krümmungsmittelpunkt der Seitenriß-Bahnkurve desselben.

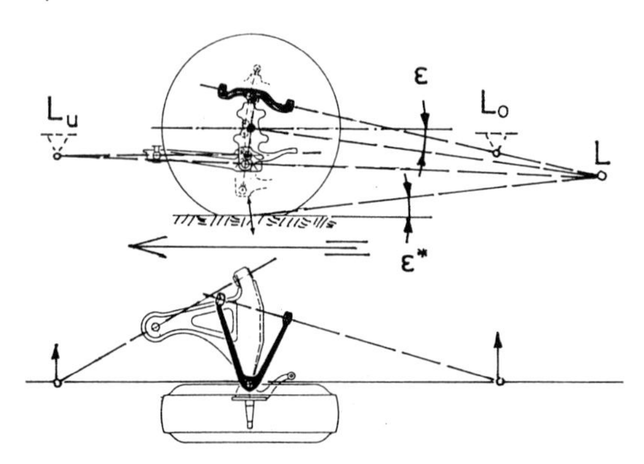

Bild 10.7:
Anordnung der Vorderachslenker am „Großen Mercedes" Typ 600 aus dem Jahre 1963 (Werkbild Daimler-Benz AG)

Die Radaufhängung verhält sich daher in der Seitenansicht so, als ob sie an zwei sehr langen nach vorn bzw. nach hinten gerichteten Längslenkern mit Fahrgestellagern L_u und L_o geführt würde, und mit dem „Längspol" L können näherungsweise der Schrägfederungswinkel ε und der Stützwinkel ε^* bestimmt werden (wenn vernachlässigt wird, daß dieser Längspol L in der Vertikalebene durch die radseitigen Kugelgelenke der Dreiecklenker liegt und nicht in der Radmittelebene).

Derartige Betrachtungen gehörten in der Zeit der zeichnerischen Konstruktionsarbeit zu den handwerklichen Hilfsmitteln bei der Entwicklung der Achsgeometrie und können auch heute noch als anschauliche Denkhilfe zur Beurteilung der räumlichen Wirkung von Dreiecklenkern dienen.

Es wurde bereits darauf hingewiesen, daß möglichst zu Beginn einer Entwicklung Klarheit über die Abmessungen und Eigenschaften der benötigten Lagerelemente, besonders aber der Gummilager, geschaffen werden sollte, um unliebsamen Überraschungen im Verlaufe der konstruktiven Ausarbeitung der Radaufhängung vorzubeugen.

Bei den Gummilagern gibt es unterschiedliche Ausführungen hinsichtlich des Aufwandes, der Kosten und der Wirkungsweise.

Die einfachste Bauart ist ein an einer Innenbuchse festvulkanisiertes zylindrisches Gummilager, das unter Verwendung eines kurz nach der Montage verdunstenden Gleitmittels in die geometrisch vorbereitete Bohrung eines Bauteils „eingeschossen" wird, **Bild 10.8**. Die Formgebung des Lagers im Anlieferungszustand (unterer Halbschnitt) ist dabei so festgelegt, daß sich nach dem Einbau (oberer Halbschnitt) eine optimale Druckvorspannung im Gummimaterial einstellt.

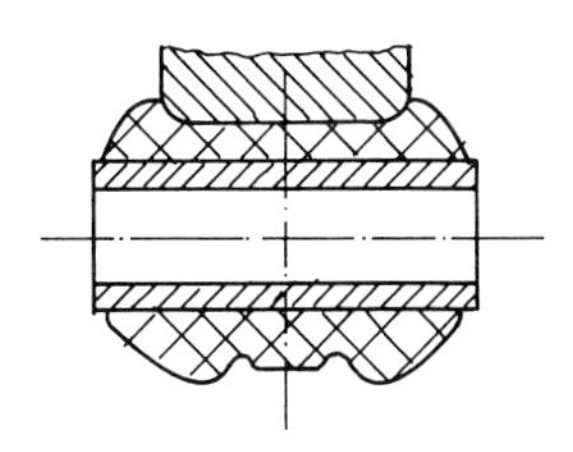

Bild 10.8:
Einfaches Gummilager zum „Einschießen" in ein vorbereitetes Lagerauge (unten: vor dem Einbau)

Es ist einzusehen, daß an einem solchen Lager mit größeren Toleranzen bezüglich der Federrate und der ertragbaren Drehwinkelausschläge zu rechnen ist. Gegen zu große Drehwinkel wehrt sich das Lager durch Nachrutschen (mit anschließender Verspannung und entsprechenden Folgen für die Federraten). Diese preiswerte Bauart ist daher an elasto-kinematisch anspruchsvollen Radaufhängungen kaum noch zu finden.

Gummilager für höhere Anforderungen werden stets mit einer festen Außenbuchse versehen und mit Innen- und Außenbuchse zusammen vulkanisiert.

Wenn ein Gummilager neben einer vorherrschend radialen auch eine größere axiale Last auffangen soll, kann ein axialer „Anlaufbund" vorgesehen werden, **Bild 10.9**. Die axiale Federkennlinie des Lagers hängt (bei erheblicher Streuung) von der Geometrie des Anlaufbundes und der Anschlagfläche AF

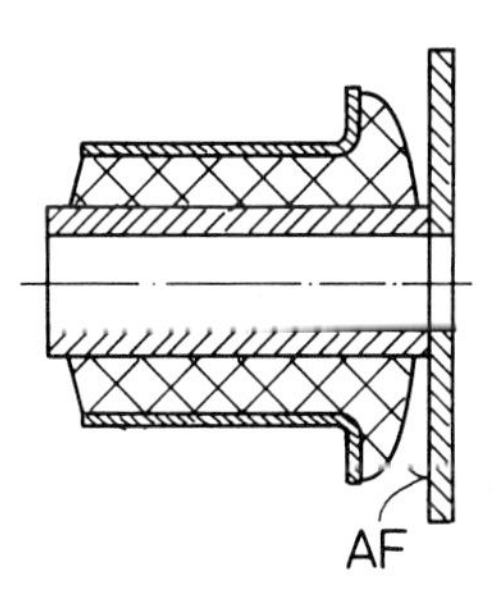

Bild 10.9:
Gummilager mit Anschlagbund und Anlauffläche AF

ab. Bei einer Drehbewegung im Lager unter gleichzeitiger axialer Belastung bzw. Anlage am Bund wird das Material auf Scherung beansprucht und beginnt schließlich im äußeren Bereich zu gleiten (Verschleiß). Von wesentlicher Bedeutung ist ferner, daß das Setzverhalten zylindrischer Gummilager in Axialrichtung, und besonders eines Lagers wie in Bild 10.9, mit erheblich größeren Toleranzen behaftet ist als dasjenige in Radialrichtung. Deshalb sollte in allen Fällen, wo eine axiale Dauerlast vorliegt und wo axiale Setzerscheinungen für die Langzeit-Qualität der Radaufhängung schädlich sind (z. B. weil die Axialverlagerung zusammen mit „gepfeilten" Lenkern zu einer allmählichen Veränderung der Vorspur führen kann), auf Gummilager dieser Bauart verzichtet werden und stattdessen zu einem „echten" Kugelgelenk, **Bild 10.10** links, oder wenigstens einem Gummi-Kugelgelenk gegriffen werden (Bild 10.10 rechts).

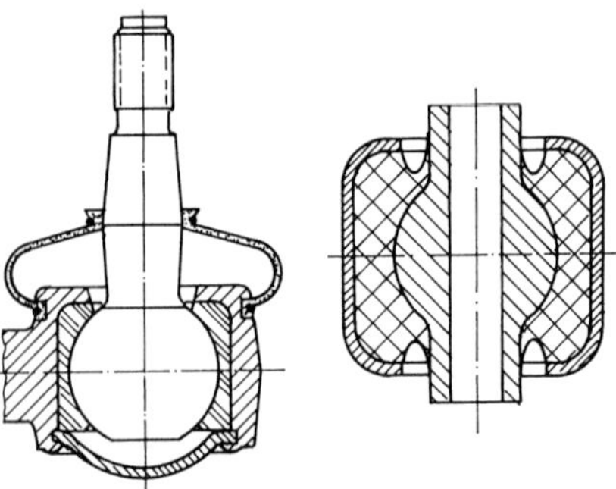

Bild 10.10: Kugelgelenk und Gummi-Kugelgelenk

Eine wichtige Voraussetzung für die Dimensionierung eines Gummilagers ist die Entscheidung darüber, ob die Innenbuchse desselben „zweischnittig" oder ob sie „einschnittig" bzw. „fliegend" verschraubt werden soll. Dies hängt von der beabsichtigten Gestaltung der Anschlußteile ab, worauf später zurückzukommen ist.

Die zweischnittige Verschraubung erlaubt die Verwendung einer kleineren Schraubendimension, deren Vorspannkraft mindestens gleich der halben maximalen Radialkraft des Lagers, dividiert durch den Reibwert der Paarung Buchse/Lagerbock, sein muß; bei großen Drehwinkeln des Lagers kommt noch ein nicht zu unterschätzender Zuschlag für die reibschlüssige Aufnahme des Gummi-Torsionsmomentes hinzu. Der Lagerbock muß mindestens eine nachgiebige Wange haben, um die Verschraubung mit der vorgesehenen Vorspannkraft nicht zu behindern, weshalb hier Blechkonstruktionen zu bevorzugen sind. Die Schraubendimension bestimmt den Bohrungsdurchmesser der Innenbuchse des Lagers, die Vorspannkraft und die zulässige Spannung ihren Außendurchmesser und damit bei vorgegebenen Radial- und Drehfederraten und zulässigen Spannungen auch die Abmessungen der Außenbuchse, **Bild 10.11** a.

Die einschnittige bzw. fliegende Schraubverbindung, Bild 10.11b, erfordert eine merklich größere Schraubendimension nicht allein deswegen, weil die Vorspannkraft nur an einer Schnittfläche wirkt, sondern weil aus dem Abstand der Lagermitte von der Schnittfläche ein Kippmoment aus der Lager-Radialkraft entsteht, das die Vorspannungsverteilung überlagert und

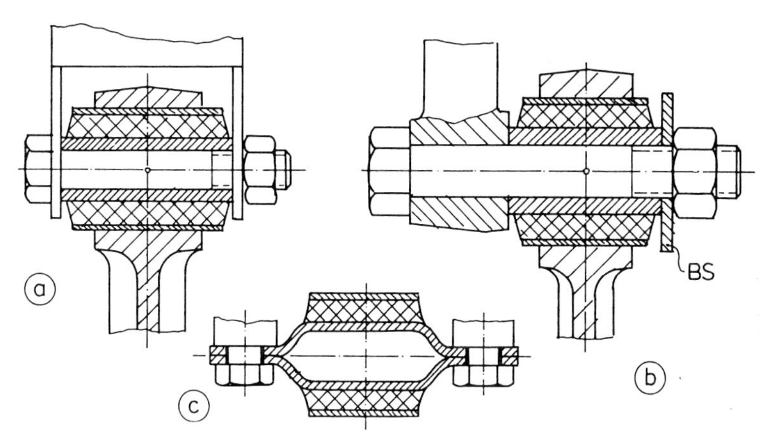

Bild 10.11: Zylindrische Gummilager für zweischnittige (a, c) und einschnittige Verschraubung (b)

bei Überlastung zum Klaffen der Verbindung führen kann (Korrosionsgefahr). Die Innenbuchse erhält demgemäß einen größeren Durchmesser, während die tragende Buchsenlänge kleiner werden kann. Wenn eine Zerstörung des Gummilagers zu einer völligen Trennung der Bauteile führen kann, ist eine Beilagscheibe BS notwendig, deren Durchmesser größer sein muß als die Aufnahmebohrung des Gummilagers.

Bild 10.11c zeigt eine fertigungstechnisch einfache und montagefreundliche Variante eines zweischnittig befestigten Gummilagers, wo die Innenbuchse an ihren Enden zusammengepreßt ist und damit Anschraubflächen für eine Montage bietet, die keine Verspannung von Wangen eines Lagerbockes erfordert.

Um die Montage nicht zu erschweren, müssen die Lagerböcke eine „lichte Weite" erhalten, die größer ist als die nach der Toleranzlage längste Lager-Innenbuchse; dies kann in der Praxis durchaus zu Zuspannungen von einem halben Millimeter führen, was Blechteile im allgemeinen problemlos mitmachen, Schmiede- und vor allem Gußteile schon weniger.

Für die zweischnittige Aufnahme von Lagern eignen sich, wie bereits gesagt, vor allem Blechbauteile, also Lagerböcke oder Lenker aus vorwiegend „offenen" Profilen. Zweischnittige Befestigungsböcke an Schmiede- oder Gußbauteilen sind wegen der Steifigkeit derartiger Teile und der für eine einwandfreie Verspannung notwendigen parallelen Schnittflächen im allgemeinen nur durch aufwendige mechanische Bearbeitung herzustellen, **Bild 10.12**. Mindestens eine der Wangen des Lagerbockes muß auf eine blechähnliche Wanddicke gefräst werden, um die Zuspannung der Verschraubung zu ermöglichen, Bild 10.12a; es bleibt die Notwendigkeit, durch kerbenfreie Übergangsradien in den Rohteilbereich Anrisse zu vermeiden.

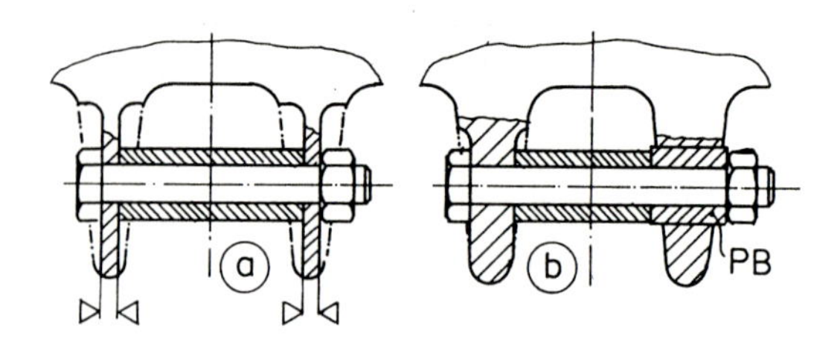

Bild 10.12:
Zweischnittige Verbindungen an Schmiede- oder Gußteilen

Im Schwerfahrzeugbau wird das Problem auch durch Schaffung eines „Fest"- und eines „Loslagers" umgangen, Bild 10.12b. Die Paßbuchse PB erlaubt, zumindest im Neuzustand, einen freien Aufbau der Vorspannkraft.

Beide Lösungen sollten bei der Entwicklung einer Radaufhängung für große Serienstückzahlen vermieden und ggf. eine einschnittige Verbindung nach Bild 10.11b vorgezogen werden.

Die zweischnittige Lagerverschraubung bietet sich zunächst sofort für einen Achslenker an, der als offenes U-Profil z. B. zugleich für die Aufnahme einer Schraubenfeder konzipiert ist, **Bild 10.13**. Das bedeutet aber für das Anschluß-Bauteil, z. B. den Radträger, daß dieses die Aufnahmebohrung für die Außenbuchse des Lagers übernehmen muß, deren Achse in Bild 10.13 ungünstigerweise etwa senkrecht zur Schmiede- bzw. Einformrichtung liegt. Die Formteilung FT verläuft über das Lagerauge für das Gummilager hinweg, so daß die Stirnflächen evtl. zusätzlich freigefräst werden müssen, nachdem bereits die gesamte Lagerbohrung als Zerspanungsmaterial anfällt. Wird der Radträger als Gußteil hergestellt, kann mit Hilfe eines Formkerns für die Lagerbohrung wenigstens ein Teil der Zerspanungsarbeit vermieden werden. Soll der Lenker am fahrzeugseitigen Ende in gleicher Weise ausgeführt werden, so muß dort ein Lagerbock mit - evtl. mechanisch zu bearbeitender - Aufnahmebuchse geschaffen werden, was fertigungstechnisch im allgemeinen noch mehr abzulehnen ist als die Bohrung im Radträger. Ein derartiger Achslenker erhält daher am fahrzeugseitigen Ende besser eine Rohrbuchse angeschweißt, um einen Blechlagerbock mit zwei Wangen am Fahrzeug zu ermöglichen.

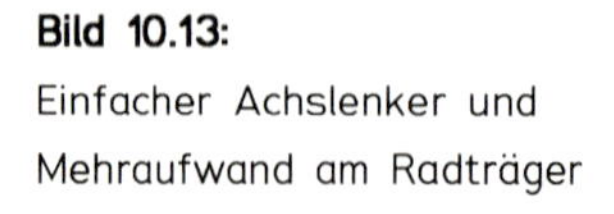

Bild 10.13:
Einfacher Achslenker und Mehraufwand am Radträger

FT

Die Betrachtungen zu Bild 10.13 sollten darauf hinweisen, daß es nicht immer zielführend ist, wenn ein Bauteil so einfach als irgend möglich gestaltet wird und die Anschlußteile dies dann „büßen" müssen.

Achslenker ähnlich dem in Bild 10.13 gezeigten haben in Radaufhängungen meistens Zusatzbelastungen zu ertragen: wegen der räumlichen Bewegungsform der Radaufhängung treten zwischen dem Radträger und dem Fahrzeugkörper in allen Koordinatenebenen Verdreh- bzw. Verwindungswinkel auf, d.h. die Mittelachsen der an den Enden eines Achslenkers eingebauten Gummilager werden gegeneinander verschränkt, was an diesen Lagern zu „kardanischen" Winkelverformungen (vgl. Kap. 5, Bild 5.41) und - als Folge der kardanischen Rückstellmomente - am Achslenker zu einer Torsionsbelastung führt, **Bild 10.14**a. Als offenes Blechprofil ist der Achslenker dagegen ziemlich wehrlos, er reagiert mit einer Verwölbung seines Querschnitts, und die Auflageflächen der Gummilager-Innenbuchse verdrehen sich gegeneinander um die, wenn auch sehr kleinen, Winkel α. Diese Zwangsverdrehung belastet wiederum die reibschlüssige Verspannung der Lager-Innenbuchse, wobei die letztere zu verdrehsteif ist, um den Winkel α auszugleichen, und

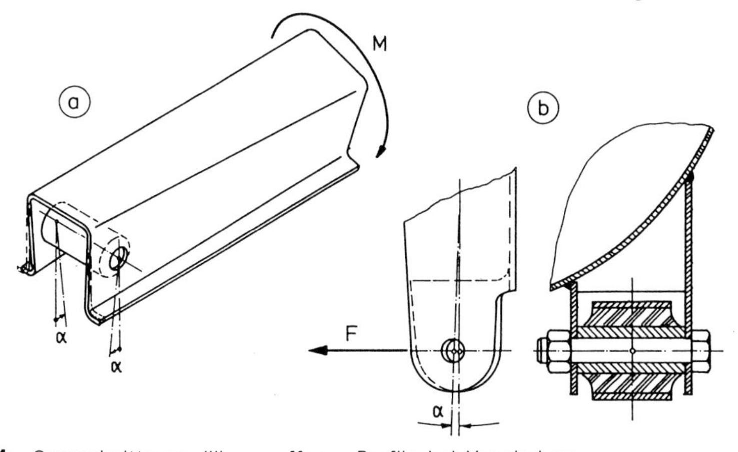

Bild 10.14: Querschnittsverwölbung offener Profile bei Verwindung

ggf. an den Lenkerflanschen zu rutschen beginnt mit der Gefahr einer allmählichen Lockerung der Schraubverbindung und der Korrosion der Spannfläche. Deshalb ist es im allgemeinen erforderlich, derartig belastete Achslenker durch ein „Schließblech" örtlich zu Hohlkörpern mit hoher Torsionssteifigkeit umzugestalten (oder an einem Ende ein echtes Kugelgelenk einzusetzen, das den Verdrehwinkel zwischen den Lenkerenden allein ausgleicht).

Ein ähnliches Problem kann auch an einem Lagerbock entstehen, wenn dessen Wangen merklich unterschiedliche Steifigkeiten gegenüber der Lager-Radialkraft F aufweisen, Bild 10.14b. Die im Bild rechte Wange hat einen größeren Abstand von der Wand des den Lagerbock tragenden Bauteils und gibt deshalb unter der Belastung stärker nach als die linke Wange, so daß sich zwischen beiden ein Verschränkungswinkel α einstellt. Hier muß also durch die Bauteilgestaltung oder zusätzliche Aussteifungen für eine gleich große Elastizität der beiden Wangen gesorgt werden.

Die Schließung eines offenen Profils zu einem Hohlprofil zwecks Erhöhung der Torsionssteifigkeit kann meistens nur an den Stellen eines Lenkers erfolgen, die nicht funktionsgemäß offen bleiben müssen, wie z.B. Montagestellen für Lager. Der Übergangsbereich vom offenen zum geschlossenen Querschnitt hat einen erheblichen Sprung in der Torsionssteifigkeit zu verkraften. Von der Gestaltung dieses Bereichs hängt es wesentlich ab, ob Spannungsspitzen entstehen, die besonders für Schweißnahtverbindungen gefährlich werden können. Die Verdrehwiderstandsmomente geschlossener bzw. offener Querschnitte können nach den bekannten BREDTschen Formeln berechnet werden, die in **Bild 10.15** eingetragen sind, und stehen bei den als Beispiel gewählten, praktisch querschnitts- und gewichtsgleichen Profilen im Verhältnis von etwa 30:1. Die übergangslose Schließung des offenen Profils

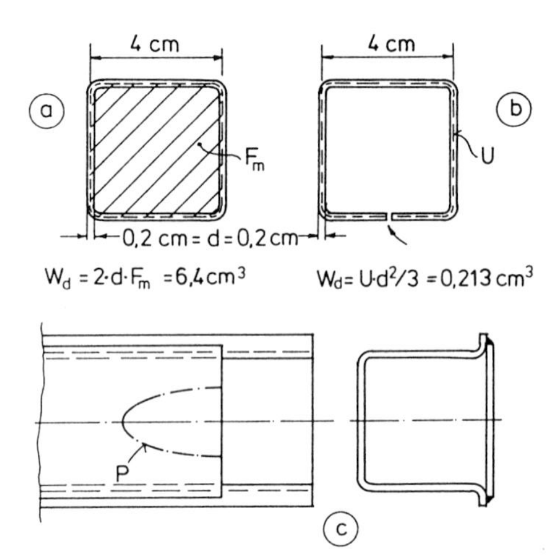

Bild 10.15:
Querschnitts-Kennwerte an geschlossenen und offenen Profilen im Vergleich

durch ein Schließblech, Bild 10.15c, bringt also eine erhebliche Anrißgefahr besonders am Auslauf der Schweißnähte mit sich. Auch das Ausklinken einer „Entlastungsparabel" P ändert daran nicht viel, der Bereich des Sprunges in den Widerstandsmomenten wird aber wenigstens in den Scheitel der Parabel verlegt.

Günstiger und nicht unbedingt kostspieliger ist es, den Übergang vom offenen zum geschlossenen Querschnitt kontinuierlich zu gestalten, wie andeutungsweise in **Bild 10.16** gezeigt. Der Achslenker trägt am rechten Ende Aufnahmeflächen für die zweischnittige Befestigung einer Lagerbuchse und am linken eine Aufnahmebuchse für ein Lager. Um die zweischnittige Verbindung nicht durch Querschnittsverwölbung unter Verwindung des Lenkers zu gefährden, ist der Lenker als doppelschaliger Hohlkörper aus zwei Tiefziehteilen hergestellt. Da also hier das „Schließblech" ohnehin ein Ziehteil ist, macht es keine besonderen Schwierigkeiten, dessen Profil im Endbereich in die Gegenrichtung „umzustülpen" und damit im Querschnitt des Lenkers eine zunehmende Annäherung an das Profil der anderen Lenkerschale zu formen, so daß im Auslaufbereich des Schließblechs gewissermaßen ein - wenn auch „doppelwandiges" - offenes Profil entsteht.

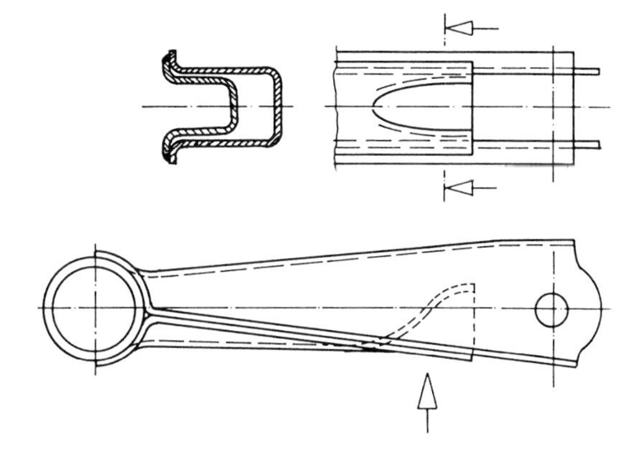

Bild 10.16: Gestaltung des Übergangsbereiches von einem offenen Profil zu einem Hohlprofil

Daß auch Guß- oder Schmiedeteile nicht als „starre" Körper angesehen werden dürfen, soll **Bild 10.17** deutlich machen. Auf einer geschmiedeten Achsbrücke wird ein anderes Bauteil an zwei voneinander entfernten Stellen festgeschraubt. Wenn dieses Bauteil selbst nicht sehr steif ist, oder wenn es gegenüber elastischen Verformungen empfindlich ist (z. B. als Getriebegehäuse), sollte unbedingt eine der Befestigungsstellen als „Loslager" gestaltet werden. Oft genügt ein seitlich nachgiebiger Lagerbock.

Ähnliches gilt für alle Mehrfachverbindungen großer Bauteile, z.B. auch die Befestigung des Gehäuses einer Zahnstangenlenkung an einem Fahrgestellträger.

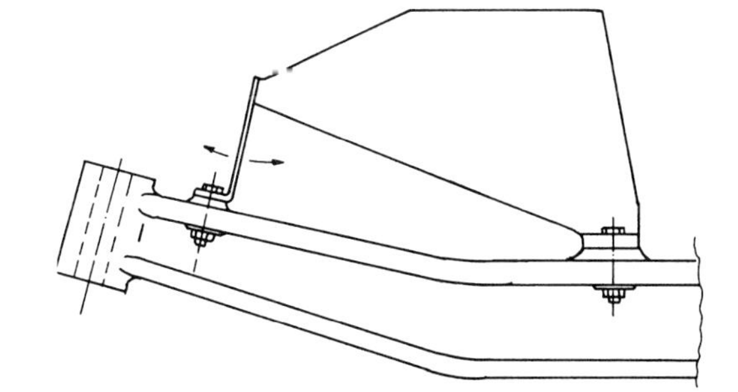

Bild 10.17: Verspannungsfreie Verbindung zweier Bauteile

Werden Bauteile aus Werkstoffen mit unterschiedlichen Wärmedehnungskoeffizienten miteinander verbunden, so ist angesichts der in der Fahrzeug-Praxis auftretenden Temperaturspanne von mehr als 100 °C erst recht auf eine statisch bestimmte Konstruktion zu achten.

Wo aus verschiedenen Gründen Achslenker nicht mehr als Blechteile oder wenigstens aus Rohrmaterial oder anderen geeigneten Halbzeugen konstruiert werden können, muß zu Guß- oder Schmiedeteilen Zuflucht genommen werden. Dies kann z.B. der Fall sein, wenn zu wenig Platz für eine ausreichende Querschnitts-Dimensionierung der relativ voluminösen Blechteile zur Verfügung steht oder, was die häufigste Ursache ist, wenn erhebliche Auskröpfungen erforderlich sind, um an benachbarten Bauteilen vorbeizukommen. Gegossene oder geschmiedete Lenker gestatten eine wesentlich freiere und komplexere Formgebung.

Da besonders bei Schmiedeteilen höherfeste Werkstoffe eingesetzt werden, können deren Profilquerschnitte sehr klein gehalten werden. Dies führt wiederum dazu, daß bei der Beanspruchung eines gekröpften Stablenkers durch eine Längskraft die von dieser herrührende Zug- bzw. Druckspannung im Profilquerschnitt nicht mehr gegenüber der im Bereich der Kröpfung herrschenden Biegespannung vernachlässigt werden kann. Um eine unsymmetrische resultierende Spannungsverteilung und damit eine unvollkommene Materialausnutzung zu vermeiden, ist es daher sinnvoll, Querschnittsformen anzuwenden, die eine Verschiebung des Profilschwerpunkts bzw. der „neutralen" Biegefaser erlauben.

Der gekröpfte und durch eine Längskraft F_L belastete geschmiedete Stablenker in **Bild 10.18** a ist im Bereich seiner Kröpfung als T-Profil ausgeführt, dessen Schwerpunkt S am Profil in Richtung zur Längskraft hin verschoben ist, so daß unterschiedliche Abstände e_1 und e_2 der Randfasern und damit unterschiedliche Biege-Widerstandsmomente vorliegen. Aus der Kraft F_L und dem Kröpfungsmaß p sowie dem Biege-Widerstandsmoment I_x resultieren die Biegespannungen auf der Zug- bzw. der Druckseite

$$\sigma_{zB} = F_L \, p \, e_1 / I_x \qquad \text{und} \qquad \sigma_{dB} = F_L \, p \, e_2 / I_x$$

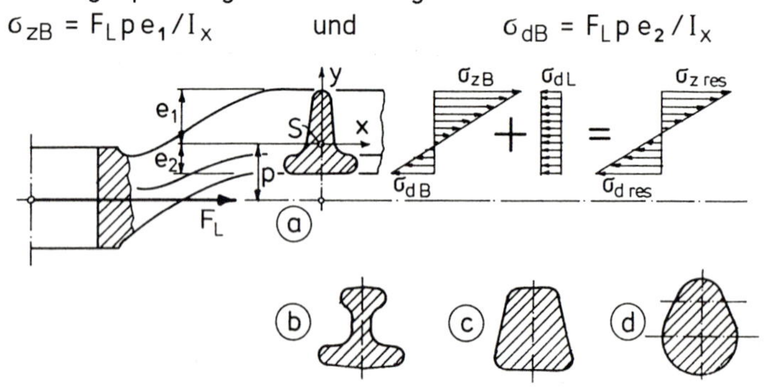

Bild 10.18: Optimierte Spannungsverteilung bei Längskraftbiegung am gekröpften Stab

und mit der Querschnittsfläche A wird die Druck-Normalspannung aus der Längskraft

$$\sigma_{dL} = F_L / A$$

Die bestmögliche Materialausnutzung und damit Gewichtsersparnis ergibt sich, wenn die resultierende Zug- und Druckspannung gleich groß ist:

$$\sigma_{zB} - \sigma_{dL} = \sigma_{dB} + \sigma_{dL}$$

und daraus folgt die Bedingung für den optimalen Längskraftabstand p des Profils:

$$p = \frac{2\, I_x}{A\,(e_1 - e_2)} \qquad (10.9)$$

Nach dieser Gleichung kann bei gegebener Kröpfung das Profil so dimensioniert werden, daß es den erforderlichen Hebelarm p erhält. In der Praxis kann es zweckmäßig sein, besonders bei kerbempfindlichen Werkstoffen ein wenig von dieser „optimalen" Auslegung abzuweichen und der Zugseite eine etwas geringere Maximalspannung zuzuteilen (sofern bei dem betroffenen Achslenker eine eindeutige Haupt-Lastrichtung vorliegt).

Die Bilder 10.18 b bis d zeigen weitere leicht herstellbare Profilformen mit frei festlegbarer Schwerpunktslage. Die Profile c und d sind als „Vollquerschnitte" weniger günstig bezüglich der Materialausnutzung, haben aber den Vorteil, daß sie im Raum frei ausgerichtet werden können und doch unter keiner Projektionsrichtung Hinterschneidungen aufweisen, d. h. daß sie auch an Schmiede- oder Gußteilen in wechselnde Hauptbelastungsebenen hineingedreht werden können und dabei stets eine schmiede- oder gußgerechte Formteilung ermöglichen.

An gekrümmten Blechbauteilen stellt die Normalspannung aus einer Längskraft im allgemeinen kein Problem dar, weil ausreichend große Querschnittsflächen vorhanden sind. Aus der Krümmung der Profilwände ergeben sich aber Sekundärspannungen im Blech und damit evtl. eine Beeinträchtigung der Formstabilität.

In **Bild 10.19** ist ein aus zwei Halbschalen zusammengeschweißter Hohlträger mit einem gekrümmten Bereich dargestellt. Das Biegemoment M_B versucht, den Träger im Sinne einer Vergrößerung des Krümmungsradius aufzubiegen. Im oberen und unteren Profilboden bauen sich daher Druckspannungen σ_d bzw. Zugspannungen σ_z auf, Bild 10.19a. Diese Spannungen werden entsprechend der Wandkrümmung umgelenkt und bilden Resultierende senkrecht zur Blechfläche, Bild 10.19b, die im Mittelbereich der Profilböden, wo die Versteifung durch die Seitenwände fehlt, das Blech nach außen aufzuwölben trachten. Daraus entsteht eine Sekundärverbiegung der Profilböden und der Seitenwände, welche um die (schwächeren) Kehlnahtverbindungen gegeneinander schwenken wollen (Rißgefahr). Bei umgekehrt gerichtetem Biegemoment werden im Gegensatz zu Bild 10.19b die Profilböden nach innen verwölbt und die Schweißnahtflansche nach außen gedrückt. Als Abhilfe gegen die Gefährdung durch die Sekundärmomente können im gekrümmten Bereich Versteifungssicken in die Profilböden eingeformt werden, Bild 10.19c, die den Mittelbereich vor dem Ausbeulen bewahren.

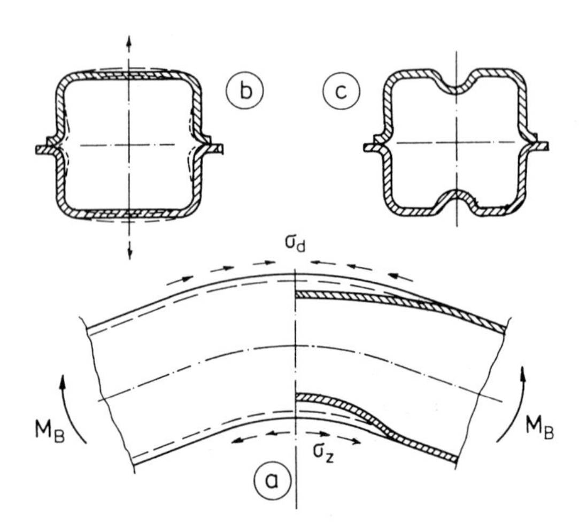

Bild 10.19. Sekundärverformungen an einem gekrümmten Hohlträger unter Einwirkung eines Biegemoments

Räumlich gekröpfte Achslenker können zusätzlich zur Biegung aus einer Längskraft auch noch durch Querkräfte belastet werden, z.B. weil sich ein Federelement auf ihnen abstützt; dann werden also Bereiche des Lenkers auf Torsion beansprucht. Dies gilt auch dann, wenn der Angriffspunkt des die Querkraft abgebenden Bauteils auf der Lenkermittellinie, d. h. auf der Verbindungslinie seiner Außengelenke liegt, was anzustreben ist, wenn ein Kippmoment um die Lenkerachse und damit kardanische Momente an seinen Lagern vermieden werden sollen.

Stabquerschnitte mit „offenem" Profil, auch die im Vergleich zu Blechteilen naturgemäß dickwandigeren der Guß- oder Schmiedeteile, sind empfindlich gegenüber Torsionsbelastung. In manchen Fällen ist es aber möglich, durch eine entsprechende Gestaltung des offenen Profils Torsionsspannungen zu verhindern.

In **Bild 10.20** ist der Endbereich eines als Schmiedeteil entworfenen gekröpften Achslenkers dargestellt, der am Lagerauge durch eine Querkraft F_q belastet wird. Die Verbindungslinie der Profilschwerpunkte S hat infolge der Kröpfung des Lenkers einen s-förmigen Verlauf. Für die Festigkeitsanalyse jeder Lenkerpartie müssen die Belastungskombinationen für den betref-

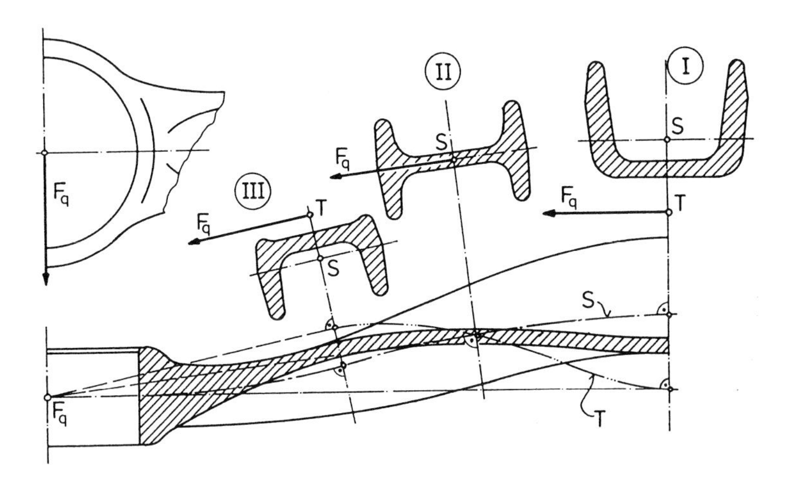

Bild 10.20: Torsionsfreie Profilgestaltung an einem gekröpften Achslenker

fenden Querschnitt bestimmt werden. Die Profilquerschnitte sind stets senkrecht zu der hier in der Zeichenebene, im allgemeinen aber auch räumlich verlaufenden gekrümmten Profilmittellinie, der Verbindungslinie der Profilschwerpunkte, zu legen.

Im Bereich der vollen Kröpfung verläuft die Profilmittellinie parallel zur Längsachse des Lenkers, und die Querkraft F_q greift im Schnitt I am Spurpunkt der Längsachse an, also außerhalb des Profilquerschnitts und in beträchtlichem Abstand vom Schwerpunkt S. Dennoch verursacht die Querkraft hier keine Torsion, da der „Schubmittelpunkt" T, der geometrische Ort der resultierenden Kraft aus allen Querkraft-Schubspannungselementen des Profilquerschnitts, im Angriffspunkt der Kraft F_q liegt.

An der Schnittstelle II hat die Profilmittellinie eine Tangente, die durch die Mitte des Lagerauges verläuft. Hier greift die Querkraft F_q also in der Profilmitte an, so daß ein symmetrisches I-Profil die richtige Dimensionierung darstellt.

Im weiteren Verlauf vom Schnitt II zum Lagerauge hin krümmt sich die Profilmittellinie in Gegenrichtung, so daß z.B. im Schnitt III die Querkraft F_q auf der der Lenkerlängsachse gegenüberliegenden Seite erscheint. Der „Steg" des Profils ist daher ebenfalls zu dieser Seite hin verschoben worden, so daß F_q wieder am Schubmittelpunkt T wirkt.

Der Achslenker kann so trotz seiner Kröpfung und der Querkraftbelastung ohne Sonderaufwand und ohne Gewichtszunahme als offenes Profil entworfen werden, lediglich mit einem – schmiedetechnisch unproblematischen – wandernden Profilsteg. Vorausgesetzt ist, daß die Kröpfung nicht größer ist, als durch eine Positionierung des Schubmittelpunkts mit vernünftigen Profilquerschnitten beherrschbar, und daß halbwegs stetige Querschnittsübergänge zu verwirklichen sind.

Die vorstehenden Betrachtungen und Anmerkungen sollen dazu anregen, vor Beginn einer Konstruktionsarbeit eine Bestandsaufnahme der voraussehbaren Aufgabenstellungen und Probleme und der verfügbaren oder erkennbaren Lösungswege vorzunehmen. Durch die Auswahl der Bauweisen und Funktionsprinzipien legt der Konstrukteur sehr frühzeitig wesentliche Merkmale des Entwicklungsprojekts fest, von denen später, sollten sich Probleme einstellen, nur schwer oder überhaupt nicht mehr abgewichen werden kann. Der Begriff „konstruierte Qualität" trifft den Nagel auf den Kopf: Die Zuverlässigkeit einer Neuentwicklung wird durch die Konstruktion entscheidend vorbestimmt. Wenn von zwei Lösungen eine vielleicht weniger „geistreich" erscheint, aber keine erkennbaren Fragen aufwirft, die schwer abzuschätzenden Entwicklungsaufwand und -zeitbedarf erfordern können, so wird sich diese Lösung am Ende meistens als die bessere erweisen.

Die Bauteile der Radaufhängungen sind heute oft zu komplex geformt, um sie mit „klassischen" Berechnungsverfahren oder -formeln bezüglich ihrer Festigkeit oder Steifigkeit zu analysieren. Im Falle einfacher Achslenker wie in den Bildern 10.18 oder 10.20 lohnt sich aber weiterhin der Aufwand schon bei Konstruktionsbeginn, denn der Konstrukteur mit seinem im allgemeinen besseren Überblick über das fertigungstechnisch Machbare sollte durch seine Bauteilentwürfe bereits die Grundprinzipien vorgeben und nicht deren Erarbeitung durch den eher theoretisch ausgebildeten Berechnungsingenieur erwarten. Auch wenn heute praktisch alle Bauteile während einer Achsenentwicklung durch die zuständigen Fachabteilungen rechnerisch und experimentell überprüft werden, so ist es doch sehr hilfreich, wenn von Anfang an eine richtig ausgewählte Basiskonstruktion zugrundeliegt.

Die in diesem Abschnitt angesprochenen Komplikationen bei der Entwicklung der Achsbauteile entstehen vorwiegend aus Problemen mit dem verfügbaren Einbauraum, wobei an einer Radaufhängung alle zu erwartenden oder technisch möglichen Radstellungen berücksichtigt werden müssen wie die Ein- und Ausfederung und bei gelenkten Rädern zusätzlich überlagerte Lenkeinschläge. Abgesehen von Annäherungen der Achslenker an Karosseriebauteile oder andere im Fahrzeug eingebaute Aggregate wie das Triebwerk, das Getriebe, die Abgasanlage usw. entstehen die kritischsten Engstellen im allgemeinen zwischen den Radführungselementen und dem Rade selbst mit seinen Einbauteilen wie der Bremse und zwischen dem Rade bzw. dem Reifen und der Karosserie; jeder Designer ist bemüht, den Radausschnitt so klein und elegant als möglich zu entwerfen.

Das Rad bzw. der Reifen auf seiner Felge bildet einen Rotationskörper, dessen Freigängigkeitsanalyse zeichnerisch nicht einfach zu vollziehen ist, mit modernen CAD-Verfahren schon viel leichter.

Für die Entscheidung über einen ausreichenden Freigang eines Bauteils in irgendeiner Fahrsituation gegenüber dem Rade ist es der Rotationskörper-Eigenschaft desselben zufolge gleichgültig, an welcher Stelle des Reifen- oder des Felgenumfangs die Annäherung stattfindet. Deshalb ist es sehr nützlich, die auf die Radachse bezogenen „Rotationskonturen" interessanter Bauteile zu ermitteln und mit dem Querschnitt des Rades zu vergleichen.

Eine Rotationskontur entsteht, wenn ein Bauteil um eine Drehachse rotiert und der dabei gebildete einhüllende Toruskörper mit einer Darstellungsebene, die die Drehachse enthält, geschnitten wird. So ist z.B. die Rotationskontur RK einer relativ zur x-Achse „windschief" verlaufenden Geraden g um die x-Achse, **Bild 10.21**, eine Hyperbel.

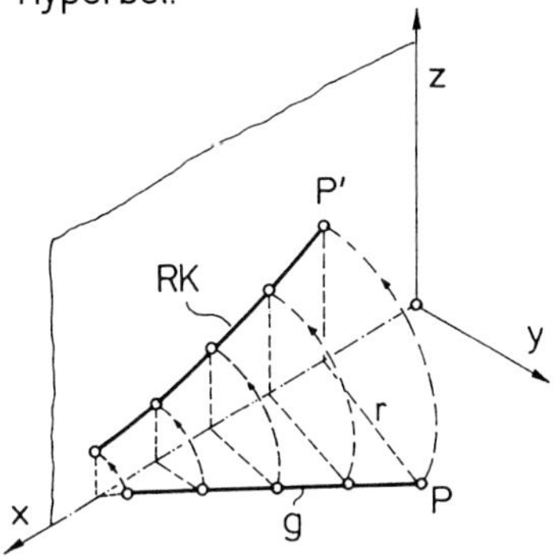

Bild 10.21:
Entstehung der Rotationskontur RK einer Geraden g um die x-Achse

Zu jeder Raumkurve kann eine Rotationskontur bestimmt werden, auch z.B. zur Begrenzungslinie R des Innenrandes eines Karosserie-Radausschnittes, **Bild 10.22**, um die Achse ξ eines um einen gewissen Radhub eingefederten und um einen Lenkwinkel eingeschlagenen Fahrzeugrades.

Von jedem Punkt des räumlich verlaufenden Randbogens R aus werden der Abstand von der durch die Punkte M und H gegebenen Radachse ξ und der Lotfußpunkt auf derselben bestimmt und im Radquerschnitt Π^* aufgezeichnet. Die dort entstehende Rotationskontur RK_R des Randbogens R hat u.U. wenig Ähnlichkeit mit ihrem Ursprung. In gleicher Weise können ferner z.B. die Rotationskonturen RK_u eines unteren Querlenkers 1-1' und anderer für den Freigang des Rades wesentlicher Bauteile ermittelt werden.

Wenn die einzelnen Punkte des Randbogens beziffert werden (hier z.B. mit a, b und c), so ist es im Radquerschnitt Π^* sehr einfach, die Stelle der größten Annäherung oder evtl. Überschneidung des Reifens mit dem Karosseriebereich festzustellen.

Bei einem federnden und lenkenden Rade ist es selbstverständlich, die Rotationskonturen für alle mit Blick auf die Betriebssicherheit bedeutsamen Radstellungen zu sammeln und deren Einhüllende zu verwenden.

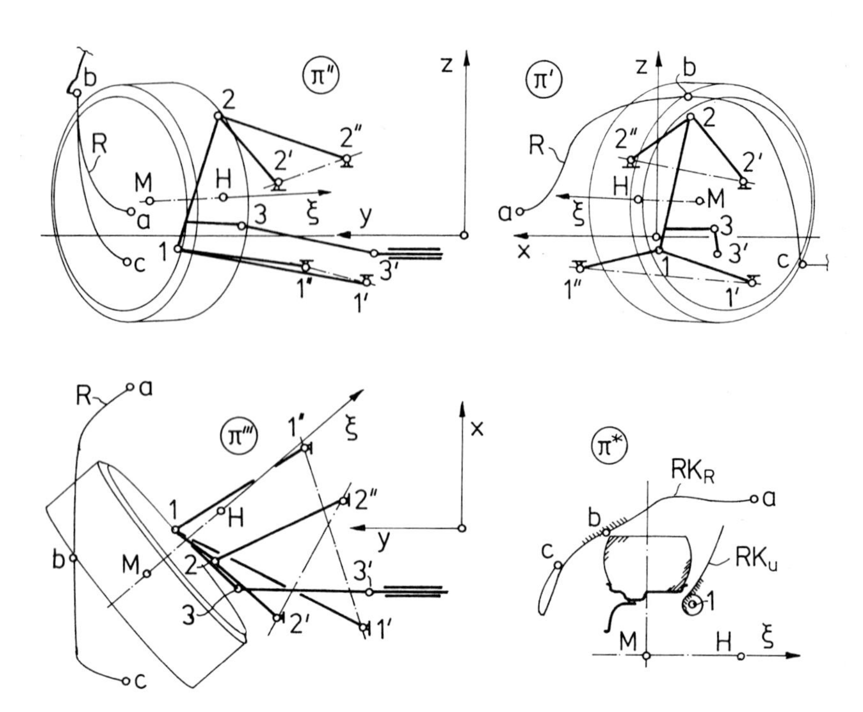

Bild 10.22: Rotationskonturen um die Radachse (Karosserie-Randbogen; Achslenker)

Das Erarbeiten der radbezogenen Rotationskonturen der Fahrzeugteile in der Umgebung des Rades entspr. Bild 10.22 hat den Vorteil, daß Fragen zu Änderungen oder Zusatzangeboten der Rad-Reifen-Ausstattung, wie sie im Verlaufe einer Serienproduktion immer wieder aufkommen, sofort und auf einfachste Art entschieden werden können (z.B. durch Übereinanderlegen von Transparent-Zeichungen).

11 Aufhängungen für Motorräder

Die Radaufhängungen der Einspurfahrzeuge, also der Solo-Motorräder und Motorroller, sind stets „ebene" Mechanismen, deren Geometrie sich in der Seitenansicht des Fahrzeugs vollständig beschreiben läßt. Querbewegungen und Sturzänderungen der Räder beim Ein- und Ausfedern stören den Geradeauslauf; deshalb haben Radaufhängungen mit Querlenkern und dergleichen sich in der Serienproduktion nicht durchsetzen können, auch nicht bei Motorrädern mit Seitenwagen. Mit den „ebenen" Radaufhängungen können nur der Schrägfederungswinkel, der Brems- und ggf. Antriebs-Stützwinkel und die Lenkungsparameter Nachlaufwinkel und Nachlaufstrecke beeinflußt werden. Anstelle des Nachlaufwinkels τ wird bei Motorrädern auch der „Steuerwinkel" zwischen dem Lenkzapfen und der Fahrbahn angegeben, dessen Größe also $90° - \tau$ ist.

Dem „Schlingern" des Zweispurfahrzeugs (vgl. Kap. 8, Abschnitt 8.4.4) entspricht beim Einspurfahrzeug sinngemäß das „Pendeln", eine Lenkungsschwingung, die u. a. von den Trägheitsmomenten der Vorderradgabel und des Hinterfahrzeugs um den Lenkzapfen oder „Steuerkopf" abhängt. Daher ist man bestrebt, das Trägheitsmoment der Gabel möglichst klein zu halten.

Eine Auswahl bekanntgewordener Vorderradaufhängungen zeigt **Bild 11.1** schematisch und teilweise ohne Darstellung der Federung.

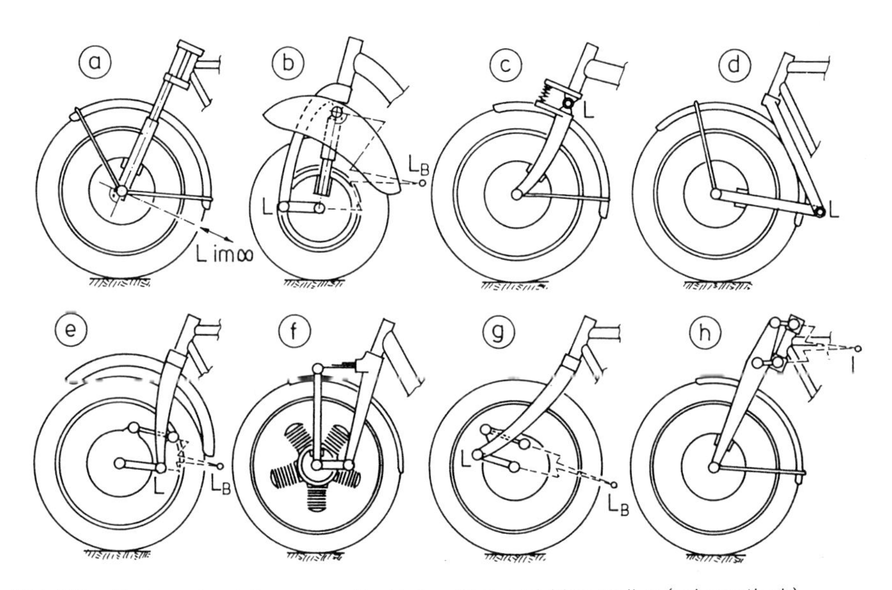

Bild 11.1: Vorderradaufhängungen für Motorräder und Motorroller (schematisch)

Die Teleskopgabel (a) hat sich heute allgemein durchgesetzt, nicht nur wegen ihres eleganten Aussehens, sondern auch wegen ihres sehr geringen Trägheitsmoments um den Steuerkopf und ihrer relativ guten Steifigkeit. Der Längspol einer Schubführung liegt im Unendlichen, und da die Gabelrohre parallel oder nahezu parallel zum Lenkzapfen angeordnet sind, ist zwar der Schrägfederungswinkel positiv (leichtes Ansprechen der Federung), der Brems-Stützwinkel aber negativ, d. h. die Teleskopgabel taucht beim Bremsen stark ein. Abhilfe kann eine drehbare Bremsmomentenstütze mit einer Reaktionsstrebe zur Gabelbrücke bringen, vgl. Kap. 6, Bild 6.8.

Eine „gezogene" Kurzschwinge als Bremsmomentenstütze würde noch heftiger eintauchen, da ihr Längspol L nahe vor der Radachse liegt. Wird ein Federbein mit der Bremsankerplatte gekoppelt, so entsteht eine ebene „Kurbelschleife" (b), der Bremspol L_B wandert beim Einfedern hinter dem Rade aufwärts und ergibt einen progressiven Bremsnickausgleich (Vespa).

Die Knickgabel c, welche gelegentlich bei Motorfahrrädern und früher an den Motorrad-Fahrgestellen von Neumann-Neander verwendet wurde, weist eher eine Längs- als eine Vertikalfederung auf und schwenkt beim Bremsen nach hinten weg.

Etwa 100% Bremsnickausgleich bei geringer Änderung der Nachlaufstrecke über dem Federweg bietet die „geschobene" Langschwinge (d), hat aber den Nachteil eines größeren Trägheitsmoments um den Steuerkopf. Dieses wird bei der geschobenen Kurzschwinge (e) erheblich verringert, sie benötigt aber eine drehbare Bremsmomentenstütze und eine Brems-Reaktionsstrebe, um den Brems-Momentanpol L_B weit genug hinter das Rad zu verlegen und ein Aufbäumen des Motorrades beim Bremsen zu vermeiden.

Einen Vorderrad-Triebsatz an einer „Doppelkurbel" (f) besaß die „Megola" der 20er Jahre; der umlaufende Fünfzylinder-Sternmotor stützte sein Drehmoment an einem über das Rad geführten Bügel ab, der an geschobenen unteren Kurzschwingen und oberen „Viertelfedern" aufgehängt war.

Auch „gezogene" Kurzschwingen mit Bremsstrebe wurden angewandt (NSU-Rennmotorrad, 1952, Bild 11.1g)

Die „Trapezgabel" (h), einst nahezu die Standardbauart für Motorradgabeln, hat zwar ein geringes Trägheitsmoment um den Steuerkopf, aber keine besonders gute Steifigkeit. Bremsnickausgleich durch „Anstellen" der Kurbeln ist möglich.

Schwinggabeln, vor allem mit geschobener Lang- oder Kurzschwinge, waren Ende der 50er bis Mitte der 60er Jahre sehr verbreitet.

Ein wesentlicher Vorteil der Schwinggabeln war das gute Ansprechen der Federung; der Bremsnickausgleich ermöglichte zudem eine weiche Federungsabstimmung. **Bild 11.2** zeigt die Langschwingengabel der damaligen BMW-Motorräder.

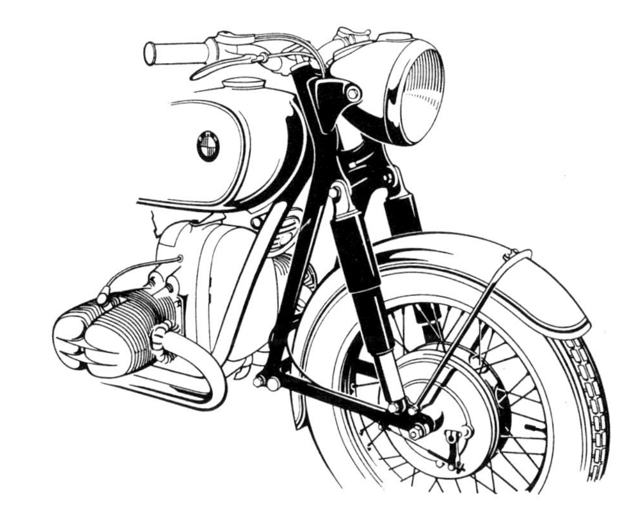

Bild 11.2:
Langschwingengabel der BMW R 69 (1955) (Werkbild BMW AG)

Eine „geschobene" Kurzschwingenaufhängung mit drehbar gelagerter Bremsankerplatte und Brems-Reaktionsstrebe ist in **Bild 11.3** zu sehen und eine Trapezgabel in **Bild 11.4**; an beiden Konstruktionen ist eine gegenseitige „Anstellung" der Lenker bzw. Kurbeln zur Erzielung eines Bremsnickaus-

Bild 11.3:
Kurzschwingengabel an einem Honda-Motorrad der 50er Jahre (Foto: Verfasser)

Bild 11.4:
Trapezgabel an einem NSU-Motorrad der 40er Jahre
(Foto: Verfasser)

gleichs zu erkennen, vgl. die Bilder 11.1 e und h. Für einen konstanten Stützwinkel, also einen unendlich großen Krümmungsradius der Bahn des Radaufstandspunktes unter Annahme einer blockierten Bremse, sollten sich die Längen der beiden Kurbeln bzw. der Kurzschwinge und der Brems-Reaktionsstrebe etwa umgekehrt verhalten wie ihre Abstände von der Fahrbahn, vgl. Kap. 10, Bild 10.2.

Moderne Teleskopgabeln weisen sehr große Federwege auf, die ansonsten nur mit der Langschwingengabel erreichbar wären. Der Bremssattel liegt nahe an der verlängerten Steuerkopfachse, um das Trägheitsmoment um dieselbe gering zu halten, so z. B. bei der Gabel von **Bild 11.5** oberhalb der Radachse (was bei Solo-Motorrädern unbedenklich ist, da keine Seitenkräfte auf die Räder wirken und eine Belagspielvergrößerung durch elastisches Kippen der Bremsscheibe nicht zu befürchten ist).

Eine sinnvolle Weiterentwicklung der Teleskopgabel zeigt **Bild 11.6**. Die beiden (oberen) „Standrohre" sind oberhalb des Vorderrahmens des Motorrades durch eine einzige Gabelbrücke verbunden und am Rahmen mit einem Kugelgelenk befestigt. Die unteren, mit der Achswelle des Vorderrades verschraubten „Gleitrohre" werden dicht über der Reifenlauffläche durch

Bild 11.5: Teleskopgabel der BMW R 80 (1984) (Werkbild BMW AG)

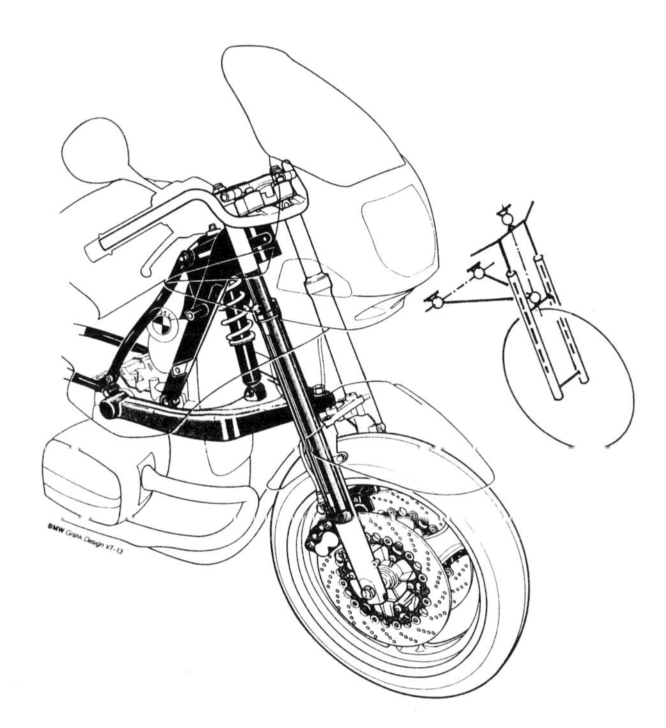

Bild 11.6: „Telelever"-Vorderradaufhängung mit Bremsnickausgleich (Werkbild BMW AG)

eine stabile Gabelbrücke zusammengehalten, die von dem Kugelgelenk eines Dreiecklenkers geführt wird, welcher wiederum oberhalb des Triebwerksblocks um die Fahrzeugquerachse drehbar gelagert ist. Die eigentliche Federung und Dämpfung übernimmt ein zentrales, auf dem Dreiecklenker abgestütztes Federbein.

Das kleine Teilbild oben rechts gibt die kinematische Funktion der Radaufhängung wieder.

Der Ersatz des Steuerkopfbolzens durch die beiden Kugelgelenke nützt bei jedem Federungszustand des Vorderrades die jeweils größtmögliche Abstützbasis zwischen der Rahmenoberkante und der Reifenlauffläche aus und gibt der Radaufhängung eine sehr gute Steifigkeit gegenüber Längskräften, die für die Funktion des ABS-Bremssystems wertvoll ist. Ferner kann die Radaufhängung, im Gegensatz zur reinen Teleskopgabel, nahezu frei für einen Bremsnickausgleich dimensioniert werden, der auch während eines Bremsvorganges den vollen Federweg verfügbar hält. Der „Längspol" ergibt sich in der Fahrzeug-Seitenansicht als Schnittpunkt der Normalen auf der Teleskopführung durch das obere Kugelgelenk und der Ebene des Dreiecklenkers, ähnlich wie in Bild 11.1b.

Von den Anfangszeiten der Motorradentwicklung an wurden und werden gelegentlich Versuche unternommen, eine „Achsschenkellenkung" mit einem innerhalb der (vergrößerten) Radlagerung untergebrachten Achsschenkelbol-

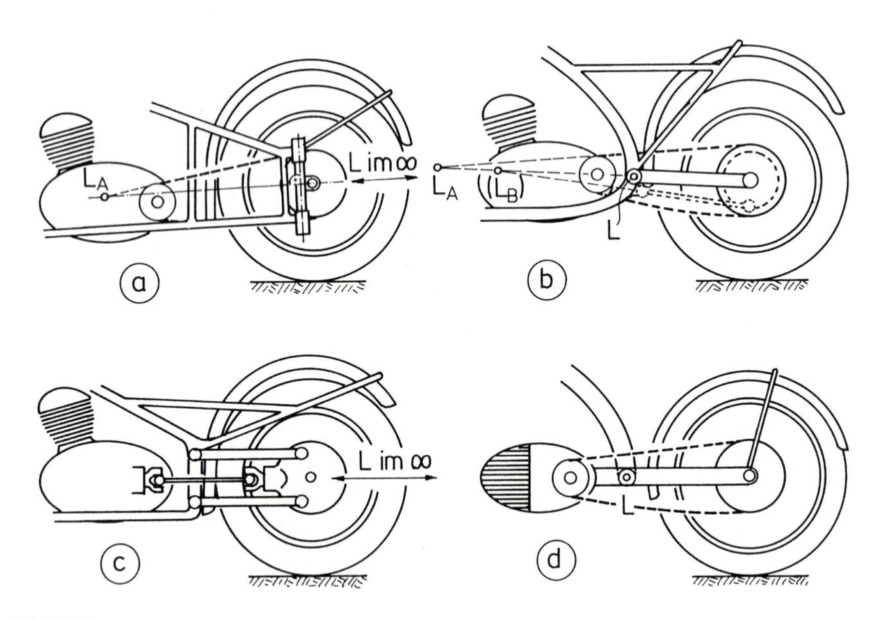

Bild 11.7: Hinterradaufhängungen für Motorräder (schematisch)

zen zu schaffen, vorwiegend zur Verbesserung der Steifigkeit der Verbindung zwischen dem Vorderrad und dem Rahmen. Abgesehen von dem technischen Aufwand und Einschränkungen beim Lenkwinkel bringen die erforderlichen Lenkstangen und Lenkhebel zusätzliche Gelegenheit für Lenkungsspiel und Reibung; wesentlich an einer Motorradlenkung sind aber Spielfreiheit und einwandfreier Lenkungsrücklauf in die Mittellage.

Die wichtigsten Grundbauarten der Hinterradaufhängungen für Motorräder zeigt **Bild 11.7** schematisch.

Der Teleskopgabel entpricht die Schubführung (a), deren Längspol im Unendlichen liegt und, da die Bremsmomentabstützung üblicherweise am Schubglied erfolgt, zugleich Bremspol ist. Bei Kettenantrieb ergibt sich der Antriebs-Längspol L_A als Schnittpunkt der Normalen zur Schubführung in Radmitte und des oberen Kettenstranges, vgl. auch Kap. 6, Bild 6.18. Bei Gelenkwellenantrieb und Befestigung des Winkelgetriebes am Schubglied liegt der Antriebs-Längspol im Unendlichen.

Wegen des besseren Ansprechens der Federung hat sich die gezogene Schwinge durchgesetzt (b), im allgemeinen kombiniert mit Federbeinen. Bei Kettenantrieb ist der Schnittpunkt L_A der Schwinge und des oberen Kettenstranges Antriebs-Längspol. Wird das Bremsmoment an der Schwinge abgestützt, so ist deren Drehpunkt L auch Bremspol. Bei drehbar gelagerter Bremsmomentenstütze und zum Rahmen geführter Bremsstrebe (mit unterbrochenen Linien eingezeichnet) ergibt sich der Bremspol L_B als Schnittpunkt von Schwinge und Strebe. Oft wird eine Bremsstrebe an der Schwinge befestigt; dann ist die Bremse mit der Schwinge drehsteif verbunden, und das Schwingenlager L ist zugleich Bremspol.

Selten wird der Radträger durch eine Viergelenkkette geführt, was ohnehin nur für den Gelenkwellenantrieb mit Winkelgetriebe sinnvoll sein kann (c); bei Parallelogrammanordnung der Schwingen liegt der Pol im Unendlichen.

Wenn der Motor am Radträger befestigt ist (d), so macht er dessen Bewegung mit („Triebsatz"), und die Art der Drehmomentübertragung zum Rade hin ist für die Antriebs-Pollage bedeutungslos (der Längspol L der Radaufhängung ist auch Antriebs-Pol).

Die Aufhängungen b bis d haben einen „progressiven" Bremsnickausgleich und einen „degressiven" Anfahrnickausgleich, weil der Bremspol relativ zum Radaufstandspunkt beim Ausfedern nach oben, der Antriebspol dagegen beim Einfedern nach unten wandert.

Bei der Triebsatzschwinge der „Vespa" ist der luftgekühlte Motor mitsamt dem Getriebe und dem Auspuff an der Schwinge befestigt, **Bild 11.8**. Der Antrieb erfolgt über Zahnräder. Da die Kraftübertragung keine schwingenden oder verschiebbaren Elemente zur Kompensation des Federweges benötigt,

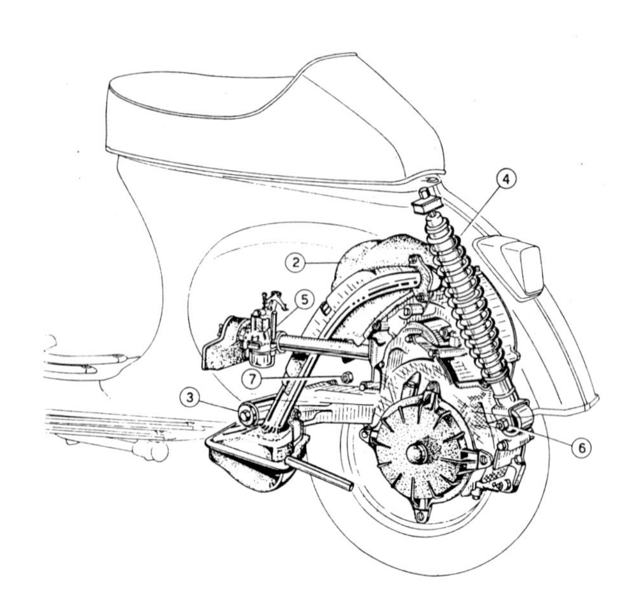

Bild 11.8: Triebsatzschwinge der 50-ccm-Vespa (1975) (Werkbild Piaggio & C. S.p.A.)

ergibt sich eine robuste, voll gekapselte Bauweise. Das Rad ist „fliegend" gelagert und abnehmbar wie beim Auto. Die Mittelachse des Schwimmers im Vergaser (5) verläuft durch die Schwingen-Drehachse (3), so daß Axialbeschleunigungen beim Ein- und Ausfedern weitgehend von ihm ferngehalten werden.

Eine Parallel-Schubführung mit Winkelgetriebe und Gelenkwellenantrieb zeigt **Bild 11.9**. Die Welle benötigt zwei Gelenke, von denen das motorseitige als flexible Gelenkkupplung ausgeführt ist.

Ebenfalls Gelenkwellenantrieb weist die Hinterradschwinge nach **Bild 11.10** auf. Das einzige Wellengelenk fluchtet annähernd mit der Schwingen-Drehachse; vor dem Winkelgetriebe befindet sich eine „Bogenzahnkupplung" zum Ausgleich geringer Winkelfehler und Längenänderungen (beides ist im Bild nicht erkennbar). Die Gelenkwelle ist mit einer Überlastungskupplung (Bildmitte) ausgerüstet, welche aus ineinandergreifenden, durch eine Schraubenfeder vorgespannten Klauen besteht. Die beim Auseinanderdrücken der Klauen wirksamen Reibungskräfte dienen ferner zur Schwingungsdämpfung. Die Hinterradschwinge ist einarmig, so daß der Ausbau des Hinterrades ebenso leicht vonstatten geht wie beim Auto (vgl. auch Bild 11.8).

Das schräg angestellte Federbein ermöglicht große Federwege am Rade bei mäßiger Baulänge; sein Hebelarm um die Schwingen-Drehachse wächst beim Einfedern, wodurch eine stark progressive Federungskennlinie erzielt wird mit wesentlichem Anteil der „kinematischen Federrate", vgl. Kap. 5, Abschnitt 5.4.

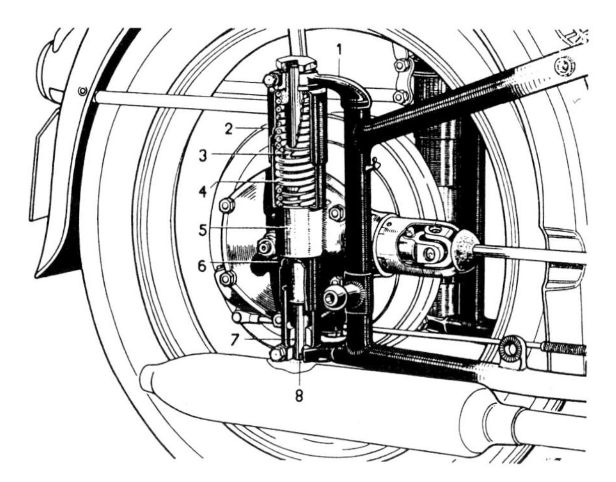

Bild 11.9: Hinterrad-Parallelführung mit Gelenkwellenantrieb der BMW R 68 (1952) (Werkbild BMW AG)

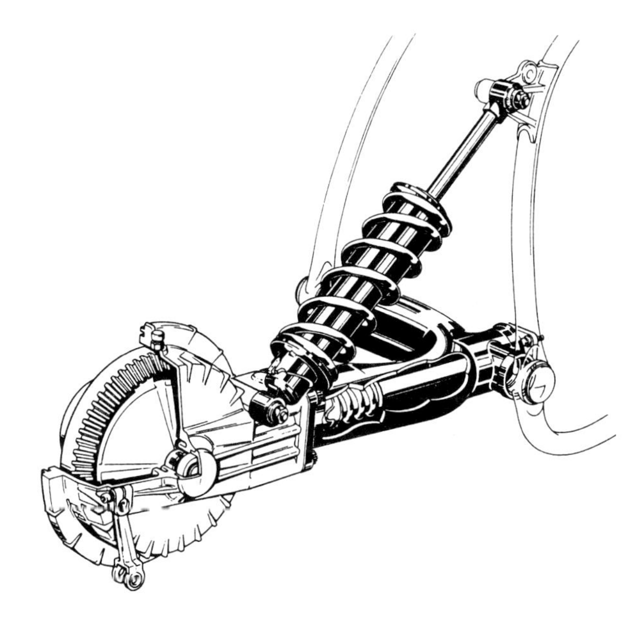

Bild 11.10: Einarm-Hinterradschwinge der BMW R 80 (1984) mit Gelenkwellenantrieb (Werkbild BMW AG)

Die Drehachse der Schwinge ist in der Seitenansicht des Fahrzeugs zugleich der „Längspol", welcher den hier sehr großen Brems- und Antriebs-Stützwinkel bestimmt (ca. 100% Nickausgleich).

Eine Weiterentwicklung der Schwingenaufhängung zu einer kinematischen Viergelenkkette ist in **Bild 11.11** dargestellt. Die Viergelenkkette wird aus der nun mit einem Drehgelenk am Hinterrad-Getriebegehäuse versehenen Einarmschwinge und einer darunter angeordneten Reaktionsstrebe gebildet. Im Schnittpunkt der Schwinge und der Strebe liegt in der Fahrzeug-Seitenansicht der „Längspol" der Radaufhängung, der im Vergleich zu Bild 11.10 erheblich nach vorn verschoben ist. Damit ergibt sich ein kleinerer Stützwinkel, der noch immer ausreichenden „Nickausgleich" bietet, aber bei hohem Leistungseinsatz auf schlechter Fahrbahn den Umfangsschlupf bzw. Reifenverschleiß vermindert. Die konzentrisch zur Schwinge laufende Antriebswelle mit zwei Kardangelenken ist im Mittelbereich unterteilt und mit einer Gummi-Drehfederkupplung versehen, um die Übertragungselemente des Antriebsstranges vor Belastungsspitzen zu bewahren.

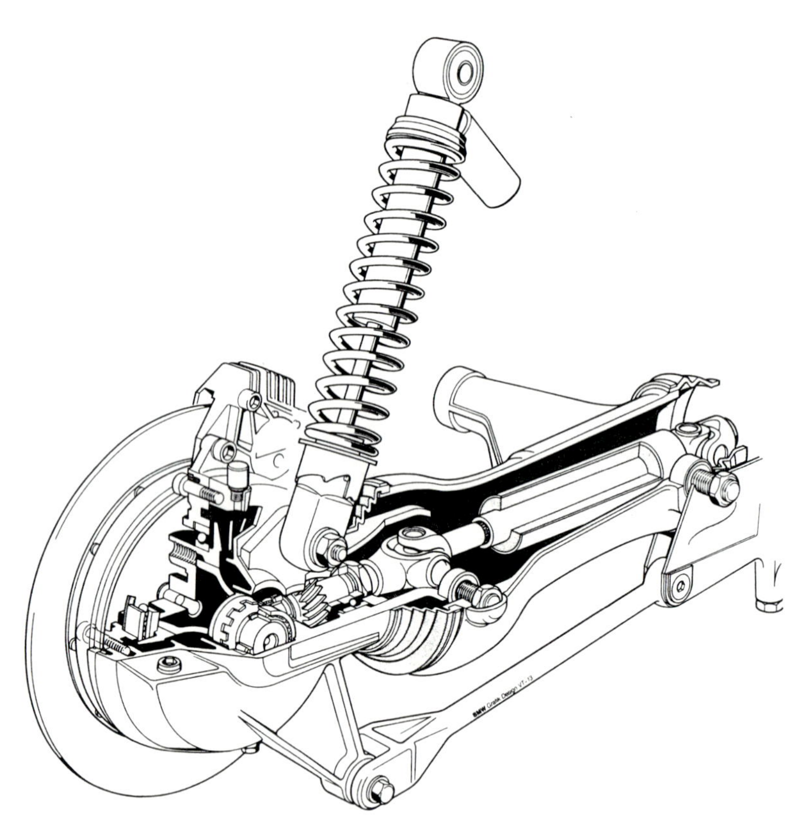

Bild 11.11: „Paralever"-Hinterradaufhängung mit Gelenkwellenantrieb (Werkbild BMW AG)

12 Einzelradaufhängungen

12.1 Allgemeines

Einzelradaufhängungen besitzen nur einen Freiheitsgrad, die Radbewegung relativ zum Fahrzeugkörper ist also bei paralleler und bei antimetrischer Federung die gleiche. Die Verwirklichung eines günstigen Radsturzes bezogen auf die Fahrbahn bei Kurvenfahrt hat daher merkliche Sturzänderungen beim Parallel-Einfedern oder bei unterschiedlicher Fahrzeugbeladung zur Folge. Ein ober- oder unterhalb der Fahrbahnebene liegendes Rollzentrum erfordert Spuränderungen beim Ein- und Ausfedern. Vorteilhaft ist das Fehlen der Massenkoppelung zwischen den Rädern (und der mechanischen Koppelung durch Radführungsglieder, die die gesamte Fahrzeugbreite queren und so Platz beanspruchen), die vielfältige Möglichkeit zur Erzielung elastokinematischer Effekte und das günstige Gewicht.

Da das Federelement im allgemeinen gegenüber der Wirkungslinie der Radlast versetzt ist, stehen die Lagerungen der Radführungsglieder unter z.T. beträchtlicher Vorlast.

Bei angetriebenen Rädern erfolgt die Drehmomentübertragung normalerweise über querliegende Gelenkwellen; dann ist der Antriebs-Stützwinkel an Hinterrädern etwa gleich dem positiven, an Vorderrädern gleich dem negativen Schrägfederungswinkel.

12.2 Aufhängungen für Vorderräder

Wohl die älteste Bauform einer lenkbaren Einzelradaufhängung ist die Parallel-Schubführung der Räder, gewissermaßen ein auf der Spreizachse verschiebbarer Achsschenkel, vgl. Kap. 2, Bild 2.8b. Vorderachsen wie die des „Wartburg-Wagens" aus dem Jahre 1898, **Bild 12.1**, waren um die Jahrhundertwende oft zu finden. Die Querblattfeder ist mittig an einer Pendelstütze befestigt (Querverbundfeder, vgl. Kap. 5, Bild 5.14a), und die Abdeckkappen unter den Federenden verbergen zylindrische Schraubenfedern. Die Lenkung erfolgt über einen mittleren Lenkstockhebel und zwei Spurstangen, welche anstelle der heute üblichen Kugelgelenke Kupplungsstücke nach Art des Kardangelenks, aber mit gegeneinander versetzten Drehachsen zur Vereinfachung der Herstellung, tragen. Dieses Achsprinzip wurde bis in die 50er Jahre bei den Lancia-Wagen verwendet, ebenso (mit Globoidrollenführung zur Verminderung der Reibung) bei American Motors, und hat im Morgan-Roadster überlebt.

Bild 12.1: Vertikale Schubführung am „Wartburg-Wagen" 1898, BMW-Museum München (Foto: W. Schwarzbach)

Eine früher sehr verbreitete Sonderbauart von Vorderachsen war das „Dubonnet-Knie", ursprünglich von dem Amateur-Rennfahrer und Fabrikanten DUBONNET zu dem Zweck erfunden, um Starrachsen an Rennwagen nachträglich in die damals in Mode kommenden Einzelradaufhängungen umzuwandeln. Die Radaufhängung wird normalerweise von einer „geschobenen" Kurbel gebildet und befindet sich, ähnlich wie die Kurzschwinge beim Motorrad (vgl. Kap. 6, Bild 6.10), zwischen dem Achsschenkelbolzen und dem Rade und schwenkt beim Lenkvorgang einschließlich der Federung mit.

Als die Vierradbremse Standard wurde und damit auch die Vorderräder Bremsen erhielten, verlor die Dubonnet-Aufhängung ihre Einfachheit und mußte wegen der kurzen Radkurbel, um ein Aufbäumen beim Bremsen zu vermeiden, wie die erwähnte Motorrad-Kurzschwinge mit einem drehbaren Bremsanker und einer Reaktionsstrebe versehen werden. Wie die Kurzschwinge kann auch die Dubonnet-Achse im Gegensatz zur normalen Radaufhängung einen relativ großen Brems-Stützwinkel erhalten ohne allzu störende Nachlaufänderungen beim Durchfedern.

Bild 12.2 zeigt die Vorderachse des Opel „Admiral" von 1938 in der Draufsicht. Das Achsrohr ist fest mit der Karosserie verschraubt; die beiden Gußgehäuse, welche um Achsschenkelbolzen schwenkbar am Achsrohr

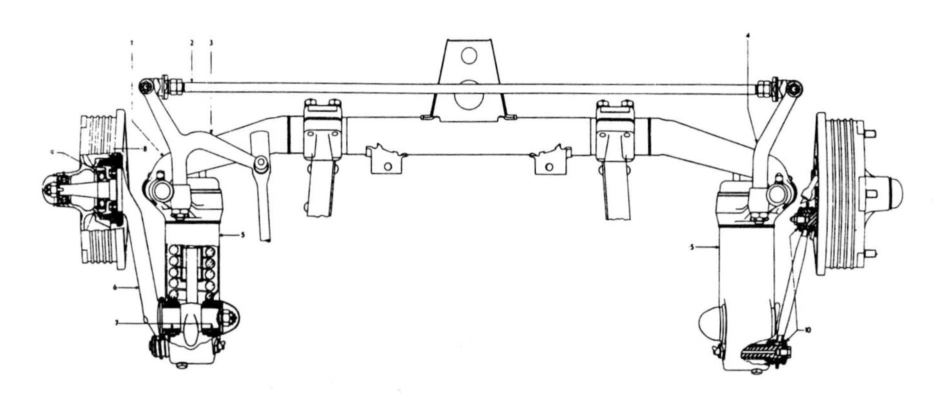

Bild 12.2: Dubonnet-Vorderachse des Opel „Admiral" (1938) (Werkbild Adam Opel AG) Links Schnitt durch die Radkurbel, rechts Schnitt durch die Bremsstrebe

gelagert sind, beherbergen liegende Schraubenfedern, die von Teleskopdämpfern geführt werden, und tragen die Lagerungen der Radkurbel und der Bremsstrebe. Beide Gehäuse sind vor der Achse über eine durchgehende Spurstange miteinander verbunden („Lenktrapez"), und am linken Gehäuse greift die vom Lenkgetriebe herkommende Lenkschubstange an. Das gesamte Lenkgestänge bleibt vom Federungsvorgang unberührt.

In dieser Bauart war die Dubonnet-Achse zu jener Zeit die Standard-Vorderradaufhängung der PKW des General Motors Konzerns in Amerika und in Europa (bei Vauxhall sogar mit Drehstabfederung).

Die Hanomag-Personenwagen der 30er Jahre besaßen eine ungewöhnliche Abwandlung der Dubonnet-Achse, nämlich eine in der Draufsicht schwenkbare Doppel-Querlenker-Aufhängung.

Einer der letzten Vertreter dieses Prinzips war der BMW „700". **Bild 12.3** zeigt eine „Explosionszeichnung" der Radaufhängung mit Kurbel, Bremsstrebe und nun bereits aufrecht stehendem Federbein-Stoßdämpfer sowie oben rechts die Einbaulage im Fahrzeug.

In den 30er Jahren wurden erste theoretische Untersuchungen zum Starrachstrampeln und dem damit zusammenhängenden Flattern gelenkter Räder angestellt, wobei die Koppelung der Lenkeinschläge und der beim Trampeln auftretenden Sturzänderungen über die Kreiselmomente der Räder zutage trat. Dies führte zu einer schnellen Verbreitung von Einzelradaufhängungen, und zwar zunächst bevorzugt von solchen, die - zumindest theoretisch - keine Sturzänderung beim Ein- und Ausfedern aufwiesen, also z.B. Längskurbelachsen. Neben der Dubonnet-Kurbel (auch „federndes Knie" genannt) fand die Doppel-Längskurbel-Aufhängung einen beachtlichen Wirkungskreis und erreichte im Volkswagen Rekord-Stückzahlen.

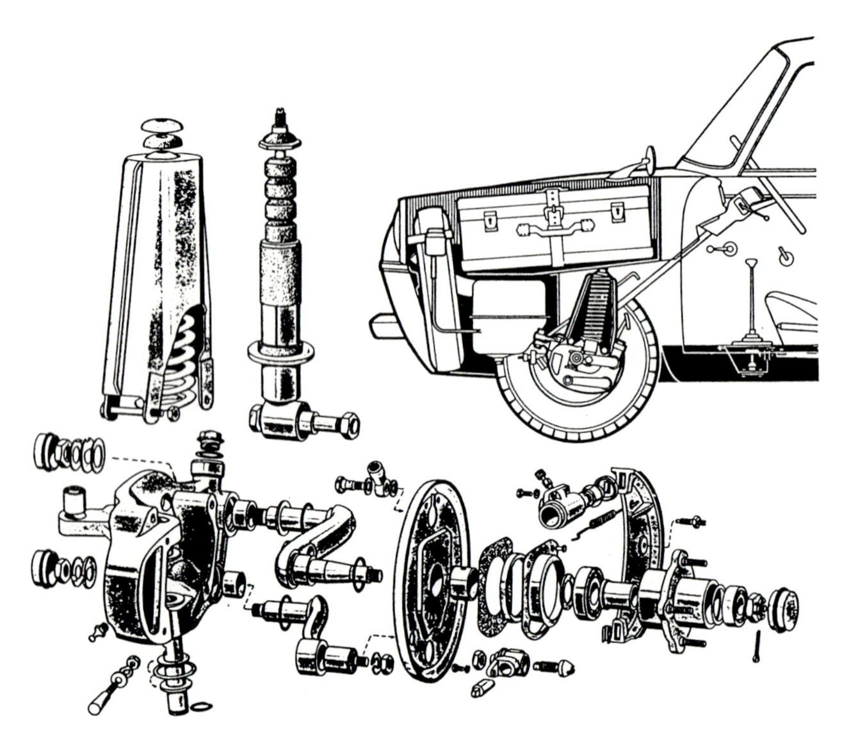

Bild 12.3: Dubonnet-Vorderachse des BMW „700" (1959) (Werkbild BMW AG)

Der Volkswagen „Typ 1", als „Käfer" bekannt, besaß zunächst eine „ebene" Doppel-Längskurbel-Vorderachse mit Parallelkurbeln, **Bild 12.4**. Jedes Rad ist an zwei mit den Kurbeln verbundenen Drehstäben (als Drehstabpakete aus Blättern zusammengesetzt) abgefedert. Die Spurstangen sind ungleich lang, um ohne Zwischenhebel für das rechte Rad auszukommen. Dies hat keine negativen Folgen für die Lenkgeometrie, denn die Projektionen der beiden Spurstangen in der Seitenansicht sind parallel zu denen der Kurbeln und gleich lang wie diese, so daß die (theoretische) Vorspurkurve über dem Federweg gerade verläuft. Das Bild zeigt die ursprüngliche Bauweise mit Drehgelenken zwischen den Kurbeln und der Koppel (den berühmten „Bundbolzen") und Achsschenkelbolzen zwischen der Koppel und dem Achsschenkel, dem eigentlichen Radträger. Später wurden an den Enden der Kurbeln Kugelgelenke zur unmittelbaren Verbindung mit den Achsschenkeln eingesetzt, und in der abgewandelten Form für den „Typ 3" wurden die unteren Kurbeldrehachsen im Fahrzeugquerschnitt gegen die oberen schräg angestellt, so daß der Querpol ins Endliche rückte und sich eine Sturzänderung beim Durchfedern sowie ein über der Fahrbahn liegendes Rollzentrum ergaben. Diese Version stand damit den „sphärischen" Aufhängungen nahe.

Bild 12.4: Doppelkurbel-Vorderachse mit Drehstabfederung des VW Typ 1 („Käfer") (Werkbild Volkswagen AG)

Solange keine zuverlässigen Kugelgelenke erhältlich waren, wurde an lenkbaren Einzelradaufhängungen meistens, wie bei der soeben besprochenen Doppelkurbelachse, ein zusätzliches Drehgelenk für den Freiheitsgrad des Lenkwinkels vorgesehen, d. h. die „Koppel" des Mechanismus der Radaufhängung war nicht zugleich auch Radträger, sondern mit demselben, dem Achsschenkel, über den Achsschenkelbolzen verbunden. **Bild 12.5** zeigt eine

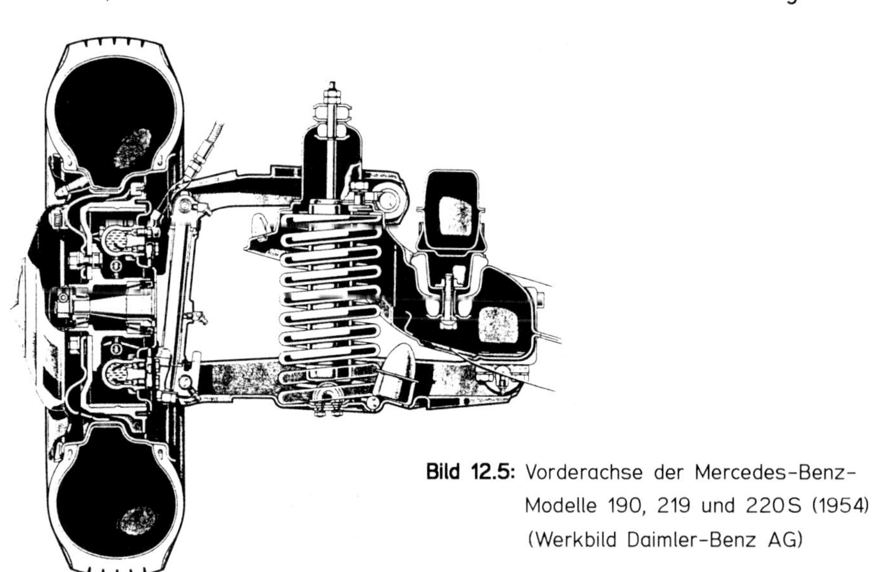

Bild 12.5: Vorderachse der Mercedes-Benz-Modelle 190, 219 und 220S (1954) (Werkbild Daimler-Benz AG)

(ebene) Doppel-Querlenker-Aufhängung mit einem Schnitt durch den Achsschenkelbolzen; deutlich erkennbar sind über demselben und unten neben ihm die Drehachsen der Querlenker an der Koppel der Viergelenkkette. Die Querlenker sind nicht unmittelbar am Fahrgestell gelagert, sondern an einem Hilfsrahmen oder „Fahrschemel", der zwecks Geräuschisolation und Verbesserung des Abrollkomforts über großvolumige Gummielemente mit der Karosserie verbunden ist.

Die beiden Querlenker können auch durch parallelwirkende Querblattfedern ersetzt werden, welche dann mit ca. $^7/_9$ der freien Federlänge in die Radführungsgeometrie eingehen, vgl. Kap. 5, Bild 5.26. An der Vorderachse in **Bild 12.6** übernehmen die Blattfedern auch die Abstützung der Längskräfte (also die Funktion von Dreiecklenkern) und damit des Bremsmoments. Die Federn sind über Drehgelenke mit den Koppeln der Radaufhängung verbunden, die wie in den Beispielen nach den Bildern 12.4 und 12.5 den an einem Achsschenkelbolzen drehbar gelagerten Achsschenkel führen. Etwa in Höhe der Radachsen sind am Fahrzeugrahmen die Gehäuse von Hebelstoßdämpfern zu sehen, deren Arme über kurze Pendelstützen mit den Koppeln der Radaufhängung verbunden sind. Hebelstoßdämpfer waren bis in die 50er Jahre verbreitet, ehe sie von den Teleskopdämpfern verdrängt wurden, und dienen bis heute an Türschließanlagen.

Bild 12.6: Vorderachse des Mercedes-Benz „170 V" (1935) (Werkbild Daimler-Benz AG)

Wegen ihrer einfachen und platzsparenden Bauweise und der großen Abstützbasis ihrer Anlenkpunkte am Fahrzeugkörper, d.h. des niedrigen Niveaus ihrer Reaktionskräfte, sind die Feder- oder Dämpferbeinachsen als Vorderachsen heute sehr verbreitet und behaupten sich in allen PKW-Klassen und sogar kleinen LKW neben z.T. aufwendigen Mehrlenkerkonstruktionen. Ihr früheres Handicap, nämlich die Querkraftbelastungen der Kolbenstange und des Kolbens unter äußeren Kräften wie bereits der statischen Radlast und die daraus resultierende Ansprechreibung der Federung, wurde durch die Erfindung des querkraft-ausgleichenden Federeinbaus und durch reibungsmindernde Maßnahmen an der Kolbenstange praktisch überwunden, so daß im Ansprechverhalten der Federung keine Unterschiede gegenüber anderen Achssystemen mehr bestehen.

An einer Dämpferbeinachse, bei welcher die Tragfeder über den Querlenker auf das Führungsgelenk und den Radträger wirkt, ist die Einbaulage der Feder für die Querkraftbelastung der Kolbenstange im Dämpfer ohne Belang. Hier ist es wichtig, das Traggelenk möglichst nahe an der Radmittelebene unterzubringen, **Bild 12.7**, und damit das Kippmoment aus der Radlast zu minimieren. Diese Lage des Traggelenks ergibt sich fast zwangsläufig, wenn ein kleiner oder gar negativer Lenkrollradius angestrebt wird.

Beim Lenken schwenkt der Radträger mit dem Dämpferrohr um die Verbindungslinie des Traggelenks und des karosserieseitigen Lagers der Kolbenstange.

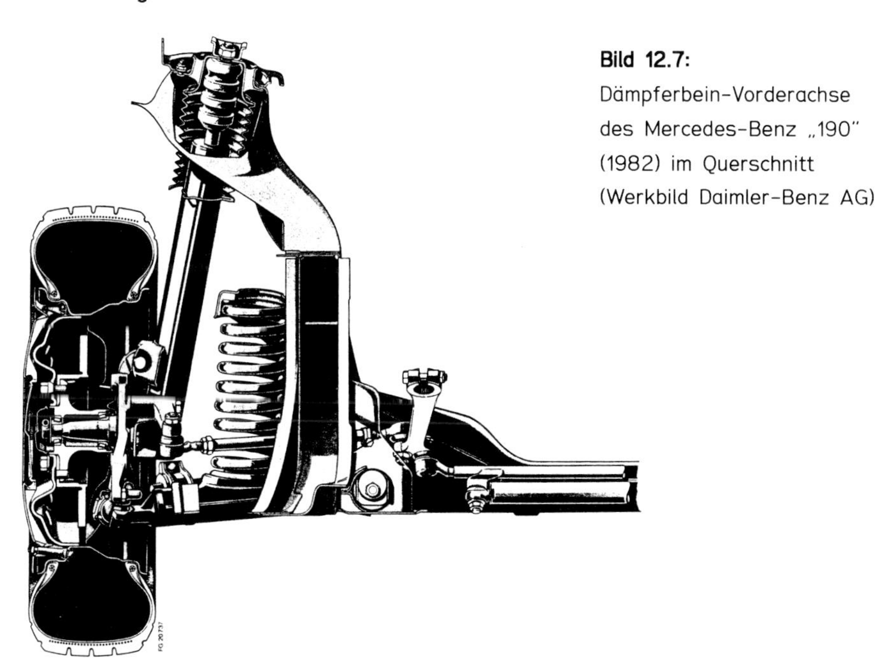

Bild 12.7:
Dämpferbein-Vorderachse des Mercedes-Benz „190" (1982) im Querschnitt (Werkbild Daimler-Benz AG)

Der Vorschlag, eine „Kurbelschleife", also einen Kurbeltrieb mit „schwingendem Zylinder", als Radaufhängung zu verwenden, ist alt und geht zuerst aus einem Patent der Firma Cottin & Desgouttes im Jahre 1925 hervor [55], wobei noch nicht an die Benutzung eines Teleskop-Dämpfers als „Drehschubgelenk" gedacht wurde; dies erfolgt ein Jahr später in einem Patent von FIAT [56]. An Kraftfahrzeugen wurde diese Radaufhängung erst 1948 beim Ford „Anglia" eingeführt; da zugleich ein „aufgelöster" Dreiecklenker mit dem Stabilisator-Arm als Zugstrebe nach dem McPHERSON-Patent [54] eingebaut war, vgl. Kap. 5, Bild 5.13 b, hat sich für Federbeinachsen auch der Name „McPherson-Achse" eingebürgert.

Feder- oder Dämpferbeinachsen sind Mechanismen, bei denen ein Dreiecklenker durch einen Drehschublenker mit einem Drehschubgelenk und einem Kugelgelenk ersetzt wurde, nämlich durch die Kolbenstange des Dämpfers. Letztere ist also ein Radführungsglied geworden und wird daher durch die äußeren Kräfte an der Radaufhängung auf Biegung beansprucht. Bereits aus dem Versatz der Radaufstandskraft und der Gegenkraft am Kolbenstangen-Stützlager im Grundriß entsteht ein Kippmoment am Radträger, von dem die Kolbenstange betroffen ist.

Wenn die Querlenker und die Spurstange nahezu in einer Ebene liegen, was für viele Federbeinachsen zutrifft, so läßt sich die räumliche Lage der aus der Radlast resultierenden Stützlagerkraft anschaulich und einfach abschätzen: sie muß durch den Schnittpunkt der Wirkungslinie der Radlast mit der besagten Lenkerebene verlaufen, **Bild 12.8** a. Aus der im allgemeinen schräg zur Kolbenstange angreifenden Stützlagerkraft F_K ergibt sich eine Querkomponente F_Q, Bild 12.8 b, welche an der Stangenführung und am Dämpferkolben Reaktionskräfte F_1 und F_2 verursacht. Diese erzeugen Reibung, damit ein rauhes Ansprechen der Federung, und Verschleiß.

Bei gelenkten Federbeinachsen sind die Federteller üblicherweise am Dämpfer-Außenrohr und an der Kolbenstange befestigt, so daß die Feder

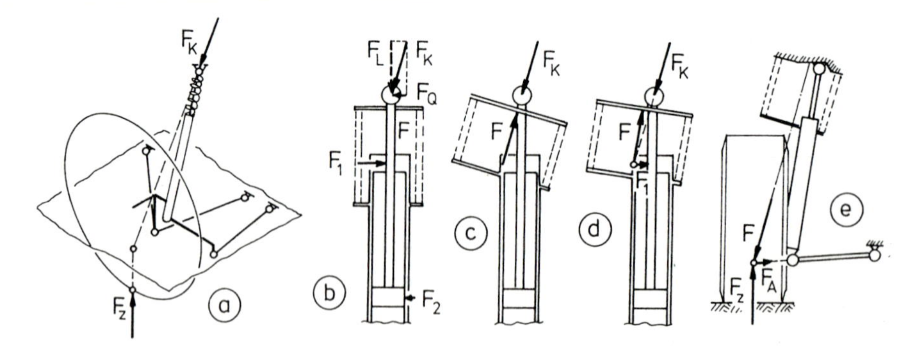

Bild 12.8: Querkraftausgleich an Federbeinachsen

beim Lenkvorgang mitschwenken kann; dann ist ein vollständiger Ausgleich der Querkräfte an der Kolbenstange nur möglich, wenn die Mittellinie des Federelements mit der Wirkungslinie der äußeren Kraft F_K zusammenfällt, Bild 12.8c. Dies führt zu einer erheblichen Schrägstellung der Feder und Querverformung derselben beim Ein- und Ausfedern. Eine wirkungsvolle Kompromißlösung zeigt Bild 12.8d: die Federachse ist merklich weniger gegen die Dämpferachse geneigt, läuft daher am Stützlager vorbei und ist so weit versetzt, daß sie sich mit der äußeren Kraft F_K in der Ebene der Kolbenstangenführung schneidet. Damit ist Gleichgewicht zwischen F_K, der Federkraft F und der nur noch sehr kleinen Führungskraft F_1 hergestellt. Die Querkraft F_2 am Kolben verschwindet, d.h. der in den Dämpfer eingetauchte Teil der Kolbenstange ist frei von Biegemomenten und die Kolbenstange gleitet ohne Verkantung in der Führung.

Bei Federbein-Hinterachsen wird meistens das obere Ende der Schraubenfeder unabhängig vom Kolbenstangenlager am Fahrzeug abgestützt; dann verschwindet die Querkraft, wenn die Federmittellinie durch den Schnittpunkt der Radlast mit der Lenkerebene verläuft, Bild 12.8e [18][20].

Eine moderne Federbeinachse zeigt **Bild 12.9**. Die Schraubenfeder ist

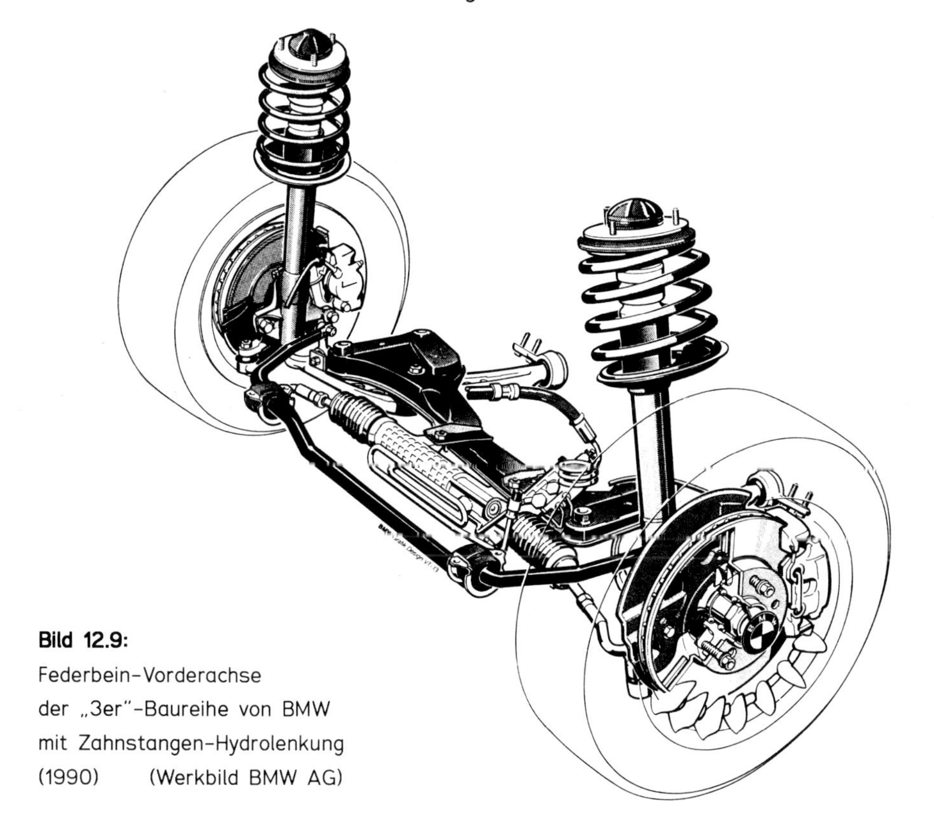

Bild 12.9:
Federbein-Vorderachse der „3er"-Baureihe von BMW mit Zahnstangen-Hydrolenkung (1990) (Werkbild BMW AG)

entsprechend Bild 12.8d räumlich schräg und exzentrisch zur Kolbenstange angestellt. Der sichelförmige geschmiedete Dreiecklenker ist vorn (im Scheitelpunkt) mit einem Kugelgelenk am Vorderachsträger befestigt, welches ihm in der Draufsicht eine definierte Schwenkbewegung erlaubt. Die „Längsfederung" erfolgt durch Querbewegungen des hinteren Lenkerarms in einem weichen Gummilager, wobei eine richtig gewählte „Pfeilung" der Spurstange gegenüber dem Querarm des Dreiecklenkers für das gewünschte elastische Eigenlenkverhalten sorgt. Der Vorderachsträger ist fest mit der Karosserie verschraubt, da das Kraftniveau an den Lagerstellen der Radaufhängung wegen der für Feder- und Dämpferbeinachsen typischen großen Abstützbasis zwischen den Achslenkern und dem Kolbenstangen-Stützlager gering ist. - Die Zahnstangenlenkung liegt etwa in Höhe des Querlenkers vor der Achse, womit ein „untersteuerndes" Anlenkverhalten gewährleistet ist, vgl. Kap. 9, Bild 9.8.

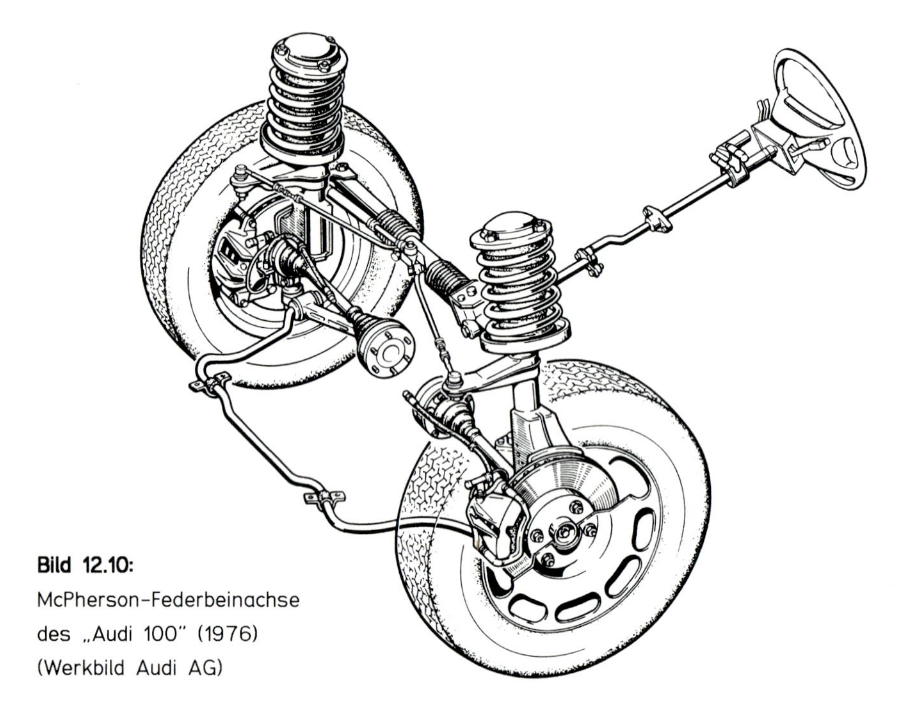

Bild 12.10:
McPherson-Federbeinachse des „Audi 100" (1976) (Werkbild Audi AG)

In Fahrzeugen mit Vorderradantrieb ist es manchmal schwierig, ein Lenkgestänge oder ein Zahnstangengehäuse unterhalb des Triebwerksblocks anzuordnen. An der Federbeinachse nach **Bild 12.10** ist deshalb die Zahnstangenlenkung oberhalb des (nicht dargestellten) Getriebegehäuses untergebracht. Da die Teleskopführung einer Feder- oder Dämpferbeinachse etwa einem unendlich langen Querlenker vergleichbar ist, geraten die Krümmungsradien der radträgerseitigen Spurstangengelenke sehr groß. Dies zwingt zu einer Zahnstangenlenkung mit Mittelabtrieb, d. h. die inneren Spurstangengelenke sind etwa in Fahrzeugmitte an einem Mitnehmer an der Zahnstange angelenkt, der durch einen Schlitz im Gehäuse des Lenkgetriebes nach außen geführt ist.

Die Schraubenfedern sind gemäß Bild 12.8 schräg gegenüber der Kolbenstange angestellt, um Querkräfte auszugleichen.

Die Radaufhängung zeigt noch eine Besonderheit, die vor allem bei Federbeinachsen, aber auch bei Doppel-Querlenker-Achsen früher weit verbreitet war: die beiden Arme des Drehstab-Stabilisators sind mit den Querlenkern verbunden und bilden die „Zugstreben" der unteren Lenkerdreiecke (McPHERSON-Prinzip, vgl. Kap. 5, Bild 5.13). Deutlich ist zu erkennen, daß die Achsen der Gummilager, an welchen der Stabilisator am Fahrzeugrahmen befestigt ist, nicht „fluchten". Eine Erklärung für diese Maßnahme wird anhand von **Bild 12.11** versucht.

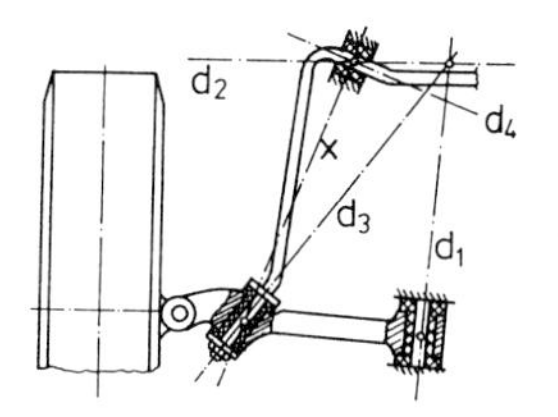

Bild 12.11:
Verzwängungsarme Lageranordnung an einem McPherson-Lenker

Um „kardanische Winkel" an den Gummilagern möglichst gering zu halten, ist die Achsrichtung d_3 des den Querlenker und den Stabilisator verbindenden Gummilagers so gewählt, daß sie mit der Drehachse d_1 des fahrgestellseitigen Querlenkerlagers und der Drehachse d_2 des Stabilisators am Fahrzeugkörper einen gemeinsamen Schnittpunkt hat. Die schräge Anstellung der Achse d_4 des fahrzeugseitigen Stabilisatorlagers gegenüber der Drehachse d_2 desselben verursacht andererseits wieder kardanische Winkel am Lager, die dieses, da es zur Geräuschisolation großvolumig ausgebildet ist, ertragen kann. Durch die Anstellung sollen die in der Verbindungslinie x der Lager der „Zugstrebe" am Fahrgestell und am Querlenker wirksamen Radführungskräfte vom vorderen Gummilager radial aufgenommen werden und bei einseitig auftretenden Kräften ein seitliches Auswandern des Stabilisators vermieden werden, welches – je nach Pfeilung zwischen Querlenker und Spurstange – schädliche Lenkwinkel verursachen würde.

Auch ohne Einwirkung äußerer Kräfte wird ein McPherson-Stabilisator ständig auf seitlicher Wanderschaft sein, da die Kreisbogenführung seiner Enden in den Querlenkern nicht immer auf beiden Fahrzeugseiten symmetrisch erfolgt (sie verursacht im übrigen hohe Biegemomente am Stabilisator, indem die Enden auseinander- bzw. zusammengebogen werden!). Dann kann die Anordnung in Bild 12.11 auch kinematisch sinnvoll gedeutet werden: ein seitliches Auswandern des Stabilisators in seinen Karosserielagern erfolgt stets senkrecht zur Linie x und veranlaßt deshalb keine Schwenkung des Querlenkers im Fahrzeuggrundriß.

Die angesprochenen Probleme und die Tatsache, daß heute die Wankfederrate an Vorderachsen erheblich vom Stabilisator getragen wird, haben dazu geführt, daß die Lenker von Feder- oder Dämpferbeinachsen wieder zunehmend konventionell, d. h. mit strenger Trennung von Kinematik und Federung, ausgebildet werden.

Die Forderung nach einem kleinen oder gar negativen Lenkrollradius ergibt Einbauprobleme zwischen der Bremse und den radseitigen Führungsgelenken der Achslenker, weshalb es zweckmäßig sein kann, durch die „Auflösung" von Dreiecklenkern eine „ideelle" Spreizachse zu schaffen, vgl. Kap. 8, Bild 8.6. Diese Maßnahme läßt sich am einfachsten an einer Federbeinachse verwirklichen, da dieselbe nur einen Dreiecklenker besitzt. Wenn schon ein Dreiecklenker in einen Querlenker und eine von ihm unabhängige Schrägstrebe, z. B. eine Zugstrebe, zerlegt wird, so können diese beiden Teile auch in unterschiedlichen Höhen angebracht werden, um vorhandenen Bauraum optimal auszunutzen oder kinematische Effekte, z. B. einen Bremsnickausgleich, zu erzielen, wie an der Federbeinachse des „7er" BMW aus dem Jahre 1977, **Bild 12.12**, deutlich zu erkennen ist.

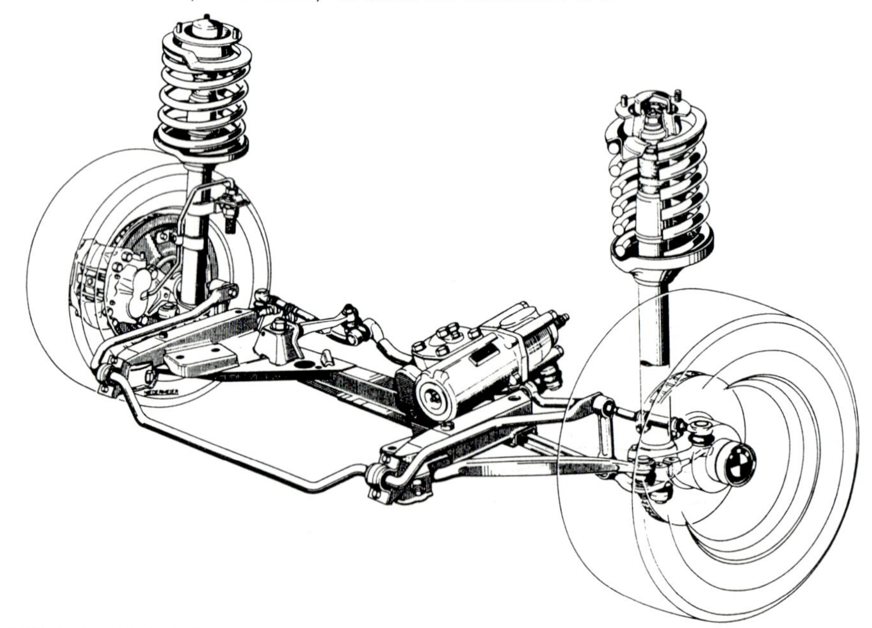

Bild 12.12: Federbein-Vorderachse mit ideeller Spreizachse (1977) (Werkbild BMW AG)

Bei einem reinen Lenkvorgang, also mit festgehaltener Federung, bildet die Radaufhängung einen „sphärischen" Lenkmechanismus, **Bild 12.13**, mit dem Federbein-Stützlager SL als sphärischem Zentralpunkt.

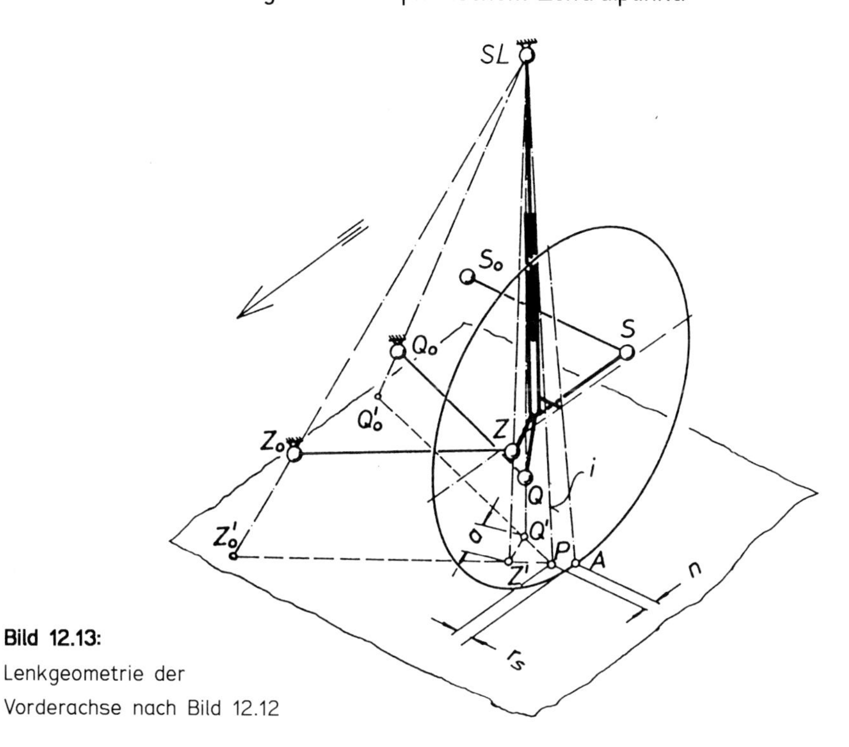

Bild 12.13:
Lenkgeometrie der Vorderachse nach Bild 12.12

Die von dem Querlenker QQ_0 bzw. der Zugstrebe ZZ_0 mit dem Stützlager SL aufgespannten sphärischen Lenkerebenen schneiden die Fahrbahnebene in den Spurgeraden $Q'Q_0'$ bzw. $Z'\,Z_0'$. Im Schnitt dieser Spurgeraden liegt der „Pol" P, durch den die ideelle Spreizachse i verläuft. Mit P und dem Radaufstandspunkt A können in der Fahrbahnebene der Lenkrollradius r_S und die Nachlaufstrecke n bestimmt werden.

Da sich die ideelle Spreizachse i beim Lenken relativ zum Radträger (dem Achsschenkel mit dem Federbein) im Raum verschiebt, sind manche der in Kap. 8 für eine „feste" Spreizachse aufgestellten Gleichungen und die herkömmlichen Erfahrungswerte zur Auslegung der Lenkgeometrie nicht mehr anwendbar. Die Kenngrößen sind nach den allgemeingültigen in Kap. 8 angegebenen Definitionen zu berechnen. Der Lenkrollradius ist über dem Lenkwinkel, im Gegensatz zu konventionellen lenkbaren Radaufhängungen, veränderlich, und sein Minimum wurde bei der Radaufhängung nach Bild 12.12 durch eine entsprechende Positionierung der Lenker und Führungsgelenke [36] nahe der Geradeausstellung etwa bei 3° kurveninnerem Radeinschlag angeordnet, um im üblichen Bereich der Kurvenfahrt sicherzustellen, daß der Lenkrollradius am kurvenäußeren Rade nicht kleiner ausfällt als am inneren und damit eindrehende Lenkmomente beim Bremsen in der Kurve vermieden werden.

Ein kleiner Lenkrollradius verlangt bei Feder- oder Dämpferbeinachsen naturgemäß einen großen Spreizungswinkel und damit eine räumlich stark geneigte Bewegungsbahn des äußeren Spurstangengelenks während des Lenkvorgangs. Deshalb wurde das Lenkgestänge der Vorderachse in Bild 12.12 als „sphärischer" Mechanismus ausgebildet, d. h. die Lenkstockhebelwelle und die Drehachse des Zwischenhebels sind zur Fahrzeugmitte hin geneigt, vgl. auch Kap. 8, Bild 8.20 e.

Die Radbewegung während des Federungsvorgangs ist, wie bei praktisch allen Vorderradaufhängungen, räumlichen Typs.

Auch bei dieser Achse sind, wie bei den bisher vorgestellten Federbeinachsen, die Schraubenfedern gegenüber der Kolbenstange zwecks Querkraftausgleich schräg und exzentrisch gestellt.

An Doppel-Querlenker-Aufhängungen ist es üblich, durch die räumliche Anstellung der Drehachsen der Dreiecklenker ohne wesentlichen Mehraufwand günstige kinematische Effekte zu erzielen, vgl. Kap. 10, Bild 10.7. Wenn die Dreiecklenker zusätzlich in einzelne Stablenker aufgelöst werden, entsteht eine Aufhängung an fünf Stablenkern mit weitgehend freier Gestaltungsmöglichkeit, **Bild 12.14**. Der kinematische Aufbau dieser Radaufhängung wird schematisch anhand von **Bild 12.15** erläutert.

Als Feder- und Dämpferelement dient ein – nicht radführendes! – Federbein, das sich auf dem vorderen der beiden unteren Querlenker abstützt. Beim Lenkvorgang mit festgehaltener Federung ergibt sich im allgemeinen eine Momentanschraubung, so daß die ideelle Spreizachse nur noch zur Berechnung des Spreizungs- und des Nachlaufwinkels herangezogen werden kann und die Lenkungs-Kenngrößen Lenkrollradius, Spreizungsversatz, Triebkrafthebelarm, Nachlaufstrecke, Nachlaufversatz sowie Radlasthebelarm nach den allgemeingültigen Definitionen in Kap. 8 ermittelt werden müssen. Beim Radlasthebelarm wird dies besonders deutlich, da das am unteren Querlenker abgestützte Federbein sich beim Lenken mit diesem bewegt und je nach Festlegung seiner Anlenkpunkte unterschiedliche Hubbewegungen hervorrufen wird – die Hubbewegung und damit die Gewichtsrückstellung ist also nicht mehr allein von der Geometrie der Spreizachse abhängig!

Die Wahl des Doppel-Querlenker-Grundprinzips mit oberhalb der Reifenlauffläche angesiedelten Führungsgelenken der oberen Querlenker erlaubt eine weiche „Längsfederung" der Radaufhängung bei erträglichen elastischen Aufziehwinkeln beim Bremsen, vgl. Kap. 9, Bild 9.11, und ermöglicht – im Gegensatz zu Feder- oder Dämpferbeinachsen – die Realisierung eines

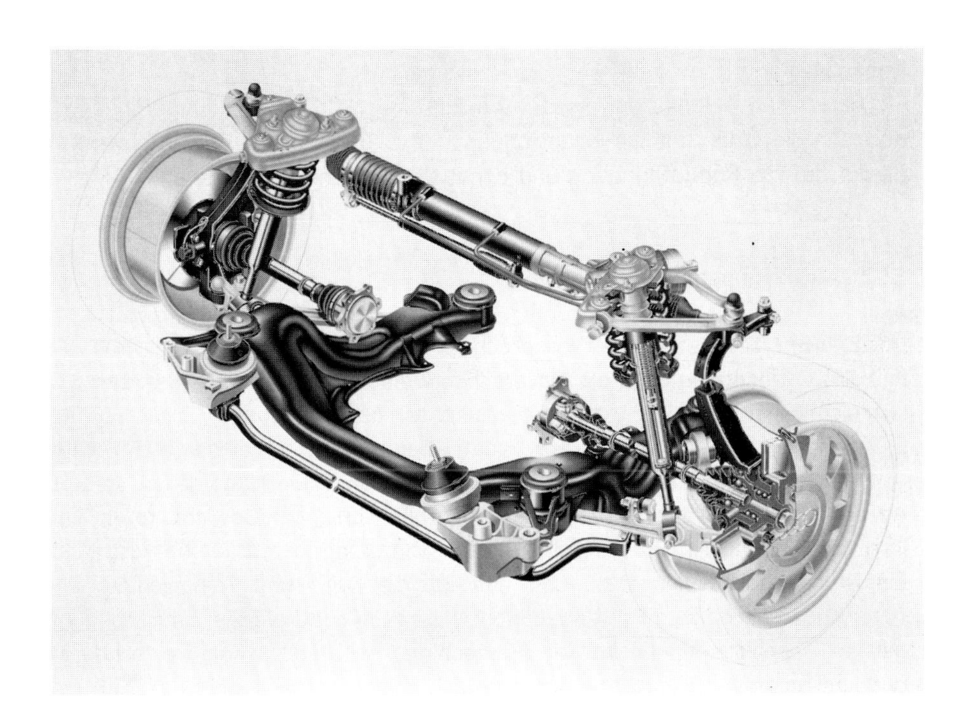

Bild 12.14:
„Vier-Lenker-Vorderachse" des Audi A8 mit ideeller Spreizachse (1994) (Werkbild Audi AG)

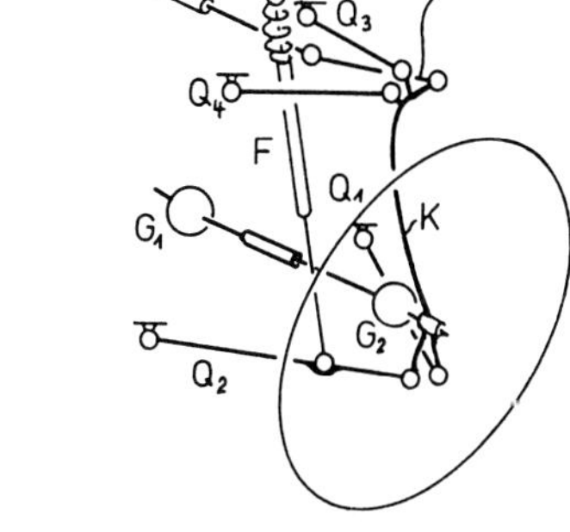

Bild 12.15:
Kinematischer Aufbau der Radführung nach Bild 12.14

kleinen Spreizungswinkels, damit eines kleinen Spreizungsversatzes r_σ, also auch eines kleinen Triebkrafthebelarms r_T bei Antrieb über Gelenkwellen ohne Vorgelegegetriebe.

Aus der Anordnung der hochliegenden Zahnstangenlenkung bzw. Spurstange (ZL bzw. Sp in Bild 12.15) im Bereich hinter der Achse läßt sich auf ein untersteuerndes Anlenkverhalten schließen, vgl. Kap. 9, Bild 9.8.

Die unteren Querlenker der Radaufhängung sind an einem Hilfsrahmen angebunden, der auch das Triebwerk aufnimmt und mit großvolumigen Gummielementen am Fahrzeugkörper gelagert ist.

Die inneren Gelenke der Antriebswellen sind als Tripoden ausgeführt, vgl. Kap. 3, Bild 3.15, um die Übertragung der Schwingungen des Triebwerksblocks auf die Radaufhängung und damit die Lenkung zu mildern.

12.3 Aufhängungen für Hinterräder

Nach ihrem Siegeszug als Vorderachse hat sich zumindest bei PKW die Einzelradaufhängung auch als Hinterachse weitgehend durchgesetzt; dennoch hat sich bis heute die Starrachse als Hinterradaufhängung - nicht nur bei LKW - halten können, weil sie bei angetriebenen Rädern weniger technischen Aufwand erfordert und bei nicht angetriebenen Rädern so leicht gebaut werden kann, daß ihre prinzipiellen Nachteile kaum ins Gewicht fallen und ihre Vorteile, nämlich Spur- und Sturzkonstanz, um so stärker hervortreten. Ein Nachteil bleibt ihr aber, und das ist die Auf- und Abbewegung der Achsbrücke unter dem Fahrzeugboden, die bei PKW erhebliche Einschränkungen im Gepäckraum und an der Abgasanlage nach sich zieht. Bei schnellen und komfortablen Reisewagen kommt noch hinzu, daß eine „weiche" Aufhängung der Starrachse nur begrenzt möglich ist und ihre Anbindung an einen „Fahrschemel" den technischen Aufwand im Vergleich mit einer Einzelradaufhängung noch überbieten würde.

Wegen der Anfälligkeit früherer Antriebs-Wellengelenke kamen als Einzelradaufhängungen an Hinterrädern zunächst für größere Stückzahlen nur solche Bauarten in Frage, die möglichst wenige Wellengelenke erfordern, und dies waren die Pendelachsen.

Die Ausführung als „reine" Pendelachse, d. h. mit exakt in Fahrtrichtung liegender Drehachse des Pendels (= des Radträgers), die natürlich durch das (einzige) Wellengelenk verlaufen muß, erfordert entweder eine sehr präzise (und raumgreifende) Anlenkung eines Schwingarms am Fahrzeugkörper oder eine Drehgelenkverbindung des Pendelachsrohrs mit dem Hinterachs-Getriebegehäuse. Vorteilhaft ist bei der zweitgenannten Lösung, **Bild 12.16**, die weitgehend staubdicht gekapselte Bauweise; die Abstützung der Längskräfte des Rades auf der schmalen Basis des Drehgelenks erzeugt aber höhere Lagerbelastungen.

Die Version der reinen (Eingelenk-)Pendelachse mit abwälzenden Kegelrädern, also ohne jegliches Wellengelenk, entsprechend Bild 6.16 (Kap. 6) verlangt eine zur Achse der Ritzel konzentrische Lagerung der beiden Pendel im Getriebegehäuse. In **Bild 12.17** sind die Radachsen in Fahrtrichtung

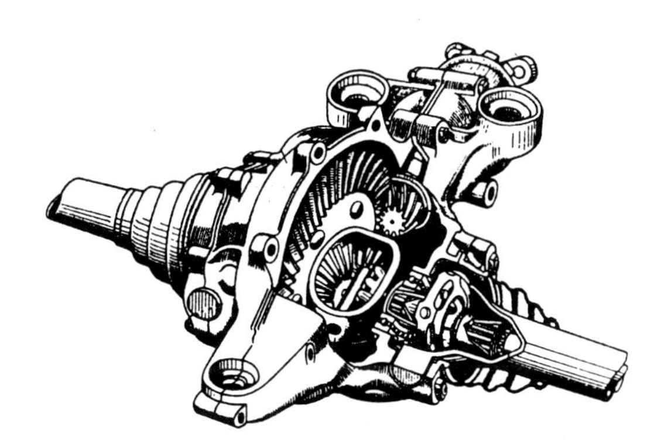

Bild 12.16: Hinterachsgehäuse der Pendelachse des Mercedes „170" (1931) (Werkbild Daimler-Benz AG)

gegeneinander versetzt, d. h. das Fahrzeug erhält links und rechts einen unterschiedlichen Radstand, um beidseitig gleich groß dimensionierte Kegeltriebe anwenden zu können. Da ein Ritzel vor und eines hinter der Achse im Eingriff ist, ergeben sich umgekehrt gleich große Antriebs-Stützwinkel und damit ein resultierender Stützwinkel Null; das Antriebsmoment der Ritzel tritt als Wankmoment an der Federung in Erscheinung wie bei einer Starrachse, vgl. Kap. 6, Bild 6.7. Die robuste Bauart ermöglicht einen Zentralrohrrahmen mit völlig gekapseltem Antriebsstrang.

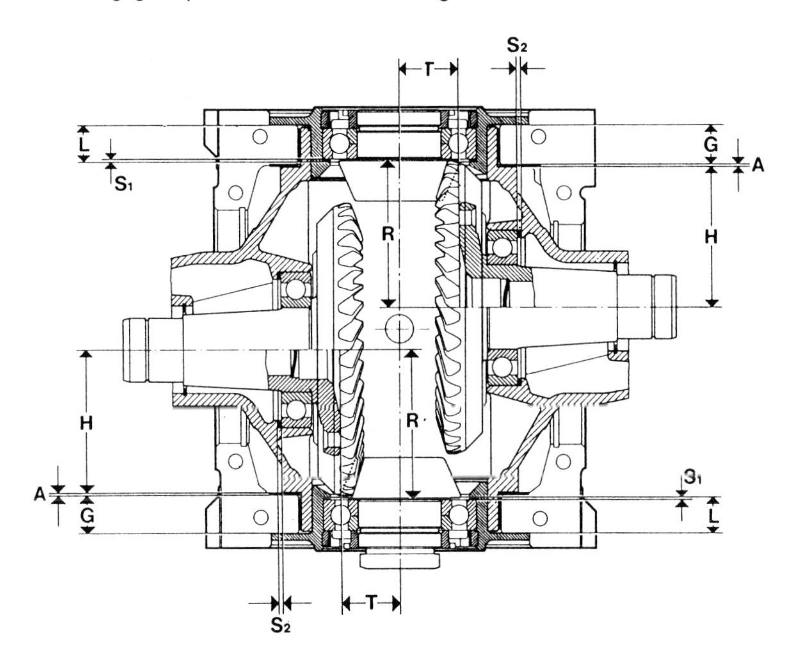

Bild 12.17: Kegelradantrieb und Pendellagerung am „Pinzgauer"-Geländewagen (Werkbild Steyr-Daimler-Puch AG)

Bei Vorhandensein eines Kardan- oder Gleichlaufgelenks können die Drehachsen der Pendel in der Draufsicht auch schräg angeordnet werden, um eine günstigere Aufnahme der Längskräfte zu erzielen; dann kommen allerdings zu den Sturz- und Spuränderungen über dem Federweg auch Vorspuränderungen hinzu. Eine geschickte Ausführung der Schrägpendelachse mit minimalem Aufwand an Einzelteilen zeigt **Bild 12.18**. Die Längsarme tragen die Radlagerung und die Federbeine, die frei laufenden Antriebswellen bilden die Querarme und ihre Kardangelenke dienen als innere Lenkerlager.

Bild 12.18: Schrägpendel-Hinterachse des „Goggomobil" (1954) (Werkbild BMW AG)
(d = wirksame Drehachse)

Auch die Antriebswellen der Pendelachsen sind bei der Beurteilung der Längskinematik und der Berechnung des Antriebs-Stützwinkels als „Gelenkwellen" zu betrachten, vgl. Bild 6.15 in Kap. 6, obwohl sie nur ein einziges Wellengelenk haben.

Wenn die Drehachse des Radträgers am Fahrzeugkörper eine beliebige Lage einnimmt, nicht mehr durch das innere Gelenk der Antriebswelle verläuft und u. U. auch keinen gemeinsamen Schnittpunkt mehr mit der Radachse hat, entsteht die allgemeine Schräglenkerachse mit erheblich größerer Freiheit in der Wahl der Radführungsgeometrie. Die Schräglenkerachse erfordert aber nun eine Antriebswelle mit zwei Gelenken und einem Längenausgleich. **Bild 12.19** zeigt eine Schräglenker-Hinterachse mit raumsparenden „Tonnenfedern" und getrennt angelenkten Stoßdämpfern. Die beiden Schräglenker (= Radträger) sind an einem Hinterachsträger in steifen Gummibuchsen gelagert. Der Hinterachsträger ist fest mit dem Gehäuse des Hinterachsgetriebes verschraubt und bildet mit diesem einen „Fahrschemel", dessen Elasto-Kinematik durch eine entsprechende Ausrichtung der Hauptfederraten der drei großvolumigen geräuschdämmenden Gummilager an der Karosserie

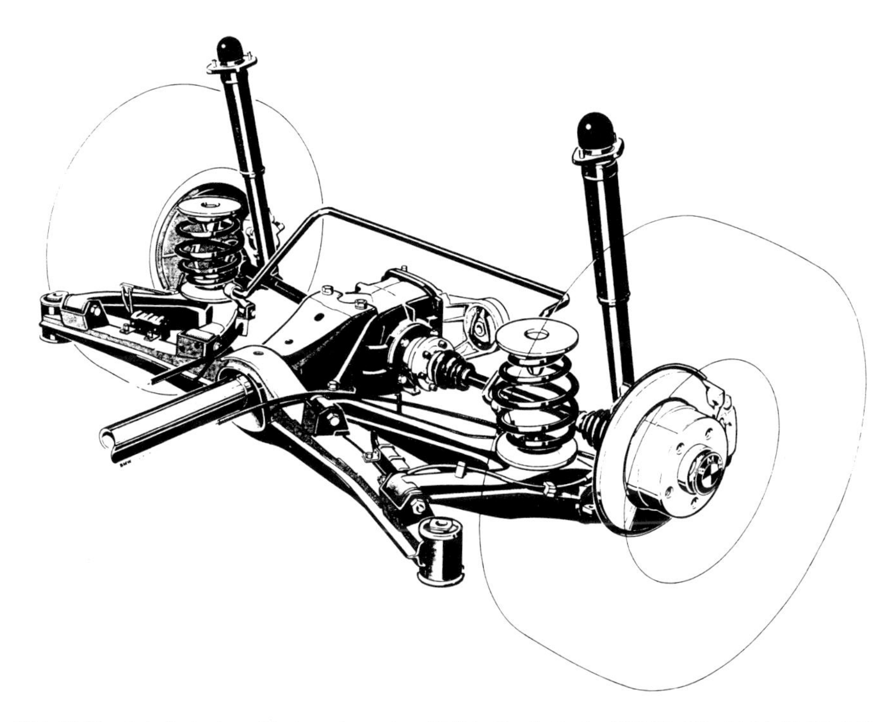

Bild 12.19: Schräglenker-Hinterachse der BMW „3er"-Serie (1982) (Werkbild BMW AG)

bewältigt wird. Das hintere Gummilager ist nach links versetzt, um das Kippmoment der längsliegenden Gelenkwelle am Hinterachsträger auszugleichen, vgl. Kap. 6, Bild 6.7 b; im Gegensatz zu Starrachsen hat diese Maßnahme keine negativen Folgen für die Radlastverteilung während des Bremsvorganges.

Als „ebener" Mechanismus ist die Schräglenkerachse in der kinematischen Auslegungsfreiheit gegenüber räumlichen Systemen noch eingeschränkt. Wird der Schräglenker auf seiner fahrzeugseitigen Drehachse axialverschieblich gelagert und mit einem federwegabhängigen Vorschub versehen, so entsteht ein „räumlicher" Mechanismus, dessen Bewegungsform auf einer Momentanschraubung basiert (vgl. Kap. 2, Bild 2.8 b).

Die „Schraublenker-Hinterachse" nach **Bild 12.20** führt eine Schraubung um eine im Raum unveränderliche Schraubenachse durch. Der Vorschub ist aber über dem Federweg veränderlich und wird durch kurze, unter den äußeren Armen der Schräglenker angebrachte Zusatzlenker erzielt (im Bild oben links), deren Abstand und Winkel zur Schraubenachse die momentane Schraubensteigung und deren Länge die Veränderung derselben über dem Radhub bestimmen [37]. Die Schräglenkerarme sind am Hinterachsträger in Gummibuchsen mit großer radialer und geringer axialer Steifigkeit gelagert (zylindrische Lager mit Zwischenhülsen) bzw. für hohe Motorleistungen auch in gummihinterfütterten Kunststoff-Gleitbuchsen.

Bei der ebenen Schräglenkerachse sind alle Radführungsparameter, also auch das Rollzentrum, durch die Drehachse definiert; an Bild 12.20 wird anschaulich sofort klar, daß die Zusatzlenker im wesentlichen die Spuränderung und damit das Rollzentrum beeinflussen, dessen Vertikalbewegung über dem Radhub im Vergleich zur Schräglenkerachse erheblich verstärkt wird und so den „Aufstützeffekt" mildert, vgl. Kap. 7, Bild 7.20.

Die räumliche Lage der Schräglenker-Drehachse - oder nun: „Schraubenachse" - kann daher unter Berücksichtigung aller Wunsch-Parameter gewählt werden, wegen ihrer „materiellen" Ausführung aber freilich nur im Rahmen der baulichen Gegebenheiten im Fahrzeug.

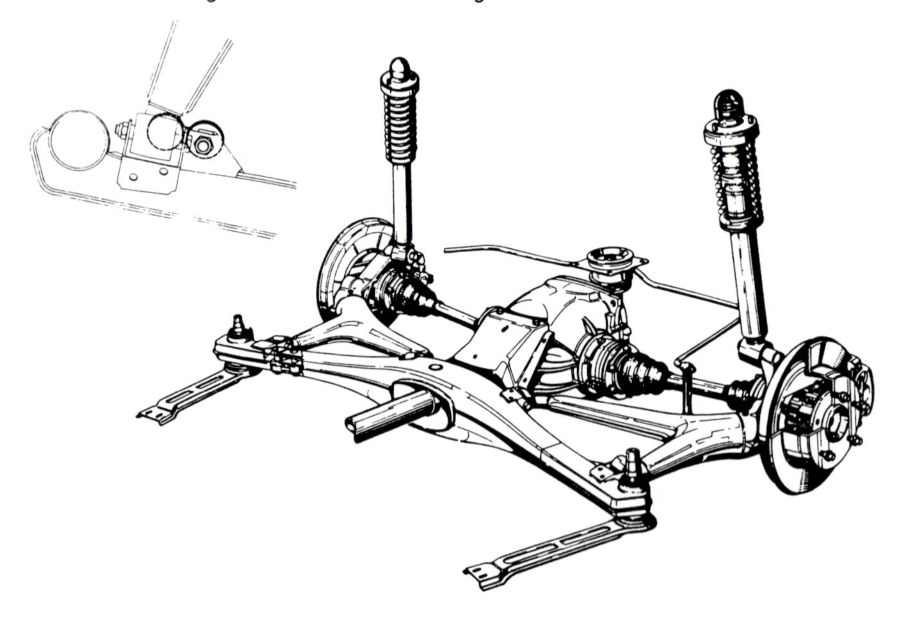

Bild 12.20: „Schraublenker-Hinterachse" des BMW 528 (1981) (Werkbild BMW AG)

Eine räumliche Radaufhängung entsteht auch, wenn dem Schräglenker seine Rolle als Radträger genommen wird und er als „Trapezlenker" denselben zu führen hat, wobei ihm dann ein zusätzlicher Stablenker zu Hilfe kommen muß, vgl. Kap. 2, Bild 2.10. Die „Längskinematik" der Radaufhängung nach **Bild 12.21** ähnelt der eines Wattgestänges (vgl. Kap. 7, Bild 7.14) und ist so ausgelegt, daß sich ein positiver Schrägfederungswinkel und damit Antriebs-Stützwinkel einstellt. Wäre der Radträger zugleich Bremsmomentenstütze, so ergäbe sich ein sehr kleiner, evtl. sogar negativer Brems-Stützwinkel, weshalb hier eine drehbare Bremsmomentenstütze zur Anwendung kommt, die vom unteren Lenker (dem Trapezlenker bzw. Schräglenker) über eine Pendelstütze gesteuert wird.

Die Wirkungsweise der Radaufhängung in der Seitenansicht soll **Bild 12.22** anschaulich machen, wobei dieselbe vereinfachend als „ebener" Mechanismus dargestellt wurde. Der Pol P_{13} des Radträgers 3 gegenüber dem Fahrgestell 1 bestimmt den Schrägfederungswinkel ε und damit praktisch den Antriebs-

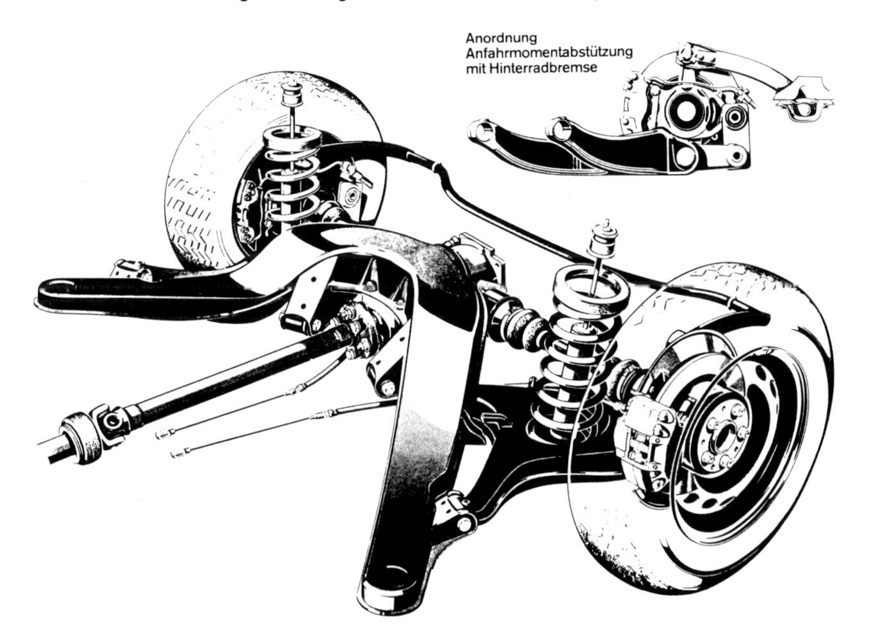

Bild 12.21: „Koppelachse" des Mercedes-Benz 450 SE (1973) (Werkbild Daimler-Benz AG)

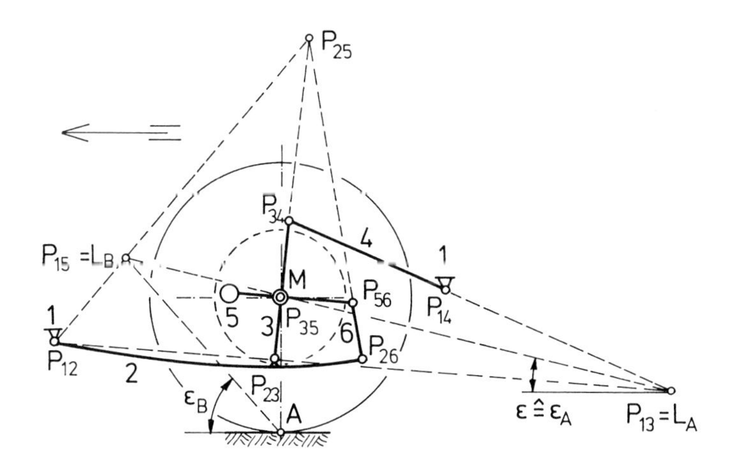

Bild 12.22: Längskinematik der Achse nach Bild 12.21 (vereinfacht als „ebenes" Modell)

Stützwinkel ε_A, er ist also „Antriebs-Längspol" L_A. Bei Bremsung übernimmt die drehbare Aufhängung 5 des Bremssattels die Rolle des „Radträgers" und ihr Pol P_{15} gegenüber dem Fahrgestell 1 ist der „Brems-Längspol" L_B, mit dem sich der Brems-Stützwinkel ε_B bestimmen läßt. Die Ermittlung der Pole erfolgte hier nach der sogen. „Polstrecken-Methode": Wenn für zwei Glieder a und b deren Relativpol P_{ab} und für eines derselben, z.B. Glied a, auch sein Relativpol P_{ac} bezüglich eines dritten Gliedes c bekannt sind, so liegt der Relativpol P_{bc} auf der Geraden durch die Pole P_{ab} und P_{ac}.

Mit der „Koppelachse" nach Bild 12.21 ist allerdings der Bereich der einfachen Radaufhängungen mit unmittelbarer Anlenkung des Radträgers am Fahrzeugkörper verlassen und das Gebiet der kinematischen Ketten erreicht, wo der Radträger mit dem Fahrzeugkörper nur noch mittelbar über Lenker verbunden ist.

Eine Übergangsbauart zwischen den Radaufhängungen mit unmittelbarer und mittelbarer Anbindung des Radträgers am Fahrzeugkörper bilden die „sphärischen" Gelenkketten, deren Zentralpunkt den Radträger unmittelbar am Fahrzeugkörper ankoppelt, selbst wenn er nicht mehr materiell ausgeführt ist.

Sphärische Radaufhängungen ermöglichen quasi-räumliche Bewegungen mit der Einschränkung, daß eine „Momentanschraubung", das Kennzeichen echter räumlicher Mechanismen, nicht stattfinden kann und Kompromisse in der Auslegung der Achsgeometrie erforderlich sind. Die Radbewegung erfolgt im Quer- und im Seitenriß translatorisch und rotatorisch, so daß Parameter in beiden Rißebenen, wie das Rollzentrum, die Sturzänderung über dem Radhub, die Brems- und Anfahr-Stützwinkel und das Eigenlenkverhalten beeinflußbar sind.

Einige bekanntgewordene Varianten der sphärischen Einzelradaufhängungen mit real ausgeführtem Zentralpunkt Z sind in **Bild 12.23** zusammengestellt. Bei der sphärischen Doppel-Querlenker-Aufhängung der Chevrolet „Corvette Sting Ray" von 1963 bildete die Antriebswelle mit zwei Kardangelenken ohne Längenausgleich den oberen Achslenker, Bild 12.23a. Im Seitenriß des Fahrzeugs hat die Radaufhängung nahezu die Wirkung eines Längslenkers. Der Ford „Zodiac" der 60er Jahre besaß eine sphärische „Schräglenkerachse", Bild 12.23b, deren Seitenführung durch die längenkonstante Antriebswelle mit Kardangelenken erfolgte – wie in Bild 12.23a ein in England und den USA damals beliebtes Konstruktionsdetail, das erstmals in den Jaguar-Wagen und am Lotus-Rennwagen auftauchte. Der innere Arm des „Schräglenkers" konnte an einer kurzen vertikalen Pendelstütze Horizontalbewegungen ausführen, so daß der fahrzeugseitige Anlenkpunkt des äußeren Armes zum sphärischen Zentrum Z wurde. Die Momentanachse m ist die Schnittgerade der von den „Lenkern" des sphärischen Mechanismus, also der An-

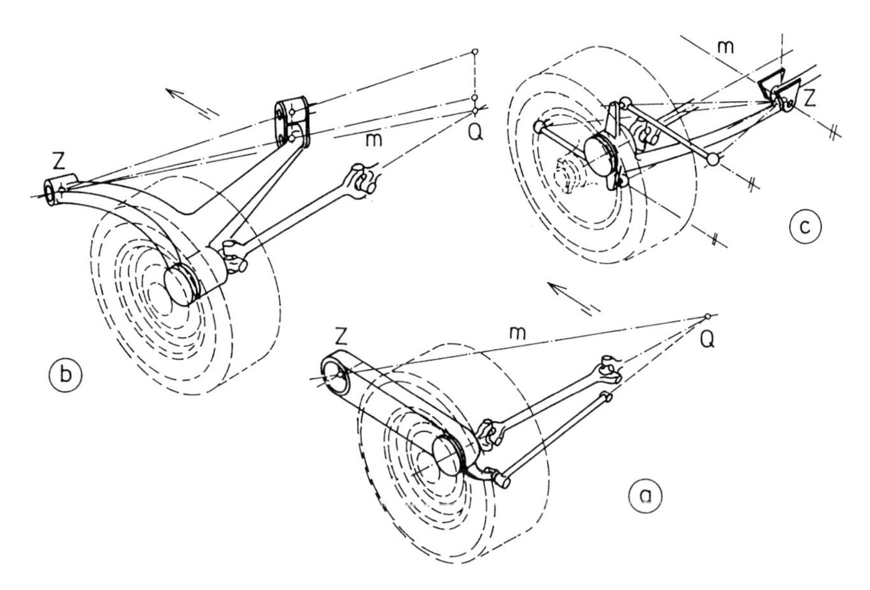

Bild 12.23: Sphärische Hinterradaufhängungen mit realem Zentralpunkt Z (schematisch)

triebswelle und der Pendelstütze, aufgespannten Ebenen durch den Zentralpunkt Z und fällt, im Gegensatz zur echten Schräglenkerachse, normalerweise nicht mit der Verbindungslinie der Schräglenkerlager zusammen. Dieser sphärische Charakter bleibt nicht nur theoretischer Natur, sondern wirkt sich auf die Bewegungsgeometrie aus: insbesondere die Vorspuränderung über dem Federweg und die Lage und Lagenänderung des Rollzentrums unterscheiden sich deutlich von den Verhältnissen an der normalen Schräglenkerachse. Bild 12.23c schließlich zeigt schematisch und annähernd maßstäblich die Hinterachse des Mercedes-Benz-Rennwagens von 1954 [29], eine „Eingelenk-Pendelachse" mit Längsführung durch gegensinnig angeordnete Stablenker. Der in Fahrzeugmitte liegende Anlenkpunkt des Radträgers ist das sphärische Zentrum Z; die Achse stellt gewissermaßen ein „sphärisches Wattgestänge" dar. Die guten Geradführungs-Eigenschaften des Wattgestänges (vgl. Kap. 7, Bild 7.14) wurden hier ausgenützt, um die Vorspuränderungen beim Ein- und Ausfedern zu minimieren.

Eine neue, elasto-kinematisch durchgearbeitete Variante der sphärischen Doppel-Querlenker-Aufhängung mit real ausgeführtem Zentralpunkt ist in **Bild 12.24** zu sehen. Den kinematischen Aufbau zeigt das Teilbild links.

Die etwa gleich langen Querlenker sind vom Radträger aus nach vorn-innen gepfeilt und erzeugen kinematisch die gleiche Wirkung wie erheblich längere Querlenker in der Querschnittsebene durch die Radaufstandspunkte (unterbrochene Linien), die wegen des dazwischen plazierten Hinterachsgetrie-

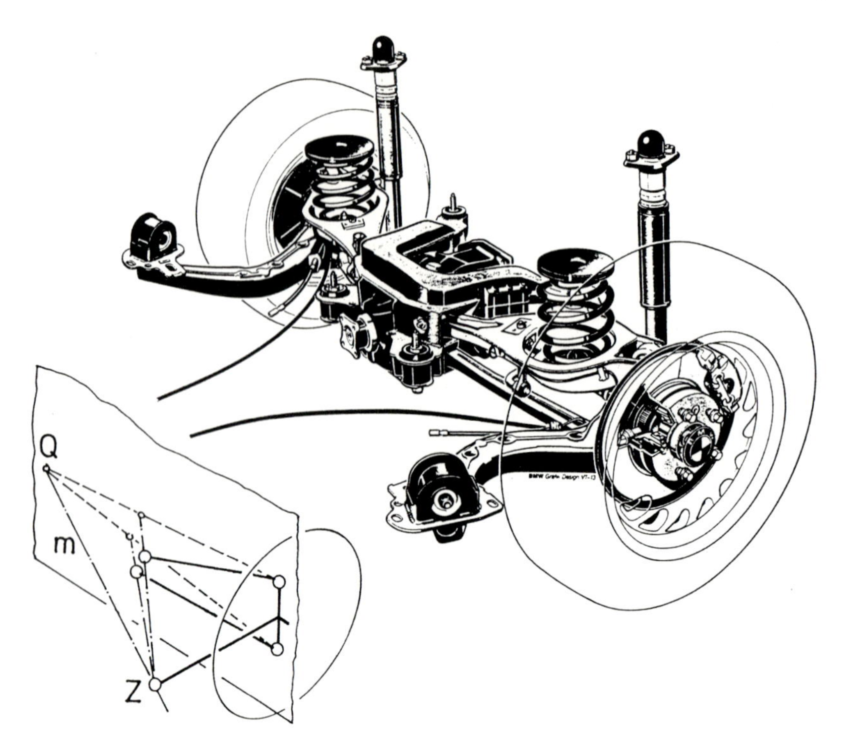

Bild 12.24: „Zentrallenker-Hinterachse" der 3er-Baureihe (1990) (Werkbild BMW AG)

bes nicht unterzubringen waren, aber zur Erzielung des gewünschten Eigenlenkverhaltens (Vorspur über Radhub) benötigt werden: das Verhältnis der Lenkerlängen im Fahrzeugquerschnitt zum Querpolabstand bestimmt bei diesem Typ der Radaufhängung die Relativbewegung zwischen der Radachse und der Momentanachse, welche für das Eigenlenkverhalten maßgebend ist, vgl. Kap. 7, Abschnitt 7.5 [28]. Die Elasto-Kinematik, nämlich die Auslegung der elastischen Lenkwinkel unter Seitenkraft und Längskräften, wird fast ausschließlich über die räumliche Anstellung der Hauptachsen und der Hauptfederraten des großvolumigen Gummilagers am Zentralpunkt Z unter Berücksichtigung der Grundrißpfeilung der Querlenker beherrscht.

Eine Radaufhängung mit einem Trapezlenker, dessen Drehachsen am Fahrzeugkörper und am Radträger sich in einem Punkt schneiden, gehört ebenfalls zum sphärischen Typ, vgl. Kap. 3, Bild 3.7b. Der Mechanismus benötigt dann noch einen Stablenker zur Sturzkontrolle, **Bild 12.25** [16]. Im oberen Bildteil a ist die Achse im Querschnitt zu sehen, im unteren Teil b die Draufsicht auf den Trapezlenker mit seinen Drehachsen d_i gegenüber dem Fahrzeugkörper und d_a gegenüber dem Radträger. Der Zentralpunkt Z ergibt sich weit hinter dem Rade im Schnitt der Drehachsen d_a und d_i.

Die Elasto-Kinematik wird im wesentlichen mit dem Trapezlenker L allein bestritten, der hier auf besondere Art als eigenständige „Viergelenkkette" gestaltet ist: sein vorderes, der Längsfederung dienendes „Lager" ist eine „Steuerschwinge" 1, die durch ein Gummilager g_1 am Fahrgestell und ein Lager g_3 am Trapezlenker befestigt ist und sich im Trapezlenker gegen eine Gummibettung in gewissen Grenzen drehen kann, so daß sie bezogen auf das Gesamtsystem wie ein Lager mit zwei extrem unterschiedlichen Federraten c_1 und c_2 auftritt. Der hintere Arm des Trapezlenkers ist als vertikales Federblatt 2 ausgebildet und vervollständigt so zusammen mit der Steuerschwinge 1 die Viergelenkkette des Trapezlenkers. Das innere Gummilager g_2 des Federblattes 2 ist leicht gegen die innere Drehachse d_i des Trapez-

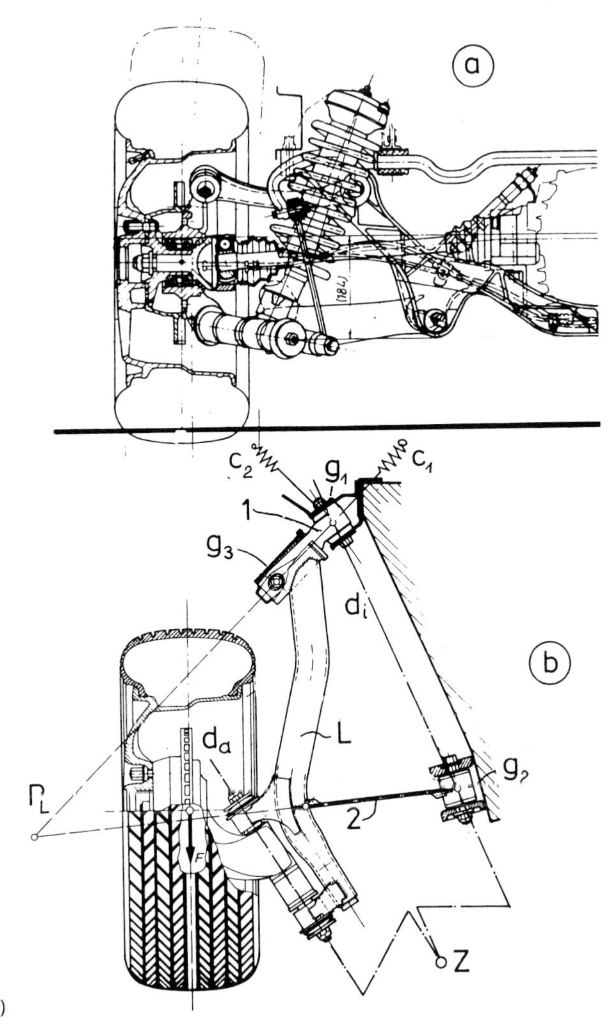

Bild 12.25: „Weissach-Hinterachse" des Porsche 928 (1977) (Werkbild Dr.-Ing. h. c. F. Porsche AG)

lenkers am Fahrzeug angestellt, um Axialkräfte und -verschiebungen und damit zusätzliche Biegebeanspruchungen des Federblattes möglichst zu vermeiden.

Die Steuerschwinge 1 und das Federblatt 2 definieren einen „Pol" P_L für den Trapezlenker L gegenüber dem Fahrzeugkörper, um den der Trapezlenker (idealisiert) bei einer elastischen Winkelbewegung der Steuerschwinge unter äußerer Belastung schwenkt. Da P_L auf der Fahrzeugaußenseite des Rades liegt, wird eine Bremskraft das Rad in Richtung Vorspur und eine Antriebskraft dasselbe in Richtung Nachspur verstellen und so unerwünschte elastische Verformungen aus anderen Bauteilen ausgleichen oder eine günstige Ausgangssituation für Lastwechselvorgänge bei Kurvenfahrt schaffen, vgl. Kap. 9. Eine Seitenkraft, die um den Reifennachlauf hinter dem Radaufstandspunkt, aber vor dem Pol P_L angreift, verstellt sowohl das Kurvenaußenrad als auch das Kurveninnenrad untersteuernd elastisch in Vorspur bzw. in Nachspur.

Das Lager g_3 der Steuerschwinge 1 kann zwecks Vorspur-Einstellung in einem Langloch am Trapezlenker L verschoben werden.

Als Hinterradaufhängungen haben sich neben den Schräglenkerachsen und ihren Varianten, z. B. den Längslenkerachsen, sowie den seltener auftretenden sphärischen Getriebeketten vor allem Abwandlungen der Doppel-Querlenker-Aufhängung durchgesetzt, während die Feder- oder Dämpferbeinachsen einen im Vergleich zu Vorderrädern eher bescheidenen Anteil bilden. Da fast alle Hinterradaufhängungen stehende Teleskopdämpfer oder Federbeine aufweisen, bietet die „Federbeinachse" im Bereich des Hinterwagens kaum zusätzlichen Raumgewinn, und der Freiheitsgrad der Drehung um die Kolbenstange, der an Vorderrädern für die Lenkbarkeit so nützlich ist, ist an Hinterrädern kaum interessant. Als Hauptvorteil bleibt also die Beschränkung der Querlenker auf eine Ebene im Fahrzeug.

Eine nicht angetriebene, ebene Dämpferbein-Hinterachse zeigt **Bild 12.26** im Querschnitt. Der Dämpfer ist mit dem Radträger verschraubt, welcher durch einen unteren Trapezlenker mit parallel angeordneten Drehachsen geführt wird. Als Federelement dient eine von Rad zu Rad durchlaufende Querblattfeder, die zweipunktig in der Nähe der fahrzeugseitigen Trapezlenkerlager gegen den Fahrzeugkörper abgestützt ist und sich mit ihren hakenförmigen Enden an lenkerseitigen Gummipuffern zentriert. Die zweipunktig gelagerte Blattfeder hat neben ihrer Aufgabe als Tragfeder auch die Funktion eines Stabilisators, vgl. Kap. 5, Bild 5.29.

Radaufhängungen nach dem Doppel-Querlenker-Prinzip spielten seit den 30er Jahren als Hinterachsen eine Außenseiterrolle vor allem in Sportwagen und Luxus-Limousinen, dabei oft mit „ebener" Geometrie, bis 1982 mit der „Raumlenker-Hinterachse" eine bewußt unter elasto-kinematischen Gesichts-

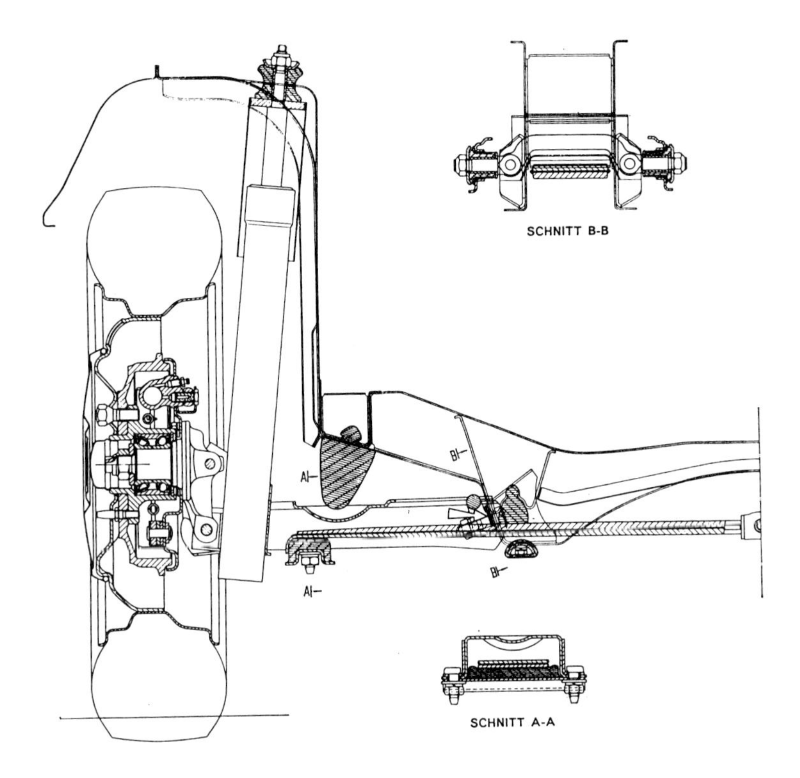

Bild 12.26: Dämpferbein-Hinterachse des Autobianchi A 112 mit zweipunktig gelagerter Querblattfeder (1969) (Werkbild FIAT Auto S.p.A.)

punkten entwickelte echte räumliche Radaufhängung auf dem Markt erschien, **Bild 12.27**. Die Serienauflegung der Fünf-Lenker-Achse lieferte zusammen mit fertigungstechnischen Neuerungen (wie u. a. den einschließlich der Aufnahmeaugen für die Gummilager jeweils aus einer Platine geformten Achslenkern) den Beweis für die Tauglichkeit anspruchsvoller Achssysteme im Alltag und löste eine Welle von Neuentwicklungen von Mehrlenkerachsen auch für preiswerte Fahrzeuge aus.

Zwei obere und zwei untere, jeweils in der Draufsicht gegeneinander angestellte Querlenker übernehmen die Seiten- und Längskräfte, ein „Spurlenker" Sp etwa in Höhe der Radachse bestimmt im wesentlichen den Lenkwinkel und dürfte etwa in der „neutralen" Achse der elastischen Sturzänderung bei Seitenkraft liegen, vgl. Kap. 9, Bild 9.8. Denkt man sich diesen Lenker Sp als echte und durch ein Lenkgetriebe verstellbare Spurstange, so könnte mit den übrigen vier Lenkern für einen differentiellen Lenkvorgang bei festgehaltener Federung eine „ideelle Spreizachse" i bestimmt werden, die hier offensichtlich analog zu den Vorderachsen der Bilder 12.12 bis 12.15

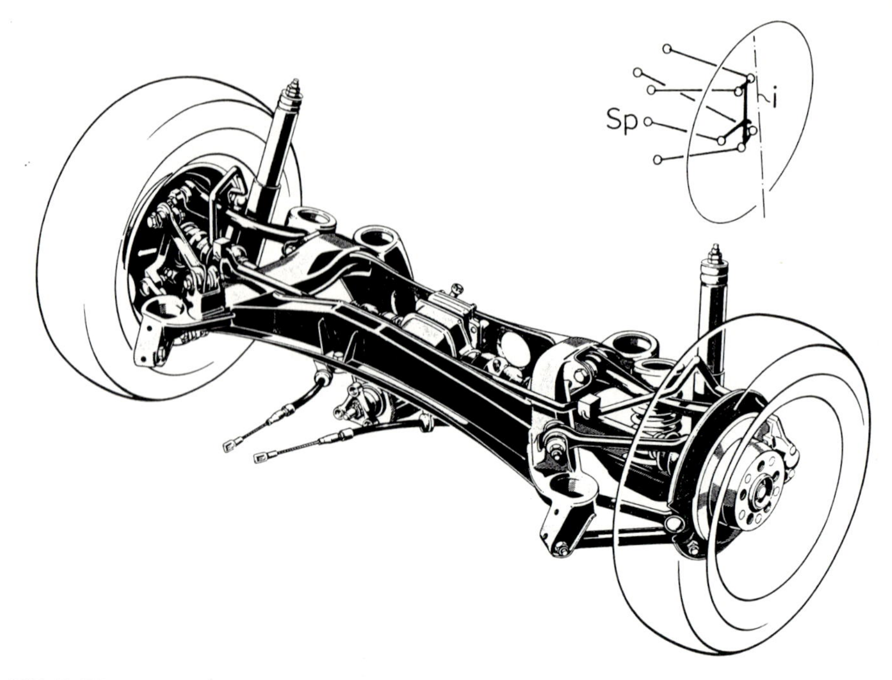

Bild 12.27: „Raumlenker-Hinterachse" des Mercedes-Benz 190 (1982)
(Werkbild Daimler-Benz AG)

sowohl gegenüber den oberen als auch den unteren radseitigen Lenkerlagern zur Fahrzeugaußenseite hin versetzt wäre und deren Neigung im Fahrzeugquerschnitt (gewissermaßen der „Spreizungswinkel") für die gegenseitige Abstimmung der elastischen Lenkwinkel unter Antriebs- bzw. Bremskraft von Bedeutung ist, vgl. Kap. 9, Bilder 9.9 und 9.10.

Das Bremsmoment drückt die radseitigen oberen Lenkerlager nach vorn bzw. zieht die unteren nach hinten, so daß der resultierenden Längsweichheit des oberen bzw. des unteren Lenkerpaars mit Rücksicht auf den ertragbaren elastischen „Aufziehwinkel" Grenzen gesetzt sind, vgl. Kap. 9, Bild 9.10. Das Fünf-Lenker-Prinzip erlaubt aber die optimale Abstimmung des elastischen Lenkverhaltens der Radaufhängung für alle relevanten äußeren Belastungsfälle, vgl. die Bilder 9.7 bis 9.10. Da zur Geräuschisolation und zur vereinfachten Endmontage am Band ohnehin ein „Fahrschemel" vorgesehen ist, übernehmen dessen Gummilager einen Teil der „Längsfederung".

In der neuesten Version zeigt die „Raumlenker-Hinterachse" in der Draufsicht gekreuzte obere Querlenker, **Bild 12.28**; die „ideelle Spreizachse" i ist also im oberen Bereich zur Fahrzeuginnenseite hin geschwenkt bzw. der „Spreizungswinkel" stark vergrößert worden mit den entsprechenden Auswirkungen auf die elastischen Lenkwinkel bei Antrieb bzw. Bremsung. Hier wird erneut sichtbar, welche kinematischen Variationsmöglichkeiten eine Mehrlenker-Aufhängung bietet. Bezüglich der „Lenkgeometrie" entsprechen die gekreuzten oberen Querlenker nun einem deutlich kürzeren Dreiecklenker, aber eine damit verbundene Verringerung der Rollzentrums-Höhenänderung (vgl. Kap. 10, Bild 10.1) und Verstärkung der Sturz-Progression über dem Federweg (vgl. Bild 10.3) wird durch die im Fahrzeugquerschnitt unveränderten wirksamen Längen der Querlenker vermieden.

Einige der Querlenker sind durch Absägen von Fließpreß-Profilen hergestellt, die die Umrißkontur des jeweiligen Lenkers und die Lagerbohrungen aufweisen; dieses Verfahren ermöglicht eine kostengünstige Anwendung hochfester Aluminiumwerkstoffe nahezu in Schmiedequalität.

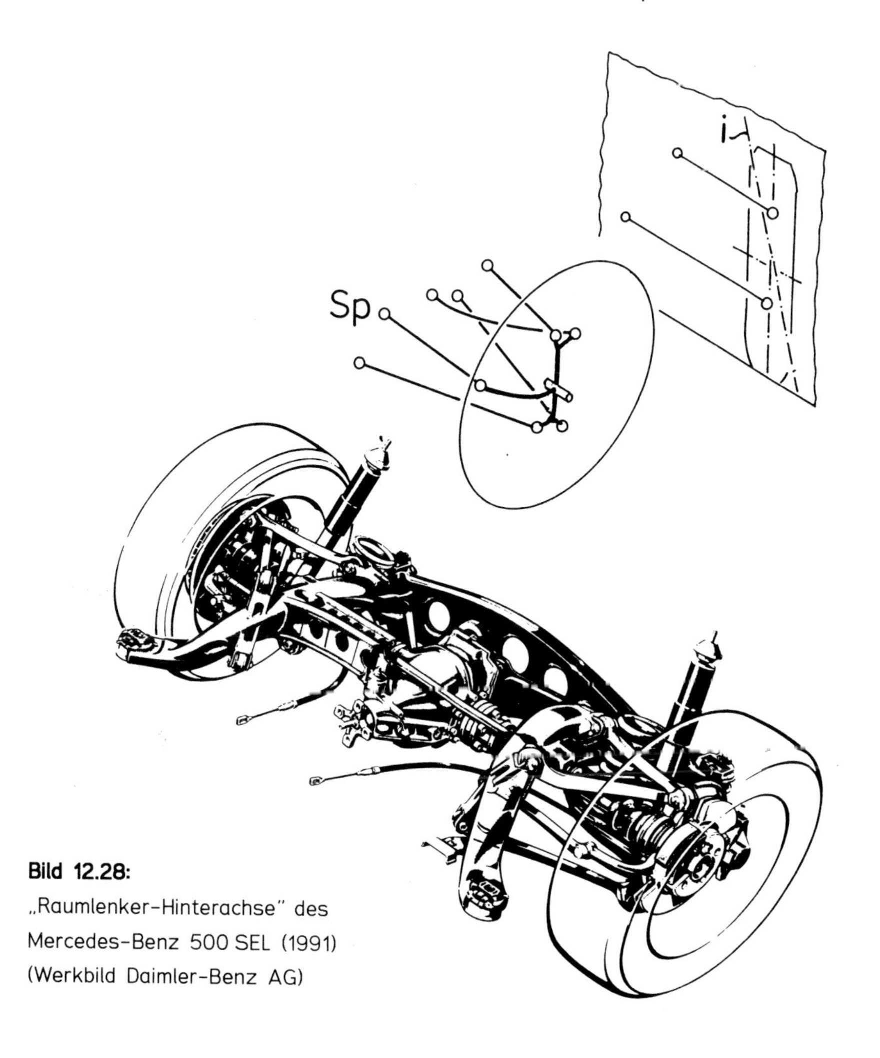

Bild 12.28:
„Raumlenker-Hinterachse" des Mercedes-Benz 500 SEL (1991) (Werkbild Daimler-Benz AG)

Wie bereits früher erwähnt, läßt sich das elastische Aufziehen der Radaufhängung mildern durch die Abstützung des Bremsmoments an einem einzigen Achslenker; Beispiele hierfür sind die sphärischen Doppel-Querlenker-Achsen der Bilder 12.23a und 12.24 und die sphärische Trapezlenkerachse nach Bild 12.25. Auch mit der räumlichen Fünf-Lenker-Radaufhängung in **Bild 12.29** wird angestrebt, das elastische Aufziehen so weit zu vermindern, daß die gewünschte Längsfederung von der Radaufhängung jeder Fahrzeugseite allein geboten werden kann und eine gegenseitige Beeinflussung der Räder der Achse unter einseitigen Längskräften vermieden wird [39][40].

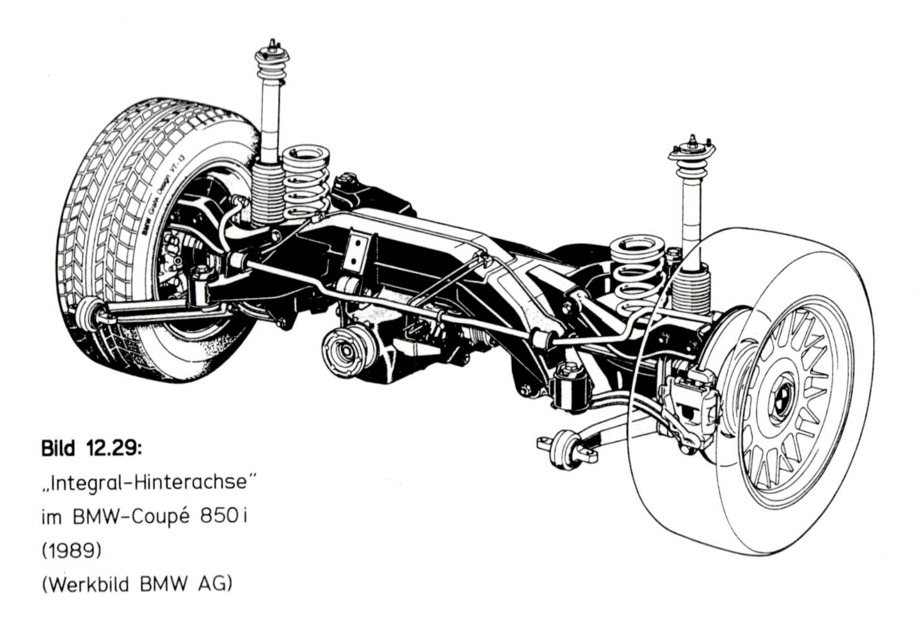

Bild 12.29: „Integral-Hinterachse" im BMW-Coupé 850 i (1989) (Werkbild BMW AG)

Der kinematische Aufbau der Achse entspricht Bild 2.13b in Kapitel 2. Das Bremsmoment wird über den unteren Längslenker und den oberen Querlenker aufgenommen, der sich wiederum mit einer etwa vertikalen Strebe (einer „Zwischenkoppel" im Mechanismus der Radaufhängung), dem „Integrallenker", am Längslenker abstützt. So wirkt der Längslenker in der Fahrzeug-Seitenansicht trotz der räumlichen Fünf-Lenker-Eigenschaften der Aufhängung ähnlich dem Längsarm der Radaufhängungen der Bilder 12.23a und 12.24 als Bremsmomentenstütze, und sein vorderes Gummilager kann wie bei den erwähnten Radaufhängungen als extrem weiches „Längsfederungselement" dimensioniert werden. Die „Pfeilung" der beiden unteren Querlenker ist auf die Längsfederungsrate und die Elastizitäten der Querlenkerlagerungen bzw. des diese tragenden Hilfsrahmens abgestimmt, vgl. Kap. 9, Bilder 9.9, 9.10 und 9.15. Da ferner der Längslenker und der über die Vertikalstrebe in der Seitenansicht quasi „ecksteif" mit ihm verbundene Radträger die elastische Kippbewegung des in Gummilagern am Fahrzeug aufgehängten und das Hinterachsgetriebe tragenden Hilfsrahmens unter Einwirkung eines Drehmoments nicht mitvollziehen, können die dabei entstehenden Relativ-Verschiebungen der inneren und der äußeren Querlenkerlager gemäß Bild 9.17 (Kap. 9) zur Beeinflussung des Lastwechselverhaltens in der Kurve ausgenützt werden.

Für die Limousinen-Ausführung wurde eine Komplett-Vormontage aller Achslenker am Hilfsrahmen gewählt. Die Radaufhängung in **Bild 12.30** enthält nun anstelle des Längslenkers von Bild 12.29 einen unteren, als Hohlkörper verwindungssteif gestalteten Trapezlenker, der aber radseitig keine ecksteife Drehachse aufweist, sondern entsprechend Bild 9.14 (Kap. 9) den Radträger im hinteren Bereich an einem Kugelgelenk führt und das Bremsmoment über den davor angeordneten etwa vertikal gerichteten „Integrallenker" abstützt [42].

Das vordere Gummilager des Trapezlenkers am Hilfsrahmen ist zum Zwecke der „Längsfederung" sehr weich gestaltet.

Zwei obere Querlenker bestimmen den Lenkwinkel des Rades und steuern die elastischen Lenkwinkel unter Längskraft. Da sie im oberen, steifen

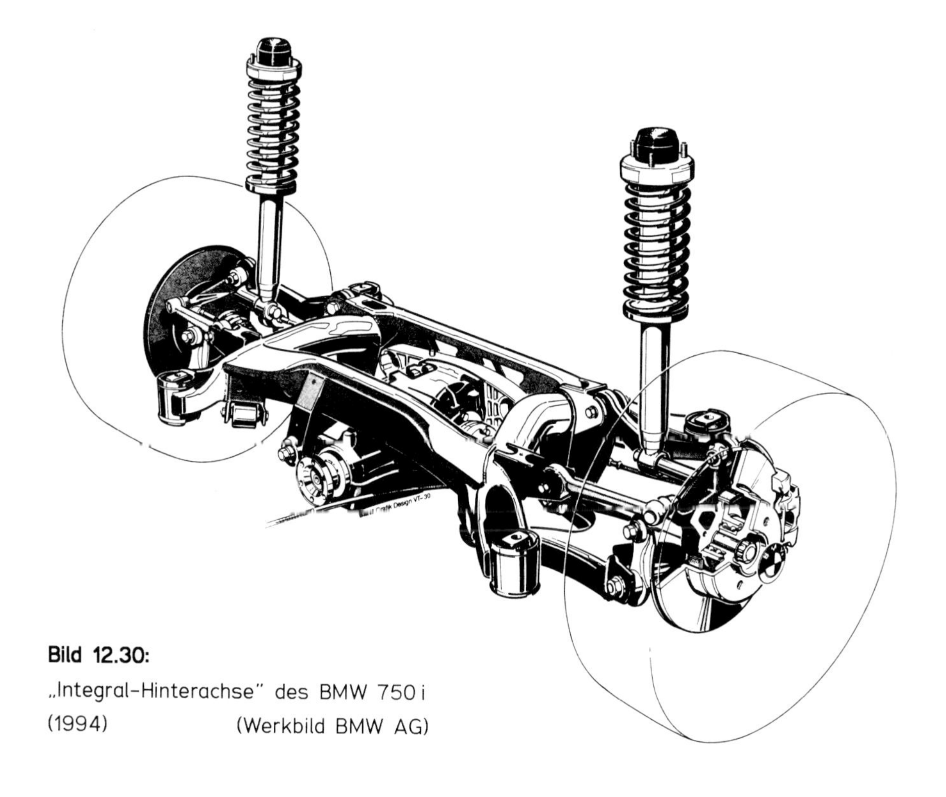

Bild 12.30:
„Integral-Hinterachse" des BMW 750 i (1994) (Werkbild BMW AG)

Bereich des Hilfsrahmens gelagert sind, ist zur Kompensation der Lenkwinkel infolge von Lenker- oder Lagerelastizitäten nur ein geringer „Pfeilungswinkel" zwischen ihnen erforderlich mit dem Vorteil einer verminderten Abhängigkeit von den Toleranzen bzw. Streuungen der Federraten der Gummilager und der sonstigen Bauteile der Radaufhängung, vgl. Kap. 9, Bild 9.15.

In der für die „Fünfer"-Baureihe weiterentwickelten Ausführung bestehen die Radträger, sämtliche Achslenker und der Hinterachsträger aus Aluminium, wobei der letztere aus Ziehteilen und hydroverformten Rohren zusammengeschweißt wird.

13 Starrachsführungen

13.1 Allgemeines

Die Starrachse zeigt beim Ein- und Ausfedern keine Spuränderung; der Radsturz gegenüber der Fahrbahn bleibt, wenn die unterschiedliche Reifeneindrückung bei Kurvenfahrt vernachlässigt wird, sowohl bei symmetrischer als auch bei antimetrischer Radbewegung konstant. Das Rollzentrum kann höher angeordnet werden als bei Einzelradaufhängungen, da bei Parallel-Einfederung keine Seitenbewegungen der Radaufstandspunkte und damit keine Querkräfte am Fahrzeug auftreten. Der „Federschwerpunkt" der Achsaufhängung liegt in der Draufsicht auf der Fahrzeugmittellinie, deshalb ist die Elasto-Kinematik der Starrachse der einer Einzelradaufhängung mit „Fahrschemel" vergleichbar, vgl. Kap. 9, Bild 9.6. Die Radführung weist zwei Freiheitsgrade auf, daher ist der Raumbedarf in den Radkästen etwas größer als bei Einzelradaufhängungen mit ihren eindeutigen Radbewegungen.

Reaktionskräfte aus der Radlast können an den Achslenkern vermieden werden, wenn die Federkräfte in der Querschnittsebene durch die Radaufstandspunkte auf den Achskörper, die „Achsbrücke", wirken.

Ist bei einer angetriebenen Starrachse das Achsgetriebe an der Achsbrükke befestigt, so liegt im allgemeinen der Stoßmittelpunkt T_S jedes Rades jeweils im Bereich zwischen der Achsmitte und dem anderen Rade, **Bild 13.1**, und eine vertikale Stoßkraft F_1 an einem Rade verursacht eine Reaktionskraft F_2 am anderen, die Achse beginnt zu „trampeln".

Der Schwerpunktsabstand des Stoßmittelpunktes berechnet sich aus dem Trägheitsradius $i = \sqrt{\Theta/m}$ analog Gleichung (5.23) zu $t_S = 2\,i^2/b$.

Um die Reaktionskraft F_2 zu vermeiden, ist eine „Massen-Entkoppelung" anzustreben: $t_S = b/2$ erfordert $i = b/2$, was nur gelingt, wenn die Achsmas-

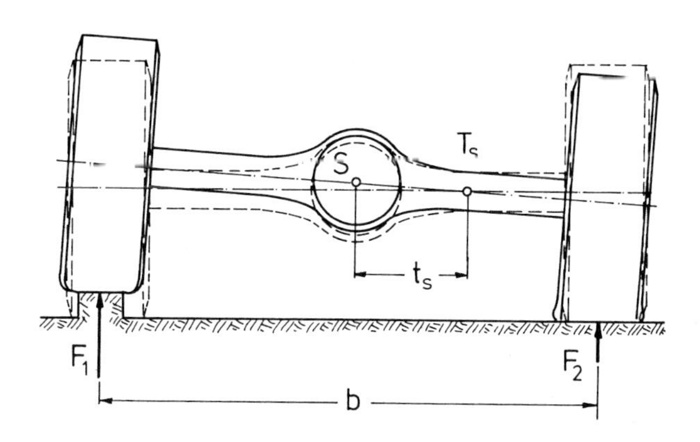

Bild 13.1: Massenkoppelung der Starrachse

se relativ zum Trägheitsmoment ausreichend klein ist, wie bei nicht angetriebenen „Laufachsen" oder bei De-Dion-Achsen, vgl. Kap. 6, Bild 6.11b. An einer De-Dion-Achse tritt auch die Radlastverlagerung infolge des Gelenkwellen-Drehmoments nicht auf, welche bei der normalen angetriebenen Starrachse die übertragbare Leistung herabsetzt, wenn keine Differentialsperre vorgesehen ist, vgl. Bild 6.7. Wegen der Drehmomentübertragung durch querliegende Gelenkwellen ist aber bei einer De-Dion-Achse der Antriebs-Stützwinkel praktisch gleich dem Schrägfederungswinkel (Hinterachse) bzw. gleich dem negativen Schrägfederungswinkel (Vorderachse).

Die kinematisch exakte, statisch bestimmte Starrachsführung weist vier Stablenker auf oder läßt sich auf vier Stablenker zurückführen, vgl. Kap. 2, Bild 2.6g. Daneben gibt es „überbestimmte" (Abschnitt 13.3) und seltener „unterbestimmte" Aufhängungen.

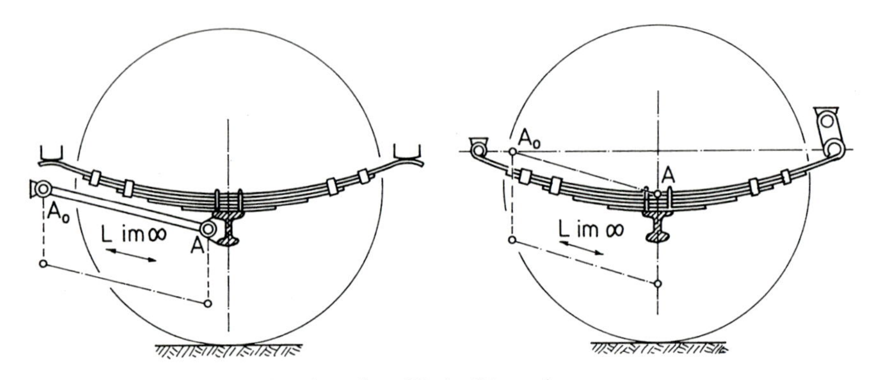

Bild 13.2: Statisch „unterbestimmt" geführte Starrachsen

Bild 13.2 zeigt links eine statisch unterbestimmte Starrachsaufhängung, deren Längsführung durch einen Stablenker je Seite erfolgt, im Seitenriß (die Querführung können die Blattfedern oder z. B. ein Panhardstab übernehmen). Brems- und ggf. Antriebsmomente werden durch die Blattfedern abgestützt, wobei sich der Achskörper in der Seitenansicht elastisch verdreht, vgl. auch Kap. 5, Bild 5.28. Der Aufziehwinkel sinkt mit dem Quadrat der Blattfederlänge, vgl. Kap. 5, Gl. (5.48), weshalb lange Federn mit weniger Blättern vorzuziehen sind. Die Stützwinkel folgen aus der längskraftfreien Einfederungsbewegung, welche bei der symmetrischen Blattfeder in Bild 13.2 eine Translation mit dem Krümmungsradius AA_0 ist; dies entspricht funktionsmäßig einer Parallelogrammführung (unterbrochene Linien), und der Längspol L liegt im Unendlichen.

Die klassische Starrachsführung an den Blattfedern allein, Bild 13.2 rechts, ist kinematisch der links gezeichneten vergleichbar, wenn anstelle des Stablenkers AA_0 der „Ersatzlenker-Radius" mit etwa $7/9$ der Länge

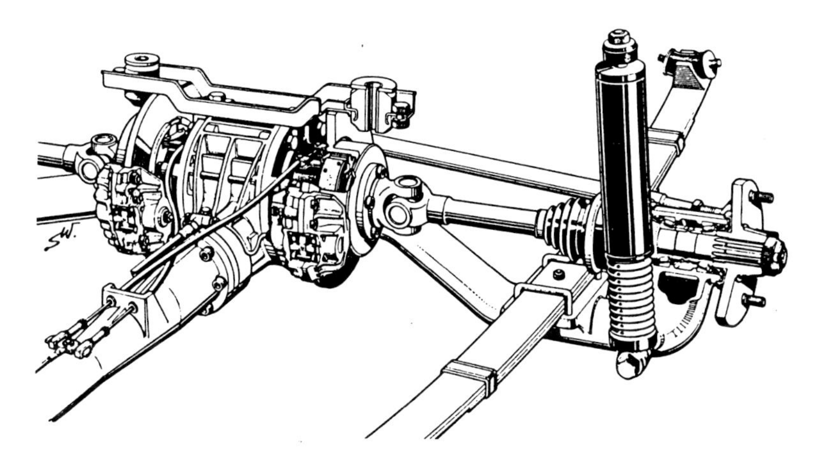

Bild 13.3: De-Dion-Hinterachse des Glas 2600 (1965) (Werkbild BMW AG)

des unmittelbar am Fahrgestell angebrachten Federarmes angesetzt wird, vgl. auch Kap. 5, Bild 5.26.

Unterbestimmte Aufhängungen entspr. Bild 13.2 links werden an schweren Sonderfahrzeugen gelegentlich angewandt, um das Kräfteniveau im Gesamtsystem zu senken, wie bereits in Kap. 2 bemerkt.

Eine ausgeführte Starrachse mit Längsführung durch die Blattfedern allein zeigt **Bild 13.3**; die Seitenkräfte nimmt ein Panhardstab auf. Achsgetriebe und Bremsen sind am Fahrgestell gelagert (hier gilt also für die Bestimmung des Brems-Stützwinkels: „Momentenstütze am Fahrzeugkörper"). Dies ist eine „klassische" De-Dion-Achse. Die Achsbrücke wird beim Bremsen und Beschleunigen lediglich durch Längskräfte an der Radlagerung belastet. Da die Blattfedern in geringem Abstand unterhalb der Radmitte angeordnet sind, ist das Verwindungsmoment aus den Längskräften und damit das nachteilige „Aufziehen" um die Querachse unbedeutend.

13.2 Statisch bestimmte Systeme

Die einfachste Art der Längsführung und der Drehmomentabstützung um die Querachse ist das „Schubrohr", welches starr mit der Achsbrücke verschraubt und am Fahrgestell kugelig gelagert ist, **Bild 13.4**. Die längsliegende Antriebswelle läuft geschützt innerhalb des Rohres; konzentrisch mit der „Schubkugel", durch welche die Momentanachse für die parallele Radbewegung festgelegt ist, findet sich das einzige Wellengelenk (denkbar wäre auch eine vollständige Lagerung des Antriebsaggregates auf der Schubrohrachse, die damit zur Triebsatzschwinge würde, vgl. Kap. 6, Bild 6.6a). Die

Bild 13.4: Fahrgestell des Mercedes-Benz „8/38" (1926) mit Schubkugel-Hinterachse (Werkbild Daimler-Benz AG)

vorn und hinten an Pendellaschen aufgehängten Blattfedern übernehmen die Seitenführung. Diese robuste Starrachs-Bauart wird bis heute angewandt, im allgemeinen aber mit exakter Seitenführung durch Lenker (zur Seitenführung durch einen Panhardstab vgl. Bild 7.33 in Kap. 7!).

Als „De-Dion-Achse" erhält die Schubkugelachse die Form einer „Deichsel", **Bild 13.5**; man erkennt die kugelige Lagerung unten rechts im Bild an der Rahmentraverse, das fahrgestellfeste Hinterachsgetriebe und die querliegenden Antriebswellen. Um einen Lenkwinkel beim Ein- und Ausfedern, wie er sich mit einem querliegenden Panhardstab einstellen würde, zu vermeiden, wurde für die hintere Seitenkraftabstützung eine vertikale Geradführung nach dem „Scheren-Prinzip" gewählt, vgl. Kap. 2, Bild 2.14 d: zwei übereinanderliegende Dreiecklenker sind durch ein Kugelgelenk verbunden, ihre Drehlagerungen befinden sich am Fahrzeugkörper und an der Achsbrücke. – Unter der Rahmentraverse vor dem Achsgetriebe sind die Gehäuse von Hebel-Stoßdämpfern zu sehen.

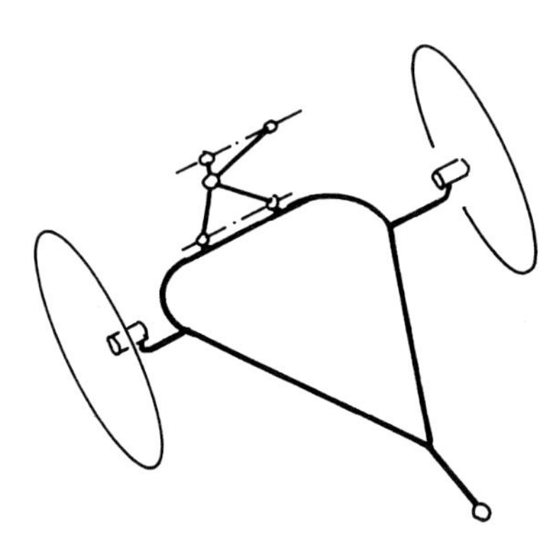

Bild 13.5:
De-Dion-Hinterachse des „Großen Mercedes" (1937) (Werkbild Daimler-Benz AG)

Wird das die längsliegende Antriebswelle umgebende Rohr einer Schubkugelachse nur in vertikaler Richtung steif gelagert, in horizontaler dagegen nachgiebig, so dient es wie ein „Schwert" nur noch zur Abstützung des Drehmoments um die Querachse. Die Hinterachse in **Bild 13.6** wird durch zwei Längslenker und einen Panhardstab geführt. Das vordere Gummilager am Stützrohr erhält die Funktion eines „Kugelflächengelenks", die Aufhängung entspricht damit dem Schema von Bild 2.14 b in Kap. 2. Der Längspol ergibt sich in der Seitenansicht als Schnittpunkt der Längslenker und der Vertikalen durch das Lager am Stützrohr. Mit der Vorverlegung der Schraubenfedern wird die Federübersetzung bei Parallelbewegung der Räder verringert und damit die Wankfederrate gegenüber der Hubfederrate aufgewertet; ein Stabilisator ist zusätzlich vorhanden.

Als Beispiel für eine Achsaufhängung an zwei Stablenkern und einem Dreiecklenker ist in **Bild 13.7** eine De-Dion-Achse wiedergegeben. Der Dreiecklenker ist gegensinnig zu den Längslenkern angeordnet, so daß die Aufhängung in der Seitenansicht eine gegenläufige Viergelenkkette nach Art des Wattgestänges bildet. Diese Maßnahme, die nur bei De-Dion-Achsen und nicht angetriebenen Achsen sinnvoll ist, führt zu einem progressiven Anfahr- und Bremsnickausgleich; letzteres, weil die Bremse sich im Gegensatz zur Achse von Bild 13.3 außen am Rade befindet. Da die Längslenker die Richtung der Wank-Momentanachse festlegen, vgl. Kap. 7, Bild 7.15b, und auf ihrer Verlängerung in der Seitenansicht auch der Längspol zu finden ist, kann der Schrägfederungswinkel, d. h. bei einer De-Dion-Achse auch der Antriebs-Stützwinkel, in Konstruktionslage nicht groß sein, wenn ein übersteuerndes kinematisches Eigenlenkverhalten vermieden werden soll.

In Bild 13.5 konnte eine aus zwei Dreiecklenkern gebildete „Schere" einen „Panhardstab", also einen Stablenker, ersetzen. Wenn die gleiche Maßnahme an den beiden Längslenkern der Starrachse von Bild 13.7 vorgenommen wird, wobei die Drehachsen der Dreiecklenker der Schere etwa in Fahrtrichtung zu liegen kommen, so ergibt sich eine Achsaufhängung mit einem oberen Dreiecklenker zur Seiten- und Längsführung und vier unteren zur Längsführung, **Bild 13.8**.

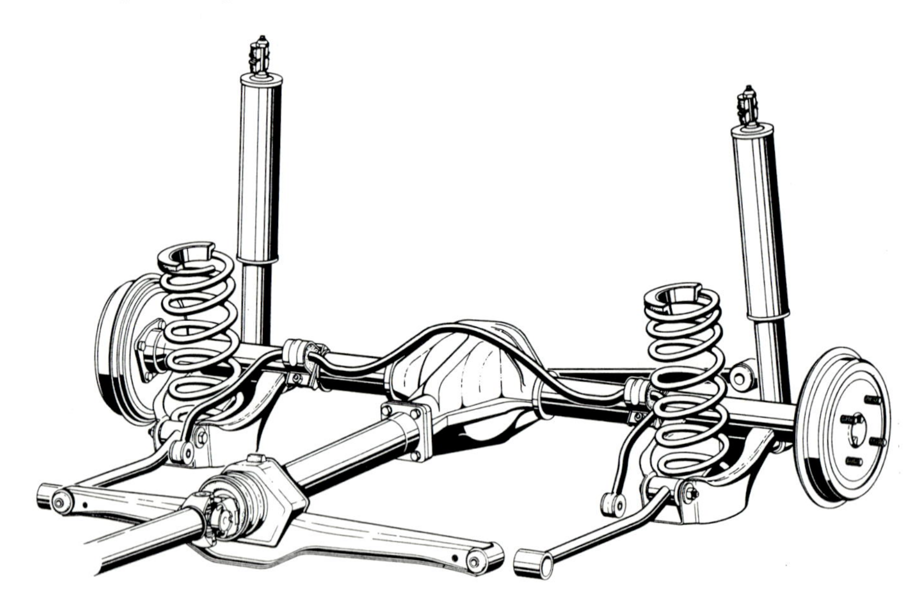

Bild 13.6: Hinterachse des Opel „Ascona" (1970) (Werkbild Adam Opel AG)

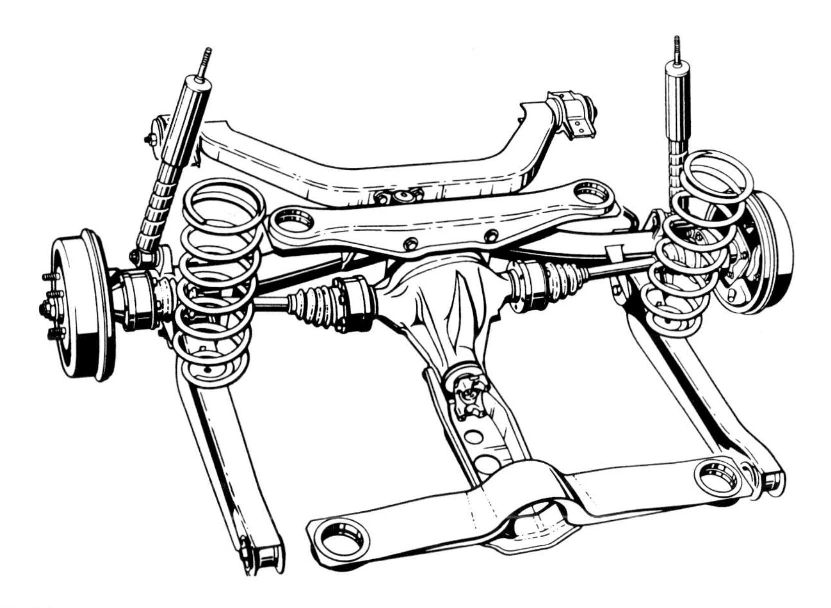

Bild 13.7: De-Dion-Hinterachse des Opel „Admiral" (1969) (Werkbild Adam Opel AG)

Die „Scheren" bestehen auf jeder Fahrzeugseite aus einer ecksteif am Fahrzeugrahmen gelagerten, mit einer längsliegenden Drehstabfeder verbundenen Kurbel und einer an der Achsbrücke hängenden Pendellasche. Kurbel und Pendel sind kugelig (nämlich in Wälzlagern in gummielastischer Bettung) aneinandergekoppelt. Die Widerlager der Drehstabfedern können zur Korrektur der Fahrzeug-Höhenlage über Anschlagschrauben nachgestellt werden.

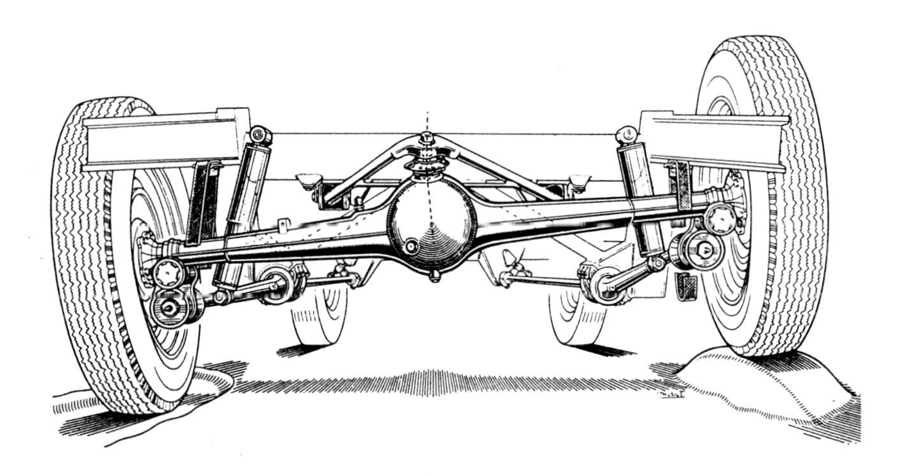

Bild 13.8: Hinterachse des BMW „501" (1952) (Werkbild BMW AG)

Diese Achsaufhängung bietet ein Beispiel für eine extreme „kinematische" Federungsauslegung mit einer Kennlinie, die in Konstruktionslage eine niedrige Federrate und beim Einfedern eine erhebliche Progression aufweist. Wenn die Kurbel und das Pendel sich der „gestreckten" Lage nähern (rechts im Bild), wächst die wirksame Federungskraft gegen Unendlich bei endlich großem Drehstab-Moment; die „kinematische Federrate" hat zuletzt 100% Anteil an der Gesamt-Federrate [31]. Die sehr schräg angestellte Pendelstütze im Bild rechts verursacht am seitenführenden oberen Dreiecklenker hohe Reaktionskräfte, weshalb, wie bereits in Kap. 5, Abschnitt 5.4 gesagt, kinematische Tricks zur Beeinflussung der Federkennlinie an modernen, elasto-kinematisch dominierten Achskonstruktionen nicht mehr ratsam sind.

Eine Vier-Lenker-Aufhängung, die Grundform der statisch bestimmten Starrachsführung, zeigt **Bild 13.9**. Der Schnittpunkt der oberen Lenker liegt nahe am Achskörper, das Rollzentrum ändert also seine Lage mit dem Federweg nur wenig und steigt beim Einfedern geringfügig nach oben; die unteren Lenker sind längs ausgerichtet und bestimmen die Richtung der Wank-Momentanachse.

Die „Auflösung" des oberen Dreiecklenkers in zwei Stablenker wie in Bild 13.9 hat zum einen den Vorteil, daß die großen Winkelausschläge (Federungs- und Wankbewegung) des Lagers an der Spitze des Dreiecklenkers vermieden werden und in erheblich kleinere Winkelausschläge an den Lagern der Stablenker umgewandelt werden, wobei sich die aus der Wankbewegung resultierenden („Kardan"-) Winkel obendrein hälftig auf die beiden Gummilager des Stablenkers aufteilen können, und bewahrt zum anderen die Lenker vor Verzwängungen infolge von Einbautoleranzen bzw. elastischen Verformungen, denn die Nachgiebigkeit der fahrzeugseitigen Lagerstellen z.B. an einem LKW-Rahmen belastet den Dreiecklenker auf Biegung besonders im Bereich des Scheitels.

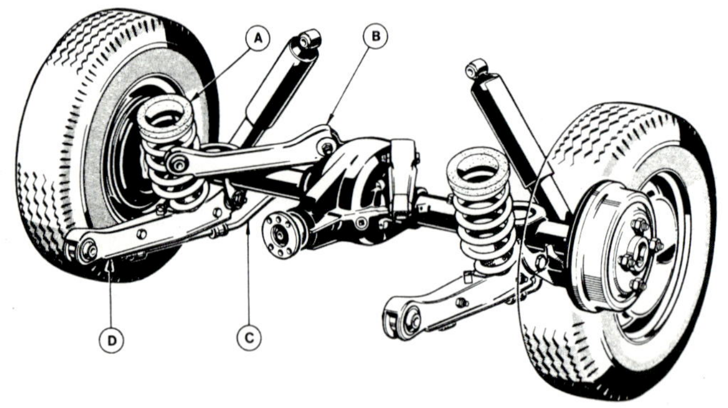

Bild 13.9: Vier-Lenker-Hinterachse des Ford „Taunus" (1970) (Werkbild Ford-Werke AG)

13.3 Statisch überbestimmte Systeme

Achsaufhängungen an mehr als vier Lenkern sind unter Berücksichtigung der beiden Federelemente statisch überbestimmt. Derartige Lösungen entstehen aus unterschiedlichen Gründen (vgl. Kap. 2, Abschn. 2.3.3).

Die Fünf-Lenker-Aufhängung in **Bild 13.10** hat zwei leicht gegen die Fahrtrichtung angestellte untere und zwei längs angeordnete erheblich kürzere obere Lenker sowie einen Panhardstab zur Seitenführung. Dies ergibt eine annähernde Geradführung des Radaufstandspunktes in der Seitenansicht bei als „blockiert" angenommenem Antrieb bzw. blockierter Bremse (vgl. die Geradführung im Querriß bei ungleich langen Lenkern in Bild 10.2, Kap. 10), also etwa konstante Stützwinkel. Die kurzen oberen Längslenker schaffen Raum für die hintere Sitzbank. Da sie gegenüber den unteren und längeren Lenkern näher zur Fahrzeugmitte hin verlegt sind, kann eine Verzwängung der Lagerungen bei Wankbewegung weitgehend vermieden werden, vgl. Kap. 9, Bild 9.18 b.

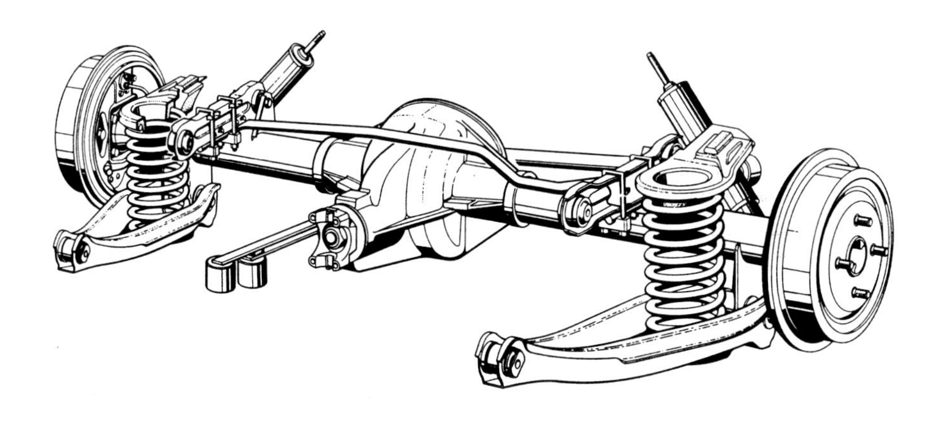

Bild 13.10: Hinterachse des Opel „Rekord Caravan" (1966) (Werkbild Adam Opel AG)

Die angetriebene Vorderachse in **Bild 13.11** ist an zwei Längsarmen und einem Panhardstab geführt. Die Momentanachse der parallelen Radbewegung verläuft durch die fahrgestellseitigen Lager der Längsarme, woraus ein beträchtlicher Anfahr- und Bremsnickausgleich resultiert. Die von Rad zu Rad durchlaufende Spurstange liegt hinter der Achse, die Lenkschubstange (nicht dargestellt) greift am vorn erkennbaren Lenkhebel des rechten Rades an und ist etwa parallel zum Panhardstab ausgerichtet (vgl. auch Kap. 7, Bild 7.35b). Wären die beiden Längsarme starr mit der Achsbrücke verbunden, so würde diese bei Wankbewegung hoch auf Torsion belastet, d. h. das Wanken wäre praktisch unterbunden. Daher sind die Längsarme über je zwei hintereinanderliegende Gummilager an der Achsbrücke befestigt. Dies erlaubt eine gewisse Relativverdrehung der Längsarme um die Querachse (allerdings auch ein „Aufziehen" der Achse unter Antriebs- oder Bremsmoment); bei Wankfederung geben die Gummilager ein Rückstellmoment am Fahrzeugkörper ab, wirken also wie ein Stabilisator, der aber zusätzlich noch vorgesehen ist. - Die Hinterachse des Fahrzeugs ist nach gleichem Prinzip gebaut, ihre Längsarme weisen natürlich nach vorn.

Wäre die Achse von Bild 13.11 nicht angetrieben, so könnten die Längsarme fest an der Achsbrücke angebracht und dieselbe in sich verdrehbar ausgebildet werden, vgl. Kap. 2, Bild 2.18b und Kap. 7, Bilder 7.25 und 7.36. Damit stellt diese Achsführung eine Beziehung zwischen den Starrachs- und den Verbundaufhängungen her, denen das nachfolgende (und letzte) Kapitel gewidmet ist.

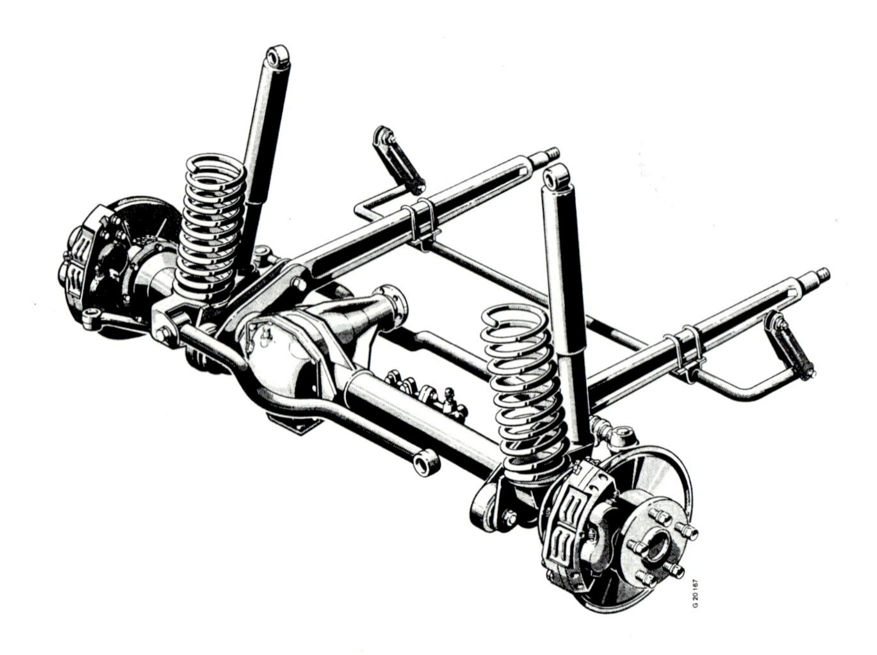

Bild 13.11: Vorderachse des geländegängigen Mercedes-Benz Typ 240 GD/300 GD (Fahrtrichtung nach links) (Werkbild Daimler-Benz AG)

14 Verbundaufhängungen

Die Verbundaufhängung ist die allgemeine Form der kinematischen Führung zweier Räder einer „Achse"; insgesamt sind für diesen Mechanismus zwei Freiheitsgrade nötig, vgl. Kap. 2, was bei den Einzelradaufhängungen dadurch erreicht wird, daß jedes Rad unabhängig vom anderen einen Freiheitsgrad gegenüber dem Fahrzeugkörper erhält, und bei Starrachsführungen, indem der gesamte Achskörper mit zwei Freiheitsgraden aufgehängt wird; die beiden Räder der Starrachse können aber keine Relativbewegungen ausführen. An Verbundaufhängungen sind Relativbewegungen der Räder möglich.

Verbundaufhängungen werden angewandt, um einen Kompromiß zwischen den Eigenschaften der Einzelrad- und der Starrachsaufhängungen zu erzielen, z.B. geringe Spur-, Sturz- und Vorspuränderungen bei symmetrischer Federungsbewegung und einen günstigen Radsturz sowie eine merkliche Rollzentrumshöhe und ein evtl. ausgeprägtes kinematisches Eigenlenkverhalten bei antimetrischer Federungsbewegung.

Von der Einzelradaufhängung oder auch von der Starrachse her kann das Achssystem in **Bild 14.1** abgeleitet werden, nämlich einmal von der

Bild 14.1:
„Eingelenk-Pendelachse" im Mercedes-Benz 220 (1959) (Werkbild Daimler-Benz AG)

Pendelachse und zum anderen von einer „durchgesägten" Starrachse, deren Hälften in Fahrzeugmitte durch ein ecksteifes Drehgelenk verbunden wurden. Dieses Drehgelenk wird durch einen pendelnd aufgehängten „Dreiecklenker" in der Höhe fixiert und durch eine kurze Querstrebe, sozusagen das Überbleibsel eines Panhardstabes, in relativ weichen Gummilagern seitlich abgestützt, um Querstöße („Schütteln") infolge von Spuränderungen auf unebener Fahrbahn zu mildern. Zwei Längslenker übernehmen die Längsführung des Aggregats.

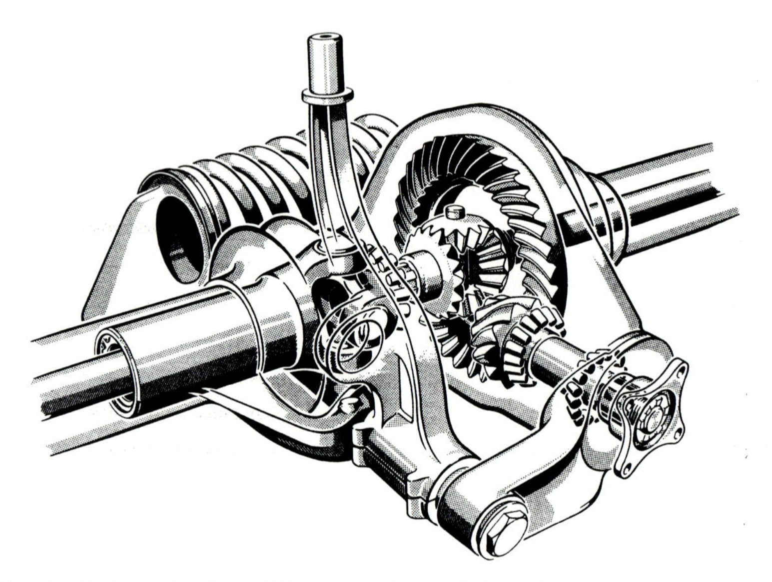

Bild 14.2: Verbindung der Achshälften der „Eingelenk-Pendelachse" nach Bild 14.1 (Werkbild Daimler-Benz AG)

Bild 14.2 zeigt die tiefe Lage der Drehgelenkverbindung der beiden Achshälften; Sinn der Konstruktion war vor allem eine Absenkung des Rollzentrums im Vergleich zu üblichen Pendelachsen. Das Achsgetriebe ist am linken Achsrohr (also dem linken Radträger) befestigt. Die Achswelle des rechten Rades ist durch ein Kardangelenk und ein in Wälzkörpern verschiebbares Vielnutprofil mit dem Achsgetriebe gekoppelt.

Hinter dem Achsgetriebe ist eine „Querverbundfeder" zu erkennen, vgl. Kap. 5, Bild 5.14b.

Wenn der Antriebsmotor als „blockiert" angenommen wird, wälzt das Tellerrad im Getriebe des linken Achskörpers beim Ein- und Ausfedern am Ritzel ab; aus der Getriebeuntersetzung ergibt sich der Längspol und ein merklicher Antriebs-Stützwinkel, vgl. Kap. 6, Bild 6.16. Da die Drehbewegung der linken Achswelle sich über das Kardangelenk gleichsinnig auf die rechte überträgt, gilt das Gesagte auch für das rechte Rad. Diese Aufhängung hat also, im Gegensatz zur normalen Pendelachse (= Einzelradaufhängung), einen merklichen Anfahr-Nickausgleich. Die längsliegende Antriebswelle vom Motor-Getriebe-Block her stützt ihr Drehmoment am linken Achskörper ab, woraus ein Wankmoment gegenüber der Fahrzeugfederung entsteht wie bei Starrachsen (vgl. Kap. 6, Bild 6.7). - Die Wank-Momentanachse und damit der resultierende kinematische Lenkwinkel (vgl. Kap. 7, Bild 7.29) werden wie bei einer Starrachse durch die Längslenker bestimmt (vgl. Bild 7.28), während eine resultierende Vorspuränderung nicht möglich ist, solange die mittlere Drehachse parallel zur Fahrbahnebene liegt.

Verbundaufhängungen können aus Einzelradaufhängungen abgeleitet werden, indem Lenker des Radführungsmechanismus einer Fahrzeugseite an dem der anderen Seite angelenkt werden, vgl. Kap. 2, Bild 2.18a. In ähnlicher Weise, aber weniger kompliziert, war die Hinterachse eines Sportwagens ausgeführt, **Bild 14.3**. Zwei Längslenker trugen um die Längsachse drehbar gelagerte Radträger, die durch sich kreuzende obere Querlenker jeweils mit der gegenüberliegenden Radaufhängung verbunden waren. Bei symmetrischer Federungsbewegung schwenkt das gesamte System um die Drehachsen der Längslenker am Fahrzeugkörper; bei antimetrischer Federungsbewegung bleiben aus Antimetriegründen die Mitten der Querlenker in Ruhe, d.h. der Querpol ergibt sich im Fahrzeugquerschnitt als Schnittpunkt der Querlenker und der Parallelen zu den fahrzeugseitigen Längslenker-Drehachsen durch die Drehgelenke der Radträger an ihren Längslenkern.

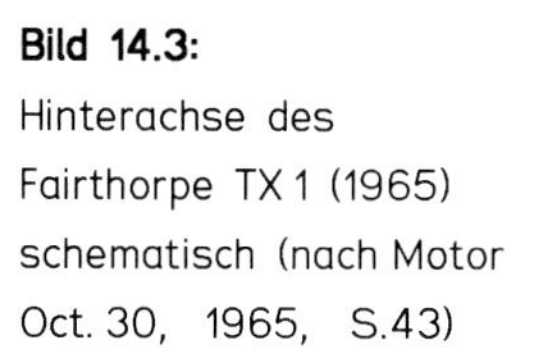

Bild 14.3: Hinterachse des Fairthorpe TX 1 (1965) schematisch (nach Motor Oct. 30, 1965, S.43)

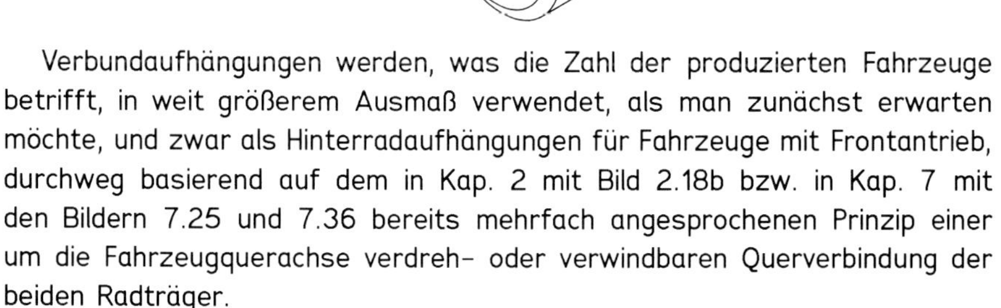

Verbundaufhängungen werden, was die Zahl der produzierten Fahrzeuge betrifft, in weit größerem Ausmaß verwendet, als man zunächst erwarten möchte, und zwar als Hinterradaufhängungen für Fahrzeuge mit Frontantrieb, durchweg basierend auf dem in Kap. 2 mit Bild 2.18b bzw. in Kap. 7 mit den Bildern 7.25 und 7.36 bereits mehrfach angesprochenen Prinzip einer um die Fahrzeugquerachse verdreh- oder verwindbaren Querverbindung der beiden Radträger.

Die erste Anwendung dieses Bauprinzips dürfte mit der Rennwagen-Hinterachse in **Bild 14.4** erfolgt sein, die sich deutlich von einer De-Dion-Achse ableitet. Die Drehachse des die beiden Radträger verbindenden Drehgelenks, vgl. die kinematische Schemaskizze, befindet sich hinter den Radachsen, so daß die Wank-Momentanachse eine ähnliche Lage erhält wie bei „verkürzten" Pendelachsen, vgl. Kap. 7, Bild 7.25 (der Querpol fällt anders als in Bild 7.25 auf die gleiche Fahrzeugseite wie das zugehörige Rad). Dies ergibt ein hochliegendes Rollzentrum und zur Kurveninnenseite hin stürzende Räder („Kurvenleger", vgl. Kap. 7, Bild 7.44 b und c); im Gegensatz zu den Einzelradaufhängungen würde sich daran selbst durch einen Aufstützeffekt bei Kurvenfahrt nichts ändern. Die Seitenführung erfolgt durch einen Gleitstein und einen Führungsschlitz am Getriebegehäuse, vgl. Kap. 2, Bild 2.14 c. Die fest mit den Achshälften verschraubten längsliegenden Blecharme oder „Schwerter" entsprechen kinematisch Dreiecklenkern.

Eine Abwandlung des Bauprinzips stellte die Hinterradaufhängung nach **Bild 14.5** dar, indem die Querverbindung als Drehschubgelenk (also ohne gegenseitige Fixierung der Achshälften in Querrichtung) ausgebildet wurde, womit je Rad ein Lenker zur Seitenführung erforderlich wurde, den hier als damals für englische und amerikanische Konstruktionen typisches Detail die

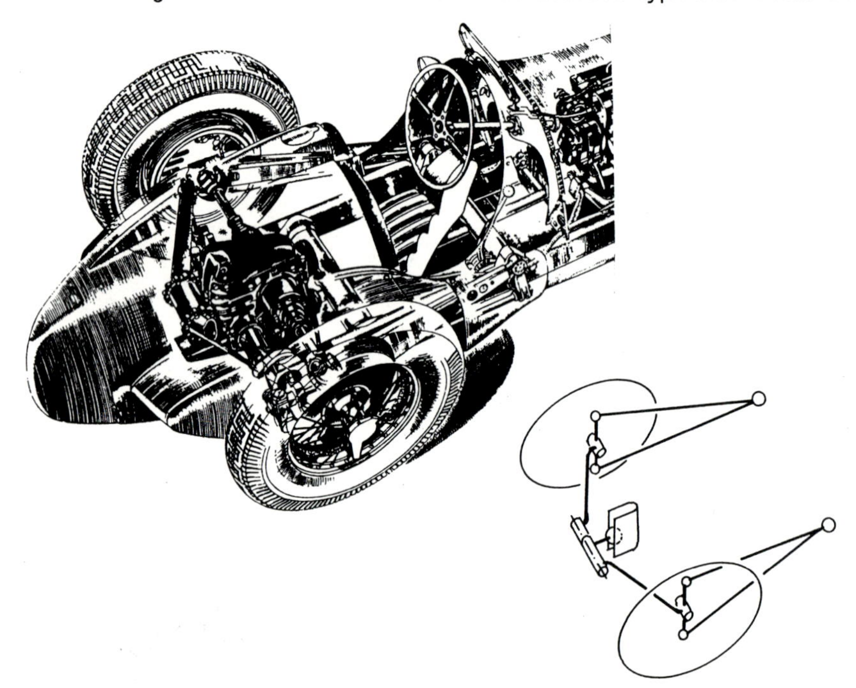

Bild 14.4: Hinterachse des Mercedes-Benz-Rennwagens W 125 (1937) (Werkbild Daimler-Benz AG)

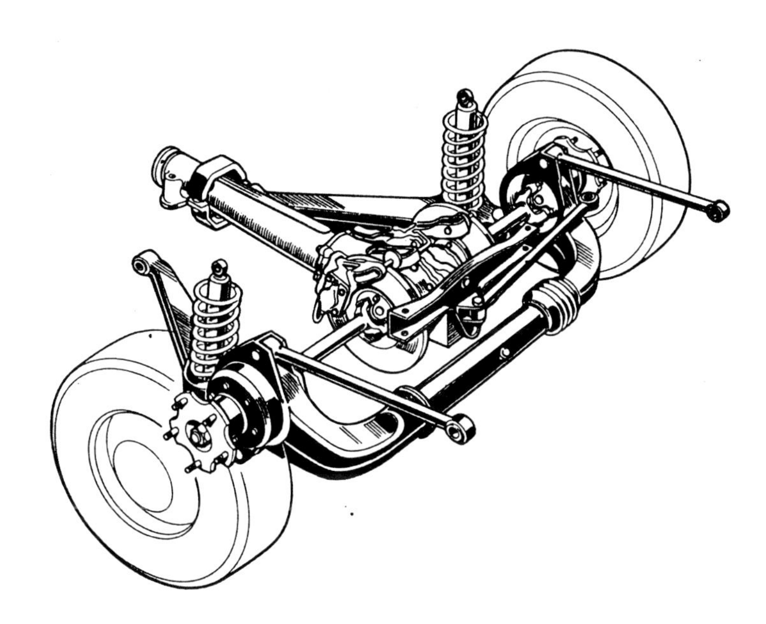

Bild 14.5: Hinterradaufhängung des Rover 2000 (1963)
(aus „Ein Jahrhundert Automobiltechnik - Personenwagen", VDI-Verlag 1986)

längenkonstante Antriebswelle mit Kardangelenken vertrat. Die Längsführung der Achskörper erfolgte durch gegensinnig angeordnete Stablenker nach Art eines Wattgestänges (vgl. auch Kap. 2, Bild 2.18b und Kap. 7, Bild 7.17a).

Erheblich einfacher gestaltet sich die Konstruktion einer solchen Verbundaufhängung, wenn kein Antrieb zu berücksichtigen ist. Die funktionell einer Starrachse nahestehende Aufhängung in **Bild 14.6** stellte einen Endpunkt einer Entwicklung der „Torsions-Kurbelachse" dar, die bereits 1959 begonnen hatte [3].

Die Längsarme sind mit der Achsbrücke, einem offenen U-Profil, fest verbunden; ein Panhardstab hinter der Achse besorgt die Seitenführung (in der allerersten Ausführungsform erstreckte sich der Panhardstab diagonal von der Achsbrücke zur Verbindungslinie der vorderen Lenkerlager, um die seitliche Versatzbewegung der Achse relativ zum Fahrzeugkörper beim parallelen Ein- und Ausfedern beider Räder zu vermeiden, vgl. auch Kap. 7, Bild 7.33). Bei Parallelfederung schwenkt die Achse um die Verbindungslinie der fahrzeugseitigen Längsarmlager, und bei Wankfederung verwindet sich das offene Profil in erster Näherung um die Verbindungslinie seiner Schubmittelpunkte (vgl. Kap. 7, Bild 7.36).

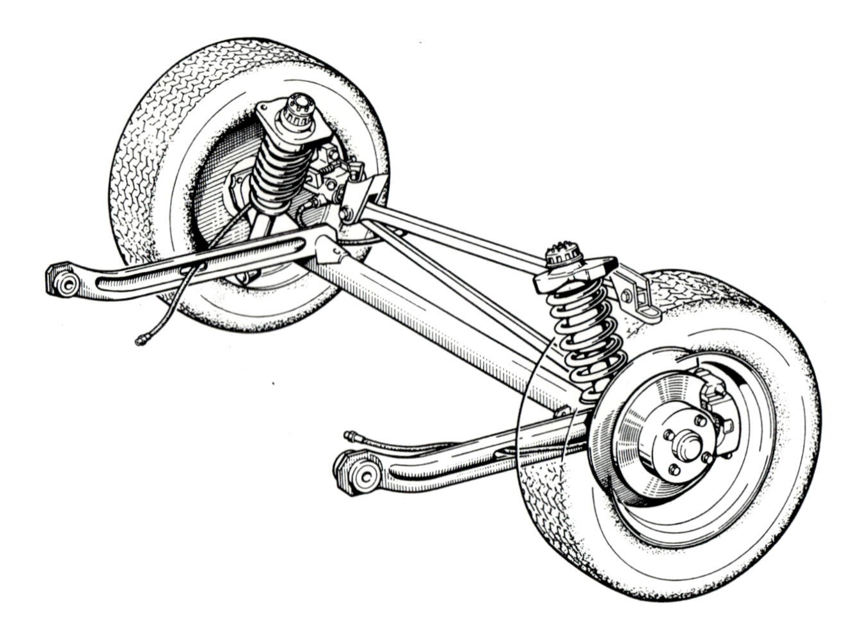

Bild 14.6: „Torsionskurbelachse" des Audi 100 (1976) (Werkbild Audi AG)

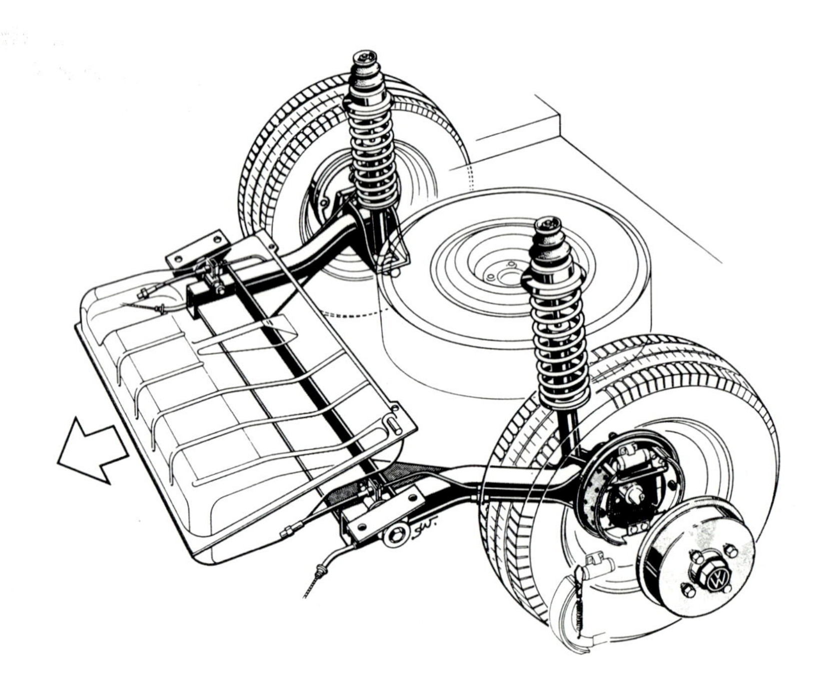

Bild 14.7: Hinterachse des VW „Scirocco" (1974) (Werkbild Volkswagen AG)

Am anderen Ende der „Verbund-Skala", nämlich bei den Einzelradaufhängungen, ist die Variante nach **Bild 14.7** angesiedelt. Die verwindbare Achsbrükke ist zwischen die fahrzeugseitigen Längsarmlager gerückt und hat ein T-Profil erhalten. Dessen Schubmittelpunkt liegt im Schnitt von Flansch und Steg und offensichtlich nur geringfügig gegen die Verbindungslinie der Lenkerlager in Richtung zum Fahrzeugheck hin verschoben. Der Panhardstab entfällt, dafür werden die Längsarme nun torsions- und biegesteif gestaltet, um Sturzmomenten und Seitenkräften standzuhalten. Die Aufhängung hat nahezu die kinematische Funktion einer Längslenker-Einzelradaufhängung. Das Rollzentum liegt fast in der Fahrbahnebene, die Sturzänderung relativ zum Fahrzeugkörper bei antimetrischer Federung ist klein, die Räder neigen sich bei Kurvenfahrt im wesentlichen mit demselben. Da die Auf- und Abbewegung des Querprofils im Gegensatz zur „Starrachse" von Bild 14.6 fortfällt, ergeben sich sehr günstige Raumverhältnisse im Fahrzeug.

Erst an der Hinterradaufhängung von **Bild 14.8** treten die „Verbund"-Eigenschaften offen zutage. Der Querträger, nun wieder ein U-Profil, befindet sich am vorderen Drittel der Längsarme. Die Aufhängung verhält sich bei Wankfederung ähnlich einer Schräglenkerachse und bei Parallelfederung wie eine Längslenkerachse, vgl. Bild 7.36 in Kap. 7.

Die starre Verbindung der biege- und torsionssteifen Längsarme und des torsionsweichen offenen Querprofils stellt, wie aus der Festigkeitslehre bekannt ist, wegen der Querschnittsverwölbung tordierter offener Profile

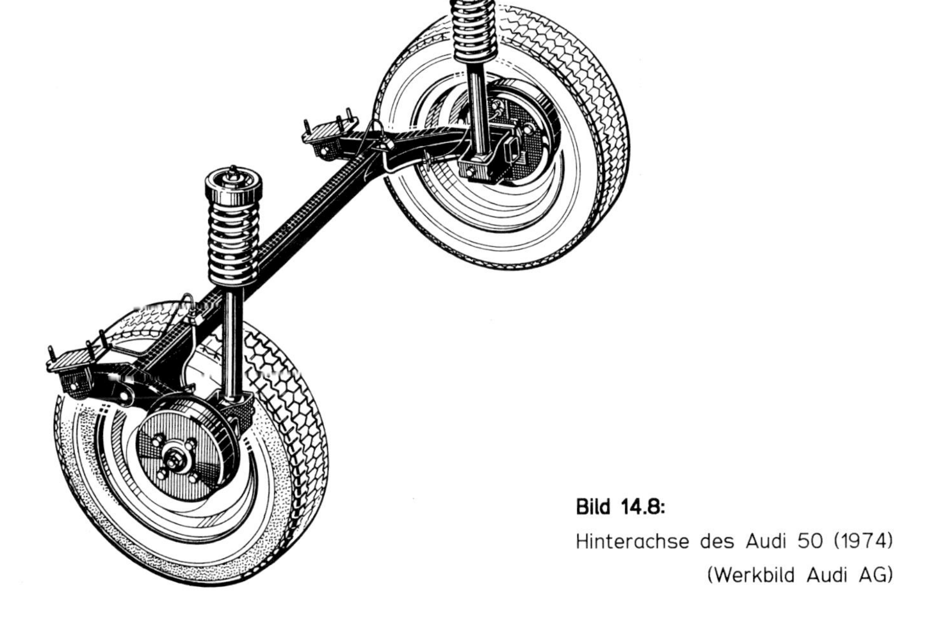

Bild 14.8:
Hinterachse des Audi 50 (1974)
(Werkbild Audi AG)

hohe Ansprüche an die Formgestaltung und die Fertigungsqualität bzw. deren Überwachung. Am günstigsten sind bekanntlich hinsichtlich der Querschnittsverwölbung das Winkel- und das T-Profil.

Da das Querprofil nicht gut gekröpft werden kann, um den Durchtritt für eine Antriebswelle zu schaffen, kommen die Verbundaufhängungen nach den Bildern 14.7 und 14.8 für Antriebsräder kaum in Frage. Auch bezüglich der Fahrzeug-Gewichtsklasse sind Grenzen gesetzt, denn für schwere Fahrzeuge sind größere Federwege erforderlich, die äußeren Kräfte wachsen mit dem Fahrzeuggewicht, die Spurweite und damit die verfügbare Verformungslänge aber nur unwesentlich. Eine Erhöhung der Werkstoff-Streckgrenze führt im allgemeinen zu weniger günstigen Schweißeigenschaften. Die Achsbauart erscheint aber gut geeignet für die Anwendung faserverstärkter Werkstoffe.

Wenn die Werkstoffbelastung beim Wankfederungsvorgang nicht beherrschbar ist, bleibt aber immer noch ein Ausweg über eine „weiche" Anbindung der Längsarme am Querprofil ähnlich wie an der Starrachsaufhängung von Bild 13.11 in Kap. 13, freilich dann unter Hinnahme eines gewissen elastischen „Aufziehwinkels" bei Bremsung und ggf. Beschleunigung.

An den Hinterachsen von Bild 14.7 und Bild 14.8 erfolgt die Seitenführung durch die beiden vorderen Längsarmlager allein, also vor den Radaufstandspunkten, woraus sich im Fahrzeuggrundriß ein „übersteuerndes" Moment an der Radaufhängung ergibt. Dem kann durch „spurstabilisierende" Lager mit entsprechend ausgerichteten Hauptfederraten begegnet werden, vgl. auch Kap. 9, Bilder 9.5 b und 9.6 a.

Schlußbemerkung

Ein Buch kann nur einen Überblick eines Fachgebietes geben; zu einer erfolgreichen Arbeit an Radaufhängungen gehören naturgemäß eine gründliche eigene Beschäftigung mit dem Thema und das passende betriebliche Umfeld. Ein wesentliches Ziel wäre aber erreicht, wenn das Buch auf die wichtigsten der vielfältigen im Verlaufe einer Achsentwicklung auftretenden Fragestellungen und Probleme aufmerksam machen und Lösungswege aufzeigen oder wenigstens andeuten konnte.

Einige Grundgedanken, nach denen alle hier vorgetragenen Verfahren und Lösungsansätze entwickelt worden sind, sollten jedoch im Rahmen dieser Arbeit deutlich hervorgetreten sein:

Die verschiedenen Bauarten der Einzelrad-, Starrachs- und Verbundaufhängungen lassen sich durch einheitliche Berechnungsmethoden analysieren und nach den gleichen Kriterien beurteilen.

Die Radaufhängungen stellen ein reizvolles Teilgebiet der räumlichen Kinematik dar und bieten wahrhaft „allgemeine" Bewegungsabläufe.

Die Radaufhängungen sind fast ausschließlich „statisch bestimmte" Mechanismen. Deshalb ist die in diesem Buche konsequent geübte Anwendung des Arbeitssatzes eine konkurrenzlos einfache, übersichtliche und stets zum Ziel führende Methode zur Bestimmung von Kräften und mechanischen Kenngrößen auch an komplexen Systemen.

Die Kenngrößen der Achs- und der Lenkgeometrie sind mit ihren teilweise hundert Jahre alten Definitionen nur auf den ersten Blick nicht korrekt beschrieben und stellen sich im Gegenteil bei eingehender Betrachtung als sehr sinnvoll und „computergerecht" heraus. Mit Hilfe des Arbeitssatzes gelingt es, die gewohnten Kenngrößen auch für räumliche Radaufhängungen kompatibel und leicht verständlich zu definieren.

Die Wirkung von Gelenkwellen und Vorgelegegetrieben im Mechanismus der Radaufhängung kann bei geringem zusätzlichem Programmieraufwand unter Anwendung des Arbeitssatzes an allen bekannten Ausführungsformen in einfacher und übersichtlicher Weise untersucht werden, wobei sehr anschauliche Gesetzmäßigkeiten zutage treten.

Wegen der erwähnten statischen Bestimmtheit ist der Einfluß der gewollten oder ungewollten Elastizitäten auf die Statik und die Kenngrößen der Radaufhängungen vernachlässigbar gering. Kinematik und Elasto-Kinematik werden daher zweckmäßigerweise zwar in enger Wechselwirkung, aber getrennt analysiert.

Schrifttum

(ATZ = Automobiltechnische Zeitschrift)

[1] Apetaur, M.: Zur kinematischen Synthese der Einzelradaufhängungen. ATZ 77 (1975) Nr. 3 S. 85-88

[2] Bastow, D.: Car Suspension and Handling. 2. Aufl. Pentech Press, London 1988

[3] Beck, J., Hertel, K., Schneeweiß, M.: Die Koppellenkerachse für frontgetriebene Personenwagen - eine Entwicklung von Audi-NSU. ATZ 76 (1974) Nr. 10 S. 316-321

[4] Behles, F.: Möglichkeiten und Grenzen der Verbesserung der Federweichheit von Kraftfahrzeugen. Diss. München 1962

[5] Behles, F.: Die Beherrschung des Brems- und Anfahrnickens. ATZ 66 (1964) Nr. 8 S. 225-228

[6] Beyer, R.: Technische Raumkinematik. Springer-Verlag Berlin/Göttingen/Heidelberg 1963

[7] Bittel, K.: Anlenkung der Radaufhängung im Stoßmittelpunkt. ATZ 53 (1951) Nr. 4a S. 117f.

[8] Braess, H.-H.: Beitrag zur Stabilität des Lenkverhaltens von Kraftfahrzeugen. ATZ 69 (1967) Nr. 3 S. 81-84

[9] Braess, H.-H., Ruf, G.: Influence of Tire Properties and Rear Axle Compliance Steer on Power-off Effect in Cornering. 6th Int. Conference of Experimental Safety Vehicles, Washington Oct. 1976

[10] Buck, W.: Der Kurvenleger. Das Auto, 1957, Nr. 25 S. 10-12

[11] Burckhardt, M., Glasner von Ostenwall, E.-C.: Beitrag zur Beurteilung des Beschleunigungs- und Bremsverhaltens eines Kraftfahrzeugs ATZ 76 (1974) Nr. 4 S. 103-107

[12] Buschmann, H., Koeßler, P.: Handbuch der Kraftfahrzeugtechnik, Band 2 Heyne-Verlag, München 1976

[13] Bussien, R.: Automobiltechnisches Handbuch, Band 2. Technischer Verlag Herbert Cram, Berlin 1955

[14] Dingerkus, O.: Über die Spur- und Sturzänderung spezieller Radaufhängungen von Kraftfahrzeugen. ATZ65 (1963) Nr. 2 S. 49-55

[15] Eberan-Eberhorst, R.: Die Kurven- und Rollstabilität des Kraftfahrzeugs. ATZ 55 (1953) Nr. 9 S. 246-253

[16] Eyb, W., Flegl, H., Gorissen, W.: Der Typ 928 - ein neuer Sportwagen aus dem Hause Porsche. ATZ 79 (1977) Nr. 6 S. 215-224

[17] Fiala, E.: Kraftkorrigierte Lenkgeometrie. ATZ61 (1959) Nr. 2 S. 29-32

[18] Fischer, F.: Mechanische Beanspruchung von McPherson-Federbeinen. ATZ 69 (1967) Nr. 9 S. 295-299

[19] Forkel, D.: Ein Beitrag zur Auslegung von Fahrzeuglenkungen. Deutsche Kraftfahrtforschung und Straßenverkehrstechnik Heft 145 (1961)

[20] Gebler, E., Matschinsky, W.: Stoßdämpfer in Federbeinen. Automobil-Revue, Bern 5. Januar 1967 S. 23

[21] Göbel, E. F.: Berechnung und Gestaltung von Gummifedern. Springer-Verlag Berlin/Göttingen/Heidelberg 1955

[22] Gross, S.: Berechnung und Gestaltung von Metallfedern Springer-Verlag Berlin/Göttingen/Heidelberg 1960

[23] Heider, H.: Kraftfahrzeuglenkung. Verlag Technik, Berlin 1969

[24] Helms, H.: Grenzen der Verbesserungsfähigkeit von Schwingungskomfort und Fahrsicherheit an Kraftfahrzeugen. Diss. Braunschweig 1974

[25] Hennecke, D.: Zur Bewertung des Schwingungskomforts von PKW bei instationären Anregungen. Fortschrittsberichte VDI Reihe 12 Nr. 237 Düsseldorf 1995

[26] Hiller, M., Woernle, C.: Bewegungsanalyse einer Fünfpunkt-Aufhängung ATZ 87 (1985) Nr. 2 S. 59-64
[27] Kolbe, J.: Der Kurvenlegerwagen. ATZ 40 (1937) Nr. 6 S. 146-149
[28] Kosak, W., Reichel, M.: Die neue „Zentral-Lenker-Hinterachse" der BMW 3er Baureihe. ATZ 93 (1991) Nr. 5 S. 274-280
[29] Kraus, L.: Konstruktionsprobleme und Erfahrungen am Mercedes-Rennwagen. ATZ 59 (1957) Nr. 5 S. 119-126
[30] Matschinsky, W.: Der Einfluß der Antriebsart auf die Radführung - besonders bei Zweiradfahrzeugen. ATZ 67 (1965) Nr. 7 S. 221-225
[31] Matschinsky, W.: Zur Kinematik der Radaufhängungen - Graphische Untersuchung von ebenen Federungsgetrieben. ATZ 69 (1967) Nr. 4 S. 101-109
[32] Matschinsky, W.: Die vierpunktig geführte Starrachse. ATZ 70 (1968) Nr. 1 S. 9-12
[33] Matschinsky, W.: Beitrag zur Berechnung der Umfangskräfte am Reifen auf kurzwelliger Fahrbahn. ATZ 71 (1969) Nr. 7 S. 222-227
[34] Matschinsky, W.: Zur Analyse und Synthese räumlicher Einzelradaufhängungen ATZ 73 (1971) Nr. 7 S. 247-254
[35] Matschinsky, W.: Bestimmung der Gleichgewichtslage der Radaufhängung bei stationären Brems- und Antriebskräften. ATZ 77 (1975) Nr. 2 S. 53-57
[36] Matschinsky, W., Dietrich, C., Winkler, E.: Die Doppelgelenk-Federbeinachse der neuen BMW-Sechszylinderwagen der Baureihe 7. ATZ 79 (1977) Nr. 9 S. 357-365
[37] Matschinsky, W.: Die Schraublenker-Hinterachse - Weiterentwicklung der Schräglenker- Hinterachse. ATZ 84 (1982) Nr. 7/8 S. 351-356
[38] Matschinsky, W.: Einfaches Rechenverfahren zur kinematischen und elastokinematischen Analyse von Radaufhängungen. Automobil-Industrie 31 (1986) Nr. 5 S. 567-572
[39] Matschinsky, W.: BMW-Integral-Hinterachse. Automobil-Revue, Bern, 84 (1989) Nr. 35 S. 47-49
[40] Matschinsky, W., Pfundmeier, U., Sulaiman, R.: Die Integral-Hinterachse für das Coupé BMW 850 i. ATZ 92 (1990) Nr. 10 S. 554-561
[41] Matschinsky, W.: Bestimmung mechanischer Kenngrößen von Radaufhängungen. Diss. Hannover 1992
[42] Matschinsky, W., Binkowski, B., Isenberg, F., Meyer, R., Mühlbauer, R.: Komfortable Sicherheit - Das Fahrwerk der neuen 7er Baureihe von BMW ATZ 96 (1994) Nr. 11 S. 646-651
[43] Mitschke, M.: Dynamik der Kraftfahrzeuge
Band A: Antrieb und Bremsung, 3. neubearb. Auflage 1995
Band B: Schwingungen, 3. neubearb. Auflage 1997
Band C: Fahrverhalten, 2. völlig neubearb. Auflage 1990
Springer-Verlag Berlin/Heidelberg/New York/London/Paris/Tokyo/Hong Kong
[44] Reimpell, J.: Fahrwerktechnik/Radaufhängungen. Vogel-Verlag, Würzburg 1988
[45] Rompe, K., Heißing, B.: Objektive Testverfahren für die Fahreigenschaften von Kraftfahrzeugen. Verlag TÜV Rheinland, Köln, 1984
[46] Schmelz, F., Seherr-Thoss, H.-Chr. Graf von, Aucktor, W.: Gelenke und Gelenkwellen Springer-Verlag Berlin/Heidelberg/New York/London/Paris/Tokyo 1988
[47] Schnelle, K.-P.: Simulationsmodelle für die Fahrdynamik von Personenwagen unter Berücksichtigung der nichtlinearen Fahrwerkskinematik. Fortschrittsberichte VDI, Reihe 12, Nr. 146, Düsseldorf 1990
[48] Wahl, A. M.: Mechanische Federn. Michael Triltsch Verlag, Düsseldorf 1966
[49] Weber, R.: Beitrag zum Übertragungsverhalten zwischen Schlupf und Reifenführungskräften. Automobil-Industrie 26 (1981) Nr. 4 S. 449-458
[50] Winkelmann, O. J.: Anforderungen an das Fahrverhalten von Kraftfahrzeugen. ATZ 63 (1961) Nr. 5 S. 121-128

[51] Deutsches Patent Nr. 1925347
[52] Deutsches Patent Nr. 2055870
[53] Französisches Patent Nr. 826275
[54] US-Patent Nr. 2660449
[55] Deutsches Patent Nr. 455779
[56] Deutsches Patent Nr. 460548

Stichwortverzeichnis

Abrollhalbmesser, -umfang 62
ABS-System 122, 128, 230, 247, 267, 336
Ackermannfunktion 254-256, 260-263, 266, 268, 269
Adiabatisches Gasgesetz 110
Aktive Federung 117, 118, 143, 192, 220
Allradlenkung 212, 215
Anfahrnickausgleich 1, 143, 157, 205, 337, 378, 381, 385
Anlenkvorgang 212-214, 217, 218
Antriebsmittelpunkt 127
Antriebsschlupfregelung 145
Aquaplaning 118, 226
Aufstützeffekt 66, 118, 178-183, 188, 190-194, 197, 198, 307, 360, 386
Aufziehen (elast.) 18, 99, 278, 288-293, 297, 354, 368, 370-375, 382, 390
Ausfahrkraft (Dämpfer) 115
Ausgleichsfeder s. Querverbundfeder
Äußeres Produkt s. Vektorprodukt

Bobillier (Verfahren von) 24, 181, 305, 306
Bodenventil (Dämpfer) 114, 115
Bogenzahnkupplung 338
Bohrmoment (Reifen) 267, 268
Bredt'sche Formeln 322
Bremskraftregler 122, 144
Bremsmittelpunkt 127
Bremsnickausgleich 1, 141-146, 154, 157, 159, 205, 304, 332-337, 352, 378, 381

Cantileverfeder 95
Causantplan 256
Corioliskraft 216
Culmann'sche Resultierende 27

Dämpferbeinachse 14, 191, 192, 247, 269, 290, 347, 348, 350, 354
Dämpfungsmaß s. Lehr'sches Dämpfungsmaß
De-Dion-Achse 132, 205, 374-379, 386
Deichselachse 16, 182, 205, 375-377
Diagonalreifen 61, 62, 65
Differentialsperre 128, 266, 374
Doppel-Querlenker-Achse 13, 14, 23, 32, 66, 178, 179, 201, 205, 230, 277, 290, 291, 304, 305, 346, 351, 354, 362, 366, 370
Drall s. Drehimpuls
Drehimpuls 216, 217
Drehschemellenkung 221, 271
Drillrohr 101
Druckpunkt (Lenkung) 224
Dubonnet-Achse 131, 166, 204, 250, 342-344
Dynamische Absenkung (Dämpfer) 115
Dynamischer Halbmesser (Reifen) s. Abrollhalbmesser

Einrohrdämpfer s. Gasdruckdämpfer
Einspurmodell 209, 211
Entlastungsparabel 322

Fahrschemel 84, 87, 92, 101, 120, 280, 281, 290, 291, 294-300, 346, 356, 358, 359, 368, 370, 371, 373
Federbeinachse 10, 14, 32, 191, 192, 247, 269, 290, 347-354, 366, 367
Feder-Entkopplung 77, 78
Federschwerpunkt 77, 84-87, 279-281, 373
Federspur 92
Federungsrückstellung 241
Fußpunkterregung 69

Gangpolbahn 24, 25
Gasdruckdämpfer 113, 114, 313
Gelenkzug, -fahrzeug 270-274
Gewichtsrückstellung 240, 241, 262, 354
Gierwinkel 4, 281
Gleichlaufgelenk 48-52, 55-57, 137, 243, 358
Gleitstein 16, 27, 175, 179-181, 386
Gough-Schaubild 64
Gürtelreifen s. Radialreifen

Hartmann (Verfahren von) 22, 23
Hilfsrahmen s. Fahrschemel
Hydropneumatische Federung 82, 112, 113, 117, 144

Ideale Bremskraftverteilung 122
Idealer Stützwinkel 127, 128, 143-146, 150
Ideelle Spreizachse 14, 222, 230-232, 239-241, 246, 261, 352, 353, 367, 368
Inneres Produkt s. Skalarprodukt
Installierte Bremskraftverteilung 122
Isothermes Gasgesetz 110

Kamm'scher Kreis 64
Kardanfehler 48
Kardangelenk, -welle 13, 33, 47-50, 57, 137, 224, 341, 358, 362, 384, 387
Kardanischer Winkel 7, 107-109, 280, 321, 351, 380
Kettenantrieb 138, 139, 337
Kinematische Federrate 90, 152, 338, 380
Konus-Effekt (Reifen) 66
Kopieren (Federung) 118
Kreiselmoment 171, 217-219, 343
Kreuzprodukt s. Vektorprodukt
Kritische Fahrgeschwindigkeit 210
Krümmungsradius, -mittelpunkt 23, 24, 51, 95, 97, 98, 181, 186-188, 202, 204, 206, 207, 236, 239, 305, 306, 325, 334, 350, 374
Kurbelschleife 32, 332, 348
Kurbeltrieb 223, 348

Längsfederung 92, 277, 286, 289-292, 295, 332, 350, 354, 368, 370, 371
Längslenkerachse 12, 145, 149, 153, 154, 190, 191, 197, 389
Längskraftbiegung 324
Längsverbundfederung 79, 158
Lastwechselvorgang 143, 212, 213, 247, 286, 299, 300, 366, 371
Latsch (Reifen) 61, 62, 267
Lehr'sches Dämpfungsmaß 72-76, 124, 143
Lenkmutter 223-225
Lenkrollradius 25, 226, 227, 232, 233, 238, 239, 244-249, 269, 288-290, 347, 353, 354
Lenkschubstange 23, 99, 204-208, 222, 253, 343, 381
Lenkstößigkeit 276
Lenktrapez 256, 258, 343
Lenkungsdämpfer 270
Lenkungsflattern 343
Lenkunruhe 269, 270
Lenkzapfenspur 254
Lotrechte Geschwindigkeiten (Verfahren) 21, 22, 257

Massen(ent)kopplung 19, 78, 276, 373
McPherson-Prinzip 81, 102, 348, 351

Nachlaufstrecke 130, 131, 226, 227, 232, 234, 236-240, 244, 264, 266-269, 290, 331, 332, 353, 354
Nachlaufversatz 226, 232, 234, 238, 354
Nachlaufwinkel 130, 131, 226, 232, 235-239, 288, 290, 331, 354
Niederquerschnittsreifen 62, 63
Niveauregelung 110, 116-118, 143

Offenes Profil 20, 170, 195, 196, 208, 319, 321-323, 326, 387, 389

Panhardstab 16, 17, 182, 205, 206, 301, 375-378, 381, 382, 384, 387, 388
Parabelfeder 95, 96
Pendelachse 6, 12, 87, 136-138, 190,-197, 356, 357, 363, 383-386
Pendelschwingung (Motorrad) 331
Pfeilung (von Lenkern) 92, 286, 289, 292, 294, 318, 350, 364, 370, 372
Polstrecken-Verfahren 362
Polwechselgeschwindigkeit 23
Polytropes Gasgesetz 110

Querverbundfeder 80, 81, 169, 193, 384

Radialreifen 61, 62, 65
Radlasthebelarm 227, 228, 232, 234, 235, 237-241, 244, 263-265, 268, 269, 354
Radnabenmotor 128, 140, 249
Rastpolbahn 24, 25
Reibungskuchen 64
Reifennachlauf 62, 64, 227, 239, 263, 264, 266-268, 284
Reversionspendel 77
Rollachse 164, 170, 198
Rotationskontur 329, 330
Rotierende Massen 124, 155, 171

Sattelzug 123, 270, 272, 273
Scherenführung 16, 376, 378, 379
Schlingern 269, 270, 331
Schlupf (Reifen) 64
Schräglaufwinkel 62-65, 161, 168-171, 188, 190, 209-214, 219, 255, 262, 263, 266, 267, 306
Schräglenkerachse 12, 13, 145, 147, 148, 153, 203, 204, 358-360, 389
Schraubensteigung 35, 41, 42, 359
Schubkugelachse s. Deichselachse
Schubmittelpunkt 196, 208, 327, 387, 388
Schütteln (Seitenkraft) 384
Schwert 128, 292, 377, 386
Schwimmwinkel 212
Shorehärte 107, 110, 296
Skalarprodukt 30, 43, 163
Skyhook 117
Spatprodukt 31

Sphärischer Mechanismus 14, 33, 34, 38, 39, 47, 173, 203, 252, 292, 307, 344, 353, 354, 362-364, 366, 370
Spreizungsversatz 226, 232, 233, 236, 242, 244-246, 249, 267-269, 286, 289, 290, 354, 355
Spreizungswinkel 226, 232, 235-238, 250, 256, 269, 289, 290, 354, 355, 368
Spurdifferenzwinkel 228
Spurlaufaggregat 271-273
Stabilisator 64, 80, 81, 100, 102, 116-118, 154, 166, 169, 192, 193, 298, 302, 351, 352, 378, 382
Statischer Halbmesser (Reifen) 61, 62
Steuerkopfwinkel 236, 331
Störkrafthebelarm s. Spreizungsversatz
Stoßmittelpunkt 78, 215, 276, 373
Sturzseitenkraft 65

Teleskopgabel 119, 332-335, 337
Teleskop-Stoßdämpfer 9, 10, 32, 87, 113, 313, 348
Tire Non-Uniformity 66
Tonnenfeder 104, 358
Topfgelenk 47, 48
Trägheitskreis 84, 86
Trägheitsradius 77, 215, 373
Trampelschwingung 343, 373
Trapezlenker(achse) 14, 15, 35, 279, 291, 292, 370
Trennkolben (Dämpfer) 115
Triebkrafthebelarm 242-250, 264, 267, 268, 354, 355
Triebsatz 128, 138, 276, 332, 337f., 375
Tripode-Gelenk 48, 356

Übersteuern 199, 210, 211, 218, 285, 299, 300, 378, 390
Übertragungswinkel 256-261, 314
Ungefederte Massen 67, 74, 87, 124, 134, 155, 164, 165, 170, 189, 269, 275-277
Untersteuern 167, 188, 199, 210-213, 218, 285, 286, 289, 294, 300, 350, 355, 366

Vektorprodukt 30
Vergrößerungsfunktion 70, 73, 74
Verteilergetriebe 124
Vorgelegegetriebe 2, 46, 47, 52, 53, 56, 133-138, 149-151, 243, 244, 248-250, 355
Vorspurwinkel 58, 65, 161, 169-172, 175, 176, 178, 188, 200-205, 208, 256, 275, 282-286, 288, 289, 292, 295, 299, 300, 310-315, 344, 358, 363, 366, 385

Wattgestänge 16, 180, 181, 196, 360, 363, 387
Weitspalt-Blattfeder 95
Wiegenfederung 220
Winkeleffekt (Reifen) 66
Winkelgetriebe 18, 65, 129, 137, 138
Winkelzuordnung (Verfahren) 256, 257
Wirksamer Halbmesser (Reifen) s. Abrollhalbmesser

Zwanglauf 5
Zweirohrdämpfer 113, 114, 313
Zwischenkoppel 12, 15, 309, 370

Druck: Mercedesdruck, Berlin
Verarbeitung: Buchbinderei Lüderitz & Bauer, Berlin